高性能计算技术丛书

High Performance Computing
Modern Systems and Practices

高性能计算

现代系统与应用实践

托马斯·斯特林（Thomas Sterling）

[美] 马修·安德森（Matthew Anderson）　　　　著

马切伊·布罗多维茨（Maciej Brodowicz）

黄智濒 艾邦成 杨武兵 李秀桥　译

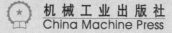

机械工业出版社
China Machine Press

图书在版编目（CIP）数据

高性能计算：现代系统与应用实践 /（美）托马斯·斯特林（Thomas Sterling）等著；黄智濒等译 . —北京：机械工业出版社，2020.1（2024.6 重印）
（高性能计算技术丛书）
书名原文：High Performance Computing: Modern Systems and Practices

ISBN 978-7-111-64579-5

I. 高… II. ① 托… ② 黄… III. 高性能计算机 – 研究 IV. TP38

中国版本图书馆 CIP 数据核字（2020）第 015097 号

北京市版权局著作权合同登记 图字：01-2019-0928 号。

High Performance Computing: Modern Systems and Practices
Thomas Sterling, Matthew Anderson, Maciej Brodowicz
ISBN: 9780124201583
Copyright © 2018 Elsevier Inc. All rights reserved.
Authorized Chinese translation published by China Machine Press.
高性能计算：现代系统与应用实践（黄智濒 艾邦成 杨武兵 李秀桥 译）
ISBN: 978-7-111-64579-5
Copyright © Elsevier Inc. and China Machine Press. All rights reserved.

注意

本书涉及领域的知识和实践标准在不断变化。新的研究和经验拓展我们的理解，因此须对研究方法、专业实践或医疗方法作出调整。从业者和研究人员必须始终依靠自身经验和知识来评估和使用本书中提到的所有信息、方法、化合物或本书中描述的实验。在使用这些信息或方法时，他们应注意自身和他人的安全，包括注意他们负有专业责任的当事人的安全。在法律允许的最大范围内，爱思唯尔、译文的原文作者、原文编辑及原文内容提供者均不对因产品责任、疏忽或其他人身或财产伤害及 / 或损失承担责任，亦不对由于使用或操作文中提到的方法、产品、说明或思想而导致的人身或财产伤害及 / 或损失承担责任。

出版发行：机械工业出版社（北京市西城区百万庄大街 22 号　邮政编码：100037）
责任编辑：曲　熠　　　　　　　　　　责任校对：李秋荣
印　　刷：北京建宏印刷有限公司　　　版　　次：2024 年 6 月第 1 版第 4 次印刷
开　　本：186mm×240mm　1/16　　　印　　张：37.25
书　　号：ISBN 978-7-111-64579-5　　定　　价：149.00 元

客服电话：（010）88361066　68326294

版权所有·侵权必究
封底无防伪标均为盗版

中国超算系统的研制水平和产业化能力经过十多年的快速发展，已经跻身世界先进水平。2016年，中国超级计算系统不仅连续8次夺取世界500强的第一名，连续两次夺取500强列榜数量冠军，而且在全球超算大会SC16上首次获得了戈登·贝尔奖；2017年，神威·太湖之光继续领跑，与天河二号一起连续5年共10次夺取世界500强的第一名，创下新的历史纪录。虽然在2018年11月最新的500强排名中，美国制造的两台超算系统Summit和Sierra超过神威·太湖之光，但是，我国超级计算机硬件的整体研制水平在国际上依然领先，继续向百亿亿次（E级）超算的高地进军。

目前，人工智能/深度学习、大数据/云计算、科学计算、航空航天、政府电信、气象石油和工业制造等应用领域对超强计算能力的需求呈井喷式增长，特别是人工智能和深度学习领域的巨大推动力使得企业和科研院所纷纷投入巨资建设新超算系统，进而使得未来超算领域面临巨大的人才需求。懂超算、会用超算、用好超算成为目前很多机构面临的挑战之一。

超级计算或者说高性能计算，是一个融合多学科领域，结合硬件技术和架构、操作系统、编程工具、软件以及最终用户问题和算法的综合性领域。无论是计算机专业的人员，还是其他应用领域的人员，掌握与高性能计算相关的知识都需要较长的学习曲线，在这些跨学科的浩如烟海的知识中，搭建从入门到精通的必备知识技能框架是非常有益的尝试。本书的作者都是长期从事高性能计算机研制和超算应用的专家，他们的视角和给出的知识体系框架对于高性能计算的从业人员非常有帮助。

虽然译者长期从事高性能计算体系结构研究和应用方面的工作，但是在翻译的过程中，依然感受到本书涉及的内容之多，覆盖面之广。译者力求准确反映原著表达的思想和概念，但受限于水平，难免有错漏瑕疵之处，恳请读者及同行批评指正。意见和建议请发往huangzb@bupt.edu.cn，不胜感激。

最后，感谢家人和朋友的支持与帮助。同时，要感谢在本书翻译过程中做出贡献的人，特别是北京三帆中学黄天量，北京邮电大学何若愚、董丹阳、罗婷、吕滢、苏欣妍、李紫玥、赵达非、章靖童、张涵和汤洋等。还要感谢机械工业出版社的各位编辑，以及北京邮电大学计算机学院和中国航天空气动力技术研究院的大力支持。

黄智濒　艾邦成　杨武兵　李秀桥

2019 年 10 月

于北京邮电大学

译者简介

黄智濒　计算机系统结构博士，北京邮电大学计算机学院讲师。长期从事超大规模并行计算、GPU 加速计算以及三维计算机视觉和深度学习架构方面的研究。

艾邦成　博士，中国航天空气动力技术研究院研究员，博士生导师，享受国务院政府特殊津贴。现任中国空气动力学会高超声速专业委员会主任，中国航天空气动力技术研究院第一研究所所长。长期致力于高性能数值计算、热环境预测、热防护技术及气动力 / 热交叉耦合学科等相关科研工作。针对飞行器飞行过程中的高温环境特殊要求，他提出了疏导式热防护理论与技术、有限元有限差分杂交算法，并建立了相关平台。近年来获得部委级科技进步一、二、三等奖各一项，获得十多项授权专利，撰写文章 30 余篇。先后获得中国航天科技集团公司"十大杰出青年""学术技术带头人""航天贡献奖"等荣誉称号。

杨武兵　博士，中国航天空气动力技术研究院研究员，长期从事计算空气动力学、流动稳定性和湍流等方面的研究。其团队长期致力于用高性能计算开展大涡模拟和直接数值模拟，推进超大规模并行计算在空气动力学领域的应用。

李秀桥　计算机系统结构博士，现为某云计算大型企业高级软件架构师，长期从事高性能计算系统、云计算等领域的软件架构设计与研发工作，尤其是在分布式资源调度方面拥有丰富的从业经验。曾担任业界领先的 IBM LSF Spectrum 的 LSF 作业调度系统首席架构师，主导了多个重大版本的重构和特性设计工作。

　　高性能计算是贝克尔和斯特林于 1994 年创建的 Beowulf 集群方案的必由后续产品，用于利用商品硬件构建可扩展的高性能计算机（也称为超级计算机）。Beowulf 使各地的团队都能建立自己的超级计算机，现在全球有数百个 Beowulf 集群在运营。这本内容全面的书籍填补了培训领域科学家和工程师，特别是计算机科学家的学术课程中的重要缺失环节。读者将会了解在构成当今超级计算机的计算元件（核心）的聚集体上，如何创建和运行（例如，控制、调试、监视、可视化、改进）并行程序。

　　掌握了这些不断增加且可扩展的并行计算机，读者将有机会进入相对较小但不断增长的技术精英阶层，这是本书的目标。为了避免读者误认为这个名称并不重要，我们举例说明：1988 年的第一次会议是 ACM/IEEE 超级计算大会，也称为 Supercomputing 88；2006 年，该名称演变为高性能计算、网络、存储和分析国际会议，缩写为 SCXX；大约 11 000 人参加了 SC16。

　　虽然很难描述什么样的计算机才算是一台"超级计算机"，但是当我看到它时，我知道它就是超级计算机。1961 年出现的第一台超级计算机是劳伦斯·利弗莫尔国家实验室的 UNIVAC LARC（利弗莫尔高级研究计算机），它由爱德华·泰勒研制，用于核武器设计的水动力模拟。就我个人而言，我从未参观过它。LARC 由几十个密集封装的电路板组成，这些电路板由几千英里（1 英里 = 1609.344 米）长的电缆互连，一些计算单元以 100kHz 的频率工作。2016 年，中国最大的神威·太湖之光超级计算机的运行速度比 LARC 快了 1 万亿倍。它由超过 1000 万个处理核心组成，每个核以 1.5GHz 的频率运行，功耗为 15MW。计算机安装在 4 排机柜中，每排 40 个机柜，每个机柜包含 256 个物理节点。它具有四个互连的 8MB 处理器，控制 64 个处理单元或核心。因此，1060 万个处理单元提供峰值为 125 千万亿次的浮点运算 / 秒，即 160 个机柜 ×256 个物理节点 ×4 个核心组 ×（1 个 MPE + 8×8 个 CPE）个处理单元或核心，具有 1.31PB 存储器（160×256×4×8GB）[⊖]。500 强超级

　　⊖　依据神威·太湖之光的正式报告，它基于由上海高性能 IC 设计中心设计的 SW26010 处理器。该处理器芯片由 4 个核心组（CG）组成，通过 NoC 连接，每个核心组包括 1 个管理处理单元（MPE）和 64 个计算处理单元（CPE），排列在 8×8 的格上。每组内 MPE、CPE 和 MC 中的每一个都可以访问 8GB 的 DDR3 内存。总共有 10 649 600 个核心和 1.31PB 的内存。——译者注

计算机中的一些具有 O(10000) 量级的计算节点，这些节点连接和控制具有 $O(100)$ 量级核的图形处理单元（GPU）。今天，计算程序开发人员面临的挑战是设计程序的架构和实现，以利用这些具有兆级数量处理器的计算机。

从用户的角度来看，"理想的高性能计算机"具有无限快速的时钟，能执行单指令流程序，该程序对存储在无限大且快速的单存储器中的数据进行操作，并且具有任何大小以适应任何预算或问题。1957 年，巴科斯基于 Fortran 语言建立了冯·诺依曼编程模型。从 20 世纪 60 年代到 90 年代初，这是超级计算的第一个时代，或者说"克雷"时代，我们看到了硬件的发展。通过提高处理器速度，流水线化指令流，使用单指令处理向量，最后为单存储器计算机中存储的程序添加处理器，超级计算实现了对这种简单易用的理想模型的支持。到 20 世纪 90 年代初，单台计算机向理想模型的演变已经停止：时钟频率达到 GHz 级别，通过互连访问单个存储器的处理器数量限制在几十个。尽管如此，有限规模的多处理器共享内存可能是最直接的编程和使用方式！

幸运的是，在 20 世纪 80 年代中期，"杀手级微处理器"到来了。它通过互连日益强大的计算机，展示了成本效益和无限扩展能力。不幸的是，这个多计算机时代要求放弃 Fortran 的单存储器和单个顺序程序的理想。因此，"超级计算"已经从西摩·克雷时代（1960~1995 年）的单台（单存储器）计算机的硬件工程设计挑战演变为使用多台计算机有效运行程序的软件工程设计挑战。程序首先运行在 64 个处理单元上（1983 年），然后是 1000 个处理单元上（1987 年），现在则在数千台完全分布式（单存储器）的计算机上的 1000 万个处理单元上（2016 年）。实际上，今天的高性能计算（HPC）节点就像十年前的超级计算机一样，因为处理单元每年增长 36%，从 1987 年的 1000 台计算机增长到 1000 万个处理单元（包含在 100 000 个计算机节点中）。

本书是掌握超级计算的重要指南和参考，作者列举了并行化、创建和运行这些大型并行和分布式程序结构的复杂性和微妙之处。例如，最大的气候模型同时模拟了海洋、冰、大气和陆地，由十几名领域科学家、计算数学家和计算机科学家组成的团队来创建。

程序创建包括了解处理资源集合的结构及其与不同计算机的交互，从多处理器到多计算机（第 2 章和第 3 章），以及各种并行化总体策略（第 9 章）。其他主题包括并行程序各部分之间的同步和消息传递通信（第 7 章和第 8 章），构成程序的附加库（第 10 章），文件系统（第 18 章），长期大容量存储（第 17 章），结果可视化的组件（第 12 章）。对于一个系统而言，标准基准可以给出并行程序的运行情况（第 4 章）。第 16 章和第 17 章介绍和描述了控制加速器和特殊硬件核心（尤其是 GPU）的技术，这些核心连接到节点，为每个节点提供额外的两个数量级的处理能力。这些附件是克雷时代的向量处理单元的替代品，并且以计算统一设备架构（CUDA），以及跨不同加速器封装的并行性的模型和标准为代表。

与在个人计算机、智能手机或浏览器中交互运行的程序的创建、调试和执行不同，超级计算机程序通过批处理控制来提交。运行程序需要向计算机指定使用的批处理控制语言和命令来控制程序所需的资源和条件（第 5 章），通过调试使程序进入可靠和可信赖状态

（第 14 章），检查点（即及时保存中间结果）作为计算投入的保险（第 20 章），通过性能监测（第 13 章）发展和提高程序的有效性。

第 21 章介绍了移动超级计算机的问题和替代方案，以及将它们用于千万亿次运算级及以上规模的能力。事实上，本书中唯一没有描述的是令人难以置信的团队合作，以及编写和管理 HPC 代码时所面临的团队规模的发展。然而，团队合作最关键的方面在于个人成员的能力。这本书正是你所需要的指南。

戈登·贝尔

2017 年 10 月

前　言 *Preface*

本书的目的

高性能计算（HPC）是一个多学科领域，结合了硬件技术和架构、操作系统、编程工具、软件以及最终用户问题和算法。为了有能力参与 HPC 活动，需要一些必要的概念、知识和技能，通常需要在相关机构进行学习，这些机构拥有专家、设施和任务目标，但这样的机构并不太多。无论一个人的目标是与特定的最终用户领域（如科学、工程、医学或商业应用）相关联，还是专注于使超级计算有效地支持系统技术和方法，入门级从业者必须紧密结合广泛的、清晰的且相互关联和依存的领域，而且需要了解其协同作用才能领悟这些专业知识。学习材料可能很容易就找到十几本书和手册，但即使它们组合在一起，也无法提供充分体现整个领域的必要视角，无法成为指导学生获得足够专业知识的有效途径。

本书旨在弥合无数狭隘的焦点问题来源与跨越和互连各种学科（构成 HPC 领域）的单一来源需求之间的差距。它是一本入门级读物，需要最少的预备知识，提供了对这些领域及其相互影响（使超级计算成为一个跨学科领域）的完整理解。从实践的角度来看，本书针对并行编程、调试、性能监控、系统资源使用和工具以及结果可视化等有用的技术来培养读者的特定技能。这些技能涉及的基础概念相对而言变化较小，而关于硬件和软件系统组件的详细属性的知识更有可能随着时间的推移而发展。

本书支持单学期课程，以便初学者为超级计算中的各种角色做好准备，实现他们所选择的职业目标。它适合致力于使用超级计算机来解决科学、工程或社会领域等应用需求的未来的计算科学家。它为系统设计人员和工程师提供硬件和软件的可能目标功能的基本描述。对于希望研究超级计算本身的研究人员，作为传统系统和实践的介绍性演示，以及作为这个激动人心的探索领域面临的挑战的代表，本书也是一本基础读物。本书同样适合那些为超级计算环境提供技术支持的人员，例如数据中心和系统管理员、操作员和管理人员。在提供给未来的专业人员时，本书可以以多种方式来使用。它可为超级计算提供基础信息，为课堂教学提供一系列讲座内容。它使用大量示例来说明实际操作方法，所有这些都可以在并行计算机上执行，以及在实践时指导学生进行练习。它通过易于学习的风格明确了技能组合和训练方法。概念以详细且易于理解的形式呈现，以揭示方法背后的"原因"，并根据基本事实、相关因素和敏感性协助未来用户进行决策。最后，本书在同一上下文中统一了与多个子学科相关的许多事实，这些子学科组合构成了超级计算领域。

本书的组织结构

本书可以满足读者最初的好奇心、兴趣和参与 HPC 活动所需技能要求，通过学习本书，可以最终搭建起知识、能力和熟练程度之间的桥梁。对于追求各种潜在专业路径的人来说，本书是一个起点，其中这些路径在先进系统的性质和用途方面具有共同的基础。无论读者是否最终能够搭建硬件或软件系统，他们都能使用此类系统作为追求科学、工程、商业或安全等其他领域的关键工具来进行研究，从而有助于设计和推动支持当前 HPC 发展的未来方法，或管理、经营和维护供其他用户使用的 HPC 系统。本书的各个章节构成了一个无缝的主题流，每个主题都可以从前导主题中受益，同时也为后续主题提供基础。因此，本书按 HPC 使用的早期基本技能的顺序讲解主要主题，即使有可能过早涉及需要深入理解这些复杂系统及其使用才能掌握的基础概念。必要时，书中会给出主题的介绍性描述，其中包含足够的信息以帮助读者了解其他相关的主题，但只在后面的章节中进行更深入的回顾。通过学习多样化的相互关联的主题领域，读者的理解力和能力可以逐步增强。

本书是关于计算性能的。对于当前和下一代系统，这意味着可以利用工作负载并行性来实现可扩展性和管理数据的方法，从而实现操作效率。下面列出了 4 个主要的总体主题领域。

- ❑ 系统硬件架构和支持技术。
- ❑ 编程模型、接口和方法。
- ❑ 系统软件环境、支持和工具。
- ❑ 并行算法和分布式数据结构。

基于逻辑流程，本书给出了一目了然的教学组织结构。但 HPC 还有另一个方面：组织与协调并行性和数据管理的替代策略，以及有助于每个组件层的角色。

本书介绍了 4 种主要策略。

- ❑ 作业流并行性、吞吐量或容量计算。
- ❑ 顺序进程的通信或消息传递。
- ❑ 多线程共享内存。
- ❑ SIMD 或图形处理单元（GPU）加速。

从教学角度来看，作者希望传达三种信息以促进学习过程，并希望也能让读者得到享受。基础层面是概念，建立对基本原则的理解以帮助学习 HPC 的形式和功能。接下来会介绍许多基本信息及文化（什么人、什么事情、什么时候），这些事实构成了必要的知识集合，提供了该领域的框架。最后讲授一些实践技能。诚然，这三个层面彼此并不交叉。在每种情况下，本书都将案例的所有材料以这三种形式之一的方式来呈现。例如，标题以"……的基础"结尾的章节（例如"OpenMP 的基础"）被精心设计为具有教程演示风格的模块，以便简化学习。虽然概念和知识的混合是不可避免的，但是我们会单独强调其中的一项。这种区别的重要性在于，虽然关于这个快速发展的领域的大部分知识将会改变，甚至在某些情况下已经过时，但基本概念随着时间的推移而保持不变，即使某些特定机器或语言的细节可能变得无关紧要，但这些知识也将帮助读者加强对相关领域的长期理解。

本书首先根据 4 个独立的并行计算模型来组织章节，然后根据基本概念对每个模型展开讨论，重点关注支持它们的系统体系结构的相关知识，以及针对每类系统进行编程的相关技能。在准备本书内容时，一些初始材料（包括介绍性章节）构成了本书的基本前提和背景。4 个并行计算模型中的每一个都是根据概念、知识细节和编程技巧来描述的。虽然本书涵盖了理解和编程 HPC 系统所需的大部分有用信息，但忽略了与环境和工具相关的一些交叉主题，这些主题也是系统完整上下文的一个重要甚至普遍的方面。但是，对这些主题的介绍超出了初学者学习的范围。毕竟，本书目的是为读者提供高效的工作能力，以便在专业工作场所利用超级计算机实现各种目的。因此，本书以有效的顺序给出了许多重要且有用的工具和使用方法。最后，读者可以清楚地了解 HPC 应用的广泛领域，并且在这个背景下选择贴合本书的主题。这可以用来指导未来的计划，以及根据读者的最终职业目标选择更高级的课程。本书的总体结构和流程总结如下。

Ⅰ. 绪论和基本思想（第 1~4 章）

这些章节介绍基础知识，主要包括：执行模型，体系结构的概念、性能和并行度量，以及并行计算系统（商品集群）的主流类型等。通过使用专门的基准测试程序来提供运行并行程序的初次实验，这些基准测试程序可以在不同的 HPC 系统之间进行测量和比较。正是在这些章节中，我们首先为读者营造了一种历史感，帮助初学者了解对领域有贡献的思想演变过程以及该领域的文化。

Ⅱ. 针对作业流并行的吞吐量计算（第 5 章和第 11 章）

在利用并行计算机的最简单方法中，广泛使用的吞吐量计算（也称为容量计算）足以满足许多目标和工作流。可以证明它是效率最高的，因为它通常表现出最粗粒度的任务和最少的控制开销。我们将介绍管理作业流工作负载时广泛使用的中间件，如 SLURM 和 PBS，包括独立作业和相关集的管理等案例，例如参数扫描和蒙特卡罗模拟应用程序。

Ⅲ. 共享内存的多线程计算（第 6 章和第 7 章）

用户并行处理的主要模型之一是共享内存上下文的任务（或线程）并行。所有用户数据都可以由任何用户线程直接访问，并且顺序一致性由硬件高速缓存一致性来保证。本书的这部分描述了这种并行执行模型、共享内存多处理器的特性以及 OpenMP 并行编程语言。

IV. 消息传递计算（第 8 章）

对于可在单个应用上使用 100 万个或更多个处理器核的真正可扩展并行计算而言，分布式内存架构和顺序进程执行模型间的通信是主流方法。本书的这部分建立在一些主题的基础之上，包括用于 SMP 的节点，以及先前针对吞吐量计算描述的集群方法等，并添加了消息传递、聚合操作和全局同步的语义。这一章介绍了消息传递接口（MPI），这是最广泛用于可扩展科学和工程应用的编程接口。

V. 加速 GPU 计算（第 15 章和第 16 章）

对于某些广泛使用的数据流模式，专用核心的更高级结构可以提供卓越的性能和能源效率。这种在最一般意义上被分类为"加速器"的子系统可以多次加速应用程序，有时可以获得超过一个数量级的加速。这些加速器也被称为 GPGPU，它们通常采用附加阵列处理器的形式，但在某些情况下集成在单插槽封装甚至相同的芯片中。本书的这部分描述了GPU 结构、可用产品和编程，重点是编程接口 OpenACC。

VI. 构建重要的程序（第 9、10、12～14 章）

至此，读者要非常了解 HPC 的主要模式，了解主要编程接口的规则，并具有在这些框架内使用基本并行函数的实践经验。但是对于更复杂、更尖端、更有用或者说更专业的超级计算程序来说，还需要许多其他方法和工具。本书的这部分会将 HPC 新手从初学者级别提升到有一定能力的学徒级别。这里介绍了几个关键主题和技能，帮助学生掌握关于系统设计和应用的必要能力。在这些技能之中，首要的是针对各种需求的各类并行算法。其中许多已经在称为"库"的集合中提供了，如果使用得当，它们可以为应用程序开发人员节省大量时间。要使程序从初稿发展到最终正确有效的形式，需要采用并行调试的组合方法，以通过操作监控来确定答案的正确性和性能优化。这里介绍了有关工具和方法，包括所需的详细技能组合。最后，HPC 运行往往会在单次执行中产生大量的数据，多达太字节（terabyte，即 10^{12} 字节）或拍字节（petabyte，即 10^{15} 字节）。从大量数据集生成图像甚至视频的科学可视化，是我们了解计算的模拟结果的唯一实用方法。本部分提供了用于此目的的广泛使用的工具示例，并对其基本技术进行了说明，使读者能掌握用法。

VII. 使用真实系统（第 11、17～20 章）

HPC 系统并不是在真空中运行的，如果不与外界连接则没有什么价值。在本书中，读者可以看到系统环境的必要部分，这些章节对操作系统及其与外部世界的接口进行了有针对性的全面描述。特别是在硬件和软件级别描述了大容量存储，它通过文件系统持久存储大块数据。作为使用文件系统的示例，我们详细描述了 MapReduce 算法，它对于大数据问题非常流行。文件系统还可通过检查点 - 重启方法提高可靠性。在系统可能发生故障的情况下，该技术周期性地将应用程序的中间数据状态的快照存储在大容量存储器上。如果发生这种情况，应用程序可以不必从头开始重新启动，而是在最后一个已知的良好检查点重新启动，从而节省了大量时间来获得解决方案。

Ⅷ. 下一步（第 21 章）

到了这里，读者已经学完了关于 HPC 的介绍性内容，但是接下来去哪里？这些系统及其应用领域还有很多，可以纳入任何单独的教科书中，本书已经做了很好的铺垫工作。学生可以清楚地了解前面的内容，并根据个人的兴趣或目标，明确下一步要了解哪些方面。这一章列出了超出本书范围的 HPC 领域，并突出了与不同专业目标相关的不同领域。但是接下来还有另一个方面：HPC 领域会走向哪里？因为这一领域正在迅速变化，本章最后概述了 HPC 面临的挑战及推动它继续发展的机遇。

目标读者

本书面向具有不同背景的广大读者，希望每个人都能够成功地学习这些主题。具有 C 语言编程知识是最基本的先决条件，并且需要熟悉类 UNIX 操作系统，而且能操作。但据了解，这些要求对某些人来说可能过于严格。因此，本书的附录包括两个教程。附录 A 讲解 C 编程语言，包含足够多的细节知识。但它并不是计算机编程的入门读物，因为我们预期读者有使用 Python、Java、Fortran 或 MATLAB 等其他编程语言编写程序的经验。附录 B 提供了完成本书中所有任务所需的用户界面相关知识和技术。

本书可为广泛的读者群体提供服务，包括（但不限于）：

❑ 研究科学家。
❑ 科学、工程和社会领域的计算科学家。
❑ HPC 研究人员。
❑ 未来的工程师和 HPC 系统开发人员。
❑ HPC 系统管理员和数据中心经理。

如何使用本书

本书旨在根据特定读者的需求，提供多种不同的学习和讲授方法。

❑ 要想一开始就对 HPC 有全面深入的了解，可以从头到尾阅读本书。本书章节的顺序是经过精心组织的，每章都建立在前几章的基础上，涉及相关的概念、知识和技能。文中的示例足以代表这些知识点，以便读者顺利掌握。

❏ 另一方面，可以阅读以"……的基础"为标题的章节，以将本书作为一本教程来学习。这些章节旨在以最少的背景和上下文信息培养读者的技能。

❏ 通过选择关键章节可以实现重点阅读。本书呈现了 4 种并行计算模型：吞吐量、消息传递、共享内存和基于加速器。但在某些情况下，读者或教育工作者只需要了解其中一个，因此读者可能只需要沉浸在所需章节的子集中。例如，课程可以使用 OpenMP 或 MPI，但不需要同时使用两者。对于基本的作业流并行，这两者都可以跳过，而是专注于 SLURM 或 PBS 进行吞吐量计算。

致 谢 *Acknowledgements*

如果没有大量朋友和同事的直接或间接帮助，这本书无论在形式上还是质量上都是不可能实现的。它是随路易斯安那州立大学（LSU）和印第安纳大学（IU）的研究生一年级课程而衍生的教材。许多人参与了这些课程，包括奇拉格·德卡特、丹尼尔·科格勒和东吉尔·马诺夫。阿肯色大学的艾米·阿蓬教授与路易斯安那州立大学合作，通过互联网实时讲授该课程，并帮助开发教学材料，包括许多练习题。目前在克莱姆森大学，她利用自己的技术和教学专长继续对此做出重要贡献。当时在印第安纳大学的安德鲁·拉姆斯登教授，讲授了本课程的第一个版本。阿曼达·厄肖在协调完成本书终稿的过程中发挥了重要作用，并开发了许多示意图、插图和表格。她还负责术语和首字母缩写词汇表。她的努力提升了这本教科书的质量。

在作者精心编写本书的早期草稿时，一些朋友和同事提供了指导。这些贡献具有巨大的价值，有助于提高内容和形式的质量，对读者和学生很有用。阿卜杜拉国王科技大学的大卫·凯斯对第 9 章（并行算法）进行了审阅，并给出了一些建议。杰克·东加拉就第 4 章（基准测试程序）提供了重要反馈。

这本书反映了数十年来在高性能计算领域无数贡献者的努力、研究、开发和经验。虽然许多同事没有直接参与本书的撰写，但他们为与高性能计算的广泛背景及其价值相关的概念、组件、工具、方法和实践做出了贡献。其中包括比尔·格罗普、比尔·克莱默、唐·贝克尔、理查德和莎拉·墨菲、杰克·东加拉和他的许多合作者、松冈聪、高光、比尔·哈罗德、露西·诺威尔、凯西·耶利克、约翰·沙夫、约翰·萨蒙，当然还有戈登·贝尔。托马斯·斯特林想要感谢（麻省理工学院）他的论文指导教授伯特·霍尔斯特德，感谢他的指导和帮助。斯特林还要感谢合作者豪尔赫·乌坎和阿曼达·厄肖，他们使这本书成为可能。特别是保罗·墨西拿，他是同事、榜样、导师和朋友，没有他这本书永远不会问世。马修·安德森要感谢达亚娜·马威斯、奥利弗·安德森和贝尔特兰·安德森。马切伊·布罗多维茨要感谢他的妻子裕子·普林斯·布罗多维茨。所有作者要感谢 Morgan Kaufmann 出版社的内特·麦克法登，他付出了巨大的努力，细心指导并充满耐心，使这本书最终顺利出版。

献给保罗·墨西拿（由托马斯·斯特林撰写）

作者很高兴将这本书献给保罗·墨西拿博士，以感谢他在40多年的职业生涯中对高性能计算领域的杰出贡献和领导。我们可能无法全面呈现其影响的重要性，但许多重要的国家计划都得益于他的指导。墨西拿博士一直是一个有远见的人，一个战略家，一个计划、项目、组织、倡议的领导者。也许最重要的是，他培养了很多科学家在其职业生涯中的技术成就和领导力。墨西拿博士是阿贡国家实验室数学和计算机科学部的创始主任，该实验室是一个将高性能计算应用于美国能源部（DOE）关键任务问题领域的领先机构。随后，他创立并指导了加州理工学院并行超级计算设施，分期装配了英特尔的试金石德尔塔大规模并行处理器。这是1991年世界上最快的计算机，也是一系列大规模并行处理器的原型，这些处理器决定了未来30年高性能计算的发展方向。加州理工学院的并行超级计算设施已经发展为加州理工学院的高级计算研究中心，其中两位作者在那里度过了他们职业生涯中的成长时期。保罗贡献卓著，并担任开创性的NSF Teragrid项目和国家虚拟天文台的联合首席研究员。他领导了美国能源部ASCI项目近3年，将美国的高性能计算能力提升到目前的领先水平。最近，保罗领导了百亿亿次（E级）计算项目，这是美国在21世纪20年代初实现E级计算性能的最重大任务。对于一些人来说，保罗对他们的个人事业有直接且有意义的影响。对于作者托马斯·斯特林而言，保罗多年来一直是同事、领导、导师和朋友。

目 录 *Contents*

绪 论

　　超级计算，即超级计算机及其应用，是现代最重要的发展之一，在广泛的研究领域和实践领域具有无与伦比的影响。从最极端的神秘科学到最直接的实际问题，超级计算机在人类能力、环境和理解的提升和进步中发挥着至关重要的作用。人类历史上没有任何其他单一技术经历过类似的增长率，即使在其相对较短的存在期也是如此。在人的一生中，超级计算机已经将其计算能力提升了 10 万亿倍或 13 个数量级，而且这还是保守估计。对于 20 世纪 40 年代末每秒不到 1000 次的基本操作，如今已提升至每秒超过 100 千万亿次浮点运算（超过 100petaflops，即 100 千万亿次浮点运算次数 / 秒）的性能。超级计算机的速度每 10 年稳步提高约 200 倍，这主要源于技术、架构、编程方法、算法和系统软件的一系列进步（见图 1-1）。高性能计算（HPC）是超级计算的代名词，是一种主要探索手段，是过去两千多年的经验方法和最近 4 个世纪启蒙时代的理论实践方法的补充。作为研究方法的"第三支柱"，超级计算能够实现新的探究路径、设计技术和操作流程。即使发现有些确切地归功于其他类型的工具和仪器（例如巨型望远镜或粒子加速器），但也需要使用超级计算机通过数据分析（有时称为"大数据"）产生最终结果。可以断言，超级计算使我们能够理解过去、控制现在，并在有限的情况下预测未来。

　　使用 HPC 所需的技能是多样的且复杂的，而学习这样的技能并达到充分熟悉的程度，在正常实践中至少需要多年的学习和经验积累。

　　这通常意味着需要在学术界、工业界或国家实验室的研究机构中进行冗长的学徒训练。有许多书籍讲授了特定的编程语言；有些则详细描述了计算机体系结构和指令集；还有一些则讨论系统软件，如操作系统。但缺少一本教科书，作为所有这些元素及其相互关系的入门级教程，并结合有指导的上手实验。本书对相关学科的相关元素进行了精心设计，所有这些都有助于读者理解超级计算及其使用的关键方法。本书介绍了基础概念、相关知识和详细技能，它们将使你对 HPC 有深入理解，并提供一套初步的技术，使你成为一名高效的（尽管还处于起步阶段）且可投入实战的从业者。在本书中，被社区采用的最佳实践都是通过训练呈现的，因此你可以学着做，不仅学习如何做，甚至可以理解做什么和为什么。

图 1-1 于 2013 年在橡树岭国家实验室完全部署的泰坦千万亿次机器。它占地超过 4000 平方英尺，消耗约 8MW 的电能。它具有超过 27 千万亿次的理论峰值性能，在高度并行的 Linpack（HPL）基准测试程序中，实现了 17.6 千万亿次的最大持续性能（R_{max}）。该架构包括英伟达图形处理单元加速器（照片由美国能源部橡树岭国家实验室提供）

本书全面介绍了 HPC 领域。它以这样一种形式来呈现，在讲授有用的基本技能时，既会有知识上的提示，又会具有实用性。它结合了多方面的视角，包括超级计算的概念、超级计算机的知识以及超级计算机的使用和编程技术。但讲授 HPC 这样复杂的主题是具有挑战性的，因为几乎所有事情的定义都需要基于其他事情，并且还与这些事情相关联。然而，就教育学的本质而言，材料必须以某种顺序呈现。因此，第 1 章简要介绍了 HPC 的基本要素，以概述所有内容；第一次遍历式阐述将给出后续的深入章节与这一广泛主题的背景相关性。

本章着眼于 HPC 的许多方面。其重要性在于它提供了 HPC（虽然已简化）的完整视角，以便可以在完整的上下文中理解后续对细节的更详细讨论。因为若不提及其他部分，单独任何一个部分都没有意义，所以本章将简要介绍几乎所有领域。为了加强对相互关联问题的粗略表述，本章最后总结了该领域的历史及其快速发展情况。

1.1 高性能计算学科

如前所述，HPC 实际上是多个相互关联的学科的集合，每个学科都为整个领域提供了一个重要的方面。HPC 作为一种有用的工具，掌握它有助于理解和掌握每个相应领域的相关技能。这里描述了这些广泛的领域，包括适用于整个领域的"高性能计算"的正式定义，属于 HPC 最终目的的终端用户的应用问题（这些问题涵盖广泛的科学、工程、社会和安全领域），性能的核心概念（它是 HPC 与其他形式的计算相比具有的显著特征），构成 HPC 系统的硬件和软件组件、环境、工具、应用程序编程以及使用的接口。以下各节将详细介绍这些内容，并共同构成书中的概念、知识内容和技能的主要部分。

1.1.1　定义

HPC 是一个倾尽全力的领域，试图在任何时间点和技术上对于相关技术、方法和应用的所有方面实现最大计算能力。它使用称为"超级计算机"的电子数字机器来尽可能快地执行各种计算问题或"应用程序"（也叫"工作负载"）。在超级计算机上执行应用程序的操作被广泛称为"超级计算"，它与 HPC 同义。

1.1.2　应用程序

HPC 的目的是求解一类问题的答案，这类问题往往无法通过经验、理论甚至广泛可用或可访问的商业计算机（例如，企业服务器）单独求解。历史上，超级计算机已经应用于科学和工程，并且被描述为"科学的第三支柱"，同时作为实验（经验主义）和数学（理论）的补充[⊖]。超级计算机可以解决的问题范围远远超出了传统的科学和工程研究，包括社会经济学、大数据管理和学习、过程控制和国家安全方面的挑战。因此，应用既是要解决的问题，也是表示解决问题的手段——"代码"或有序计算指令集合——的主体。代码是用户向超级计算机传达该如何执行必要的计算，以实现求解问题及达成目标的手段。使用的全套代码是"计算机程序"或"程序"，开发应用程序代码的人是"程序员"。

1.1.3　性能和指标

虽然性能的概念可能很直观，但并不简单。没有单一的性能指标可以完全反映计算机操作质量的所有方面。"指标"是超级计算机的可量化和可观察操作的参数。通常需要使用多个角度和相关的指标来表征 HPC 系统的行为属性和能力。有两种基本测量指标，它们可以单独或组合使用，以在不同的环境中明确地表示超级计算机定量属性值。这两个基本测量指标是在规定条件下测得的"时间"和"操作次数"。

对于 HPC，最广泛使用的指标是"每秒浮点运算次数"或"flops"。浮点运算是以某种机器可读和可操作形式表示的两个实数（或浮点数）的相加或相乘。因为超级计算机如此"强大"，所以描述它们的能力时将需要诸如"每秒万亿或千万亿次操作"之类的短语。该领域采用与科学和工程领域相同的符号系统，使用希腊前缀 kilo、mega、giga、tera 和 peta

---

⊖ 图灵奖得主、关系型数据库的先驱吉姆·克雷（Jim Gray）提出将科学研究分为四类范式，即"实验科学""模型推演""仿真模拟""数据密集型应用"，仿真模拟严重依赖计算能力。——译者注

分别代表千、百万、十亿、万亿和千万亿。第一台超级计算机勉强达到每秒 1000 次浮点运算（Kflops），今天最快的超级计算机表现出每秒 125 千万亿次浮点运算的峰值性能。编写本书的笔记本电脑具有每秒几千兆次浮点运算的峰值性能。根据该指标，超级计算机比笔记本电脑强大数百万倍。

超级计算机的真正能力是其执行实际工作的能力，以得到面向最终目标的有用结果，例如模拟特定物理现象（例如，碰撞中子星以确定产生的电磁爆发特征）。比浮点运算更好的衡量标准是给定问题需要多长时间才能完成。但由于存在数千（数百万？）种这样的问题，因此这一度量并不是特别有用。HPC 社区选择一些特定问题来标准化，这种标准化的应用程序就是"基准测试程序"。一个特别广泛使用的超级计算机基准测试程序是"Linpack"，或者更准确地说是"高度并行的 Linpack"（HPL），它以稠密矩阵的形式求解一组线性方程[1]。基准测试程序通过测量各自执行相同计算所需时间，提供了两个独立系统之间的比较评估方法。因此，衡量性能的第二种方法是完成固定问题所需时间。HPC 社区选择 HPL 作为超级计算机排名的手段，如 1993 年开始的"Top500 排名"（见图 1-2）。但是其他基准测试程序也用于强调超级计算机的某些方面或代表某类应用。

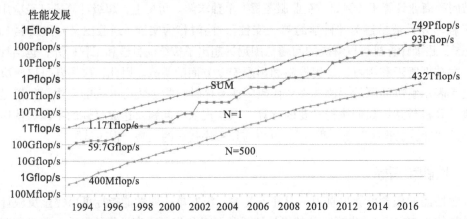

图 1-2　自 1993 年开始，Top500 列表中超级计算系统的 HPL 基准测试程序中 R_{max} 的评估。
最上面的曲线表示列表中所有计算机的累加性能。中间曲线显示列表中排名第一的
计算机的性能。底部曲线显示了列表中排名最后一个的计算机的性能（第 500 名）
（图片由 Erich Strohmaier 提供）

1.1.4　高性能计算系统

HPC 领域最显著的方面是高性能计算机，或简称超级计算机。今天，这些机器看起来像是成排的许多机架，占据了数千平方英尺的面积并且可能消耗数兆瓦的电力。同时，还有这样一个地方（通常在计算机内部）提供了全部其他体验，如噪声、快速变化的温度梯度和闪烁灯光等。即使是最沉稳的观察者也不能不对这样的系统肃然起敬，包括令人印象深刻的超大规模、可以完成的浩大工程、可以承诺的计算能力，以及只有它们能够解决的问

题。除了一般参观者可以看到的支持这些系统运行的基础设施之外，大部分设施位于地板下、相邻房间以及机器所在建筑物外部。部署最先进的超级计算机确实是一项重大的工程任务，涉及时间、费用和专业知识，以及在整个系统生命周期内负责任的管理和维护。然而，看见和听见的以及其他感官感觉到的，几乎不能反映出这些机器所体现的成就的真实本质。HPC 系统的核心是其无数组件的结构和组织，以及运行和执行提供给它们的用户应用程序的语义或规则。HPC 系统甚至不仅有硬件，还有大量的软件组件，它们可以控制物理组件的层次结构，并管理用户工作负载。如果说物理硬件、机架和所有内容都是参观者看到的内容，那么系统软件、接口和功能就是用户在开发和运行应用程序并分析结果时所体验到的内容（通常位于远离物理机的位置）。

重要的一点是，高性能计算机系统具有与编写本书使用的个人笔记本电脑相同的基本功能和子系统。两个极端情况均具备的主要能力包括以下方面：

- ❑ 将输入数据值转换为输出结果的操作函数。
- ❑ 用于存储系统运行数据的内部存储器。
- ❑ 应用程序执行期间，在不同组件和子系统之间传输中间数据的通信通道。
- ❑ 协调组成部件和子系统之间互操作性的控制硬件。
- ❑ 组织和保存持久数据、系统软件和应用程序的大容量存储。
- ❑ 将用户连接到系统的输入 / 输出（I/O）通道和接口（如键入字符的键盘和正在查看的屏幕）。

同样，HPC 系统的软件与桌面工作站或部门企业服务器的软件之间有很多共同之处。像这些更普遍但更普通的计算机一样，超级计算机具有一个软件结构，该结构有许多与接口、控制和功能相同的作用，包括但不限于以下内容：

- ❑ 操作系统，负责管理机器及其操作的所有方面。
- ❑ 编译器，将用人类可读语法的语言（和其他接口）编写的应用程序转换为机器可读的二进制代码。
- ❑ 文件系统，提供大容量存储的逻辑抽象，并在大容量存储设备（如硬盘驱动器）上组织数据。
- ❑ 无数软件驱动程序，负责计算机与外部世界及用户通信的 I/O 设备。
- ❑ 许多工具，构成预期用户环境。

HPC 系统与传统计算机的区别在于组件资源的组织、互连和规模，以及支持软件在该规模上管理系统运行的能力（见图 1-3）。规模化意味着物理和逻辑并行的程度，诸如处理器和内存存储体等关键物理组件的复制，以及同时执行的任务数量的描述。虽然单插槽笔记本电脑也具有一些并行性，但 HPC 系统的结构层次要高得多，每个级别通常都要大得多（但也有例外）。正是这种并行组织，协调子系统以解决共享问题的方法，以及系统软件和编程模型的附加功能，提供了这种管理机制，使得超级计算机与其较小的同类产品区分开来。但是从程序员的角度来看，需要思考并行性（许多事情同时发生）和分布式（事物发生在不同的地方，由距离分开），以区分超级计算机和日常计算机[2]。这需要使用编程接口的知识和技能，这些接口被暴露出来并被应用程序的并行性和算法所利用，这些算法允许同时操作计算的许多部分，从而有助于获得最终答案。

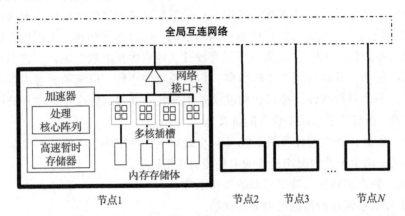

图 1-3　HPC 系统与传统计算机的区别在于图中所示的许多组件资源的组织、互连和规模。
"节点"包含计算所需的所有功能元素，并且高度复制以实现大规模

1.1.5　超算问题

　　超级计算领域诞生于实验核研究的革命性进步之中，并且已经发展到影响几乎所有由实验驱动的研究领域。由于超级计算起源于模拟由核物理驱动的问题，因此许多超级计算问题都是在跟踪由不同种类粒子组成的系统的背景下构建的，这些粒子可能彼此相互作用并且不处于平衡状态。这种非平衡问题通常难以分析计算，并且实验探索成本非常高。因此，这些类型的问题经常出现在超级计算机上，因为仿真具有高分辨率探测能力，而且通过计算实验可以使成本大大降低[3]。

　　与跟踪具有成对相互作用的大粒子系统相重叠的另一类超级计算问题是，求解一组偏微分方程这类问题。例如，由于与许多工程问题的相关性，大部分超级计算时间用于求解流体流动的纳维－斯托克斯（Navier-Stokes）方程。举第二个例子，2015 年由 LIGO 科学合作开展的对天体物理引力辐射源的直接检测，得到了数百万小时的超级计算资源的支持，这些资源求解了爱因斯坦场方程以模拟二元黑洞的合并。

　　围绕超级计算机求解线性代数问题的能力，设计了许多种类的 HPC 问题。在科学和工程学中，经常将偏微分方程离散化，形成线性方程组。这导致了超级计算机的直接和迭代解决方案技术的发展。目前测量超级计算机峰值性能的主要基准是密集线性代数问题。

　　虽然许多 HPC 问题来自数学模型，但今天一些最重要的超级计算问题来自图问题。图问题通常来自知识管理、机器智能、语言学、网络、生物学、动力系统和两两耦合系统中出现的问题。

　　HPC 问题的代表及其在学术界、工业界和政界的使用示例见表 1-1。

表 1-1　超算问题的代表及其在学术界、工业界和政界的使用示例

超级计算问题代表	学　术　界	工　业　界	政　界
偏微分方程的解	Navier-Stokes 方程、爱因斯坦方程、麦克斯韦方程	Black-Scholes 方程、可压缩的流体、Navier-Stokes 方程、油藏建模	天气预报、飓风造型、风暴潮模型、海冰造型
具有两两耦合相互作用的大型系统	宇宙学、分子动力学模拟	医学发展、生物分子动力学	等离子建模
线性代数	支持偏微分方程的解、HPL 的基本基准测试和高性能共轭梯度	搜索引擎 PageRank、有限元模拟	HPC 机器评估、气候建模
图问题	系统研究、机器学习	欺诈识别	安全服务、数据分析
随机系统	辐射传输、粒子物理学	金融风险分析、核反应堆设计、过程控制	公共卫生、模拟疾病传播

　　超级计算问题的多样性和新颖性被继续扩展到其核物理根源之外（参见图 1-4 中的例子）。随着超级计算技能和资源变得越来越普遍，很难想象分析领域未来不会受到 HPC 影响。

1.1.6　应用编程

　　用户对 HPC 系统的基本视图是通过一个或多个编程接口看到的，这些编程接口以编程语言、库或其他服务的形式出现。可通过其他工具集进行扩展，这些工具可帮助制作、优化和调试应用程序代码。具有讽刺意味的是，一种主要的编程方式是直接使用现有程序或将其作为模板修改后用于特定目的。有数百种计算机编程语言，从非常低级别的（如汇编程序）到非常高级别的（如声明性机制）。但是对于 HPC 来说，传统意义上被采用的编程接口的数量相对较少，大约有几十个，尽管还有更多的实验或研究模型。简单来说，编程语言定义的内容包括：一组可以操作的命名对象，对这些对象可执行的基本操作，用于建立条件和操作执行顺序的流控制机制，用于模块化的封装方法，以及包括大容量存储的 I/O。

图 1-4　来自回旋速调管环形码（普林斯顿等离子体物理实验室）的粒子模拟，模拟托卡马克融合装置内的等离子体。这里显示了环形内部的一些粒子采样和它们的速度着色，不同的超级计算处理器边界由环形细分线来描绘

　　超级计算中的编程具有额外的要求和特征。性能是将 HPC 编程与其他领域编程区分开来的驱动要求。它仅次于正确性和可重复性，这是我们主要关注的问题。性能最显著地表现在对计算并行性的表示和利用的需要，即同时执行多个任务的能力。并行处理涉及并行任务的定义，建立确定何时执行任务的标准，部分任务之间的同步以协调共享资源，以及计算资源的分配。HPC 编程的第二个方面是控制数据和任务的分配与并行和分布式系统的物理资源之间的关系。并行性的性质会根据应用程序所针对的计算机系统架

构的形式而显著变化。同样值得关注的还有确定性、正确性、性能调试和性能可移植性等问题。

根据并行系统架构类的性质，采用不同的编程模型。差异化的一个方面是并行工作流的粒度。没有交互性的非常粗粒度的工作负载（有时称为"易并行"或"作业流"工作流）暗示了一类工作流管理器。在多线程共享内存系统编程接口（如 OpenMP 和 Cilk++）中强调了细粒度并行性。由高度可扩展的大规模并行处理器（MPP）和集群所反映的中到粗粒度并行性，主要通过顺序进程间的通信（例如消息传递接口（MPI）及其许多变体）来表示。本书探讨了这些并行编程形式，并提供了扩展的表示和直接的实践经验。

1.2 超算对科学、社会和安全的影响

今天，更广泛的 HPC 生态系统是一个充满活力的 230 亿美元市场，预计到 2020 年将增长到 300 多亿美元，复合年增长率为 8%。HPC 代表了增长最快的市场之一，这主要受各种应用领域的终端用户需求所驱动，包括金融服务、石油和天然气、制造业、地球科学、生命科学、国家实验室和政府情报。

1.2.1 促进欺诈检测和市场数据分析

全球对金融服务业务的需求快速增长，包括贸易、银行业务和抵押贷款处理等，它们正在以前所未有的程度强调金融信息管理系统。越来越多的金融服务公司（如自营交易公司、投资银行和支付处理公司），正在部署超级计算，以解决回溯测试、风险管理和欺诈检测等核心业务问题。自营交易和投资管理公司经常部署 HPC 系统（规模大约为每秒 100 万亿次）来制订准确的交易策略并预测市场表现，以使它们能够打包高利润的金融工具。在许多投资银行和抵押/信贷处理公司中，超级计算机（规模大约为每秒 10~100 万亿次）用于处理数百万条记录并准确预测不同投资组合的风险。支付处理公司越来越多地采用超级计算技术来防止欺诈，使用模式检测和匹配算法。

1.2.2 发现、管理和分配石油和天然气

石油和天然气公司是超级计算技术的最大商业用户，包括所有公开可使用的商业千万亿次系统。超级计算机驱动石油和天然气工作流程中的各个方面，包括勘探、生产和分配。在勘探中，超级计算机被部署于高分辨率地震处理中以通过地下成像识别油藏（见图 1-5）。在生产工作流程中，超级计算机用于表征液位并确定最安全的储备管理方法。越来越多的石油和天然气公司正在使用 HPC 功能来设计新的预测分析，以有效分配石油产品。HPC 是当今石油和天然气公司的重要基础能力，并广泛应用于勘探和生产，以最大限度地降低勘探风险并提高整个过程的安全性。

近 48 个州的近海油田的天然气生产

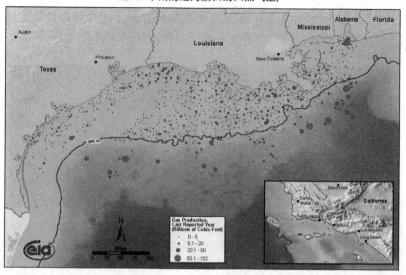

图 1-5　英国石油公司（British Petroleum，BP）的研究人员使用高性能计算机模拟地表下
　　　　的地质情况，使用多维分析和特征化准确识别油田（图片由美国能源信息管理局通
　　　　过维基共享资源提供）

1.2.3　加快制造业的创新

　　制造业涵盖广泛的行业，包括航空航天、汽车、消费品、重工业、轮胎制造和电子 /
半导体制造。这些不同行业的共同点是将计算机辅助工程应用于产品设计和制造过程。在
汽车行业中，超级计算机用于模拟碰撞、噪声、振动、硬度和应力的结构分析，以及计算
流体动力学驱动的产品设计。在航空航天中，超级计算机主要用于基于计算流体动力学的
空气动力学仿真和虚拟原型设计。通过在设计过程中使用仿真而不是物理测试，制造公司
缩短了设计周期并加快了产品上市速度，同时降低了开发成本并为客户提供了更安全的产
品。HPC 可能是当今制造业中最重要的技术之一。使用模拟驱动的工程，研究机构可以提
高喷气式发动机、风力涡轮机、重型机械和燃气轮机的效率（见图 1-6）。即使性能只提高
2%～4%，也可以减少数十亿美元的运营和燃料成本。

1.2.4　个性化医药和药物发现

　　在各种依赖高性能计算机技术的应用领域，生命科学是另一个垂直细分领域。超级计
算被研究人员和企业用于基因组测序和药物探索。制药公司经常部署超级计算机，使用各
种分子动态模拟方法来加速药物探索过程。使用高性能计算机和分子动力学模拟，研究人
员能够设计新药和模拟测试药物的有效性，使得研究过程大大地被优化，从而产生更安全
有效的药物。高性能计算机还用于开发人体生理学的虚拟模型（例如心脏、大脑等），这使

得科学家和研究人员能够更好地了解疾病和潜在的治疗方法（见图 1-7）。越来越多的生命科学研究人员和公司正在设计能够将基因组测序和药物探索结合起来的新方法，来实现新的更有效的个性化医疗形式，使其能治愈一些最具挑战性的疾病。

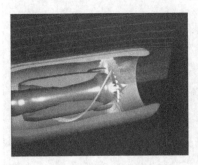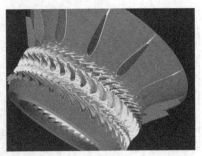

图 1-6　（左图）高性能计算机经常用于高保真虚拟引擎仿真和设计；（右图）NASA 的研究人员使用高性能计算机仿真用于航空和发电的下一代涡轮机的设计（左图是由维基共享资源提供的模拟图像，右图是由戴尔·桑特和杰伊·霍洛维茨通过维基共享资源提供的模拟图像）

1.2.5　预测自然灾害和了解气候变化

地球科学是另一个高性能计算机产生深刻影响的关键领域，超级计算频繁地用于研究气候变化及其影响。全球各地的研究机构依赖高性能计算机来预测天气情况并使高精度的本地化预测成为可能。这些基本领域中一个关键的、应用广泛的领域是灾害应急处理，这里，高性能计算机模型被用于预测自然灾害的各个方面，比如地震的等级和影响、飓风的路径和风力、海啸的方向和影响（见图 1-8）。随着气候不断变化，强大的飓风、热浪和其他极端事件的威胁不断增加，高保真的计算模型和更多的算力很有必要。

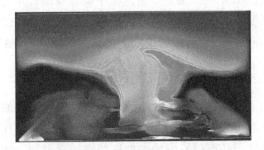

图 1-7　高性能计算机被用于开发肾脏足细胞的虚拟模型（图片由 C. 法尔肯贝里等人通过维基共享资源提供）

图 1-8　橡树岭国家实验室的研究人员在一种大气模型中探究二氧化碳的水平对流（图片由 F. 霍夫曼和 J. 丹尼尔通过维基共享资源提供）

在这些应用领域及除此之外的其他领域中，超级计算机在加速创新、优化业务流程、拯救生命和实现改革的社会经济学方面有着深远的影响。毫无疑问，高性能计算机已经成为工业创新、研究和政府政策制定的核心战略组成部分。

表 1-2 展示了在生产环境中使用高性能计算机以加速创新和产生广泛社会经济影响的主要垂直领域。没有高性能计算机，这些领域及其他领域将在提供创新的、更安全的和更好的产品方面受到严重制约，创新步伐将大大减缓。

表 1-2　超算的广泛影响：高性能计算机如何被应用在不同的领域以加速创新并产生社会经济学影响

垂直细分领域	常见的工作流程
金融服务	欺诈和异常检测、回溯测试算法 / 自营交易、风险分析
石油和天然气	地震处理、解释，油田建模
制造业	材质模拟、结构仿真（噪声 / 振动 / 硬度和碰撞）、空气动力学仿真、设计太空探测器、热力学仿真等
生命科学	分子动力学、药物探索、虚拟模型、基因组测序等
地球科学	大气层建模、流体动力学建模、冰川建模、耦合气象模拟

1.3　超级计算机剖析

为了对现代超级计算机的概念有所了解，我们简要描述了当今世界上最快的超级计算机之一泰坦（Titan）（见图 1-1）。2012 年 11 月，泰坦被评为最快的超算；如今虽然已被超越，但仍是美国十大超级计算机之一。从其庞大的规模和计算能力方面看，泰坦名副其实：占地超过 4000 平方英尺，功率约 8MW。泰坦由克雷公司开发，部署在橡树岭国家实验室。它结合了大多数最先进的高端机器所具有的结构、功能和组件规模，理论峰值性能超过 27 千万亿次，并在世界 500 强超级计算机评测所使用的 HPL（Linpack）基准测试程序上，跑出了 17.6 千万亿次的持续最大性能（R_{max}）。泰坦由美国能源部和国家海洋与大气管理局赞助，其目的是进行其擅长的科学研究。

泰坦采用的是 Cray XK7 架构，这种异构架构反映了高性能计算机的重要发展趋势——混合不同类型的处理单元，即使在同一个应用中，也能为不同类型的计算提供最佳支持。

系统堆栈框图（见图 1-9）显示了由许多物理和逻辑组件构成的分层层次结构[4,5]，这有助于成为通用目的的超级计算机。系统的底层（即硬件层），是像泰坦这样的超级计算机最易看见（和听见）的物理资源。即使从高层视角来看，我们也可以体会到系统的主要组成部分。这里展示了执行计算的处理器、存储数据和在处理器上运行程序代码的存储器，以及集成了潜在的成千上万乃至百万计的处理器 / 内存"节点"到单台超级计算机的互连网络。另一类硬件提供长期的数据存储和程序存储。硬盘驱动器和存档的磁带存储可以永久地保存用户数据，并且其容量远大于暂时性的主内存，但其代价是更长的访问时间。

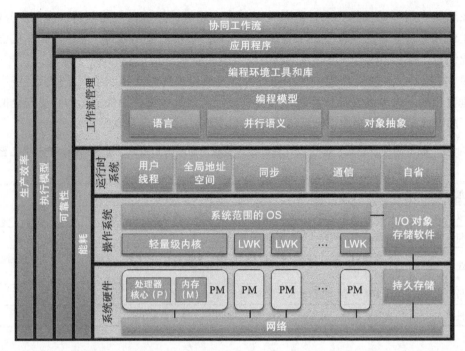

图 1-9　通用超级计算机的系统层级包括硬件层和许多软件层。第一个软件层是操作系统，包含资源管理和访问输入 / 输出（I/O）通道的中间件。更高的软件层包括运行时系统和工作流管理

　　控制硬件和管理这些硬件资源的第一层级软件与操作系统相关联，这种关联比这里所显示的两个层级间的关系要复杂得多。每个节点具有一个操作系统的本地实例，控制节点的物理存储设备和处理器资源以及到外部（外部节点）系统区域网络的接口。操作系统的额外一层有时称为中间件，在逻辑上将许多节点及本地操作系统集成到单一的系统映像中，用户可以向其提交应用程序并访问标准 I/O 通道。在一些超级计算机中，在被称为主机的专用计算机上运行的单独的前端软件环境，提供除可扩展计算本身以外的大多数用户接口和服务。分层操作系统将抽象化或虚拟化机器反映到系统上层，包括用户编程接口。它确保了应用程序可依赖的和通用接口协议独立于执行它的特定系统的标准化用户服务集。在这些服务中，文件系统管理大部分持久存储，并对各种形式的用户数据以结构化组织的方式来呈现。

　　在这些专注于资源管理的层次之上是与开发和执行用户应用程序和负载相关的层。这里"负载"被定义为松耦合的应用程序的集合，集合里的每个应用程序分别执行需要被计算的总任务集里的不同方面。例如，某台计算机可能有 3 个应用程序：模拟器、数据分析器和可视化包，其中每个程序都将数据流传输到下一个程序。整个工作管理层包含很多支持能力：包括编程语言（如 Fortran、C、C++），通常用于并行化的额外的库（如 MPI、OpenMP），以及翻译和优化用户代码、为处理器提供机器能够识别的代码的编译器。更高

级别的环境和工具有助于构建和管理更复杂的工作流。这些环境中一个重要的部分是可被许多程序使用的、先前开发的和拥有许多高度优化函数的复杂库，通过代码重用，这些将提高程序员的效率。

超算系统的最后一层是运行时系统软件。虽然这个层级在传统的高性能计算机实践中往往是一个相当薄的层，但在编程模型（如 Java）中，它可能更加基础，如 JVM（Java 虚拟机）。高性能计算机的运行时系统也负责资源管理、任务调度和通信的某些方面。未来的超级计算机的运行时系统可能会发挥更重要的作用，但目前这只是推测，有待通过实验进行验证。

1.4 计算机性能

高性能计算机定义的主要属性和所呈现的对应属性值就是性能，即高性能计算机对终端用户应用提供的性能。"速度"或"有多快"这些表达是常见的，但可能是含糊不清地描述了时间、工作（计算行为）、系统大小和其他因素之间的关系。尽管性能在高性能计算机领域发挥着核心作用，但其作为一种衡量标准本身是模糊的，具有不同的在某些情况下甚至是矛盾的含义，并且可能由于不同的解释产生不同的结论。但是，尽管存在这些变幻无常的情况，性能作为成果和获得成果的方式，仍然是高性能计算机作为一门学科和实现成果的方式的核心 [6]。本节简要介绍作为定量度量指标的性能并描述其各个方面，即使我们已经尝试测量和应用它来指导系统和应用程序的开发。

1.4.1 性能

性能是反映一个人或一台机器运行良好的直观概念。它是我们考虑运动员、交通工具以及更多抽象成就（如考试成绩）时的一个自然部分。计算机的性能很容易被认为是它运行有多快或运行应用程序的速度。虽然这种说法没有错，但这种模糊的概念不足以在某些情况下进行定量评估或比较，例如，分别运行相同程序的机器之间、计算相同答案的不同程序之间，或者可替代的支持软件（例如，两种不同的编译器或语言）之间。因此有必要以一种或多种实用的方式定义性能，并建立测量性能的量化指标。接下来我们会看到许多有意义和实用的定义，它们拥有相同的描述时间（秒）和工作（元操作）参数。但是，根据使用这两者的不同场景，它们的意义可能完全不同，甚至导致相互矛盾的结论。

1.4.2 峰值性能

系统的峰值性能是理论上超级计算机的硬件资源完成操作的最大速率。通常在高性能计算机中，峰值性能以每秒浮点计算次数（flops、megaflops、gigaflops、teraflops、petaflops）为单位进行测量，到 21 世纪 10 年代末，峰值性能预计会达到百亿亿次（E 级）。（注意，每秒浮点计算次数（floating point operations per second），即 flops 尾部的 "s" 不是复数，而是代表"秒"。即使对于知识渊博的人，这也是一个非常常见的错误。）但是不同类型的操作可能有着不同的峰值速率。整数运算、浮点运算和存储器访问（取数－存储）操作将花费不同的时间（指令发射到指令退出），并且可以同时执行的操作数量也不同。更复杂的情况下，给定的操作类型也可能需要不同的时间总量，这取决于执行操作的环境（如通过高速缓存的加载操作）。

峰值性能由器件技术提供的时钟速率和计算机体系结构确定的硬件并行性共同决定。两者都是器件密度的函数，在过去的 40 年中已显示出显著的增长率。这种趋势被戈登·摩尔看到，他预测器件密度每两年增加 1 倍。这已被证明非常准确。缩小的特征尺寸（即芯片上导线的宽度）减小了电容和自然时间常数，提供了更高的时钟速率。同时，单个半导体芯片上可以放置更多器件，这使得可以出现更复杂的处理器内核架构，每个周期可以执行更多操作（峰值时）。系统体系结构确定了共同构成整个系统的处理器核心数量，并且对同时执行的操作总数也有影响。因此，峰值性能即每秒执行的操作总数，由时钟速率和体系结构决定。

戈登·摩尔，英特尔公司联合创始人，他指出，集成电路中的晶体管数量大约每两年增加 1 倍。这种结论被广泛称为"摩尔定律"。
（照片由化学遗产基金会通过维基共享提供）

戈登·摩尔和罗伯特·诺伊斯是英特尔公司的联合创始人，也是半导体行业的先驱。戈登·摩尔提出一个现在被称为"摩尔定律"的结论，指出集成芯片上的晶体管数量大约每两年增加 1 倍。摩尔定律随后成为半导体行业的一个驱动目标，并造就了仅采用最新的集成芯片便可实现计算科学的巨大性能提升的时代，这一时代有时被称为"搭便车"。戈登·摩尔是总统自由奖章和 IEEE 荣誉勋章的获得者。

1.4.3　持续性能

持续性能是超级计算机系统在运行应用程序时达到的实际或真实性能。持续性能不会超过峰值性能，它可能会少很多，而且往往如此。在整个计算期间，瞬时性能可能在不停变化，有时非常显著地取决于系统本身和应用程序代码的直接要求所决定的多变环境。持续性能表示应用程序的总平均性能，其源自在整个程序运行期间执行的操作总数以及完成程序所需的时间，有时称为"挂钟时间"或"解决时间"。与峰值性能类似，它可以用感兴趣的特定单元（操作类型）来表示，例如浮点运算，或者可以以计算系统支持的所有类型的操作来表示，例如整数（不同的大小）、内存取数和存储以及分支。

持续性能被认为是反映超级计算机真实性能的一个更好的指标，而不是特定情况下的峰值性能。但由于它对工作负载的变化非常敏感，因此只有运行等效的应用程序时，不同系统间的比较才具有意义。基准测试程序就是为此目的而创建的特定程序。许多不同的基准程序反映了不同类别的问题。Linpack 或 HPL 基准测试程序是一种用于比较超级计算机的应用程序：它被广泛使用和引用，并且是每半年评测一次的世界上最快的（至少是那些用此方式测量的）500 强计算机列表（Top500）的评价标准。

1.4.4　可扩展性

"可扩展性"或者"可伸缩性"是性能与超级计算机系统的大小（或"等级"）的某种度量关系。它反映了通过使用更大规模的机器来提高应用程序性能的能力。尽管有许多方法可以量化系统规模的大小，但一个简单且广泛使用的方法是部署的处理器核心数量，我们知道每个处理器插槽可有多个核心，而每个系统节点通常有多个处理器插槽。出于这样的目的，在为给定应用程序分配这些核心时（如实际使用了多少个给定插槽中的核心），所增加的复杂性在很大程度上被忽略了，尽管它实际上可能对最终性能产生重大影响。

正如后面章节会更深入探讨的那样，与性能扩展相关的一个重要的精妙之处是随着系统规模的变化，所采用的应用程序的规模也随之变化。为此，应用程序的规模可以量化为使用的数据量，例如问题矩阵的维数（$n \times n$）。在过去二三十年间，弱扩展性一直是利用更大系统的重要方式，其中数据的大小（例如 n）与系统的大小（同样，核心的数量）成比例地增长。这使得即使系统规模增加，也可以保持给定核心的工作量大致相同。至少对于许多常规问题而言，给定任务（进程或线程）的粒度和效率保持大致相同。这是过去 20 年表现出来的出色的性能增长的重要推动因素。然而，随着系统规模的增长，所包含的主存储器的数量（由于成本限制）不会成比例地增长。结果，每个核心的内存量一直在下降，从而限制了弱扩展的机会。曾经假设每 1 个 flops 的性能需要大约 1 字节的主存储器。目前对于最大的机器，在某些情况下，这个因素已经缩小到 10% 以下（太湖之光为 1%）。

弱扩展的替代方案是更具挑战性但更为重要的强扩展，其应用数据集的大小在系统规模大小增加的情况下保持不变。强扩展的测量标准不是每秒运算的浮点数，而是解决问题的时间。如果系统的规模增加一倍（核心数量的两倍），理想情况下执行时间将减半。执行的总工作量是相同的，但是核心数量增加一倍，因此其应当在一半的时间内完成这项工作。我们可以看到，有很多原因导致这种情况往往不可能，因此一些专家认为强扩展不再是一种可行的方法。虽然存在争议，但本次讨论的立场是强弱扩展同样重要，尽管它们通常用于不同的目的。

1.4.5　性能退化

导致性能从（不会被超过的）峰值性能退化到被观察到的持续性能的原因是多种多样的，但它们都导致无法一直利用所有资源。系统的单一部分不会导致这种退化，导致退化的原因是用户应用程序代码的不完美匹配、编译器执行的高级应用程序声明到低级二进制表示的转换、操作系统潜在的干扰和开销以及系统架构在微内核级的许多方面的细节。通常，不是单个因素而是两个或更多个因素的相互作用才破坏了完美的操作。本书的大部分内容都是关于这种退化是如何发生的，以及可以采取哪些措施来缓解这种退化。在更抽象的层面上，这里简要介绍 4 个决定了在目标平台上运行特定应用程序的交付（持续或实际）性能的主要因素。这种形式的性能退化通过首字母缩写词 SLOW 来表示，它是饥饿、延迟、开销和等待争用的缩写。

饥饿直接关系到性能的关键来源——并行性。峰值性能的测量假设所有功能单元在同时执行不同的操作。如果在任何时刻都没有足够的应用程序并行执行来支持在每个周期向所有功能单元发射指令，则将执行比可能的至少在理想情况下的最高性能更少的操作。其达到的性能将低于可能的峰值性能。饥饿意味着缺乏负载。要么是用户应用程序没有足够的并行性来保持所有系统资源处于繁忙状态，要么是在有足够的负载时它不能均匀分布（负载均衡）。在后一种情况下，一些资源有太多负载要执行，而其他资源可执行的太少。

延迟是信息从系统的一个部分传输到另一部分所需的时间。如果操作需要远程资源的某些数据来执行，则延迟将被计入数据传递所花费的时间中，并导致关联的执行单元阻塞或停止运行，直到数据可用并且其可以继续运行。如果所有此类请求的延迟都非常短，则延迟的影响很小。但是如果执行单元被阻塞（无法继续），直到来自整个系统的请求被递交，则延迟的影响可能非常显著。延迟发生在系统操作的许多方面，包括（但不限于）本地存储器的访问、单独节点之间的数据传输，以及执行流水线的长度（完成一个操作所经历的流水线级数）。为了最小化延迟对性能的影响，可以使系统中所有内容彼此保持相对接近的位置来减少延迟。或者，即使在存在高延迟请求的情况下，也可以通过确保不阻塞功能单元的操作来"隐藏"延迟。如果一个功能单元可以临时处理其他任务，则可以实现这一点。层次化的高速缓存和多线程硬件就是减轻延迟影响的例子。但是程序员或系统软件的局部性管理主导了限制延迟影响的方法。

开销是指超出执行计算实际所需工作量的额外工作量（例如在纯顺序处理器上）。开销是必要的，它被用来管理资源和任务调度、通过同步控制并行性、支持通信、处理地址转换，以及执行许多其他的且实际上不会对计算本身所需操作做出贡献的支持功能。开销通过几种方式降低性能。它浪费了与计算没有直接关联的操作、时间和资源，仅这一点就是关注和正确性测量的起因。但也有一种微妙的间接影响，正如我们在讨论扩展性时所看到的，开销与启动单个任务直接相关，并且在开销的执行过程中，它对其控制的任务的粒度（长度）设置下限以实现有效操作。对于固定数量的任务（如强扩展），可以利用的并行度取决于采用的粒度的精细度和总的可用并行度。因此，可扩展性（和饥饿）间接地受到开销的影响。

由于访问争用，线程对共享资源的等待会降低性能。当两个或多个请求同时发出，要求由相同的单个硬件或软件资源提供服务时，只能有一个请求继续运行，其他的必须等到第一个请求退出并释放所需资源。这导致的一个结果是延迟操作在时间上延长，需要更长的时间才能完成。这具有级联效应，因为依赖于第一个延迟操作的后续操作也将会引起启动时间延长。另一个结果是正在执行延迟操作的硬件可能被阻塞，并且在延迟期间浪费其潜在能力，时间和能量都被浪费。最后，这种事件不可预测地发生（在大多数情况下），并且在执行过程中产生不确定性，使得优化方法不那么有效。典型的例子包括主存储器的存储体冲突和通信网络的带宽不足。

1.4.6 性能提升

考虑到这些因素，高性能计算机用户可以找到许多方法来提高交付的性能，这有时被称为"性能调试"。本书不断描述提高性能的技术，包括硬件扩展、并行算法、性能监控、工作和数据分发、任务粒度控制以及其他精妙的方法。

像增加应用程序执行中使用的节点数这样简单的方案可能是提高性能的主要方法。但由于诸如处理器核心的一致性（或不规则性）、跨内存的数据分布造成的存储体冲突、缓存和转换后备缓冲器（TLB）缺失以及缺页等因素，人们很快就会遇到扩展和效率方面的限制。最小化数据迁移，尤其是系统节点之间的迁移，将减少延迟效应。如果任务（如进程、线程）和消息的粒度变得更有重量级，它将分摊开销和延迟的成本。正确利用编译器优化、增加问题数据集大小（弱扩展）、算法改进和规避 I/O 瓶颈可能是使性能提升的其他方法。如果无休止地继续的话，这个方法列表会很长。其中许多基本技术将在以下章节中演示，因为它们与各自的主题相关。

通常，性能改进的关键是性能测量和分析。我们已经直接开发了整个类别的性能测量工具包和框架以完成这一重要功能。由于超级计算机的性能分析的复杂性，因此后面会有专门章节讨论该主题。

1.5　超级计算机简史

在人类的科学发现和工程的创新活动中，高性能计算机的历史是最引人注目的成就之一。毫不夸张地说，人类历史上没有任何其他技术能在如此短的时间内表现出如此惊人的增长。在相当于一个人一生的时间里，考虑以浮点运算次数为计量单位的吞吐量指标，超级计算能力已经实现了超过 10 万亿倍的增长。这并不是这个领域在一段时间内做错了，然后不知怎么突然做对了。相反，通过 6 个阶段的一系列演进（如器件技术、系统架构和编程方法），无论在任何时间点，最快的计算机性能每十年增长约 200 倍。这个独特的故事很容易成为整个部分的主题。但这里的目的是学习历史经验，因为它定义了当今的高性能计算机，并指导了未来 E 级（百亿亿次）计算时代的发展。超级计算历史的例子说明并强调了批判性思想，以及它在定义高性能计算机和推动其发展方面的重要性。高性能计算机历史的总体模式为未来的详细讨论提供了框架。但即使在最初的介绍中，上面简要介绍过的基本概念也可以作为这个故事后续更精确模式的基础。

现代计算时代源于持续和重要的技术进步，并得益于计算机体系结构和编程模型的创新。但是，只有出于最终用户目标的驱动需求和赋权，这一成就才具有真正的意义和价值：特别考虑那些只能通过计算方式解决的领域。这种建设性张力的概念基础导致了速度和并发性的提高，同时尽量减少低效率源头的持续需求。系统结构的变化是由于需要利用新兴技术带来的新机遇，同时解决每项新进展所带来的挑战。因此，研究超级计算历史的一个视角是计算机体系结构实现的 7 个阶段，我们将简要地研究如何通过器件技术使其成为可能，并通过响应式编程模型来支持其实现。

1.5.1 第一个阶段——利用机械技术的自动计算机

万尼瓦尔·布什和美国总统哈里·杜鲁门
（图片由艾·比罗通过维基共享提供）

　　万尼瓦尔·布什的开创性工作，主要是在大型模拟计算机上求解微分方程。它为今天仍继续增长的计算科学的巨大发展铺平了道路。"差分分析仪"由布什命名，是他在麻省理工学院（MIT）时开发，是第一台用于积分运算的通用大型模拟计算机，并成为电子数字计算机后续开发的催化剂。除了他对政府支持的大科学和战时科学研究管理的影响之外，布什也被认为是互联网先驱，尽管他没有直接参与互联网的发展。他于 1945 年发表的颇有影响力的文章描述了一种可以通过关联链接存储和访问文档的理论设备。信息技术先驱西奥多·纳尔逊赞扬其催生了当今互联网中使用的超文本概念。

　　几千年来，人类一直在寻求通过机械手段来辅助计算，既可以存储中间值，也可以对它们执行算术运算。与纯粹的心算或手写演算方法相比，这些方法提高了速度和准确性。虽然原始，但这些技术非常有效，并支持许多与商业、物流学甚至早期科学相关的重要任务。计数和加法是最早的计算任务之一，这些都是由一系列简单的记录媒介推动的，例如 1 万多年前使用的"计数棒"，最终在公元前 2400 年巴比伦的各种形式的"珠算"中达到高潮。珠算允许通过珠子的物理排列来表示整数，并且通过机械动作执行加法和减法操作。到公元前 200 年，中国人发明了算盘，这是一种先进的珠算形式，在世界某些地方已经用到了现代。这实现了与当今超级计算机相关的两个原则：数字的人工表示和存储以及进程（即通过一系列简单的动作实现更复杂的结果）的概念。现代数字计算的第三个方面是显而易见的：现在称为"数字"的离散数据表示。

　　17 世纪和启蒙时代见证了机械计算器的第一次发展。法国数学家布莱斯·帕斯卡于 1642 年发明了"帕斯卡林"（Pascaline），它简化了用户界面，使得任何人都可以使用，并且结合了加法和减法的进位机制。戈特弗里德·莱布尼茨在 1671 年开发了一种"阶梯式计算器"，用于执行数字的乘法操作。整个 18 世纪，机械计算器取得了许多进展，最终于 1820 年由查尔斯·德科尔开发的"四则运算器"达到顶峰，该计算器于 1851 年批量生产，可以执行除法、加法、减法和乘法运算。在两个世纪的时间内，一系列的发展实现了以实用形式向广阔市场提供实际的人工计算。它还提供了将来嵌入在所有未来现代计算机中的多种功能，这在现在被称为"ALU"或"算术逻辑单元"。

在 19 世纪初，出于编织的特殊应用，约瑟夫·杰卡尔实现了全自动计算的第二个重大进步。他在 1801 年的贡献是提出了控制序列的概念，通过存储能够引发特定自动化动作的命令或指令来实现。"打孔卡"被发明出来，它通过孔的模式定义和激活某个动作集合中的特定动作。"提花织机"被输入一系列这样的卡片，这些卡片确定了编织布料的线的颜色和图案。1890 年，赫尔曼·霍勒里斯将存储数据（而非指令）的打孔卡和机械计算器整合在一起形成"制表机"，并首次应用于美国人口普查。这为近一个世纪以来主导商业信息管理的机械装置提供了处理复杂数据的基础，并建立了后来成为世界上最大的计算机公司的 IBM（最初是制表机公司）。

通过机械装置进行通用全自动计算的基本概念是由英国数学家查尔斯·巴贝奇所提出的，他在 1834 年开始设计"分析机"[7]。他早期关于"差分机"（用于计算多项式表）的想法最终被实现，导致了通用计算的概念扩展。它体现了机械 ALU 的原理和打孔卡序列控制的原理。巴贝奇并没有看到这个梦想的实现，但他影响了康拉德·楚泽的工作，楚泽 1938 年在德国完成了第一台可编程机械计算机，1944 年霍华德·艾肯和 IBM 开发了"Harvard Mark 1"。这个最终系统是从帕斯卡林以来 3 个世纪发展的顶峰，它展示了自动计算的可行性，包括算术功能单元的基本概念、基于存储指令的序列控制、中间数据存储和 I/O。尽管进行了所有这些创新，但所得到的计算速度（即可以执行操作的速率）仍相对较慢：大约每秒 1 个指令（IPS）。在未来，需要帕斯卡和莱布尼兹时代未曾预料到的设备技术的突破，以及超越巴贝奇的进一步概念进步所创造的范式转移，才能导致现代数字计算机和超级计算机的出现。

1.5.2 第二个阶段——真空管时代的冯·诺依曼架构

高速计算（我们称之为"超级计算"）的第二个阶段结合了由器件技术革命和战争危机驱动的范式转移。4 个基本概念为现代计算时代奠定了基础：布尔逻辑、二进制代数、可计算性以及所谓的冯·诺依曼架构。逻辑是由英国数学家乔治·布尔于 1848 年开发的，它通过合成基本的布尔运算（如与、或、非），提供了复杂的数字逻辑函数设计的基本框架，这是当今几乎所有现代计算机的基础。1937 年，克劳德·香农推导出了基本的信息单位——"比特"（二进制数字），它包含二进制算术的基础和通过人工方式进行计算的主要手段（也使用了十进制或基数 10）。在那之前的一年，1936 年，艾伦·图灵提出了后来成为计算基本模型的"图灵机"，它解决了希尔伯特提出的可计算性的关键问题，并解决了丘奇所涉及的工作。今天我们说如果一台计算机是"图灵等价"的，那么它就是通用的计算机。最后，受埃克哈特和莫奇利工作影响的数学家约翰·冯·诺依曼描述了一类通用的、存储程序的数字计算，它已成为今天几乎所有中央处理单元（CPU）设计架构的基础。其核心是程序计数器和程序表示的概念，即经过编码的指令序列存储在主存中，数据也同时存储在那里。

艾伦·图灵（1912 年 6 月 23 日—1954 年 6 月 7 日）

（图片由维基共享提供）

艾伦·图灵为计算机科学领域奠定了理论基础，并定义了可计算性本身。第二次世界大战期间，他将自己的概念和见解应用于打破德国恩尼格玛代码的自动计算系统的开发中，并开发了第一个存储程序的数字电子计算机之一——自动计算引擎（ACE）。由于他的理论和应用研究，艾伦·图灵被认为是建立现代计算的主要贡献者之一。

图灵设计了抽象计算结构的概念，后来被称为"通用图灵机"，用来解决由数学家希尔伯特提出的中心数学问题，也称为停机问题。这确立了可计算性的原则（由丘奇提供了另一种抽象——lambda 演算）。通过这项工作，关于所有计算机必须如何工作，以及计算机算法的基本思想被提出。任何完全通用的计算机都被认为是今天的"图灵等价"机。

图灵靠着对机械计算的惊人的敏锐性和洞察力满足了加密分析的要求，更具体地说是于英格兰布莱切利公园完成的代码破解，其中解码恩尼格玛消息的挑战是首要的。他为开发先进的"炸弹"——测试了许多可能的解码组合的机电计算机——做出的贡献被认为是使第二次世界大战相对快速地结束并挽救许多生命的关键。除了其他影响之外，这对帮助赢得大西洋之战至关重要，使得物资和人员能够从美国和加拿大跨越大洋到达英国。

艾伦·图灵完成了第一个完整的存储程序的数字电子计算机的设计，即 ACE。但由于种种原因，ACE 直到他英年早逝之后才建成。然而，较小版本的试点 ACE 已经建成，这项早期工作中包含的概念对未来的计算机设计产生了重大影响。在他生命的尽头，图灵考虑了机械计算的影响和人工智能的概念。他设想了一项标志着机器拥有了思想的测试，这已经被称为机器智能的"图灵测试"。

（图片由维基共享提供）

克劳德·艾伍德·香农被广泛认为是现代信息理论之父。他将概率论应用于寻找传输信息的最佳编码方法的通信问题。该领域的一个基本概念是信息熵，它描述了消息中信息内容的度量。信息熵的单位以他的名字命名，即 shannon，相当于 1 比特。

香农根据乔治·布尔的工作创建了第一个数字逻辑电路。那时，这种电路使用机电式继电器进行布置，每个机电式继电器可以处于两种状态之一："开"或"关"。这对应于二元布尔代数使用的 0 和 1。香农扩展了这一概念，通过严格证明数字电路能够解决布尔代数问题，从而有效地建立了数字逻辑设计的理论基础。

香农在贝尔实验室的研究主要集中在第二次世界大战期间的密码学和武器控制系统。他证明了加密的一次性发射台是牢不可破的。他被认为是可用于描述广泛的网络物理系统中信号传播的信号流图的发明者。他还引入了采样理论，分析连续时间（模拟）信号与均匀采样离散时间之间的关系。这项研究的一个成果是著名的香农－奈奎斯特定理，它量化了信号混叠的影响。离开贝尔实验室后，香农加入 MIT，并在电子研究实验室任教和工作至 1978 年。

在他多产的职业生涯中，香农与艾伦·图灵、赫尔曼·韦勒、约翰·冯·诺依曼、亨德里克·波德、约翰·图基以及其他许多人保持着专业联系。他的成就得到了众多奖项的认可，包括莫里斯·利布曼纪念奖、富兰克林学院斯图尔特·巴兰汀奖章、艾·默文·凯利奖、国家科学奖章、IEEE 荣誉奖章、荷兰皇家艺术与科学学院约瑟夫·杰卡尔奖、音频工程学会金奖、京都奖、爱德华莱茵基金会基础研究奖以及世界各地高等教育机构授予的多个荣誉博士学位。他还于 2004 年入选国家发明家名人堂。

莫里斯·威尔克斯和电子延迟存储自动计算器

莫里斯·威尔克斯和正在建设中的 EDSAC Ⅰ。剑桥大学计算机实验室版权所有。经许可转载

莫里斯·威尔克斯是数字电子计算领域的先驱和主要创始人。可以说，他是第一台实用的存储程序的数字计算机——电子延迟存储自动计算器（EDSAC）之父，该计算机于 1949 年 5 月推出。威尔克斯的职业生涯主要在剑桥大学当学生和教授，最终他成为剑桥大学计算机实验室主任。在整个职业生涯中，威尔克斯教授在计算机原理和实践方面取得了一些重要的进步，使该领域从早期阶段走向商业成功，其中包括 EDSAC、微控制器和微程序的设计。他在 2010 年去世，享年 95 岁。即使在今天我们也能感受到他的影响力。

EDSAC 源自冯·诺依曼、埃克特和莫奇利的概念以及他对 20 世纪 40 年代电子技术（主要是第二次世界大战期间的雷达）的深入了解。这包括真空管装置和电路、用于短期数据存储的水银延迟线（罐）和用于数据通信的脉冲变压器。用于制表和商业数据形成、搜索和枚举的机电设备，被用在带有用于输出的电传打印机的纸带上作为数据输入和长期存储。这些罐拥有 1024 个（最初为 512 个）单词，每个单词为 18 位。这是一个累加器，带有一个额外的缓冲区来辅助乘法运算。它是一台保守的机器，时钟频率仅为 660Hz（1.5ms），但这提供了实际应用所需的高可靠性计算。它还可以使用 35 位的双字，并且累加器长达 71 位以容纳两个双字。二进制指令集包括 5 位操作码、10 位操作数（通常是地址）、1 位长度码和 1 位空闲位。

　　莫里斯·威尔克斯将微控制器的概念引入计算机设计。微控制器经过优化，以有效地生成用于控制计算机操作的信号，它是计算机内的计算机。通过更改控制存储器（通常是快速存储器）中的微代码，可以在不更改硬件的情况下添加或改进计算机的指令集。这个方案的灵感来自威尔克斯对 MIT 的一次访问，在那里，旋风计算机正在使用类似的硬连线控制器进行开发，其中一系列的二极管用来确定控制信号的顺序。威尔克斯的创新是将二极管改为电子开关。EDSAC-2 后来成为第一台被微编码的计算机，创造了至少延续了 25 年的趋势。

约翰·冯·诺依曼
（照片由洛斯阿拉莫斯国家实验室通过维基共享提供）

　　约翰·冯·诺依曼极其广泛的科学和数学工作包括对计算机体系结构、超级计算算法和细胞自动机的重要贡献。他的名字通常与现代计算机使用的存储程序结构相联系，即使存储程序的概念也有电子离散变量自动计算机的开发者普雷斯伯·埃克特和约翰·威廉·莫奇利的贡献。约翰·冯·诺依曼在电子数字积分器和计算机（ENIAC）方面的工作使他意识到计算机可以计算伪随机数，从而为 1948 年在电子计算机上进行的第一次蒙特卡罗模拟奠定了基础。冯·诺依曼也参与了第一次数值天气预测，这也是由 ENIAC 完成的。蒙特卡罗模拟和数值天气预测都是当今超级计算机的主流。

　　启动现代计算的革命性的支持设备技术是电子技术——通过有源设备组件实现的放大和电流控制——其中第一个就是真空管。真空管是由多产的发明家托马斯·爱迪生在 1880 年研究电灯时偶然发明的。他观察到在真空中，两个断开的元件（阴极和阳极）之间流动的电流的反直觉现象。这被称为"爱迪生效应"（他获得了专利），它只是矫正了交流电，但却成为设计电子设备的基本技术。第二个突破是通过在阴极和阳极之间添加一个或多个整流网络来使用真空管作为放大器，使得可以在阴极和阳极之间施加更弱的信号。由李·德·福勒斯特于 1906 年生产的奥迪恩真空三极管是第一台放大真空管，它带来了一系列进步，从"三极管"开始，强电流可以由弱得多的电流来控制。1937 年，约翰·阿塔纳索夫开发了用于二进制计算的数字逻辑电路，使用真空管作为电子开关取代了楚泽和艾肯及其所有先行者使用的机械开关。

　　第二次世界大战期间，美国的埃克特和莫奇利以及英国的图灵分别开发了用于弹道计算（ENIAC）[8] 和代码破解（Colossus）的基于专用真空管的数字电子计算系统。战争结束后，冯·诺依曼架构的概念成为第一代现代数字计算机的基础，用于美国、英国和德国的几个项目。EDSAC 由莫里斯·威尔克斯于 1949 年在剑桥大学开发，是上述原理和技术组合的第一个完整体现 [9]。在美国，一系列机器被实现，包括 MIT 的旋风计算机、IBM 704、IAS 和 UNIVAC Ⅰ 等。这些机器中，旋风计算机可能是当时的超级计算机。这些系统的性能从低于 1KIPS 到大约 10KIPS 不等，这主要受数据存储速度的限制。在使用如水银延迟线和威廉姆斯管等原始存储技术的早期实验之后，使用小环形铁磁心来存储磁场的存储器被开发为旋风计算机的一部分，并由 IBM 进行大规模销售，以提供稳定的、（相对）密集的存储器位的三维矩阵，它变革了数字计算，并且作为旋风计算机的主要存储器已有 20 多年的历史。

第一台商业化生产的计算机是由英国 J. Lyons & Co 开发的基于 EDSAC 的 LEO 1。它的性能能够达到大约 600IPS。美国第一台商用数字电子计算机是 UNIVAC Ⅰ，由雷明顿兰德公司于 1951 年交付。IBM 在 20 世纪 50 年代中期生产了第一台科学计算机 701 机，以及第一台批量生产的商用机器 650 机。701 机能够达到 4KIPS 的性能。

第一代数字电子计算机的性能是 CPU 的时钟速率和并行处理位数的直接函数。时钟速率和并行化将成为推动超级计算机性能发展的两个主要方面。性能还取决于执行每个操作所需的时钟周期数。

1.5.3　第三个阶段——指令级并行

变革超级计算的下一个技术突破是 1947 年贝尔实验室开发的"晶体管"。晶体管是用作电子开关的真空管的替代品。与电子管不同，晶体管采用半导体材料来控制电子在固体介质中的流动。它比真空管小得多，速度快、能耗低，而且更可靠。最终它也变得更具经济性。毫不夸张地说，晶体管使数字计算机实用化且在巨大的市场上具有商业可行性，从而保证了其作为战略技术的位置。作为功能器件，晶体管有 3 个连接：发射极、集电极和基极。这些与旧的真空管的阴极、阳极和栅极的作用大致相当，进入基极的弱电流被放大为发射极和集电极之间大得多的电流。晶体管所经历了两个演变阶段：第一阶段使用锗，第二阶段使用硅。后者表现出相对于锗的显著改善，并且一度大面积地取代了锗。这些双极性晶体管本身被场效应晶体管所取代，场效应晶体管大大增加了输入阻抗，在连续电路阶段提供了更低的电流消耗，并在它们之间实现了更好的隔离，从而改善了工作特性并简化了电路设计 [10]。

早期的基于晶体管的计算机首先是电路设计方面的进步，用新的逻辑电路代替以前真空管时代的电路。最早的实验机是林肯实验室开发的 TX-0，原理上证明了晶体管数字电路在存储程序的数字计算中的可行性。随着晶体管质量和可靠性的提高，设计实践变得标准化，反映逻辑门（布尔函数）和锁存器（单比特存储）的更高抽象的印制电路板和模块被开发出来，其中明确定义的电压电平表示二进制的 1 和 0 或布尔值的 true 和 false。从这些机器中，计算机体系结构逐渐建立起来。1959 年推出的 IBM 1401（以各种配置交付了 10 000 多台）和 1960 年推出的 DEC PDP-1（开创了小型机）是基于 TX-0 的许多机器中的两个，它们都一次执行一条指令。IBM 7090 也于 1959 年推出，它基本上是之前由真空管制造的 709 的晶体管版本，但速度提高了 6 倍。

虽然所提供性能的每一次进步都可能被解释为高性能计算机的提高，但显而易见的是，即使在第一代数字电子计算机中，用于商业目的和科学应用的系统设计和编程也是不同的。前者强调长期数据存储和 I/O 设备，而后者需要优化数值计算，尤其是浮点（实数）运算。随着电路设计的基本方法、可靠性和成本的优化，这两个不同的计算领域开始被分为两个日益完全不同的系统设计或架构。最终出现了一种机器架构，它极大地反映了这种结合设计目标的划分，被认为是第一个真正的超级计算机。这台机器是 CDC 6600。

CDC 6600 由西摩·克雷领导开发，由吉姆·桑顿设计，于 1964 年由控制数据公司（CDC）交付，并以各种形式部署在 100 多个用户站点。这是第一台每秒 1 兆次浮点运算（峰值）的超级计算机。它使用新的硅晶体管技术实现，提供了前所未有的 10MHz 时钟速率。正是它所利用的创新的计算机架构和轻量级或指令级的并行性（ILP），催化了高性能计算的革命。这被归类为第三个阶段，可以说是创造了超级计算机本身。它包含 10 个独立的逻辑单元，并由许多外围处理器提供访问存储器和 I/O 通道的服务。每个外围处理器轮流为 CPU 提供服务，与许多操作重叠，这是第一次加入这种新的并行度以实现显著的性能提升。

1.5.4 第四个阶段——向量处理和积分

SX-9（照片由 GenGen 通过维基共享提供）

渡边忠志是一位计算机架构师和工程师，主要负责设计非常成功的 SX 系列向量超级计算机。1983 年推出的 NEC SX-2 是第一台打破每秒 1 千兆次浮点运算（Gflops）屏障的机器。它利用 4 组流水线组织 16 个向量运算单元，这些运算单元采用高密度的大规模集成（LSI）电路逻辑，工作在 6ns 的机器周期。它也是日本第一台液冷式超级计算机。多年来，SX 系列显著地扩展了内存容量和计算吞吐量，同时降低了能源需求。例如，1994 年销售的 SX-4，利用 16 个节点中的 512 个处理器，达到峰值性能为每秒 1 万亿次浮点运算（Tflops）的首个单镜像多节点装置。后来，SX-6 作为著名的地球模拟器的构建模块，用来以 10km 的网格分辨率执行前所未有的全地球气候模拟。该系列中性能最佳的成员 SX-9 可扩展至 512 个节点，总计包括 8192 个处理器和 512TB 内存，可达到每秒 839 万亿次浮点运算（Tflops）的性能。在理化学研究所研发中心，渡边也影响了另一台大型计算机 K 的设计，该计算机于 2011 年在 500 强名单中排名第一。在 Linpack 下的性能超过每秒 8000 万亿次浮点运算（Pflops），6 个月后成为第一台跨越每秒 10 千万亿次浮点运算（Pflops）阈值的超级计算机。由于他的成就，渡边忠志荣获 IEEE-ACM 计算机学会埃克特·莫齐利奖、IEEE 计算机学会西摩·克雷奖、美国国家工程院（外国助理）奖和日本学院奖。

西摩·克雷和 Cray-1（1925 年 9 月 28 日—1996 年 10 月 5 日）

如果有人可以被称为"超级计算之父"，那么西摩·克雷就是那个人。在控制数据公司（CDC）工作时，克雷主要负责第一台真正的超级计算机 CDC-6600，它于 1965 年交付，其性能在实际应用中超过每秒 1 兆次浮点运算（Mflops）。超过 100 台 6600 被出售给国家和学术实验室。它作为"世界上最快的计算机"，在 1969 年被控制数据公司设计的另一台机器 CDC-7600 所取代，这台机器比 CDC-6600 快 10 倍，其峰值性能约为每秒 36 兆次浮点运算（Mflops）。第三代超级计算机 CDC-8600 的尝试因成本超支而失败。

西摩·克雷成立了一家新公司克雷研究公司（CRI），负责制订超级计算机的未来发展方向，从而推出了 Cray-1 计算机，这是第一台真正的向量计算机，于 1976 年推出，并在很大程度上击败了市场上的任何其他产品。其最高性能为 100 Mflops，并且出货了 80 多套系统。这是一个非常大的成功，卖出数量与任何用单机体定义的超级计算机一样多。Cray-1 具有出色的向量吞吐量和标量速度。

克雷研究公司（CRI）的其他团队通过采用多个向量流水线将 Cray-1 扩展到 Cray-XMP 和 Cray-YMP，同时提高了时钟速率和内存速度。西摩·克雷开发了 Cray-2，它具有很高的创新性，但由于交付延迟而且内存速度未能达到预期，因此未能实现大的市场份额。他的新创业公司克雷计算机公司（CCC）对 Cray-3 和 Cray-4 的设计被证明是失败的，克雷计算机公司的最终破产是由于对砷化镓技术的大量投资以及具有卓越性价比的 MPP 的出现，MPP 使用了超大规模集成（VLSI）互补金属氧化物半导体技术。可悲的是，克雷在他的最后一家公司 SRC 成立后不久于 1996 年因车祸去世。

（照片由迈克尔·希克斯通过维基共享提供）

随着硅晶体管技术的成熟和特征尺寸的缩小，可以在半导体芯片上集成更多个晶体管以及二极管、电阻和连接线。20世纪60年代后期出现的集成电路重现了原始晶体管的突破，再次将尺寸、速度、功耗和成本推向了前所未有的新水平，并推动了超级计算的下一次革命。该技术在最早阶段被称为"SSI"，即"小规模集成电路"，在单个芯片上集成一个或多个逻辑门，通过引脚连接所有输入和输出。SSI由许多基本技术组成，例如电阻器晶体管逻辑、二极管晶体管逻辑、晶体管逻辑和ECL（发射极耦合逻辑）等。ECL可能是当时最快的集成逻辑，但其耗电量很大。

图1-10　Cray-1超级计算机。这台机器于1976年首次部署，最高性能为每秒136兆次浮点运算（Mflops），开创了超级计算的现代化时代（照片由克莱门斯·菲佛通过维基共享提供）

和以前一样，技术发展使得时钟速率取得了显著进步，更重要的是它激发了超级计算机架构的下一个范式转移：利用流水线结构来处理数字向量。1976年，西摩·克雷将Cray-1超级计算机交付给洛斯阿拉莫斯国家实验室（见图1-10）[11,12]。该架构利用新技术实现了80MHz的高时钟速率和超轻量并行的向量流水线处理。流水线操作不仅有助于揭示和利用新的并行性，还通过减少系统中每个物理点必须处理的逻辑量来达到12.5ns的周期。此外，Cray-1通过这种架构形式解决了限制效率的关键因素，特别是延迟和开销。

流水线的关键思想是将一个功能划分为一组平衡的连续子功能，每个子功能所花费的时间比一次执行完整功能花费的时间少得多。每个子功能或流水段与其他子功能或流水段同时执行，但运行在不同的操作数集合上。因此，对于 p 个流水段的功能流水线，p 个不同操作同时执行，但它们在不同阶段完成。在计算周期结束时，每个阶段的所有中间结果都会传递到它们的后续阶段。一组新的操作数被输入到流水线的第一段，而最终结果从最后一段中被提取出来。操作数集合形成长度为 N 的向量，即由 N 个值组成。如果 N 是无穷大，那么实现的并行度是 p。尽管当流水线完全填满时，p 个流水段正在并行，但因为向量长度是有限的，所以实现的平均并行度较小。

向量处理器通过保持非常短的通信距离并且将通信与存储器访问和功能操作相重叠，解决了延迟问题。在重叠阶段，访问内存的多个存储体，以获得向量中的所有元素，并将它们放置在向量寄存器（由多个单个寄存器组成的向量）中，效果上可实现多个并行的内存访问。在向量计算机中通过将操作控制分摊到整个向量元素集，而不是一次一个元素，从而解决开销问题。Cray-1采用了所有这些基于向量执行模型的技术来实现前所未有的每秒136兆次浮点运算（Mflops）的峰值性能。

纯向量执行模型及其所包含的体系结构存在严重的局限性。为了增加向量并行性，流水线需要增加段数，这意味着要执行的功能需要被分成更精细或更短的子功能。这种划分的增加及其有效性是有限的，因此只能达到一定的并行性。相关因素包括连续流水段之间的通信时间、每个流水段中处理时间的不平衡以及子功能电路的逻辑门深度的限制。但对于 SSI 和 MSI（中等规模集成电路）技术，流水线架构及其底层向量执行模型证明了技术、架构和执行范式的完美融合。

1.5.5　第五个阶段——单指令多数据阵列

半导体加工技术和制造工艺以指数速率持续改进，每个硅芯片上集成了越来越多的门电路。LSI 相比 SSI 和 MSI 以更小的尺寸、更低的成本和功耗提供更高功能的芯片。最值得注意的功能进步是，微处理器和动态随机存取存储器（DRAM）的出现。最早的微处理器是虽然非常简单但仍然能够执行指令序列的设备。在 Cray-1 时代，初期的 8 位微处理器可从英特尔、Motorola 和 Zilog 等公司获得，它将数据存储在 1Kb 的 DRAM 内存芯片中。这些微处理器采用几 MHz 的时钟速率。虽然令人印象深刻，但这类组件并不适合那些偏爱速度更快的逻辑部件的超级计算机，尽管其密度较低。但是，由 LSI 技术提供的同等级别的功能使得另一种结构得以出现，它能够开启下一个范式转移和性能水平提升 [13]。

SIMD 代表单指令多数据，表明一组执行器的基本原则，它们由相同序列器控制但分别处理各自的数据块（见图 1-11）。所有执行器同时执行相同的操作，但是使用自己的专用数据块。在合适的算法下，SIMD 阵列架构表现出极高的吞吐量和效率，并且在这些条件下，其性价比具有很高的竞争力。但是，这类结构很难提供其他应用算法，并且其效率会显著降低。

图 1-11　思维机器 CM-2。单指令多数据阵列机，具有 64k 个简单的功能核心并可连接多个存储体（照片由唐·阿姆斯特朗通过维基共享提供）

1.5.6　第六个阶段——顺序处理器的通信和超大规模集成电路

左：史蒂夫·斯科特（照片由克雷公司友情提供）；右：Cray T3E（照片由 NERSC/劳伦斯·伯克利国家实验室友情提供）

史蒂夫·斯科特是一名计算机架构师，负责 Cray 超级计算机的许多设计工作。2005年，他获得了 IEEE 西摩·克雷奖，以表彰他在开发 Cray T3E、Cray X1 和 Cray "黑寡妇" 时对超级计算机架构的推动。上面说到的第一台机器（Cray T3E）中包含许多具有 4 条发射线的 DEC Alpha 处理器，时钟频率介于 300～675MHz（EV5 和 EV56 版本）。T3E 是一台全局地址空间的分布式存储计算机，使用双向三维环形互连，支持多达 8328 个接口的互连拓扑（2048 个节点），可在 Y 维度上进行扩展。其定制路由器芯片使用 5 个虚拟通道提供无死锁自适应路由，每个链路的有效载荷带宽约为 500MB/s。这允许对每个存储容量从 64MB～2GB 的节点进行高效的远程内存访问。该机器的独特功能之一是自治：无须额外的前端系统来管理其操作。1998 年，有 1480 个处理器的 T3E 系统首次在科学应用（模拟金属磁性）中达到了每秒万亿次浮点运算次数的性能。Cray X1 结合了 T3E 的先进网络，改进了内存带宽和每个处理器上高达每秒 12.8 千兆次浮点运算（Gflops）的向量性能，来提供一台最大可配置到每秒 50 万亿次浮点运算（Tflops）的超级计算机。后续的 "黑寡妇" 引入了四路对称多处理节点和一个高基数（64 端口）路由器芯片，使得系统能扩展到胖树拓扑中的 32k 个处理器，最坏情况下其直径为 7 跳。

斯科特的职业生涯不仅与克雷研究公司和克雷公司密切相关，他还曾在英伟达担任特斯拉业务部门的高级副总裁兼首席技术官，以及 Google 平台事业群的首席工程师。他在互连、处理器、缓存架构、同步机制和并行处理方面拥有 27 项专利。

高性能计算机的前一个阶段是由 VLSI 技术的出现而引发的，它最终导致单个半导体芯片上集成数十亿个晶体管。该技术需要新的策略来充分利用现在可能拥有的巨大能力。它还开辟了超级计算的专用需求和通过 VLSI 实现的通用计算的巨大市场需求之间的新关系。这是 "杀手级微型技术" 的时代[⊖]。

VLSI 允许在单个芯片上比以前集成更多的功能。最具代表性的就是微处理器，它是一个具有执行复杂计算和处理用户应用程序负载所需的所有功能的逻辑元件。曾经这样的机器需要 100 万美元并占满一个大型机房，而从这个时代开始，可以实现同样功能的台式计算机仅需要不到 40 000 美元。与其他划时代技术不同，VLSI 本身在整个 20 年的发展时间内经历了器件密度的数量级变化。在此之前，早期微处理器提供的基本功能的性能非常有限。第一批微处理器实际上是在 20 世纪 70 年代进入市场的，其中 4 位和 8 位微处理器被用于第一代个人计算机（PC）；20 世纪 80 年代初 16 位微处理器的出现导致市场分化为个人用途的低成本 PC 和工业级用途的高成本 "工作站"。在 20 世纪 80 年代后期进行了一些早期实验，包括加州理工学院的宇宙立方体、麻省理工学院的 Concert、IBM 的 RP2、英特尔

⊖　killer micro 取自 1990 年超级计算会议上尤金·布鲁克斯（劳伦斯·利弗莫尔实验室）报告的题目 "Attack of the Killer Micros"（杀手微型攻击）。这个标题可能是跟随电影《杀手番茄的攻击》取名的。杀手级微型技术是一种基于微处理器的计算机，与大型机和超级计算机竞争，成本远小于其他机器。杀手级微型技术采用 MPP 技术，通过组装和联网大量低功耗 CPU 实现大规模处理能力。——译者注

的试金石德尔塔（见图 1-12）等，其目的在于探索将多个微处理器集成到集成系统中的潜力。与此同时，在局域网上共享 I/O 设备（如打印机、早期大容量存储系统以及访问互联网的早期设备）的工作站集群，被用来作为在空闲的系统（如夜间闲置的工作站）上运行大型负载的一个途径，以收获一些机器周期。

图 1-12　英特尔的试金石德尔塔。超过 500 个核心以网状拓扑连接，提供每秒 10～20 千兆次浮点运算（Gflops）的性能（照片由保罗·墨西拿博士友情提供）

到 20 世纪 90 年代初，供应商提供了第一批带有定制网络的商用 MPP，其中包括英特尔试金石典范（1994）、思维机器公司的 CM-5（1992）和 IBM SP-2。对于分布式内存硬件，需要一种新的编程模型，其中每个处理器执行单独的进程。通过在互连网络上结合消息传递和同步原语的方法进行数据交换来实现协调行为。克雷研究公司还推出了 T3D 以及后来的 T3E。T3E 集成了微处理器，但通过配置，可以使整个系统在一定程度上共享内存。硅谷图形公司和 Convex 通过硬件扩展了共享内存的级别，使其包括非统一内存访问的缓存一致性模型。

工作站商业市场的成功以及 PC 消费市场的显著增加是利用 VLSI 微处理器和高密度 DRAM 技术的又一个原因。商品集群是由商业化制造的子系统组装而成的高性能计算机，每个子系统作为独立产品服务于自己的位置。集群"节点"是可以直接单独作为工作站、PC 或台式机的计算机，也可以作为独立计算设施的一部分。最初，该网络源自局域网中使用的技术。当单个组件需求大大超过了集群功能中的组件需求时，通过扩展来提高性能的花费与同等规模（即处理器核心数量）的定制 MPP 不相上下。

计算单元的集群概念早于这个时代。20 世纪 50 年代，SAGE 的开发和部署可能是最早的一个例子，SAGE 是 IBM 为北美航空航天防御司令部制作的用于保护北美免受空袭威胁的多计算机系统。在 20 世纪 80 年代后期，32 台 VAX 11/750 小型机组装成一套集成系统的 DEC M31 项目（Andromeda），首先采用了"集群"这一术语。有一些早期项目被启动，以探索集群系统聚合能力的可行性和实用性，其中最著名的是加州大学伯克利分校的工作站网络（NOW）和 NASA 的 Beowulf 项目，它们都始于 1993 年。NOW 设计了一系列日益复杂的工作站集群，强调最高质量和最高性能组件的重要性。1997 年，伯克利的 NOW 成为第一个名列 500 强名单的商品集群。Beowulf 项目采用了另一种策略，利用大众消费级组件，不惜以效率和性能为代价以实现最佳的性价比。Beowulf 也是第一个将早期 Linux 操作系统用于科学并行计算的项目，为早期 Linux 贡献了大量的网络驱动程序[14,15]。在本阶段结束时，商品集群的方案主导了世界 500 强，超过 82% 的已部署的系统属于这一类。由于许多研究人员和开发人员的贡献，Beowulf 集成的 x86 处理器架构集群、以太网族、Linux 操作系统和消息传递编程模式等在高性能计算机领域的各自方向上都占据主导地位。

1.5.7　第七个阶段——多核和千万亿次

断言 HPC 正在脱离顺序进程通信的时代并被技术推向千万亿次的时代是有争议的。但现在无处不在的多核插槽和图形处理单元加速器的使用，以及与混合编程方法的探索和实验相结合，有力地表明该领域处于转换阶段，最终结果仍未确定[16]。采用的内核数量的增长导致了前所未有的性能提升，编程模型和方法也正在努力追赶。但是一些应用未能充分利用可用的硬件资源，越来越少的程序在整个系统中有效运行，因此这些程序会被淘汰。

主要趋势是使用独立进程和相互关联的多线程的中等粒度共享内存技术来合成粗粒度分布式内存技术。此外，还有轻量级处理内核的增加或替换，这可以实现更好的控制状态和更高的内存使用带宽。尽管如此，这是一个快速发展的领域，大规模的系统架构至少在逐步发展，编程方法也在不断变化以支持它们。

即使采用这种策略，我们也正在探索替代的寻路技术以利用新一代运行时系统软件和编程接口支持的动态自适应计算方法。在这一方面，未来远不可知，但是当浓雾散去时，与先前任意时期一样有趣和令人兴奋的事物将会出现。

1.5.8　新数字时代和超越摩尔定律

在未来十年的前期，国际高性能计算机开发社区会将许多核心异构系统技术、架构、系统软件和编程方法从千万亿次级（P 级）扩展到百亿亿次级（E 级）。但随着特征尺寸接近纳米级（约 5nm），推动器件密度和峰值性能指数增长的半导体制造趋势即将结束。这通常被称为"摩尔定律的终结"。这并不意味着系统性能也将停止增长，而是意味着实现性能增长的方法将依赖于其他创新，如替代的器件技术、架构甚至是范式。这些进展会采取的确切形式目前尚不清楚，但探索性的研究提出了几个有希望的方向——一些是基于精制半导体器件的新使用方式，还有一些是完全基于替代方法的范式转移，其他形式是对当前受益于丰富经验和应用的实践的改进。

尽管并不常用，但术语"新数字时代"指出并描述了新的架构系列，虽然这些架构仍然是建立在半导体器件技术的基础上的，但它们超越了过去 60 年来主导高性能计算机的冯·诺依曼衍生架构，并采用了替代架构来更好地利用现有技术。冯·诺依曼架构强调算术浮点单元（FPU）作为宝贵资源的重要性，而其余部分（如芯片逻辑和存储）旨在支持这些资源。为了控制执行，它还强制指令顺序发射。复杂的设计提供了许多变通，但基本原则仍是根本。现在 FPU 是成本最低项之一，并行控制状态对扩展性至关重要。当前架构的新进展和冯·诺依曼架构的可能替代方案将是半导体技术的性能扩展到超 E 级的创新之一。

至少对于某些类别的计算而言，人们正在追求更激进的概念。逻辑设计和数据流通信能匹配算法的专用架构可以显著加速特定问题的计算。早在 20 世纪 70 年代，数字信号处理专用芯片就被采用。最近，诸如 Anton 等架构将专用设备领域扩展到主要用于分子动力学的 N 体问题模拟。包括量子计算和神经形态结构等技术的更具革命性的计算方法是研究的目标。量子计算利用量子的物理学特性来使相同的电路同时执行许多动作。一些需要传统计算机多年才能完成的问题可以在几秒钟内解决。受到大脑结构启发的神经体系结构（neuromorphic architecture）可用于模式匹配、搜索和机器学习等。目前尚不确定这些创新概念何时会实现有用的商业化，但计算系统和架构的前景十分广阔且具有令人兴奋的潜力。

1.6　作为学生的指南和工具

本书对超级计算理论和实践进行了分级介绍。每章都介绍三四个关键概念、语义和技术，旨在提供有关高性能计算机的面向性能和系统的介绍。选择这些主题是为了提供理解该领域中抽象组件的理论背景，以及对部署应用、实现并行算法、调试代码和监视性能所需的传统做法的实际理解。虽然本书旨在用于大学课程中，在导师指导下进行学习，但也适用于自学，不过需要掌握附录中提到的基础计算的先修内容。

每章被组织成提供 3 种信息：概念、知识和技能。概念讨论旨在讲授那些已经建立了理论基础、历史悠久且在很大程度上不会改变的想法。例如，Amdahl 定律（一种性能模型）就是这样一个概念。知识章节旨在向读者传递有关超级计算的信息，这些信息将随着时间的推移而发展，并且在将来会有所增补。例如，超级计算的历史属于这一类。最后，超级计算中入门级工作所需的技能以指南的方式呈现以便于学习。这些技能可能会随着时间而改变，但代表了该领域当前的传统做法。这方面的一个例子是如何在超级计算机上使用资源管理工具或如何使用特定用户应用程序编程接口（例如，OpenMP、MPI）进行编程的细节。

每章末尾都有一些旨在加强对知识的理解的练习。虽然大部分知识不需要使用超级计算机来完全理解，但建议使用小型集群以尝试书中给出的实际编码练习和示例。

其中几章可作为相关具体技术的参考指南。例如，关于 MPI、OpenMP 和基本资源管理的章节也是按照自带参考用法的形式来编写的。

高性能计算领域充满了免费和专有的软件和工具包，旨在帮助从业者和系统工程师设计和部署超级计算的应用程序。一般而言，本书提供了相关软件和工具包的简要综述。但是，对于所有示例和练习，仅需要使用开源和免费的软件应用程序。

在本课程结束时，学生可以期望获得以下成果：

❑ 超级计算的硬件架构和软件方面的传统实践的概要。

❑ 对高性能计算软件的传统实践的实际理解，包括 MPI、OpenMP 和 OpenACC。

❑ 对性能建模以及影响并行性能的关键要素的理论理解。

❑ 文件系统、资源管理系统、调试和性能测量的理论和实际理解。

❑ 来自各种准则的几种广泛使用的并行算法的理论和实际理解。

❑ 超级计算系统使用的关键操作系统的理论和实际理解。

❑ 从架构和系统软件的角度更广泛地了解超级计算的未来发展方向。

1.7 本章小结及成果

❑ 超级计算和高性能计算的定义。高性能计算包含 3 个关键准则的所有方面：技术、方法和应用。主要定义的属性和由高性能计算机提供的属性值就是提供给最终用户应用程序的性能。

❑ 摩尔定律：英特尔联合创始人戈登·摩尔预测，元器件晶体管密度每两年增加 1 倍。

❑ Top500 名单。500 强排行榜，按超级计算机运行 HPL 或用于密集线性计算的 "Lin-pack" 基准测试程序的性能排序。该清单每年更新两次。

❑ 组成超级计算机的硬件和软件的系统堆栈。超级计算机的系统堆栈是许多物理和逻辑组件的分层层次结构，从系统硬件开始，包括处理器、互连和数据存储。与操作系统相关联的控制硬件和管理物理资源的系统软件，包括控制节点资源的节点级实例和将许多节点及本地操作系统在逻辑上集成到单一系统镜像中的中间件。操作系统抽象层之上的软件，包括与执行用户应用程序和负载相关的资源管理。

❑ 持续和峰值性能。系统的峰值性能是理论上通过超级计算机的硬件资源可以完成操作的最大速率。持续性能是超级计算机系统在运行应用程序时达到的实际或真实性能。持续性能不能超过峰值性能，甚至可能小得多。

❑ 基准测试程序。高性能计算社区选择特定问题来比较和评估不同的高性能计算机系统和能力。最广为人知的高性能计算机基准测试程序之一是 HPL。

❑ 性能下降的来源：饥饿、延迟、开销和争用。饥饿是指在某个时候没有足够的负载来支持在每个周期都向所有功能单元发射指令。延迟是信息从系统的一个部分传输到另一个系统所需的时间。开销是除了执行计算所需的额外工作量。争用是指两个或多个请求同时发出，它们要求由相同的单个硬件或软件资源提供服务，这意味着一次只能执行一个请求。

❑ 基于技术驱动力、执行模型和计算机体系结构的超级计算进化的主要阶段。7 个阶段包括计算器机械技术、真空管的冯·诺依曼架构、ILP、向量处理、SIMD 阵列、顺序处理器的通信和多核千万亿次。

❑ 高性能计算架构未来可能的发展方向。随着摩尔定律的终结，系统性能的持续增长将依赖于其他创新，通过替代器件技术、架构甚至范式来实现。

1.8　练习

1. 定义或扩展以下每个术语或缩略词。

❑ HPC

❑ flops、gigaflops、teraflops、petaflops、exaflops

❑ 基准测试程序

❑ 并行处理

❑ OpenMP

❑ MPI

❑ 摩尔定律

❑ 强扩展性

❑ 饥饿

❑ 延迟

❑ 开销

❑ TLB、TLB 缺失

❑ ALU

❑ 冯·诺依曼体系结构

❑ 图灵机

❑ SSI

❑ DRAM

❑ SIMD

❑ VLSI

❑ 分布式内存

❑ 商品集群

❑ NASA Beowulf 工程

❑ 顺序处理器的通信

2. 将 HPC 与其他计算机区分开来的主要条件是什么？还有哪些其他要求也很重要？

3. 使用首字母缩写词 SLOW 描述性能下降的 4 个原因，并举几个例子。

4. 说出文中提到的 6 种用于提高性能的技术。

5. 命名并简要介绍超级计算史上的 7 个时代。

6. 描述被认为是第一台真正的超级计算机的计算机。谁开发了它，后来他创建了什么公司？

7. 假设计算机具有四级流水线，有一个工作负载，输入集由一些操作数大小为 100 的元素构成。假设每个阶段花费一个单位时间，将结果从一个阶段传递到下一个阶段是瞬时的，那么这台计算机上的这个工作负载的平均并行度是多少？

8. 描述 Beowulf 计算机的至少 5 个特征。是什么使它们对超级计算有重要意义？

9. 描述"摩尔定律的终结"的含义。

10. 你出生的那一年速度最快的计算机是什么？在那台最快的计算机上使用了哪些技术？今天世界上最快的计算机要比它快多少？

参考文献

[1] J.J. Dongarra, P. Luszczek, A. Petitet, The LINPACK benchmark: past, present and future (PDF), John Wiley & Sons, Ltd. Concurrency and Computation: Practice and Experience (2003) 803−820.

[2] T. Rauber, G. Runger, Parallel Programming for Multicore and Cluster Systems, Springer, 2013, ISBN 978-3-642-37800-3.

[3] The Potential Impact of High-End Capability Computing on Four Illustrative Fields of Science and Engineering, Committee on the Potential Impact of High-End Computing on Illustrative Fields of Science and Engineering and National Research Council, October 28, 2008, ISBN 0-309-12485-9, p. 9.

[4] J.P. Singh, D. Culler, Parallel Computer Architecture, Nachdr. ed., Morgan Kaufmann Publ., San Francisco, 1997, ISBN 1-55860-343-3, p. 15.

[5] J.L. Hennessy, D.A. Patterson, J.R. Larus, Computer Organization and Design: The Hardware/software Interface, second ed., third print. ed., Kaufmann, San Francisco, 1999, ISBN 1-55860-428-6.

[6] A.O. Allen, Computer Performance Analysis with Mathematica, Academic Press, 1994.

[7] B. Collier, J. MacLachlan, Charles Babbage: And the Engines of Perfection, Oxford University Press, September 28, 2000, ISBN 978-0-19-514287-7, p. 11.

[8] ENIAC in Action: What It Was and How It Worked, ENIAC: Celebrating Penn Engineering History, University of Pennsylvania. Retrieved 2017.

[9] M.V. Wilkes, Memoirs of a Computer Pioneer, MIT Press, Cambridge, Mass, 1985, ISBN 0-262-23122-0.

[10] M.D. Hill, N.P. Jouppi, G.S. Sohi (Eds.), Readings in Computer Architecture, Morgan Kaufmann, September 23, 1999, ISBN 978-1558605398, p. 11.

[11] The Cray-1 Computer System (PDF), Cray Research, Inc, 1978.

[12] C.J. Murray, The Supermen: Story of Seymour Cray and the Technical Wizards behind the Supercomputer, 1997, ISBN 0-471-04885-2.

[13] K.E. Batcher, Design of a massively parallel processor, IEEE Transactions on Computers. C 29 (9) (September 1, 1980) 836−840, http://dx.doi.org/10.1109/TC.1980.1675684.

[14] D.J. Becker, T. Sterling, D. Savarese, J.E. Dorband, U.A. Ranawak, C.V. Packer, BEOWULF: a parallel workstation for scientific computation, Proceedings, International Conference on Parallel Processing 95 (1995).

[15] T.L. Sterling, Beowulf Cluster Computing with Linux, MIT Press, 2001, ISBN 0262692740.

[16] Blue Gene: A Vision for Protein Science Using a Petaflop Supercomputer (PDF), IBM Systems Journal, Special Issue on Deep Computing for the Life Sciences 40 (2) (2001).

第 2 章 *Chapter 2*

HPC 架构：系统和技术

2.1 引言

高性能计算机体系结构决定了计算机如何组织和运行得更快。高性能计算（HPC）架构不只与最底层技术和电路设计有关，而且严重受它们及其如何在超级计算机中有效地应用影响。HPC 架构描述高性能计算机的组成部件的组织和功能，以及提供给运行在超级计算机上的程序的逻辑指令集架构（ISA）。HPC 架构利用其支持技术，最大限度地缩短运行时间，最大化操作吞吐量，并提供与大型（通常是数值密集型）应用程序相关的计算类。近年来，超级计算机也应用于数据密集型问题，这些问题通常被称为"大数据"或"图分析"。任何一类高端应用程序，都需要创建 HPC 架构以克服性能下降问题，包括饥饿、延迟、开销和因争用而导致的延时。它必须在性能和数据要求范围内提高可靠性并最大限度地降低能耗。同时，成本也是影响市场规模和提供给领域科学家及其他用户群体的最终价值的一个因素。最后，架构与整个 HPC 系统的许多其他层共享，因此需要尽可能简化最终用户的应用程序编程。

几十年来，许多类别的 HPC 架构已用于不同的技术领域，每个领域都在各自的支持技术背景下解决了这些关键的性能问题。贯穿在 HPC 架构中的一个永恒主题是"并行性"，这意味着能够同时执行多个操作，从而减少完成用户工作负载的多个任务和操作的总时间。本章介绍的不同类型的体系结构反映了一些广泛使用的并行方式。虽然对于 HPC 的讨论通常集中在最大的系统上，但该领域广泛涵盖了性能的切入点。比关注特定设计点更重要的是一种能力，即在解决有价值的问题时比传统的单处理器或个人工作站具有数量级的性能提升。因此，定义超级计算机并将其与商业（甚至消费级的）服务器区分开来的意义是，它显著提升了性能以解决实际问题。这甚至可以通过一般的并行计算机来实现，虽然它远小于 500 强列表中的头号计算机，但仍然比写作本书的机器快得多。

2.2 HPC 架构的关键特性

HPC 架构从底层支持技术中抽取性能，将其应用在用户机构的任务上下文中可确实重要的应用程序。该架构对组件结构进行组合，充分利用设备以及它们之间传递信息的数据流模式。该架构的 3 个关键属性决定了交付的性能：组成系统的组件的速度、并行性或者说可以同时执行许多操作的组件数量，以及这些组件的使用效率（在某种程度上可获得的利用率）。这些关键因素的简单关系表明了它们对交付性能的贡献，如式（2-1）所示。

$$P = e \times S \times a(R) \times \mu(E) \tag{2-1}$$

其中，P 是平均性能；S 是规模（可以同时操作的单元数）；a 是可用性（它是可靠性 R 的函数），它是系统能够执行的时间占总时间的比值；μ 是处理器核心的指令完成率（通常是时钟速率），它是功率 E 的函数。平均性能通常以时钟速率为单位，而 S 和 a 通常没有单位。

2.2.1 速度

HPC 系统的性能与其组件的速度直接相关。关键参数是组成处理器核心的时钟速率，或者说是每个指令的基本完成率。但是，因为不同功能的技术部署具有不同的速度或周期时间，所以许多架构正在设计与这些不同速度相匹配的结构和方法。例如，主要关注的是处理器的速度，其次是时钟速率以及内存的周期时间。处理器核心的时钟速率可能会从低于 1GHz 到接近 3GHz 范围内变化，在这两个方向上都会有一些极端的例子。与处理器相比，由动态随机存取存储器（DRAM）设备决定的内存周期时间，会差大概 100 倍（实际偏差取决于细节）。但是存在其他形式的内存，特别是静态随机存取存储器（SRAM）技术，各类形式的内存依赖于其（容量）大小和功耗，这决定了它可以在与处理器核心逻辑的速度相同或接近的情况下操作。现代架构将包含一个存储层级，它由速度慢、容量大的 DRAM 和速度快、容量小的 SRAM（即"高速缓存"）混合组成以实现不同速度。速度的第三个指标是数据在系统内任何两点之间传输或传递的速率。用两个量来度量通信速度。"带宽"决定了单位时间内两点之间可以移动多少信息，或者说是数据移动速率。"延迟"衡量两点之间移动数据所需的时间。根据源和目的地之间的距离不同，以及所使用的技术类型和数据量的差异，速度会发生很大变化。体系结构是在结构中平衡这些不同时间常数的技术，并且在一次性工程（NRE）、部署、电力、用户产能等标准化成本因素内，为用户工作负载（例如，应用程序）产生总体最佳性能的方法。

2.2.2 并行性

无论部件的速度发展有多快，它都不能单独地提供足够快的性能，以满足主要应用问题所需的必要性能。一些基本限制（如光速、原子粒度和玻耳兹曼常数），限制了单个处理器核心执行指令流的速度。因此，HPC 架构非常依赖于允许大量动作同时发生的结构，即一次能够同时执行大量操作，这被称为"并行性"。不同类型的并行计算机体系结构被定义和区分的主要方法是，根据不同方式实现的并行性所采用的多样化结构，但 HPC 架构也取决于如何控制这种并行性。因此，数据通路和控制通路都是 HPC 架构如何利用并行性的因素。

2.2.3　效率

决定用户工作负载的性能的第三个因素是效率。效率主要是系统的利用率，或关键部件的使用时间百分比。事实上比它表面看上去的更复杂。问题是应该在哪些组件上衡量效率？对于 HPC，效率的常用度量是持续浮点性能与理论峰值浮点性能的比值，两者均以每秒运算的浮点次数衡量，即每秒浮点操作次数（floating-point operations per second），英文简写为 flops（请注意这里"s"不是复数而是代表秒）。

$$e_{flops} = \frac{P_{sustained}}{P_{peak}} \tag{2-2}$$

其中，e_{flops} 是浮点效率，$0 \leqslant e_{flops} \leqslant 1$；$P_{peak}$ 是测量的以 flops 表示的 HPC 架构的理论峰值性能；$P_{sustained}$ 是达到的平均浮点性能。

然而，这种典型的效率测量方式反映了浮点运算代价昂贵的早期时代，要么需要很长的执行时间，要么需要昂贵和复杂的浮点硬件。今天，与寄存器到寄存器的浮点运算相比，数据移动和从内存中访问数据的成本，比芯片空间、时间和能耗要重要得多。尽管如此，这是我们最有可能遇到的指标。

2.2.4　功率

每台计算机，无论大小，都使用电力进行操作。处理器核心的速度部分地与其时钟速率成比例，而时钟速率又与所施加的功率相关。由于像笔记本电脑这样的计算机不会消耗比电气基础设施提供的电量更多的电力，因此这算不上一个问题。例如，笔记本电脑可能需要 80W 或更低的持续功率。桌面工作站可能需要 200～400W，具体取决于屏幕数量和磁盘容量等。这些要求都在轻工业建筑的电气服务基础设施的能力范围内，即使对于许多工作站也是如此。不仅需要电力提供功率来驱动许多集成电路、互连通道和输入/输出（I/O）设备，也需要从系统中消除由此产生的热量。

如果希望系统不会过热或最终因此而崩溃，则热控制是必不可少的。高端处理器插槽可能消耗大约 80～200W 以上的功率。小到中等规模的计算机采用空气冷却。强制冷空气流动通过系统模块、处理器、内存和控制插槽，以消除操作时产生的热量。对于更高功率的部件，大量金属散热器直接安装在插槽上以实现热传导，从而提供更大的表面积和冷却能力。这降低了每个单元模块的封装密度和最终计算能力。也需要额外的电力来冷却空气并迫使空气在系统当中流动。这种消耗很容易达到总功率预算的 20%。液体冷却利用流体较高的比热容（通常是水）来增加封装密度，并提供有更高时钟速率或更大逻辑芯片的部件。有很多液体冷却系统和机制，也有空气和液体冷却混合的方式。

主动热控制在新一代高性能计算机中变得越来越普遍和重要。整个系统的温度测量（包括关键芯片的温度），可以监控热梯度，并支持热控制。现代多核处理器允许可变的时钟速率，以及电压调整和可变数量的活动内核，这些都有助于实现功率和性能之间的平衡。这需要一定程度的软件管理，要么在应用程序开始执行时就进行设置，要么在运行时随着应用程序需求的变化不断调整这些设置。

2.2.5　可靠性

没有一个系统操作是完美的，HPC 系统的可靠性因其规模变大而更加复杂。由于硬件或软件故障，可能会定期发生错误。"硬"故障经常发生在由于硬件的某些部分永久性损坏而导致芯片内发生失败，进而使处理器核心无法操作，或整个处理器无法使用。硬故障可能会影响核心、内存、通信、辅存和控制。"软"故障指的是部件间歇性失效，但大部分时间正常运行。这种暂时故障产生的原因很多，包括偶尔的宇宙射线或由低电压引起的"噪声"。软件错误是由于用户应用程序或系统软件（例如操作系统）中的有缺陷的源代码造成的。程序员错误是经常发生的，程序调试过程应该是应用程序开发任务的一部分。而由于操作系统的错误导致的中断更难以处理，因为它通常是系统供应商所负责的。

不同的应用问题可能需要不同的响应才能产生最终和正确的解决方案。对于大规模机器上困难问题的大量计算，常见的方法是"检查点 / 重启"。系统将定期停止正在执行的计算并在该点（"检查点"）存储所有程序状态，通常是在辅存上。如果在程序开始执行后的那段时间发生错误，则不需要从头开始重新启动程序，而是从最后一个检查点处重新启动。如果错误是由硬故障引起的，则必须重新配置系统，以便在重新启动应用程序之前消除正在使用的系统中的损坏硬件。如果是软错误，则可以从最后一个检查点处重新启动程序而无须重新进行配置。若要防止软件错误，必须在再次运行程序前，由用户或应用程序供应商更正代码。在这 3 种情况下，需要在执行前进行诊断，以确定错误的原因和可能的来源。

2.2.6　可编程性

编写或开发复杂的应用程序代码的困难程度反映了系统的可编程性。虽然可以很容易地定义和量化其他参数（例如性能或功率），但可编程性在很大程度上不好规范。尽管人们已经进行了许多尝试，比如标准代码行（SLOC）。虽然定义它不那么简单，但对于 HPC 的整体效用来说，可编程性是非常重要的。虽然部署重大 HPC 平台的成本可能达到数亿美元，但在其上运行的软件成本可能达到数十亿美元。许多因素影响可编程性（可能缺乏证明），包括处理器核心和系统架构、语言的编程模型和设施、系统软件（如编译器、运行时系统和操作系统）的效率，以及程序员自己。编写应用程序所需的工作量与最终实现的性能密切相关。在一系列行为中，所需性能越高，优化用户程序就越困难。实现性能和编程工作之间的相互关系有时被称为"生产率"。

对于领域应用程序，HPC 系统易用性的提高得益于构成代码开发规程的许多技术。实际上，编写应用程序代码的最佳方法是"do not"。许多通用代码库由专家开发，并针对 HPC 系统类型和规模的多样性进行了优化。代码重用对于管理应用程序开发的复杂性和难度至关重要。应用程序可以变得像构建高级框架一样简单，该框架调用一系列现有的库例程并在它们之间连续传递数据。当程序变得非常复杂并被许多不同的用户使用时，代码库本身的管理可能变得具有挑战性。"软件工程"学科提供了指导工作流管理（包括测试）的整体控制的原则和实践，这些方法有助于提高可编程性。

2.3　并行架构家族——弗林分类法

有许多不同类型的并行体系结构。此外，各个体系结构可以是包含多种类型的特征和优势的混合体。本节根据并发处理组件结构及其并行控制介绍并行体系结构系列。本概述旨在表达对可替代方案的一个理解、它们与底层支持技术的关系，以及在某种程度上它们如何解决关键挑战以实现持续性能。

20 世纪 70 年代，对于超级计算的并行架构的实际应用迅速增加，并提供了许多技术和组织结构选择。迈克尔·弗林提出了一种分类法，它根据数据流和指令（控制）流并行性的关系，简化了不同类型的并行体系结构和控制方法的分类。虽然今天这个分类法价值有限，并且已经停滞，但如果不出意外的话，它就是我们文化和术语的一部分。它还给出了数据并行性和任务并行性的概念，稍后将以更具体的方式进行讨论。

它包含 4 个字符，将计算结构的世界划分为 4 个互斥的、可以在二维空间中查看的详尽类。一个维度涉及数据流"D"，以及是一个数据流"S"还是多个数据流"M"。另一个维度涉及控制或指令流"I"，同样，是只有单个控制流还是多个指令流。弗林提出的一组 4 个四字符缩略语作为并行架构选择空间的分类方式，它在 40 多年后的今天仍然在使用。

SISD——单指令流单数据流（发音为"sisdee"）：这表示传统的顺序（串行）处理器结构，其中单个控制线程（指令流）指导单个数据集执行的操作序列，一次一个操作数。事实上，这比现在的传统单处理器更加简单，传统的单处理器实际上在任何时候都有几个操作在执行。

SIMD——单指令流多数据流（发音为"simdee"）：在该分类中传达的第一种并行形式是由同一组指令控制多个数据集同时操作。因此，在任何时间每个操作对于不同的数据参数都是相同的。虽然概念简单，但 SIMD 具有深远的影响。首先它是整个系统的基础，同时也是当今异构微处理器和超级计算机中更复杂的控制结构的一部分。

MIMD——多指令流多数据流（发音为"mimdee"）：此类别表明，与 SIMD 一样，它也有许多数据集。但在这种情况下，每个数据集都有与自己关联的指令流。在任何时候都有许多操作正在执行，但它们不必相同，实际上几乎总是不同。可以看出，这是最广泛使用的并行体系结构形式，该类别有许多不同的子类。

MISD——多指令流单数据流（发音为"misdee"）：令人惊讶的是，弗林分类法中的第四类是有争议的，领域内的一些从业者认为它毫无意义。但其实不是的。一种可能的解释是粗粒度流水线，其中每个流水段接收来自前一阶段的数据，对这些数据流元素执行一组操作，然后将结果传递到下一阶段。另一种解释是共享内存多处理器（见 2.8.1 节）。顾名思义，多个处理器每个都有自己的指令流，处理着与所有其他处理器相同的（因此也是共享的）数据。

最后一个相关术语是 SPMD（发音为"spimdee"），虽然它不是弗林分类法的严格组成部分，但与其相关并受其启发。SPMD 代表"单程序多数据流"，它反映了 SIMD 模型的实际变化。SPMD 不是一次向 SIMD 类机器的所有单处理单元发出和广播一条指令，而是发送由并行机的所有处理单元执行的粗粒度过程的函数调用。调用重量级任务而不是轻量级指令可以分摊系统控制中涉及的开销和延迟，并支持某些形式的现代计算结构的操作，包括图形处理单元（GPU）加速器，如图 2-1 所示（第 15 章）。

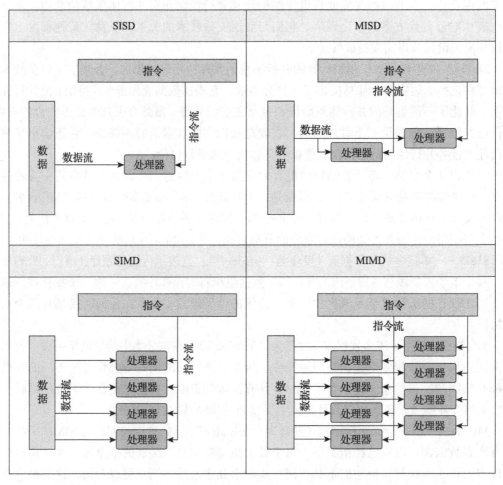

图 2-1 弗林分类法。MIMD 为多指令流多数据流；MISD 为多指令流单数据流；SIMD 为单指令流多数据流；SISD 为单指令流单数据流

2.4　支持技术

　　HPC 系统是靠器件技术实现的机遇级产品。这些技术可以从与 HPC 无关但对 HPC 有用的发展中产生，是为了推进计算而创建的，或者是对现有 HPC 组件类型的增强、扩展的结果。早期的数字电子技术来自无线电和雷达设备。磁心存储器的创建是为了变革数据存储的形式，它做到了。超大规模集成（VLSI）电路通过半导体器件密度和开关次数的提升，持续发展了 20 多年。HPC 架构受现有和新兴技术的强烈影响，充分利用它们可能提供的机会并适应它们所带来的挑战。

2.4.1　技术阶段

照片由 Jitze Couperus 通过维基共享提供

　　1963 年发布的控制数据公司（CDC）的 CDC-6600 计算机，每秒可执行 300 多万次操作，时钟频率为 10MHz。比其前身，即 1960 年发布的 CDC-1604（当时世界上最快的机器）快约 50 倍。在发布时，它比当时最快的 IBM 机器（IBM 7030 Stretch）快 3 倍。CDC-6600 由西摩·克雷以及在威斯康星州奇普瓦瀑布实验室的 34 人小团队（其中只有一名博士）设计，它在使用仙童半导体（由罗伯特·诺伊斯共同创办，他是后来的英特尔公司的联合创始人）的硅基晶体管方面做出了创新，并且使用氟利昂而不是空气进行冷却。由于独特的冷却装置，CDC-6600 的外形比其前身 CDC-1604 小，但速度却快 50 倍。CDC-6600 取得了巨大的商业成功，销售了 100 多台，每台售价 800 万美元。这些机器中的很多台在美国国家实验室中被用作核武器模拟器的一部分，这些模拟器对 1963 年与苏联的禁止核试验条约的谈判起到促进作用。

ENIAC 机器在美国军队的照片，由维基共享提供

ENIAC 是第一台可以再编程以运行不同应用的大型电子数字计算机。它是由宾夕法尼亚大学根据美国陆军的合同开发的，由 18 000 个功率为 150kW 的真空管组成。它起源于第二次世界大战，当时要求改进炮火和轰炸表单，这使得使用机械计算器开发这种表格的人员不知所措。有趣的是，当时这些人被称为"电脑"。与以前的机电设备不同，ENIAC 内部不包含机械运动部件，使其能够完全进行电子计算并显著加快工作速度。它是通过手动更换开关和电缆的漫长过程实现再编程的；即便如此，它仍使用了 9 年多的时间（从 1946 年到 1955 年）。1948 年 4 月和 5 月，首次在 ENIAC 上成功进行了电子蒙特卡罗模拟，模拟了中子的扩散。蒙特卡罗方法今天仍然是科学计算的支柱。

历史上，跨越几个世纪的计算机器的器件技术，其发展阶段可以通过它们所使用的组件演变过程来描绘。以下日期是近似值，在技术被采纳的相邻的两个时间段之间存在重叠。

❑ 公元前 3000 年——原始计数装置：用于列举或计算重要库存量，如驯养动物、农产品（谷物数量、橄榄油容量），以及纺织品长度等。甚至在青铜时代早期文明阶段，以及用必要的机械手段记录（存储）数量、对现实世界中真实的条目进行抽象并进行简单的加法和减法计算之前，就有了原始计数装置。从这时起，通过机械手段开始数据存储、计算和抽象。在某些地区直到战后依然使用的算盘就是一种直接衍生物。

❑ 公元前 200～公元前 100 年，开发了一种最早的模拟计算机，包括 80 多个碎片和 30 个机械齿轮。这种仪器被称为安蒂基西拉机器，用于天文预测（见图 2-2）。该装置的技术随后失传，

图 2-2 安蒂基西拉机器，已知最早的模拟计算机之一（Tilemahos Efthimiadis 通过维基共享提供）

因此安蒂基西拉机器对古代世界文化的影响是存有争议的。

❑ 公元 1600 年——带有齿轮和杠杆的机械设备：随着发条机制的发展，它被应用于相对紧凑、可靠，甚至是复杂的计算设备。它控制着微操作的顺序，如十进制加法和乘法的执行。由数学家帕斯卡开发的帕斯卡林加法机（见图 2-3）是许多这样的计算设备之一，最终形成了重要的计算设备，如数学家查尔斯·巴贝奇在 19 世纪早期发明的差分机。

❑ 公元 1850 年——机电设备：电机、继电器、打孔卡。电力的发展为一些基本操作如排序和数据存储（临时或永久）提供了新的媒介。霍勒瑞斯为 1890 年美国人口普查设计的制表机（见图 2-4）促成了 IBM 的成立以及 50 年的商业数据处理的发展。由艾肯在哈佛大学开发并由 IBM 制造的 Mark Ⅰ将由这些技术实现的复杂计算系统推向高潮，每秒提供大约 1 次操作（ops）。将指令流与数据流分开的处理器核心在今天仍被称为"哈佛架构"。

图 2-3　帕斯卡林机械计算机（由 David Monniaux 通过维基共享提供）　　图 2-4　为 1890 年美国人口普查建立的制表机（照片由亚当·舒斯特通过维基共享提供）

❑ 公元 1940 年——真空管：逻辑门、触发器、磁心。随着电子技术的出现（最初通过放大真空管），以及电子技术与阿塔纳索夫在 20 世纪 40 年代提出的数字逻辑的结合，美国的 ENIAC 和英国的 Colossus 等计算器将计算速度提高了 1000 倍，并启发了先进的架构概念。这归功于数学家冯·诺依曼，他为数字可编程计算范式奠定了基础。现代计算机的 3 个关键要素已经牢固地建立起来并整合成一种形式，其中大多数未来的模型是它们的衍生物。这些元器件是作为磁心实现的存储器（旧术语；不是处理器），是使用布尔和二进制编码的数字电子逻辑和通过电线利用数字信号进行通信的存储器。

❑ 公元 1955 年——晶体管：采用半导体技术（锗和硅）替代真空管技术，大大降低了功耗、成本和尺寸，同时提高了速度和可靠性。

❑ 公元 1965 年——集成电路（小规模/中等规模集成）：多个晶体管与其他元件（例如电阻器和电容器）的布局和互连预示着成本和功耗降低的另一个阶段，在单个半导体管心或"芯片"上的模块化逻辑门提高了速度和可靠性。IBM 360（"大型机"）和数字设备公司（DEC）的 PDP-8（"小型机"）引入了架构系列的概念，其中具有相同逻辑指令集架构的多个版本的计算机以不同的性价比出售。中间的二进制值临时存储在半导体锁存器中，功能模块之间的所有相互通信被编码为数字信号。使用多个处理单元和并行 ISA 的 CDC-6800 是首批提供每秒 1 兆次浮点运算的计算机之一。

❑ 公元 1975 年——大规模集成电路（LSI）：单芯片上的大型门阵列允许在单个半导体芯片上实现越来越复杂的数字功能单元，在此期间核心存储器被半导体 DRAM 取代。"位片"组件允许使用相对较少的部件来组装成完整的计算机，通过微码允许使用各种各样的指令集架构。虽然密度较低，但高速技术推动了新型超级计算机的发展，例如 Cray-1 向量处理器的峰值性能超过每秒 100 兆次浮点运算。在这个时代，LSI 还使得现代 SIMD 阵列计算机变为现实，如 Maspar-1 和 CM-2。第一代微处理器采用 4 位、8 位和 16 位架构进行商业化，虽然它们性能有限，但大大降低了商用和早期消费级计算机电子产品和视频游戏的成本。

❑ 公元 1990 年——具有互补金属氧化物半导体（CMOS）的 VLSI：通过 VLSI 提高了器件密度，使单芯片微处理器成为可能，最终实现 32 位和 64 位数据通路架构。这引发了一场革命，"杀手级微型技术"取代了更多其他形式的超级计算机，比如分立元件处理器和微处理器。虽然多样的多处理器被开发出来，但是它有 3 个主要的类别：对称多处理器（SMP）、大规模并行处理器（MPP）和商品集群（例如，Beowulf）。每个都有不同的性价比设计点。

❑ 公元 2005 年——包含 GPU 的多核异构：伴随着处理器速度停滞问题和芯片多核化趋势的结合，技术和架构的现代化时代出现了。由于功率限制，时钟速率保持相对稳定，尽管其值在嵌入式和移动处理器中以 1GHz 以下到最快 3GHz 以上的频率变化着。摩尔定律的持续发展使得在单个芯片上集成多个处理器内核成为可能，从而提高了每个芯片的总体性能。处理单元（PE）的特殊配置可以极大地加速重要函数的执行速度。当前的超级计算机时代采用这两种策略来解决这些问题。

2.4.2 技术的角色

技术在实现计算系统和支持其功能方面有着许多不同的功能角色。3 种主要的技术类别定义了 HPC 架构如何发展以及它们能够实现的性能设计空间。在本书中，将研究 HPC 系统如何实施和操作的基本方面。这里介绍了主要的功能角色。第一个技术类别是数字逻辑，它使执行包括终端用户计算工作的实际基本操作成为可能；它将一组或多组输入值（通常编码为二进制或布尔信息）转换为由指定函数确定的输出值（例如，整数加法）。第二个技术类别是存储器，它允许信息临时（短暂）或永久（持久）存储，由逻辑元器件访问，并根据需要进行修改（更新）。即使在单一的架构中，存储技术也有许多类型，其速度和容量各不相同。第三个技术类别是数据通信，它将信息从系统架构的一部分移动到另一部分。

2.4.3　数字逻辑

数字逻辑技术是计算机体系结构的驱动力。它在计算机系统的每个部分都占有一席之地，从执行计算的实际操作到控制存储器的子系统和数据通信。数字逻辑是分层的（就像架构本身一样），把最简单的器件组织起来创建基本的布尔门，而后者又用于制作更复杂的功能单元，以此类推。基本技术是开 / 关切换装置，基于输入信号的状态允许或阻止电流的流动。这种开关器件可确定在输出器件处呈现的电压，通常是 0V 或非 0V，以区分两个不同的相关布尔或逻辑值（分别为假或真，或经常描述的 "0" 或 "1"）。在过去的 70 年中，这些最基本的开关器件依次是真空管、独立晶体管和集成晶体管（单个半导体管心上的多个晶体管）。

根据精确的电路设计和基本的物理技术，许多开关器件被构造成逻辑门或其他简单的功能单元，接收一个或几个输入值（相当于布尔值 1 和 0）并产生一个或多个输出值。基本的双输入逻辑门有 16 个可能的逻辑结果，包括固定值、非、与、与非、或、或非、异或等，如图 2-5 所示。虽然电路不同，但典型的门电路通常用十几个晶体管来实现。逻辑门操作的关键指标包括切换速率和传播延迟。切换速率是逻辑门输出可以从逻辑 1 变为 0（或 0 到 1）再返回的最高频率，它通常以千兆赫兹（GHz）或每秒数十亿次的周期数来测量。传播延迟是门的输入值变化到门的输出产生相应变化所需的时间，这通常以万亿分之一秒来衡量。图 2-6 是使用泰克 MS5104 示波器采集的德州仪器生产的 SN74AHC04 CMOS 反相器的测量值，图 2-6 还显示了该集成电路数据表的相关摘录。由于传播延迟通常取决于输出负载（例如由其驱动的其他门的数量），因此结果与样例略有不同。

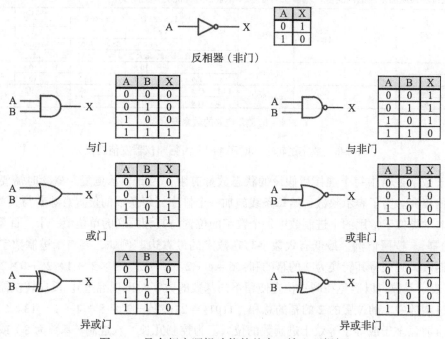

图 2-5　具有相应逻辑功能的基本双输入逻辑门

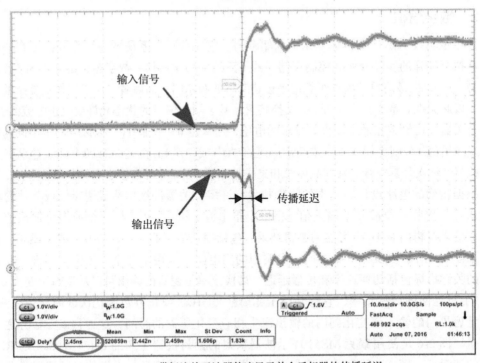

a) 带标注的示波器轨迹显示单个反相器的传播延迟

开关特性

在自然通风温度范围内测得，$V_{cc} = 3.3\text{V} \pm 0.3\text{V}$（除非另有说明）（见图 2-1）

参数	来处（输入）	去处（输出）	负载电容	$T_A = 25℃$		$T_A = -55℃\sim 125℃$		$T_A = -40℃\sim 85℃$		$T_A = -40℃\sim 125℃$ 推荐值		单位
						SN54AHC04		SN74AHC04		SN74AHC04		
				典型值	最大值	最小值	最大值	最小值	最大值	最小值	最大值	
t_{PLH}	A	Y	$C_L = 15\text{pF}$	5	8.9	1	10.5	1	10.5	1	10.5	ns
t_{PHL}				5	8.9	1	10.5	1	10.5	1	10.5	
t_{PLH}	A	Y	$C_L = 50\text{pF}$	7.5	11.4	1	13	1	13	1	13	ns
t_{PHL}				7.5	11.4	1	13	1	13	1	13	

b) 测量电路的数据表

图 2-6　数字逻辑中的时序（图 b 由德州仪器友情提供）

由于数字逻辑中每个连接所假设的状态数量有限，因此表示更复杂概念时需要多个二进制线的集合。为了表示整数，给每条线施加一个排序，每条线的位置意味着与其关联的 2 的幂，非常类似于常用的十进制数中每个数字的位置与其相关联的单位值、十、百等（连续的 10 的幂）。按照惯例，最低有效数字写在数字的最右边。例如，要将十进制数字 6 表示为二进制数，必须将其转换为 2 的幂的和：$6 = 4 + 2 = 2^2 + 2^1 = 1 \times 2^2 + 1 \times 2^1 + 0 \times 2^0 = 110_2$（下标 2 表示基数，以避免在同一位置使用不同基数的数字时出现混淆）。反向转换需要写出对应二进制数中 1 的位置的 2 的幂的总和：$1101_2 = 2^3 + 2^2 + 2^0 = 8 + 4 + 1 = 13$。二进制数通常包含明显多于或等于等效十进制数的位数。为控制冗长，八进制（基数为 8）或十六进制（基数为 16）表示法经常被用作二进制基数的替代品，同时提供与实际二进制格式之间方便的转换方法。每个八进制数字（值为 0～7）表示 3 个二进制数字的任意组合，而十六进制数字则是 4 位二进制数的组合。由于没有十进制数字来表示 10～15 的值，因此通常使用字母 A 到 F（大写或小写）来表示它们。这在图 2-7 中已说明。

八进制数	等价的二进制数
0	000
1	001
2	010
3	011
4	100
5	101
6	110
7	111

a)八进制与二进制的转换

十六进制数	等价的二进制数	十六进制数	等价的二进制数
0	0000	8	1000
1	0001	9	1001
2	0010	A	1010
3	0011	B	1011
4	0100	C	1100
5	0101	D	1101
6	0110	E	1110
7	0111	F	1111

b)十六进制与二进制的转换

图 2-7　不同数制的转换

2.4.4　存储技术

各种形式的存储技术可以存储、访问和更改数据。与数字逻辑的情况一样，信息由位集合来表示。每位都是 0 或 1（可选为真或假），它们通常被分为 8 位的字节或多个字节的字。信息被处理和编码为不同的类型，例如布尔型、字符型、字符串型、整数型（不同长度）和浮点型（32 位或 64 位）等。

2.4.4.1　早期的存储器件

旋风计算机——第一个超级计算机

基于旋风真空管的数字电子计算机是第一个现代计算机体系结构，代表了当时高速计算的最高技术水平。它被认为也许是第一台通用超级计算机。该项目由麻省理工学院（MIT）根据美国海军和美国空军赞助的项目开发，其最初用于飞行模拟并最终用于基于雷达的防空。旋风采用了一些并行逻辑设计和16位字，并同时使用真空管来实现。它使用静电存储管存储和控制对2048个字的访问，最初（但从未实现）每单位上有1024位的位密度。控制结构采用创新的二极管矩阵，以提高速度以及设计的简单性和灵活性。它的初始设计于1947年由杰伊·弗雷斯特和罗伯特·埃弗雷特完成；它由5000个真空管组成，于1951年投入使用。旋风在1953年升级，由弗雷斯特开发的新型存储器（使用堆叠磁心阵列）取代了缓慢且不太可靠的真空管存储器。由此产生的每秒高达40k条指令的性能使旋风成为当时最快的计算机，这大大提高了其可靠性并降低了运营成本。

旋风计算机及其众多创新对计算领域产生了深远的影响。磁心存储器的发明在未来20年重新定义了计算机体系结构，并且是数字计算机可商业化的主要原因之一。位并行逻辑单元成为数据处理的标准。二极管矩阵控制单元激发了莫里斯·威尔克斯对微控制器和微程序设计的启发，未来的计算机将会至少基于微处理器时代。旋风是第一个并行计算机系统SAGE的原型，它最初被用作美国的防空系统。旋风项目的第一个副产品是DEC的成立，它发明了小型机并且在20世纪80年代成为世界第二大计算机公司。第二个副产品是MITRE（一个主要的国防研究承包商），这也可以归因于旋风。随着旋风计算机的最终运营部署，高性能计算机体系结构的未来发展方向已经形成。

历史上最早的存储形式早于抽象位的使用，采取了原始形式，如木棍上的凹槽、黏土和石碑上的标记，以及用于计数的鹅卵石（有时在木板或桌子的凹陷处）和串在水平杆（木头或金属）上的珠子。从17世纪开始并延伸到20世纪的启蒙时代，齿轮的位置用作存储，通常用来区分10个不同的值。

随着真空管带来的数字电子技术的出现以及无线电、放大器和雷达等模拟电子元器件的出现，人们明显需要一种能够存储信息以对该信息进行操作的技术。

从第一代计算机（1940~1952年）中可以看到，许多存储技术被设计和应用为最早的数字计算机的一部分，这些计算机是当时的超级计算机（与装满操作机械计算器的女工们的房间相比）。其中最早是在第二次世界大战期间开发的用于雷达的水银延迟线，也称为"坦克"。顾名思义，坦克是一个装有液态金属汞的容器。在坦克的一端是扬声器，它可以在传播媒介中产生声音脉冲。在另一端定位传声器以检测相同的声音信号。创建闭环，其中来自传声器（声学传感器）的声音被放大并反馈到水箱顶部的扬声器中。因此，任何单独的信息都可以永久循环。可以存储在水银罐中的位数是最大脉冲重复频率、罐的长度和介质传播延迟的函数。这是动态存储器的一种形式，必须不断刷新信息。由于位可用性的串行特性，因此它也被称为"一维存储器"。在诸如EDSAC[1]和IBM 704[2]等第一代计算机中使用了汞延迟线。

20 世纪 40 年代中期还开发了一种二维存储器：它将静电电荷存储在真空管内部的荧光屏上，非常类似于电视和示波器中的老式视频管。最初它被命名为威廉姆斯管，取自英国发明者的名字。它在矩形表面上创建了小的电荷区域，并且可以从外部将其看作发光位阵列。这种真空管存储器也是动态的，因为存储的电荷会慢慢地从磷表面"泄漏"并且必须每隔几毫秒重写一次。存储器的容量取决于屏幕的表面积和充电位单元的粒度。存储器的速度是电子延迟的函数，用于发送信号以用电子束击中位单元并检测其散射的电荷（如果有的话）。它比水银延迟线存储器快一个数量级。真空管存储用于 EDVAC[3] 和 IAS[4] 等计算机中。

第一代数字电子计算机的突破性存储技术是"磁心存储器"。作为 20 世纪 40 年代后期由 IBM 制造的麻省理工学院旋风（Whirlwind）[5] 项目的一部分而开发的磁心存储器，使用环形铁磁珠来表示位并利用磁的滞后性来静态存储 1 和 0 的等价物。如果在核周围的一个方向上存在磁通量，那么它将是 1；如果核中没有磁通量，则表示为 0。磁心存储器被组织在这种核的平面堆栈中，称为三维存储器。三条线穿过正在访问的磁心的中心。同时通过对两根导线施加电流来提供足够的激励以使磁心上的位设定其磁通量。当读取存储器时，第三根线用于感测磁通量的变化（可能不存在）。虽然是静态的，但它可以无限制地保持状态而不用主动充电，它是破坏性读取的一个例子。读取某位时，状态可能会在此过程中被擦除，并且必须重置。尽管如此，磁心存储器使现代数字电子计算机成为可能。它比任何其他存储技术更快、密度更高、每位成本更低、能耗更低。它的影响非常大，已经应用了20 多年，它几乎立即取代了早期的存储技术。

磁作为一种物理现象在数据存储中发挥了重要作用，远远不止它对磁心存储器的作用。作为薄单板的关键元件，铁磁性氧化物已应用于磁带、鼓、硬盘和软盘。在这些一般形式中，它代表了从 20 世纪 40 年代到现在的大容量存储系统使用的最持久的计算技术。它的主要价值在于密度、成本和持久性的结合。由于磁的成本相对较低，因此一些机器（例如IBM 1620[6]）将其用作主存储器。如今，所有大容量存储系统都包含巨大的硬盘阵列，甚至与磁带驱动的机器人相结合，以实现更大的容量。

为了帮我们记录，纸张（是的，纸张）在数据存储方面具有悠久的历史，并且是用于此目的的最长和最有效的技术之一。虽然纸张通常被忽视，但直接作为"便笺簿"供人们书写部分计算结果的时间已有数百年。更直接地，在现代计算机的历史中，打印机使用纸张作为存储和向最终用户呈现输出结果的主要媒介。机械打印机设备在其历史的前 40 年中在计算的最后阶段占统治地位，尽管现在的工作主要由激光打印机（和一些喷墨打印机）完成。打孔卡和后来的纸带使用带有穿孔的纸制品来表示数据。打孔卡首先是为提花机的织机设计的，用于控制织布图案，于 1801 年引入。卡片按顺序连接成链条，卡片上的孔控制交叉编织的线以织成织物。后来霍勒瑞斯为 1890 年的美国人口普查研制了制表机。每张卡代表一名美国公民，这些洞编码了各种特征。这是当时的超级计算机，并导致了 IBM 的成立。在它的核心技术中使用了打孔卡，并一直应用到在 20 世纪 60 年代。打孔卡不仅用于数据，而且还用于描述计算机程序的代码行，每张卡代表一行。用于表示字符的穿孔模式被称为

"霍勒瑞斯代码"。打孔卡也被用作输出介质以及数据输入和源代码的介质。将卡片打孔器作为输出设备连接到早期计算机（例如，IBM 360），以便返回用户程序的结果。卷状或扇形折叠的纸带为低成本计算机（如 20 世纪 60 年代和 70 年代的小型计算机）提供了一种廉价的存储程序代码和数据的方法。

2.4.4.2 现代存储技术

现代计算机体系结构包含 3 种在超级计算中占主导地位的存储技术：DRAM、SRAM 以及包括硬盘驱动器和磁带的磁存储介质。第四种存储器——非易失性随机存取存储器（NVRAM）正在成为 DRAM 与大容量存储之间的技术。

SRAM 提供了最高速的半导体存储器，但它也占据了最多的芯片面积，并且消耗的功率也是最大的。SRAM 单元使用 6~12 个晶体管，具体多少取决于其在整个逻辑结构中的使用方式（见图 2-8a）。最快的 SRAM 器件用于处理器核心的寄存器和锁存器，并且可以在小于 1ns 的处理器时钟速率下工作。这些 SRAM 密度相对较低。后面章节将会讨论被称为"高速缓存"的小存储器块。高速缓存通过仅保留总程序数据的一小部分来利用局部性，从而达到快速存储的效果。高速缓存可以分为多个级别，L1 高速缓存最快但最小，速度可以达到每个时钟周期一个字。L2 可以比 L1 大得多并且可保存更多数据，但是以 4~20 个周期一个字的较慢速度运行。还可以包含 L3 缓存，但这些通常不是 SRAM。

主存储器是在计算机中存储数据的主要组件，并且几乎完全由 DRAM 技术组成。DRAM 比 SRAM 密集得多，每单位面积上的位要多得多。尽管它消耗的功率也要少得多，但速度要慢得多。处理器从 DRAM 访问数据可能需要花 100~200 个周期。DRAM 芯片的每个位单元由一个晶体管和一个电容器组成（见图 2-8b）。电容器可以存储静电电荷差，其表示布尔或二进制状态值"1"。没有电荷差表示为"0"。晶体管将电容电荷与感测线隔离以保证它们的状态不受影响。遗憾的是，DRAM 很不稳定。而且是破坏性读取，访问 DRAM 单元会破坏其值并且必须重新写入。由于 DRAM 单元的电荷泄漏，它们必须每几十毫秒刷新一次。

2.5 冯·诺依曼顺序处理器

尽管"超级计算机"这个词可能会让人想到专用的 Cray 向量机或大型并发阵列系统，但事实上，最早的电子数字可存储程序的计算机就是当时的超级计算机。它们的性能水平是以前计算方法的 1000 倍。顺序处理的冯·诺依曼架构是理解 HPC 实现原理的重要起点。最初是一台超级计算机，之后是原始的冯·诺依曼架构概念和元素被用到大多数现代的计算机中，当然超级计算机也采取这种形式。

图 2-9 显示了埃克特、莫齐利和数学家冯·诺依曼在 20 世纪 40 年代中期构思的冯·诺依曼体系结构的主要元素，它为过去 70 年的大多数计算提供了方法，对计算的发展无可否认具有显著的促进作用。这个简单的图表提供了顺序架构的理想化图像。然而，大多数复杂的阐述都是为了保留这种更完美形式和功能形象而设计的。虽然这个模板没有显

示影响性能的许多关键因素，但速度是存在的，并且提供了一个起点来考虑当今处理系统所体现的扩展和详细说明。

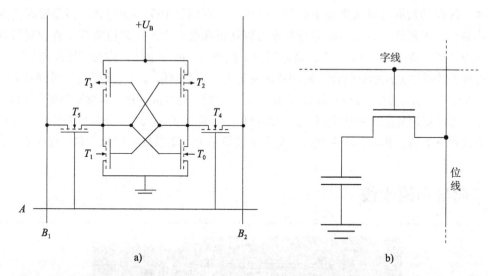

a)　　　　　　　　　　　　　　　　　　　b)

图 2-8　a) 静态随机存取存储器；b) 动态随机存取存储器中的单位存储单元结构（图片 a 由马丁·托马通过维基共享提供）

从历史上看，算术逻辑单元（ALU）被认为是计算机的核心。它执行实际数字、字符和逻辑（布尔）运算。它对高速缓冲区、锁存器或寄存器提供给它的参数值进行操作。它可以以周围逻辑的速度读取和写入寄存器。在最早的体系结构中，单个寄存器（累加器）与一个隐式引用它的指令集一起使用。多个寄存器形成的存储体具有多个端口，因此可以同时执行读取和写入的操作。与内存地址不同，寄存器有自己的命名空间，通常不能操作，只能引用。

处理器访问计算机系统的主存储器，以便存储和使用构成计算状态的程序变量值。最初可用的主存储器数据是以千字节为单位的，但今天典型的处理器核心可以直接访问数 GB 的存储器。最大的 HPC 系统的总主存容量大约为 PB 的级别。主存储器被称为随机存取存储器，任何一个存储单元可以由其硬件地址来指定，以从其中选择一个字节或字。处理器的加载操作是从主存储器读取字并将值放入指定的寄存器中，以供 ALU 稍后使用。因为存储器的周期时间比处理器的时

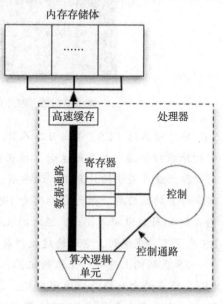

图 2-9　冯·诺依曼体系的主要元素。高速缓存和寄存器存储体是在日后推出的

钟速率慢约两个数量级，所以称为"高速缓存"的中间存储级别被并入处理器中。高速缓存会复制从存储器中访问的数据，期望它可以再次被访问（称为时间局部性模式）。在将来访问时，缓存的数据可以从缓存中获得，这比从主存储器中获得快得多。但是缓存比主存储器小得多，因此任何时候只有部分数据可以驻留在缓存中。在高速缓存中查找到所寻求的值称为"缓存命中"。相反，未在高速缓存中找到所需的变量值，称为"缓存缺失"。

处理器的操作由控制器管理，控制器向硬件发出一系列信号。这是通过一系列步骤完成的：获取指令，执行操作，以及写回寄存器（或存储器）。指令流的每个后续操作将重复这一过程。今天需要更加复杂的控制序列，其中多操作指令通过无序执行、条件预测执行、保留站以及后续章节提到的其他方法来执行，所有这些都是为了实现卓越的效率和最终性能提升。

2.6　向量和流水线

地球模拟器（照片由 Manatee_tw 通过维基共享提供）

地球模拟器（ES）是由日本人开发和部署的标志性超级计算机，于 2002 年在日本横滨的地球模拟器中心开始运营。根据高度并行的 Linpack（HPL）基准测试程序，它是当时世界上速度最快的计算机。两年后，它的性能达到了每秒 35.9 万亿次浮点运算。ES 是超级计算的里程碑，因为它标志着 1993 年 500 强名单中首批记录的系统与当前评级最高的系统之间的中间点（性能经对数化处理），所以该系统的性能增益大约为 6 个数量级。ES 改变了游戏规则，它的速度大约是之前顶级机器的 5 倍。

ES 在架构上是一台优雅的机器，由 NEC 基于 SX-6 向量处理器构建。它是一个拥有 640 个节点的大规模并行处理架构，每个节点有 8 个向量处理器，以 3.2GHz 的时钟速率运行，其总内存容量为 20TB。节点间交叉网络的带宽为 10TB/s。ES 所在的建筑物是专门建造的，包括避雷和防震。

流水线是最广泛使用和持久的并行形式之一。它的适用性远远超出了它在计算中的应用，影响了日常生活的许多方面。汽车的大规模生产就是一个例子。每个部件从一个站点移动到另一个站点以在其上执行一个小的组装动作（例如黏接侧镜），然后移动到下一个站点以执行另一个组装步骤。在前一个站点，新的汽车已经到位以获得镜子。许多不同的汽车正在装配线上同时制造，并且可能需要很长时间才能制造好汽车——从数小时到数天。奇迹是，每隔几分钟就有一辆新车制造完成，离开制造工厂。

即使在今天，流水线技术也在超级计算系统架构中的许多地方使用。向量计算机曾经一度被认为是并行的主要利用形式的一类超级计算机，其中 1975 年推出的 Cray-1[7] 可能是其原型并被认为是标志性的超级计算机。

2.6.1　流水线并行

流水线并行是通过将复杂动作划分为一系列更简单的动作来实现的，其中每个动作可以独立执行。对于具有复杂操作的任何一个实例，任何时候只执行一个阶段，并且没有并发。但是，当执行具有相同动作的许多实例时，它们可以一次一个地向流水线发射，以便在每个流水段中执行一个并发操作。因此，复杂动作被分成一系列更简单的步骤，多个操作的不同部分同时执行。实现并行性需要以下两者的结合，一是需要执行的给定操作的独立实例的数量，另一个是操作被划分成流水段的数量。此外，与其他形式的并行性一样，利用这种并行性需要同时执行许多不同操作的硬件架构和控制应用程序并行执行的软件相结合。因此，除特殊情况外，硬件和软件都必须协同工作才能利用这种并行性。

一个简单的例子将说明这些基本思想。我们希望将一些整数加 1。为了非常快速地执行此操作，希望在连续位之间重叠进位（此处为 4 位以便于说明）。因此，每个阶段的执行时间仅是单个位全加器的时间，而不必等待整个位序列的传播，这在图 2-10 中进行了说明。加法流水线的每个阶段消耗每个输入操作数的一位，并从最低有效位（位 0）开始生成相应的输出"和位"。专用寄存器链实现"进位"的中间存储。随着操作的进行，操作数 A 的输入位被连续地替换为计算的"和位"，最终导致在阶段 4 结束时产生最终和以及 4 位加法进位。流水线的有效操作是 5 个参数的函数。

- ❑ t_s：每个流水段的运行时间
- ❑ t_v：在连续段之间切换的开销
- ❑ p_s：流水段数
- ❑ n_d：输入数据集的数量
- ❑ t_m：同一功能一次整体执行的时间

流水线阶段的操作时间是从输入处获得数据到它输出该阶段结果数据的时间，是该阶段数字逻辑的传播延迟。开销是控制从前一级输出到下一级输入数据移动所需的少量时间。不同种类的功能可以分为不同数量的并行流水线阶段。即使对于给定的功能，也可以有许多替代方法将所需的工作负载分成多个连续的阶段。为了确定流水线结构 G 的加速比，计算总吞吐量并与单次整体执行的吞吐量进行比较。

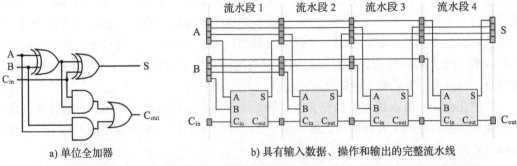

a) 单位全加器   b) 具有输入数据、操作和输出的完整流水线

寄存器	输入	流水段 1 输出	流水段 2 输出	流水段 3 输出	流水段 4 输出
操作数 A/Sum	$A_3A_2A_1A_0$	$A_3A_2A_1S_0$	$A_3A_2S_1S_0$	$A_3S_2S_1S_0$	$S_3S_2S_1S_0$
操作数 B	$B_3B_2B_1B_0$	$B_3B_2B_1$	B_3B_2	B_3	
进位	C_{in}	C_{0out}	C_{1out}	C_{2out}	C_{3out}

c) 通过各个阶段的计算传播

图 2-10 流水线并行示例

$$G = \frac{T_m}{T_p} \tag{2-3}$$

$$T_m = t_m \times n_d \tag{2-4}$$

$$T_p = (t_v + t_s) \times (p_s + n_d), \ p_s > 1 \tag{2-5}$$

$$G = \frac{t_m \times n_d}{(t_v + t_s) \times (p_s + n_d)} \tag{2-6}$$

使用整体逻辑功能单元执行一组数据操作数的总时间 T_m，是执行单个数据所需时间与要处理此类数据的数量的乘积。除了逻辑设计中可能的位级并行，其余没有使用或利用并行性。通过多个逻辑流水线阶段的流水线结构，执行该组数据操作数的总时间 T_p 会更复杂。最细粒度的时间是通过给定流水线阶段的传播延迟的时间 t_p，它必须在连续阶段之间加入少量时间来协调，并将部分结果和操作数值从该阶段转移到后续阶段，这被称为开销时间 t_v。执行该数据集中所有数据的完整计算步骤总数是此类数据集的数量 n_d 和流水线中的流水段数 p 的函数。它可以被视为用数据填充流水线的步骤数加上清空流水线的步骤数，即数据元素的数量。

通过流水线得到的性能增益 G 是所有数据的整体逻辑执行时间与流水线结构化以完成相同参数数据集上的操作所需时间之比，如上面的等式所示。成功的流水线结构满足以下条件：

$$t_p \ll t_m$$
$$(p \times t_p) > t_m \tag{2-7}$$
$$n_d \gg p$$
$$t_p \gg t_v$$

在这些设定条件下，有如下极限：

$$\lim_{n_d \to \infty} G \cong \frac{t_m}{t_p} \tag{2-8}$$

这返回了使用流水线并行结构的最佳性能增益（见图 2-11）。然而，存在的边界条件限制了将流水段执行时间减小到 t_p，从而增加性能增益的程度。主要限制如下。

1. 流水线阶段内逻辑层的数量实际上不能减少到低于 $4 \sim 6$ 个门，因此时间下限需要额外增加几个门延迟。

2. 当 $t_v \geqslant t_p$ 时，开销 t_v 对 G 进行了第二次限制。

3. 最慢的流水线阶段（有最长的传播延迟）决定了整个流水线的时钟速率。

4. 当 n_d 相对于 p 变小时。

性能增益受限于开销，t_v 限制了可实现的有用流水线。

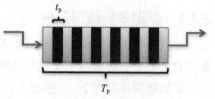

图 2-11　流水线并行

$$\lim_{p \to \infty} G = \frac{t_m}{t_v}, \quad 对于 n_d \to \infty \tag{2-9}$$

虽然流水线阶段的传播延迟远小于具有相同功能的整体逻辑版本的传播延迟，但是当 n_d 非常小甚至长度为 1（标量）时，流水线逻辑的优势会丢失。在这种情况下，性能增益可能小于 1。在无开销（$t_v = 0$）的特殊情况下，盈亏平衡点是：

$$n_d \geqslant \frac{p \times t_p}{t_m - t_p} \tag{2-10}$$

其中当 $t_p \ll t_m$ 时，这将收敛于 $n_d \geqslant p \times t_p / t_m$。

流水线结构用于计算机体系结构的许多方面。稍后会详述，常见应用程序位于执行流水线中，其中许多指令可以同时执行，从而显著提高了指令吞吐量。然而，流水线在超级计算的标志性应用是在 20 世纪 70 年代中期的向量处理架构中，如下一节所述。

2.6.2　向量处理

向量处理架构利用流水线技术来实现细粒度并行，具有隐藏延迟和控制开销的优势（见图 2-12）。流水线还在逻辑深度方面使流水线阶段保持较小来使基于向量的计算机体系结构具有高时钟速率。

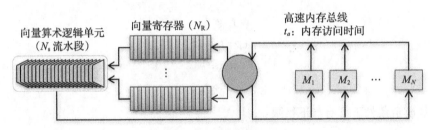

图 2-12　向量处理架构

2.7　单指令多数据阵列

SIMD 阵列是 20 世纪 80 年代和 90 年代主要的并行计算机体系结构。它特别适合 LSI 技术，尽管这个系统在这个时代之前和之后都得到了实施。但这种并行处理策略仍然存在于当今各种计算机的子系统中，用于专门的任务和加速器。

2.7.1　单指令多数据架构

并行计算机体系结构的 SIMD 阵列类由大量相对简单的处理单元（PE）组成，每个 PE 都在自己的数据存储器上运行（见图 2-13）。PE 全部由共享的序列发生器或序列控制器控制，该控制器向所有 PE 广播指令。在任何时间点，所有 PE 都在各自的专用内存块上执行相同的操作。互连网络为 PE 之间的并发信息传输提供数据路径，这也由序列控制器管理。I/O 通道为整个系统提供高带宽（在许多情况下）或直接提供给 PE 以进行快速的后处理。SIMD 阵列架构被用作独立系统，或者与其他计算机系统集成作为加速器。

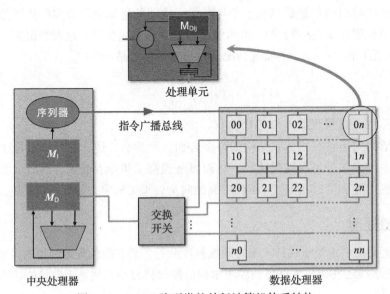

图 2-13　SIMD 阵列类的并行计算机体系结构

SIMD 阵列中的 PE 具有高度复制性，通过这种并行可以提供潜在的性能提升。标准的 PE 由以下关键的内部功能组件组成。

- ❑ 内存块——提供系统总内存的一部分，可由单个 PE 直接访问。由此产生的系统范围的内存带宽非常高，每个内存都被自己的 PE 读取和写入。
- ❑ ALU——对本地存储器中的数据内容进行操作，在序列控制器的广播指令中，可能借助于带有附加立即操作数值的本地寄存器。
- ❑ 本地寄存器——保存 PE 执行操作的当前数据值。对于加载 / 存储体系结构，寄存器是本地存储器块的直接接口。本地寄存器可以作为来自系统范围内的网络和远程 PE 以及外部 I/O 通道的非本地数据传输的中间缓冲区。
- ❑ 序列控制器——接收来自系统指令序列器的指令流，解码每条指令，并生成必要的本地 PE 控制信号来作为一系列微操作。
- ❑ 指令接口——广播网络的一个端口，用于分配来自序列控制器的指令流。
- ❑ 数据接口——系统数据网络的端口，用于在 PE 存储器块之间交换数据。
- ❑ 外部 I/O 接口——对于将各个 PE 与系统外部 I/O 通道相关联的系统，PE 包括到专用端口的直接接口。

SIMD 阵列的序列控制器确定由哪些 PE 执行操作，它还负责一些计算工作本身。序列控制器可以采用多种形式，即使在今天，它本身也是一些新设计的目标。但从最普遍的意义上讲，一组特征和子组件统一了大多数变体。

作为近似估计，阿姆达（Amdahl）定律可用于估计经典的 SIMD 阵列计算机的性能增益。假设在给定的指令周期中，所有阵列处理器核心 p_n 同时执行各自的操作，或者只有序列控制器执行串行操作，阵列处理器核心空闲；还假设可以利用阵列处理器核心的时钟周期比例为 f。然后使用 Amdahl 定律（参见 2.7.2 节），加速比 S 可以确定为：

$$S = \frac{1}{1 - f + \left(\dfrac{f}{p_n}\right)} \tag{2-11}$$

2.7.2　阿姆达定律

理想情况下，从开始到结束的所有计算可以进一步划分为若干个并行执行的部分，这样可以同时将许多计算资源应用于计算，以便（在整个计算过程中）统一缩短解决方案的运行时间并加快处理速度。虽然这个理想情况中有一些极端的例子，但更多的应用程序展示出一定程度的可并行操作行为（即部分计算确实是可并行的），支持并行加速操作。而其他部分由于限制并行性较弱甚至没有并行性，只能顺序操作，一次只发出一条指令。这种计算结合了整个执行过程中的并行和串行部分，限制了通过并行实现的最大加速比。最广泛认可的这种边界条件的公式是由著名的计算机架构师阿姆达提出的阿姆达定律。虽然阿姆达定律更广泛地适用于并行计算，但它也特别适用于对 SIMD 阵列计算的性能进行建模（稍微简化一些假设），这就是在这里介绍它的原因。后来它被用来理解其他形式的并行体系结构。

假设 SIMD 阵列具有两种执行模式，第一种是顺序的，其中央处理器一次执行一条指令；第二种是并行的，其中所有阵列处理器核心同时执行各自操作。为简单起见，假设中央处理器和阵列处理器的时钟速率相同，这对于该性能模型的含义并不重要。

图 2-14 和图 2-15 显示了两个时间线：第一个是计算的所有操作都顺序执行 T_0；第二个是其中并行操作占比为 f 的 T_F，且具有并行度 g（部件加速比）。虽然理想情况下性能提升将是 g，但总的操作时间 T_0 中的 T_F 可以至少在某种程度上并行执行，其余时间 $T_0 - T_F$ 的操作仍然按顺序进行，其中 $f = T_F/T_0$。如下所示，实际加速比 S 可以通过具有和不具有并行度 g 的两个方案的执行时间的比值来确定，使得 $S = T_0/T_A$，其中 $T_A = T_F/g$。S 的结果在下面作为 g 和 f 的函数而得出，与所涉及的确切时间无关。

$$S = T_0 / T_A \tag{2-12}$$

$$f = T_F / T_0 \tag{2-13}$$

$$T_A = (1-f) \times T_0 + \left(\frac{f}{g}\right) \times T_0 \tag{2-14}$$

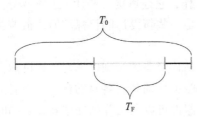

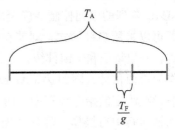

图 2-14　顺序执行计算的时间线，总时间为 T_0。执行线的黑色部分表示必须按顺序完成的操作集。执行线中的绿色（纸质印刷版本中的浅灰色）部分表示可以同时并行执行的 T_F 操作集

图 2-15　计算的时间线，其中可以并行完成的操作以 g 的并行度同时执行，因此有更短的解决时间 T_A

$$S = \frac{T_0}{(1-f) \times T_0 + \left(\frac{f}{g}\right) \times T_0} \tag{2-15}$$

$$S = \frac{1}{1 - f + \left(\frac{f}{g}\right)} \tag{2-16}$$

其中 T_0 为非加速计算时间；T_A 为加速计算时间；T_F 为可以加速的部分计算时间；g 为加速计算部分的峰值性能增益；f 为计算部分可加速的比例；S 为应用加速后的计算加速比。

考虑各种可能的操作点，可以这样理解阿姆达定律的表述。在限制条件中，如果整个

代码可以通过并发度 g 并行执行（同等的），那么比例 $f = 1$，并且总加速比是理想情况下的 g。但是，如果没有代码可以并行执行，尽管具有 g 级硬件并行性，且 $f = 0$ 和 $S = 1$，那么也没有人们期望的增益。阿姆达定律之所以如此重要，还有另一个情况。假设并行硬件具有 100 万的理想增益（即 $g = 1\ 000\ 000$），并且一半代码可以并行执行（即 $f = 0.5$）。简单的替换表明，尽管有巨大的潜在收益，但实际交付的加速比小于 2（即 $S < 2$）。事实上，即使 g 是无穷大，可并行计算的比例 f 为 0.5，你仍然不会获得大于 2 的加速比。图 2-16 显示了在各种理想加速器增益 g 下总加速比与可加速的时间占总时间的比例的关系。

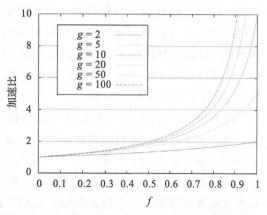

图 2-16　加速比的例子，考虑可并行的代码部分和加速器硬件的增益

例子：考虑具有 8×8 核处理器的阵列和一个序列控制处理器的 SIMD 阵列计算机。在给定的计算周期中，控制处理器执行操作或所有阵列核心对各自的数据执行相同的操作。核心阵列需要执行总工作量的多少才能实现 8 倍的总体加速？

总加速比 $S = 8$ 的时候，部分加速比为 $g = 64$。可并行化的计算部分的比值为 f，有如下等式：

$$S = \frac{1}{1 - f + \dfrac{f}{g}}$$

$$8 = \frac{1}{1 - f + \dfrac{f}{64}}$$

$$8 - 8f + \frac{f}{8} = 1$$

$$64 - 63f = 8$$

$$56 = 63f$$

$$f = \frac{56}{63} = 0.889$$

在这里可以看出，在部件加速比为 64 时，要实现峰值性能增益的 12.5%，需要几乎 90% 的工作负载能够并行化。本书的经验将证明这是一项艰巨的任务，很难实现。

2.8　多处理器

并行计算机的多处理器类是当今超级计算机的主要形式。更广泛地说，它是由通信网络集成的一组单独的自控计算机组成的任何系统，并协调以执行单个工作负载。通过弗林分类，多处理器是 MIMD 类机器。组成系统的每个处理器都有自己的数据处理单元，由自己的本地指令流控制器来控制。多处理器的历史可以追溯到 20 世纪 50 年代和 SAGE，由麻省理工学院旋风类计算机组成，且 IBM 为美国空军在北美航空航天防御司令部部署。由两个处理器组成的许多商用多处理器被部署，其中一个处理器专用于计算（繁重工作），而另一个处理器专用于 I/O 任务。

随着 VLSI 技术的出现和微处理器架构的发展，多处理器对超级计算的重要性日益增加。这代表了超级计算机架构在趋势和方向上的重大变化。利用通用微处理器在大众市场中规模经济的成本效益，定义了下一代高性能计算机。作为超级计算机的主要计算引擎，为了更广泛的工作站，由个人计算机和企业服务器市场而衍生的微处理器，被 HPC 集成并对大规模系统架构产生了巨大影响，取代了以前的专门设计。一个明显的影响是超级计算机的物理尺寸，它升级为多排机架，每个机架都包含许多 VLSI 微处理器。今天，多处理器实现了技术的又一次飞跃，有了持续 10 年的多核技术，每个插槽现在都包含多个处理器核（又称为"核心"）。

有 3 种主流配置正在使用中：SMP、MPP 和商品集群。单处理器系统反映了统一内存，其中所有数据都位于同一内存子系统中。当使用多个处理器时，必须选择处理器和内存之间如何相互关联。系统中的所有处理器是否共享相同的内存子系统，或者每个处理器是否都有自己独立的内存？第三种选择介于两者之间：处理器组共享内存块，而不同的组（通常称为"节点"）具有不同的内存块。对于多核插槽，最后通常采用的是结构化。以下小节将详细介绍这些不同类别的多处理器系统架构。

2.8.1 共享内存多处理器

共享内存多处理器是一种由少量处理器组成的体系结构，所有处理器都可以直接（通过硬件）访问系统中的所有主存储器（见图 2-17）。这允许任何系统的处理器访问任何其他处理器已创建或将要使用的数据。这种形式的多处理器架构的关键是将所有处理器直接连接到存储器的互连网络。由于需要在系统的所有处理器的高速缓存中保持缓存一致性，因此这变得很复杂。

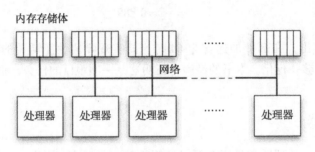

图 2-17　共享内存多处理器架构

缓存一致性确保高速缓存中数据的任何变化，都会反映给所有其他一些高速缓存的某些改变，这些对应的高速缓存可能具有相同的全局数据位置的副本。它保证任何数据加载或存储到处理器寄存器的方式（如果从本地缓存获取）都是正确的，即使另一个处理器使用相同的数据也是如此。提供缓存一致性的互连网络可以采用几种技术中的任何一种。最早的一种是修改独占共享无效（MESI）协议，有时称为"监听缓存一致性协议"，其中共享总线将所有处理器和存储器连接在一起。此方法允许所有其他处理器检测到一个处理器到内存的任何写入，并检查是否在本地缓存中有相同内存位置的数据。如果是，则记录一些指示并且高速缓存被更新或无效，使得不发生错误。

共享内存多处理器根据其处理器访问公共内存块的相对时间来区分。SMP 是一种系统架构，其中所有处理器都可以在相同的时间内访问每个内存块，此功能通常称为"UMA"或统一内存访问。SMP 由所有处理器核心上的单个操作系统和诸如总线或交叉开关等网络进行控制，该网络可直接访问多个存储体。访问时间仍然会变化，因为对任何单个存储体而言，两个或多个处理器之间的争用将延迟一个或多个处理器访问时间。但是所有处理器仍然具有相同的机会和平等的访问权限。早期的 SMP 在 20 世纪 80 年代出现了，如 Sequent Balance 8000 这样的系统。今天，SMP 用作企业级服务器、桌边机，甚至是使用多核芯片的笔记本电脑，因此在中型计算中扮演着重要角色，中型计算是商业市场的主要部分。SMP 还充当更大 MPP 中的节点。

非统内存访问（NUMA）体系结构保留所有处理器对系统内所有主内存块的访问（见图 2-18）。但这并不能确保所有处理器对所有内存块的访问时间相等。这是由现代微处理器提供的架构机会所激发的，以利用高速的本地存储器通信信道，同时通过外部（尽管速度较慢）的全局互连网络提供对所有存储器的访问。NUMA 架构受益于可扩展性，允许将更多个处理器核心整合到单个共享内存系统中，而不是 SMP。但是，由于内存访问时间的不同，因此程序员必须意识到数据放置的位置，并使用它来充分利用计算资源。NUMA 多处理器架构首先出现了 BBN Butterfly 多处理器等系统，这包括 GP-1000 和 TC-2000。

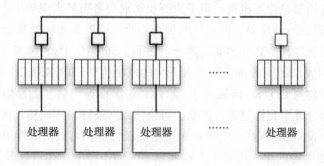

图 2-18　非均匀内存访问（NUMA）体系结构在一个系统内保留所有处理器对所有主内存块的访问，但是不能确保所有处理器对所有主内存块的访问时间相等

2.8.2 大规模并行处理器

MPP 架构是最容易扩展到大规模和性能极限的架构（见图 2-19）。目前，包含数百万个处理器核心的最大超级计算机属于这类多处理器。MPP（在大多数情况下）不是共享内存架构，而是分布式内存。在 MPP 中，单独的处理器核心组直接连接到自己的本地存储器，这些组通俗地称为"节点"，它们之间没有共享内存，这简化了设计并消除了妨碍可扩展性的低效率。但是在没有共享内存的情况下，一个组中的处理器核心必须采用不同的方法与其他处理器组中的核心来交换数据并协调。消息传递的逻辑功能由物理系统区域网络（SAN）支撑，该网络集成了所有节点以形成单个系统。正如第 8 章中详细讨论的那样，消息在系统的两个处理器核心之间传输，每个核心运行一个单独进程。通过这种方式，接收进程及其宿主处理器可以从发送处理器的进程中获取数据。可以使用相同的网络来同步在不同处理器上运行的进程。1997 年，第一个能够进行每秒万亿次浮点运算（基于 HPL 基准测试程序）的系统是部署在桑迪亚国家实验室的英特尔 ASCI Red MPP。

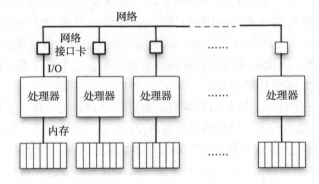

图 2-19　并行计算架构的大规模并行处理器类

2.8.3 商品集群系统

虽然目前所有的超级计算机都利用了为商业和消费者市场大规模生产的 VLSI 微处理器和 DRAM 主存储器的经济优势，但到目前为止，所讨论的系统仍然基于专用设计，为了出色的性能提供了处理器核心之间的紧密耦合。然而，部署的超级计算机（商品集群）的主导类别，更多地利用大众市场经济学来引入更大的成本优势。顾名思义，此类系统仅由商品子系统组成，有时称为 COTS（商品现货）组件。东加拉等[8] 将"商品集群"定义为"一个集群，其中网络和计算节点都是商业产品，可供组织（最终用户或独立供应商）采购和独立应用，而不是原始设备制造商"。关键的想法是超级计算机可以由组件子系统组成，所有组件子系统都可以在更大的用户市场中采购和制造，而不是基于超级计算机的部署基础，利用规模经济来显著提高性价比。

这种改进在 20 世纪 90 年代中期出现，当使用消费级系统组件时，它通常超过一个数量级。1997 年，来自加州大学伯克利分校的商业级工作站的工作站网络（NOW）集群[9] 是第一个被列入 500 强名单的商品集群，而 Beowulf 集群[10]（商业级个人计算机）来自美国宇航局喷气推进实验室和加州理工学院，是第一个获得戈登·贝尔奖的（见图 2-20）。正如早期历史所表明的那样，由于有两个相应级别的微处理器，因此存在两个级别的商品集群。商业级微处理器用于性能重要的工业级工作站，而消费级微处理器用于成本最重要的个人计算机。最终这个差异化市场合并了，因为 32 位和最终 64 位架构变得普遍。

图 2-20　Beowulf 类并行计算架构的例子

通常，商品集群在核心数量方面表现出比 MPP 更低的效率。现代 MPP 可能表明某些工作负载的效率接近 90%，但商品集群更有可能有 60%～70% 的效率（HPL 基准测试程序）。但工作负载在耦合程度方面的差异却很大，并且集群非常适合吞吐量计算，例如较少依赖于相互通信的参数扫描，而更多地依赖于本地处理能力。

如今，速度最快的超级计算机是 MPP 和商品集群的混合体。目前 500 强排名的所有系统中集群占比超过了 80%。毫不奇怪，由于 MPP 的优越性能是为优化 SAN 的超级计算而构建的，因此大多数最快的机器都属于这一类。历史上，商品集群采用了许多 COTS 网络，包括异步传输模式（ATM）、Myrinet 和以太网 100BaseT 等早期产品。当前的集群主要使用千兆以太网或 InfiniBand 网络。

2.9　异构计算机结构

到目前为止，所描述的同构计算系统都采用单一类型的处理组件来执行所有计算，例如典型的多核处理器插槽组件，大多数超级计算机属于这种类型。然而，对于某些计算模式，其他核心设计和由它们构成的结构有时可以提供显著的性能改进，至少对于某些类型的计算算法而言。包括两种或更多种类型的计算机核心、插槽和节点的系统与仅具有一种类型的同构计算系统不同，被指定为异构系统。加速器（有时称为 GPU）通过 I/O 总线（主要是外围组件互连总线）连接到系统节点，并且可以由同一节点内系统的任何常规处理器核所访问。加速器设计用于执行某些类别的计算，如线性代数和信号处理问题。异构性也直接设计在芯片中，从而绕过了中间 I/O 总线。

虽然这些类型的体系结构（顺序和多种形式的并行）中的每一种都呈现为独立且不同的，但是现代计算机体系结构（例如最广泛意义上的 MPP）通常包含所有这些体系中的最佳方面。现代微处理器插槽包含从这些主要类型中的每一种派生出的结构，包括顺序、流水线、SIMD 和多处理器组织。

2.10 本章小结及成果

❑ 计算机体系结构是计算机的结构和语义。HPC 架构经过优化，可通过积极利用快速技术和组件模块的并行组织来实现高速运行。

❑ HPC 架构的关键属性包括操作速度、同时执行多个操作的并行性、关键组件的使用效率、消耗的电力、可靠性以及编程的难易程度。

❑ 弗林分类法对并行体系结构的分类虽然有点陈旧，但仍被广泛引用。它包括 SISD、SIMD 和 MIMD，它们现在可以应用于系统类型。

❑ HPC 已经发展了很多代，其进步部分取决于不断发展的器件技术，包括简单的设备（例如算盘），机械齿轮，机电（例如霍尔瑞斯）和电子设备（包括真空管、晶体管和集成电路）。

❑ 技术有多种用途，包括以二进制（基数 2）形式将信息存储在存储器（例如，磁心和 DRAM）中，使用布尔逻辑执行操作，以及在总线和网络互连信道上移动数据。

❑ 冯·诺依曼体系结构是顺序存储程序计算机的基础概念，它是当今所有现代超级计算机的基础。

❑ HPC 系统是冯·诺依曼架构的衍生产品，通过许多创新（包括各种形式的并行、存储层次结构和高级网络），将多个子系统集成在一起。

❑ 流水线将连续的组件阶段连接在一起，因此数据可以从一个阶段传递到下一个阶段以实现快速吞吐量。

❑ 向量体系结构（例如，Cray-1）利用流水线技术实现高速运算单元、寄存器加载和存储，以及重叠存储器访问。

❑ SIMD 阵列处理使用许多专用于分离内存存储体的轻量级内核。所有内核同时执行相同类型的操作，但是在其本地数据上，实现由控制处理器管理的高度并行性。

❑ MPP 是包括许多集成计算机处理器的单个系统。存在多种形式的多处理器，通过互连方式以及处理器和存储体之间的关系来区分它们。

❑ 共享内存多处理器将各个处理器与多个存储体组合在一起，使得所有处理器都能够访问所有共享存储体。SMP 在时间和带宽方面可以同等地访问所有内存。分布式共享存储（DSM）架构也共享相同的存储器，但是可以优先访问某些存储体而不是其他存储体。SMP 被称为 UMA，而 DSM 则表现出 NUMA 行为。

- ❑ 商品集群是多处理器的另一种形式，完全由 COTS 子系统完成，以利用规模经济实现卓越的性价比。
- ❑ 阿姆达定律将可实现的交付加速比与并行加速器的增益以及可并行执行的总工作负载的比例相关联。

2.11　练习

1. 定义或扩展以下每个术语或首字母缩略词。

❑ Computer architecture	❑ SISD	❑ Punched cards
❑ ISA	❑ SIMD	❑ Paper tape
❑ Parallelism	❑ MIMD	❑ Cycle time
❑ GHz	❑ MISD	❑ Volatile
❑ DRAM	❑ SPMD	❑ Destructive read
❑ SRAM	❑ GPU accelerator	❑ Register
❑ NVRAM	❑ Abacus	❑ Accumulator
❑ Cache	❑ Harvard architecture	❑ PE
❑ Bandwidth	❑ Chip	❑ Interconnection network
❑ Latency	❑ Mainframe	❑ Data path
❑ NRE	❑ Minicomputer	❑ I/O channel
❑ Botzmann constant	❑ Vector processor	❑ Amdahl's law
❑ Data path	❑ SIMD array	❑ Shared-memory multiprocessor
❑ Control path	❑ CMOS	
❑ Efficiency, floating-point efficiency	❑ SMP	❑ Cache coherence
	❑ MPP	❑ MESI protocol
❑ Hardware fault	❑ Vacuum tube	❑ Snooping cache
❑ Software fault	❑ Discrete transistor	❑ SMP
❑ Hard fault, soft fault	❑ Integrated transistor	❑ UMA
❑ Cosmic ray	❑ Logic gate	❑ NUMA
❑ Checkpoint/restart	❑ Circuit	❑ SAN
❑ Programmability	❑ Switching rate	❑ COTS
❑ SLOC	❑ Propagation delay	❑ ATM
❑ Programming model	❑ Mercury tank	❑ Myrinet
❑ Productivity	❑ One-dimensional memory	❑ Gigabit Ethernet
❑ Software engineering	❑ Two-dimensional memory	❑ Infiniband
❑ Workflow management	❑ Core memory	❑ Heterogeneous system architecture
❑ Flynn's taxonomy, Michael Flynn		❑ Microprocessor socket

2. 说明以下每项陈述是否正确。
   - ❑ HPC 架构仅关注最低级别的技术和电路设计。
   - ❑ HPC 系统永远不会足够快，无法提供主要应用程序问题所需的必要性能。
   - ❑ 浮点运算所需的时间是 HPC 系统效率的最重要方面。
   - ❑ HPC 系统中的软件成本远低于硬件平台的成本。
   - ❑ 所需性能越高，优化用户程序就越困难。
   - ❑ 代码重用对于管理应用程序开发的复杂性和难度至关重要。
   - ❑ 磁是计算机中使用时间最长的技术，从 20 世纪 40 年代开始使用到现在（21 世纪头 10 年）。

3. HPC 架构利用支持技术来最小化＿＿＿＿、最大化＿＿＿＿，并提供＿＿＿＿。近年来，HPC 已应用于＿＿＿＿。

4. 命名并描述性能下降的 4 个主要来源。除性能外，还要说明并描述 HPC 关注的 4 个因素。

5. 解释超级计算机与商用或消费级服务器的区别。

6. 命名并描述确定 HPC 体系结构性能的 3 个关键属性。给出显示这些属性关系的公式，命名并描述影响 HPC 系统运行的另外两个因素。

7. 哪台超级计算机的性能更好？一台是具有 10 000 个 CPU 的超级计算机，每个 CPU 以 2.9GHz 的时钟频率并行运行，并且 80% 的时间可用；另一台是具有 10 000 个 CPU 的超级计算机，以 2.7GHz 的时钟频率并行运行，并且有 95% 的时间可用。

8. 命名并描述 HPC 系统速度的 3 个方面。通信速度的两个衡量标准是什么？

9. 描述空气冷却的工作原理。解释为什么有时使用液体冷却。

10. 描述 HPC 系统中的 3 种故障类型。描述故障恢复如何发挥作用。

11. 描述两种现代架构策略，它们解决停滞的处理器速度和多核芯片这两种趋势。

12. 命名并简要描述定义 HPC 架构设计空间的 3 种主要技术类别。

13. 描述高速缓存的目的。描述 L1、L2 和 L3 缓存的用途。

14. 讨论 SRAM、DRAM 和 NVRAM 中至少 3 个不同特性，包括它们的相对访问速度。

15. 画图说明冯·诺依曼架构的主要元素。

16. 假设你想要优化汽车装配厂。在工厂中，汽车车架和整个部件到达工厂，任务是组装整车。为简单起见，假设组装汽车有 5 个步骤：在框架中添加和配置引擎；增加座椅；装配车轮系统；装配转向；组装和配置制动系统。同样为简单起见，假设这些可以按任何顺序完成并且可以同时完成，除了座椅的组装不能与转向系统的组装同时进行，并且制动器的组装必须在车轮组装之后。还假设所有其他步骤所需时间是相同的，除了组装制动系统的时间是其他步骤所需时间的两倍。
   - ❑ 讨论至少 3 种可能用于汽车装配策略的方案。在讨论中应包括 SISD、SIMD、MISD 和 MIMD 替代方案。
   - ❑ 设计包含流水线的有效汽车装配策略。分析设计，包括通过简单的单片装配系统计算系统的吞吐量和性能增益。在分析中明确说明你的假设。

17. 命名并描述 SIMD 阵列中关键的内部功能组件。

18. 假设程序的 5% 是顺序执行的，无法并行化。如果我可以在一个处理器上 10 分钟内执行完程序，则根据阿姆达定律，我可以多快地在 10 个处理器上运行完它？根据阿姆达定律，我使用多少个处理器，可以获得的最大加速比是多少？

19. 讨论商品集群与 MPP 可能获得的效率。工作负载如何影响效率？

参考文献

[1] M.W. Wilkes, W. Renwick, The EDSAC (electronic delay storage automatic calculator), Mathematics of Computation 4 (1950) 61−65.

[2] IBM Corp, 704 Data Processing System, August 30, 2013 [Online]. Available: http://www-03.ibm.com/ibm/history/exhibits/mainframe/mainframe_PP704.html.

[3] J. von Neumann, First Draft of a Report on the EDVAC, University of Pennsylvania, 1945.

[4] Institute for Advanced Study, IAS Electronic Computer Project, 2017 [Online]. Available: https://www.ias.edu/electronic-computer-project.

[5] Massachussets Institute of Technology, Project Whirlwind, MIT Institute Archives & Special Collections, 2008 [Online]. Available: https://libraries.mit.edu/archives/exhibits/project-whirlwind/.

[6] I.B.M. Corp., 1620 Data Processing System, August 30, 2013 [Online]. Available: https://www-03.ibm.com/ibm/history/exhibits/mainframe/mainframe_PP1620.html.

[7] Cray Research, Inc., Cray-1 Computer System Hardware Reference Manual, 1977 [Online]. Available: http://history-computer.com/Library/Cray-1_Reference%20Manual.pdf.

[8] J. Dongarra, T. Sterling, H. Simon, E. Strohmaier, High-performance computing: clusters, constellations, MPPs, and future directions, Computing in Science & Engineering 7 (2) (2005) 51−59.

[9] T.E. Anderson, D.E. Culler, D.A. Patterson, A case for NOW (networks of workstations), IEEE Micro 15 (1) (1995) 54−64.

[10] D.J. Becker, T. Sterling, D. Savarese, J.E. Dorband, U.A. Ranawak, C.V. Packer, BEOWULF: a parallel workstation for scientific computation, in: In Proceedings of the 24th International Conference on Parallel Processing, 1995.

商 品 集 群

3.1 引言

商品集群 [1] 可能代表了历史上高性能系统的最成功的单一超级计算形式。它利用了超大规模集成微处理器、动态随机存取存储器（DRAM）和网络领域的技术进步，并通过大规模生产的方式来提高单位成本上的性能。商品集群成功的秘诀在于，主要组成部分是由独立计算机构成的，这些组件可销售到比狭义的高性能计算（HPC）社区更大的市场领域，并从消费者群体中获得大规模的经济效益。商品集群也很成功，因为它为广大用户提供了极大的系统配置灵活性和可访问性，用户范围涉及最神秘的国家实验室里的科学家到高中生。实际上，商品集群可能发起了自 20 世纪 40 年代末超算诞生以来的第三次革命。对我们而言，商品集群将作为传统可扩展 HPC 系统的原型。商品集群将描述构成完整超级计算机硬件和软件的许多系统组件层。

3.1.1 商品集群的定义

商品集群是一组集成的计算机系统。作为组件的计算机是独立的，能够独立运行，并且销售给比其构建的规模集群更大的消费群体。所采用的集成网络是单独开发和销售的，以供系统集成商使用。大容量存储设备是现货供应的，可以物理地安装在系统节点内部或者连接在外部。所有接口都遵循两个连接设备的工业标准（例如 USB[2]，外围组件快速互连 [PCIe][3]）和网络系统。虽然不是必需的，但系统软件通常是开源的、非专有的、基于 Linux 的。编程接口库绑定到 C、C++ 或 Fortran，并使用消息传递接口（MPI）、OpenMP 或两者都有。

3.1.2 集群的动机和理由

虽然个人和机构采用商品集群的动机可能有所不同，但在过去的 20 年里，已经明确地证明了采用它是合理的。以下是对最普遍理由的一些讨论。

可访问性——更有可能的是，访问中型超级计算机将会连接到中等规模的商品集群。某种程度上是因为它们是目前可用的最流行的超级计算机形式。但是，由于成本原因，商品集群在有些类型的机构中被过多地部署，在这些机构中人们可能获得超级计算机应用的入门级经验，这也是事实。

性价比——相对较低的获取成本和在某些环境中低廉的拥有成本，也是选择商品集群的主要原因。简而言之，与使用更紧密耦合的、无可否认的更有效的替代方案相比，在给定价格下，它可获得更高的峰值性能。

可扩展性——不像对称多处理器（SMP）系统，商品集群是可扩展的，因为节点数量可以根据需要、空间、功率和成本而广泛变化。综上所述，对于一个给定规模的系统，成本可能低于定制系统。但是这种理论可能主要用在吞吐量计算领域而不是能力计算领域。在能力计算领域，其开销、延迟和带宽可能不如使用定制系统那么大。

可配置性——商品集群具有的可配置的灵活性在历史上强于供应商配置的定制系统。不仅规模的可变性更灵活，而且最终用户可以容易地指定节点互连的拓扑、节点存储器和处理器插槽、外部输入 / 输出（I/O）组件和其他属性。由于行业标准的利用和系统元素的多种来源，多样的选择提供了更大的灵活性和更多选择。此外，系统可以随着时间的推移而修改，而不是在整个生命周期中保持停滞状态。

最新技术——集群由拥有大市场的子系统组成，因此可以通过大规模生产实现规模经济。作为结果，这些子系统的目标是供应商结合最新技术以在企业服务器或 SMP 平台等大市场中保持竞争力。这些前沿子系统的集成保证了商品集群，即使是系统集成商提供的集群，也将在组件技术中融入最新技术。

编程兼容性——虽然在外观和成本上有很大差异，但只要不处理大规模并行处理器（MPP），商品集群就是合理的。尽管优化可能不同，但两者的编程方法非常相似。集群和 MPP 都包括微处理器核心、处理器和存储器的紧密耦合节点以及各种拓扑的集成网络。这允许同一 MPI 用于编程两类超级计算机，以及使用 OpenMP 对各个独立系统节点进行编程。这种兼容性允许在集群和 MPP 之间共享应用程序代码和库，以及用于两者的类似技能集。

赋权——在商品集群的社会学方面，令原始开发者未曾预料到的是，实验室和学术界的用户发现他们拥有系统的控制权，并且不受商业固定产品规范或专有软件的约束。这产生了令人兴奋的超级计算机，通过现成的组件可以轻松参与，而且这很有趣。由于这一点，年轻一代人被这种超级计算形式所吸引，并且它一直吸引着年轻人进入这一领域。

3.1.3 集群元素

商品集群的替代结构差异很大，这是其具有可扩展性和可配置性的特征之一。但是从某种形式上说，几乎所有集群都包含相同的 4 种组件类型。

- ❑ 节点——执行用户计算的主要元素，包括主要处理组件和主存储器组件。节点是一台独立的能够处理用户单独工作负载的计算机。即使作为较大集群的一部分，也可以使用一个节点来执行单个计算，其他节点在吞吐量计算模式下执行其他工作。节点的附加组件通常包括用于处理器到存储器访问和处理器到 I/O 控制器间的通信信道，以及用户透明地管理节点的"芯片组"，同时为 OS 提供基本原语并引导断电状态下的节点。这种节点可以包括为了不同目的而使用的多种 I/O 控制器，包括但不限于系统区域网络（SAN）。

- ❑ 系统区域网络（即 SAN）——现成的通信信道将所有节点互连在一起成为分布式计算系统。网络支持节点之间的数据消息传递，进程间同步（例如全局栅栏）和其他集合操作（例如归约操作）。它还支持与外部系统 I/O 设备和互联网的通信。网络包括由铜线或光纤构成的物理数据通路，将节点数据移动到数据通路的网络接口控制器（NIC），以及用于在数据通路之间切换数据以到达目的节点的路由器。

- ❑ 主机——一种支持用户服务的特殊节点，包括登录账户、管理员、资源分配调度和用户目录。主机节点可以同时为多个用户服务，甚至可以为不同用户作业分割计算节点。主机节点可以具有自己的辅助存储，使用集群范围内的大容量存储，或访问外部文件系统。用户通常通过机构的局域网（LAN）登录主机节点。

- ❑ 辅助存储——与商品集群相关联，可以为用户文件和目录、用户程序、输入数据以及在集群上运行的作业结果数据提供永久存储。逻辑上，存储器通过操作系统的文件系统暴露给用户。在物理上，存储器是一组磁盘驱动器（也有可能是磁带驱动器），与控制器硬件以及控制器和硬盘驱动器之间的连接相结合。每个节点可以在节点中内置自己的磁盘，或者访问包括系统范围内文件系统的一组磁盘驱动器，有时被称为"存储区域网络"。另外，文件系统也许位于集群系统外，以网络文件的形式出现。

图 3-1 所示为规范化的商品集群框图，其中包含这些主要组件。

3.1.4 对 500 强名单的影响

如前所述，HPC 领域通过测量系统执行 Linpack 基准测试程序和高性能 Linpack 的衍生物的性能，每 6 个月列出最快的 500 台机器来跟踪其进展。在此期间，观察到的性能增

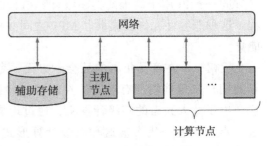

图 3-1　商品集群组件

益超过了 10 亿（>10^9）倍。图 3-2 表示在观测期间所有对这个列表做出贡献的 HPC 系统类别。商品集群甚至没有在名单上出现，直到 1997 年，工作站网络（NOW）系统的出现。然而到了 2005 年，商品集群占了 500 强名单中所有系统的一半；今天，这一比例已经增长到大约 85%，并且在过去的 8 年间已经超过了 80%。

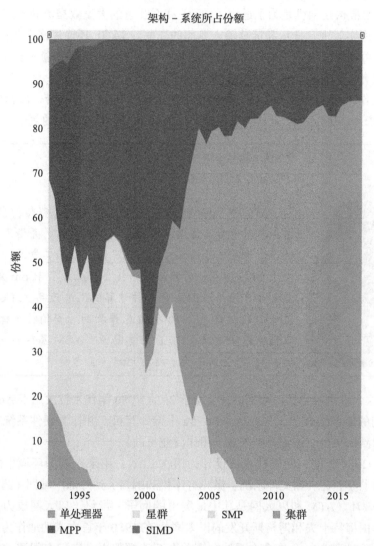

图 3-2　在过去 24 年中，速度最快的 500 台计算机所占主导地位的系统架构类（图表由 Top500.org 友情提供）

3.1.5　简史

用一个较小完全可操作的计算机系统构建更大的系统，这种集群的一般策略并不新鲜，这一思想可以追溯到 20 世纪 50 年代。其中最出色的系统是为美国空军 NORAD 防空系统开发的 IBM SAGE 多计算机系统，用于获取和显示进入航线的雷达数据（覆盖极地区域），以提供自动态势感知和控制的早期实例。SAGE 包含许多系统，这些系统是麻省理工学院在 20 世纪 40 年代末开发的旋风计算机的衍生产品，采用当时超级计算机的 16 位真空管的结构。SAGE 集群构建动机是为了适应（当天）高吞吐量的大型数据流和多用户同时访问的需要。它是使用实时视觉显示和屏幕输入界面的先驱。SAGE 还使用多个相同的组件系统，以提供增强的可靠性。当一个失效时，其他组件可以承担额外的工作量来实现不间断操作。

虽然并没有那么奇特，但双向集群在 20 世纪 50 年代后期被商业化，其中一个系统用于执行计算工作，而另一个系统被分配控制 I/O 设备的任务，如磁带、磁盘驱动器、打孔卡和打印机。IBM 7090/7040 是这些双节点商品集群中一个非常成功的例子。

罗伯特·梅特卡夫

（照片由维基共享提供）

罗伯特·梅特卡夫是一名美国电气工程师，在施乐帕洛阿尔托研究中心工作期间协助发明了以太网。并借用了在 19 世纪被误认为是光传播媒介的词汇"以太"为其命名。离开施乐后，他于 1979 年在他的帕洛阿尔托公寓成立了 3Com 公司，该公司最初生产网络适配器和各种计算机网络产品。3Com 最终以 27 亿美元的价格于 2010 年被惠普收购。罗伯特·梅特卡夫获得了国家技术奖章、IEEE 荣誉勋章、ACM 葛丽丝·玛瑞·霍普奖和 IEEE 亚历山大·格雷厄姆·贝尔奖章。

"集群"这个术语本身是由数字设备公司于 20 世纪 80 年代末首次用于 Andromeda 项目的。这个早期的集群结合了 32 台 VAX 11/750 小型计算机，并作为硬件系统互连和软件支持实验研究的测试平台。该集群系统从未用作商业目的。

在 1970~1980 年间，网络技术被设计为用作 LAN，用来在相同环境中的多个独立计算机系统之间共享资源（如文件系统、激光打印机和端口）到外部广域网（例如新兴的互联网）。IBM 令牌环、ATM 和以太网是其中最突出的例子。最终，以太网成为主导，并取代了其他技术。由梅特卡夫和博格斯开发的以太网[4] 在 1980 年首次成功地作为多点载波感应仲裁协议进行商业部署，允许多个系统共享单个互连框架以在它们之间移动数据。其中第一个以太网局域网在 1973 年以 2.94Mbit/s 的峰值带宽运行，但在 20 世纪 80 年代中期很快就被更普遍的 10Mbit/s 的商用标准所取代。正是因为建立了可靠且成本相对较低的局域网互连，才为下一步商品集群的发展奠定了基础。

英特尔于 1971 年发明了微处理器[5]，到 1980 年它被用于许多个人计算机（PC），例如 TRS 80、Apple 2 和 IBM PC。紧随其后的是更高级的单人直接访问的计算机，它采用名为工作站的 16 位微处理器，包括 IBM RS-6000、Sun-1 等。PC 提供的消费级计算机相对较慢，主存和外部存储有限，分辨率和屏幕也有限。但它们的优势是价格，因为大规模和不断增长的大众市场导致了规模经济。工作站为工业级应用提供了更强大的性能、更多的内存、更大的存储能力和视觉显示分辨率。工作站和 PC 之间的成本差异可能高达一个数量级。

在 20 世纪 80 年代末和 90 年代初期，集成工作站的 LAN 的组合为工作站场提供了一个机会，用于共享由许多用户工作组成的批处理工作负载。人们认识到，工作站通常是高可用性、低利用率的设备，支持实时用户访问，但并不总是忙于执行计算密集型任务。软件被开发出来（例如马赫什·利夫尼开发的广泛使用的 Condor 系统），以把待处理的工作分配到场中的空闲工作站中。在作业粒度边界上，这些工作站场支持并行作业吞吐量或容量计算，这预示着工作站集群之后的发展。

1993 年，加州理工学院前教授 Chuck Sites 发明了 SAN，它经过优化后连接工作站，因此可以在共同的工作负载上协同工作。由 Myricom 制造和销售的 Myrinet 具有比以前的 LAN 低得多的通信延迟和更高的带宽。

同样在 1993 年，启动了两个集群项目：加州大学伯克利分校工作站网络（NOW）项目和 NASA Beowulf 项目。NOW 项目追求的前提是，许多功能强大的小型计算机。该项目中用的工作站可以互连在一起超过当时的大型机或超级计算机等超大型计算机。NOW 项目实现了一系列由高端工作站构建的集群，包括太阳微系统工作站和 Myrinet 网络。到 1997 年，NOW 项目是被列入 500 强名单中的首个集群，与首套万亿次计算机英特尔 ASCI Red 同一年入榜。

在下一节中将讨论的 NASA Beowulf 项目采用了截然不同的方法，采用低端消费级 PC 并将其与广泛使用的以太网 LAN 进行集成。它还向超级计算社区引入了 Linux。在接下来的 20 年的大部分时间里，这种形式主导了商品集群，并最终成为整体的超级计算机系统。

整个 20 世纪 80 年代末和 90 年代初期，在工业界、国家实验室和学术界开发了一系列消息传递编程接口。这些接口以某种形式表示顺序处理器执行模型间的通信，由安东尼·霍尔在 20 世纪 70 年代后期推导出 [6]。最终，这一工作主体在由 MPI 开发和商定的社区范围内的应用程序编程接口中达到了顶峰。此后不久，MPI over CHameleon（MPICH）[7] 被阿尔贡国家实验室首次发展成为减少成本的实践，使得大范围的用户社区可以广泛使用 MPI，并将其建立为 MPP 和商品集群的首要编程库。

20 世纪 90 年代后期，商品集群成为争夺霸权的几种形式的超级计算机系统之一。从 2005 年开始的十年中，商品集群在 500 强名单上的数量方面占据了主导地位。

3.1.6　章节指南

本章在广度上介绍了商品集群，概述了这类超级计算机以及超级计算整体的良好局面。下一部分介绍了商品集群发展的重要里程碑的一个技术历史，即 20 世纪 90 年代中期的 Beowulf 项目，并在此过程中介绍了构成现代商品集群的许多组件、硬件和软件。3.3 节详细描述了商品集群的硬件组件，包括处理节点，用于集成、通信和同步的 SAN，以及用于非易失性数据存档的大容量存储。3.4 节介绍了商品集群的主要编程方式，包括顺序编程语言与并行编程接口和库的结合。3.5 节讲述了与之前硬件讨论对应的软件部分，描述了主要的系统软件组件、环境和工具，如操作系统和资源管理中间件。3.6 节开始介绍实践技能集开发的过程，它引导学生完成最简单的操作，即登录到集群并在用户目录层中进行移动、运行并行程序、编译应用程序源代码和可视化结果数据，以及其他任务。3.7 节以一系列结论和成果结束本章内容。

3.2 Beowulf 集群项目

托马斯·斯特林在商品集群前面（Beowulf 项目的一部分）。现在，这种商品集群经常被称为属于超级计算机的 Beowulf 类

托马斯·斯特林以超级计算机的 Beowulf 类之父的身份被人们熟知。他在 1994 年与唐·贝克一起进行的开创性工作创建了由商品级计算机组成的集群，统称为"Beowulf 集群"，这大大降低了超级计算的成本，后来引导了用于科学计算的商品集群的广泛应用。这一成果使 Beowulf 获得了 1997 年戈登·贝尔奖中的性能价格奖。Beowulf 项目对 Linux 操作系统的使用和软件支持也促成了该操作系统在全球超级计算系统中的广泛应用。除了作为"Beowulf 之父"之外，托马斯·斯特林对基于超导逻辑的混合技术多线程架构的贡献也对高端计算机系统架构的设计产生了影响。托马斯·斯特林是美国科学促进会和 HPC 先驱奖的获得者。

正如上一节的集群计算史所表明的那样，来自国际社会的工业界、学术界和政府的许多项目促成商品集群发展到高潮，成为超级计算的主要形式，适用于广泛的问题领域和系统规模。尽管如此，有一个项目脱颖而出，是商品集群成为主流的最重要的里程碑，这就是 Beowulf 项目。它于 1993 年秋由托马斯·斯特林和詹姆斯·菲舍尔在 NASA 戈达德太空飞行中心提出。很快 1994 年年初，唐纳德·贝克尔加入。

Beowulf 项目研发并部署了具有每秒十亿次浮点运算次数峰值性能的系统以及足够的内存和磁盘存储能力，以便为感兴趣的问题，尤其是地球和空间科学保存科学数据，为独立计算科学家提供合适的系统。当时，高端工作站的成本约为 50 000 美元，能够达到上述峰值性能的系统约为 100 万美元。1994 年夏天，第一个系统"维格拉夫"（Wiglaf）被部署，它由 16 个 PC 节点构成，每个节点有一个 100MHz 的英特尔 80486、16MB 的内存和双 10BASE-T 以太网，成本约为 40 000 美元。1996 年，第三代 Beowulf 项目概念验证系统"Hyglac"在实际代码中的运算次数超过每秒 10 亿次浮点运算，实现了持续性能，同样具有 16 个节（见图 3-3）。这次的处理器是英特尔奔腾专业版，频率为 200MHz，总内存为 2 千兆字节，采用了大幅改进的 100BASE-TX

图 3-3 1996 年的每秒十亿次浮点运算次数的 Beowulf 集群

快速以太网和非阻塞交换机。随着细节的改变，它代表了未来主流商品集群的发展轨迹。

Beowulf 项目在使用开源 Linux 操作系统的机器上也取得了突破性进展，它为当时和未来几年内几乎所有网络驱动程序软件都使用 Linux 做出了重大贡献（世界范围内归功于唐纳德·贝克尔）。从此开始，Linux 最终成为迄今为止在超级计算领域中使用的头号操作系统。Beowulf 项目采用了由比尔·格罗普及其团队在阿尔贡国家实验室开发的初始 MPICH 库，这个库最终演化成为分布式集群编程的标准。

1997 年，Beowulf 项目的一个新阶段涉及多个研究地点。那一年，包括萨尔蒙、沃伦、贝克尔和斯特林在内的联合团队因性能比而获得了戈登·贝尔奖。该团队还在各种会议上提供了一系列教程，最终出版了由麻省理工学院出版社出版的由斯特林、萨尔蒙、贝克尔和萨瓦雷塞编写的畅销书《如何建立 Beowulf》[8]。后来，由麻省理工学院出版社出版的题为《Beowulf Computing with Linux》的更全面和更新的书由比尔·格罗普，鲁斯蒂·卢斯克和斯特林撰写，后来更新到了第 2 版[9]。

Beowulf 不是一个人甚至一个群体所创造的，而是由许多不同的个人贡献者、专家团队和产品供应商同时开发的硬件技术、软件库和应用编程中一系列不同成就综合而成的，其中一个例子是社区驱动的 MPI 编程接口开发和 MPICH 实践精简版。虽然它被认为是一个明显的成果，但当时主流从业者并不接受——事实上至少 3 年来，在超级计算社区的各个层面都存在着对商品集群作为 HPC 媒介的强烈抵制和不妥协态度。早期先驱者的愿景、坚韧、试验和错误或实验主义，在硬件和软件中将这种策略引入了科学和工程问题的领域。最终，供应商自己认识到了，市场机会、节点系统、包装以及网络方面的增强可以促进商品集群及其有效使用。许多硬件供应商和独立软件供应商将为不断增长的客户群提供密度更高、功能更全面、高可扩展且更高效的商品集群系统。

今天，无论是在美国还是在全球范围内，商品集群都成为在并行处理和超级计算方面激励和教育大学生的工具。每年都会在美国的超级计算大会和德国的国际超级计算大会上举行重大比赛，即便是高中生也被 Beowulf 计算的实际操作所吸引。实际上，"Beowulf 计算"这个术语并不是原始开发团队创造的，他们只负责命名一个项目为 Beowulf 并将这个词注入词典。公共媒体中的其他人可能永远不会知道是谁使用了这个短语并使它流行起来。在第一次谦逊且不确定的开端之后的 20 多年，以商品集群形式存在的 Beowulf 计算在超级计算领域占据了主导地位。

3.3 硬件架构

根据定义，商品集群硬件是现成的商品现货（COTS），以最大化规模经济效益并实现最佳性价比。因此，商品集群的硬件架构受此要求的驱动和约束。正如在 3.1 节中简要讨论的那样，商品集群中的主要系统组件是计算机节点、SAN、主机节点和大容量存储。集群的体系结构利用这些资源类，但也使它们受到符合行业接口标准的附加支持组件（例如，图形处理单元）的限制。集群的硬件体系结构反映了特定组件类型的选择方式、它们的数量、组织结构以及通过关联网络的集成。下面将介绍这些组件及其对系统体系结构的影响，并在后面章节中介绍特定组件类型的进一步扩展和详细信息。

3.3.1 节点

商品集群的主要系统组件通常被称为"节点"，包括构成聚合集群计算机的大多数活动组件。复制节点也称为"计算节点"，与集成互连网络和大规模（辅助）存储相结合，构成具有关联大容量存储的完整可扩展商品集群。节点本身也是一台完整且独立的计算机，可以单独服务于更大的用户市场，因而从规模经济中获益，至少对于一些重要机构的工作负载而言，相对低成本可以提供卓越的性能。集群的峰值性能和容量实际上是所有计算节点组合后的聚合能力。

节点的职责是为最终用户执行有用的计算工作，这是通过处理器核心集合实现的。现代集群节点由一个或多个多核芯片组成，它们也称为"处理器""插槽"或"处理器插槽"等。根据芯片上核心的类型和数量，有些可以被称为"众核"。核心是任何一个现代计算机的主力。它发出一系列用户指令，每个指令可能要执行多个操作。多级执行流水线连续执行所需的微操作以完成给定的指令，并在结果被写回相关寄存器、存储器系统或 I/O 通道时将其退出（其他效果也是可能的）。处理器插槽包含多个核心、一个或多个内存高速缓存层（此层用于高内存带宽和低延迟访问）以及将核心、高速缓存和外部 I/O 端口集成在一起的芯片网络。在许多情况下，集群节点包含多个多核处理器插槽。正如后面章节中更详细讨论的那样，节点核心的微体系结构因制造商和系统集成商而不同。流行的处理器有英特尔的两种独立架构的变体、IBM Power 架构系列、AMD 的 x86 变体和 ARM 架构，虽然

ARM 架构尚未对集群市场产生重大影响，但它正变得越来越有趣。

节点也是主系统内存的容器，主要使用 DRAM 技术。尽管存在许多技术和设计变体，但典型的 DRAM 位单元由开关晶体管和相关电容组成，用于高密度、低成本和中速数据访问，包括读取和写入。虽然核心和主存储器都是由半导体器件制成的，但它们通常位于不同的芯片上，因为各自的制造工艺对于芯片的最佳性能的影响是不同的。多个 DRAM 芯片安装在单个卡上，并且许多卡插入到符合行业标准的接口中。这些卡的总和确定节点的总主存容量，而节点数确定商品集群的总主存。

节点的板载网络信道支持内部通信，即在处理器插槽、主存储器板和节点的外部 I/O 端口之间移动数据。这些网络对用户是透明的，并且也由节点主板上的低级"芯片组"或节点操作系统来控制。这些通信信道中的一个在部署或重新配置时对用户机构开放。PCI"总线"是一种标准化的多端口 I/O 设备，允许以"即插即用"的方式将额外的子系统添加到节点，而无须额外的硬件更改。几代 PCI 互连已经连续被使用，最新的是 PCIe。即使对于这个接口规格，每一代也有许多不同的地方。其他一些接口（其中一些通过节点上的 PCI 总线）是可用的，例如无处不在的 USB 端口以及更加模糊的维护和管理访问。尤其重要的是，可以直接访问用于辅助存储的硬盘驱动器、用于 LAN 的网络控制器，以及在接下来的部分即将讨论的用于系统区域网络（SAN）的附加网络接口控制器。

3.3.2　系统区域网络

系统区域网络（SAN）是商品集群的核心和差异化属性，在通信的行业标准方面它有所不同。它是商品集群与更广泛的集群组件之间的主要区别，其中网络是定制设计组件的，例如英特尔 Omnipath。许多不同的网络都达到了这个标准。1994～1995 年间探讨了两种方法。第一个是加州理工学院前教授查克·塞茨发明的系统区域网络，他创造并制造了当时高性能和低延迟的"Myrinet"，但是它也很贵。加州大学伯克利分校的 NOW 项目采用了太阳微系统工作站（是一种工作站网络），这些工作站也相对更昂贵。

第二个是 NASA Beowulf 项目，它采用以太网局域网，使用基于 x86 英特尔微处理器架构的低成本低性能的 PC。在接下来的十年中，这两种方法都在商品集群中大量使用。Myrinet 的供应商和分销商 Myricom 已不复存在，但以太网仍延续至今，最近才被 InfiniBand 网络架构"IBA"所超越。以太网主导了低成本系统区域网络市场，这些集群主要用于吞吐量计算。而 IBA 则广泛用于具有更高带宽和更低延迟的更紧密耦合的商品集群。系统区域网络技术的两个分支都在不断发展。一些商品集群包含这两种类型的网络，并通过 IBA 网络进行实际计算，而用于管理和系统维护的"带外"活动则通过以太网来执行。

系统区域网络包含物理信道，可以在几厘米到几百米的距离上进行数据传输。根据成本、能耗和带宽要求等问题，这些可以是导体（通常是铜）或光纤，它们通过网络接口控制器连接到节点。这些可以硬连线到节点主板，如许多情况下达到 GigE（每秒速率为 1 千兆位的以太网），或者将单独的网络接口控制器卡通常插入节点的 PCIe 连接器。网络接口控制器将处理器提供的数据或直接从主存储器上得到的数据转换为不同长度的消息包，发送到目标节点。第三个组件是路由器或交换机，用于为更高级别的节点以创建多层网络结构的拓扑。交换机的特征在于它们的度（端口数）以及它们将数据包从输入端口传输到输出端口的时间（包括设置内部交换配置的时间）。对于非常大的系统，交换机可能是笔大投资，并且是系统总成本和能耗的主要部分。

3.3.3 辅助存储

一种或多种形式的持久存储对于计算无限期保留的用户程序、库以及输入和结果数据至关重要。商品集群可以直接使用内置于每个节点的硬盘驱动器或固态设备（SSD）。或者，拥有自己的控制器和可选网络的存储子系统，在集群中可能作为一个单独的单元。最后，商品集群可以通过 LAN 访问外部大容量存储系统，并与其他用户系统共享。混合使用也是可能的，并且经常这样使用。在节点内没有集成硬盘的一个优点是，这显著降低了节点功耗并提高了可靠性。磁盘驱动器是机械式的，因此具有更高的故障率（如风扇）。如果在节点中避免使用，它们会改善节点的停机时间，这些将被恰当地称为"无盘节点"。然而，最近使用的由半导体制造的非易失性随机存取存储器的快速增长降低了机械硬盘的使用并且可以在很大程度上解决该问题。单独的文件系统通常由更快的硬盘来构建，并且包含冗余备份（例如，RAID）以克服由于单个磁盘故障导致的停机时间。这通常是为用户提供持久存储的经济有效且操作更好的方法。

3.3.4 商业系统摘要

表 3-1 概述了几种商用的商品集群。

3.4 编程接口

主要并行编程模式涉及使用与顺序语言绑定的并行库编程接口，这是本节主要介绍的内容。

3.4.1 高性能计算程序设计语言

对于在 HPC 中经常使用的编程语言，最流行的仍然是 Fortran、C 和 C++。其他一些语言在 HPC 应用程序中也越来越受欢迎，包括 Python 脚本语言。

Fortran 由约翰·巴克斯在 IBM 开发，并于 1957 年首次发布。该名称源于该语言作为公式翻译系统的原始描述，它被设计为非常适合数值计算的高级编程语言。事实上，许多人已经将 Fortran 定为数学领域的专用语言。随后进行了标准化，包括 Fortran 66、Fortran 77、Fortran 90、Fortran 95、Fortran 2003 和 Fortran 2008。

表 3-1　几种商业可用商品集群的组成部分概述

机　器	网　络	处理器	核心/节点	存储容量	刀片	供应商	辅助存储	节点/架
SuperMUC	InfiniBand-FDR (41.25Gb/s) Mellanox	Sandy Bridge—EP Intel Xeon E5-2680 8C, 2.7GHz (Turbo 3.5GHz)	16	32GB/节点	是	IBM/Lenovo	15PB (并行工作存储) 3.5PB (网络附加存储 (NAS))	512
Mistral	InfiniBand-FDR	Xeon E5-2680v3 12C 2.5GHz/ E5-2695v4 18c 2.1GHz	24	64GB/节点	否	Bull, Atos		18
Cray CSStorm	InfiniBand-FDR	Xeon E5-2660v2 10C 2.2GHz	20	至多1024GB/节点	否	Cray		23
Stampede	InfiniBand-FDR (56Gbps)	Xeon E5-2680 8C 2.7GHz	16	32GB/节点	否	Dell	14PB (共享) 1.6PB (本地总和)	40
HPC4 HP POD	InfiniBand-FDR	Xeon E5-2697v2 12C 2.7GHz	24		是	Hewlett-Packard	1.8 PB (共享) 0.75 PB (中间共享) 1.5PB (本地总和)	160

C 语言由丹尼斯·里奇在 20 世纪 60 年代末到 70 年代初在贝尔实验室提出。它于 1989 年首次实现标准化，并经历了多次更新，包括 C95、C99 和 C11。1978 年，布莱恩·柯林汉和丹尼斯·里奇发表了一本关于 C 编程最有影响力的书籍和教程《C 语言编程》[10]，它继续影响着今天的 C 程序员。

C++ 语言出现于 20 世纪 80 年代早期，由比雅尼·斯特劳斯特鲁普开发。该名称来自"++"增量运算符，表示"来自 C 变化的进化特性"[11]。正如 C 语言的情况一样，C++ 创建者还撰写了一本极具影响力的书《C++ 编程语言》，该书经历了多个版本并继续强烈地影响着 C++ 程序员。C++ 标准继续发展，从 C++98 到 C++03、C++11 和 C++14。

3.4.2 并行编程模式

目前大多数集群中存在 3 种主要的并行编程模式：吞吐量计算、消息传递和共享内存多线程应用程序。

吞吐量计算涉及有效地运行大量作业，这些作业可以完全彼此独立或者需要它们之间有最小的通信或协调。一个示例是应用程序参数调查，程序同时运行具有数千个不同输入参数的单个应用程序以探索其参数空间。在第 19 章详细介绍了吞吐量计算。

与吞吐量计算相比，单个消息传递应用程序可以在应用程序内进行大量通信和协调，以加快求解时间。实现这种加速的主要编程模型是顺序进程间通信模型，如 MPI（见第 8 章）所示。

与消息传递一样，共享内存多线程应用程序也专注于加速单个应用程序的求解时间，而不是像吞吐量计算那样有效地执行大量独立的应用程序。顾名思义，共享内存多线程应用程序仅限于共享内存而不是分布式内存，就像消息传递仅适合分布式内存一样。共享内存多线程并行编程模式由 OpenMP 编程模型（见第 7 章）举例说明。

3.5 软件环境

软件环境是每台计算机运营基础架构的关键要素。它公开和管理硬件支持的功能，并为不同用户提供不同的访问和使用模式，管理全局和本地资源，而且提供工具以进一步扩展已安装软件库。后者是通过专注于开发、测试、优化、配置、性能监控和调优以及将新软件模块可跟踪地集成到现有代码库中的实用程序来完成的。下面是对组成集群操作环境的常见软件组件的必要的简要讨论，还提供了许多用法示例，以帮助之前未接触过此类系统的读者熟悉本节内容。

3.5.1 操作系统

操作系统（OS）提供使用计算机和执行自定义应用程序所需的软件环境和服务。它由内核来管理硬件资源并仲裁其他软件层访问它们的请求；系统库提供一组通用的编程接口，允许应用程序编写者与内核和底层物理设备进行通信；其他系统服务由后台进程执行；各种管理员和用户实用程序包含由计算机用户调用的程序以完成特定的次要任务。读者可能熟悉台式机和笔记本电脑中常见的操作系统（如 Microsoft Windows 或 Apple OS X）。然而，传统意义上，"大型机"系统中的这个空间被保留给 UNIX 操作系统——贝尔实验室 1970年开发的专有操作系统——的几个变体。因此，人们可以在 IBM 机器上使用 AIX，在惠普计算机上使用 HP-UX，在克雷机器上使用 UNICOS，在 SGI 上使用的 IRIX，在甲骨文产品上使用的 Solaris，此外还有 Minix 和 Berkeley Software Distribution 等学术上的等价物（BSD 及其后续分支、OpenBSD、NetBSD 和 FreeBSD）。请注意，上面提到的 Apple Mac OS 系列也是 FreeBSD 的衍生产品。另一个重要的类 UNIX 操作系统，在过去的 20 年中一直在稳步上升，那就是 Linux。Linux 经常用作服务器和集群上的首选操作系统，尽管它也用于广泛的移动计算设备，例如为安卓操作系统提供核心功能实现。虽然在移动和企业市场取得了成功，但根据统计数据，Linux 桌面普及率仅在 1%～2% 左右。

Linux 内核的开发由林纳斯·托瓦兹于 1991 年开始。从那时起，许多个人开发人员和公司为其源代码做出了贡献，使其成为真正的多平台产品。通过可用的驱动程序池和执行环境，它有效地支持了大量硬件设备，范围内从小型嵌入式设备到大型多处理器系统。Linux 内核是基于 GPLv2 许可的开源产品。

在大多数系统上，Linux 内核都附带了主要由 GNU 项目提供的开源库和实用程序。从1983 年开始，这些工具在几十年的时间里在大规模的在线协作中得到了发展和完善，并在包括以下内容的许多其他项目中所使用。

❑ C 库（glibc）
❑ C、C++、Fortran 和其他几种语言的编译器（gcc）
❑ 调试器（gdb）
❑ 二进制实用程序，包括链接器、汇编程序、符号表工具、简单归档管理器和其他（binutils）
❑ 应用程序构建系统支持（make、autoconf、automake、libtool）
❑ 命令行 shell（bash）
❑ 支持文件系统上的低级操作和存储文件内容的核心实用程序（coreutils、less、findutils、gawk、sed、diffutils）
❑ 文本编辑器（emacs、vi、nano）
❑ 电子邮件实用程序（mailutils）
❑ 终端仿真器（屏幕）
❑ 归档和压缩工具（tar、gzip）

虽然这些实用程序几乎提供了完整的基本的类 UNIX 操作环境，但大多数 Linux 发行版都包含其他开源软件包，其中许多都是在 GPL 许可下发布的。除了大量其他专用程序外，它们还支持更灵活的进程管理、引导服务配置、网络工具、改进的电子邮件客户端和服务器程序、图形环境（X 窗口系统、Wayland）和桌面环境（Gnome、KDE）。为确保广泛的兼容性，大多数软件符合 IEEE POSIX 标准，这有效地实现了专有实现的直接替代。

3.5.2 资源管理

大型计算机使用资源管理系统来协调对多个执行单元的访问、内存分配、网络选择和持久性存储分配。甚至单台机器的用户数量也可以轻松达到数千个，并且每个用户可能潜在地执行具有不同属性、要求和运行时间的多个应用程序。因此，操作员对机器资源分配的各个方面的手动管理是令人望而却步的。幸运的是，人们已经开发了几个复杂的资源管理包，并且现在已广泛使用以自动执行与跨计算节点分发用户工作负载相关的任务并监视其执行进度。SLURM 是最广泛的资源管理系统之一。下面描述的示例命令可以直接用于任何配备有 SLURM 的正确配置的系统。

资源管理程序将用户工作负载封装在自包含单元或作业中，这些单元或作业需要指定要运行的程序、其输入和输出数据集、用于执行的节点（或核心）数量，以及程序预期或需要工作的最长时间。这些参数在作业脚本中设定，第 5 章将对此进行更详细的讨论。

用户通过向执行队列提交作业脚本来通知系统预期的工作负载及资源需求。这是使用 sbatch 命令完成的。

```
sbatch job_script
```

如果脚本 job_script 是现有文件，则此命令将创建新作业，将其附加到默认作业队列，并打印类似于以下内容的确认信息。

```
Submitted batch job 12345
```

在此输出中，"12345"是系统分配给刚刚排队的作业的唯一编号。用户随后可以使用 squeue 命令引用此编号来检查作业状态。

```
squeue -j 12345
```

输出结果包含作业存储在队列中的队列名称（PARTITION 字段）、作业名称（NAME）、提交用户 ID（USER）和执行状态（ST）。示例输出可能如下所示：

```
JOBID PARTITION   NAME   USER ST   TIME NODES NODELIST(REASON)
12345  batch job_scri user03 R    0:13   1 node01
```

在这种特殊情况下，作业由用户"user03"提交给"批处理"队列，并且已在集群的一个节点上运行（状态"R"）。其他值得注意的状态标志包括取消作业的"CA"、已完成的

"CD"、失败的"F"、超时的"TO"和待处理的"PD"。由后者标记的作业等待资源分配，以避免与已经执行的其他作业发生冲突。

可以使用以下命令随时取消挂起或正在运行的作业。

```
scancel 12345
```

如果成功，则从队列中删除作业，或杀死相关的正在执行的应用程序并释放受影响的节点，该命令不会打印任何确认信息。错误（例如，作为参数给出的无效作业号）将导致在控制台上打印显式的错误消息。

3.5.3　调试器

调试器使程序员能够逐步执行代码、在代码中放置断点、查看内存、更改变量、跟踪变量以及其他功能。最常用的串行调试器之一是 gnu 调试器（gdb）。gdb 调试器是一个命令行调试器，用户可以给出一系列命令来设置断点、继续执行、检查变量、设置监视点等功能。表 3-2 给出了一些基本的 gdb 命令。

表 3-2　一些基本 gnu 调试命令

gdb 命令	操　作
gdb <executable name>	在指定的可执行文件上启动 gnu 调试
r	开始执行代码
l	列出暂停执行处的源代码
bt	提供堆栈的后向跟踪
p <variable name>	打印变量值
set var <var> = <value>	设置指定变量的值
watch <var>	设定指定变量的监视点
b <filename>:<line number>	在指定源代码行号处设置断点
c	在断点或其他地方暂停后继续执行
quit	退出

要调试代码，必须使用包含调试信息的代码来编译该代码。对于大多数编译器，这是通过在编译时将"-g"标志添加到编译器标志列表来实现的。使用 gnu 调试器改变串行点积计算执行流程的例子如图 3-4 所示。

调试商品集群上的并行应用程序会有一些复杂，这些将在第 14 章进一步详细介绍。在商品集群上调试并行应用程序的一种简单直接方法是为每个进程启动一个串行（非并行）调试器。图 3-5 提供了一个示例。

```
 1  #include <stdlib.h>
 2  #include <stdio.h>
 3
 4  int main(int argc, char **argv) {
 5    int i;
 6    // Make the local vector size constant
 7    int local_vector_size = 100;
 8
 9    // initialize the vectors
10    double *a, *b;
11    a = (double *) malloc(
12      local_vector_size*sizeof(double));
13    b = (double *) malloc(
14      local_vector_size*sizeof(double));
15    for (i=0;i<local_vector_size;i++) {
16      a[i] = 3.14;
17      b[i] = 6.67;
18    }
19    // compute dot product
20    double sum = 0.0;
21    for (i=0;i<local_vector_size;i++) {
22      sum += a[i]*b[i];
23    }
24    printf("The dot product is %g\n", sum);
25
26    free(a);
27    free(b);
28    return 0;
29  }
```

Launch gdb on the executable (*a.out* here):

andersmw@cutter:~/learn$ gdb ./a.out

Command line interaction with gdb:
```
Reading symbols from ./a.out...done.
(gdb) b dotprod_serial.c:17
Breakpoint 1 at 0x4005ef: file dotprod_serial.c, line 17.
(gdb) r
Starting program: /home/andersmw/learn/a.out

Breakpoint 1, main (argc=1, argv=0x7fffffffdfe8) at dotprod_serial.c:17
17          b[i] = 6.67;
(gdb) p i
$1 = 0
(gdb) l
12              local_vector_size*sizeof(double));
13      b = (double *) malloc(
14              local_vector_size*sizeof(double));
15      for (i=0;i<local_vector_size;i++) {
16          a[i] = 3.14;
17          b[i] = 6.67;
18      }
19      // compute dot product
20      double sum = 0.0;
21      for (i=0;i<local_vector_size;i++) {
(gdb) set var i=100
(gdb) c
Continuing.
The dot product is 0
[Inferior 1 (process 24118) exited normally]
(gdb)
```

图 3-4 gnu 调试器的示例用法。左侧面板给出了简单的串行点积计算。右侧面板说明了与 gnu 调试器命令行的交互，包括断点、打印变量、设置变量和继续执行的设置。在 gnu 调试器交互中，源代码第 15 行中的循环变量被重置为 100，从而强制退出循环和将点积结果置为 null

andersmw@cutter:~/learn$ mpirun -np 2 xterm -e gdb ./a.out

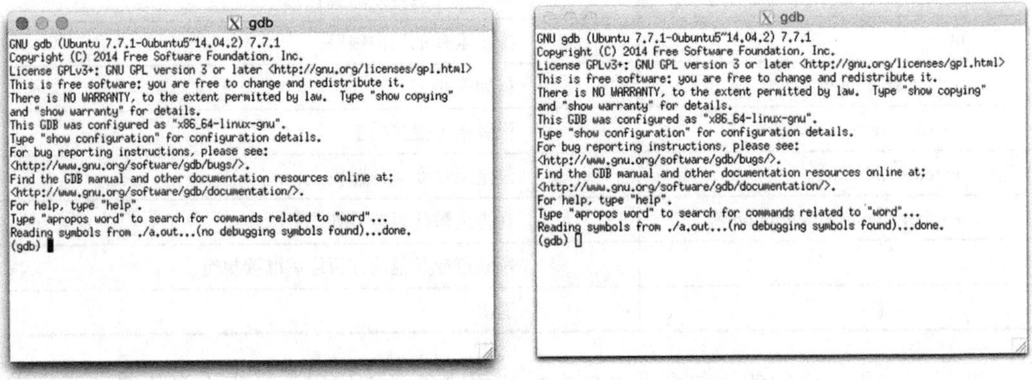

图 3-5 使用"mpirun"命令，为每个进程启动 gnu 调试器以使能并行调试。这里启动了两个进程。有关并行调试的更多详细信息，请参见第 14 章

3.5.4 性能分析

通过在一个或多个进程上启动串行性能分析器，应用程序在商品集群上的性能分析以与调试非常类似的方式被执行。Linux perf 实用程序提供了一个简单的界面，用于分析串行

应用程序，并且可以在并行应用程序的单个进程上启动。结合 MPI 超级计算代码，启动串行性能分析器 perf 的示例在图 3-6 和图 3-7 中给出。有关超级计算性能分析的进一步讨论和详细信息，请参见第 13 章。

```
andersmw@cutter:~/learn$ mpirun -np 7 ./a.out : -np 1 perf record ./a.out
The sum of the ranks is 28
[ perf record: Woken up 1 times to write data ]
[ perf record: Captured and wrote 0.034 MB perf.data (~1474 samples) ]
```

图 3-6　在此示例中，并行应用程序在 8 个核上运行，其中串行 Linux 性能计数器工具 perf 在其中一个核心的应用程序（此处称为 a.out）上运行。perf 实用程序被给出指令以"记录"该示例中的事件，以便进行后处理。后处理如图 3-7 所示

```
Samples: 125  of event 'cycles', Event count (approx.): 68985441
Overhead  Command  Shared Object              Symbol
   5.76%  a.out    ld-2.19.so                 [.] do_lookup_x
   5.13%  a.out    ld-2.19.so                 [.] _dl_lookup_symbol_x
   4.16%  a.out    libc-2.19.so               [.] memset
   4.07%  a.out    [kernel.kallsyms]          [k] perf_event_aux_ctx
   3.20%  a.out    libc-2.19.so               [.] __strncmp_sse2
   2.87%  a.out    [kernel.kallsyms]          [k] __d_lookup_rcu
   2.87%  a.out    [kernel.kallsyms]          [k] clear_page_c
   2.79%  a.out    [kernel.kallsyms]          [k] native_write_msr_safe
   2.63%  a.out    [kernel.kallsyms]          [k] format_decode
   2.58%  a.out    [kernel.kallsyms]          [k] shmem_getpage_gfp
   2.52%  a.out    [kernel.kallsyms]          [k] __rmqueue
   2.42%  a.out    libopen-pal.so.13          [.] opal_memory_ptmalloc2_malloc
   2.35%  a.out    libc-2.19.so               [.] vfprintf
   2.31%  a.out    libc-2.19.so               [.] malloc
```

图 3-7　使用"perf report"命令显示结果的后处理，结果来自并行执行的图 3-3 所示的串行性能记录

3.5.5　可视化

许多开源和专有解决方案可以可视化商品集群中生成的数据。一个无处不在的命令行和脚本驱动的解决方案是 gnuplot。图 3-8 和图 3-9 提供了 gnuplot 可视化的示例。可视化在第 12 章有更详细的介绍。

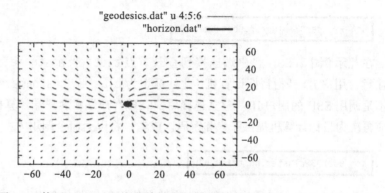

图 3-8　使用 gnuplot 可视化旋转黑洞周围的光线弯曲

```
1  # To run this file, type: gnuplot -persist plot.gnu
2  sp[-70:70][-70:70][-50:50] "geodesics.dat" u 4:5:6 w lines
3  unset ztics
4  set style line 1 lt 1 lw 3 pt 3 linecolor rgb "blue"
5  replot "horizon.dat" with lines ls 1
6  # bottom
7  set view 0,0
8  replot
```

图 3-9　生成图 3-8 所示的脚本。文件 "geodesics.dat" 的第 4~6 列用于绘制光线，旋转
　　　　黑洞水平线从 "horizon.dat" 文件添加到图中。这些数据文件可在教科书网站上
　　　　下载

3.6　基本使用方法

3.6.1　登录

有些读者可能已经熟悉普通台式计算机上的登录过程，它通常需要提供用户标识符（或单击相应的图标）并键入正确的密码以验证尝试登录的人是否与设置密码的人相同。不幸的是，这种方法需要直接靠近目标计算机，这对于托管数千个用户或位于远处的系统来说是不实际的。因此，必须利用用户本地的计算机通过网络执行登录操作，以连接客户端。大多数超级计算机都提供 Secure Shell（SSH）管理登录，这需要在用户的计算机上安装 SSH 客户端。安全连接是第一步，因为它们对所有通信使用强加密（包括登录信息和密码）来阻止大多数窃听尝试。大多数类 UNIX 计算机通常被配置为包含用于此目的的 SSH 程序，并且在 Windows 上可以安装流行的 PuTTY 程序包以实现相同的目标。虽然 PuTTY 提供了管理登录过程的对话窗口，但下面描述了在终端窗口或控制台中使用命令提示符的登录序列。对于那些不熟悉 UNIX 系统的人，建议启动名为 xterm 的程序来获取命令提示符。根据系统的不同，可能还有其他可用的图形终端仿真器，例如 gnome-terminal、konsole 或 urxvt。如果直接使用控制台（并且在成功登录到本地计算机之后），则在命令提示符下键入如下命令后，将实现与目标计算机的安全通信。

```
ssh -l user03 cluster.hostname.edu
```

在此示例中，SSH 客户端连接到登录节点 cluster.hostname.edu 上的 user03 账户。请注意，用户 ID 是指目标计算机（此处标识为 cluster.hostname.edu）上的用户登录名，而不是调用 SSH 的用户 ID。建立连接后，SSH 客户端在客户端计算机上输出密码提示，用户应再次为目标计算机提供账户和密码。或者，将以上命令调用为：

```
ssh user03@cluster.hostname.edu
```

如果密码正确，SSH 将使用本地终端中的远程机器命令提示进行响应。可以在此提示

符下输入任意命令，它以与在远程计算机上直接调用的相同方式来执行。要在远程计算机上完成交互式会话并返回到本地 shell 提示符，必须键入 exit 或同时按 Ctrl+D 键。

另一个实用程序 scp 是 SSH 的配套，通常随之一起安装。它支持在本地和远程计算机之间安全地传输文件。例如以下代码：

```
scp ./myfile user03@cluster.hostname.edu:
```

这会将本地文件 myfile 从本地计算机的当前工作目录复制到 cluster.hostname.edu 主机的主目录上。请注意，远程主机名后面的冒号是通知 scp 中的第二个参数是主机而不是文件名。通过指定 -r 选项来完成目录的传输。

```
scp -r user03@cluster.hostname.edu:/tmp/user03/dir
```

此命令将目录 /tmp/user03/dir 及其所有内容复制到本地计算机的当前工作目录。为源目录指定了绝对路径，但它只会在本地计算机上创建并填充其最后一个目录 dir。

3.6.2 用户空间和目录系统

计算机中的持久信息必须存储在辅助存储系统（例如磁盘或 SSD）中，因为 RAM 中的内容是易失的。文件系统将此信息组织到分层命名空间中，其中每个数据块都可以被正确命名并设定属性便于访问。各个数据集和程序可执行文件存储在文件中。数据的哪些部分属于哪个文件以及如何将计算数据集细分为文件，由用户自行决定。文件系统中的每个文件都有唯一的名称，该名称可以通过执行程序来访问。文件存储在叫作目录的逻辑容器中，目录还可以包括其他目录，以构建具有任意深度的树状结构。与文件一样，目录也有唯一的名称。类 UNIX 系统使用单根命名空间对当前使用的所有文件系统进行管理。

路径描述的文件或目录标识符足以在文件系统层次结构中找到。路径组件从左到右按降序命名后续包含目录（从根向下）。路径的最后一个组件，标识了直接包含在单元中的目标文件或目录。在 UNIX（以及 Linux）中，路径组件由正斜杠（"/"）分隔，因此单个目录或文件名不应包含正斜杠以避免混淆。按照惯例，"/"表示文件系统中最顶层的目录，称为"根"。"/tmp/myfile"标识存储在名为"tmp"的目录中名为"myfile"的文件，该目录位于根目录的下一级。在大多数计算机上特定用户拥有的文件典型位置位于"/home/user"目录中，其中"user"应替换为该用户的登录 ID。用户可以在这些位置自由创建自己的目录和文件子树。虽然名字空间分类的确切细节可能因系统而异，但在 Linux 中，它们受到由 Linux 基金会维护的非正式规范和文件系统层次标准（FHS）[12] 的监管。它定义的典型布局包含以下目录。

❑ "/bin"包含可在系统引导期间使用的关键可执行文件。
❑ "/sbin"包含可在系统引导期间使用的关键系统可执行文件。

❑ "/lib"包含在"/bin"和"/sbin"中基本可执行文件的库。

❑ "/usr"是二级层次结构的根，主要包含只读数据。"/usr"的显著子目录包括以下内容：

　○ "/usr/bin"包含非必要的可执行文件，通常是系统范围内应用程序的二进制文件。

　○ "/usr/sbin"包含非必要的系统可执行文件，例如辅助服务和守护进程。

　○ "/usr/lib"包含在"/usr/bin"和"/usr/sbin"中可执行文件使用的库。

　○ "/usr/include"包含编译器使用的"include"文件（头文件）。

　○ "/usr/share"包括通常与已安装的系统范围应用程序相关联的独立于体系结构的共享数据。

　○ "/usr/local"存储本地的且依赖于主机的数据。它具有类似于"/usr"的子目录，例如"bin""include""lib"等。

❑ "/home"利用自己的设置，保存各自用户的子目录、配置文件和自定义用户数据集。

❑ "/tmp"存储系统范围内的临时数据，每次重新启动后都会清除该数据。虽然在台式机上它的容量可能有限，但在具有专用存储器的集群计算节点上，它通常被配置为具有自己的数据保留策略的相当大的临时空间。

❑ "/dev"在操作系统控制下保留表示物理和逻辑设备的条目。这些条目不是常规文件，访问它们时应特别小心。

❑ "/etc"存储特定于主机的配置文件。

❑ "/var"包含日志、假脱机、电子邮件、临时文件和其他变量数据集。

❑ "/root"为超级用户（管理员）提供专用的主目录。

❑ "/opt"存储可选包，通常是第三方专有或许可软件。

❑ "/mnt"包含临时装配的文件系统。

❑ "/media"包括外部可移动存储介质的安装点，例如 USB 驱动器（包括闪存）、e-SATA 驱动器和 CD 或 DVD-ROM。

❑ "/proc"和"/sys"都是伪文件系统（不由物理存储设备来备份），提供运行时进程数据、内存分配、I/O 统计信息、性能信息以及设备配置和状态。监视程序和脚本经常使用这些文件系统来获取从用户空间到某些类型信息的 OS 内核维护的访问。

　　与其他操作系统不同，UNIX 兼容系统不会为每个存储设备引入不同的目录层次结构。相反，与特定设备关联的文件系统中的内容安装在某个预定义目录（称为挂载点）下。层次结构中该目录的位置可以是任意的，并且通常由系统管理员或特定的设备访问守护进程预先选中。通过从根开始执行层次结构的递归遍历，这有可能到达整个节点中可用的任何文件和目录。要检查当前安装的文件系统，用户可以使用"disk free"命令。

```
df -h
```

示例输出如下所示：

```
Filesystem              Size  Used Avail Use% Mounted on
udev                     16G   12K   16G   1% /dev
tmpfs                   3.2G  1.7M  3.2G   1% /run
/dev/sda2               235G  146G   78G  66% /
none                    4.0K     0  4.0K   0% /sys/fs/cgroup
none                    5.0M     0  5.0M   0% /run/lock
none                     16G  3.3G   13G  21% /run/shm
none                    100M     0  100M   0% /run/user
/dev/sda1               290M  175M   96M  65% /boot
/dev/mapper/vg0-home    6.8T  4.6T  1.9T  72% /home
```

表示各个组件文件系统的设备位于最左侧的列中，相应的安装点位于最右侧的列中。该命令还显示了使用适当单位的存储设备的实际大小（千字节为"K"、兆字节为"M"、千兆字节为"G"、太字节为"T"）。对于需要生成大量数据的用户，"Avail"和"Use%"列特别有用，因为它们显示每个设备上剩余多少可用空间。

要列出任何目录中的内容，请使用 ls 命令。如果在没有任何选项的情况下调用它，将只在几列打印当前工作目录中的所有文件名称。查看文件的各种属性（例如，文件大小、访问权限、修改时间戳等）时，它会更有用。例如：

```
ls -halF /some/path
```

此命令将输出"/some/path"目录中包含的所有文件和目录的信息，如果"/some/path"是一个文件，则仅输出该文件的信息。使用"long"（"-l"）选项生成的输出数据显示文件所有权（用户和组）、文件大小、上次修改日期和时间以及文件名。其他选项会添加一些有用的功能："-a"将列出"隐藏"条目（名称以句点"."开头的所有项目）；"-h"将数字转换为带有扩展名的"人类可读"格式，而不是以字节为单位打印文件大小；"-F"在每个名称后面添加一个符号，以表示条目的类型。因此，目录条目将以"/"结尾，可执行文件以"*"结尾。ls 命令提供了许多有用的选项；要查看它们所做的事情，可以通过键入如下命令来访问相关的手册。

```
man ls
```

当然，man 命令还可以显示系统中可用的其他命令的信息。强烈鼓励自行探索！

要导航目录层次结构，最有用的命令之一是"更改目录"（change directory）。例如，输入命令：

```
cd ..
```

在提示符下，将 shell 上下文移动到最近的包含目录。双点表示法是表示父目录的特殊快捷方式。类似地，单点（'.'）可指示当前目录的特殊含义。这种表示法引入了另一个重要概念，即相对路径。到目前为止，所有示例都使用了从根目录开始的路径（第一个字符是"/"）。要到达这样一条路径的最终组件（这称为绝对路径），系统需要从根目录开始并遍历所有组件子目录。但是，相对于当前工作目录指示目标位置通常更方便（并且有时更快）。因此，当位于"/usr"目录下时，指定"../tmp/some_file"将有效地引用由等效绝对路径"/tmp/some_file"描述的文件。要验证最后一个命令实际执行的目录变化，可以调用"打印工作目录"（print working directory）命令。

```
pwd
```

如果在用户的主目录中调用了上一个命令，则最后一个命令的结果可能是"/home"。另一个有用的路径快捷方式是波浪字符（"~"），它表示用户的主目录。因此，执行以下操作会将工作目录更改为用户主目录的父目录，而与调用它的位置无关。

```
cd ~/..
```

文件和目录都可以随意添加到层次结构中或从其中删除。要创建新目录，需要发出"创建目录"（make directory）命令。

```
mkdir /tmp/user13
```

这将在系统范围内的临时数据目录中创建空的"user13"子目录。由于它由创建用户所拥有，因此它可以随后存储归属于该用户的任意数据。FHS 描绘的系统目录很少具有此属性。通常由于访问权限不足，一般用户在系统目录中创建新条目将被拒绝（有充分理由！）。请注意，创建包含多个不存在的组件路径的目录还需要"-p"选项（对于"parent"）。使用"remove"或 rm 命令可以删除文件和目录。

```
rm -r ~/my_jobs
```

从用户的主目录中删除"my_jobs"子目录。虽然删除文件不需要任何特殊选项，但对于目录，需要指定"-r"（意思是"递归"）来扫描并消除目录中的所有内容。由于 rm 命令经常配置为故障安全交互模式（需要用户确认删除的每个条目），因此对于包含数千个文件的子目录来说，这通常是不切实际的。因此，可以指定"-f"或"force"选项来禁止任何确认提示。

请注意，rm -fr 是 UNIX 系统上最危险的命令之一。由于它没有像大多数文件系统那样集成取消删除功能，因此所有删除的文件和目录通常都会无法挽回地丢失。

另一组有用的命令会执行文件系统条目的移动、重命名和复制。要将文件或目录重定位到另一个位置，请使用"move"命令，第一个参数是源路径，第二个参数是目标路径。

```
mv /tmp/user13/src ~/dst
```

有趣的是，此命令的结果取决于"dst"是否存在并且是文件还是目录。如果它是一个目录，"src"将从"/tmp/user13"目录中删除并存储在"dst"目录中（这与原始的"src"是一个文件或目录无关）。如果"src"和"dst"都是文件，则"src"将从"/tmp/user13"中删除，并以新名称"dst"存储在用户的主目录中。由于此操作还会破坏文件"dst"中的原始内容，因此 mv 通常会要求用户确认操作。如果"src"是目录但"dst"是文件，则该命令无条件失败（无法将目录移动到文件中）。最后，如果主目录中没有名为"dst"的对象，则该操作将从"/tmp/user13"中删除原始条目，并将其存储在重命名为"dst"的用户主目录中。由于没有覆盖预先存在的文件，因此，在这种情况下 mv 不会发出确认提示。可以看出，mv 命令是多方面的，因为它结合了在文件系统层次结构、对象删除和对象名称修改中重定位对象的语义。

针对 move 描述的大多数注释可以应用于复制命令或 cp。它们有两个关键区别：cp 不会删除源路径引用的原始条目，并且当源路径为目录时必须为所有操作指定显式的"-r"选项。复制当前工作目录中的"set5"目录，保持源目录不变。

```
cp -r ~/data/set5 .
```

本指南介绍了一些最基础的文件系统操作，但 POSIX 命令的世界还有很多其他功能。下面列出了建议进一步探索的其他常用命令，可以通过查阅工作系统中的相关手册（使用 man 命令）来执行。

- ❏ cat 连接多个文件中的内容，也可打印其内容
- ❏ less 允许浏览文本文件中的内容，可以逐行或逐页滚动，或直接前进到用户请求的点
- ❏ chmod 更改文件或目录的访问权限标志
- ❏ chown 更改文件所有权（用户和组）
- ❏ ln 创建文件系统对象的链接（命名引用）
- ❏ du 计算特定文件或目录的总存储量
- ❏ touch 更新文件时间戳或创建空文件
- ❏ head 打印文件的起始行
- ❏ tail 打印文件中的最后行
- ❏ wc 计算字符、单词和行的数量
- ❏ file 根据内容（不是扩展名）猜测文件格式

    ❏ find 查找特定文件和目录
    ❏ grep 搜索文件中的模式和短语
    ❏ uname 打印出正在使用的系统的简要信息
    ❏ ps 列出系统中的进程
    ❏ top 按资源使用顺序并对进程进行排名
    ❏ kill 向进程发送信号，特别是允许它们终止
    ❏ bash 是大多数系统的主要 shell

建议要掌握的主题包括 I/O 重定向、管道、全局、命令别名、用户环境初始化、变量扩展、作业控制和脚本基础知识。

3.6.3 包的配置和构建

大多数软件包的源代码以所谓的 tar 档案的形式进行分发。tar 是一个用于创建、检查和解压缩这些存档内容的实用程序。它们保留包构建目录的原始目录布局和文件内容，并包含在另一个平台上以构建二进制文件所需的配置数据。此外，可以压缩档案以节省存储空间。以下命令列出了存档"package.tgz"中的内容。

```
tar tvf package.tgz
```

根据使用的压缩算法，存档可以使用不同的扩展名。因此".tar"表示未压缩的存档，以".tgz"和".tar.gz"结尾的文件是使用 gzip 进行压缩编写的，而".tbz2"和".tar.bz2"是应用工具 bzip2 的结果。使用其他压缩格式也是可能的。最新版本的 tar 能够自动识别压缩算法，并且不需要为此使用特定的命令行选项。通过如下命令调用解压缩归档文件。

```
tar xf package.tgz
```

通常，该命令将在当前工作目录中创建包含包源文件和配置脚本的子目录树。可能还有 README 和 INSTALL 文件，以提供其他配置和安装说明。在启动构建过程之前，有必要检查各种配置选项，以正确定制已创建的可执行文件和库的功能。将工作目录更改为解压缩存档内容的顶级目录后，可以使用以下命令。

```
./configure --help
```

最常见的是，确定最终安装目录的"-prefix"选项，包含 MPI 支持的"-with-mpi"和启用基于 OpenMP 的多线程的"-with-omp"等选项，它们都是有趣的。然后可以生成最终配置。

```
./configure --prefix=/home/user13/some_package
```

最后一个命令创建必要的 makefile，这些文件包含成功执行构建过程所需的各种定义、规则和命令。make 程序使用 Makefile，它通过仅执行依赖性比构建目标更新的命令来优化构建过程。默认的 makefile 名称包括 "makefile" "Makefile" 和 "GNUmakefile"，最后的名字只能用于包含 GNU 特定扩展的构建脚本。要开始构建过程，需要发出以下命令。

```
make -j9
```

虽然 make 命令就足够了，但 "-j" 选项可以使用系统中的多个处理器启动更快的并行构建。通常应用的经验法则建议传递一个等于可用核心数加 1 的参数，因此上述命令应该适用于八核平台。准备新包使用时的最后一步是将生成的程序、库和数据安装到目标目录。这通过以下方式来完成。

```
make install
```

3.6.4　编译器和编译

超级计算机集群提供了几套编译器和调试工具，以支持使用集群的不同用户社区。最常使用的模块系统是定制的各个用户环境。使用模块，编译器和相关环境路径可以以对用户透明的动态方式进行更改。表 3-3 给出了最常见的模块命令列表。图 3-10 提供了 Cray XE6 模块上使用的示例。

通过加载模块控制的特定的编译器风格和版本，编译源代码通常转换为调用编译器包装器并以与编译串行（非并行）应用程序时使用的相同方式提供编译器标志和源代码。在集群环境中，使用 MPI 的 C 编译器包装器（参见第 8 章）最常被称为 mpicc。

表 3-3　动态控制用户软件环境的常用模块命令列表

模块命令	描　述
module load [module name]	加载指定的模块
module unload [module name]	卸载指定的模块
module list	列出已在用户环境中加载的模块
module avail <string>	列出可以加载的模块，如果提供了字符串，则仅列出以该字符串开头的模块
module swap [module 1] [module 2]	用模块 2 替换模块 1

注：这些命令的一些用法示例如图 3-10 所示。括号表示必需的参数，尖括号表示可选参数。

```
hpstrn01@login1:/N/dc2/scratch/hpstrn01> module list
Currently Loaded Modulefiles:
  1) modules/3.2.10.3                    13) gni-headers/4.0-1.0502.10859.7.8.gem
  2) eswrap/1.1.0-1.020200.1231.0        14) xpmem/0.1-2.0502.64982.5.3.gem
  3) craype-network-gemini               15) dvs/2.5_0.9.0-1.0502.2188.1.113.gem
  4) cce/8.4.6                           16) alps/5.2.4-2.0502.9774.31.12.gem
  5) craype/2.4.2                        17) rca/1.0.0-2.0502.60530.1.63.gem
  6) totalview-support/1.2.0.2           18) atp/1.8.3
  7) totalview/8.14.0                    19) PrgEnv-cray/5.2.82
  8) cray-libsci/13.2.0                  20) craype-interlagos
  9) udreg/2.3.2-1.0502.10518.2.17.gem   21) cray-mpich/7.2.6
 10) ugni/6.0-1.0502.10863.8.28.gem      22) moab/8.0.1
 11) pmi/5.0.10-1.0000.11050.179.3.gem   23) torque/5.0.1
 12) dmapp/7.0.1-1.0502.11080.8.74.gem
hpstrn01@login1:/N/dc2/scratch/hpstrn01> module avail PrgEnv

----------------------------- /opt/cray/modulefiles -----------------------------
PrgEnv-cray/5.2.82(default)    PrgEnv-intel/5.2.82(default)
PrgEnv-gnu/5.2.82(default)     PrgEnv-pgi/5.2.82(default)
hpstrn01@login1:/N/dc2/scratch/hpstrn01> module swap PrgEnv-cray PrgEnv-gnu
hpstrn01@login1:/N/dc2/scratch/hpstrn01> ▮
```

图 3-10 使用模块动态控制用户软件环境的示例。第一个命令模块列表，列出了已加载的模块。第二个命令列出了可加载的模块，这些模块以字符串"PrgEnv"开头。最后一个命令替换 GNU 编程环境为 Cray 编程环境

3.6.5 运行应用程序

从资源管理系统访问计算节点后，如 3.5.2 节中所述并在第 5 章详述的，用户可以使用 shell 脚本在计算节点上启动并行应用程序，以便在分布式内存中使用应用程序时启动计算上下文。在使用 MPI 的情况下，此 shell 脚本通常称为 mpirun。其中最重要的参数是指定要启动的进程数标志，这通常由 -n <# 进程数 > 给出。通过向脚本传递帮助标志，-h 可以找到与 mpirun 脚本相关的其他选项和标志。在使用 OpenMP 启动共享内存应用程序的情况下（请参阅第 7 章），启动应用程序不需要 shell 脚本。

3.7 本章小结及成果

❑ 商品集群是一组集成的计算机系统。组件计算机是独立的，能够独立运行，并且可销售给比它们所包含的规模集群更广泛的消费者群体。所采用的集成网络是单独开发和销售的，以供系统集成商使用。

❑ 商品集群由一组处理节点、一个或多个集成节点的互连网络和辅助存储构成。

❑ 集群节点包含作为独立计算机所需的所有组件。

❑ 由于大规模生产可实现规模经济，因此商品集群受益于相对于成本的高性能。

❑ 节点包含一个或多个处理器内核和插槽、主内存存储体、主板控制器、连接所有组件的板载网络、外部 I/O 接口（包括 NIC 到 SAN），可能还有一个或多个磁盘驱动器以存储非易失性数据、用户程序代码和系统库。

❑ 并行编程的主要编程模式涉及使用与顺序语言绑定的并行库编程接口。

❑ 操作系统提供使用计算机和执行自定义应用程序所需的软件环境和服务。它由系统内核（用来管理硬件资源和仲裁其他软件层对它们的访问）、系统库（用于公开一组通用的编程接口，以允许应用程序编写者与内核和底层物理设备进行通信）、附加的系统服务（由后台进程执行），以及各种管理员和用户实用程序（由计算机用户调用以完成特定的次要任务）组成。

❑ 大型计算机使用资源管理系统来协调对多个执行单元的访问、内存分配、网络选择和持久存储分配。

❑ 调试器使程序员能够逐步执行代码，在代码中放置断点、查看内存、更改变量和跟踪变量。

❑ 在商品集群上调试并行应用程序的一种简单直接的方法是，为每个进程启动一个串行（非并行）调试器。

❑ 计算机中的持久信息必须存储在辅助存储系统（例如磁盘或 SSD）中，因为 RAM 中的内容是易失的。文件系统将此信息组织到分层命名空间中，其中每个数据块都可以正确命名并设定有用于控制访问的属性。

❑ 超级计算机集群提供了几套编译器和调试工具，以支持使用集群的不同社区。各个用户环境最常使用模块系统定制。

3.8 练习

1. 商品集群的 4 个主要组成部分是什么？请描述它们的功能。

2. 命名集群节点中必需和可选硬件组件并描述其属性。哪个更适合安装在计算节点中，哪个适合安装在主机节点中？在这些环境中，它们的首选特征和参数是什么？

3. 展开并解释 COTS 的首字母缩写。COTS 组件在商品集群中的作用是什么？

4. 对比商品集群和 NOW，指出它们的缺点和好处是什么？

5. 列出对于集群操作至关重要的软件环境元素。哪些组件直接涉及与用户的交互？

6. 在集群上开发和执行自定义应用程序需要哪些步骤？

7. 描述文件系统支持的两个主要命名条目。为什么要保持文件系统层次结构的一致性，例如 FHS 建议的文件系统层次结构对计算中心的日常运营很重要？

参考文献

[1] M. Baker, R. Buyya, Cluster computing: the commodity supercomputer, Software — Practice and Experience 29 (6) (1999) 551−576.

[2] USB-IF, Universal Serial Bus Revision 3.1 Specification, Revision 1.0, July 26, 2013 [Online]. Available: http://www.usb.org/developers/docs/usb_31_061917.zip.

[3] PCI Special Interest Group, PCI-Express Base Specification Revision 3.1a, December 7, 2015 [Online]. Available: http://pcisig.com/specifications/pciexpress/.

[4] R.M. Metcalfe, D.R. Boggs, Ethernet: distributed packet switching for local computer networks, Communications of the ACM 19 (7) (1976) 395−404.

[5] F. Faggin, M.E. Hoff, S. Mazor, M. Shima, The history of the 4004, IEEE Micro 16 (6) (1996) 10−20.

[6] C.A.R. Hoare, Communicating sequential processes, Communications of the ACM 21 (8) (1978) 666−677.

[7] MPICH: High-Performance Portable MPI, [Online], 2017. Available: https://www.mpich.org.

[8] T.L. Sterling, J. Salmon, D.J. Becker, D.F. Savarese, How to Build a Beowulf, MIT Press, 1999.

[9] W. Gropp, E. Lusk, T. Sterling, Beowulf Cluster Computing with Linux, second ed., MIT Press, 2003.

[10] B.W. Kernighan, D.M. Ritchie, The C Programming Language, Prentice Hall, 1978.

[11] B. Stroustrup, The C++ Programming Language, fourth ed., Addison-Wesley, 2013.

[12] The Linux Foundation, Filesystem Hierarchy Standard (FHS), July 19, 2016 [Online]. Available: https://wiki.linuxfoundation.org/lsb/fhs.

第 4 章　*Chapter 4*

基准测试程序

4.1　引言

自通用计算机时代开始以来，用于评估计算机性能的基准测试程序一直在努力工作。这些程序的性质通常反映了构建计算机的预期目的，同时还提供了可以与制造商的理论性能估计进行比较的经验性能测量。在第一个通用电子计算机案例中，事实上，电子数字积分器和计算机（ENIAC）（1946）[1] 的性能基准是计算炮弹轨迹并将解决时间与人类计算相同弹道所需时间进行比较。现代超级计算机采用各种基准测试程序（从线性代数到图应用），这反映了现代系统中用户的多样性。与 ENIAC 上的炮弹轨迹计算案例一样，用户应用程序也在现代超级计算机上用作事实上的基准，即使它们作为基准通常不是标准化的，也不符合通用用途。

用于评估计算机性能的最早的通用基准之一是 Whetstone[2]，它以英国莱斯特郡的 Whetstone 村来命名，在那里开发了 Whetstone 编译器。该基准测试程序于 1972 年首次发布，由多个程序组成，创建了合成工作负载以评估每秒千条的 Whetstone 指令。1980 年，它被更新为报告每秒浮点运算次数（flops）。虽然这是一个串行基准测试程序，且不是专为超级计算系统设计的，但它已成为行业标准，并用于评估某些超级计算机中使用的微处理器性能。

1984 年，发布了标准化合成计算工作负载的基准测试程序，它名为 Dhrystone。该基准测试程序成为衡量整数性能的行业标准。其名称反映了它作为 Whetstone 基准测试程序对应物的功能，但这用于整数性能而不是浮点性能。与 Whetstone 一样，Dhrystone 并非作为超级计算基准而创建，但已被用于评估超级计算机的微处理器组件。Dhrystone 后来被 SPECint 套件取代 [3]。

超级计算中最广泛使用的基准之一是 Linpack 基准，它的起源是杰克·东加拉在 1979 年引入的，它基于东加拉、吉姆·邦奇、克里夫·莫勒尔和吉尔伯特·斯图尔特开发的 Linpack 线性代数包 [4]。虽然 Linpack 线性代数包已被 Lapack 库 [5] 和其他竞争对手所取代，但 Linpack 基准测试程序继续在该领域发挥强大影响。它提供了系统的有效浮点性能的估计。从 1979 年开始，东加拉收集了在各种系统上使用 Linpack 基准测试程序的结果。这个列表仅以 23 台计算机系统开始，最终增长到数百台。

杰克·东加拉和 Linpack 基准测试程序
（照片由诺克斯维尔的田纳西大学通过维基共享提供）

杰克·东加拉是最多产的学术研究人员之一，在 40 年的时间里为高性能计算（HPC）应用程序、算法和工具做出了实际推进。他主要关注线性代数的核心问题，这对于许多重要的应用至关重要，东加拉推动了方法和库的进步，使其可以有效地、高效地和可扩展地使用 HPC。这样，他做出了重大贡献，促进了诸如基本线性代数子程序（BLAS）、Linpack、Lapack 和 ScaLapack 等开源库的发展。在这项工作中获得了最广泛认可的计算基准测试程序，即高度并行的 Linpack（HPL），为早期 Linpack 的衍生产品。HPL 是衡量过去 25 年间 500 强名单的指标，主要是确定 HPC 领域的进展。东加拉最近关于高性能共轭梯度（HPCG）基准测试程序的研究为探索新兴 HPC 系统的功能提供了另一种强有力的手段，强调了其体系结构属性的更多方面。杰克是田纳西大学诺克斯维尔分校创新计算实验室的创始主任，他是能源部橡树岭国家实验室的杰出研究人员，也是美国国家工程院院士。

Linpack 基准测试程序采用了可以求解密集线性方程组的负载。也就是说，它求解了式（4-1）中的 x，

$$Ax = b \tag{4-1}$$

其中，b 和 x 是长度为 n 的向量；A 是 $n \times n$ 的矩阵，具有极少或没有零元素。最初的 Linpack 基准测试程序解决了维度为 100 的矩阵，并且是为串行计算而编写的。它不允许更改源代码，只允许通过编译器标志实现优化。基准测试程序的第二次迭代使用维度为 1000 的矩阵，并允许用户修改代码的分解和求解器部分。它还引入了最终解决方案的准确性限制。HPL 基准测试程序的第三次迭代允许问题大小和软件发生变化，并且可以在分布式内存的超级计算机上运行。此版本的基准测试程序产生了超级计算机的 500 强列表，该列表经常对全球超级计算机进行排名。4.3.1 节更详细地讨论了 HPL。

今天，有各种各样的通用基准测试程序用于评估超级计算机和超级计算设备的性能。这些基准测试程序通常源自特定应用领域，其具有由该应用类驱动的工作负载，而不是来自合成的工作负载，以实现与实际用户应用程序具有更好的相关性。表 4-1 简要概述了 HPC 用户可用的一些基准测试，以及产生的应用领域和特征。套件中一些最常用的基准测试程序包含多个单独的基准测试程序。两个广泛使用的版本是，HPC 挑战基准测试套件 [6]，包括 7 个单独的基准测试程序（包括 HPL）；另一个是由 19 个基准规范和参考实现组成的 NAS 并行基准测试套件（NPB）[7]。这些套件将分别在 4.5 节和 4.7 节进一步讨论。

表 4-1 HPC 社区中使用的一些基准测试程序的简要概述

基准测试程序名称	应用领域中的负载	目 的	并 行 性	特 征
HPL	稠密线性代数	估计系统的有效每秒浮点运算次数	MPI（消息传递接口）	HPC 挑战基准测试套件的组成部分，用于 500 强列表排序依据
STREAM	人工合成	估计可持续的内存带宽 (GB/s)	无	HPC 挑战基准测试套件的组成部分
RandomAccess	人工合成	估计内存的整数随机更新的系统实际速率，输出单位为每秒千兆次更新 (GUPS)	MPI, OpenMP	HPC 挑战基准测试套件的组成部分
HPCG	稀疏线性代数	估计系统的有效每秒浮点运算次数，主要针对 HPL 难以代表的那些应用程序	MPI + OpenMP	用于 HPCG 列表排序
SPEC CPU 2006	多方面	估计系统的有效处理器、内存和编译器性能	无	商业
高性能几何多重网格 (HPGMG)	几何多重网格	估算系统对每秒自由度数 (DOFS) 的有效评估	MPI + OpenMP + CUDA	用于 HPGMG 列表排名，有两种形式：有限元和有限体积
IS	计算流体力学	估计系统的有效整数排序和随机访问性能	MPI、OpenMP	NPB 的组成部分
Graph500	数据密集型应用	估算系统的有效遍历每秒边数 (TEPS) 以进行图遍历	MPI、OpenMP	用于 Graph500 列表排名

4.2 HPC 基准测试程序的关键属性

HPC 基准测试程序在 HPC 社区中履行了几个重要角色的职能。基准测试程序经常帮助确定机构采购的超级计算机的规模和类型。在这个角色中，可以使用许多不同的基准测试程序来评估候选超级计算机是否能够充分满足用户需求。在类似的角色中，通常使用基准测试程序估计在远超出用户所拥有的处理器规模和数据集大小下，某些用户应用程序的性能。基准测试程序还有助于识别和量化特定应用算法的性能的上限和限制。对于新兴技术，基准测试程序基于相同工作负载，在比较传统实践与新技术的性能方面发挥着关键作用。在许多超级计算系统中，基准测试程序提供了性能里程碑，用户可以根据这些里程碑来比较他们的特定应用程序性能并评估应用程序的效率。基准测试程序的结果是探索 HPC 趋势的重要历史记录。最后，它在量化超级计算机可达到的理论峰值性能百分比方面起着重要作用。

良好的基准测试程序共享几个关键属性。首先，它们对目标应用领域是相关和有意义的。其次，它们适用于广泛的硬件架构。第三，它们被用户和供应商采用并且能够进行比较评估。

成功的 HPC 基准测试程序的其他一些事实上的属性值得注意。一个是大多数 HPC 基准测试程序都很短。表 4-2 给出了表 4-1 中总结的每个非专有基准测试程序的行数。虽然许多 HPC 用户的应用程序经常超过 100 000 行源代码，但用于评估超级计算资源的基准测试程序通常要小得多。

表 4-2　表 4-1 所示的非专有基准测试程序的源代码近似行数，使用的并行应用程序编程接口（API）和使用的编程语言情况

基准测试程序	近似行数	并行性		编程语言	
		MPI	OpenMP	C	C++
HPL	26 700	X		X	
STREAM	1500			X	
RandomAccess	5800	X	X	X	
HPCG	5700	X	X		X
IS	1150	X	X	X	
Graph500	1900	X	X	X	
HPGMG	5000	X	X	X	

HPC 基准测试程序通常用于指定如何运行和优化基准测试程序的指南。同样，基准测试程序的结果可以存档和共享。在表 4-2 所示的基准测试程序中，4 个维护的超级计算机排名列表与 4 个基准测试程序相关联：HPL[8]、HPCG[9]、HPGMG[10] 和 Graph500[11]。表 4-3 列出了在 2017 年 6 月给出的每个列表中的顶级超级计算机。

表 4-3　对于四款基准测试程序在 2017 年 6 月表现最佳的超级计算机

基准测试程序	超级计算机	地　　点	性能结果	核心数
HPL	Sunway TaihuLight	Jiangsu, China	93.0 petaflops	10 649 600
HPGC	K computer	Kobe, Japan	0.6027 petaflops	705 024
Graph500	K computer	Kobe, Japan	38621.4 GTEPS	705 024
HPGMG	Cori	Berkeley, CA, USA	859 gigaDOFS	632 400

每台超级计算机在每个列表中的交叉排序如表 4-4 所示。

表 4-4　对于每一个维护的排序列表在 2017 年 6 月表现最佳的超级计算机排名

超级计算机	500 强列表排名	Graph500 列表排名	HPCG 排名	HPGMG 排名
Sunway Taihu Light	1	2	3	2
Tianhe-2	2	8	2	
K computer	8	1	1	
Cori	6		6	1

除了提供执行、优化和报告结果指南外，HPC 基准测试程序通常使用标准并行编程 API，如 OpenMP 和消息传递接口（MPI）（分别在第 7 章和第 8 章中讨论）。它们还允许使用不同的数据集作为优化的一部分。例如，在 2016 年 6 月 Graph500 基准测试程序中表现最快的超级计算机日本神户的 K 计算机，使用的图问题大小小于列表中第三快的机器，即使它们针对相同类型的工作负载。对于一般的 HPC 基准测试程序，虽然结果列表中的工作负载类型可能相同，但该工作负载的大小可能会有很大差异。

HPC 基准测试程序最重要的特性之一是其工作负载应代表真实超级计算机的应用程序中工作负载的某些恰当集合。这通常是基准测试程序中最困难的属性之一，并且工作负载的类型对性能的影响可能很大。表 4-1～表 4-4 中提到的 HPCG 基准测试程序旨在通过探索 HPL 未展示的数据访问模式的工作负载来补充 HPL 基准测试程序。表 4-3 列出了这两种工作负载的峰值性能之间的差异。最快的 HPCG 性能通常不到最快的 HPL 性能的 1%，这表明两种不同类型的工作负载之间存在巨大的性能差异。2017 年 6 月，值得注意的是 K 计算机，它实现了 HPL 理论峰值性能的 5.3%。代表实际应用程序的工作负载的 HPC 基准测试程序可实现更好的性能估计和评估。

4.3　标准的 HPC 社区的基准测试程序

4.4 节～4.8 节探讨了 HPC 社区中几个最广泛使用的基准测试程序。这些基准测试程序中最重要的是 HPL，它是 HPC 挑战基准测试套件的一部分，由于其对 HPC 行业的影响，因此在 4.4 节中特别指出。HPC 挑战套件包含 7 种不同的基准测试程序，可检查各种内存访问模式和工作负载类型。HPCG 基准测试程序是 HPC 挑战套件的补充而不是其组成部分，涵盖了大量应用程序，其工作负载不是由 HPL 中密集线性求解器所代表的，而是对具有稀疏方程组的应用程序的更好代表。另一个重要的基准测试程序是 NPB，它最初由基准测试程序的书面算法规范组成，后来参考实现并最终在随后的迭代中成为基准。该基准测试套件旨在表示流体动力学应用中常见的工作负载。最后，描述了 Graph500 基准测试程序及其相关的图遍历工作负载。

4.4 高度并行计算的 Linpack

HPL 是 HPC 社区中最具影响力的 HPC 基准之一。它求解密集型线性方程组，非常适合浮点密集型计算。正如 4.1 节所述，它的起源是杰克·东加拉在 1979 年引入的 Linpack 基准测试程序。HPL 也是确定 500 强名单上超级计算机排名的基准测试程序。HPL 是用 C 语言编写的，针对的是分布式内存计算机。

HPL 中的关键工作负载算法是下 / 上（LU）因子分解。给定大小为 n 的问题，HPL 将执行 $O(n^3)$ 个浮点运算，同时仅执行 $O(n^2)$ 个存储器访问。因此，HPL 不受内存带宽的强烈影响，并且非常适合凭经验探索超级计算机的峰值浮点计算能力。

HPL 在执行方式上包含许多可能的变化，因此可以凭经验找到针对特定超级计算机的最佳性能方法。如果需要，还允许用户替代实现方法来完全替换 LU 因子分解和求解器步骤参考。与早期版本的 Linpack 不同，HPL 中的问题大小没有限制。

HPL 可在 www.netlib.org/benchmark/hpl 上获得，最新版本由安东尼·皮提特、克林·特惠利、杰克·东加拉、安迪·克利尔和彼得亚雷·鲁斯泽科开发。HPL 的两个外部依赖项为 MPI 和 BLAS 例程。压缩的 tarball 按如下命令解压缩。

```
tar -zxf hpl-2.2.tar.gz
```

然后会出现目录 hpl-2.2。在 setup 目录中，有几个针对各种体系结构的编译设置示例。对于此示例，执行 make_generic 脚本以生成用于创建编译设置的模板。

```
cd hpl-2.2/setup
sh make_generic
cp Make.UNKNOWN ../Make.linux; cd ..
```

现在需要修改 Make.linux 文件以反映 hpl-2.2 目录和 BLAS 库的位置以及 C 编译器的名称。在 Make.linux 中，可以在第 97 行 -lblas 之前指定 BLAS 库的位置。

```
95 LAdir   =
96 LAinc   =
97 LAlib   =-lblas
```

使用 -L 标志为编译器提供库位置。例如，如果 BLAS 库位于 /usr/local/lib 中，则第 97

行将更改为：

```
95 LAdir   =
96 LAinc   =
97 LAlib   = -L/usr/local/lib -lblas
```

可以在第 70 行指定 hpl-2.2 目录的位置，可以在第 64 行中将体系结构的名称从 UNKNOWN
更改为 linux。

```
64 ARCH     = linux
65 #
66 # ----------------------------------------------------------------------
67 # - HPL Directory Structure / HPL library ------------------------------
68 # ----------------------------------------------------------------------
69 #
70 TOPdir   = /your/path/to/hpl-2.2
```

准备好 Make.linux 文件后，可以通过发出以下命令来编译 HPL。

```
make arch=linux
```

这将在 bin/linux 目录中创建 HPL 可执行文件 xhpl。

伴随 xhpl 可执行文件的是一个参数文件，用于调整超级计算机的 HPL。图 4-1 提供了
一个示例。

用于调整 HPL 的参数空间非常大，因此每行上由空格分隔的参数输入是独立运行的。
例如，图 4-1 中的默认参数文件将通过 864（＝4×4×3×3×2×3）种不同的参数组合运行
HPL，并为每个唯一组合单独报告每秒运算浮点次数。

HPL 调整参数的简要说明如下。

❑ 第 1、2 行被忽略。

❑ 第 3 行指定文件名称，如果在第 4 行中请求，则应重定向任何输出。

❑ 第 4 行指定将输出打印到屏幕还是文件。

❑ 第 5 行表示在此参数文件中探索的不同问题的数量，它不能大于 20。

❑ 第 6 行给出了以空格分隔的矩阵问题大小的列表。如果给出的问题大小数量超过第
　　5 行中指定的数量，那么将忽略多余的问题大小。

❑ 第 7 行给出了此参数文件中探索的块大小的数量。

❑ 第 8 行给出了这些块大小中以空格分隔的列表。

❑ 第 9 行指示 MPI 进程如何映射到节点，以及是行优先还是列优先。

❑ 第 10 行表示此参数文件中指定的进程网格配置数。

❑ 第 11、12 行指定了那些进程网格配置。

❑ 第 13 行指定将残差标记为失败的阈值。通常，残差将为 1 阶。指定负阈值会关闭
　　检查并允许更快的参数空间扫描。

```
0001 HPLinpack benchmark input file
0002 Innovative Computing Laboratory, University of Tennessee
0003 HPL.out      output file name (if any)
0004 6            device out (6=stdout,7=stderr,file)
0005 4            # of problems sizes (N)
0006 29 30 34 35  Ns
0007 4            # of NBs
0008 1 2 3 4      NBs
0009 0            PMAP process mapping (0=Row-,1=Column-major)
0010 3            # of process grids (P x Q)
0011 2 1 4        Ps
0012 2 4 1        Qs
0013 16.0         threshold
0014 3            # of panel fact
0015 0 1 2        PFACTs (0=left, 1=Crout, 2=Right)
0016 2            # of recursive stopping criterium
0017 2 4          NBMINs (>= 1)
0018 1            # of panels in recursion
0019 2            NDIVs
0020 3            # of recursive panel fact.
0021 0 1 2        RFACTs (0=left, 1=Crout, 2=Right)
0022 1            # of broadcast
0023 0            BCASTs (0=1rg,1=1rM,2=2rg,3=2rM,4=Lng,5=LnM)
0024 1            # of lookahead depth
0025 0            DEPTHs (>=0)
0026 2            SWAP (0=bin-exch,1=long,2=mix)
0027 64           swapping threshold
0028 0            L1 in (0=transposed,1=no-transposed) form
0029 0            U  in (0=transposed,1=no-transposed) form
0030 1            Equilibration (0=no,1=yes)
0031 8            memory alignment in double (> 0)
```

图 4-1 HPL 的示例参数文件 HPL.dat。每行由空格分隔的参数输入，由 HPL 独立探索和报
        告，以简化 HPL 的调整

❑ 第 14～31 行指定 HPL 中的算法变体。HPL 有许多不同的算法选项，包括 6 种不同
   的虚拟面板广播拓扑（第 23 行）、带宽减少交换广播算法（第 26 行）、前瞻深度为 1
   的后向替换（第 24 行），以及 3 种不同的 LU 因子分解算法（第 21 行）和其他选项。
   在特定的超级计算机上调整这些参数是 HPL 的常规任务。
每个参数组合选择的输出以 Gflops 为单位。

```
================================================================
T/V               N   NB    P   Q       Time           Gflops
----------------------------------------------------------------
WR11C2R4        1000   80    2   2       0.09         7.694e+00
----------------------------------------------------------------
||Ax-b||_oo/(eps*(||A||_oo*||x||_oo+||b||_oo)*N)=   0.0072510 ...... PASSED
================================================================
```

对于特定问题大小 N_{max}，累积性能（以 Gflops 为单位）达到其最大值 R_{max}。R_{max} 值是
500 强超算列表的排名依据。HPL 基准测试程序的另一个有趣指标是 $N_{1/2}$，这是当实现的最
大性能是 $R_{max}/2$ 时问题的大小。

4.5 HPC 挑战基准测试套件

HPC 挑战基准测试套件包含 7 种不同的测试，涵盖了一系列应用程序的类型和内存访

问模式。第一部分组件 HPL 在 4.4 节中讨论过，因为它对 HPC 社区有很大的影响。其他 6 项测试是：

- ❑ DGEMM——双精度矩阵 - 矩阵乘法
- ❑ STREAM——合成负载，用来衡量可持续的内存带宽
- ❑ PTRANS——并行矩阵转置
- ❑ RandomAccess——报告内存的整数随机更新率，以每秒千兆更新（GUPS）为单位
- ❑ FFT——双精度复数一维离散傅里叶变换
- ❑ B_eff——报告几种不同通信模式的延迟和带宽

可以从 HPC 挑战网站[6]访问 HPC 挑战基准测试套件。代码是未压缩的，访问方式如下：

```
tar -zxf hpcc-1.5.0.tar.gz
```

然后将出现目录 hpcc-1.5.0。HPC 挑战基准测试的构建方法与 HPL 相同：创建 Make.architecture 文件，指定编译器以及超级计算机的任何依赖和优化信息。示例 Make.architecture 文件位于 hpcc-1.5.0/hpl/setup 目录中。

```
cd hpcc-1.5.0/hpl/setup
sh make_generic
cp Make.UNKNOWN ../Make.linux
```

与 4.3.1 节中所做的相同，对 Make.linux 进行了相同的更改。然后编译基准测试套件。

```
make arch=linux
```

这将在 hpcc-1.5.0 目录中生成一个名为 hpcc 的可执行文件。参数文件名为 hpccinf.txt，并提供了示例版本。此参数文件的格式与 4.3.1 节中 HPL.dat 参数文件的几乎相同，但稍微增加了一些，以包含特定矩阵转置基准测试 PTRANS 的参数。此更改在参数文件本身中已注明。

```
32 ##### This line (no. 32) is ignored (it serves as a separator). #####
33 0                            Number of additional problem sizes for PTRANS
34 1200 10000 30000            values of N
35 0                            number of additional blocking sizes for PTRANS
36 40 9 8 13 13 20 16 32 64    values of NB
```

其中，第 1~32 行与图 4-1 所示含义相同。另外，第 11、12 行中指定的进程网格配置和第 13 行中的残差阈值用于 PTRANS。运行 HPC 挑战基准测试的示例如下：

```
mpirun -np 16 ./hpcc
```

这产生了 7 个基准测试的单独输出，总结在图 4-2～图 4-8。

```
DGEMM_N=288
StarDGEMM_Gflops=2.44343
SingleDGEMM_Gflops=2.45875
```

图 4-2　示例 DGEMM 摘要部分输出

```
PTRANS_GBs=2.17378
PTRANS_time=0.000628948
PTRANS_residual=0
PTRANS_n=500
PTRANS_nb=80
PTRANS_nprow=2
PTRANS_npcol=2
```

图 4-3 示例 PTRANS 摘要部分输出

```
MPIRandomAccess_GUPs=0.144392
StarRandomAccess_LCG_GUPs=0.11601
SingleRandomAccess_LCG_GUPs=0.118885
StarRandomAccess_GUPs=0.0829133
SingleRandomAccess_GUPs=0.083817
```

图 4-4 示例 RandomAccess 摘要部分输出

```
STREAM_VectorSize=83333
STREAM_Threads=1
StarSTREAM_Copy=5.14952
StarSTREAM_Scale=5.27086
StarSTREAM_Add=7.09093
StarSTREAM_Triad=5.0111
SingleSTREAM_Copy=5.33624
SingleSTREAM_Scale=5.53154
SingleSTREAM_Add=7.25028
SingleSTREAM_Triad=6.75953
```

图 4-5 示例 STREAM 摘要部分输出

```
MaxPingPongLatency_usec=0.55631
RandomlyOrderedRingLatency_usec=0.768096
MinPingPongBandwidth_GBytes=4.28756
NaturallyOrderedRingBandwidth_GBytes=0.533907
RandomlyOrderedRingBandwidth_GBytes=0.576042
MinPingPongLatency_usec=0.238419
AvgPingPongLatency_usec=0.390631
MaxPingPongBandwidth_GBytes=9.36751
AvgPingPongBandwidth_GBytes=6.48206
NaturallyOrderedRingLatency_usec=0.751019
```

图 4-6 示例 b_eff 摘要部分输出

```
================================================================================
T/V                N     NB     P     Q          Time                  Gflops
--------------------------------------------------------------------------------
WR11C2R4         1000    80     2     2          0.09                 7.694e+00
================================================================================
||Ax-b||_oo/(eps*(||A||_oo*||x||_oo+||b||_oo)*N)=      0.0072510 ...... PASSED
================================================================================
```

图 4-7 示例 HPL 摘要部分输出

4.6 高性能共轭梯度

```
FFT_N=32768
StarFFT_Gflops=0.594992
SingleFFT_Gflops=0.613019
MPIFFT_N=262144
MPIFFT_Gflops=6.17472
MPIFFT_maxErr=1.28804e-15
MPIFFT_Procs=16
```

图 4-8 示例 FFT 摘要部分输出

　　HPCG 基准测试程序由杰克·东加拉（HPL 创建者）、迈克尔·赫若克和彼得亚雷·鲁斯泽科（HPL 开发人员）创建，2000 年首次发布，2015 年发布最新版本。它旨在补充 HPL 基准测试程序，探索应用程序中工作负载的内存和数据访问模式，这是 HPL 未充分表示的。HPCG 中的工作负载集中在稀疏线性方程组，由三维（3D）拉普拉斯偏微分方程与 27 点模板的离散化产生。与 HPL 一样，HPCG 中的工作负载也适用于求解式（4-1），但在 HPCG 工作负载中矩阵 A 里零元素占支配地位。与 HPL 不同，HPCG 中的求解方法由称为共轭梯度的 Krylov 子空间求解器驱动。Krylov 子空间求解器是迭代求解器，需要多次迭代才能产生式（4-1）在一定容差范围内的近似解，并且是用于求解稀疏线性方程组的最常用方法之一。因为 HPCG 中的矩阵以零元素为主，所以矩阵中每行非零元素存储在连续的存储位置中。

　　在此基准测试程序中工作负载的稀疏性要求比 HPL 有更多的内存访问。对于问题大小 n，HPCG 将执行 $O(n)$ 次浮点运算，同时还需要 $O(n)$ 次存储器访问。鉴于此，在表 4-3 中测得 HPL 和 HPCG 的峰值波动差异超过 150 倍，这并不令人惊讶。

HPCG 基准测试程序包含 5 个主要内核：稀疏矩阵向量乘法、对称高斯 – 赛德尔平滑、全局点积评估、向量更新和多重网格预处理。此外，基准测试程序提供了 7 种不同的参考例程，可以根据一些特定的指导线，使用预期的超级计算机优化后的用户代码完全替换它们。

对于 Krylov 子空间求解器，计算时间的很大一部分花费在稀疏矩阵向量乘法，从而使得 HPCG 稀疏矩阵向量乘法内核性能与许多用户应用中的性能非常相关。对于大小为 $N \times N$ 的矩阵且大小为 N 的向量，矩阵向量乘法由式（4-2）给出。

$$x_i = \sum_{j=0}^{N-1} A_{ij} b_j \qquad (4\text{-}2)$$

其中 A_{ij} 是矩阵的第（i，j）个元素，b_j 是向量的第 j 个元素。因为稀疏矩阵中的非零元素存储在每行的连续存储位置中，所以式（4-2）可以进行修改以反映 HPCG 中的零元素既不存储也不操作。

$$x_i = \sum_{j=0}^{n_i} A_{ij} b_j \qquad (4\text{-}3)$$

其中 n_i 表示稀疏矩阵 A 中第 i 行的非零元素个数。HPCG 中稀疏矩阵向量乘法内核在分布式内存中求解式（4-3），这需要在存储器之间交换所需的 b_j 值。这是光环交换（halo exchange）的一个例子，将在第 9 章详细探讨。HPCG 中的光环交换例程和整个稀疏矩阵向量乘法内核代码都可以根据用户的某些限制替换或更改。

高斯 – 赛德尔平滑是线性方程组的迭代求解方法。HPCG 中的高斯 – 赛德尔内核测试递归执行，并具有类似于稀疏矩阵向量乘法内核的存储器访问特性。与稀疏矩阵向量内核一样，高斯 – 赛德尔平滑的整个参考实现可以由用户在特定的指导下在基准测试程序中进行修改或替换。

HPCG 中最重要的集合通信类型操作之一是计算分布式内存中两个向量的全局点积，以产生可用于所有处理单元的单个标量值。这种类型的操作在大多数用户应用程序中很常见。HPCG 报告中包括将 MPI 用于基准测试时的最小、最大和平均 MPI 全归约操作时间。用户提供的点积例程可以替代参考实现，对于矢量更新和多重网格预处理器也是如此，其中 HPCG 中的所有关键内核都使用 4 种不同的网格大小进行测试。

在超级计算机上编译 HPCG 基准测试程序是很简单的。可以从 HPCG 网站 www.hpcg-benchmark.org 下载基准测试程序的 MPI-OpenMP 参考实现。使用以下命令解压缩基准程序中的 tarball：

```
tar -zxf hpcg-3.0.tar.gz
```

生成的目录 hpcg-3.0 中包含基准测试的源代码。HPCG 支持源外构建，以避免与构建相关的文件混乱源代码目录。要编译，会创建一个构建目录；为简单起见，它可以放在 hpcg-3.0 目录中。

```
cd hpcg-3.0
mkdir build; cd build
```

在构建目录中，执行 configure 脚本并将需要构建的体系结构的名称传递给它。有多个标准选项的编译器标志和命令已在安装目录中。在下面的示例中，使用了 Linux_MPI 配置选项。

```
../configure Linux_MPI
make
```

名为 xhpcg 的 hpcg 可执行文件将与名为 hpcg.dat 的参数文件一起出现在 build/bin 目录中。与 HPL 参数文件不同，HPCG 参数文件非常简单，只包含 4 行。

```
1 HPCG benchmark input file
2 Sandia National Laboratories; University of Tennessee, Knoxville
3 104 104 104
4 60
```

前两行未使用，可以用用户推断的描述来替换。第 3 行指定每个 MPI 进程的本地问题的维度。因此，HPCG 的全局问题大小会根据启动的进程数而更改，而本地问题大小保持不变。从这个意义上讲，HPCG 已经设置为弱扩展性测试。第 3 行包含 3 个用空格分隔的数字，这些数字对应于立方网格中搭配点的数量，该立方网格用于离散三维拉普拉斯偏微分方程，该方程是 HPCG 工作负载的核心。第 4 行指定基准测试程序应运行的秒数（在此示例参数文件中为 60s）。要提交官方 HPCG 结果，基准测试程序应至少运行 1800s。运行时，参数文件应与可执行文件位于同一目录中。

要使用 MPI 运行基准测试程序，mpirun 脚本将在所需数量的进程上启动可执行文件，在此示例中为 16。

```
mpirun -np 16 ./xhpcg
```

此操作产生两个文件：名为 HPCG-Benchmark-3.0_< 今天的日期和时间 >.yaml 和 hpcg_log_< 今天的日期和时间 >.txt。hpcg_log 文件包含 HPCG 执行的输出日志；基准测试结果在 yaml 文件中。来自 HPCG 的 yaml 示例文件输出的摘录如图 4-9 所示。

目前的 HPCG 实现通常只能在 500 强列表中最快的 10 台超级计算机上实现一小部分峰值性能（以每秒浮点运算次数来统计，大多数约为 1%～2%），而对于 HPL，它们实现其理论峰值性能的 90%。这突出了 HPCG 基准测试程序与 HPL 的不同性质，尽管它们都报告每秒浮点运算次数作为最终整体评级的依据。图 4-10 显示了前 10 台超级计算机的 HPCG 和 HPL 性能。一个异常值是 K 计算机，它使 HPCG 的性能惊人地达到 HPL 峰值性能的 5.3%。一般来说，HPCG 表现出较低的效率（用每秒浮点运算次数来衡量），因为即使 HPCG 的小问题也不适合（L3）缓存，光环交换和 allreduce 随着节点数量的增加而成为网络瓶颈，并且稀疏矩阵向量乘法受内存带宽的限制。

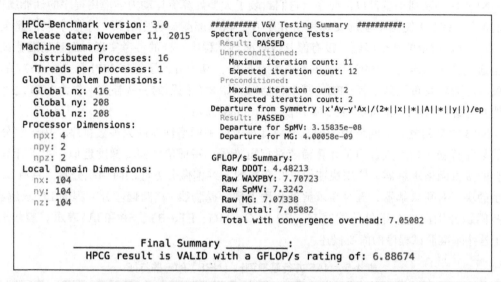

图 4-9　HPCG 基准测试程序中 yaml 输出文件的一些摘录。几个主要 HPCG 内核的原始 Gflops 摘要除了提供总体 Gflops 评级外，还分别逐项列出，且报告了核查和校验测试。在 hpcg.dat 参数文件中指定了本地问题大小（104×104×104），而 HPCG 输出还报告了由启动的 MPI 进程数确定的全局问题大小

前 10 名的 HPL 和 HPCG 比较（2017 年 7 月）

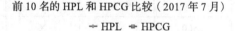

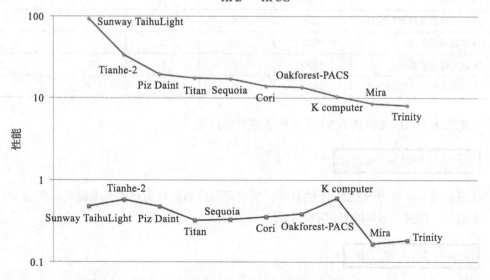

图 4-10　2017 年 6 月发布的 500 强列表中前 10 台超级计算机的 HPL 和 HPCG 性能比较

4.7　NAS 并行基准测试程序

　　NPB 是一系列小型自包含程序，它们封装了大型计算流体动力学应用程序的性能属性。它起源于 1991 年美国宇航局艾姆斯研究中心，该基准测试程序的第一个版本包括完全以"纸质"方式指定的 8 个问题，没有像其他基准测试程序一样的参考实现，而且基准测试程序是通过算法指定的。1995 年发布了第 2 版 NPB，其中分发了基于 MPI 和 Fortran77 的参考版本。随后发布了第 3 版 NPB，其中包括对原始 8 个问题的一些补充，作为 MPI 之外的其他并行编程 API，如 OpenMP、高性能 Fortran 和 Java。

　　NPB 中最初的 8 个问题用于测试整数计算速度和网络性能的大整数排序，用于积分评估的易并行随机数生成，用于计算稀疏对称矩阵最小特征值的共轭梯度近似，用于计算三维势的多重网格求解器，使用快速傅里叶变换的三维偏微分方程的时间积分器，具有 5×5 大小的块三对角求解器、五对角求解器和用于耦合抛物线 / 椭圆偏微分方程的 LU 求解器。这些问题分别由两个字母的缩写 IS、EP、CG、MG、FT、BT、SP 和 LU 表示。表 4-5 给出了这些基准测试程序的简要概述。

表 4-5　NAS 并行基准测试（NPB）的一些特征

NPB	近似行数	并行性		编程语言	
		MPI	OpenMP	Fortran	C
IS（整数排序）	1150	X	X		X
EP（易并行）	400	X	X	X	
CG（共轭梯度）	1900	X	X	X	
MG（多重网格）	2600	X	X	X	
FT（离散三维快速傅里叶变换）	2200	X	X	X	
BT（块三对角求解器）	9200	X	X	X	
SP（标量五对角解算器）	5000	X	X	X	
LU（上下高斯 – 赛德尔解算器）	6000	X	X	X	

　　最新版本 NPB3 可以从 NPB 页面 [7] 下载并解压缩。

```
tar -zxf NPB3.3.1.tar.gz
```

　　这将创建一个名为 NPB3.3.1 的目录，其中可以找到此处演示的基准测试程序的 MPI 版本。要编译，请进入 NPB MPI 版本目录。

```
cd NPB3.3.1/NPB3.3-MPI
```

　　编译基准测试问题，需要在 config 目录的 make.def 文件中指定 C 和 Fortran 编译器选项。

```
cd config
cp make.def.template make.def
```

现在通过分别在第 32 行和第 78 行指定的 Fortran 和 C 编译器来修改 config 目录中的 make.def 文件。

```
29 # -----------------------------------------------------------------------
30 # This is the fortran compiler used for MPI programs
31 # -----------------------------------------------------------------------
32 MPIF77 = mpif90

75 # -----------------------------------------------------------------------
76 # This is the C compiler used for MPI programs
77 # -----------------------------------------------------------------------
78 MPICC = mpicc
```

返回 NPB3.3-MPI 目录以编译特定的基准测试问题。要编译，必须向 Makefile 提供 3 条信息：对基准测试问题的双字母（小写）引用、要运行的进程数，以及来自 S、W、A、B、C、D 或 E 类之一的问题。S 表示小问题；W 适用于 20 世纪 90 年代的工作站问题；A、B 和 C 表示标准问题大小，每个字母表示的问题规模依次增加 4 倍；D 和 E 表示大型测试问题，每个字母表示的问题规模增加 16 倍。

编译针对 4 个核心上最小问题规模的 IS 基准测试问题的示例如下：

```
cd ..
make is NPROCS=4 CLASS=S
```

可执行文件将放在 bin 目录中，其名称指示进程数和编译它的类，在这种情况下为 is.S.4。

```
cd bin
mpirun -n 4 ./is.S.4
```

输出如图 4-11 所示。

4.8 Graph500

Graph500 基准测试程序于 2010 年发布，旨在表示数据密集型工作负载，而不是 HPL 中的浮点密集型计算。在由理查德·墨菲领导的有 50 多名成员的国际指导委员会的支持下，Graph500 基准测试程序针对数据密集型应用程序中的 3 个关键问题：并发搜索、单源最短路径和最大独立集。目前只将并发搜索问题指定为 Graph500 基准测试 1，有时也称为 Graph500 基准测试程序。在本小节中，Graph500 基准测试程序 1 被称为 Graph500 搜索基准测试程序，以避免混淆。

```
NAS Parallel Benchmarks 3.3 -- IS Benchmark

Size:  65536  (class S)
Iterations:   10
Number of processes:      4


IS Benchmark Completed
Class           =                    S
Size            =                65536
Iterations      =                   10
Time in seconds =                 0.00
Total processes =                    4
Compiled procs  =                    4
Mop/s total     =               274.91
Mop/s/process   =                68.73
Operation type  =          keys ranked
Verification    =           SUCCESSFUL
Version         =                3.3.1
Compile date    =          16 Aug 2016

Compile options:
    MPICC       = mpicc
    CLINK       = $(MPICC)
    CMPI_LIB    = -L/usr/local/lib -lmpi
    CMPI_INC    = -I/usr/local/include
    CFLAGS      = -O
    CLINKFLAGS  = -O


Please send feedbacks and/or the results of this run to:

NPB Development Team
npb@nas.nasa.gov
```

图 4-11　针对小类问题，并行 IS 基准测试的输出，在 4 个进程上运行的案例

　　Graph500 搜索基准测试程序在大图上实现广度优先搜索算法，如图 4-12 所示。

　　参考实现具有多种形式的并行性，包括用于分布式和共享内存设置的 MPI 和 OpenMP，它们由大卫·巴德、乔纳森·贝瑞、西蒙·卡亨、理查德·墨菲、杰森·雷迪和耶利米威尔·科克开发。它包括图生成器和广度优先搜索实现。基准测试程序从根开始，从该根查找所有可到达的顶点，检查 64 个不同的根。只有一种边，顶点之间没有权重。输出的性能指标是每秒遍历的边数（TEPS）。生成的搜索树经过验证以确保它对于给定根是正确树。图构造和图搜索都在 Graph500 搜索基准测试程序中计时。

　　参考实现可以从 www.graph500.org 下载。tarball 解压缩和解包命令如下所示：

```
bzip2 -d graph500-2.1.4.tar.bz2
tar -xf graph500-2.1.4.tar
```

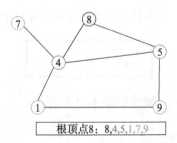

根顶点8：8,4,5,1,7,9

图 4-12　从顶点 8 开始的图数据结构中广度优先搜索遍历的示例。起始顶点也称为根，到根的相邻顶点是 4 和 5，颜色为红色（印刷版本中为浅灰色）。它们的相邻顶点是 1、7 和 9，颜色为蓝色（印刷版本为深灰色）。连接顶点的线称为边

这将创建一个名为 graph500-2.1.4 的目录。在此目录中有几个实现，包括 MPI。要构建 MPI 版本，使用如下命令：

```
cd mpi
make
```

对于参考实现，Makefile 自动假定使用 gnu 编译器，并且 MPI 编译包装器 mpicc 在用户的路径中可用。可以直接修改 Makefile 以更改这些假设。它不需要外部库或依赖项。

编译过程产生 5 种不同的可执行文件，这反映了实现广度优先搜索算法的不同方式，其中 graph500_mpi_simple 是具有位图和两个队列的标准级别的同步广度优先搜索算法，第 9 章详细介绍了该算法。它至少需要一个输入才能运行，并且可以二次输入。如果用户尝试在没有参数的情况下运行基准测试程序，则会出现图 4-13 所示的基准测试用法提示。

```
Usage: ./graph500_mpi_simple SCALE edgefactor
  SCALE = log_2(# vertices) [integer, required]
  edgefactor = (# edges) / (# vertices) = .5 * (average vertex degree) [integer, defaults to 16]
(Random number seed and Kronecker initiator are in main.c)
```

图 4-13　Graph500 搜索基准测试程序的使用提醒

第一个输入为代码提供顶点数：

$$N_{\text{vertices}} = 2^{\text{scale}} \tag{4-4}$$

边数由顶点数和边因子的乘积给出：

$$N_{\text{edges}} = 边因子 \times N_{\text{vertices}} \tag{4-5}$$

默认边因子为 16。Graph500 搜索基准测试程序中的问题大小分为 6 类：玩具、迷你、小型、中型、大型和巨型。这些也被称为等级 10～15，其中等级 10 是玩具，等级 15 是巨型。表 4-6 给出了比例因子以及该图的相关存储器要求。

表 4-6　Graph500 搜索基准测试程序的问题大小分类、顶点数和内存要求

级　别	规　模	大　小	顶点数（以 10 亿为单位）	太字节（TB）
10	26	玩具	0.1	0.02
11	29	迷你	0.5	0.14
12	32	小型	4.3	1.1
13	36	中型	68.7	17.6
14	39	大型	549.8	141
15	42	巨型	4398.0	1126

Graph500_simple 可执行文件的示例执行如下：

```
mpirun -np 16 ./graph500_mpi_simple 9
```

此时构建图形并将该图的计时输出打印到屏幕，如图 4-14 所示。

```
graph_generation:        0.115093 s
construction_time:       0.224907 s
```

图 4-14　Graph500 搜索基准测试程序的图生成统计输出

然后，广度优先搜索内核的计时会打印输出到屏幕（针对 64 个根顶点中的每一个），然后是验证阶段，部分如图 4-15 所示。

64 个根顶点中，当每一个根顶点图遍历结束时，Graph500 搜索基准测试程序的最终统计数据将打印到屏幕，如图 4-16 所示。

```
Running BFS 0
Time for BFS 0 is 0.007095
Validating BFS 0
Validate time for BFS 0 is 1.805835
TEPS for BFS 0 is 1.15464e+06
Running BFS 1
Time for BFS 1 is 0.000358
Validating BFS 1
Validate time for BFS 1 is 2.007691
TEPS for BFS 1 is 2.28912e+07
Running BFS 2
Time for BFS 2 is 0.000500
Validating BFS 2
Validate time for BFS 2 is 1.967331
TEPS for BFS 2 is 1.63852e+07
```

图 4-15　64 个根顶点中，每个根的广度优先
搜索输出的部分内容

```
SCALE:                   9
edgefactor:              16
NBFS:                    64
graph_generation:        0.115093
num_mpi_processes:       16
construction_time:       0.224907
min_time:                0.000169039
firstquartile_time:      0.000205517
median_time:             0.000227094
thirdquartile_time:      0.000342607
max_time:                0.0959749
mean_time:               0.00589841
stddev_time:             0.019746
min_nedge:               8192
firstquartile_nedge:     8192
median_nedge:            8192
thirdquartile_nedge:     8192
max_nedge:               8192
mean_nedge:              8192
stddev_nedge:            0
min_TEPS:                85355.6
firstquartile_TEPS:      2.39107e+07
median_TEPS:             3.60732e+07
thirdquartile_TEPS:      3.98605e+07
max_TEPS:                4.84623e+07
harmonic_mean_TEPS:      1.38885e+06
harmonic_stddev_TEPS:    585773
min_validate:            1.72823
firstquartile_validate:  1.86437
median_validate:         1.91839
thirdquartile_validate:  2.00359
max_validate:            2.11599
mean_validate:           1.92975
stddev_validate:         0.0889681
```

图 4-16　Graph500 搜索基准测试程序的最终统计
输出

Graph500 搜索基准测试程序不输出 flops（每秒浮点运算次数），而是输出 TEPS（每秒遍历的边数）。这使得利用 Graph500 搜索基准测试程序进行 HPL 和 HPCG 之间的比较变得困难。然而，该基准测试程序的两个重要趋势是显而易见的。首先，虽然 HPL 基准测试

程序继续显示新型超级计算机的指数级改进，但 Graph500 搜索基准测试程序的表现却持平。这在图 4-17 中已说明，其中 Graph500 搜索基准测试程序的最佳性能被绘制为关于时间的函数。这可以与图 1-2 进行比较，其中 500 强列表的 HPL 性能继续呈指数级增长，而 Graph500 性能则是平坦的。

第二个显著的趋势是，对于分布式内存架构而言，每个核心的每秒有效千兆遍历边数（GTEPS）要比共享内存低得多。如图 4-18 所示，其中绘制了问题规模因子在 31-34 的每一个的最好结果的有效 GTEPS/ 核心，分别针对分布式和共享内存架构，并且问题规模等于 $\log_2(N_{vertices})$。

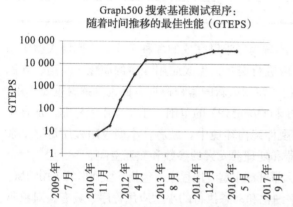

图 4-17　Graph500 作为时间函数的最佳性能。性能变化平坦，而 HPL 性能继续呈指数级增长

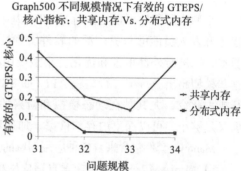

图 4-18　2016 年 6 月针对共享内存和分布式内存架构发布的 Graph500 列表，比较了最好结果的有效的 GTEPS/ 核心指标，问题规模因子为 31-34

4.9　小型应用作为基准测试程序

虽然基准测试程序继续在 HPC 社区中发挥重要作用，但对于完全捕获实际应用程序行为的有效性，存在许多批评。其中一个主要问题是 HPC 基准测试程序太简单，无法在动态应用程序中正确评估超级计算机的性能。HPC 基准测试程序通常旨在设计特定于一小部分独立 HPC 系统的性能属性。为了补充 HPC 基准测试程序工作，并更好地捕获实际应用程序行为，HPC 社区中的许多人已转向使用小型应用程序。

顾名思义，小型应用程序是实际应用程序的较小版本。它们源于大量科学学科，通常比 HPC 基准测试程序长得多。它们通常不输出任何标准化的度量指标（如 flops、GUPS、TEPS 或 DOFS（每秒自由度）），但确实为各种内核以及强和弱扩展信息提供解决方案的时间。表 4-7 概述了由迈克尔·赫若克（HPCG 基准测试程序共同创建者）和理查德·巴雷特组织的 Mantevo 套件 [12] 中的一些常见小型应用程序。

表 4-7　Mantevo 套件中小型应用程序的一些特征

小型应用程序	近似行数	并行性			编程语言		
		MPI	OpenMP	其他	Fortran	C	C++
MiniAMR	9 400	X				X	
MiniFE	14 200	X	X	CUDA, Cilk			X
MiniGhost	12 770	X	X	OpenACC	X		
MiniMD	6 500	X	X	OpenCL, OpenACC			X
CloverLeaf	9 300	X	X	OpenACC, CUDA	X	X	
TeaLeaf	6 500	X	X	OpenCL	X		

小型应用程序可以完成标准 HPC 基准测试程序难以完成的多种工作。它们使大型应用程序开发人员能够与更广泛的软件工程社区进行交互，生成应用程序的简化、小型、开源版本，以进行外部审查和优化。小型应用程序在测试新的编程模型方面也发挥着重要作用，这些模型超出了传统并行编程 API（如 MPI 和 OpenMP）的范围。小型应用程序非常适合进行扩展研究，尤其是在动态模拟和新兴的硬件架构环境中。最后，小型应用程序足够复杂但又足够小，可以探索内存、网络、加速器和处理器元素的参数和交互空间。

Mantevo 套件包含来自各种应用领域的大量开源小型应用程序，包括下面列出的应用领域。

❑ MiniAMR——用于探索自适应网格细化和动态执行的小型应用程序，具有由对象驱动的基于穿透网格的网格细化和粗化。

❑ MiniFE——有限元代码的小型应用程序。

❑ MiniGhost——在均匀三维网格的有限差分应用的背景下，探索光环交换的一个小型应用程序。

❑ MiniMD——基于分子动力学工作负载的小型应用程序。

❑ Cloverleaf——求解可压缩欧拉方程的小型应用程序。

❑ TeaLeaf——基于求解线性热传导方程工作负载的小型应用程序。

其中一些小型应用程序在第 10 章会重新讨论。

除 Mantevo 套件外，世界各地的许多超级计算中心都保留了大量的小型应用程序。这些小型应用程序通常会补充标准的 HPC 基准测试程序，在采购决策中发挥重要作用。因此，也有重要的超级计算供应商参与其中。例如，在橡树岭、阿尔贡和利弗莫尔美国国家实验室（CORAL）合作采购两台 150P（千万亿次浮点运算每秒）机器时，除了上面提到的几个基准测试程序外，还要求硬件供应商提供本章提到的超过 25 种小型应用程序[13]的运行结果。

4.10　本章小结及成果

❑ 基准测试程序是一种根据经验测量超级计算机性能的方法。它对工作负载提供了一些标准化类型，其大小或输入数据集可能变化。

❑ 基准测试工作负载有两种类型：合成工作负载（设计和创建工作负载以对系统中的特定组件施加负载）和应用程序（工作负载来自实际应用程序）。

❑ 良好的基准测试程序对目标应用领域是相关的和有意义的，可以应用到广泛的硬件架构中，可以被用户和供应商用来进行比较评估。

❑ 早期的基准测试程序包括浮点密集型的 Whetstone 基准测试程序和面向整数的 Dhry-stone 基准测试程序。

❑ Linpack 基准测试程序解决了密集的、规则的线性方程组，并提供了系统有效的浮点性能估计。

❑ HPL 基准测试程序用于对 500 强列表中的超级计算机进行排名。

❑ HPL 是 HPC 挑战基准测试套件的一部分，该套件包含 7 个广泛使用的 HPC 基准测试程序。

❑ HPCG 基准测试程序旨在补充 HPL 基准测试程序，以探索 HPL 不能很好地表示的应用程序工作负载中的内存和数据访问模式。HPCG 中的工作负载集中在稀疏线性方程组，该系统由具有 27 点模板的三维拉普拉斯偏微分方程的离散化产生。

❑ 即使是对于 500 强名单中最快的超级计算机，HPCG 性能仍然只是 HPL 性能中非常小的一部分。

❑ NPB 是一系列小型自包含程序，它们封装了大型计算流体动力学应用程序的性能属性。

❑ NPB 最初是作为纸质基准的，但后来的参考实现成为 NPB 迭代中的基准。

❑ Graph500 基准测试程序旨在代表数据密集型工作负载。

❑ Graph500 搜索基准测试程序实现了广度优先搜索算法，并将 TEPS 作为关键指标进行报告。

❑ HPL 基准测试程序性能呈指数级持续增长，但 Graph500 基准测试程序性能持平。

❑ 为了补充 HPC 基准测试程序的工作并更好地捕获实际应用程序行为，HPC 社区中的许多人已经转向使用小型应用程序。

❑ 小型应用程序完成了标准 HPC 基准测试程序难以完成的几项工作，包括探索内存、网络、加速器和处理器单元的参数和交互空间，特别是在新兴硬件和编程模型方面。

4.11　练习

1. 在可访问的超级计算机和可用的笔记本电脑上运行 HPL 基准测试程序。为每个系统独立调整输入参数，以获得最佳性能。对于多大规模的矩阵，超级计算机可提供最佳的 HPL 性能？有多大规模的矩阵，可使笔记本电脑提供最佳的 HPL 性能？根据 HPL 的系统架构和内存特征说明你的结果。

2. 在可访问的超级计算机上运行 HPCG 基准测试程序。比较 HPCG 峰值性能与 HPL 峰值性能。哪个表现最好，为什么？

3. 在可访问的超级计算机和可用的笔记本电脑上编译并运行 HPC 挑战基准测试套件。绘制一个表格，列出 7 个问题中每个问题的最终结果（数量和单位）。表中应该有两列：测试名称以及某个指标及单位的数值。对于每个问题仅选择一个指标，比较超级计算机和笔记本电脑之间的性能。

4. 在可访问的超级计算机上运行 Graph500 基准测试程序。绘制 Graph500 的性能（以 GTEPS 为单位），并作为图大小的函数。你可以在超级计算机上运行的最大图问题是什么？

5. 使用 FT NPB 探索可访问超级计算机上的离散三维傅里叶变换的性能。绘制其性能（以 Gigaflops 为单位），并作为问题大小的函数。与在同一台超级计算机上运行 HPL 基准测试程序的峰值性能相比，FT 实现的峰值性能是多少 Gigaflops？

参考文献

[1] Wikipedia, ENIAC, [Online]. https://en.wikipedia.org/wiki/ENIAC.

[2] R. Longbottom, History of Whetstone, [Online]. http://www.roylongbottom.org.uk/whetstone.htm.

[3] Standard Performance Evaluation Corporation, SPEC CPU, 2006 [Online], https://www.spec.org/cpu2006/.

[4] Netlib, Linpack FAQ, [Online]. http://www.netlib.org/utk/people/JackDongarra/faq-linpack.htm.

[5] LAPACK, [Online]. http://www.netlib.org/lapack/.

[6] Innovative Computing Laboratory, The University of Tennessee, HPC Challenge Benchmark Suite, [Online]. http://icl.cs.utk.edu/hpcc/.

[7] NASA, NAS Parallel Benchmarks, [Online]. http://www.nas.nasa.gov/publications/npb.html.

[8] Top500, Top500 List, [Online]. https://www.top500.org/lists/.

[9] HPCG, HPCG Benchmark, [Online]. http://www.hpcg-benchmark.org/.

[10] Computational Research, Berkeley Laboratory, HPGMG Performane Results, [Online]. https://crd.lbl.gov/departments/computer-science/PAR/research/hpgmg/results/.

[11] Graph500, Graph500, [Online]. http://graph500.org/.

[12] M. Heroux, Mantevo Suite of Mini Apps, [Online]. https://mantevo.org.

[13] Lawrence Livermore National Laboratory, Coral Benchmarks, [Online]. https://asc.llnl.gov/CORAL-benchmarks.

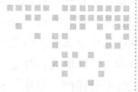

第 5 章　*Chapter 5*

资源管理的基础

5.1　资源管理

安装超级计算机通常意味着业主机构的重大财务投资。然而，在硬件获取和部署之后，并不会停止开销。托管数据中心需要雇用专门的系统管理员，支付合同和维护人员的费用，并且支付用于为机器供电和冷却的电力成本。所有这些成本合起来被称为"拥有成本"。对大型装置来说，电力成本通常非常巨大。一个常常被引用的例子是，美国每年消耗的每兆瓦能耗的平均成本超过 100 万美元，在其他许多国家，这个数字要高很多。因此，机构密切地关注如何使用超级计算资源，以及如何最大限度地利用它们，也就不奇怪了。

为了解决这些被密切关注的问题，资源管理软件在如何将超级计算资源分配给用户应用程序方面扮演了非常重要的角色。资源管理软件不仅有助于（超级计算资源）适应不同的工作负载和持续时间，而且还提供不同机器类型和配置的统一接口，简化了对资源的访问方式并且（至少在某种程度上）消除了可移植性问题。资源管理中间件提供了一些机制，通过这些机制，计算系统可以提供给各类用户（包括业主机构外部的用户，例如通过国家科学基金会 XSEDE[1] 等协作环境），并且为其使用的资源提供准确的计数和收费。资源管理工具是高性能计算软件堆栈的固有部分。它们执行 3 个主要的功能：资源分配、工作负载调度以及对分布式工作负载的执行和监控的支持。资源分配负责根据需求将物理硬件（可能从机器的一小部分到整个系统）分配到特定的用户任务。资源管理器通常会识别以下的资源类型。

❑ 计算节点。增加分配给并行应用程序的节点数是缩放工作的数据集大小（例如仿真领域中的网格点数）最简单的方式，或者降低固定大小的工作负载的执行时间。因此，当调度在并行计算机上启动的应用程序时，节点数是最简单的参数之一。即便是单台物理计算机也可能包括多个类型的节点，例如在内存容量、中央处理器单元类型和时钟频率、本地存储器特性、可用互连网络等处有差别。正确配置的资源管理器能够为作业选择正确类型的节点，从而排除资源分配过度或者不够的可能。

❑ **处理核心**（处理单元、处理元件）。大多数现代超级计算机的节点都具有一个或多个多核处理器插槽，给应用程序提供本地并行，使得它可以通过多线程或者多个并发的单线程进程来使用。因此，资源管理器提供了指定节点到工作负载的共享或者独占分配的选项。在工作负载已经分配，而剩下一些处理核心未被占用的情况下，共享节点将非常有用。通过在剩余核心上对不同进程进行调度，可以更好地利用处理核心。但是，这需要付出代价，在共享节点上执行的所有程序也将共享对其他物理组件的访问，例如内存、网络接口和输入/输出（I/O）总线。对应用程序进行仔细基准测试的用户，最好用独占模式分配节点，以最大限度地减少由于无关程序引起的争用而导致的入侵和性能下降。独占分配也可用于依赖执行代码与特定内核的亲和力以实现良好性能的程序。例如，依赖于最低通信延迟的程序可能希望将消息发送和接收线程放置在靠近连接到相关网卡的 PCIe 总线的核心上。当多个应用程序同时强制执行自己独有的但可能存在冲突的关联设置时，这种情况可能就无法实现了。

❑ **互连**。虽然许多系统仅使用一种网络类型来构建，但在某些超级计算机的安装中明确包含多个网络，或者已经扩展或现代化以利用不同的互连技术，例如 GigE 和 InfiniBand 架构的组合。选择正确的配置取决于应用程序的特性和需求。例如，程序执行是否对通信延迟更加敏感？或者说需要尽可能多的通信带宽？它可以利用不同网络接口信道进行绑定吗？通常来讲，使用应用程序链接到程序库的可用版本会强制地给出答案。例如，如果这两种网络类型都可用，通常会看到消息传递接口（MPI）的安装，其中包含支持 InfiniBand 和以太网的独立库。选择错误的网络类型可能会导致执行效率降低。

❑ **永久存储和 I/O 选项**。许多集群依赖于导出到系统中每个节点的共享文件系统。这很方便，因为将在头节点上编译的程序存储在这样的文件系统中使这个程序可用于计算节点。计算也可以轻松地共享公共的数据集，相关应用程序在运行期间就可以看到修改。但是，并非所有的安装都提供了高效的高带宽文件系统（这些系统可以拓展到所有的计算机资源并且可以容纳多个用户的并发访问）。对于执行大量文件 I/O 的程序，如各个节点的本地磁盘或集群缓冲区（服务于预定义节点组的 I/O 请求的快速固态设备池）等本地化存储，可能是更好的解决方案。此类本地存储池通常在预定义的目录路径下装载。缺点是以这种方式生成的数据集必须在作业完成后显式移动到前端存储，以允许一般访问（分析、可视化等）。由于没有单一的解决方案，因此用户应该咨询本地机器指导，以确定其应用程序的最佳选项以及如何将其传送到资源管理软件。

❑ 加速器。除了主 CPU 之外，采用加速器（图形处理单元（GPU）、许多集成核心（MIC）、现场可编程门阵列模块等）的异构架构是增加总体计算性能，同时最小化功耗的常用方法。然而，这使资源管理变得复杂，因为同一台机器可能包含一些只配置一种类型加速器的节点，一些配置有多种类型加速器的节点，还有一些节点根本不包含任何加速硬件。现代资源管理器允许用户指定其作业参数，以便为应用程序选择适当的节点类型。同时，不需要加速器的代码可以尽可能地限定使用常规节点，以便在多个作业上获得最佳资源利用率。

资源管理器将可用的计算资源分配给用户指定的作业。作业是独立的工作单元，它具有相关的输入数据，在执行期间会产生一些输出结果。输出可能只是控制台上显示的一行文本，或者存储在多个文件中的多行字节的数据集，或者通过本地或广域网传输到另一台机器上的信息流。作业可以交互执行，这需要用户在控制台上参与，以便根据需要在运行时提供额外的输入；或者使用批处理，在启动作业前指定执行作业所需的所有参数和输入。批处理为资源管理器提供了更大的灵活性，因为从 HPC 系统利用率的角度来看，它可以在最理想情况下启动作业，而不受人工操作员可用性的影响（比如夜间）。因此，许多机器上的交互式作业可能只允许使用有限的一组资源。

作业可以是单体式（整体）的，也可以细分为许多较小的步骤或任务。通常，每个任务都与特定应用程序的启动相关联。通常，各个步骤在使用的资源或执行的持续时间方面不必相同。作业还可以将并行应用程序调用与单线程进程的实例化混合，从而显著改变所需的资源占用空间。一个示例有一种作业，它首先预处理输入数据，并将它们复制到执行节点的本地存储器。然后启动应用程序，为数据提供高带宽访问。最后使用 shell 命令将输出文件复制到共享存储器。

挂起的计算作业存储在作业队列中。作业队列定义了资源管理器选择作业执行的顺序。正如计算机科学这个词的定义所表明的，在大多数情况下，它是"先进先出"（FIFO）。良好的工作调度程序会放宽这个方案的限制，以提高机器的利用率和响应时间，或以其他方式优化操作员（用户或系统管理员）指示的系统的某些方面。大多数系统通常使用多个作业队列，每个作业队列都有特定的用途和一组调度约束方案。因此，我们可以找到一个仅用于交互作业的交互队列。类似地，可以使用调试队列，允许作业在受限的并行环境中运行，该环境提供足够的资源，以便可以在使用与生产队列相同配置的多节点上运行时能够暴露问题，而且使用于生产作业的节点池仍然保持很大。通常有多个生产队列可用，每个队列对作业或总作业大小施加不同的最大执行时间（短或长、大或小等）。在典型的大型系统的所有队列中，有数百到数千个具有不同属性的作业被挂起，因此很容易理解为什么调度算法对于实现高作业吞吐量至关重要。影响作业调度的常见参数包括以下各项。

❑ 执行和辅助资源的可用性是决定何时可以启动作业的主要因素。

❑ 优先级，允许高优先级的作业迅速启动，甚至抢占正在运行的低优先级作业。

❑ 分配给用户的资源，决定特定用户可使用的长期资源池，其账户在该机器上保持活跃。

❑ 允许用户执行的最大作业数。

❑ 用户估计的作业执行时间。

❑ 已经执行的时间，可能会强制作业终止或者影响下一个正在挂起的作业的执行。

❑ 作业依赖性，决定多个相关作业的执行顺序，特别是在生产者 – 消费者场景中。

❑ 事件发生情况，从作业开始被推迟挂起直到特定的预定义的事件发生。

❑ 操作员可用性，影响交互式应用程序的启动。

❑ 如果一个作业请求发布专属代码，则需要软件证书可用性。

资源管理器配置了优化机制，通过相当数量的节点能够高效地启动数千个甚至更多个进程。直观的方法（例如对远程 Shell 的重复调用）不会产生大规模可以接受的结果，因为将多个程序的执行迁移到目标节点会导致高争用。作业启动程序采用分层机制来减轻带宽需求，并利用网络拓扑最小化传输的数据量和整个启动时间。资源管理器必须能够终止任何超过其执行时间或其他资源限制的作业，而不管其当前处理状态如何。同样，分布式终端应该能够高效地将分配的节点尽快释放到可用节点池中。最后，资源管理人员负责监控应用程序的执行并跟踪相关的资源使用情况。记录实际资源利用率数据，以便对用户的累计系统资源利用率进行核算和准确收费。

已经创建出许多资源管理套件，它们在特点、性能以及采用级别上各不相同。目前我们经常使用的资源管理软件有如下几个。

❑ SLURM[2]，简单的 Linux 资源管理实用程序，是一个广泛使用的开源软件包。

❑ PBS[3]，便携式批处理系统，最初作为专属代码提供，还有一些开放的实现，可以兼容应用程序编程接口和命令。

❑ OpenLava[4]，一个开源的调度软件，最初是由多伦多大学开发的。

❑ Moab 集群套件 [5]，以开源 Maui 集群调度程序为基础，由自适应计算公司开发的高度可扩展的专有资源管理器。

❑ LoadLeveler[6]，当前称为 Tivoli Workload Scheduler LoadLeveler，是专有的 IBM 产品，最初针对运行 AIX 操作系统（OS）的系统，但后来移植到 POWER 和基于 x86 的 Linux 平台的系统上。

❑ Univa Grid Engine[7]，使用最初由太阳微系统公司和甲骨文开发的技术，支持多种平台和操作系统。

❑ HTCondor[8]，以前称为 Condor，是粗粒度高吞吐量计算的开源框架。

❑ OAR[9]，为 HPC 集群和某些类别的分布式系统提供了以数据库为中心的资源和任务管理。

❑ Hadoop YARN[10]，资源管理软件，是一个专门为 MapReduce 应用程序量身定制的广泛部署的调度程序，在第 19 章中有详细讨论。

遗憾的是，并没有指定具体的命令格式、语言和资源管理配置的通用标准。上面提到的每个系统都使用自己的接口并支持不同的功能集，尽管基本功能相似。因此，本书详细描述了两个广泛使用的资源管理器示例，SLURM 和 PBS。两者都在 HPC 社区中得到了特别广泛的应用。这些部分以教程形式呈现，以培养读者的技能。

5.2　SLURM 的基础

SLURM 是一个开源、模块化、可扩展的资源管理器和工作负载调度软件，适用于运行 Linux 或其他 UNIX 兼容操作系统的集群和超级计算机。它的起源可以追溯到 2001 年，当时由劳伦斯·利弗莫尔国家实验室的莫里斯·杰特创办的一个小型开发团队开始研究 HPC 的高级调度系统。从那时起，SLURM 的开发显著增长，扩展到近 200 个贡献者以及多个机构，包括 SchedMD LLC（目前是负责其开发、支持、培训和咨询服务的核心公司）、Linux NetworX、惠普、Groupe Bull、克雷、巴塞罗那超级计算中心、橡树岭国家实验室、洛斯阿拉莫斯国家实验室、英特尔、英伟达等。2014 年 6 月，SLURM 成为最具统治力的资源管理系统之一，被用于 500 强名单中大约 60% 的机器[11]。

SLURM 很受欢迎，因为它有令人印象深刻的操作功能列表。作为开源的解决方案，即使是最小的计算中心和学校也可以使用和负担得起。它的核心功能可以通过使用 C 语言或 Lua 语言编写的插件进行扩展，从而为各种互连类型、调度算法、MPI 实现、记账等提供复杂的配置选项和支持。SLURM 可扩展到目前使用的最大系统中，包括 2016 年速度最快的超级计算机神威·太湖之光，它拥有 40 000 个 CPU（超过 1000 万个核）。排名前十的机器中，有 5 台由 SLURM 管理。它可以每秒处理高达 1000 个作业提交和 500 个作业执行。有许多策略可优化功耗，从指定 CPU 的时钟频率到完全关闭未使用的节点（当最大平台的功耗可能超过 10MW 时），这是一个重要特征。可以在作业记录中输入调整后的功率级别，以便更准确地考虑资源使用情况。通过使用多个备份守护进程可以消除单点故障，允许受影响的应用程序继续运行并请求资源替换失败的应用程序。网络拓扑因素涉及资源分配，可以在通信延迟成为应用程序执行的关键时，最小化这一延迟。SLURM 拥有每个组件节点的详细构架信息，包括分布在非均匀内存访问域的核心和超线程亲和度。用户可以利用这些参数来优化绑定任务与资源。工作规模并不需要在执行时间内固定，它们可能会根据指定的任务大小和时间限制而增长或者减小工作规模。支持复杂的调度算法，包括帮派调度和抢占调度。通过用户、银行账户或服务质量度量指定的约束来启用对计划策略的控制。最后，SLURM 集成了对异构组件（如 GPU、MIC 处理器和其他加速器）执行的支持。可选数据库可存储每个作业的执行配置文件，详细说明 CPU、内存、网络和 I/O 使用情况，为将来的系统分配事后分析和优化提供手段。

5.2.1　架构概述

为了支持其广泛的功能，SLURM 使用一组守护进程（守护进程是持续在后台运行的程序）来解释用户命令并将工作分配给系统中的各个节点。其他集群资源管理系统通常使用

类似的方法。用户（包括程序员和系统管理员）在其中一个头节点上发出命令。这些命令
通常与本地控制守护进程 slurmctld 进行通信，后者将特定的管理任务中继到在计算节点上
运行的 slurmd 守护进程中。有些命令可能直接与 slurmd 后端交互。每个 slurmd 守护进程
监听一个网络连接以接收传入的工作项，执行它，返回完成状态，并等待另一个工作单元。
这些守护进程按层次结构进行组织，以优化通信并提供容错能力，如图 5-1 所示。SLURM
可以选择支持性能收集数据库，它是一个标记为 db 的外部存储组件，由专用守护进程
slurmdbd 管理。slurmdbd 还可以连接到其他机器，为运行 SLURM 软件套件的多个集群提
供账户信息的主要记录。

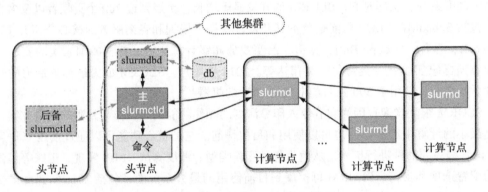

图 5-1　SLURM 的简化架构，有虚线框的组件是可选的

5.2.2　工作负载的组织

SLURM 管理的主要资源类型之一是计算节点。节点被划为不同的逻辑集，称为分区。
SLURM 中的一个分区表示单个作业队列，因此可对用户作业施加特定的约束。根据计算工
作负载的普遍特征和用户需求，集群管理员可以决定创建完全不相交或重叠的分区。后者
可能有助于将所有可用执行资源分配给某些通常严重受限的作业类型。

调度器将分区中的可用节点分配给具有最高优先级的作业，一直到可用节点池都被分
配出去。组成作业的单个任务称为作业步骤，可以使用分配给父作业的整个节点集，也可
以仅使用一部分节点。图 5-2 中的示例显示了一个 20 节点的集群，它被划分为两个不相交
的节点集，即分区 1 和分区 2。如图 5-2 所示，作业 1 已被分配给分区 1 中的所有节点，并
且当前所有节点都由作业步骤 1 来使用。在分区 2 中，调度程序只为作业 2 指定了 12 个可
用节点中的 9 个，其中 8 个节点由两个并行作业步骤（作业步骤 5 和 6）使用（它们可以是
物理模拟应用程序和并行执行的连接可视化引擎）。只要满足作业 2 的资源约束，分区 2 中
剩余的 3 个节点就可以分配给与作业 2 并发的另一个作业。典型的系统会使用更有意义的
分区名来表示它们在系统中的功能，例如 debug 或 main。类似地，良好的实践要求用户以
一种允许轻松识别其用途和配置变体的方式标记工作。

SLURM 使用作业组的概念为提交和管理类似作业的集合提供了一种高效的方法。虽然

它们的初始参数（如时间限制或大小）必须相同，但稍后可以根据每个数组或每个作业来更改它们。SLURM 只能对作业组进行批处理。

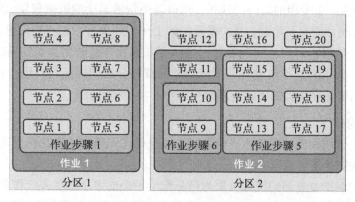

图 5-2　SLURM 中分区、作业和作业步骤之间的关系

5.2.3　SLURM 调度

SLURM 采用相对简单的默认调度算法来满足其高效率和简单性的设计目标。无论作业何时提交或完成，或系统配置发生更改，只有队列前面有限且预先定义的作业数才会被考虑用于调度，这称为事件触发的调度。该算法的补充是另一个算法——在做出调度决策之前尝试考虑所有排队的作业。由于这个补充算法会显著增加开销，因此以更少的频率间隔运行。调度算法对最高优先级的符合条件的作业的子集进行标记，选择的依据是这些待执行的作业累计资源需求可以被可用资源所满足。只要分区中有任何挂起的作业，就会禁用该分区的调度。

SLURM 还提供了一个回填调度插件，与基于优先级的先进先出调度相比，它可以显著改善作业执行的总体安排。例如，如果作业量小，则优先级较高的作业会大量涌入，请求大量资源的低优先级作业可能会无限期地排在队列中。考虑到执行的作业数量较多，因此系统利用率也可能会提高。如果这不会延迟任何较高优先级作业的预期开始时间，则回填调度程序将尝试启动较低优先级作业。制订准确的调度决策在很大程度上依赖于作业完成估算，这被定义为队列配置参数，并作为单个作业的挂钟限制估算值而提交。因此，许多系统管理员建议他们的用户尽可能准确地指定这些约束。

SLURM 中的作业调度是一个复杂的主题，通过插件提供了许多额外的改进和调度器变体。以下是一些较为重点的概念的简要讨论。

5.2.3.1　帮派调度

帮派调度支持一种调度方法：将两个或多个具有相似特性的作业分配到同一组资源中，然后以交替的方式执行这些作业，这样一次只有一个作业获得对资源的独占访问。单个作业保留对资源或时间片的访问时间，这个时间是可配置参数。只要有可用资源，此调度模式允许在较长作业之前启动较短作业，而不是强制它在较长作业后面的队列中等待。因此，它们可以提前启动（并完成），从而提高系统的总吞吐量。

SLURM 产生一个专用的时间片线程，可以避免帮派调度的饥饿现象。时间片线程定期唤醒（在每个时间片周期开始时）并检查暂停的工作。如果有，则将当前正在运行的作业移动到队列末尾。然后，时间片线程通过扫描队列来查找等待时间最长的挂起作业，为分区计算新的分配。如果有其他活动作业可以与新计算的分配同时运行，则会将它们添加到其中。所有其他当前正在运行的不适合新分配的作业将被挂起。

5.2.3.2　抢占

与帮派调度密切相关的是抢占，或者说，停止低优先级作业以执行更高优先级的作业。使用帮派调度的变体来实现抢占。

每当高优先级作业收到的资源分配与已分配给一个或多个低优先级作业的分配重叠时，受影响的低优先级作业就会被抢占。一旦高优先级作业完成，那么它们就可以恢复。在较新版本的 SLURM 中，它们可以重新排队并使用不同的资源集开始。

5.2.3.3　通用资源

SLURM 术语中的通用资源（GRES）是指与节点相关联的其他硬件设备，最常见的是加速器。SLURM 目前通过插件机制支持英伟达的 GPU 和英特尔的 MIC。由于没有可用的默认配置，因此系统管理员必须指定资源名称、数量、可访问资源的 CPU、设备类型和可用于访问或专门分配设备的文件系统路径名。即使在物理上可能没有禁止访问节点的剩余 CPU，也只有被允许的 CPU 可以访问该设备。与其他执行资源不同，当作业被暂停时，分配给作业的通用资源将无法用于其他作业。作业步骤可以请求比分配给父作业数量更少的 GRES（默认情况下，它们被分配该作业所有的 GRES）。这允许在并发作业步骤之间轻松划分 GRES。

5.2.3.4　可追踪资源

SLURM 提供了其他选项来跟踪各种资源的使用或对它们强制执行自定义约束。这些可追踪资源（TRES）由其类型和名称识别，示例包括突发缓冲区、CPU、能源、GRES、许可证、内存和节点。此功能有助于建立更准确的公式，以计算计算机的使用情况，其中可以为每种可追踪资源类型分配预定义权重。

5.2.3.5　弹性计算

弹性计算指的是这样一种情况：系统中可用的或者特定工作消耗的总资源的占用量可以根据需要增长或者减少。这通常依赖于外部的云计算服务，本地集群只提供所有作业可用的资源池的一部分，然而，弹性计算也可以在独立的集群上实现。

弹性计算可以通过明确地关闭未使用的节点来提高功效。一旦分配了作业，这些节点就会恢复正常运行。为了防止在大型节点组通电或者断电时不可避免的电涌浪费，SLURM 会以可配置的速率逐渐改变功耗。这通常需要在受影响的节点上内置于 OS 内核中的 CPU 的节流支持。节能算法驱动节点供应逻辑配置，以协调预留并根据需要将外部节点让渡到云上。

5.2.3.6　高吞吐量计算

SLURM 为高吞吐量计算提供基本支持，其中有很多相对较小的低耦合作业在较长时间内启动。一个经过正确调整的 SLURM 系统每秒可执行多达 500 个（持续的）简单批处理作业，而且可执行的突发事件数量会明显超过这个值。SLURM 高吞吐量作业选择逻辑已经过显著优化，保留了大约一半的原始调度代码。

5.2.4　SLURM 命令概要

本小节的目的是使有兴趣使用配置有 SLURM 资源管理器的系统的读者熟悉基本命令，包括执行作业提交、作业状态检索、系统状态查询和作业基本管理。主要针对系统管理员的命令超出了本书的范围。列出的每个命令描述都是最常用的选项（如果可用，则提供短格式和长格式）以及用法示例。下面使用的选项语法显示文字参数名称和运算符，但以下情况除外：

❑ 尖括号 "<" 和 ">" 表示参数名称，根据上下文，该名称可以扩展为数字或字符串。

❑ 方括号 "[" 和 "]" 表示可选条目。

❑ 大括号 "{" 和 "}" 包含一个列表，用于描述该列表中某个项目的选择。

SLURM 命令以小写 "s" 开头，包括以下内容。

5.2.4.1　srun

srun [<options>] <executable> [<arguments>]

srun 命令用于启动集群上的并行作业或作业步骤。如果运行作业的资源尚未分配（例如，命令在头节点的终端上执行），则首先执行资源分配。如果从已启动的作业（如作业的批处理脚本）中调用，srun 将启动新的作业步骤。如果启动作业的资源可用，则作业将立即启动，否则命令将阻止，直到资源可用为止。

下面列出的选项列表是全面的，但绝不是详尽的。其中许多选项也适用于其他 SLURM 命令使用的资源分配。

-N or --nodes＝<min_nodes>[-<max_nodes>]

这将为要执行的作业分配节点。节点数必须至少为 min_nodes，但不能超过 max_nodes。数字后面可加上后缀 "k" 或 "m"，表示乘以 1024（2^{10}）或 1 048 576（2^{20}）。SLURM 将在指定的范围内分配尽可能多的节点，而不会造成额外的延迟。

例子：

```
srun -N1 /bin/bash
```

这将在默认时间段内在其中一个计算节点上启动一个交互式 shell。

-n or **--ntasks＝<number_of_tasks>**

-c or **--cpus-per-task＝<number_of_cpus>**

ntasks 选项指定要运行的任务（进程）数量，并请求为它们分配足够数量的节点。默认情况下，每个节点启动一个任务，除非由 cpus-per-task 选项覆盖，该选项定义了分配给每个进程的最大核心数。后者可用于启动多线程进程。

例子：

```
srun -n4 -c8 my_app
```

这将使用可执行文件 my_app 启动 4 个进程，每个进程限制为 8 个执行线程。如果集群具有 16 核节点，则将为作业分配 2 个节点，除非使用了**独占**选项（参见下文）。

--mincpus＝<number_of_cpus>

这为作业分配节点，该节点至少具有 number_of_cpus 个核心可用。

例子：

```
srun -n4 -c8 --mincpus=32 my_app
```

这会将 my_app 的所有 4 个实例放在一个节点上。

-B or **--extra-node-info＝<sockets_per_node>[:<cores_per_socket>[:<threads_per_core>]]**

--cores-per-socket＝<number_of_cores>

--sockets-per-node＝<number_of_sockets>

--threads-per-core＝<number_of_threads>

第一种形式为节点分配特定数量的插槽（物理处理器），并可选地给出每个插槽的核心数和每个核心的线程数。最后一个参数适用于允许并发线程有效地共享执行单元的架构，例如具有超线程的英特尔处理器。其余 3 个选项可以独立指定每个参数。

例子：

```
srun -N1 -B2:4 my_app
srun -N1 --cores-per-socket=4 --sockets-per-node=2 my_app
```

这两个示例是等效的，并且将为应用程序 my_app 分配一个节点，其中至少有两个物理 CPU，每个物理 CPU 至少包含 4 个核。

-m or **--distribution＝<node_distr>[:<socket_distr>[:<core_distr>]][,{Pack,NoPack}]**

这指定了跨系统资源的作业任务的不同分发模式。它可能对应用程序的性能产生重大影响，例如，由于在拓扑上近邻的资源上对相关线程进行分组以及分离不相关的任务。选项参数最多包含 3 个以冒号 ":"分隔的条目，它们分别确定对节点、插槽和核心的进程分配。只有第一个条目（节点分发）是必要的。该参数可以选择性地包含 Pack 或 NoPack 指示符，指导分配器尽可能紧密地打包节点上的任务，或者尽可能强制执行任务分发。节点分发参数如下：

- ❏ *接受默认分发，通常选择 block 方式。
- ❏ block，在移动到下一个节点之前，尝试将连续任务分配给同一个节点。
- ❏ cyclic，以循环方式在连续节点上分配连续任务。
- ❏ plane=<size>，以指定**大小**的块分发进程；在一个节点上放置该大小的进程块后，它将移动到下一个节点，分配下一个块，以此类推。
- ❏ arbitrary，按照环境变量 SLURM_HOSTFILE 中指定的顺序分配任务。如果未指定变量，则默认为 block。

支持的插槽和核心分发参数相同，包括：

- ❏ *，默认模式，对于插槽是 cyclic；对核心而言，从插槽分布派生。
- ❏ block，在移动到下一个插槽或核心之前将连续任务分配给同一个插槽 / 核心。
- ❏ cyclic，将以循环方式从同一个插槽 / 核心连续地将 CPU 分配给同一任务，并从下一个插槽 / 核心分配 CPU 以用于下一个任务。
- ❏ fcyclic，或"full cyclic"，以循环方式将 CPU 分配给连续插槽 / 核心的任务，而不尝试根据任务边界对它们进行分组。

例子：

```
srun -n6 -c2 -m'block:cyclic' my_app
srun -n6 -c2 -mplane=2:fcyclic,NoPack my_app
```

如果第一个示例是在配备双四核处理器（每个核心支持单个执行线程）的计算机上提交的，则将为该作业分配两个节点。假设节点 0 的第一个插槽包括编号为 0~3 的核心，第二个插槽包含核心 4~7，则任务 0 将在核心 0 和 1 上运行，任务 1 在核心 4 和 5 上运行，任务 2 在核心 2 和 3 上运行，任务 3 在核心 6 和 7 上运行。其余任务将在节点 1 上实例化，任务 4 使用核 0 和 1，任务 5 使用核 4 和 5。

在同一平台上启动第二个示例会导致 3 个节点的分配。任务 0 和 1 分配节点 0，任务 2 和 3 分配节点 1，任务 4 和 5 分配节点 3。节点内的各个任务使用核 0 和 4（第一个任务），以及核 1 和 5（第二个任务）。

-w or --nodelist = <list_of_nodes>

这会请求特定节点执行作业，该列表可以包含用逗号分隔的单个节点名或节点范围。如果 list_of_nodes 包含一个"/"（正斜杠字符），则假定它表示包含节点列表的文件路径。请注意，如果指定的节点列表不足以支持作业，系统将尝试根据需要分配其他节点。

例子：

```
srun -wnode0[4-6],node08 -N6 my_app
```

这将分配节点 4、5、6 和 8，再加上两个未明确指定的节点，总共需要 6 个任务。

--mem＝‹megabytes›
--mem-per-cpu＝‹megabytes›

这可以控制物理内存的分配。第一种形式指定作业执行所需的每个节点的总内存。作业步骤调用中指定的零值将该作业步骤限制为分配给父作业的内存。第二个选项用于限制分配给各个处理器的内存。

一次只能指定其中一个选项。

例子：

```
srun -N2 -c8 --mem-per-cpu=4096 my_app
```

这里"my_app"将在两个已分配的节点中分配 32GB 内存（或每个内核 4GB）。

--hint＝‹type›

这将根据描述作业属性的文字提示来分配资源。

❑ compute_bound 对每个插槽中的所有核心进行分配，每个核心有一个线程。
❑ memory_bound 在每个插槽中使用一个核心，每个核心使用一个线程。
❑ [no]multithread 指示系统（不是）每个核心使用多个线程，这可以提高通信密集型应用程序的性能。

例子：

```
srun -N48 --hint=compute_bound bh_mol
```

这将在 48 个指定节点的所有核心上启动受计算量限制的应用程序"bh-mol"。

--ntasks-per-core＝‹number›
--ntasks-per-socket＝‹number›
--ntasks-per-node＝‹number›

它们分别为每个核心、插槽和节点的任务数设置上限。最后一个选项对于启动混合的 MPI/OpenMP 作业很有用，该作业要求每个节点只创建一个 MPI 进程，该进程使用多个线程来提高本地并行性。

例子：

```
srun -N16 --ntasks-per-node=16 mpirun my_sim
```

这将在 16 个节点上启动 MPI 应用程序，总共使用 256 个线程。

--multi-prog

这将运行一个由具有不同参数的不同程序组成的作业。需要一个配置文件以列出应用程序以及每个任务的相关参数。该文件路径将替换 srun 命令行末尾的常规可执行文件名。该文件的语法在 5.2.5 节中详细介绍。

--exclusive[＝user]

-s or **--oversubscribe**

这会影响资源超额订阅和订阅不足。第一个选项禁止节点与其他作业共享。如果指定了可选参数 user，则该节点不会与其他用户提交的作业共享，但可能由同一用户拥有的作业所使用。当用于作业步骤启动时，每个同时执行的作业步骤被分配一个单独的处理器。如果在调用时无法进行此类分配，则可以推迟启动作业步骤。

oversubscribe 选项允许与其他作业一起执行资源超额订阅，那些作业可能适用于节点、插槽、核心和超线程，具体取决于系统配置。启用超额订阅的作业可以更快地获得其资源分配，因此比独占模式更早启动。

例子：

```
srun -n4 -c2 --exclusive my_app
```

这将使得每个 my_app 实例（共 4 个）在单独的不同节点上分别启动，即使节点具有 4 个或更多核心。

--gres＝<resource_list>

第一个选项用于指定 GRES。列表中的每个条目都具有 <name> [[:<type>]:count] 的格式，其中 name 是资源名称，count 表示已分配单元的数量（1 是默认值），type 进一步将资源限制为特定的类。与作业步骤一起使用时，使用 --gres=none 可防止特定作业步骤使用分配给作业的任何资源（默认情况下，允许作业步骤使用分配给作业的所有 GRES）。并发的作业步骤还可以通过定义自己的 GRES 分配来划分作业资源。

例子：

```
srun -N16 --gres=gpu:kepler:2 my_app
srun --gres=help
```

第一个示例为 my_app 作业分配 16 个节点，每个节点配备两个 Kepler GPU。第二次调用可获取特定系统中定义的所有 GRES 描述。

-C or --constraint = \<features\>

这将指定所用的其他资源约束。选项参数可以是要素名称、具有关联节点计数的要素名称，或者使用以下运算符连接其子句而形成的表达式。

❑ AND（"&"）：仅选择包含所有指定要素的节点。

❑ OR（"j"）：仅选择包含至少一个已列出特征的节点。

❑ Matching OR（"[\<feature1\>j\<feature2\>j.]"：OR 的变体，其中恰好有一个备选项匹配。

目前，作业步骤可能只使用单个要素名称作为约束（不支持运算符）。要素由管理员定义，因此仅对特定系统有意义。

例子：

```
srun -n4 -C 'big_mem*2|small_mem*4' my_app
srun -N8 -C '[rack1|rack3|rack5]' my_app
```

第一个示例保留 2 个大内存节点或 4 个内存容量较小的节点，并在选择时启动 4 个用户进程。第二个命令从 3 种可能性中选择出的单个支架内分配 8 个节点。

-t or --time = \<time\>

这是最常用的选项之一，限制了作业分配的总运行时间。当达到执行时间限制时，所有正在运行的任务都会被要求发送一个 TERM 信号，随后很快就会发送一个 KILL 信号。截取的第一个信号可用于优雅地终止受影响的进程。时间分辨率为 1 分钟（秒四舍五入到下一分钟），允许的规范格式为 [\<hours\>:]\<minutes\>:\<seconds\>, \<minutes\>[:\<seconds\>], \<days\>-\<hours\>[:\<minutes\>[:\<seconds\>]]。SLURM 通常被配置为在作业分配到期后允许一个合理的宽限期。时间值为零意味着对执行没有时间限制。

例子：

```
srun -N1 -t15 my_app
srun -N8 -t1-3:30 my_app
```

第一个命令在一个节点上执行作业 15 分钟。第二个将分配 8 个节点，用时 1 天 3 小时 30 分钟。

-i or --immediate[= \<seconds\>]

--begin = \<time\>

--deadline = \<time\>

这些选项还影响作业调度的时间。第一次尝试启动作业要在以秒为单位的指定时间内进行（如果没有参数存在，则资源必须立即可用）。如果无法在指定的时间内分配资源，则不会启动作业。最后两个选项可将作业的开始时间推迟到特定时间（begin）或确保在特定时间（deadline）之前完成。如果无法在截止日期前完成，后者将删除作业。两者的时间规范格式均为 YYYY-MM-DD [THH:MM[:SS]]，字母分别表示年、月、日、小时（24 小时时钟）、分和秒。字母 "T" 将日期和时间分开。如果在同一天启动，可以不使用字母 "T" 和可选附加项 "AM" 或 "PM"。这两个选项都提供了额外的时间格式（参见示例）。

例子：

```
srun -N4 --deadline=5/27-16:30 -t1-0 my_app
srun -N8 --begin="now+300" my_app
srun -N1 --begin=noon my_app
```

第一个示例将估计运行一天的应用程序的完成期限设置为今年 5 月 27 日下午 4:30。第二个命令将尝试在提交后的 5 分钟内调度应用程序（默认单位为秒，但可以在数字后面指定 "分钟" 和 "小时"）。最后，第三个示例将工作开始时间限制为不迟于中午（请注意，这可能是当前或第二天的中午，具体取决于提交时间）。其他预定义时间包括**午夜**、**茶点**（下午 4 点）和**咖啡时间**（下午 3 点）。

-d or **--dependency = <list_of_dependencies>**

这将推迟作业的执行，直到满足列出的依赖项为止。此选项仅适用于完整作业，不适用于作业步骤。list_of_dependencies 可以采用两种形式，一种是使用逗号 "," 分隔条目，另一种使用问号 "?"。对于第一种格式，必须满足所有指定的依赖项才能启动作业。另一种形式意味着满足任何一种依赖关系就足以启动依赖作业。每个条目采用以下表达式之一：

- after:<id>[:<id>...] 延迟相关作业的开始时间，直到所有列出的作业开始执行。
- afterany:<id>[:<id>...] 推迟依赖的作业，直到列出的作业终止。
- aftercorr:<id>[:<id>...] 在成功完成列出的作业组中的相应任务后启动当前作业组中的任务。
- afternotok:<id>[:<id>...] 指定失败作业的依赖性（超时、非零退出代码、节点故障等）。
- afterok:<id>[:<id>...] 在成功完成列出的作业后启动作业（以零退出代码完成）。
- expand:<id> 表示分配给此作业的资源用于扩展作业（作业 ID 号为 <id>），该作业必须在同一分区中执行。
- singleton 推迟执行此作业，直到所有先前由同一用户启动的具有相同名称的作业终止。

例子：

```
srun -N4 --dependency=afterok:1234 my_app
```

在作业 1234 完成之前，不会启动涉及"my_app"的作业。

-J or --job-name＝<name>

这允许用户指定作业名称，默认是使用提交的可执行文件名。列出队列内容时，作业名称将与作业 ID 一起显示。

例子：

```
srun -N4 --job-name=gamma_ray_4n my_sim
```

这会将默认作业名称 my_sim 更改为 gamma_ray_4n。

--jobid＝<id>

这将在已分配的具有指定 ID 的作业下启动作业步骤，对于常规用户，此命令仅限于作业步骤控制，不用于完整作业分配。

--checkpoint＝<time>

--checkpoint-dir＝<path>

--restart-dir＝<path>

这几条命令处理自动检查点并且重新启动。第一个选项将按时间参数指定的间隔创建检查点。时间格式与 time 选项使用的格式相同，默认情况下不生成检查点。存储检查点数据的目录由第二个选项定义，默认为当前工作目录。第三个选项指定重新启动作业或者作业步骤时将从中读取检查点数据的目录。

例子：

```
srun -N4 -t40:00:00 --checkpoint=120 --checkpoint-dir=/tmp/user036/chckpts my_app
```

这条指令指明程序将运行 40 小时，每两个小时检查一次状态，检查点文件存储在临时文件系统的用户子目录中。

-D or --chdir＝<path>

这会将当前工作目录更改为启动作业执行之前指定的路径，默认值是用于作业提交的工作目录。该路径可以是绝对路径或相对路径。

例子：

```
srun -N64 -t10:00 -D /scratch/datasets/0015 dataminer.sh
```

这条命令将会在启动应用程序之前将工作目录切换到临时目录。

-p or --partition＝<partition_name>

这指定了要使用的分区（队列）。可以指定以逗号分隔的分区列表以加速作业分配。
例子：

```
srun -N4 -t30 -p small,medium,large my_app
```

这将在小型、中型或大型作业队列中启动应用程序，以先到者为准。

--mpi = <mpi_type>

这标识了使用的 MPI 实现。支持的类型（可能并不是所有的系统都支持这些类型）包括：
- ❑ openmpi 支持使用 OpenMPI 库和实现。
- ❑ mvapich 支持 InfiniBand 上的 MPI 实现。
- ❑ lam 在每个节点上有一个 lamd 进程和适当的环境变量。
- ❑ mpich1_shmem 为每个节点启动一个进程，并在 MPICH1 或 MVAPICH 共享内存构件中为共享内存支持提供初始化环境。
- ❑ mpichgm 将与 Myrinet 网络一起使用。
- ❑ pmi2，如果底层 MPI 实现支持进程管理接口（PMI2）。
- ❑ pmix 包括对 PMI1、PMI2 和 PMIx 的支持，并要求相应地配置 SLURM。
- ❑ none 用于其他 MPI 环境。
例子：

```
srun -N64 -t300 --mpi=mvapich mpirun my_sim
```

这将使用 InfiniBand 互连在 64 节点上运行 MPI 应用程序 my_sim。

-l or --label

当运行作业时，这会对生成的每个输出行（对于标准输出和标准错误输出）预先准备一个任务编号。由于所有进程的输出可能在控制台上交错显示，因此此选项有助于识别和排序单个任务打印的输出行。这在应用程序的调试和后期分析中有用。
例子：

```
srun -N4 -l hostname
```

可能的输出如下所示。

```
1: node06
0: node05
3: node08
2: node07
```

-K or --kill-on-bad-exit[= {0,1}]

这将决定当作业的一个任务失败时是否终止该作业（以非零状态退出）。如果指定了参数"1"，则不会终止作业；在所有其他情况下（参数"0"或者没有参数），任务失败意味着作业失败。

-W or --wait = \<seconds>

这指定在完成第一个任务后其他任务终止的等待时间（秒）。"0"表示无限制的等待时间，并在首个 60 秒后发出警告。kill-on-badexit 选项优先于 wait，导致在第一个以非零状态退出的任务后，立即终止其他任务。

5.2.4.2　salloc

salloc [\<options>] [\<command> [\<command_arguments>]]

salloc 命令获取资源分配并运行用户指定的命令。用户的命令完成后，将让出分配的资源。salloc 命令处理终端设置，因此应在前台执行。该命令可以是任意程序，也可以是包含 srun 命令的 shell 脚本。作业输出直接显示在调用命令的终端上。资源分配选项与上面列出的 srun 选项相同，但增加了以下选项。

-F or --nodefile = \<path>

与上面描述的 nodelist 选项类似，它显式地指定用于分配的节点名称。这些名称存储在由路径参数标识的文件中。节点名称可以在多行中列出，重复和排序并不重要，因为列表将由 SLURM 排序。

5.2.4.3　sbatch

sbatch [\<options>] [script [\<arguments>]]

sbatch 命令向 SLURM 系统提交要执行的批处理脚本。这是运行大作业或长作业的首选方式，因为它允许调度程序为其启动选择合适的时间，以保持较高的系统利用率和作业吞吐量。作业参数由 sbatch 命令行选项和脚本内容（包括 I/O 流重定向）完整描述。这将使用户不必一直在终端上进行操作。脚本可以是一个文件，如果在命令行中省略，则可以直接在终端上输入。下一小节将更详细地描述批处理脚本内容。

通常，脚本成功提交到 SLURM 控制器的守护进程后，sbatch 就会退出。这并不意味着作业已经执行，甚至已经被分配了资源（也不一定执行），只是它已经在队列中。当给予执行资源时，SLURM 将在第一个分配的节点上启动提交脚本的副本。如果脚本执行的命令生成输出，它将存储在名为"slurm-%j.out"的文件中，其中"%j"是作业编号。对于作业组，输出捕获在名为"slurm-%A_%a.out"的文件中，"%A"表示作业标识符，"%a"表示作业索引。

与 sallocate 一样，sbatch 能识别许多相同的资源分配选项，但也支持自己的一些选项。

-a or **--array = \<index_list\>**

这将提交包含具有相同参数的多个作业的作业组。index_list 指定单个作业的数字 ID，可以使用逗号分隔的数字、范围（两个数字用破折号分隔）和步骤函数（范围后跟冒号和数字）。另外，用户可以使用"%"（百分号）和数字加上 index_list 来对作业组中多个同时执行的任务施加限制。

例子：

```
sbatch -N6 -a5-8,10,15%3 script.sh
sbatch -N2 -a0-11:5 script.sh
```

这将创建一个具有作业索引 5、6、7、8、10 和 15 的包含 6 个作业的作业组，同时将并发任务的数量限制为 3 个。第二个命令创建一个作业组，其中有 3 个作业索引为 0、5 和 10。

-o or **--output = \<pattern\>**

这将重新定义默认文件名，以使用 pattern 存储作业脚本的输出流。模式可以是任意文字，底层文件系统可用作文件名，其特殊字符序列由 SLURM 使用当前作业参数来扩展。它们包括：

- ❑ \\——阻止扩展序列的处理
- ❑ %%——插入单个"%"字符
- ❑ %A——扩展为作业组的主作业分配号
- ❑ %a——在作业组中生成作业索引
- ❑ %j——生成作业分配编号
- ❑ %N——分配使用的第一个节点的节点名
- ❑ %u——转换为用户名

例子：

```
sbatch -N10 -o"ljs-%u-%j.out" ljs.sh
```

如果用户 joe013 提交并且分配的作业号为 1337，这将捕获作业输出到文件"ljs-joe013-1337.out"。

-W or **--wait**

这会推迟 sbatch 的退出，直到提交的作业终止。sbatch 的退出代码将与作业的退出代码相同。对于作业组，它将是组中所有作业记录的最高退出代码。

5.2.4.4　squeue

squeue [\<options\>]

squeue 命令显示有关 SLURM 队列中作业和作业步骤的信息。它可以检查排队、正在运行和挂起的作业状态，并显示它们的资源分配、时间限制、关联分区和作业所有者。常用选项如下。

--all

-l or **--long**

这将强制显示附加信息。all 选项显示所有分区中的作业状态，包括隐藏分区和触发该命令的用户不可用的分区。指定 long 选项以列出附加字段的内容，例如每个作业的时间限制。

-M or **--clusters＝<cluster_list>**

-p or **--partition＝<partition_list>**

-u or **--user＝<user_list>**

-t or **--states＝<state_list>**

这将报告的信息限制为特定的集群、分区、用户或状态。每个选项都接收一个名称或用逗号分隔的适用名称列表（对于前 3 个选项，它们是系统相关的）。**states** 选项接收以下状态 ID，这里以完整和缩短的格式列出：PENDING (PD)、RUNNING (R)、SUSPENDED (S)、STOPPED (ST)、COMPLETING (CG)、COMPLETED (CD)、CONFIGURING (CF)、CANCELLED (CA)、FAILED (F)、TIMEOUT (TO)、PREEMPTED (PR)、BOO_TFAIL (BF)、NODE_FAIL (NF) 和 SPECIAL_EXIT (SE)。状态 ID 不区分大小写。

例子：

```
squeue -presearch -tPD,S -i60
```

这将列出当前使用集群的研究分区中所有的挂起和暂停作业，并每分钟更新一次。

-i or **--iterate＝<seconds>**

每隔给定的秒数重复更新显示的信息。上次更新的时间戳包含在标题中。

--start

如果 SLURM 调度器配置了 backfill 插件，则显示挂起作业的预期启动时间和资源分配。这通过增加开始时间来排序输出。

-r or **--array**

这将在显示作业组时一行打印一个作业元素。如果未指定，则将有关每个作业组的所有信息组成一行，并输出这些压缩的信息。

5.2.4.5　scancel

scancel [\<options\>] [\<job_id\>[_\<array_id\>][.\<step_id\>]]…

scancel 命令取消或者向作业、作业组和作业步骤发送信号。除了选项之外，scancel 还接收任意数量的参数，以表示特定作业或作业步骤的标识符。下划线（"_"）用于指定作业组中的各个元素。常规作业和作业组元素都可以在句点（"."）之后附加步骤标识符，以限制信号传递到特定作业步骤的范围。还可以通过应用过滤器来识别目标作业子集，在这种情况下，不需要给出明确的作业标识符。

基本命令选项包括以下内容。

-s or **--signal＝\<signal\>**

这定义了要传递的 UNIX 信号的类型。**signal** 参数可以是信号名称或其编号，通常是 HUP、INT、QUIT、ABRT、KILL、ALRM、TERM、USR1、USR2、CONT、STOP、TSTP、TTIN 和 TTOU 之一。缺少此选项会导致作业终止。

例子：

```
scancel -sSTOP 12345
```

这将 STOP 信号发送到作业号为 12345 的作业中。

-n or **--name＝\<job_name\>**

-p or **--partition＝\<partition_name\>**

-t or **--state＝\<job_state\>**

-u or **--user＝\<user_name\>**

这些选项限制了受 scancel 影响的一组作业。作业筛选可以分别按作业名称、分区名称、状态或作业所有者的用户 ID 来进行。作业状态必须是 PENDING、RUNNING 或者 SUSPENDED。

例子：

```
scancel -tPENDING -ujoe013
```

这将终止用户 "joe013" 拥有的所有待处理作业。

-i or **--interactive**

这将启用交互模式，在这种模式下，用户必须确认取消每个受影响的作业。

5.2.4.6　sacct

sacct [\<options\>]

这将从 SLURM 日志或数据库中检索作业记账数据。收集有关作业、作业步骤、作业状态和退出代码的信息。此命令还可用于访问不再存在的作业的状态，以确定它们是否已成功完成。常规用户可用的选项包括：

-a or **--allusers**

-L or **--allclusters**

-l or **--long**

-D or **--duplicates**

上面列出的选项增加了 sacct 报告的信息。第一个输出与集群所有用户拥有的作业相关的数据（请注意，这可能在某些环境中受到限制）。类似地，allclusters 包括在 SLURM 控制下为所有集群收集的数据；否则，输出仅限于从中调用命令的计算机。long 选项几乎提供了与完成作业相关的日志中保留的所有信息。最后一个选项为使用相同 ID 的所有作业提供信息。通常，每个作业 ID 只报告有最新时间戳的记录。

-b or **--brief**

-j or **--job＝<job>[.<step>]**

--name＝<jobname_list>

-s or **--state_list＝<state_list>**

-i or **--nnodes＝<min_nodes>[-<max_nodes>]**

-k or **--timelimit-min＝<time>**

-K or **--timelimit-max＝<time>**

-S or **--startime＝<time>**

-E or **--endtime＝<time>**

组过滤选项限制 sacct 命令的输出。brief 选项将列表缩短为作业 ID、状态和退出代码。job 和 name 是标识特定作业（或作业步骤）和感兴趣的作业名称的参数。state_list 将列出在特定状态下未处理、执行或终止的作业。状态助记符包括（括号中的缩写）CANCELED (CA)、COMPLETED (CD)、COMPLETING (CG)、CONFIGURING (CF)、PENDING (PD)、PREEMPTED (PR)、RUNNING (R)、SUSPENDED (S)、RESIZING (RS)、TIMEOUT (TO)、DEADLINE (DL)、FAILED (F)、NODE_FAIL (NF) 和 BOOT_FAIL (BF)。nnodes 选项仅显示分配了特定数量节点的条目（可以指定范围）。其余选项用于限制检索记录的执行时间范围（timelimit-max 只能在设置 timelimit-min 时指定），以及实际的开始和结束时间。时间格式与 srun 的 time 选项相同。

例子：

```
sacct -sF,NF,BF -a -D
```

这将列出当前计算机上所有失败的作业（包括由于节点故障导致的错误）。

5.2.4.7　sinfo

sinfo [<options>]

这显示有关系统分区和 SLURM 管理节点的信息。选项 all、long、cluster、partition 和 iterate 都可以使用，并且具有与上面描述的 squeue 相同的语义。除此之外，sinfo 还解释了以下选项。

-n or **--nodes = <node_list>**

这仅显示指定节点的信息。节点名称可以单独列在以逗号分隔列表中，也可以使用范围语法，如 srun 的 nodelist 选项所述。

-r or **--responding**
-d or **--dead**

这些将报告限制为活跃（响应）或死亡（不响应）节点。

-e or **--exact**
-N or **--Node**

这改变了系统信息的呈现方式。第一种方法可防止对与多个节点相关的数据进行分组，除非它们具有相同的配置。如果未指定，则将内存大小、CPU 计数和磁盘空间列为最小值，然后为处于相同状态和相同分区的所有节点加上加号（+）。Node 选项强制每个节点输出一行，而不是使用面向分区的格式。

例子：

```
sinfo -N -pbatch
```

这将生成下面的输出，显示在"批处理"分区中配置的所有节点。

```
NODELIST                  NODES PARTITION STATE
node[01,04]                   2   batch* alloc
node[02-03,05-08,10-16]      13   batch* idle
node09                        1   batch* down*
```

5.2.5　SLURM 作业脚本

大部分集群执行资源是通过批处理方式使用的。必须通过作业提交脚本正确地描述提交到批处理队列中的各个工作负载（作业）。虽然 SLURM 尝试尽早检测错误（会导致立即拒绝作业），但某些错误仅在作业运行时才会显现。本节简要介绍批处理脚本编写的基础知识。

5.2.5.1 脚本组件

作业提交脚本是一个 shell 脚本，最常见的是 sh 或 bash。要指示用于执行脚本内容的 shell 类型，第一行必须使用如下形式：

```
#!/bin/bash
```

从形式上讲，第一个字符（"#"）表示到行尾的内容为注释，因此 shell 忽略其内容。按照惯例，如果注释标记后面跟着感叹号（"!"），则这一行的其余部分为解释脚本内容的可执行文件的路径。使用绝对路径来消除对 PATH 环境变量的依赖是很好的做法，这些变量可能并不总是在计算节点上进行设置并确保可以启动特定的 shell 可执行文件。

可在后面的行中定义其他作业参数和资源描述。脚本中的这一部分是可选的。请注意，sbatch 命令行选项可能会覆盖脚本中指定的设置。每行以一个注释标记开头，后跟"SBATCH"和相关的 sbatch 命令选项，并附带一个参数。例如：

```
#SBATCH --nodes=16
#SBATCH --time=100
#SBATCH --job-name=experiment4
```

批处理脚本的最后一部分包含命令及其选项和参数，命令按脚本中列出的顺序执行。它们可能是常规的 UNIX 实用程序或并行程序，但要并行调用它们（创建多个进程），应该使用 srun 命令。如上所述，当从批处理脚本调用时，srun 命令会启动一个新的作业步骤。这为脚本编写者提供了通过 srun 命令行选项修改分配给各个应用程序的资源占用的方法。

5.2.5.2 MPI 脚本

用于启动 MPI 作业的最简单的批处理脚本如下所示：

```
#!/bin/bash
mpirun hello_world
```

由于脚本中没有设置作业参数，因此应至少在 sbatch 命令行上指定所需的节点或任务数以及估计的运行时间。由于找不到 mpirun 命令，因此某些平台上的执行可能会失败。由于许多平台提供了多个 MPI 实现，因此在最后一行之前添加 "module load openmpi"（或本地计算机上的等效项）将正确初始化 MPI 环境（库、可执行搜索目录以及其他可能的关键环境变量）。最后，命令 mpirun 前面不需要加 srun，因为它已经被正确配置为与 SLURM 的并行作业启动设施交互。不再需要 mpirun 的节点数量选项，因为它是从 SLURM 设置的环境中派生的。

5.2.5.3 OpenMP 脚本

由于 OpenMP 应用程序不跨越节点边界，因此不需要进行任何特殊处理。唯一的要求是让用户请求的线程数为 OpenMP 环境所知。以下脚本演示了这一点。

```
#!/bin/bash
export OMP_NUM_THREADS=$SLURM_CPUS_PER_TASK
./omp_hello_world
```

5.2.5.4　并行应用程序

可以使用批处理系统在同一作业范围内同时启动不同的应用程序。第一种方法是使用 srun 的 multi-prog 选项。此选项需要一个配置文件，该文件在每行中指定任务编号或其范围，然后为所使用的每个应用程序指定命令行（可执行，且带有选项和参数）。配置文件中的程序参数可能包含百分号（"%"）表达式，这些表达式在实际运行时将被相关作业参数所替换。

❑ %t，由应用程序执行的任务编号替换。

❑ %o，扩展到由应用程序代码的开头指定的范围内的任务偏移量。

例如，我们可以使用以下内容创建文件 "multi.cf"。

```
2,7      hostname
0-1,6    echo sample task A: task=%t offset=%o
3-5      echo sample task B: task=%t offset=%o
```

我们使用下面显示的脚本来执行作业。

```
#!/bin/bash
#SBATCH --ntasks=8
#SBATCH --ntasks-per-node=4
srun -l --multi-prog multi.cf
```

ntasks-per-node 选项强制将任务分布在两个节点上，而传递给 srun 的 -l 选项，使其为每个输出行添加一个前缀输出，内容是打印出该行所属任务的编号。脚本执行产生以下输出。

```
0: sample task A: task=0 offset=0
1: sample task A: task=1 offset=1
3: sample task B: task=3 offset=0
2: node02
5: sample task B: task=5 offset=2
6: sample task A: task=6 offset=2
7: node03
4: sample task B: task=4 offset=1
```

实现不同应用程序并发执行的第二种方法是产生同时执行的作业步骤。以下脚本说明了这个概念。

```
#!/bin/bash
#SBATCH --ntasks=1536
#SBATCH --time=1:00:00
srun -n1 ./single_process &
srun -n16 mpirun ./small_mpi_app &
srun -n1024 mpirun ./big_mpi_app &
wait
```

并发作业步骤是通过在相关行的末尾放置一个和号（"&"）来创建的，这会导致 srun 命令在后台执行。注意，与 multi-prog 不同，此方法支持并行应用程序的并发执行。在所有后台作业步骤完成之前，需要使用 wait 语句来防止脚本退出。在安装了 MPI 的系统上，mpirun 命令可能会被删除，因为 MPI 应用程序已经包含了对并行启动的支持。另外，脚本头中的资源请求不需要与所有同步作业步骤中的聚合资源分配完全匹配。但是，如果高估了这些资源，则不必要地增加的请求资源量可能会延迟作业执行。作为一般规则，创建多个作业步骤比提交多个作业更可取，因为启动作业步骤的机制与全面的工作资源分配和调度相比，管理开销要低得多。

5.2.5.5 环境变量

可以使用 SLURM 提供的环境变量进一步修改脚本的执行，以反映特定作业的资源分配详细信息，并公开执行前未知的信息。这些环境变量（我们仅讨论一个子集）可分为以下几组。

❑ 传播的选项值
  ○ SLURM_NTASKS 或 SLURM_NPROCS
  ○ SLURM_NTASKS_PER_CORE SLURM_NTASKS_PER_NODE
  ○ SLURM_NTASKS_PER_SOCKET
  ○ SLURM_CPUS_PER_TASK
  ○ SLURM_DISTRIBUTION
  ○ SLURM_JOB_DEPENDENCY
  ○ SLURM_CHECKPOINT_IMAGE_DIR

这些变量反映了在 sbatch 命令行或作业脚本头中指定的 sbatch 选项值。它们分别对应于 ntasks、ntasks-per-core、ntasks-pernode、ntasks-per-socket、cpus-per-task、distribution、dependency 和 checkpoint-dir 选项。

❑ 分配给作业的资源计数
  ○ SLURM_JOB_NUM_NODES 或 SLURM_NNODES 保存分配给作业的节点总数。
  ○ SLURM_JOB_CPUS_PER_NODE，根据调度器的不同，指示本地节点上可用的 CPU（核心）总数或分配给作业的实际 CPU 数。
  ○ SLURM_CPUS_ON_NODE 表示当前节点上的 CPU 数。

❑ 运行时分配的 ID 和枚举值
  ○ SLURM_SUBMIT_HOST 指定提交作业的主机名称。
  ○ SLURM_CLUSTER_NAME 包含正在运行作业的集群名称。
  ○ SLURM_JOB_PARTITION 命名运行作业的分区。
  ○ SLURM_JOB_ID 或 SLURM_JOBID 表示当前作业的 ID。
  ○ SLURM_LOCALID 指示与当前进程对应的节点 – 本地任务的 ID。

○ SLURM_NODEID 表示已经分配节点的 ID。

○ SLURM_PROCID 指定当前进程的全局相对 ID（如果进程是 MPI 进程组的一部分，则为 MPI 的列号）。

○ SLURM_JOB_NODELIST 或 SLURM_NODELIST 包含分配给作业的节点名称列表，这可能包含节点范围或者单个条目。

○ SLURM_TASKS_PER_NODE 显示在每个节点上执行的作业数。列表中的条目对应于 SLURM_JOB_NODELIST 变量中的主机名，对相同的连续条目应用了一些节省空间的表示法（例如，4（x2）表示两个任务计数为 4 的连续节点）。

○ SLURM_ARRAY_TASK_ID 存储作业组元素的索引。

○ SLURM_ARRAY_TASK_MIN 和 SLURM_ARRAY_TASK_MAX 提供作业组使用的最小和最大索引。

○ SLURM_ARRAY_TASK_STEP 指示作业组中索引增加的步长。

○ SLURM_ARRAY_JOB_ID 指示作业组中主作业的 ID。

❑ 其他

○ SLURM_SUBMIT_DIR 包含从中提交作业的目录名称。

○ SLURM_RESTART_COUNT，如果作业因故障或重新请求而重新启动，则存储当前计数。

利用环境变量将实际的配置参数导入到脚本和应用程序空间中，这几乎可以任意定制作业执行，还可以创建更灵活的作业脚本。例如，下面的脚本计算分配给作业的核心总数，并根据结果选择适当的输入配置。它还提供由主任务生成的唯一日志文件名，以反映作业编号和使用的资源量。

```
#!/bin/bash

job=$SLURM_JOB_ID
nodes=$SLURM_JOB_NUM_NODES
cores=$SLURM_JOB_CPUS_PER_NODE
total=$((nodes * cores))

config=small.conf
[ $total -ge 4096 ] && config=medium.conf
[ $total -ge 16384 ] && config=large.conf

mpirun ./my_sim -i $config -o sim_${job}_${nodes}x${cores}.log
```

SLURM 环境变量可能有助于将文件暂存到比共享网络文件系统存储（通常提供对主目录的全局访问）更高性能的文件系统。下面列出的脚本为本地临时存储中的每个任务创建唯一的临时目录，复制提交目录中准备的数据集 data.in，生成修改它的任务，然后将结果复制回来。它假定集群在登录和计算节点上支持无密码安全 shell。

```
#!/bin/bash

host=$SLURM_SUBMIT_HOST
hostdir=$SLURM_SUBMIT_DIR
tmpdir=/tmp/${USER}/${SLURM_JOB_ID}

srun mkdir -p $tmpdir/$SLURM_PROCID
srun scp ${host}:${hostdir}/data.in \
  $tmpdir/$SLURM_PROCID/data

srun ./update_file $tmpdir/$SLURM_PROCID/data

srun scp $tmpdir/$SLURM_PROCID/data \
  ${host}:$hostdir/data.out.${SLURM_PROCID}
```

5.2.6　SLURM 速查表

本小节包含一组命令，这些命令可以完成频繁执行的任务，但有时可能很难在手册中找到。它们以用户在登录 shell 提示符下键入的方式呈现，尽管其中许多命令可以转换为等效的作业脚本。以下示例主要用作模板，因为在许多情况下，选项参数与平台有很大关系。对于需要资源分配的命令，指定时间限制、节点或任务数量，以强制良好实践。

在分配中调用交互式 shell。

```
srun -N4 -t30 --pty /bin/bash
```

为图形应用程序（需要安装 x11 插件）使能 X Windows 转发。

```
srun -N1 -t30 --x11 xterm
```

（这里 xterm 用作示例应用程序。）

将作业提交到特定队列（在本例中为 "debug"）中。

```
sbatch -N4 -t30 -pdebug job.sh
```

提交多线程 MPI 作业（使用 OpenMP 和 MPI）。下面的命令会产生 16 个 MPI 进程，每个进程有 8 个 OpenMP 线程，每个节点放置 2 个进程。

```
env OMP_NUM_THREADS=8 sbatch -n16 -c8 -t30 \
--ntasks-per-node=2 job.sh
```

指定作业的内存要求（每个节点为 4GB = 4096MB）。

```
sbatch --mem=4096 -n2 -t30 job.sh
```

找出估计的执行开始时间（1234 是队列作业标识符）。

```
squeue --start -j 1234
```

要求在作业终止或失败时通过电子邮件来通知。

```
sbatch --mail-type=END,FAIL -N4 -t30 job.sh
```

终止已提交或当前正在运行的作业（1234 是队列作业标识符）：

```
scancel 1234
```

5.3 便携式批量系统基础

5.3.1 PBS 概述

便携式批量系统（PBS）是最古老的资源管理套件之一。它起源于 1991 年，是美国宇航局的一个合同项目，主要由 MRJ 技术解决方案开发了专有代码。PBS 接口基于定义批处理环境的 POSIX 1003.2d 标准，最终于 1994 年发布。最初 PBS 设计的基础是美国宇航局艾姆斯、劳伦斯·利弗莫尔国家实验室和国家能源研究科学计算中心合作的结果。进一步的发展带来了与 Cray（UNICOS）、英特尔 Paragon 和 iPSC/860 上操作环境的集成，以及检查点 / 重启、交互式作业支持，以及起初的实验，从而在位于美国国土两端的超级计算机（NASA 元中心）上执行工作负载。1998 年，由比尔·尼茨伯格领导的 PBS 团队发布了资源管理器代码的 2.0 版，其中包括动态添加和删除执行节点的功能。两年后，Veridian 公司宣布了第一个商业版的 PBS，即 PBS Pro 5.0。此时，PBS 支持高级预订机制和对等调度，并且能够使用 Globus 管理网格工作负载。专业版 PBS 背后的知识产权已被 Altair 工程公司收购，该公司至今仍在运营。接下来的改进包括拓扑感知调度、按需计算、GPU 调度以及对性能数据分析和可视化的支持。2016 年 5 月，Altair 开放了 PBS 专业版的代码库，以刺激对 HPC 社区至关重要的所有市场的创新。

多年来，已开发出几种开源 PBS 实现，这些实现兼容基本功能但不兼容所有功能。最值得注意的是以下内容。

- ❑ **OpenPBS**，源于 20 世纪 90 年代末由 MRJ 开放的源代码的修订版。该版本已不再开发。
- ❑ **TORQUE** 或 Terascale，开源资源和队列管理器。TORQUE 是由自适应计算公司开发并提供支持的，并且有来自社区的重要贡献。它包括作业组、GPU 调度、高吞吐量支持、高级诊断、日志和统计信息收集、节点运行状况监视和高可用性等功能。

PBS 的开源和专业版被 NASA 戈达德航天飞行中心、雪佛龙、康菲公司、沃尔夫拉姆研究中心、Nvidia、美国国防部、能源部国家实验室、国家超级计算应用中心和澳大利亚国家计算基础设施等机构广泛使用。Altair 工程和自适应计算公司与惠普、克雷公司、硅谷图形公司、富士通、布尔电脑等公司结成了合作伙伴关系，作为资源管理产品的经销商。两家公司的软件也获得了英特尔"集群就绪"认证。PBS 在 HPC 社区中保持着非常强大的地位，是最流行和使用最广泛的资源管理系统之一。

5.3.2　PBS 架构

与 SLURM 类似，PBS 由许多守护进程组成，这些守护进程接收用户命令并共享作业执行任务。用户命令处理、作业创建、监视和分派以及防止系统故障是服务器守护进程的责任（见图 5-3）。服务器在集群的头节点或 PBS 术语中的服务器主机上运行，并通过通信守护进程与系统中的其他部分进行交互。通信守护进程基于互联网协议。每组资源都有一台服务器。

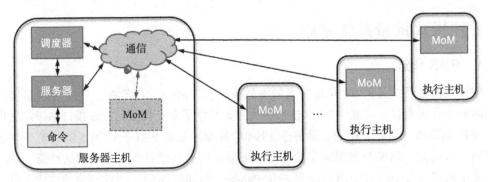

图 5-3　简化的 PBS 架构

计算节点（PBS 中的执行主机）通常仅运行面向机器的 miniserver（MoM）守护进程，每个节点对应一个实例。MoM 扮演着作业执行者的角色，更常被描述为"所有执行作业的母亲"。MoM 与服务器进行通信以接收要在本地执行资源上运行的作业。它们还负责忠实地实例化类似 shell 的用户会话，包括正确初始化相关环境（特别是执行适当的 shell 初始化脚本和设置环境变量）以及 I/O 和错误流的正确重定向。

调度器负责监视系统资源的状态，并决定每个作业运行的资源的子集和时间。它通过轮询 MoM 守护进程来获取最新的利用率数据。调度器还与服务器进行通信以对作业队列的状态进行采样，从而确定要执行的下一个最合格的作业。

上述配置对于中小型平台而言是最典型的。PBS 安装也可以包括附加的服务器主机，以减少每个服务器实例需要管理的资源量。在某些情况下，可以允许 MoM 守护进程在服务器主机上执行以扩展可用资源池。最后，PBS 允许包含这样的节点，其唯一功能是命令提交。

5.3.3　PBS 命令概要

5.3.3.1　qsub

qsub [<options>] [<script_name>]

qsub 命令可能是 PBS 中最常用的命令。它允许用户向批处理系统提交作业，同时提供它们的资源需求和其他属性。如果省略脚本文件的名称，则 qsub 将从终端输入读取等效语句或启动命令行上指定的应用程序。成功接收提交后，qsub 以 <sequence_number>.<server_name> 格式打印作业标识符，或者对于作业组，以 <sequence_number>[].<server_name> 格式打印作业标识符。作业参数可以直接在脚本中定义（在 5.3.5 节中讨论）或通过命令行选项来传递。其中包括以下内容。

-l <resource_list>

这个经常使用的选项会请求资源，指定作业组件的分布，并对作业执行的各个方面施加限制。要分配作业范围内的资源，该选项的参数采用以下格式：

<resource_name>＝<value>[,<resource_name>＝<value>…]

以下是一些被支持的资源名称。

❏ Nodes——要为作业分配的节点编号和节点类型。它们的描述格式如下：

<node_spec>[＋<node_spec>…]

其中每个 <node_spec> 以节点数开始，后跟一个或多个以冒号（:）分隔的命名属性。如果没有提供数字，则假定为 "1"。这些属性可能是：

　○ 节点名称（主机名）。

　○ ppn=<processors_per_node>（默认为 1 ）。

　○ 系统管理员分配的另一个字符串，它可以标识感兴趣的额外参数，如内存大小、CPU 类型或加速器可用性。

❏ Walltime——作业允许运行的最长时间。

❏ 名称 cput 和 pcput 分别指所有进程使用的总 CPU 时间和任何作业进程使用的最大时间（单位为时间）。

❏ 名称 pmem、pvmem 和 vmem 分别是任何进程使用的最大物理内存、最大虚拟内存和所有进程累计使用的最大虚拟内存（单位为大小）。

❏ File——作业创建的任何文件的最大大小（单位为大小）。

qsub 命令还提供新样式的资源选择和作业放置语句。新语法使用 vnodes（虚拟节点）的抽象来使资源分配和分区更加灵活。vnode 表示一组资源，它们是计算机的可用部分。vnode 可以是整个主机或其中的一部分，例如单个处理刀片。主机可以包括多个 vnode。

新样式资源分配的格式与上述语法不兼容，因此在单个作业中混合这两种方法将导致错误。使用以下格式指定资源选择：

select＝[<number>:]<chunk>[＋[<number>:]<chunk>…]

其中 <number> 决定需要多少个 <chunk> 实例。每个块都是由冒号（：）分隔的

<resource_name>=<value> 工作分配列表。一些常用的内置资源包括：

- ❏ arch——体系结构类型（取决于站点）
- ❏ ncpus——处理核心的数量
- ❏ mem——分配给块的物理内存容量
- ❏ mpiprocs——每个块中 MPI 进程的数量
- ❏ accelerator——表示块是否包含加速器
- ❏ naccelerators——主机上的加速器数量（主机级资源）
- ❏ accelerator_memory——在此 vnode 上配备加速器的内存量
- ❏ accelerator_model——与 vnode 关联的加速器类型
- ❏ ompthreads——OpenMP 线程的数量
- ❏ host——要执行作业的主机名称
- ❏ vnode——用于执行的虚拟节点的名称

-l 选项支持的放置格式必须符合以下要求：

place＝[<arrangement>][:<sharing>][:<grouping>]

以下规则适用。

- ❏ arrangement 可以是 free、pack、scatter 或 vscatter 之一。free 将把作业放在任何一个 vnode 上，pack 将把所有块放在一个主机上，scatter 只会为主机分配一个 MPI 块（虽然可以将非 MPI 块分配给同一个节点），而 vscatter 从一个 vnode 中取出一个块。
- ❏ sharing 关键字包括 excl、shared 和 exclhost。它们确定了作业的 vnode 分配的排他性。第一个只允许此作业使用分配的 vnode，第二个允许 vnode 共享，exclhost 将整个主机分配给作业。
- ❏ grouping 确定如何根据资源对块进行分组。它采取的形式为 <group>=<resource>，其中 <resource> 是内置资源主机或特定于站点的节点级资源。

一些选项变体需要表示时间的参数。时间值必须是符合格式 [[<hours>:]<minutes>:]<seconds>[.<milliseconds>] 的字符串。其他参数表示大小，由一个数字表示，后面分别是 b 或 w，分别表示字节或字。实际的字大小（以字节为单位）取决于系统，等于执行主机上的本机字大小。该规范允许放置 k、m 和 g 前缀，分别表示放大 2^{10}、2^{20} 和 2^{30} 倍。

例子：

```
qsub -l nodes=16 -l walltime=15:00 my_job.sh
```

这将提交脚本 my_job.sh 描述的作业，在 16 个节点上执行最多 15 分钟。

```
qsub -l nodes=node01+node20+node21,walltime=1:00:00 my_job.sh
```

这将在名为"node01""node20"和"node21"的 3 个特定主机上执行作业，时间最长为 1 小时。

```
qsub -l select=2:ncpus=4:mem=2gb my_job.sh
```

这将提交作业，请求分配具有 4 个核心和 2GB 内存的资源块，共两个。

-q <destination>

根据参数，这会将作业发送到特定队列、服务器或服务器上的队列。与这些情况对应的参数格式为 <queue>、@ <server> 和 <queue> @ <server>。

例子：

```
qsub -l nodes=2 -q debug test.sh
```

这将向调试队列提交双节点作业。

-N <name>

第一个选项允许用户将名称与作业相关联。如果省略，则默认为脚本名称；如果从控制台的标准输入提交，则默认为 STDIN。

例子：

```
qsub -l nodes=12,walltime=10:00:00 -N hurricane job.sh
```

这将向待处理的作业队列提交名为"hurricane"的作业。

-J <range>

这声明了一个作业组。范围参数形式为 <x> - <y> [:<z>]，其中 x 是数组的起始索引，y 是索引值的上限，z 是步长（索引增量）值。默认情况下，步长值为 1。

例子：

```
qsub -J 5-22:5 -l walltime=25:00 job.sh
```

这将创建一个作业组，其元素作业索引为 5、10、15 和 20。

-a <date_time>

这推迟作业执行至少到指定的时间。参数格式为 [[[[CC]YY] MM]DD]hhmm[.SS]，其中 CC 为世纪、YY 为年、MM 为月、hh 为 24 小时格式的小时、mm 为分钟、SS 为秒。只要它们指定了未来的时间点，就会从当前日期和时间中提取 <date_time> 的省略组件。如果不是，则假定匹配指定 <date_time> 字符串的未来最近时间。

例子：

```
qsub -l nodes=1600 -a 151630 big_one.sh
```

如果在 6 月 17 号提交，则将在当年 7 月 15 号下午 4:30 或者之后调度作业执行。

-W <attribute_name>=<value>[,<attribute_name>=<value>...]

这指定了其他作业的属性。由于空间有限，此处仅显示一个子集。

❑ depend=<dependency>[,<dependency>...]

各个依赖的关系可能如下所示：

　○ after:<job_id>[,<job_id>...] 延迟执行此作业，直到列表中的所有作业都开始执行。

　○ afterok:<job_id>[,<job_id>...] 在列表中的所有作业都成功终止之前不会启动该作业。

　○ afternotok:<job_id>[,<job_id>...] 等待直到列表中的所有作业都因错误而终止。

　○ afterany:<job_id>[,<job_id>...] 推迟作业开始，直到列表中所有作业因任何退出状态而终止。

　○ before:<job_id>[,<job_id>...] 列表中指定的作业可能仅在此作业开始执行后才开始执行。

　○ beforeok:<job_id>[,<job_id>...] 列表中的作业只有在此作业成功终止后才能开始执行。

　○ beforenotok:<job_id>[,<job_id>...] 列表中的作业可能会在当前作业因错误而终止后执行。

　○ beforeany:<job_id>[,<job_id>...] 参数作业只有在此作业终止后才能开始执行。

　○ on:<number> 只有在满足关于其他作业的 <number> 项依赖后才能开始执行此作业。

❑ block=true 导致 qsub 阻塞，直到提交的作业终止。该命令返回作业的退出状态。

❑ run_count=<number> 设置应该运行作业的次数。

例子：

```
qsub -l nodes=1 -W depend=afterok:simulate.cluster.edu \
  postprocess
```

这使得 postprocess 作业依赖于作业 simulate 的成功终止。

-V

-v <variable_list>

这些选项控制环境变量到作业环境的导出。第一种方法强制从运行 qsub 的用户登录环境中复制所有环境变量和 shell 函数。第二种方法使用要导出变量的显式列表,列表中的条目用逗号分隔,格式为 <variable> 或 <variable>=<value>。第一个格式简单地命名了要导出的变量(这样的变量必须存在于调用 qsub 的登录环境中),而第二个格式定义了导出变量的名称和值。

-I

-X

这条命令将启动交互式作业,导致作业的 stdin、stdout 和 stderr 流连接到运行 qsub 的终端会话。如果提供了作业脚本,则只处理其 PBS 指令。属于作业组的作业不能是交互式的。

第二个选项允许交互式作业在用户显示器上打开 X Windows。

-e <path>

-o <path>

-j {oe,eo,n}

这些会影响作业的输出和错误流的处理。前两个选项将错误和标准输出流中的内容保存到指定文件。如果省略,则在文件 <job_name>.e<number> 中捕获 stderr,而将 stdout 流重定向到 <job_name>.o <number>,其中 <number> 是作业 ID。<path> 可以表示为 [<host>:]<path>。允许相对路径和绝对路径,在第一种情况下,它们在 qsub 调用期间相对于当前工作目录。

第三个选项描述了如何合并标准错误和输出流。上面列出的参数 {oe,eo,n} 分别对应于两者合并到 stdout、两者合并到 stderr 和不合并的情况。

-S <path>[@<host>][,<path>[@<host>]…]

-C <prefix>

这些选项可修改 PBS 处理作业脚本的方式。第一个指定 shell 可执行文件的路径,此文件充当作业脚本的解释器。默认情况下,使用用户的登录 shell。如果未输入主机名,则只能列出一个适用于所有执行主机的 shell 路径。第二个选项指定脚本内要用作 PBS 指令的前缀文字,通常为 "#PBS"。

例子:

```
qsub -l nodes=1 -S $PBS_EXEC/bin/pbs_python test.py
```

这将在目标主机上执行 Python 脚本。

5.3.3.2 qdel

qdel [<options>] <job_id> [<job_id>]…

这将删除指定的作业。如果在没有任何选项的情况下使用它，**qdel** 将删除任何正在排队、运行或挂起的作业。在这种情况下，将保留作业的历史记录。作业删除首先给受影响的进程发送 SIGTERM 信号。之后，如果仍有任何属于该作业的剩余进程，则发送 SIGKILL。支持的选项包括以下内容。

-W force

即使无法访问执行主机，也会删除作业。

-x

这适用于系统中的所有作业，包括已完成和已移除的作业。相关的作业历史记录也将被删除。

例子：

```
qdel -x mpi_sparse8.some.host.com
```

不管作业的状态如何，都将从 some.host.com 服务器中删除作业 mpi_spare8，并且该作业的历史记录也将要删除。

5.3.3.3 qstat

qstat 命令显示作业、队列或服务器的标准输出状态。这些函数中的每一个都需要一组不同的选项和命令行参数，这些参数将在下面简要讨论。

作业状态查询

qstat [\<options>] [{\<job_id>,\<destination>}…]

这些是默认的作业状态选项，如下所示。

-J

这将仅显示作业组的状态。

-t

这将显示作业、作业组和子作业的状态。与 **-J** 选项组合使用时，仅显示子作业状态。

-p

这将使用完成百分比替换时间使用列中的值。对于作业组，它列出了已完成的子作业的百分比。

-x

除了排队和正在运行的作业外，还将显示已完成和已移动作业的状态。

对于其他作业状态选项，此模式下的命令参数可能是作业 ID，这会导致打印的信息被限制到特定作业或服务器名称，在这种情况下，信息被限制到该服务器管理的作业上。

-a

报告正在运行和排队的作业状态。

-H

显示已经完成和移除的作业状态。

-i

这将显示有关等待、保留和排队作业的信息。

-r

列出正在运行和挂起的作业。

-T

这将用排队作业的估计时间替换经过时间字段。

-u <user.[,<user>…]

这显示了有关特定用户拥有的作业的信息。

长作业状态选项如下。

-f

full 选项以长格式列出作业信息，包括作业 ID、作业属性（每行一个）、作业提交参数、作业的可执行文件和参数列表。

队列状态查询

qstat -Q [-f] [<destination>[,<destination>…]]
qstat -q {-G,-M} [<destination>[,<destination>…]]

可以使用两种形式之一来检查队列状态。第一种显示指定队列的状态，每行一个队列。如果给出 -f 选项，则列出每个队列的完整状态，每行一个属性。destination 参数可以是 <queue_name>、<queue_name> @ <server> 或 @ <server>（最后的报告指定服务器管理的所有队列）。

第二种形式以备用格式显示队列状态，每行一个队列。其他选项如下。

-G

这显示了以千兆字节为单位的大小。

-M

这显示了以兆字节为单位的大小（每个字 8 个字节）。

服务器状态查询

qstat -B [-f] [-G] [-M] [<server>[,<server>…]

此命令的参数必须是服务器名称。选项的含义类似于上面针对队列状态查询所描述的含义。

5.3.3.4 tracejob

tracejob [<options>] <job_id>

这将提取并输出有关特定作业的日志信息。日志数据包括服务器（作业排队或修改的时间）、调度程序（阻止作业运行的情况）、记账（进入队列的作业跟踪、开始执行、终止和删除）和 MoM（当作业运行时发生的事情）信息。支持的选项包括：

-a

-l

-m

-s

这些选项中的每一个都按顺序限制各自数据类的表示：记账、调度程序、MOM 和服务器。注意，要检索 MOM 的日志，必须在运行被检查的 MOM 守护进程的节点上调用 tracejob。

-c <number>

-n <day_count>

-f <filter>

这些选项对显示数据提供附加过滤。第一个将特定消息的数量限制为最近发生的次数 number。第二个访问仅返回不超过 day_count 天的日志。最后，筛选选项从打印输出中排除特定事件。filter 参数是下面列出的任何关键字，或使用括号中给定的数值进行"或"运算之后形成的数字。

❑ error (0x0001) 过滤内部错误

❑ system (0x0002) 过滤系统错误

❑ admin (0x0004) 过滤管理事件

❑ job (0x0008) 过滤与作业相关的事件

❑ job_usage (0x0010) 过滤作业记账信息

❑ security (0x0020) 过滤安全性违规

□ sched (0x0040) 过滤调度事件
□ debug (0x0080) 过滤常见的调试消息
□ debug2 (0x0100) 过滤不太常见的调试消息
□ resv (0x0200) 过滤预留的调试消息
□ debug3 (0x0400) 过滤比 debug2 少的调试消息
□ debug4 (0x0800) 过滤比 debug3 少的调试消息

-v

这增加了所呈现信息的冗长性。使用此选项将在输出中包含其他错误消息。
例子：

```
tracejob -a -n 7 -f 0x84 1234
```

这将显示 ID 为 1234 的作业在过去一周内收集的日志信息。不包括记账、管理和调试信息。

5.3.3.5　pbsnodes

pbsnodes [<options>] [<host>[<host>…]]

pbsnodes 命令用于检查系统主机的状态，这些信息是通过与 PBS 服务器交互获得的。
该命令支持许多使用不同选项子集的不同调用格式。下面只描述其中的一部分。

-a

这将列出所有主机及其属性，这些属性可能包括当前在特定主机上运行的作业以及正
在运行的作业所使用的资源。报告每个主机的所有 vnode 中所有可消耗资源的摘要信息。

-H <host>[,<host>…]

这将在列出的所有主机及其 vnode 上输出具有非默认值的所有属性。

-j
-S

这些改变了为每个 vnode 显示的信息格式。第一个字段包括与作业相关的字段，如
vnode 名称、vnode 状态、每个 vnode 的作业数、正在运行和挂起的作业以及每个 vnode 的
总内存和可用内存、CPU、MIC 和 GPU。第二个选项提供面向系统的信息，除了 vnode 的
名称和状态之外，还包含 OS 自定义值和硬件资源、主机名、队列属性、vnode 内存量以及
CPU、MIC 和 GPU 的计数。

-L

这会导致 pbsnodes 以长格式生成输出，而不限制列宽。

5.3.4 PBS 作业脚本

PBS 作业脚本与 SLURM 脚本有许多相似之处。在这两种情况下，脚本都由解释器执行，解释器通常是一个 shell（如 bash 或 csh）。它们还使用脚本头中的前缀注释来定义作业参数。PBS 脚本头的每一行都需要以"#PBS"前缀作为开头，后跟 qsub 命令选项。例如：

```
#!/bin/bash
#PBS -J 0-3
#PBS -l nodes=4
#PBS -l walltime=30:00
/home/user13/my_app
```

将启动 my_app 程序的 4 个实例（每个主机一个）作为作业组，执行时间限制为半小时。虽然 SLURM 依赖内置的 shell 机制来启动相应的解释器（在脚本的第一行中的"#!"之后），但在 PBS 中可以使用 -S 选项进行显式更改。此外，PBS -C 选项可以将指令前缀重新定义为"#PBS"之外的其他内容。这有助于容纳注释不以"#"字符开头的脚本和 shell。

尽管 PBS 和 SLURM 之间存在许多相似之处，但执行环境的默认设置存在一些值得注意的差异。虽然 SLURM 将用户登录 shell 中设置的所有环境变量导出到作业环境，但默认情况下 PBS 不会导出任何内容。因此，用户必须使用 -v 或 -V 选项来明确控制复制到目标作业环境中的内容。虽然 SLURM 尝试尽可能地在当前目录中模拟运行（可以使用相对于提交目录的文件路径，并且也将放置的标准输出放在那里），但是 PBS 在假脱机目录中运行。最后，PBS 默认不合并标准输出和错误流。

5.3.4.1 OpenMP 作业

与单处理器作业相比，OpenMP 脚本必须显式地请求支持多线程应用程序所需的核心数。如下所示。

```
#!/bin/bash
#PBS -l nodes=1:ppn=16
#PBS -l walltime=45:00
export OMP_NUM_THREADS=16
./my_omp_prog
```

上面的脚本为作业分配了一个具有 16 个核心的节点。请注意，在这种情况下，OMP_NUM_THREADS 在脚本中显式设置，也可以使用命令行上的 -v 选项进行定义。使用新样式的"分块"资源请求的等效脚本如下所示。

```
#!/bin/bash
#PBS -l select=1:ncpus=16:ompthreads=16
#PBS -l walltime=45:00
./my_omp_prog
```

请注意，由于 ompthreads 指令自动设置 OMP_NUM_THREADS 环境变量，因此不再需要显式导出它。

5.3.4.2 MPI 作业

基本的 MPI 作业脚本如下所示：

```
#!/bin/bash
#PBS -l nodes=16:ppn=8
#PBS -l walltime=1:00:00
module load openmpi
mpirun mpi_app mpi_app_arg
```

它将为作业分配 16 个执行主机，在每个主机上安排 8 个单线程的 MPI 进程，总共 128 个并行进程。使用新语法表达相同的结果。

```
#!/bin/bash
#PBS -l select=16:ncpus=8
#PBS -l walltime=1:00:00
module load openmpi
mpirun mpi_app mpi_app_arg
```

由于 PBS 不会自动将用户的环境导出到作业，因此在 SLURM 中有关正确设置 MPI 环境的说明在这里尤为重要。虽然在某些情况下，忘记这样做的 SLURM 用户可以通过 SLURM 自动传播环境来“保存”，但在 PBS 中，必须显式地执行任务。在上面的脚本中，模块语句确保了这一点。但是，一般来说，任务的特定命令依赖于平台，应该咨询系统管理员或使用联机手册进行检查。

5.3.4.3 感兴趣的环境变量

❑ PBS_ENVIRONMENT：要么是 PBS_BATCH，要么是 PBS_INTERACTIVE。

❑ PBS_NODEFILE：定义包含指定 vnode 的文件名。

❑ NCPUS：定义每个 vnode 的可用线程数。

❑ PBS_TASKNUM：定义此 vnode 的进程号。

❑ PBS_ARRAY_INDEXd：定义作业组中的子作业索引。

❑ PBS_ARRAY_ID：定义作业组的标识符。

❑ PBS_JOB_ID：定义作业或者子作业，如果是子作业，则使用格式 <job_id>[<index>].<server>。

❑ PBS_JOBNAME：定义用户指定的作业名。

❑ PBS_QUEUE：执行作业的队列。

❑ PBS_SERVER：默认提交服务器。

❑ PBS_JOBDIR：作业的暂存和执行目录。

❑ PBS_TMPDIRd：作业特定的临时目录。

❑ PBS_O_WORKDIR：作业提交目录的绝对路径。

❑ PBS_O_HOMEd：提交环境中 HOME 变量的值。

❑ PBS_O_HOST：调用 qsub 的计算机的主机名。

❑ PBS_O_SHELL：提交环境中 SHELL 变量的值。

❑ PBS_O_PATH：提交环境的路径变量的值。

5.3.5 PBS 速查表

在分配上调用交互式 shell。

```
qsub -I -l nodes=4,walltime=30:00
```

为图形应用程序支持 X Windows 转发。

```
qsub -X -I -l nodes=4,walltime=30:00 xterm
```

（这里 xterm 用作示例程序。）

将作业提交到特定队列（在本例中为"debug"）。

```
qsub -q debug -l nodes=4,walltime=30:00 job.sh
```

提交多线程 MPI 作业（使用 OpenMP 和 MPI）。下面的命令产生 16 个 MPI 进程，每个进程有 8 个 OpenMP 线程。

```
qsub -l select=16:ncpus=8:mpiprocs=1:ompthreads=8 \
 --walltime=30:00 job.sh
```

指定作业的内存要求（每个 vnode 显示 4GB）。

```
qsub -l select=2:mem=4gb,walltime=30:00 job.sh
```

找出估计的执行开始时间（1234.host.org 是排队的作业标识符）。

```
qstat -T 1234.host.org
```

要求在作业中止或终止时通过电子邮件通知。

```
qsub -m ae -l nodes=4,walltime=30:00 job.sh
```

杀掉已提交或正在运行的作业（1234.host.org）。

```
qdel 1234.host.org
```

5.4 本章小结及成果

❑ 资源管理工具是 HPC 软件堆栈的固有部分，它执行 3 个主要功能：资源分配、工作负载调度以及对分布式工作负载执行和监视的支持。

❑ 资源分配负责根据需求将物理硬件（从机器的一小部分到整个系统）分配到特定的用户任务。

❑ 资源管理器通常会识别计算节点、处理器核心、互连、永久存储和 I/O 设备以及加速器的资源类型。

❑ 资源管理器将可用的计算资源分配给用户指定的作业。

❑ 作业可以交互式或批处理执行。批处理需要在启动之前指定作业执行所需的所有必要参数和输入。

❑ 作业可以是单个的，也可以细分为许多较小的步骤或任务。每个这样的任务都与特定的应用程序启动相关联。

❑ 待处理的计算作业存储在作业队列中，作业队列定义了执行时资源管理器选择作业的顺序。

❑ 大多数系统使用多个作业队列，每个作业队列具有特定目的和一组调度约束。

❑ 影响作业调度的常见参数包括执行和辅助资源的可用性、优先级、分配给用户的资源、最大作业数、请求的执行时间、已执行时间、作业依赖性、事件发生、操作员可用性和软件许可证可用性。

❑ 作业启动器采用分层机制来减轻带宽需求并利用网络拓扑最小化传输的数据量和总体启动时间。

❑ 资源管理器必须能够终止超出其执行时间或其他资源限制的任何作业，而不管其当前的处理状态如何。

❑ 目前常用的软件包括 SLURM、PBS、OpenLava、Moab Cluster Suite、LoadLeveler、Univa Grid Engine、HTCondor、OAR 和 YARN。

❑ 没有指定资源管理的命令格式、语言和配置的通用标准。

❑ SLURM 是一个开源、模块化、可扩充、可扩展的资源管理器和工作负载调度软件，适用于运行 Linux 或其他 UNIX 兼容操作系统的集群和超级计算机。

❑ SLURM 可扩展到目前使用的最大系统，包括 2016 年最快的超级计算机神威·太湖之光，其拥有 40 000 个 CPU（有超过 1000 万个核心）。它也用于 10 强机器中的 5 台。它每秒最多可处理 1000 个作业提交和 500 个作业执行。

❑ 使用多个备份守护进程可以消除单点故障，允许受影响的应用程序继续运行并请求资源替换失败的应用程序。

❑ 作业规模不一定在执行时间内固定，它们可能会增长或缩小，但不应超过规定的最大尺寸和时间限制。可提供复杂的调度算法，包括弹性调度、帮派调度和抢占。

❑ SLURM 集成了对异构组件（如 GPU、MIC 处理器和其他加速器）的执行支持。

❑ 帮派调度支持一种调度方法，其中具有相似特征的两个或多个作业被分配相同的资源集，然后以交替方式执行这些作业，以便一次只有一个获得对资源的独占访问。

❑ PBS 是一个资源管理套件，是 HPC 中使用最广泛的资源管理工具之一，包括 Open-PBS 和 TORQUE 等开源版本。

❑ PBS 由许多守护进程组成，这些守护进程接收用户命令并共享作业执行任务。用户命令处理和作业创建、监视调度以及防止系统故障是服务器守护进程的责任。

❑ PBS 服务器在集群的头节点或 PBS 术语中的服务器主机上运行，并通过与守护进程通信来与系统中的其他部分进行交互。通信基于互联网协议，每组资源有一台服务器。

❑ 计算节点通常仅运行 MoM 守护进程，每个节点一个实例。

❑ PBS MoM 扮演着作业执行者的角色。

❑ MoM 与服务器通信以接收要在本地执行资源上运行的作业。

❑ 调度程序负责监视系统资源的状态，并决定每个作业运行的资源的子集和时间。

5.5 练习

1. 描述资源管理系统的作用。它们可以作为传统操作系统的一部分实现吗？请阐述理由。

2. 基于图 5-1 和图 5-3，集群中资源管理系统的主要软件组件是什么？它们依赖哪些物理系统组件？

3. 两种主要的作业类型是什么？为什么需要它们？

4. SLURM 中的作业组和作业步骤有何区别？

5. 想象一下，你是新安装的计算机的系统管理员，该计算机总共包含 260 个节点。其中，64 个配备 GPU，36 个具有更大的内存容量。你的用户执行常规和（不经常）高优先级作业，后者需要独占访问非加速硬件资源，但从不占用超过 128 个节点。

   a. 提出一种分区方案（枚举 SLURM 分区的类型和大小），以给整个机器提供良好的利用率。识别分区重叠。

   b. 你将实施哪些措施以促进并行作业调试？

   c. 你将利用哪些 SLURM 功能来最大限度地减少不同优先级的作业之间冲突的影响？

6. 什么是回填？它如何影响计算机利用率？

7. 提供一些在批处理中利用作业依赖性的实际案例。为什么不建议使用作业脚本中的阻塞语句来模拟此功能？

8. 编写 SLURM 命令行来调度 MPI 应用程序 "mpi_compute"，该应用程序获取存储在用户主目录中的输入文件参数 "my_file.dat"。该应用程序必须在 "生产" 分区中配备有可用的 16 核计算节点的计算机上运行 10 240 个核心。预计执行时间为 1.5 小时。还提供等效作业脚本，具有正确形式的头部内容。

9. 提供与问题 8 中描述等价的 PBS 命令。

10. 列出 SLURM 和 PBS 之间值得注意的用户界面差异。你如何指导具有 PBS 经验的 SLURM 新手用户，使他与职业经理的初始互动更有成效？

11. 在每个节点配备双八核 CPU 的计算机上提交了以下 PBS 作业脚本。

```
#!/bin/bash
#PBS -N sim3-grid25x4
#PBS -l select=4:ncpus=4:ompthreads=4
#PBS -l place=pack
#PBS -l walltime=2:30:00
#PBS -o ${PBS_O_WORKDIR}/${PBS_JOB_ID}.out
#PBS -j oe
mpirun sim3 -x 25 -y 4
```

可以推断出有关调度作业的哪些信息？应用程序的进程和线程如何在物理执行资源中分布？如果将第 4 行替换为以下内容，分布将如何变化：

```
#PBS -l place=scatter
```

参考文献

[1] XSEDE: Extreme Science and Discovery Environment, 2011 [Online]. Available: https://www.xsede.org.

[2] SchedMD, Slurm Workload Manager Version 17.02, November 2, 2016 [Online]. Available: https://slurm.schedmd.com.

[3] Altair Engineering, Inc., PBS Professional Open Source Project, 2016 [Online]. Available: http://www.pbspro.org.

[4] OpenLava: Open Source Workload Management, 2011−2015 [Online]. Available: http://www.openlava.org.

[5] Adaptive Computing, Inc., MOAB HPC Suite, 2017 [Online]. Available: http://www.adaptivecomputing.com/products/hpc-products/moab-hpc-basic-edition/.

[6] IBM, IBM DeveloperWorks: Tivoli Workload Scheduler, [Online]. Available: https://www.ibm.com/developerworks/community/wikis/home?lang=en#!/wiki/Tivoli%20Documentation%20Central/page/Tivoli%20Workload%20Scheduler.

[7] Univa, Grid Engine, 2017 [Online]. Available: http://www.univa.com/products/.

[8] University of Wisconsin-Madison, HTCondor High Throughput Computing, April 23, 2017 [Online]. Available: https://research.cs.wisc.edu/htcondor/.

[9] OAR Home Page, February 25, 2016 [Online]. Available: http://oar.imag.fr.

[10] A. Murthy, Apache Hadoop YARN − Concepts and Applications, August 15, 2012 [Online]. Available: https://hortonworks.com/blog/apache-hadoop-yarn-concepts-and-applications/.

[11] Top 500. The List, 1993−2016 [Online]. Available: https://www.top500.org.

对称多处理器架构

6.1 引言

最广泛使用的高性能计算机形式是对称多处理器（SMP）。它代表了一类并行体系结构，利用多个处理器核心通过并行性提高性能，同时整个并行计算机维护通用内存的单一映像。所有内置处理器共享全局虚拟地址空间，最大限度地减少了单处理器计算机的变化，从而简化了从顺序应用程序到并行程序的转换。SMP 也称为共享内存计算机或缓存一致性计算机。SMP 中的"S"代表对称，它指的是任何处理器核心对任何主存储体的访问时间相等的属性。这是最大程度的近似，因为次级效应导致加载/存储操作中有一些可变性。但总体上，SMP 提供均衡操作，其中数据放置不用作为主要考虑因素。这与本书其他地方详细讨论的分布式内存系统不同。

SMP 架构系列的主要优势在于它紧密耦合，即从操作的时间间距、数据操作和通信上看，所有组件在一起紧密相连。表 6-1 中提供了 SMP 的一些示例及其特性。

表 6-1 SMP 的一些例子及其特征

供应商及名称	处理器型号	核心的数量	每个中央处理器的核心数	内存容量	PCIe 插槽数	存储插槽数
IBM S822LC	IBM POWER8 2.92 GHz	20	10	256 GB	2×16-lane Gen.3 3×8-lane Gen.3	12 LFF
HPE rx2800 i6	Intel Itanium 9760 2.66 GHz	16	8	384 GB	3×16-lane Gen.2 2×8-lane Gen.2	8 SFF

（续）

供应商及名称	处理器型号	核心的数量	每个中央处理器的核心数	内存容量	PCIe 插槽数	存储插槽数
Dell PowerEdge R930	Intel E7-8870v4 2.1 GHz	80	20	12 TB	10 Gen.3	24 SFF 8 NVMe
Oracle SPARC T7-4	SPARC M7 4.13 GHz	128	32	4 TB	8×16-lane Gen.3 8×8-lane Gen.3	8 SFF
HPE ProLiant DL385p Gen8	AMD Opteron 6373 2.3 GHz	32	16	384 GB	3×16-lane Gen.2 3×8-lane Gen.2	8 SFF

6.2 架构概览

　　SMP 是一个完全自给自足的计算机系统，其中包含满足需求的所有子系统和组件，并支持执行应用程序计算所需的操作。它可以独立地作为共享内存多线程程序的用户应用程序，或者作为集成的许多等效子系统之一，以形成可扩展的分布式内存大规模并行处理器（MPP）或商品集群。它还可以作为吞吐量计算机，支持并发独立作业的多道程序，或作为多进程消息传递作业的平台，即使进程间的数据交换是通过对并行编程接口透明的共享内存实现的。以下部分详细描述了关键子系统，以解释它们如何协助性能实现，这主要通过并行性和不同技术的多样化功能实现。本节首先简要概述 SMP 架构的完整组织及主要组件的基本用途，以便为后面的详细讨论提供背景信息。

　　与任何通用计算机一样，SMP 代表用户应用程序提供一组关键功能，可直接在硬件中或通过支持的操作系统间接提供。这些功能通常是：

- ❏ 指令发布和操作功能通过处理器核心实现。
- ❏ 处理器核心运行时指令存储和应用程序数据存储。
- ❏ 大容量持久存储，以保存长时间所需的所有信息。
- ❏ 内部数据移动通信路径和控制，以在 SMP 内的子系统和组件之间传输中间值。
- ❏ 输入 / 输出（I/O）接口连接到 SMP 外部的外围设备，包括其他大容量存储设备、计算系统、互连网络和用户接口。
- ❏ 控制逻辑和子系统，用于管理 SMP 操作和协调处理器、存储器、内部数据路径和外部通信通道。

　　SMP 处理器核心执行应用程序的主要功能。虽然这些元器件具有相当复杂的设计（稍后描述），但它们的主要功能是识别存储器中要执行的下一条指令，将该指令读入特殊指令寄存器，并解码二进制指令编码以确定操作的目的和要生成的硬件信号序列以对它们进行控制。该指令被发射到流水线执行单元，利用相关数据，它通过一系列微操作来确定最终结果。通常，初始数据和结果数据是从名为寄存器的特殊存储单元中获取并存储的：存储临时值的超高速（高带宽和低延迟）锁存器。简单来说，有 5 类操作构成处理器核心的整体功能。

❑ 基本的寄存器到寄存器的整数、逻辑和字符操作。

❑ 对实际值的浮点运算。

❑ 条件分支操作用于控制依赖中间数据值（通常为布尔值）执行的操作序列。

❑ 内存访问操作用于将数据移入和移出寄存器和主存储器系统。

❑ 启动控制远程 I/O 通道的操作，包括将其传输到大容量存储设备。

在 2005 年之前，基本上所有处于超大规模集成（VLSI）技术时代的处理器都是单核微处理器集成电路。但随着呈现摩尔定律规律的半导体技术的进步，以及由于功率限制导致的指令级并行性（ILP）和时钟速率的限制，多核处理器（或插槽）从二核插槽开始，在过去 10 年中占据了处理器市场的主导地位。今天，处理器可能包含 6～16 个核心，并且新型轻量级架构允许芯片上的插槽数超过 60 个。SMP 可以包含一个或多个这样的插槽以提供处理功能（见图 6-1）。SMP 的峰值性能近似于几个因子的乘积，这些因子是插槽数量、每个插槽的核心数量、每条指令的操作数量以及通常决定指令发射速率的时钟速率。这总结在式（6-1）中。

$$P_{peak} \sim N_{sockets} \times N_{cores\ per\ socket} \times R_{clock} \times N_{operations\ per\ instruction} \qquad (6\text{-}1)$$

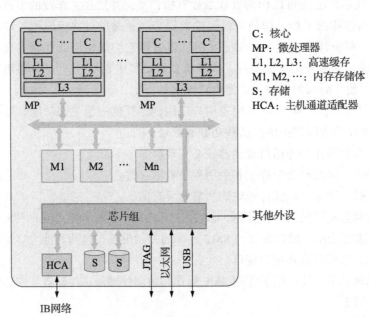

C：核心
MP：微处理器
L1, L2, L3：高速缓存
M1, M2, …：内存存储体
S：存储
HCA：主机通道适配器

图 6-1　SMP 内部是内部节点数据路径、标准接口和主板控制元件

SMP 存储器由多层半导体存储器组成，具有复杂的控制逻辑，用于管理处理器核心对

存储器中数据的访问，通过缓存层次结构的透明垂直迁移，以及跨许多缓存堆栈的缓存一致性，支持处理器核心和处理器缓存堆栈。事实上，就正在操作的数据位置而言，SMP 存储器是 3 种不同的硬件。已经提到的是处理器核心寄存器；非常快速的锁存器，它具有自己的命名空间，提供最快的访问时间（少于一个周期）和最低的延迟；每个核心都有自己的寄存器集，这些寄存器是独一无二的，并且与其他寄存器分开。SMP 的主存储器是一大组被分为存储体的内存模块，可供所有处理器及其内核访问。主存储器由单独的动态随机存取存储器（DRAM）芯片来实现，并插入 SMP 主板中有行业标准的存储器接口（物理、逻辑和电气）。主存储器中的数据通过虚拟地址来访问，处理器将虚拟地址转换为主存储器中的物理地址位置。通常，SMP 中每个处理器核心的主内存容量为 1～4 千兆字节。

　　处理器核心寄存器组和 SMP 主存储器之间是高速缓存的。高速缓存弥补了处理器核心访问数据的速率与 DRAM 可以提供的数据访问速率之间的差距。这两者之间的差异很容易达到两个不同数量级，核心提取速率大约为每纳秒两次访问，存储器周期大约为 100ns。为实现此目的，缓存层利用了时间和空间局部性。简单来说，这意味着缓存系统依赖于数据重用。理想情况下，数据访问请求将满足一级高速缓存（L1）中存在的数据，该高速缓存以等于处理器核心的需求速率和 1～4 个周期延迟的吞吐量运行。假定已经在之前获取了所要求的数据（时间局部性）或者它非常接近已经访问的数据（空间局部性）。在这些条件下，处理器核心可以非常接近其峰值性能。但由于尺寸和功率要求，L1 高速缓存（数据和指令）相对较小并且容易溢出；若需要比仅在 L1 高速缓存中保存的数据更多的数据，几乎总是将二级（L2）高速缓存合并到每个核心的处理器插槽上，或者有时在核心之间共享它们。L2 缓存保存数据和指令，并且比 L1 缓存大得多，尽管速度要慢得多。L1 和 L2 高速缓存用静态随机存取存储器（SRAM）电路设计实现。随着核心时钟速率和主存储器周期之间差距的增加，引入了第三级高速缓存（L3），尽管这些通常被实现为 DRAM 芯片，它集成在处理器插槽的相同多芯片模块封装内。L3 缓存通常在处理器封装中被两个或多个核共享。

　　这有助于实现 SMP 内存层次结构的第二个关键属性：缓存一致性。对称多处理属性要求在高速缓存中保存主存储器数据值的副本，以便快速访问，但要保持一致。当具有虚拟地址值的两个或多个副本位于不同的物理高速缓存中时，对一个副本值的更改必须反映在所有其他副本值中。有时，实际值可能会变为更新值，但更常见的是其他副本被设置为无效，因此不会读取和使用过时的值。有许多硬件协议可以确保数据副本的正确性，早在 20 世纪 80 年代就开始使用修改的独占共享无效（MESI）[1] 协议簇。在 SMP 内跨缓存维护此类数据一致性的必要性增加了设计复杂性、访问数据的时间和更多的能耗。

　　许多 SMP 系统包含自己的辅助存储器以保存大量信息，包括程序代码和用户数据，并且使用持久的方式，当其他用户使用该系统或者系统断电时，在相关应用程序完成之后不丢失存储的信息。一般通过具有一个或多个旋转磁盘驱动器的硬磁盘技术可实现大容量存储。最近，虽然固态硬盘（SSD）密度稍低，但它已经实现了这个目标。虽然更昂贵，但由于没有移动部件，因此 SSD 具有出色的访问和周期时间以及更好的可靠性。大容量存储为用户提供了两个逻辑接口。显然，它支持由目录的图形结构组成的文件系统，每个目录包含其他目录以及由数据和程序构成的最终用户文件。作为操作系统的一部分，用户可以使用一组完整的特定文件和目录访问服务调用来使用辅助存储。大容量存储呈现的第二抽象是虚拟内存系统的一部分，其中具有虚拟地址的块数据"页面"可以保持在磁盘上并根据需要交换进出主存储器。当对内存中找不到的数据发出页面请求时，会指示页面错误，并且操作系统会执行必要的任务，将较少使用的页面移动到磁盘上从而为主存储器中的请求页面腾出空间，然后在更新各种表格时将所需页面放入内存。虽然这种操作对用户透明，但是比缓存的类似数据访问请求花费的时间多 100 万倍。某些 SMP 节点（尤其是用作商品集群或 MPP 子系统的节点）可能不包括自己的辅助存储。这些将被称为"无盘节点"，它们将共享二级存储，二级存储本身就是超级计算机的子系统，甚至是多台计算机和工作站共享的外部文件系统。无盘节点更小、更便宜、更低能耗、更可靠。

每个 SMP 都有多个 I/O 通道，可与外围设备（在 SMP 外部）、用户接口、数据存储、系统区域网络、局域网和广域网等进行通信。每个用户可能熟悉其中的一些，因为它们也可以在台式机和笔记本电脑系统上找到。对于局域网和系统区域网络，最常向以太网和InfiniBand（IB）提供接口，以连接到更大集群上的其他 SMP 或诸如共享大容量存储、打印机和互联网等机构环境。通用串行总线（USB）已广泛用于各种用途，包括便携式闪存驱动器。它无处不在，基本上可用于比平板或笔记本电脑更大的任何设备，当然也可用于任何台式机或机架式 SMP。JTAG 广泛用于系统管理和维护。串行高级技术附件（SATA）广泛用于外部磁盘驱动器。视频图形阵列和高清多媒体接口提供与高分辨率视频屏幕的直接连接。通常存在一个连接，它专门提供对用户键盘的直接连接。根据系统的不同，可能还有许多其他 I/O 接口。

6.3 阿姆达定律

考虑一种类似于主导计算的情况：选择坐飞行或开车从一个城市到另一个邻近城市，其中飞机的行驶速度比汽车快 10 倍。首先想到的是，坐飞机与开车相比，其峰值速度快一个数量级，这是显而易见的。但在挨家挨户拜访方面它可能不具有优势：无论使用哪种方式都需要大约相同的时间。往返机场的费用、机场的等候时间、等待领取行李、租车或打出租车的延迟，甚至是在酒店办理入住手续的时间，都会降低飞机的正面影响，虽然在大部分距离上飞机有着显著的加速器（喷气式飞机与汽车相比）。一种非常相似的情况主导着计算，它被编入吉恩·阿姆达的观察中，并被恰当地称为"阿姆达定律"。

如前文提到的，SLOW 性能模型确定了决定传递（或持续）性能的关键因素，包括并行性（饥饿）、延迟、开销和争用（等待共享资源的仲裁）。SMP 级架构的有效操作可以测量传递性能与系统的理论峰值性能的比值。阿姆达定律是一个重要的关系，它捕获了 SLOW 性能模型的一个关键方面，特别是提供性能增益的程序并行性的影响。通过一些简化，如果计算可以划分为在加速中受益部分和计算的剩余部分，其中加速部分的比例为 f（$0<f<1$），剩余部分比例为（$1-f$），且强制它以单线程运行的速率来执行，则可以确定总性能增益 S，它与以串行速度执行完整计算时的性能进行比较。这在图 6-2 中说明。

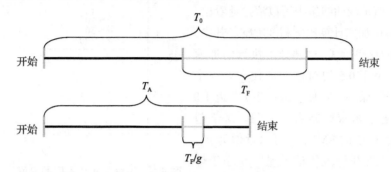

图 6-2 完成应用程序的串行执行（T_0）和加速（并行）执行所需的时间（T_A）。可以加速应用程序的一部分，以绿色表示（印刷版本中为浅灰色），非加速时间为 T_F 和加速时间为 T_F/g，总性能增益的加速比 S 为 T_0/T_F

在图 6-2 中，上面的线表示在 T_0 的时间内，从开始到结束，以完全串行方式执行的计算。在整个执行中，可用于加速的部分（显示为较浅的阴影线）是 T_F，其中 $T_F<T_0$。可以从性能增益中受益的计算比例是 $f=T_F/T_0$。当加速器应用于指定的比例时，总加速比为 $S=T_0/T_A$，其中 T_A 是加速代码的求解时间。S 的推导显示在式（6-2）～式（6-6）中，其中 g 是加速器相对于传统执行速率的增益。这被称为阿姆达定律。

$$S = T_0 / T_A \tag{6-2}$$

$$f = T_F / T_0 \tag{6-3}$$

$$T_A = (1-f) \times T_0 + \frac{f}{g} \times T_0 \tag{6-4}$$

$$S = \frac{T_0}{(1-f) \times T_0 + \dfrac{f}{g} \times T_0} \tag{6-5}$$

$$S = \frac{1}{1-f+\dfrac{f}{g}} \tag{6-6}$$

其中 T_0 是加速前的计算时间；T_A 是加速后的计算时间；T_F 是可加速部分的计算时间；g 是加速计算部分的峰值性能增益；f 是可加速与非加速计算的比例；S 是应用加速后计算的加速比。

阿姆达定律的基本结果是，与加速器的峰值性能增益 g 的大小无关，持续性能受到可加速的原始代码的比例 f 的限制。作为一个微不足道的限制，想象一下无论代码是什么，你都有一个能够瞬时执行的加速器，并且这个问题的一半可以通过这种方式执行；也就是说，考虑无限增益的情况。当且仅当 $S = 2.0$ 时，具有无限增益和 $f = 0.5$。图 6-3 显示了相对于几个 g 值，不同比例的可加速代码可获得的加速比情况。

从图 6-3 所示的曲线组中可以清楚地看出，持续加速比对可加速计算比例高度敏感。其中，可加速计算的比例为 f，这部分可执行的加速比为 g，当 f 小于 0.5 的时候，即使 g 大一个数量级，S 仍然保持相对低。只有当 f 接近 1.0时，才能显著缩短求解结果的时间。对于包括 p 个处理器核心的 SMP，g 可以近似为 p_A，这是应用于代码并行段的核数量（p_A 小于等于 p）。

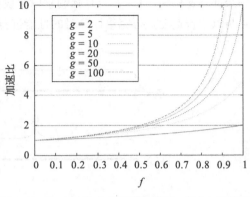

图 6-3　相对于几个不同的 g 值，不同比例的可加速代码获得的加速比情况

例子：

在 SMP 中，必须采用的最小处理器核心数是多少时才能使加速比为 3，其中 75% 的用户应用程序可以完全并行化？

这里 $S = 3$、$f = 0.75$、p_A 为 g 所需的最小值。使用上面得出的阿姆达定律的公式，计算如下：

$$3 = 1/(1 - 0.75 + (0.75/g)) \quad 或 \quad g = 9$$

必须使用至少 9 个 SMP 核心才能使用此代码获得的加速比为 3。

这是个好消息。还有其他性能下降的原因也会发挥作用，特别是管理并行任务的开销 v，它对实际工作没有贡献，但确实增加了求解结果的关键时间。图 6-2 所示的时间线表明，所有可以加速的工作都发生在一个大块中，而实际上它通常按照一系列块进行划分，控制每个块都会有一些开销，如图 6-4 所示。

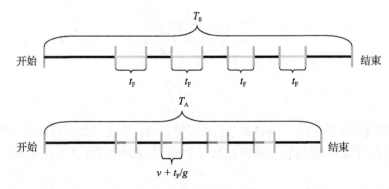

图 6-4　非加速（T_0）和加速（T_A）执行的时间线，这类似于图 6-2，但包括开销 v

图 6-4 上部所示的顺序（非加速）时间线，可以加速的计算部分被分成 $n = 4$ 个分区，

它们共同构成了可以加速的总工作比例 f。如果这是唯一的区别，那么通过一些操作，加速比的表示将保持与最初得出的结果相同。但是，对于要加速的每个代码分区，希望只有少量的开销被添加到执行时间的关键路径中。不幸的是，开销的大小通常是相对恒定的，与并行化有用工作部分的粒度无关。此外，工作被分成的分区数 n 越多，额外的开销就越多。考虑这一开销，阿姆达定律的新扩展版本在式（6-7）～式（6-9）中推导出来。

$$T_A = (1-f) \times T_0 + \frac{f}{g} \times T_0 + n \times v \qquad (6\text{-}7)$$

$$S = \frac{T_0}{T_A} = \frac{T_0}{(1-f) \times T_0 + \frac{f}{g} T_0 + n \times v} \qquad (6\text{-}8)$$

$$S = \frac{1}{(1-f) + \frac{f}{g} + \frac{n \times v}{T_0}} \qquad (6\text{-}9)$$

其中 v 是加速工作段的开销；V 是整个加速工作的总开销，等于 $\sum_{i}^{n} v_i$。

使用式（6-9）中给出的新加速比方程，分母中增加了一个与开销 v 和分区数 n 成比例的新值。如果没有开销（$v=0$），结果与阿姆达定律的原始公式相同。如果只有一个大比例代码要加速（$n=1$），结果几乎相同。但随着可并行的单独组件的数量增加，开销的影响会越来越大。如图 6-5 所示。

如图 6-3 所示，图 6-5 所示的横坐标轴是可以加速的代码比例 f，这里 g 对于所有曲线都是常数。一个新的自变量开销 v 被添加到图中，而 T_0 是常数。随着开销的增加，性能增益 S 也会降低。

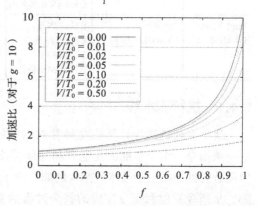

图 6-5 各种开销比值的加速比，作为可以加速固定增益（$g=10$）的代码部分的函数

6.4 处理器核心的架构

现代多核处理器（有时称为"插槽"）由许多核心、可能复杂的高速缓存层次结构、到外部主存储器和 I/O 总线的一个或多个接口，以及辅助逻辑组成。虽然细节不同，但大多数常见的处理器可以使用共享参数集。如表 6-2 所示，其中包括每个插槽的核心数量、高速缓存级的数量和互连性（通常为两个或三个级别）、核心的时钟速率、每个核心中算术逻辑单元的数量和类型（ILP）、芯片尺寸（1～4cm²）、特征尺寸以及一个或多个标准化基准测

试程序的交付性能。对于应用程序员来说，许多细节可能无关紧要，但是指令的发射速率、每个指令发射的操作次数、每次内存访问的平均时间以及 I/O 请求引起的延迟是决定交付性能的主要因素。在本节，将描述处理器核心的主要结构，以及它们如何为实现性能做出贡献。6.5 节深入研究内存和缓存层次细节，以了解局部性在减少平均内存访问时间方面的作用。

表 6-2　几个 SMP 处理器的特征

处理器	时钟速率	缓存层级及容量	指令级并行度（每核）	每个芯片上的核心数	工艺制程和芯片尺寸	功率（W）
AMD Opteron 6380	2.5GHz（3.4GHz 睿频）	L1I: 32KB L1D: 16KB L2: 1MB L3: 16MB 整体	4 FPops/ 周期 4 intops/ 周期	16	32nm, 316mm^2	115
IBM Power8	3.126GHz（3.625GHz 睿频）	L1I: 64KB L1D: 32KB L2: 512KB L3: 8MB L4: 64MB 整体	16 FPops/ 周期	12	22nm, 650mm^2	190/247
Intel Xeon E7-8894V4	2.4GHz（3.4GHz 睿频）	L1I: 32KB L1D: 32KB L2: 256KB L3: 60MB 整体	16 FPops/ 周期	24	14nm	165

6.4.1　执行流水线

最早一代的顺序计算机在经常被引用的"取指 – 执行 – 写回"周期中，每次发射和完成一条指令。由于早期的真空管和晶体管技术实现较低的时钟速率，因此这是令人满意的。但随着时钟速率由于技术进步（例如，中小规模集成）而提高，这种直接的方法变得站不住脚。从指令发射到指令完成的整个过程的复杂性需要太多的逻辑层，导致的延迟限制了可行的时钟速率。

流水线结构将整个计算操作划分为一系列微操作，这些微操作一起实现了统一的功能。从指令发射到完成的时间实际上比具有相同目的的单个逻辑功能的更长，但是流水线的每个阶段将花费更少的时间。由于时钟速率受指令发射周期的限制，指令发射周期本身由通过流水线中最长阶段的传播延迟决定，具有相同阶段的执行流水线（且每一个阶段的延迟相同）允许时钟速率略微增加。具有 4 个或 5 个阶段的早期执行流水线最终被更长的流水线所取代。

如第 2 章所述，流水线逻辑结构是一种利用非常细粒度的并行形式的一般方法，因为每个流水段同时运行。理想情况下，功能流水线的并行性等于形成总流水线的阶段数。执行流水线受益于时钟周期的时间缩短和其组成阶段的并行性。但是，许多其他因素限制了可以有效使用流水线的程度。其中包括：

1. 总功能的大小限制了所需逻辑层的数量，从而限制了流水线可以划分的最大级数。

2. 每个阶段中逻辑层数量的不平衡使某些阶段比其他阶段略长，因此减慢了信号通过执行流水线传播的速率。

3. 流水线的连续阶段之间的接口开销为每个阶段增加了额外的传播延迟，限制了信号通过执行流水线的速度。

4. 并非所有执行功能都相同，并且它们不一定需要相同数量的功能阶段。当其他执行周期需要较少阶段时，需要更多阶段的那些会浪费一些硬件。

5. 后续操作可能需要前面操作的中间值，但是由于会尽可能早地发射后续操作，因此从后续操作发射之后开始，直到前面操作的结果值被写出之前的时间内，该值将不可用。或者，该操作将停止，等待先前操作完成。

6. 条件操作使执行流水线的有效使用变得复杂。它们的功能是对非连续的指令位置执行分支，但只有在判断值为真时才这样做，这也必须要确认。这扩展了微操作序列的数量，破坏了执行流水线内的流并导致延迟或"气泡"被插入，从而减慢了执行速度。

尽管有这些抑制因素，为了加速执行，核心架构已经发展了多种形式和功能来减轻这些因素的影响，会在以下小节中简要描述。

6.4.2　指令级并行

超标量体系结构允许多个操作以启动单个指令发射。这是通过结合多个算术逻辑单元（ALU）来实现的，包括浮点和整数 / 逻辑功能单元等。可以包括额外的单指令多数据单元，以对来自相同指令的多个数据值执行相同的操作。这被称为指令级并行性（ILP），它提供了处理器核心可用的最细粒度的并行性，对于特殊情况，它可以对总吞吐量产生巨大影响。不幸的是，20 多年的经验表明，一般来说，这些峰值能力很少表现出来，同时仍然会增加复杂性、开销和先进设计所要的功率需求。

6.4.3　分支预测

6.4.1 节讨论了条件分支指令的问题。为了消除由于确认条件的布尔值和提交下一个要执行指令的虚拟地址之间的延迟而引起的气泡，采用称为"分支预测"的统计方法。顾名思义，在发射分支指令时，硬件会猜测将发出两个备选指令中的哪一个。这方面有很长的技术历史，关于这个主题的进一步阅读可以在参考书目 [2~6] 中找到。对于这个讨论，关键的想法是根据特定分支预测的作用，决定两个路径中的哪一个更有可能。例如，如果在循环的底部使用分支，则判断器更有可能将执行流重定向到循环的顶部而不是立即继续向下。如果分支与错误处理相关联，则不太可能进入该路径，并且更有可能的是发射的下一条指令是常规计算流的一部分。总会出现错误选择的情况，因此硬件架构必须能够回滚计算以采取其他路径；这本身就是体系结构方面的知识。一些代码（如系统软件）分支非常多，在这种情况下，分支预测架构支持可以在很大程度上提高效率。

6.4.4 直通

执行流水线概念的关键在于，发射连续指令的时间可能远远短于通过流水线的多个阶段完成的时间。两个后续指令可能会被施加一个或多个优先约束，使得第二个指令需要将之前（第一）指令的结果值作为参数。通常，指令将从核心寄存器集中获取操作数。在所描述的条件下，通常在第二条指令从该中间值所在的寄存器中读取相同值之前，没有足够的时间计算第一条指令的结果值并将其写回寄存器。解决方案是"直通"。直通意味着添加数据传输通道，将数据从下游执行流水段移动到适当的上游段，使得参数值及时可用，以使指令更连续紧密地执行。结合编译器重排序，可以用一个或多个不相关的指令填充必要的间隙，流水线阶段可被填充，并可通过直通消除气泡。

6.4.5 保留站

不同的操作需要不同的时间来完成，简单的布尔逻辑操作与浮点乘法相比，执行流水线变为具有较短链路的多条路径。如果保留了严格的顺序，即强制完成的顺序与发射顺序相同，则处理指令的速率将受最慢操作、回流指令反复停顿的约束。保留站解决了这个问题，这个概念可以追溯到 20 世纪 60 年代后期，以及 20 世纪 70 年代的数据流概念。保留站是专用缓冲寄存器，对用户不可见，暂时保存先前的结果值。其特殊之处在于它"知道"后续指令需要捕获的值，并且这些指令知道从中获取参数值的相应保留站。指令在尝试获取操作数值时，若该值在指定的保留站中尚不可用，则指令将停在保留站并延迟，但不会妨碍执行流水线的进度。有许多替代架构方法可以实现这种复杂的乱序调度机制（通常称为"Tomasulo 算法"），但在每种情况下，保留站都允许执行流水线的操作具有更大的灵活性和更高的效率。

6.4.6 多线程

到目前为止，对处理器核心执行流水线的讨论都假定有一个指令流，每个指令流都有一个或多个相关的操作。虽然这些可以证明是复杂的，但它们仍然基于单个程序计数器（或指令指针）的原始冯·诺依曼概念，除了分支指令之外，每个指令的程序计数器都会递增。这是一个干净而优雅的方法，但却受到了很多条件的影响，以前曾经讨论过这些问题。许多问题都是由于单个指令流的相邻或近邻指令之间存在的相互关系而产生的。在单个处理器核心中解决这一挑战的一种方法是由伯顿·史密斯在 20 世纪 80 年代引入的"多线程"。在其最简单的版本中，多线程包含多个指令流或线程，通过多个指令指针组成的集合及相关的寄存器集合进行发送。执行流水线的其余部分是共享的，并且循环指令发射调度程序选择从不同线程上获取连续指令。这隐藏了执行流水线的延迟，并且如果使用了足够的线程，则还会屏蔽主存储器的延迟。

伯顿·史密斯

（照片由迪米特里·科维皮斯通过维基共享提供）

　　伯顿·史密斯是一位领先的计算机架构师，被认为是多线程架构之父，并因此获得了埃克特·莫齐利奖和西摩·克雷奖。作为 Denelcor 的联合创始人，以及后来 Tera Computer 公司的创始人，史密斯领导了多线程架构的商业化。2000 年，Tera 并入 Cray，与硅谷图形公司的克雷研究业务部门合并。伯顿·史密斯是 Tera MTA（多线程架构）的首席架构师，这一突破性设计继续激励高性能计算机的开发。伯顿·史密斯于 2005 年成为 Microsoft 的技术研究员，他至今仍在推进未来技术和计算概念。

　　MTA-1 部署在圣地亚哥超级计算机中心，初始系统的独特之处在于它是使用基于砷化镓的超高速逻辑实现的。该架构包含 4 个处理器，每个处理器有 128 个独立的寄存器组和程序计数器，允许同时执行 512 个线程。每个处理器集成一个高速算术处理单元，其本地线程可以应用要执行的操作，从而共享 ALU 以获得最大的利用率、效率和性能。MTA 的优势在于能够隐藏算术单元的内存访问延迟并适应异步操作。这消除了对数据缓存的需求，降低了实现数据缓存一致性的复杂性和成本。每个字的空/满位和标记存储器的应用使能了细粒度同步。其他标签使控制语义成为可能，例如未来预期等。MTA-1 原型之后是一个更便宜、更密集的 CMOS 版本的 MTA-2，并在 2009 年进一步推进了 Cray XMT 系统。

6.5　存储层次

　　"存储墙"或者"冯·诺依曼瓶颈"，指出了处理器插槽对数据访问的峰值需求与主存储器技术（主要是半导体 DRAM）可能提供的吞吐量和延迟之间的不匹配。如图 6-6 所示，处理器的性能提升平均每年增加 60%，而主内存性能增长每年仅提高约 9%。随着时间的推移，这导致处理器速度和内存速度之间存在两个数量级的差异。为了应对这一挑战，甚至进一步深入到辅助存储器及后备存储器领域，一般的计算机体系结构，特别是 SMP 体系结构已经发展出一系列存储组件的分层结构，其密度和容量沿层次的某一方向增加。而沿另一个方向则会有更高的访问速度，包括更高的带宽和更低的延迟。

6.5.1　数据重用和局部性

　　这种内存体系结构成功的基础是使用局部性重用数据的策略。如果一个程序反复地使用一个变量值，那么会将它存储在一个非常接近处理器核心的高速内存设备（即高速缓存）中，这将提供接近峰值的性能。这是"时间局部性"，它反映了将使用概率与最近一次使用关联起来的数据属性。高时间局部性意味着特定的变量在适度的时间段内经常被访问。低时间局部性意味着，如果完全访问变量，那么在中等连续期间变量可能只使用一次或几次。第二种经常被利用的局部形式是"空间"，它表示在连续地址空间中，相邻或近邻的局部关联。高空间局部性表明，如果最近访问了一个变量的相邻或近邻变量，则访问该变量（实际上是寻址值）的概率更高。这两种局部性形式与虚拟寻址变量的重用模式有关，为存储层次结构和操作提供了基础，可减轻处理器和存储技术的带宽和延迟之间差异的影响。

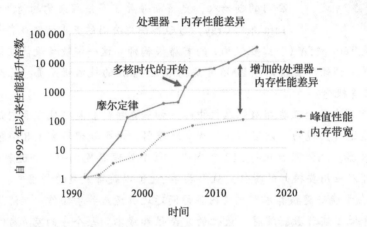

图 6-6　处理器的性能提高了 4 个数量级，而主内存在同一时间段内只提高了两个数量级

实际关注的第二个因素是单位面积上存储容量的特性、访问周期和功耗之间的权衡关系。在第 17 章，我们展示了不同的支持技术，不同的数据存储技术对于这些参数有所不同。一般来说，更快的存储技术在半导体芯片或其他介质上会占用更多空间，以获得相同的存储容量，同时会消耗更大的功率。创建一个足够大的主存储器层来容纳给定用户的应用程序所需的所有软件和数据，同时运行速度足够快，以使处理器核心在最大指令发射吞吐量时得到充分利用，这是不切实际的。

6.5.2　存储层次结构

现代计算体系结构（包括 SMP 系统）的传统方法，利用数据局部性来解决这些折中，形成存储层次结构，也称为存储堆栈。

如图 6-7 所示，存储层次结构或堆栈由内存存储技术层组成，每层在容量、成本和周期之间进行不同的权衡，这反映了带宽和延迟。到目前为止，最慢但也是容量最高的是磁带归档存储，它通常由物理存储设备在机械手存储库中的数千个磁带模块组成，总容量接近艾字节（EB）。但在卸载系统中，对存储数据的访问可能需要 1 分钟以上，虽然它的每兆字节的成本不到一美分。磁带机器人提供称为"第三存储"的大容量存储的一部分；另一部分是由硬盘驱动器（HDD）组成的第二存储。和磁带一样，磁盘使用磁存储介质。磁带具有长的串行存储流，从一端流到另一端需要很长的时间，与磁带不同，磁盘上的数据以同心环（称为"柱面"）的形式排列，同心环绕轴旋转。旋臂在旋转盘上来回移动，以选择适当的柱面，等待磁头检测所需数据。典型的磁盘驱动器可以容纳几兆字节，以 300MB/s 的峰值流速传输数据，并施加大约 10ms 的总访问时间。虽然这比主内存的访问时间长 10 万倍，但它可以容纳的存储数据是其 1000 倍，并且比磁带驱动器的延迟时间缩短 1 万倍。最近，引入了商业化的第三种技术非易失性随机存取存储器，它越来越多地被用作磁盘驱动器的部分替代品，其响应速度比磁盘快得多，但比主存储器慢得多。大容量存储通常以名为文件的逻辑数据模块和目录形式呈现给用户，一个目录可以保存文件以及其他目录。

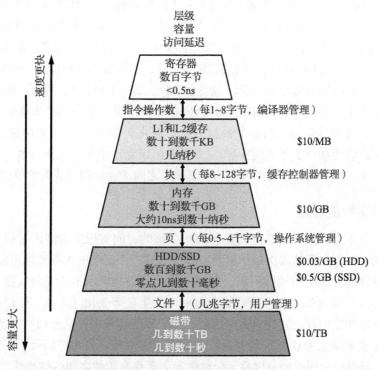

图 6-7 由内存容量、成本和周期描述的存储层次结构（由大卫・A. 帕特森友情提供）

在存储层次结构的另一端（顶部）是处理器核心寄存器，它以时钟速率运行，支持多个访问端口，允许在每个指令周期中多次读写寄存器。当以本机处理器的速度运行时，寄存器占用了大量空间，并且每个周期消耗大量的电能。寄存器也会展示自己的地址空间，不与内存地址命名空间相关联。指令集架构（ISA）的逻辑结构是这样的：数据在已标识的寄存器和主内存的变量之间显式移动。

主内存由 DRAM 半导体器件组成。许多这样的组件插入到符合行业标准接口的插槽上。每个处理器核心通常提供 4GB 的内存，尽管每个核心的内存容量可能会降至每核心 1GB。但是从寄存器到 DRAM 的访问时间可能在 100~200 个时钟周期，这对于有效计算来说太慢了。

在处理器核心寄存器和 SMP 主内存模块之间是一个高速缓存系统，以匹配这两个极端模块间的时间和带宽。从逻辑上讲，缓存系统对用户是透明的，因为它不可单独寻址，只接受内存访问请求。如果核心请求的变量地址在缓存的某个位置具有该变量值的副本，则在加载操作的情况下，缓存会将该值提供给指定的核心寄存器。如果副本不存在，缓存系统会自动将请求传递给主内存以执行数据访问。在数据局部性的作用下，缓存可能会"命中"，并且访问时间将是高速缓存的时间，而不是较慢的主内存时间，后者可能快两个数量级。

在现代的 SMP 中，高速缓存通常不是单层的高速内存而是多层的，以找到速度和大小的最佳平衡。通常有 3 层：L1、L2 和 L3。L1 最快但容量最小，通常由两个独立的缓存组成：一个用于数据，另一个用于提供有足够峰值带宽的指令。L2 速度较慢，但容量大得多，它和L1 一样是由 SRAM 电路制成的。L3 缓存比低层缓存（L1 或 L2）大得多，但速度较慢。与前两种不同，L3 通常是由 DRAM 电路制成的独立芯片，而不是 SRAM 电路，以实现最大密度。

简单的层次结构将为每个核心提供独立的 L1、L2 和 L3 缓存。然而，通常多个核心在同一组数据上工作，并且可以通过允许多个核心共享至少一部分缓存来增加可存储的最大数据量。通常，由于需要最大的单个带宽，因此不共享 L1 缓存。一般情况下，L3 缓存在处理器核心或它们的某个子集之间共享。L2 缓存可以专用于单个内核，也可以在两个或多个核心之间共享。部分权衡因素是带宽和共享核心之间缓存访问可能有的争用。

6.5.3 存储系统的性能

很明显，在主内存系统中指定变量访问一个值的时间将根据许多因素而显著变化，特别是当值的最近副本在存储层次结构中时。分析这样一个复杂的内存架构可能会非常棘手，因为级数、涉及的开销、争用等问题。问题的简化版仍然展示出主要的权衡，并显示了平均内存访问时间会随着受局部性影响的命中率而发生显著变化。为此，假设高速缓存是处理器核心寄存器和主内存之间的单个中间层。如果没有详细的排队分析或类似的深入模型，则可操作指标被采用来捕获体系结构的特定属性和应用程序内存访问概要，以及性能的特征度量标准。推导出分析模型，以显示交付性能和缓存有效性之间的敏感性。

在这种情况下，选择的特征度量是 CPI 或每个指令的机器周期数。总执行时间 T 与机器周期 T_{cycle} 和要为用户任务执行的指令数 I_{count} 成比例。由于本分析的目的是揭示内存行为的影响，因此指令数量分为寄存器到寄存器的 ALU 指令数量 I_{ALU} 和内存访问的指令数量 I_{MEM}。对于这两类指令中的每一类，每个指令都有单独的机器周期度量，CPI_{ALU} 用于度量寄存器到寄存器的 ALU 操作，CPI_{MEM} 用于度量内存指令。时间、I_{count} 和 CPI 的总值可以根据式（6-10）～式（6-12）从 ALU 和内存操作之间的分解中得出。

$$T = I_{\text{count}} \times \text{CPI} \times T_{\text{cycle}} \tag{6-10}$$

$$I_{\text{count}} = I_{\text{ALU}} + I_{\text{MEM}} \tag{6-11}$$

$$\text{CPI} = \frac{I_{\text{ALU}}}{I_{\text{count}}} \times \text{CPU}_{\text{ALU}} + \frac{I_{\text{MEM}}}{I_{\text{count}}} \times \text{CPI}_{\text{MEM}} \tag{6-12}$$

完整的参数集定义为：

T 为总执行时间；T_{cycle} 为单个处理器的周期时间；I_{count} 为指令总数量；I_{ALU} 为 ALU 指令（例如，寄存器到寄存器的指令）的数量；I_{MEM} 为存储器访问指令（例如，加载、保存指令）的数量；CPI 为每条指令的平均机器周期；CPI_{ALU} 为每个 ALU 指令的平均机器周期；CPI_{MEM} 为每个内存指令的平均机器周期；r_{miss} 为缓存缺失率；r_{hit} 为缓存命中率；$CPI_{MEM-MISS}$ 为每个缓存缺失的机器周期；$CPI_{MEM-HIT}$ 为每个缓存命中的机器周期；M_{ALU} 为 ALU 指令的指令组合；M_{MEM} 为内存访问指令的指令组合。

指令混合的概念简化了 ALU 和存储器操作之间这种区别的表达，提供了每种指令与总指令数的比例。

此外，表示数据重用效果的参数定义为命中率 r_{hit}，它表示在缓存中找到内存请求的百分比。与之相反的参数可能很有用，即 $r_{miss} = (1 - r_{hit})$。最后一个区别是 CPI_{MEM}，这取决于命中与否。这些表示了成本、内存指令访问时间的周期数度量，具体由缓存是否命中来决定。$CPI_{MEM-HIT}$ 是高速缓存提供服务的访问所需的机器周期数的固定值，$CPI_{MEM-MISS}$ 是在高速缓存缺失的情况下，为了服务内存请求而一直到主内存获取的机器周期的成本。这些不同参数之间的关系，以及对完整执行时间的表示，展示在式（6-13）～式（6-17）中。

指令混合：

$$M_{ALU} = \frac{I_{ALU}}{I_{count}} \tag{6-13}$$

$$M_{MEM} = \frac{I_{MEM}}{I_{count}} \tag{6-14}$$

$$M_{ALU} + M_{MEM} = 1 \tag{6-15}$$

求解所需时间：

$$CPI = (M_{ALU} \times CPI_{ALU}) + (M_{MEM} \times CPI_{MEM}) \tag{6-16}$$

$$T = I_{count} \times [(M_{ALU} \times CPI_{ALU}) + (M_{MEM} \times CPI_{MEM})] \times T_{cycle} \tag{6-17}$$

最后，在式（6-18）和式（6-19）中给出了基于 r_{miss} 的 CPI_{MEM} 和 T 的函数。$CPI_{MEM-HIT}$ 系数不是 r_{hit}，这可能看起来很奇怪。这是因为无论是否发生缺失，从缓存获取数据或向缓存写入数据的成本都会产生。

$$CPI_{MEM} = CPI_{MEM-HIT} + r_{miss} \times CPI_{MEM-MISS} \tag{6-18}$$

$$T = I_{count} \times [(M_{ALU} \times CPI_{ALU}) + M_{MEM} \times (CPI_{MEM-HIT} + r_{miss} \times CPI_{MEM-MISS})] \times T_{cycle} \tag{6-19}$$

这显示了应用程序驱动属性（包括 I_{count}、M_{MEM} 和 r_{miss}）的效果。体系结构驱动的属性反映为 T_{cycle}、$CPI_{MEM-MISS}$ 和 $CPI_{MEM-MISS}$，以确定最终的总执行时间 T。

例子：

作为案例研究，根据上面给出的参数集描述系统和计算。为这些值分配典型值以表示常规实践、体系结构和应用程序。如下所示。

I_{count}	= 1E11
I_{MEM}	= 2E10
CPI_{ALU}	= 1
T_{cycle}	= 0.5ns
$CPI_{MEM-MISS}$	= 100
$CPI_{MEM-HIT}$	= 1

指令混合的中间值的计算如下：

$$I_{ALU} = I_{count} - I_{MEM} = 8E10$$

$$M_{ALU} = \frac{I_{ALU}}{I_{count}} = \frac{8E10}{1E11} = 0.8$$

$$M_{MEM} = \frac{I_{MEM}}{I_{count}} = \frac{2E10}{1E11} = 0.2$$

这个例子展示了缓存命中率对总执行时间的影响，可以说这是应用程序求解时间最重要的决定因素之一，并且是用户考虑数据布局时必须要注意的一点。考虑两种备选计算。第一种方法有利于缓存层次结构（本例简化为一层），命中率为90%。确定该值后，即可确定求解时间，如式（6-20）～式（6-22）所示。

$$r_{hit A} = 0.9 \tag{6-20}$$

$$CPI_{MEM A} = CPI_{MEM-HIT} + r_{MISS A} \times CPI_{MEM-MISS} = 1 + (1-0.9) \times 100 = 11 \tag{6-21}$$

$$T_A = 1E11 \times [(0.8 \times 1) + (0.2 \times 11)] \times 5E10 = 150s \tag{6-22}$$

但是，如果缓存命中率较低（在本例中为50%），则使用此新值重新计算会显著降低性能，如式（6-23）～式（6-25）所示。

$$r_{hit A} = 0.5 \tag{6-23}$$

$$CPI_{MEM B} = CPI_{MEM-HIT} + r_{MISS B} \times CPI_{MEM-MISS} = 1 + (1-0.5) \times 100 = 51 \tag{6-24}$$

$$T_B = 1E11 \times [(0.8 \times 1) + (0.2 \times 51)] \times 5E10 = 550s \tag{6-25}$$

由于缓存命中率的变化，造成性能降低超过3倍。

6.6 PCI 总线

20世纪70年代末开始的个人计算机市场的爆炸性增长，对高性能行业标准接口的需求不断增长，这些接口将实现外围设备和定制扩展板的可移植性、可重用性和可升级性。虽然最初这个空白是由 IBM 的行业标准架构（ISA）总线填补的，但是它的连接器体积庞大、数据带宽低、可扩展性差（有限的中断和直接内存访问通道）以及烦琐的可配置性迫使制造商寻找改善的解决方案。ISA 的后继者是 IBM 的微通道架构，由于专有标准需要有许可费用，因此它并没有获得广泛的普及。广泛的行业响应导致了诸如扩展 ISA（EISA）和视频电子标准协会局部总线（VESA）之类的权宜之计的发展，后者主要用于满足较新图形卡的带宽要求。真正的突破是英特尔架构开发实验室的工作，该实验室于 1992 年制订了外围组件互连（PCI）规范[7]。在今天制造的一些主板上仍然可以找到稍微修改过的 PCI 总线。

　　PCI 总线独立于处理器的固有内存总线运行，需要桥接电路提供来自 CPU 的内存映射访问，如图 6-8 所示。可以通过额外的桥支持多个总线。PCI 起源于并行多点 32 位总线，其中多个设备电气化地连接到控制和数据线的单个实例。它的信号、时序、事务协议、机械连接器属性和电源管理已经在一系列规范中定义和扩展，最后一个是 2004 年发布的 3.0 版本。时钟频率最初设置为 33MHz，峰值带宽为 132MB/s。随后的标准版本允许更快的 66MHz 时钟频率，并为峰值数据带宽 533MB/s 添加了 64 位数据总线。信号电平也从 5V 降至 3.3V，以反映芯片 I/O 标准的主流趋势，并降低所需的总线驱动器功率水平。后来引入扩展 PCI，以优化服务器中 PCI 功能的某些方面，将时钟频率增加到 266MHz 和 533MHz，最大传输速率为 4266MB/s。为了防止使用不兼容卡造成的潜在损坏，这些选项与不同的键控连接器相关（见图 6-9）。具有专用 CPU 到 GPU（图形处理单元）总线的 PCI 短期变体被称为加速图形端口（AGP），并且其具有自身的连接器类型，与 PCI 不兼容。

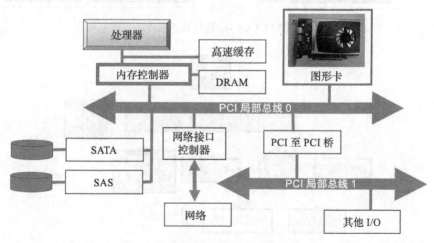

图 6-8　配备多个 PCI 总线的系统布局

　　为了解决传统 PCI 总线架构的几个缺点（许多设备中为扩展性差、中断共享、引脚数量激增、单端 I/O 的功耗特性差、带宽可扩展性有限以及访问同步问题），由英特尔、惠普、戴尔和 IBM 等公司组成的 PCI 特别兴趣小组于 2002 年采用了一种名为 PCI Express（PCIe）的新设计，其系统原理如图 6-10 所示。在电气方面，PCIe 是英特尔 3GIO（第三代 I/O）计划的后续，该计划利用多个带宽为 2.5Gbit/s 的串行链路运行。这些链路使用低压差分信号，与单端操作相比，具有非常好的抗噪性和降低电磁干扰（EMI）水平。单个链路的高带宽带来了所需引脚数量的明显减少：全双工连接只需要一对电线用于发送，另一对用于接收。通过添加在 PCIe 术语中称作"线路"的更多链接来扩展到所需带宽。允许每个卡槽最多有32 个线路，但实际实施时很少超过 16 个线路。

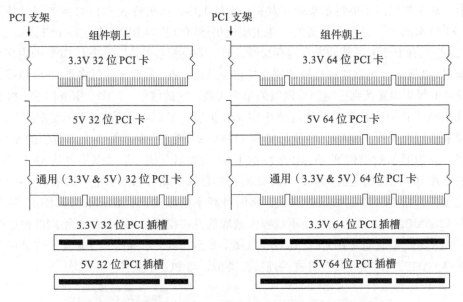

图 6-9　支持不同 PCI 变体的连接器（图片来自维基共享）

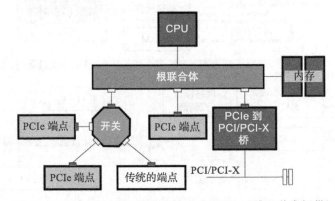

图 6-10　配备 PCIe 的系统图（由 Mliu92 通过维基共享提供）

现在已经发布了 PCIe 规范的 3 个主要修订版。第一个版本定义的操作工作带宽为标称2.5Gbit/s，采用 8b/10b 编码（每 8 位输入数据在线上转换为 10 位符号），每个链路的有效峰值为 250MB/s。PCIe 2.0 将信令速率提高到每链路 5Gbit/s，使峰值数据带宽翻倍。3.0 版通过使用 128b/130b 方案提高了编码效率，并进一步将线速提高到 8Gbit/s，每通道峰值带宽为 984.6MB/s，因此在使用 16 通道设备时，总计带宽为 15.754GB/s。与传统 PCI 不同，不同代的 PCIe 插槽是向后兼容的，因此可以在较新的机器中使用旧卡。PCIe 允许将有较少通道的卡插入到可提供更多通道的连接器中；只要连接器可以在物理上兼容卡，反之亦然。即使某些物理链路发生故障，它也能够维持操作（通过减少带宽）。图 6-11 比较了各种配置中 PCIe 连接器的尺寸。

图 6-11　使用传统 PCI 连接器（底部）和具有不同通道数（从顶部依次为 ×4、×16、×1、×16）的 PCIe 插槽的对比（由维基共享提供）

PCIe 连接器提供 12V 和 3.3V 电源电压，可为连接的卡供电。插槽供电操作将每个电路板的功耗限制在 25W，这不足以维持 GPU 等要求更高的设备的功能。此类器件采用专用的六针或八针电源连接器和可插入电源线束，以分别提供额外的功率为 75W 和 150W 的电路。

就协议而言，PCIe 继承了原始 PCI 的许多属性。通信是基于分组的。每个数据包都是一个发布请求（将数据写入目标空间）、一个未发布请求（触发从目标处读取）、完成（携带从目标空间上读取的数据），或者表示特定事件或支持供应商定义功能的消息。传输的基本单位是 32 位的双字。事务层使用 3 个或 4 个双字长标头，后跟有效负载，最多可包含 1024 个双字（4 KB）数据。必须将较大的数据传输拆分为多个数据包。数据链路层利用接收器使用的分组序列号和循环冗余码和来包装事务数据，以验证分组的完整性。数据包作用于内存和 I/O 空间（每个可以独立配置为使用 32 位或 64 位地址）或专用配置空间。PCIe 设备可以定义多达 6 个不同的读写存储器或 I/O 区域（如果使用 64 位寻址方式则更少），其具有不同的孔径（有效地址范围）大小，以及单独可选扩展的只读存储器（ROM）空间。后者提供特定于设备的信息，或者在兼容的英特尔平台上存储其他引导代码。

今天，PCIe 是在不同机器上与扩展板连接，是高性能通信的主导标准，这些机器可能使用除原始 Intel 86 变体之外的其他处理器架构。PCIe 规范不断更新和完善，以反映现代技术趋势。该标准的下一版本——4.0 版，预计将于 2017 年完成。⊖

⊖　2017 年 10 月 26 日，PCI-SIG 组织正式发布了全新的传输标准 PCIe 4.0 接口规范，版本号为 v1.0。——译者注

6.7 外部 I/O 接口

SMP 的关键 I/O 接口是网络接口控制器（包括以太网和 IB）、用于大容量存储设备的 SATA、用于低级硬件接口的 JTAG，以及用于连接键盘等外围设备的 USB。本节将详细介绍它们。

6.7.1 网络接口控制器

2016 年 6 月的 500 强排行榜中出现的两个最常见的网络接口控制器是以太网（Ethernet）和 IB。以下小节简要概述了这些网络接口控制器。

6.7.1.1 以太网

以太网以 19 世纪许多科学家错误地认为存在的光传播媒介而命名，它是一种标准化的计算机网络技术，最初由罗伯特·梅特卡夫、大卫·博格斯、查克·塔克和巴特勒·兰普森于 1973 年在施乐的帕洛阿尔托研究中心开发 [8]；自那时起，它变得无处不在。电气和电子工程师协会（IEEE）于 1983 年制订了官方的以太网标准 802.3，该技术不断发展，带宽达到 100Gbit/s。

以太网通过将数据流分成帧来运行，具有前同步码和起始帧界符，并以帧校验序列结束。在 IEEE 标准 802.3 以太网规范中，最小帧大小为 64 字节，最大帧为 1518 字节（自扩展为 1522 字节）。前导码由 7 字节组成，后跟单个字节作为起始帧描绘符。帧本身有一个头，包含以 48 位地址编码的目标和源，被称为媒体访问控制（MAC）地址。帧数据在该头之后，并由帧校验序列终止。在千兆以太网网络中，可以使用高达 8960 字节的巨型帧，其绕过了标准以太网的最大值 1522 字节。

以太网的最新技术目前是 100Gbit/s。在 2017 年 6 月的 500 强超级计算机排名中，千兆以太网应用在 207 套系统中，是排名中最常见的内部系统互连技术 [9]。千兆以太网卡和交换机的例子如图 6-12 和图 6-13 所示。

图 6-12　千兆以太网网络接口卡（照片由 Dsimic　　　图 6-13　千兆以太网交换机的内部（照片由 Dsimic
　　　　　通过维基共享提供）　　　　　　　　　　　　　　　　通过维基共享提供）

6.7.1.2　InfiniBand

InfiniBand（IB）是可以替代以太网的计算机网络技术，起源于 1999 年。与以太网不同，IB 不需要在 CPU 上运行网络协议，这些都直接在 IB 适配器上处理。IB 还支持超级计算机节点之间的远程直接存储器访问，而不需要系统调用，从而减少了开销。IB 硬件由 Mellanox 和英特尔生产，IB 软件通过 OpenFabrics 开源联盟开发 [10]。

IB 传输速率的现有能力与 PCIe 总线支持的最快传输速率相同（增强数据速率为 25Gbit/s）。在 2017 年 6 月的 500 强超级计算机排名中，IB 技术是第二常用的内部系统互连技术，出现在 178 套系统中 [9]。IB 卡和端口的例子如图 6-14 和图 6-15 所示。

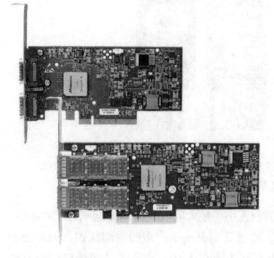

图 6-14　Mellanox IB 卡（图片由 Mellanox 友情　　图 6-15　InfiniBand 端口（照片由おむこさん志望
　　　　　提供）　　　　　　　　　　　　　　　　　　　　　　　通过维基共享提供）

6.7.2　串行高级技术附件

串行高级技术附件（SATA）是 2003 年推出的计算机接口和通信协议。其规范目前由独立的非盈利性串行 ATA 国际组织开发，该组织由多个行业合作伙伴（包括主导计算系统和存储制造商）领导。它主要用于提供与大容量存储设备的连接。SATA 取代了较旧的并行 ATA（PATA）技术。PATA 技术的缺点是数据传输带宽较低，较大的带状线缆经常阻碍节点的空气流动，缺乏对 I/O 热交换的适当支持设备。SATA 接口可以在大多数现代内置（即容纳在计算机机箱内部，因此为非便携式）HDD、SSD 和光盘驱动器（CD-ROM、DVD-ROM、BDROM 及其数据写入器等效物）中找到。

SATA 仅支持存储设备和控制器或接口扩展器之间的点对点拓扑。SATA 数据连接器（如图 6-16 所示）仅包含 7 个引脚，而 PATA 规定为 40 个引脚：一对用于数据传输，一对用于数据接收和三对接地连接。数据传输通过高速串行链路执行，这些链路使用与 PCIe 类似的技术并与之共享许多相同的质量特性。串行链路还利用匹配的阻抗电缆，确保在至少 1m 的距离内保持信号完整性。电源连接器采用 15 引脚的配置，提供接地参考和大多数连接设备所需的 3.3V、5V 和 12V 电源电压，还可以控制交错旋转功能。后者在可能有数十个磁盘驱动器的存储节点中特别有用，因为在启动期间同时启用它们会对电源造成相当大的压力，所以可能会缩短其使用寿命。两种类型的连接器都使用两阶段接合顺序，以确保首先进行接地连接，并消除在系统上电时驱动器拆卸或插入期间有不可预测的浮动电位的可能性。目前制造的大多数计算机主板支持多个 SATA 数据端口（通常为 2~8 个），而普通电源提供多个 SATA 兼容的连接。

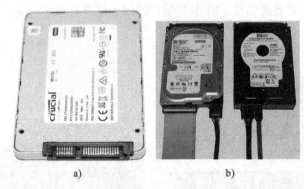

a)   b)

图 6-16　SATA 连接器：a) 2.5 英寸固态驱动器上的数据（左侧，更短）端口和电源（右侧，更长）端口标头；b) 旧型并行 ATA 电缆（左侧）与 SATA（右侧）的对比

　　SATA 规范的第一个版本支持 1.5Gbit/s 的信令速率，最大峰值数据传输速率为 150MB/s。随着 HDD 媒体速度的提高和固态存储的引入，这被证明是一个严重的性能瓶颈，而后面的修订版 SATA 2.0 和 3.0 分别将原始信号速率提高到 3 和 6Gbit/s。现代芯片组能够通过自动协商检测设备速度，并向后兼容旧驱动器。然而，早期的 SATA 2.0 实现可能要求在配置引脚上设置跳线并在某些情况下还强制有正确的基本输入 / 输出系统设置来将器件明确配置为正确的接口速度。较新的 SATA 版本还支持本机命令排队（NCQ），通过在物理块级别上重新排序请求，可以极大地提高 I/O 密集型多任务工作负载的性能，从而缩短磁盘头的行程。其他扩展包括为定期调度的数据访问引入等时服务质量、为 NCQ 处理提供主机端支持，以及更好的电源管理。自 2011 年的 3.1 版本和 2013 年的 3.2 版本以来，规范已经过两次修订，并定义了其他接口、功能和电源管理功能。

　　❑ 用于移动设备的 mSATA 接口

　　❑ M.2 小外形尺寸标准

　　❑ microSSD 标准，适用于无连接器单芯片嵌入式存储

　　❑ 空载光驱的"零功率"状态

　　❑ 用于 SSD 的 TRIM 命令，优化设备上不再使用的块的分配

　　❑ 通用存储模块，用于便携式存储模块的无线对接

　　❑ 所需的链路电源管理、DevSleep 和过渡能源报告（可实现额外的节能）

❑ 重建辅助加速独立磁盘冗余阵列中的数据重建

❑ 固态混合驱动器的性能优化

❑ 信令速度增加到 16Gbit/s，相应的峰值数据速率接近 2GB/s

除了最初为内部 I/O 设备定义的 SATA 数据端口之外，该标准规定的其他几种形式已经广泛使用或越来越受欢迎。图 6-17 所示的外部 SATA（eSATA）连接器是为了与外部存储设备进行连接而开发的。它具有更坚固的连接器，并且由于所需信号电压电平的变化，允许更长的电缆（最长 2m）。它还可以被屏蔽以减少 EMI 辐射。eSATAp 或有源 SATA 试图解决 eSATA 的主要缺点之一，即必须给外围设备提供单独的电源（以及附加电缆）。虽然尚未完全标准化，但它的目标是提供 5V 和 12V 电源以及 SATA 和 USB 2.0 数据线。

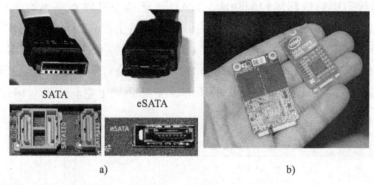

图 6-17　SATA 接口变体：a) eSATA 与 SATA 的对比；b) mSATA（左）和 M.2（右）设备，（照片 b 由 Anand Lal Shimpi 通过维基共享提供）

Mini-SATA（mSATA）及其下一版本 M.2 接口（见图 6-17b）可用于小外形尺寸很重要的场合。它们可应用在机顶盒和超薄笔记本电脑中，但通常需要设计合理的系统板，配备正确的连接器并提供足够的安装空间。

SATA 的配套规范是由英特尔开发的高级主机控制器接口（AHCI）（目前在 1.3.1 版本中）。它描述了主机控制器硬件和系统软件之间独立于实现的寄存器级接口。该规范允许系统程序员正确支持其他硬件功能，如 NCQ 和 I/O 设备的热插拔。许多流行的操作系统（例如 Windows、Mac OS 和 Linux）默认支持 AHCI。

6.7.3　JTAG

JTAG 是由 IEEE 标准 1149 指定的低级硬件接口[11]。它得名于联合测试行动小组（Joint Test Action Group），该小组于 20 世纪 80 年代中期着手开发电子电路的验证和测试方法。虽然大多数普通的计算机用户永远不会有机会直接使用 JTAG，但它被业界广泛用于后期生产印制电路板的测试（检测短路、不匹配和分离的引脚、"卡"位、硅逻辑缺陷等）。随着集成电路密度的增加，为所有支持的特性提供明确的测试点很快变得不经济。此外，JTAG 通过访问大多数设备寄存器状态（包括 I/O 引脚的状态），可进行嵌入式应用程序的电路内调试。结合制造商在大多数大规模集成电路和 VLSI 逻辑电路中常用的内置自测试功能，JTAG 可以在进入供应链之前识别出许多芯片的故障模式。由于 JTAG 可以直接操作设备硬件状态，因此偶尔也会在用户友好的选项不可用或不需要时使用它来执行固件更新。

JTAG 功能依赖于 4 个信号的存在：TCK（测试时钟）、TDI（测试数据输入）、TDO（测试数据输出）和 TMS（测试模式选择）。可选地，接口还可以包含 TRST（测试复位）信号以复位测试逻辑。为了降低所需的引脚，可以采用菊花链式连接多个配置 JTAG 的器件，如图 6-18 所示。测试数据和指令通过 TDI 线串行计时，并在 TCK（时钟）信号的上升沿通过 TDO 输出。除了一些标准的强制异常之外，指令语义依赖于实现。TMS 引脚的电平根据内部控制状态影响执行的控制功能。JTAG 连接器及其时钟频率均未标准化，JTAG 的时钟频率范围从 10MHz 到数十 MHz。主机可以在链上的任何设备中启用旁路操作，从而避免在不必要的时候与其完全通信。JTAG 的一个变种允许仅使用 TCK 和 TMSC（测试串行数据）信号的双线接口，如 IEEE 1149.7 标准的修订版所述。该更新解决了菊花链 JTAG 的一个常见问题：操作时，链中的所有设备都必须上电。IEEE 1149.7 还允许实现星形拓扑。

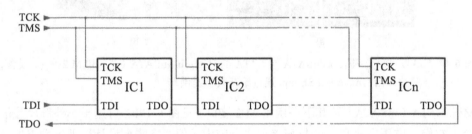

图 6-18　带有 n 个器件的 JTAG 链。集成电路（IC）块表示可以位于单个或多个印制电路板上的各个集成电路

所有 JTAG 实现必须支持带有 TCK、TMS、TDI 和 TDO 引脚的测试访问端口（TAP）、TAP 控制器、至少两位宽的指令寄存器、一位旁路寄存器和边界扫描寄存器（一位或多位）。可选地，也可以公开 32 位长的 ID 码寄存器，以便主机可以识别链中的单个设备。指令和数据寄存器形成共享数据输入 TDI 和输出 TDO 的并行数据路径。TAP 控制器嵌入一个有 16 个状态的预定义状态机。在活动时钟边缘，根据 TMS 值执行状态之间的转换。个别状态可能强制正常操作，调用由指令寄存器中的内容定义的测试函数，暂停测试，并对指令或数据寄存器中的内容执行捕获、更新或逻辑移位。所有实现所需的指令包括设备旁路和边界扫描支持（状态采样、寄存器加载以及内部和外部测试执行）。

实际的实现中经常使用定制的芯片逻辑以扩展基本的 JTAG 指令集和测试范围。因此，供应商提供专门的软件工具（基于命令行和 GUI），直接支持实现的本地功能，而无须硬件工程师或系统程序员熟悉低级细节。

6.7.4　通用串行总线

除了高性能组件之外，计算机还需要与相对低速的外围设备（如键盘和打印机）进行通信。虽然这些需求在过去已经被一些专门接口（例如 IBM 对于鼠标和键盘的 PS/2 连接器）和行业标准接口（例如串行和并行通信端口）所满足，但是当新类型的连接设备出现时，它们逐渐被淘汰。以前的解决方案的缺点是笨重的连接器具有低可替代性和互操作性，缺乏为连接设备供电的功能，不能或者最低程度地检索外围设备的类型和操作参数，受限的自动配置功能，不能用直接的方式扩展可用访问端口的数量，在某些情况下通信速度不足。

20 世纪 90 年代中期推出的 USB 标准[12]成功解决了这些问题。它目前由 USB 实施者论坛公司指导，这是一家非盈利性公司，涉及 894 家硬件和软件公司的代表，包括英特尔、惠普、NEC、瑞萨、三星、意法半导体、英飞凌、飞利浦、索尼、苹果和微软。本标准的主要特点是设计成本低、简单。USB 标准定义了体系结构、数据流模型、连接器和电缆的机械和电气特性、信号和物理层、电源和管理以及事务协议。它目前在许多类型的外围设备中实现，包括键盘、鼠标、打印机、扫描仪、照相机、手机、媒体播放器、大容量存储、调制解调器、网络适配器、游戏控制器等。该标准在三次主要修订中进行了更新，先后增加了通信带宽、详细的新连接器类型、定义的多主机通信模式（USB OTG）以及指定的附加电源管理和电池充电协议。最新版本 3.1 于 2013 年发布。

USB 提供双向通信链路，最初以 1.5Mbit/s（"低速"）和 12Mbit/s（"全速"）的信令速率运行。由于只有一对专用于数据传输的差分信号线（另两个引脚为接地和 +5V 供电轨），所以通信仅支持半双工模式。2000 年，USB 2.0 将原始数据速率提高到 480Mbit/s（"高速"模式），但由于协议开销，实现的持续数据速率仅为 25～40Mb/s，即低于峰值的 70%。USB 3.0 引入了高达 5Gbit/s 的"超高速"模式，以蓝色插座表示。一些 USB 3.0 连接器与 USB 2.0 向后兼容，通过在连接器的另一侧使用额外的 4 个引脚（用于发送和接收的两个差分线路对，从而允许全双工操作）可以提高数据速率。在 USB 3.1 中，最大信号速率加倍到 10Gbit/s，这需要引入一种全新的 Type-C 连接器格式。各种 USB 连接器和插座的概述如图 6-19 所示。本规范将低速设备的电缆长度限制为 5m，全速设备的电缆长度限制为 3m，高速设备的电缆长度限制为 5m。USB 3.0 目前不施加电缆长度限制。

USB 采用分层星形拓扑结构，顶层只有一台主机，如图 6-20 所示。为了克服主机端口数量有限的问题，可以插入多个集线器，以添加最多 7 层的额外层，最多有 127 个 USB 设备。在功能上，每个 USB 设备都符合相同的组织方案。单独的逻辑子设备被称为函数，并通过管道与主机通信。管道是连接主机和特定子设备端点的逻辑通道。每个设备最多允许 16 个输入和 16 个输出端点。端点在一个名为枚举的过程中被初始化（在设备通电后立即执行），并在设备连接后保持分配状态。管道传输消息和流：第一个是生成状态响应的相对较短的命令；而第二个是单向的，支持同步（保证带宽的重复通信）、中断（有限延迟通信）或批量（可能使用剩余链路带宽的异步通信）传输。USB 可区分多个设备（如打印机或大容量存储）的类别，以便在主机上加载适当的驱动程序软件。操作系统经常支持同一类设备共享的常见功能，而不需要特定于设备的制造商软件。

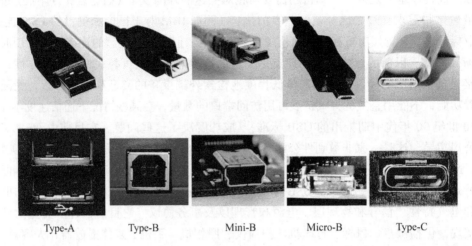

| Type-A | Type-B | Mini-B | Micro-B | Type-C |

图 6-19　常见的 USB 连接器类型（插头在顶部，插座在底部）的比较

USB 通过同一个插槽为外围设备供电或充电，方便数据传输。因此，USB 包含单独的 5V 电源线和接地线。一般来讲，电流消耗必须与主机协商，低功率设备（0.5 W）的电流消耗限制为 100mA，高功率设备的电流消耗限制为 500mA（2.5 W）。超高速装置的限值分别提高到 150 和 900mA。不幸的是，并不是所有的设备都符合规范，有些设备的电流会超过允许值，有时这会导致它们的不稳定行为。移动设备的激增促使新的端口类型——充电端口的诞生，充电端口必须提供至少 1.5A 的电流。它有支持数据通信（充电下行端口）和不支持数据通信（充电专用端口）的版本。另一个规范 USB 电源传输打算通过提供 6 个电源配置文件，在 3 个电压等级下使用专用电源配置协议提供高达 100W 的电能，并将此支持扩展到其他设备，如笔记本电脑或硬盘驱动器。

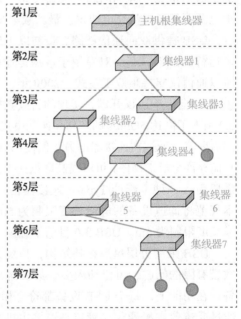

图 6-20　USB 设备以多层拓扑结构连接

6.8　本章小结及成果

❑ 最广泛使用的高性能计算机形式是对称多处理器（SMP）架构。

❑ SMP 也称为共享内存（SM）计算机或缓存一致性计算机。

❑ SMP 架构通过公共互连网络将多个处理器核心与单个共享主内存系统集成在一起。

❑ 对称多处理属性要求缓存中保存的主存储器数据值的副本必须一致（缓存一致性）。

❑ 每个 SMP 都有多个 I/O 通道，可与外围设备（SMP 外部）、用户界面、数据存储、系统区域网络、局域网和广域网等进行通信。

❑ 阿姆达定律的一个基本结果是，与加速器峰值性能增益 g 的大小无关，持续性能受原始代码可加速部分的占比 f 的限制。

❑ 定义处理器的特性包括每个插槽的核心数、高速缓存级的大小和互连性（通常为两个或三个级别）、核心的时钟速率、每个核心中算术逻辑单元的数量和类型（ILP）、芯片尺寸（$1\sim4cm^2$）、特征尺寸以及一个或多个标准化基准测试程序的交付性能。

❑ 流水线逻辑结构是一种利用非常细粒度的并行形式的一般方法，因为每个流水线级都在同时运行。

❑ 多线程通过多个指令指针集合及其相关的寄存器集合，实现多个指令流或线程的协作。

❑ "存储墙" 识别出用于数据访问的处理器插槽的峰值需求率与主存储器技术（主要是半导体 DRAM）可提供的吞吐量和延迟之间的不匹配。

❑ 内存层次结构或堆栈由内存存储技术层组成，每层在反映带宽和延迟的内存容量、成本和周期之间进行不同的权衡。

❑ 在现代 SMP 中，缓存通常不是单层高速存储而是多层，以实现速度和大小的最佳平衡。

❑ PCIe 是不同计算机上的扩展板连接和高性能通信的主要标准，这些计算机可能使用不同于原来的 Intel 86 变体的处理器体系结构。

❑ 最常见的两个网络接口控制器是千兆以太网和 IB。

❑ SATA 主要提供与大容量存储设备的连接。

❑ JTAG 广泛应用于印制电路板的后期测试。

❑ USB 标准提供了一种相对低速的方法来与附加的外围设备进行通信。

6.9　练习

1. 列出并描述 SMP 节点的组成。如果有，请列出最重要的操作参数和测量单位。给出这些参数在公共服务器硬件中可能假定的近似值。

2. 展开并给出以下缩写的定义。它们的适用范围是什么？

❑ SMP

❑ ILP

❑ CPI

❑ Mac

❑ PCIe

❑ SATA

❑ USB

3. 为什么 I/O 和扩展总线的标准化很重要？请举例说明。

4. 你是一家小型计算研究机构的 IT 专家。科学家们需要一台峰值性能为 100Tflops 的机器来进行研究。经批准的供应商提供两个单元机架式节点，带有两个 CPU 插槽，可容纳 12 个时钟频率为 3.4GHz 的核心处理器或 20 个工作频率为 2.5GHz 的核心处理器。每个核心可以在每个时钟周期内执行 4 个浮点操作。考虑到每个机架中有 32U 的可用节点空间，请回答以下问题。

   a. 你会选择哪种类型的处理器，以最大限度地减少机架的占地面积？

   b. 若达到所需峰值吞吐量，需要多少个机架？

   c. 当所有机架都满了，机器的最终峰值计算吞吐量是多少？

5. 仿真任务的顺序版本需要 90 分钟来计算 10 000 次迭代。可以使用多个执行线程来加速每次迭代，但是为线程分配工作的开销是 100ms。如果应用程序的顺序设置需要 10 分钟，而不管随后执行的迭代次数，则需要多少个内核才能将 1000 次迭代的执行时间降低到 12 分钟？假设有无限的执行资源，可以达到的最大加速比是多少？

6. 在 2.5GHz 内核上执行有 1 000 000 条指令的程序需要 2.5ms。硬件监视器报告应用程序的缓存缺失率为 6%。主内存访问平均需要 80ns，而缓存访问的延迟为 800ps。考虑所有 ALU 指令都在一个时钟周期内有效执行，请计算以下值。

   a. 应用程序中执行 ALU 操作的指令占比。

   b. 如果内核有一个 16KB 的高速缓存，如果将缓存的大小加倍会使该特定应用程序的缺失率降低 1%，那么将执行时间减半所需的缓存大小（用 2 的幂表示）是多少？

   c. 如果所有访问的数据都可放置在缓存中，那么程序运行时间和最终的加速比会是多少？

参考文献

[1] M.S. Papamarcos, J.H. Patel, A low-overhead coherence solution for multiprocessors with private cache memories, in: ISCA '84 Proceedings of the 11th Annual International Symposium on Computer Architecture, 1984.

[2] J. Wu, J.R. Larus, Static branch frequency and program profile analysis, in: MICRO 27 Proceedings of the 27th Annual International Symposium on Microarchitecture, 1994.

[3] T.-Y. Yeh, Y.N. Patt, Two-level adaptive training branch prediction, in: MICRO 24 Proceedings of the 24th Annual International Symposium on Microarchitecture, 1991.

[4] C.-C. Lee, I.-C.K. Chen, T.N. Mudge, The bi-mode branch predictor, in: MICRO 30 Proceedings of the 30th Annual ACM/IEEE International Symposium on Microarchitecture, 1997.

[5] S. McFarling, Combining Branch Predictors, 1993. WRL Technical Note TN-36.

[6] D.A. Jimenez, C. Lin, Neural methods for dynamic branch prediction, ACM Transactions on Computer Systems (TOCS) 20 (4) (2002) 369–397.

[7] PCI-sig Specifications, 2017 [Online]. Available: http://pcisig.com/specifications/.

[8] R.M. Metcalfe, D.R. Boggs, Ethernet: distributed packet switching for local computer networks, Communications of the ACM 19 (7) (1976) 395–404.

[9] TOP500 Highlights — June 2017, 2017 [Online]. Available: https://www.top500.org/lists/2017/06/highlights/.

[10] OpenFabrics Alliance, 2017 [Online]. Available: https://www.openfabrics.org/.

[11] IEEE Standards Association, 1149.1-2013-IEEE Standard for Test Access Port and Boundary-scan Architecture, 2013 [Online]. Available: http://standards.ieee.org/findstds/standard/1149.1-2013.html.

[12] USB-IF, Universal Serial Bus Revision 3.1 Specification, July 26, 2013 [Online]. Available: http://www.usb.org/developers/docs/usb_31_062717.zip.

第 7 章

OpenMP 的基础

7.1 引言

OpenMP 是一个应用程序编程接口（API），用于支持共享内存多线程形式的并行应用程序的开发。"OpenMP"代表"开放式多处理"[1]。与针对线程和共享内存的低级操作系统（OS）支持服务相比，它极大地简化了多线程并行编程的开发。对于串行编程语言 Fortran、C、C++，OpenMP 包含了单独的绑定集。对于并行应用程序，它可以轻松访问对称多处理器（SMP）计算机中的通用类资源。

本章描述了与 C 编程语言绑定相关的语法结构。对于那些不熟悉 C 编程的人来说，本书的附录中提供了相关教程。OpenMP 以编译器指令、环境变量和运行时库例程的形式提供对 C 的扩展，以在共享内存的上下文中公开和执行并行线程。设计的一个原则是允许对串行 C 代码进行增量更改，以便于使用和从初始的基于 C 的应用程序到并行程序的自然迁移。这样，它可提供实用且强大的并行计算方法，但无可否认地是应在并行计算机的 SMP 类可扩展限制内。

OpenMP 是最广泛使用的并行编程 API 之一。但是，它在硬件系统架构的可扩展性方面受到限制，为共享内存提供了统一存储器访问（UMA）。本章介绍了 OpenMP 的基本知识以及如何利用其进行并行编程。假设以前没有并行编程经验，这是本章的一个出发点和初始的覆盖范围，本章提供了所有必要的概念和语义结构，以便开发有用的实际应用程序。本书主要关注 2.5 版本，它是后续版本的核心，可能是使用最广泛的版本以及最广泛支持的版本。

共享内存并行体系结构最初是在 20 世纪 80 年代开发的，并且设计了许多 API 来帮助编程。OpenMP 规范标准流程始于 1997 年，基于此前的工作，这种接口的早期草案 ANSI X3H5 于 1994 年发布。OpenMP 演进由 OpenMP 架构审查委员会监督，该委员会由行业和政府合作伙伴组成。第一个基于 C 的规范 C/C++1.0 于 1998 年发布，随后是 2002 年的 C/C++ 2.0。C 和 Fortran 规范自 2005 年以来一起发布，2005 年、2008 年和 2011 年分别发布了 OpenMP 2.5、3.0 和 3.1。最新版本 4.5 于 2015 年发布。

7.2　OpenMP 编程模型概览

OpenMP 提供了一个共享内存的多线程编程模型。它假设底层硬件支持共享内存的有效管理，包括虚拟地址和处理器内核之间以及跨多个插槽的缓存一致性，这是定义并行计算机的 SMP 类的主要方面。所有处理器核心都可以直接访问系统中所有共享的内存。图 7-1 给出了一个简单但很有说明性的适用于 OpenMP 编程的并行计算机类的表示。关键元素是执行并发线程计算的处理器核心 P、线程可以平等访问的内存存储体 M，以及启用内存共享体系结构和执行模型的 P 和 M 元素之间的连接。

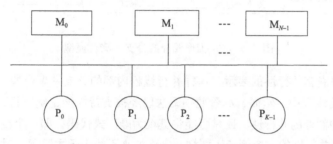

图 7-1　共享内存多处理器

7.2.1　线程并行

线程是提供并行计算的主要方法，是一个含私有变量和内部控制的独立可调度的指令序列。通常分配给用户计算的线程数量与分配给计算的处理器核心数相同。但是，这不是必需的。线程分为主线程和工作线程。单个主线程存在于计算的整个生命周期，自始至终。有时主线程是一次执行的唯一线程。工作线程提供了额外的并发执行路径以提高性能。工作线程由主线程控制，并由 OpenMP 指令来描述。与线程数量一样，如何调度线程也是由环境变量决定的，可以是静态的也可以是动态的。

OpenMP 支持并行计算的分支 - 聚合（fork-join）模型。在执行过程中的特定位置处，主线程生成许多线程，并用它们并行地执行程序的一部分。多个工作线程的触发位置称为分支（fork）。通常，所有这些线程都单独执行计算，当它们完成计算时也会等待其他线程完成计算。这是并行线程的聚合（join），聚合的默认情况是隐式栅栏同步。在超越该控制点的计算执行之前，所有线程都必须完成。OpenMP 并行程序主要由这样的分支 - 聚合工作线程和主线程并行段序列组成，并行段之间由单独的顺序式主线程段分隔开，如图 7-2 所示。并发主 / 工作线程的指令分段，对每个线程而言都是相同的，区别在于各自的私有变量的值。这是单程序多数据（Single-Program，Multiple Data，SPMD）模型。并发线程可以各自执行不同的代码块，这些块分别由适当的指令描述。在这两种情况下，除非通过添加相关指令来显式规避，否则将强制执行并发线程末尾的聚合同步。图 7-2 展示了这种并行控制流。横轴从左到右表示时间，而纵向访问显示一个或多个并发线程的工作。最低的一行是主线程，它从 OpenMP 程序的开始持续到结束。在关键分支处，多个线程被启动以执行可并发进行的工作。这些线程可能有些不规则，因为即使它们的指令代码相同，它们也不执行完全相同的工作。当所有并发线程在聚合同步点上完成时，计算可以继续推进。在每一种情况下，在遇到下一个线程分支前都由主线程单独推进。

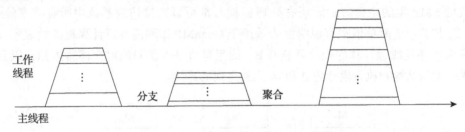

图 7-2　主 / 工作线程的分支 – 聚合模型

OpenMP 允许嵌套并行性的表示，这样并行线程内部的分支 – 聚合段本身就可以嵌入到外部并行线程段的线程中。然而，尽管此项语法已经被支持并能正确执行，但并不是所有实现都能利用好这种额外的并行性，还是可能将其视为顺序式代码，即一个接一个的内部线程。图 7-3 给出了嵌套并行性的一个例子。同样，下面的水平线表示主线程，时间从左到右递增。首先，当主线程遇到有并行性的分支点时，创建一组工作线程；这是外部分支（outer fork）。然后，这些外部线程各自遇到自己的内部分支（inner fork），再创建二级并行线程，从而为可扩展性提供更多的并发性。然后，每个外部线程的内部线程与各自匹配的内部聚合（inner join）同步，在此之后外部线程继续推进，直到在其余外部聚合（outer join）同步点遇到与其他外部线程。OpenMP 调度程序在可能的情况下会使用这种增加的并行性来提高性能。

图 7-3　嵌套的并行线程

7.2.2　线程变量

OpenMP 是一个共享内存模型，允许同一个用户进程的所有线程直接访问全局变量。为了支持并发的所有线程同步执行相同代码块的 SPMD 控制模式，OpenMP 还提供了私有变量。它们具有相同的语法名称，但是其作用域仅限于使用它们的线程。名称相同的私有变量在产生它们的每个线程中都有不同的值。一个经常出现的例子是使用索引变量访问向量或数组中的元素。虽然所有线程都将使用相同的索引变量名（通常是"i"），但当访问共享的向量元素（假设是"x[i]"）时，索引变量值的范围在并发线程之间各自不同。要实现这一点，索引变量必须是私有的而非共享的。事实上，尽管大多数普通变量默认是共享的，但这种特殊的习惯用法很常见，以至于此类变量的用例默认就是私有的。指令子句可让用户显式地设置变量的这些属性。关于变量如何被使用的另一种变体，与归约运算符（例如求和或求积）相关。在这种特殊情况下，归约变量是私有变量和全局变量的混合，7.5 节中对此有详细讨论。

7.2.3　运行时库与环境变量

OpenMP 并行应用程序由核心语言（即 Fortran、C、C++）的语法以及用于指导并行线程执行和设置特定操作属性的附加结构组成。这其中包括了环境变量、编译器指令以及运行时库。环境变量定义运行 OpenMP 程序的操作条件和策略，其值可以通过 OS 用户接口命令在系统 shell 中设置，从程序内部可以通过运行时库例程来访问它们。编译器指令以注释的形式出现，但是通过 OpenMP 扩展——pragmas——它们被视为指导并行执行的命令。额外的功能是通过运行时库例程提供的，这些例程可以帮助管理并行程序。许多运行时库例程都有相应的环境变量，这些变量可由用户控制。示例包括了决定线程和处理器数量、要使用的调度策略以及可移植的时钟计时等内容。

7.2.3.1　环境变量

OpenMP 提供了控制并行代码执行的环境变量。可以在执行应用程序之前从 OS 命令行或等效方式中，根据用户 shell 选择使用 export 或 setenv 命令来设置这些变量值。这些变量具有默认设置，因此只有在需要用可选值时才必须显式地设置它们。有 4 个主要的环境变量。

OMP_NUM_THREADS 通过设定用户程序使用的线程数来控制 OpenMP 应用程序的并行性。这通常决定了分配给用户程序的内核数量，但并不总是如此。当请求的线程数多于可用量时，它们可能与 OS Pthreads 相关联，这要求 OS 进行上下文切换，会给计算增加额外的开销。默认选项依赖于系统。要将这个环境变量的值设置为 8，可以使用下面的 bash 命令：

```
export OMP_NUM_THREADS=8
```

OMP_DYNAMIC 可对执行并行区域的线程数进行动态调整。在某些条件下，这提供了一定程度的适应性，可以最优地使用任务粒度，以最小化开销和不规则性的影响。然而，它也会在运行时系统中带来额外的开销，并不总是可以提高性能。该环境变量的默认值为FALSE，这意味着所使用的线程数量保持为在环境变量 OMP_NUM_THREADS 中所设置的数值。要更改此选项以启用动态线程分配，请使用以下 bash 命令：

```
export OMP_DYNAMIC=TRUE
```

OMP_SCHEDULE 管理循环中的负载分布，比如 pragmas 的并行（将在 7.3.3 节中讨论）。这个环境变量为所有这样的循环设置调度类型和块大小，块大小可以为整型数值。OMP_SCHEDULE 的默认值是 1。要设置这个二元组变量，请使用以下形式：

```
export OMP_SCHEDULE=schedule,chunk
```

OMP_NESTED 允许 OpenMP 应用程序中的嵌套并行性。这可能给更高的并行性提供了机会，可能增加了可扩展性，但在固定开销存在的情况下，存在粒度细化的风险，此风险可能降低程序效率。此变量的布尔环境默认值为 FALSE，只允许使用顶级的分支 – 聚合并行机制。支持多级并行，需设置此环境变量，请使用以下形式：

```
export OMP_NESTED=TRUE
```

7.2.3.2 运行时库例程

运行时库例程有助于管理并行应用程序的执行，包括访问、使用上述环境变量。在代码中使用这些例程之前，必须添加以下 include 语句：

```
#include <omp.h>
```

有两个重要的例程能让程序知道有多少个线程在并发运行，并为每个线程在整个线程集中确定一个唯一的等级。第一个函数，

```
omp_get_num_threads()
```

返回当前调用环境中正在执行并行块的组中的线程总数。通常，这是环境变量 OMP_NUM_THREADS 的直接反映。第二个重要的运行时例程

```
omp_get_thread_num()
```

返回一个值给执行并行代码块的每个线程，其值与该线程唯一匹配，它可以在计算中用作线程的一种标识符。当主线程调用这个函数时，返回值通常为 0，借此确定它在计算中的特殊作用。工作线程对这个例程的调用将返回一个介于 1 和环境变量值 OMP_NUM_THREADS -1 之间的值。

7.2.3.3 指令

OpenMP 指令是一种主要的构造类，用于将初始的顺序式代码增量地转换为并行程序。它们有很多用途，主要是通过描述和同步来控制并行性。下面几节详细描述了用于并行和

借助同步机制实现共享变量互斥，以及归约计算的指令。所有指示均采用以下形式：

```
#pragma omp <directive> <clauses> <statement/code block>
```

如示例所示，可以在嵌套组织中一次处理一个这样的指令，或者在许多情况下结合使用以简化文本表示。子句允许满足可选条件，比如声明变量的作用范围（例如 private）。

7.3　并行线程和循环

7.3.1　并行线程

根据 C 语言编程及其教学的传统，第一个示例程序是"Hello World"。OpenMP 可以构造一个非常简单的并行程序来使用多个线程打印该语句。它只需要一个 OpenMP 命令

```
#pragma omp parallel
```

就可以将传统的顺序式 C 代码转换为并行代码。这种从串行到并行的简单转换是 OpenMP 的显著优势之一。并行 Hello World 的编写如代码 7.1 所示。

就这样！编译并运行后，结果将是一系列打印的文本行：Hello World。这样的输出行数由环境变量 OMP_THREAD_NUM 决定。这段代码与传统 C 版本代码的唯一区别是，在并行版本中只添加了一条 OpenMP 指令：#pragma omp parallel。并行编译指示的作用是派生分配的线程数量，并令属于此类的每个线程执行指定的代码块。因此，每个线程执行一次 printf 语句，每次打印"Hello World"。这段毫无用处的代码演示了并行编译指示的使用和功能，它可能是 OpenMP 中最重要的指令。它在整个程序中创建了并行线程的分支和后续聚合。

```
#include <stdio.h>
#include <omp.h>

int main() {
#pragma omp parallel
{
  printf("Hello World \n");
}

  return 0;
}
```

代码 7.1　并行版 Hello World 示例

```
Hello World
Hello World
Hello World
Hello World
```

输出 1　代码 7.1 的执行结果，此时的环境变量 OMP_NUM_THREADS 设为 4

7.3.2 私有

在上面的 Hello World 的简单版本中，独立执行的线程之间没有任何区别。为了让线程变得有用，它们需要支持不同的工作，即使代码块是相同的。通常需要为每个线程提供一些局部状态，不过也有一些特殊情况（比如归约变量）。指令中的 private 子句是实现这一目标的主要方法，它在代码块中声明一个变量，该变量对每个线程都具有局部性。这意味着每个线程都有自己的命名变量副本，且允许每个线程都有各自的变量值，它们独立于执行相同代码块的其他线程。

```
#include <stdio.h>
#include <omp.h>
int main() {
  int num_threads, thread_id;
#pragma omp parallel private(num_threads, thread_id)
{
    thread_id = omp_get_thread_num();
    printf("Hello World. This thread is: %d\n", thread_id);
    if (thread_id == 0) {
    num_threads = omp_get_num_threads();
    printf("Total # of threads is: %d\n", num_threads);
    }
}
  return 0;
}
```

代码 7.2　Hello World 示例代码，每个 OMP 线程将各自的线程标识号打印出来

```
Hello World. This thread is: 0
Total # of threads is: 4
Hello World. This thread is: 3
Hello World. This thread is: 1
Hello World. This thread is: 2
```

输出 2　代码 7.2 的输出，其中环境变量 OMP_NUM_THREADS 设为 4

变量 num_threads 和 thread_id 被声明为私有变量，因此为每个线程提供了这两个变量的单独副本，每个线程中的值可能不同。在本例中，num_threads 只被主线程（即线程 0）使用。omp_get_num_threads 运行时函数只由主线程调用。每个线程都有自己的 thread_id 副本。运行时函数 omp_get_thread_num() 将为线程 ID 的不同版本向每个线程返回一个不同的独一无二的值。

7.3.3 并行"for"语句

并行性最有用的来源之一是线程之间的循环分布。在 C 语言中，循环由"for"构造定义，该构造通过循环结构代码中局部索引变量指定的范围，确定代码块的迭代次数。下面

是将两个数组合并到一起的顺序式代码块。

```
1  #include <stdio.h>
2  #include <stdlib.h>
3
4  int main (int argc, char *argv[])
5  {
6    const int N = 20;
7    int nthreads, threadid, i;
8    double a[N], b[N], result[N];
9
10   // Initialize
11   for (i=0; i < N; i++) {
12     a[i] = 1.0*i;
13     b[i] = 2.0*i;
14   }
15
16   for (i=0; i<N; i++) {
17     result[i] = a[i] + b[i];
18   }
19
20   printf(" TEST result[19] = %g\n",result[19]);
21
22   return 0;
23 }
```

代码 7.3　将两个数组合并到一起的串行示例

```
TEST result[19] = 57
```

输出 3　代码 7.3 的输出

与许多现实程序一样,这个程序分为 3 个部分:初始化、计算和输出。在这个简单的程序中,大部分代码行都用于声明和初始化程序变量。这里包括整型变量 N、nthreads、threadid 和 i,以及双精度浮点向量 a、b 和 result。其中包含一个 for 循环(诚然是不必要的),用于将向量元素初始化为双精度值。计算的输出由一条 printf 语句给出,该语句将结果向量的最后一个元素发送到标准输入 / 输出流(通常是屏幕或文件)。

该程序可以很容易地转换为并行执行,以提高计算性能且减少求解时间。要将上面的程序转换为并行程序,需要 3 个附加步骤:

1. 包含 OpenMP 头文件。

2. 划定要并行化的代码块。

3. 指定要在并发线程之间分布的循环。

上述前两个语义结构已经讨论过了。OpenMP 库通过如下命令来集成:

```
#include <omp.h>
```

通过如下指令建立并行代码块：

```
#pragma omp parallel
{
...
}
```

新的结构是 parallel for 指令。此指令支持工作共享，其中循环总体工作会分发给分配的线程。其效果是将 for 循环的私有索引变量的取值范围划分成子范围并分配给每个并行线程，子范围的跨度最好一致。因此，每个线程负责循环总体工作的一部分；所有线程分别处理各自的部分，但同时执行并行计算。最优情况下，加速比将等于正在使用的线程数量，但是由于一些原因（稍后讨论），很少能够完全实现这种级别的扩展。parallel for 指令如下：

```
#pragma omp for
```

示例向量加法的并行版本在代码 7.4 中给出，附加的 OpenMP 指令在第 1、17 和 20 行。

```
1  #include <omp.h>
2  #include <stdio.h>
3  #include <stdlib.h>
4
5  int main (int argc, char *argv[])
6  {
7     const int N = 20;
8     int i;
9     double a[N], b[N], result[N];
10
11    // Initialize
12    for (i=0; i < N; i++) {
13       a[i] = 1.0*i;
14       b[i] = 2.0*i;
15    }
16
17 #pragma omp parallel
18    { // fork
19
20    #pragma omp for
21    for (i=0; i<N; i++) {
22       result[i] = a[i] + b[i];
23    }
24
25    } // join
26
27    printf(" TEST result[19] = %g\n", result[19]);
28
29    return 0;
30 }
```

代码 7.4　代码 7.3 的 OpenMP 并行版。OpenMP 的附加指令可在第 1、17、20 行中看到。代码 7.4 的输出与代码 7.3 的相同，参见输出 3

虽然结果正确，但是上面的代码有点冗长。OpenMP 允许通过合并有意义的不同指令来压缩代码文本。例如，parallel 和 for 指令可以合并成一个语句，如代码 7.5 所示。

```
1  #include <omp.h>
2  #include <stdio.h>
3  #include <stdlib.h>
4
5  int main (int argc, char *argv[])
6  {
7     const int N = 20;
8     int i;
9     double a[N], b[N], result[N];
10
11    // Initialize
12    for (i=0; i < N; i++) {
13       a[i] = 1.0*i;
14       b[i] = 2.0*i;
15    }
16
17    #pragma omp parallel for
18    for (i=0; i<N; i++) {
19    result[i] = a[i] + b[i];
20    }
21
22    printf(" TEST result[19] = %g\n", result[19]);
23
24    return 0;
25 }
```

代码 7.5　将代码 7.4 中的 parallel 和 for 指令合并到一条语句中

注意，不需要加大括号，因为现在的代码块由一条语句组成。为了找出哪个线程执行了向量加法的哪个索引，需要一些额外的语句，如代码 7.6 所示。

```
1  #include <omp.h>
2  #include <stdio.h>
3  #include <stdlib.h>
4
5  int main (int argc, char *argv[])
6  {
7     const int N = 20;
8     int nthreads, threadid, i;
9     double a[N], b[N], result[N];
10
11    // Initialize
12    for (i=0; i < N; i++) {
13       a[i] = 1.0*i;
14       b[i] = 2.0*i;
15    }
```

代码 7.6　在这个向量加法的示例中，对于每个索引执行操作的线程，其 ID 被打印到屏幕上

```
16
17  #pragma omp parallel private(threadid)
18    { // fork
19    threadid = omp_get_thread_num();
20
21    #pragma omp for
22    for (i=0; i<N; i++) {
23      result[i] = a[i] + b[i];
24      printf(" Thread id: %d working on index %d\n",threadid,i);
25    }
26
27    } // join
28
29    printf(" TEST result[19] = %g\n",result[19]);
30
31    return 0;
32  }
```

代码 7.6 （续）

在代码 7.6 中引入了一个新变量 threadid，它包含 OpenMP 线程索引，并在 OpenMP 并行区域内初始化。因为它是在并行区域之外声明的，所以 OpenMP 默认将它视为全局变量。因此，有必要在第 17 行的 OpenMP 并行 pragma 后面的子句中将其声明为私有变量。

```
Thread id: 0 working on index 0
Thread id: 0 working on index 1
Thread id: 0 working on index 2
Thread id: 0 working on index 3
Thread id: 0 working on index 4
Thread id: 0 working on index 5
Thread id: 0 working on index 6
Thread id: 1 working on index 7
Thread id: 1 working on index 8
Thread id: 1 working on index 9
Thread id: 1 working on index 10
Thread id: 1 working on index 11
Thread id: 1 working on index 12
Thread id: 1 working on index 13
Thread id: 2 working on index 14
Thread id: 2 working on index 15
Thread id: 2 working on index 16
Thread id: 2 working on index 17
Thread id: 2 working on index 18
Thread id: 2 working on index 19
TEST result[19] = 57
```

输出 4　令 OMP_NUM_THREADS=3 时代码 7.6 的输出。OpenMP 中的默认线程调度器将 for 循环大致分成 3 个相等的部分：线程 0 处理的数组索引为 0~6，线程 1 处理的数组索引为 7~13，线程 2 处理的数组索引为 14~19

可以用 schedule 子句改变某个线程在某个索引上工作的控制行为，如 7.2.3.1 节所述。这在代码 7.7 中进行了说明。

```
 1 #include <omp.h>
 2 #include <stdio.h>
 3 #include <stdlib.h>
 4
 5 int main (int argc, char *argv[])
 6 {
 7    const int N = 20;
 8    int nthreads, threadid, i;
 9    double a[N], b[N], result[N];
10
11    // Initialize
12    for (i=0; i < N; i++) {
13       a[i] = 1.0*i;
14       b[i] = 2.0*i;
15    }
16
17    int chunk = 5;
18
19 #pragma omp parallel private(threadid)
20    { // fork
21    threadid = omp_get_thread_num();
22
23 #pragma omp for schedule(static,chunk)
24    for (i=0; i<N; i++) {
25       result[i] = a[i] + b[i];
26       printf(" Thread id: %d working on index %d\n",threadid,i);
27    }
28
29    } // join
30
31    printf(" TEST result[19] = %g\n",result[19]);
32
33    return 0;
34 }
```

代码 7.7 schedule 子句的一个示例。for 循环中的工作将被静态地划分成大小为 5 的块

```
Thread id: 0 working on index 0
Thread id: 0 working on index 1
Thread id: 0 working on index 2
Thread id: 0 working on index 3
Thread id: 0 working on index 4
Thread id: 0 working on index 15
Thread id: 0 working on index 16
Thread id: 0 working on index 17
Thread id: 0 working on index 18
Thread id: 0 working on index 19
Thread id: 1 working on index 5
Thread id: 1 working on index 6
Thread id: 1 working on index 7
```

输出 5 令 OMP_NUM_THREADS=3 时代码 7.7 的输出。for 循环在 3 个线程之间被静态
地划分为几个大小为 5 的块。因此，线程 0 操作数组索引 0～4 和 15～19，线程
1 操作 5～9，线程 2 操作 10～14

```
Thread id: 1 working on index 8
Thread id: 1 working on index 9
Thread id: 2 working on index 10
Thread id: 2 working on index 11
Thread id: 2 working on index 12
Thread id: 2 working on index 13
Thread id: 2 working on index 14
TEST result[19] = 57
```

输出 5 （续）

7.3.4　块

OpenMP 提供了第二种功能强大的方法来指定并行代码块之间的工作共享。sections 指令描述了单独的代码块，每个代码块包含不同的指令序列，这些序列可以并发执行。每个代码块会分配一个线程。整组并行块由以下指令启动：

```
#pragma omp sections
{ ... }
```

这个结构中是一组嵌套的代码块，每个代码块由以下指令开始。

```
#pragma omp section
{ <code block> }
```

第一个代码块不需要自己的 section pragma（section pragma 负责第二个任务）。section 代码块结构的简单示例如下。

```
 1 #pragma omp parallel
 2 {
 3 #pragma omp sections
 4 {
 5 {
 6 <1st parallel code block>
 7 }
 8 #pragma omp section
 9 {
10 <2nd parallel code block>
11 }
12 #pragma omp section
13 {
14 <3rd parallel code block>
15 }
16 }
17 }
```

这种嵌套的代码块结构可以扩展表示成尽可能多的不同并发块。但是，根据环境变量指定的线程数，不是所有这些线程都可以同时执行。

代码 8 中的示例演示了如何使用 sections 和嵌套 section 指令来指定 3 个要并发执行的独立代码块。三次计算确定了关于整型集合 x 中元素值的统计信息。第一次计算确定了该集合内的最小值和最大值；第二次计算元素平均值；第三步计算元素值平方的平均值，之后用它来提供方差值。

```
1  #include <stdio.h>
2  #include <stdlib.h>
3  #include <omp.h>

4  int main()
5  {
6     const int N = 100;
7     int x[N], i, sum, sum2;
8     int upper, lower;
9     int divide = 20;
10    sum = 0;
11    sum2 = 0;
12
13 #pragma omp parallel for
14    for(i = 0; i < N; i++) {
15      x[i] = i;
16    }
17
18
19 #pragma omp parallel private(i) shared(x)
20 {
21
22 // Fork several different threads
23 #pragma omp sections
24    {
25      {
26        for(i = 0; i < N; i++) {
27          if (x[i] > divide) upper++;
28          if (x[i] <= divide) lower++;
29        }
30        printf("The number of points at or below %d in x is %d\n",divide,lower);
31        printf("The number of points above %d in x is %d\n",divide,upper);
32      }
33 #pragma omp section
34      { // Calculate the sum of x
35        for(i = 0; i < N; i++)
36          sum = sum + x[i];
37        printf("Sum of x = %d\n",sum);
38      }
39 #pragma omp section
40      {
41        // Calculate the sum of the squares of x
42        for(i = 0; i < N; i++)
43          sum2 = sum2 + x[i]*x[i];
44
45        printf("Sum2 of x = %d\n",sum2);
46      }
47    }
48 }
49    return 0;
50 }
```

代码 7.8　OpenMP 中的 section 示例

7.4 同步

OpenMP 的一个优点是在多个并发线程之间共享全局数据。这个"共享内存"模型提供了一个程序数据视图，类似于使用传统顺序式编程接口（如 C 语言）时的体验。这与"分布式内存"模型不同，后者需要特殊的收发消息传递语义来在并发进程之间交换数值，相关示例在消息传递接口编程库中可以找到。但是这种易用性带来了一个严峻的挑战：控制访问共享变量的顺序。在区分私有变量和共享变量时，会遇到此类问题的另一种形式。将一个变量标识为私有型，可能避免多个线程之间的无序问题。在这里，命名变量的副本与单独的线程访问无关。然而，如果进行了适当的协调，线程之间通过共享内存进行通信是一种频繁且高效的协作计算方式。OpenMP 集成了语义结构，这为 SMP 并行架构类的全局内存共享使用提供了协调。

在共享内存系统中，线程之间的通信主要通过对共享变量的读写操作来进行。如果两个线程都读取之前设置好了的共享变量值，则线程访问该变量的顺序无关紧要；任何一个线程都可以先执行读操作，然后另外一个线程接着执行。但是，如果一个线程通过全局写操作负责为另一个线程设置要读取和使用的数值，那么访问的顺序显然很重要。如果不能确保正确的访问顺序，可能会导致错误。当涉及两个以上线程时，情况将变得更加复杂。

同步定义了一些机制，以帮助协调并行程序中使用共享上下文（共享内存）的多个并行线程的执行。如果没有同步，多个线程访问共享内存的位置可能会导致冲突。当两个及以上的线程试图同时修改同一个位置时，就会发生这种情况。如果一个线程试图读取某个内存位置，而另一个线程正在更新该位置，也会发生这种情况。若没有严格的操作顺序控制，竞争条件可能使这些动作的结果具有不确定性；最终不能保证程序执行总是得到相同的结果。通过在多个线程之间提供显式的协调，同步机制有助于阻止这种竞争和访问冲突，其中包括隐式事件同步机制和显式保护同步指令。

隐式同步机制决定事件在多个线程上的发生。栅栏是 OpenMP 中事件同步机制的一种简单形式，用于协调多个线程使之及时按时间对齐。栅栏在并行程序中建立一个点，每个线程会等待所有其他类似线程在各自的执行中到达相同的点。这确保所有计算线程都在此点位置的特定指令之前完成了计算。只有在所有线程都到达栅栏之后，它们中的任何一个才能继续推进。

显式同步机制直接控制对特定共享变量的访问，这保证一次至多只有一个线程能访问该变量。当线程需要对数据元素执行复合型原子操作序列（比如 read-modify-write，读 - 改 - 写）而不能干扰到其他线程时，这一点尤其重要。尽管这并不能固定访问的顺序，但它确实保护了一个变量，直到与该变量关联的任何一个线程的活动在没有冲突的情况下完成为止。此类同步结构提供了互斥性。

7.4.1 临界同步指令

OpenMP 的编译指示 critical 指令为多线程访问共享变量提供了互斥性。当给定共享变量的所有可能访问都来自相同代码段的多个并发线程时，该指令提供了竞争条件的保护和最小的性能损失。critical 指令描述了一个代码块，该代码块一次只允许一个线程执行。在该块的指令序列中访问的任何全局变量都会受到保护，以免同一代码块的多个并发执行线程试图访问它。一旦一个线程进入这个临界区，其他线程就必须等待它退出该区域。不同线程之间执行此临界代码块的先后顺序无法确定；只保证每次只允许一个线程进入并完成指定的代码。critical 编译指示允许在共享变量上安全地执行原子性的读 – 改 – 写操作序列。

critical 编译指示形式如下：

```
#pragma omp critical
{
...
}
```

下面是使用它安全地执行复合原子操作的一个例子。

```
int n;
n = 0;
...
#pragma omp parallel shared(n)
{
#pragma omp critical /* delineate critical region */
n = n + 1; /* increment n atomically */
} /* parallel end */
```

这段简单的代码允许多个线程增加共享变量 n，而不会引起由它们之间的竞争而破坏结果数值。独立于各线程执行临界区的顺序，n 的最终结果是相同的。

7.4.2　master 指令

master 指令提供了另一种可能更简单的方法，用于保护线程之间的共享变量，以避免竞争和可能的结果数值受损。顾名思义，该指令对指定代码块的主线程提供了完全控制。一个由 master 编译指示描述的代码块只由一个线程执行，即主线程。当主线程遇到 master 指令时，它会像对待其他代码一样执行它。但是当主线程之外的任何线程（所有工作线程）到达一个主代码块时，它不会执行此块，而是跳过这部分代码。因此，这个特定的代码块只由主线程执行一次。不存在有竞争条件的可能性，因为只有一个线程被允许访问主代码块中引用的全局共享变量。主区域暗示没有栅栏。不执行此代码的工作线程会直接绕过它并继续推进，不会因为主区域而产生任何延迟。master 指令采用以下语法形式：

```
#pragma omp master
{
... /* protected code block */
}
```

7.4.3 barrier 指令

barrier 编译指示将计算置于已知的控制状态，同步所有并发线程。当遇到一个给定的 barrier 指令时，所有线程都会在代码中的这个位置停止执行，等待所有其他线程都到达相同的执行点。只有当所有的线程都到达 barrier 指令的位置时，它们中的任何一个才能继续推进。一旦所有线程都执行了 barrier 操作，它们会在 barrier 操作之后才继续执行计算。

barrier 操作用于确保所有线程都完成了前面的计算，不管它们是以什么顺序调度或以什么速度执行的。这个习惯法的一个重要目的是实现批量同步并行协议，这是一种非常常见的并行计算形式。使用这种方法，可令一组线程从共享内存中读取数据，并对数据的副本值执行必要的运算；之后这组线程被阻塞。只有当所有线程都完成了计算并到达阻塞点时，它们才能继续推进并将运算结果写回共享变量。有一种情况（实际上存在好几种情况）是，在每个线程写入共享内存之后，它们会第二次遇到栅栏，并且再次等待所有其他线程完成其共享内存回写操作。安全地执行了所有写操作之后，这些线程可以通过读取最新的共享变量值安全地重复并行计算的下一步，共享变量值由于栅栏机制的存在而能保证是正确的。barrier 指令格式如下：

```
#pragma omp barrier
```

7.4.4 single 指令

single 指令将同步机制与动态调度形式相结合。它扩展了 master 编译指示，允许任何线程执行该操作，并在代码块末尾连接一个隐式栅栏。被描述的代码块仅由一个线程执行，就像 master 指令那样；但与 master 指令不同的是，执行线程可以是任何正在运行的线程，但只能是其中的一个。第一个到达指令序列中的 single 编译指示会构造块的线程并将执行该指令所标识的代码块，其余的线程将不执行该代码。但是所有的线程都将遇到一个栅栏，这个栅栏阻止它们绕过 single 编译指示代码块的末尾，直到所有线程在执行过程中都到达那个点才放行。只有当由 single 编译指示标识代码块的线程执行完成并退出该代码块后，所有其他线程才能继续运行。single 指令形式如下：

```
#pragma omp single
{
... /* protected code executed by only one thread */
}
```

7.5 归约

归约运算符是将大量值组合在一起以生成单个结果值的一种方法。常见的例子有一系列变量（整数或实数）的求和，以及逻辑或运算。虽然这可以通过更多的原语操作函数来实现，但是 OpenMP（像其他编程接口一样）提供了一种方便的方法来完成归约。而且在某些情况下，它还可以并行地完成此类归约，从而提高性能（相对于顺序式运算的实现）。reduction 编译指示指令可以采用以下形式：

```
#pragma omp reduction(op : result_variable)
{
  result_variable = result_variable op expression
}
```

其中的归约运算符 op 可以是下列几种之一：

+, *, -, /, &, ^, |

result_variable 是一个标量值，每个线程都有一个这样的元素作为私有变量。

```
1  #include <stdio.h>
2  #include <omp.h>
3
4  int main() {
5    int i, n, chunk;
6    float a[16], b[16], result;
7    n = 16;
8    chunk = 4;
9    result = 0.0;
10
11
12   for (i = 0; i < n; i++) {
13     a[i] = i * 1.0;
14     b[i] = i * 2.0;
15   }
16
17   #pragma omp parallel for default(shared) private(i) schedule(static, chunk) \
18     reduction(+ : result)
19     for (i=0; i < n; i++)
20       result = result + (a[i] * b[i]);
21
22   printf("Result = %f\n", result);
23   return 0;
24 }
```

代码 7.9　归约的例子

```
Result = 2480.000000
```

输出 6　代码 7.9 的输出

7.6　本章小结及成果

- ❏ "OpenMP" 的含义是 "开放的多进程"。

- ❏ OpenMP 是一个用于并行计算的 API，拥有 Fortran 和 C 等编程语言的绑定集。

- ❏ OpenMP 支持共享内存的多处理器编程，包括 SMP 和并行计算机系统中的分布式共享内存类。

- ❏ OpenMP 支持并行计算的分支 – 聚合模型。在执行过程中的特定点上，主线程生成许多线程，并使用它们并行地执行程序的一部分。多个工作线程被初始化的点称为分支点。通常，所有这些线程都单独执行各自的计算，当各自完成计算时，它们等待其他线程在并行线程的聚合点位置完成计算。

- ❏ OpenMP 提供了控制并行代码执行的环境变量。这些可以在应用程序执行之前通过 OS 命令行或等效方式进行设置。

- ❏ 运行时库例程有助于管理并行应用程序的执行，包括访问和使用上述环境变量。库例程是在 omp.h 文件中提供的，在使用这些例程之前必须显式引入（#include <omp.h>）。

- ❏ 线程是提供并行计算的主要方法。线程是一个独立的可调度指令序列，带有它的私有变量和内部控制。通常分配给用户计算的线程数与分配给计算的处理器核心数相同，这一点不是强制要求的。

- ❏ omp_get_num_threads() 返回调用本函数时所在的执行并行块的当前组中的线程总数。

- ❏ omp_get_thread_num() 给每个执行并行代码块的线程返回一个值，该值对于每个线程是唯一的，可以在线程的计算中用作一种标识符。当主线程调用这个函数时返回值总是 0 时，可以确定它在计算中的特殊角色。

- ❏ OpenMP 指令是一种重要的构造类，用于将初始的顺序式代码增量地转换为并行程序。它们有很多用途，主要是通过划分和同步机制来控制并行性。

- ❏ 并行指令将代码划分成一些块，这些块可以由每个计算线程分别单独执行。

- ❏ 并行 for 指令允许在执行线程之间共享一个迭代循环，每个线程执行一个或多个迭代。

- ❏ 指令中的 private 子句让每个线程都有自己的变量副本，当访问被标识的该变量时，将读取或写入各自的私有副本，而不是共享变量本身。

- ❏ section 指令描述了独立的代码块，每个块中可以有不同的指令序列，这些块中的代码可以同时执行。每个代码块会分配一个线程来执行。

- ❏ 同步指令定义了一些机制，这些机制有助于协调多个并行线程的执行，这些线程在并行程序中使用共享的上下文（共享内存）来排除竞争条件。

- ❏ critical 指令通过每次只允许一个线程执行给定的代码块，来提供对共享变量的互斥访问。当一个线程进入临界代码块时，所有试图再这样做的其他线程都将被延迟，直到前者完成对临界代码的操作。之后，其他线程可以自由地执行代码的关键部分，但一次只能有一个来执行。

❑ master 指令划分了一个只由主线程执行的代码块，所有其他线程都会跳过它。

❑ single 指令描述了一个由单个线程执行的代码块，但这个线程可以是任何一个最先到达该代码块的执行线程。所有线程都要等待直到这个线程执行完成此代码块。

❑ barrier 指令是同步机制的一种形式。当遇到一个给定的 barrier 指令时，所有线程都会在代码中的此位置停止，直到所有其他线程都到达了相同的执行点。只有当所有的线程都到达阻塞点时，它们中的任何一个才能继续推进。一旦所有线程执行了栅栏操作，它们都要在栅栏操作之后继续执行计算。

❑ 归约操作符将大量的值组合起来生成单个结果值。很多操作可以用于此目的，如"+"和"|"等。

7.7　练习

1. 你能找出以下代码中的错误吗？请加以改正。

```c
1  #include <stdio.h>
2  #include <omp.h>
3
4  // compute the dot product of two vectors
5
6  int main() {
7    int const N=100;
8    int i, k;
9    double a[N], b[N];
10   double dot_prod = 0.0;
11
12   // Arbitrarily initialize vectors a and b
13   for(i = 0; i < N; i++) {
14   a[i] = 3.14;
15   b[i] = 6.67;
16 }
17
18 #pragma omp parallel
19   {
20   #pragma omp for
21     for(i = 0; i<N; i++)
22       dot_prod = dot_prod + a[i] * b[i]; // sum up the element-wise product of the two
                                              arrays
23   }
24
25   printf("Dot product of the two vectors is %g\n", dot_prod);
26
27   return 0;
28 }
```

2. 在 7.3.3 节的代码 7.7 的第 23 行中演示了静态调度器。如果改用动态调度器，则该代码会输出什么？

3. 在 7.3.4 节的代码 7.8 中介绍了 sections 编译指示。如果 OpenMP 线程的数量少于 section 的数量，代码 8 会发生什么情况？

4. 编程实现矩阵向量乘法，并使用 OpenMP 指令将代码并行化。

参考文献

[1] OpenMP, The OpenMP API Specification. [Online] http://www.openmp.org/specifications/.

第 8 章 *Chapter 8*

MPI 的基础

8.1 引言

　　支持具有可扩展性的高性能计算（HPC）系统的主要形式是分布式内存多处理器。大规模并行处理器（MPP）和商品集群都是此形式的系统级体系结构的示例。这类重要的超级计算机的显著特征在于，系统的主存储器被划分为分段组件，每个组件与一个或多个处理器核和辅助组件相关联，这些组件一起构成称为"节点"的组件。通过一个或多个互连网络集成的多个节点构成完整的高性能计算机。分布式内存系统使得处理器核心能够直接访问其驻留节点固有的存储器，而不能访问构成整个系统的存储器或外部节点。数据的交换、运行在单独节点上的任务的协作和协调，以及系统作为单个实体的整体操作，可以通过节点之间的消息传递实现，系统内的节点通过系统区域网络捆绑在一起。逻辑上，这是通过在成对执行进程之间传递消息来实现的，或者有时在两个以上进程之间传递消息。分布式内存多处理器的主要优点是可扩展性。在功率和成本的约束下，基本上任何数量的节点都可以合并到一台超级计算机中。一个更微妙的价值是程序员被迫并因此被激励明确地管理程序局部性，使得工作部分必须适合这种限制，并导致产生了一代可扩展的应用软件和库，其吞吐量性能比上一代计算模型和架构类高出 100 万倍。如何使用这一成功的高性能计算机类型是本章的主题，这样做的主要方法是消息传递接口（MPI）。

　　在多达 30 年的时间里，有许多软件应用程序编程接口和支持计算的串行进程通信模型的实现库——被称为"消息传递模型"。这些是由工业界、学术界、国家实验室和中心等开发的。到目前为止，最重要的是 MPI[1]。MPI 在最新版本中仍然是社区驱动的规范。1992 年后期开始，工业界、政府和学术界的代表，开始以社区为主导对标准编程接口进行开发，这是基于 20 世纪 70 年代中期安东尼·霍尔建立的基础原则而进行的。这种社区建设方法的优势在于结果易接受，以及有助于应用的快速发展。缺点是，许多更具争议性的语义、结构和机制最初都是为了统一而被抛弃，从而产生了一种更为简单且毋庸置疑的有限接口。然而，尽管做出了如此巨大的牺牲，但这被证明是当时非常需要进化的正确途径。夸张点说，HPC的发展可能没有 MPI 的发展更实用。即使是最基本的形式，MPI 也证明了它是一个功能强大、灵活且可用的编程接口。凭借数百个命令，它可以处理多种情况，而且其中非常小的一部分足以编写广泛的并行应用程序。本章仅提供命令总数的一小部分，这样做也可为学生提供一套强大的工具，利用分布式内存超级计算机并为计算终端用户问题提供解决方案。

8.2 消息传递接口标准

威廉·D. 格罗普
（照片由 NCSA 友情提供）

威廉·D. 格罗普是一位美国科学家，他帮助开发了 MPI 消息传递标准。他还是《MPI 的 MPICH 实现》的合作者。除了贡献两本非常有影响力的书籍——《Using MPI》和《Using MPI 2》，他也是本书中讨论的广泛使用的便携式、可扩展的科学计算工具包的设计者。在他的众多荣誉中，威廉·格罗普在 2008 年获得了 IEEE 西德尼·芬尔巴赫奖，以表彰其在领域分解算法的开发、偏微分方程（PDE）的并行数值解决方案的可扩展工具，以及主导 HPC 通信接口等方面做出的杰出贡献。

1992~1994 年，代表供应商和用户的社区，决定在分布式内存并行计算机（主要是早期的 MPP，如英特尔 Touchstone Paragon）的环境中为消息传递调用创建标准接口。MPI-1 就是这一阶段的产物。从一开始它就"仅仅"是一个应用程序编程接口（API），而不是一种语言。通过绑定到现有的传统串行编程语言（最初是 Fortran 77 和 C）添加结构，实现并行、数据交换通信、同步和收集。语言绑定允许在库的框架中利用现有语言的语义和语法来并发管理。这些绑定允许最广泛地使用现有的应用程序内核、编译器和用户技能集，同时使用所需的通信框架概念来增强它们，以进行协调、协作和并发。MPI 标准可以在网上找到 [1]。

对于 MPI 来说，可能与社区派生 API 同样重要的是第一次裁剪成可实践版本——称为"MPI over CHameleon（MPICH）"的第一个参考实现，并在阿贡国家实验室开发 [2]。这是在 1995 年产生的，并作为后来 MPI 中许多其他实现的模板。MPICH 项目由威廉·格罗普领导，提供了 MPI 实现方面的重要经验，以及在当时 MPP 系统上开发和运行最早实际应用的平台，如 CM-5（见图 8-1）。

从正确性、性能、可移植性和用户生产力方面学到了许多经验教训。MPI 标准的另一个价值在于它在 HPC 社区中提供了强大的统一风格，但允许为克雷、IBM 和惠普等个别供应商提供不同的形式。供应商能够在接口背后保留自己的内部实现和优化。

从那时起，MPI 已经成熟并开始进化。MPI-1.1 修复了早期试验中揭示的错误，并澄清了语义的细微之处和含糊不清的问题。通过 MPI-1.2 和 MPICH 的重新编写，大大提高了其效率和可扩展性。MPI-2 是一项新标准，显著扩展了 MPI 的实用性和丰富性，包括新数据类型的构造函数、单向通信、强大的输入 / 输出（I/O）包和动态进程。开发了超出原始绑定语言的附加绑定，包括 Fortran 90 和 C++。从那时起，MPI 语义再次得到扩展，在某些情况下，MPI-3 的发布得到了广泛的推广。MPI-4 在 2017 年正在积极开发中。自 MPI-1 早期规划以来取得了巨大进步，包含 MPI 基础的结构仍然提供了一套基本的相互关联的概念和构造，以便建立并行编程的手段。这从一开始就提供了 MPI 编程的第一个教程。

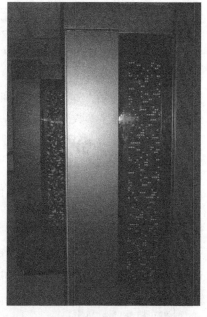

图 8-1　CM-5 机器具有 512 个节点，理论上最大容量为 65.5Gflops，在 1991〜1997 年间运行（照片由奥斯汀·米尔斯通过维基共享提供）

8.3　消息传递接口的基本命令

虽然最新版本的 MPI 包含数百个命令，但只需使用 3 个基本命令即可创建一个简单的并行程序。本节介绍如何执行此操作。假定所有示例和描述都用 C 编程语言。

8.3.1　mpi.h

每个 MPI 程序都必须包含预处理程序指令。

```
#include <mpi.h>
```

mpi.h 文件包含编译 MPI 程序所需的定义和声明。mpi.h 通常位于大多数 MPI 安装文件的"include"目录中。该指令可以按任何顺序与其他指令一起定位，但必须在程序开头，位于 main() 调用之前。

8.3.2　MPI_Init

用户应用程序代码部分（包含对 MPI 程序构造的函数调用），必须以对 MPI_Init 的单个调用作为开始，并期望有以下形式的参数，返回整数错误值。

```
int MPI_Init(int *argc,char ***argv)
```

MPI_Init 初始化 MPI 的执行环境。必须在执行任何其他 MPI 调用之前调用此命令，并且在程序中多次调用它是错误的。argc 指向内部传递给所有并行进程的参数数量。argv 指向参数列表的向量，这与 C 语言和命令行参数变量传递一致。MPI_Init 启动的每个进程都继承了这两个程序参数变量的副本，并通过调用实现。

```
MPI_Init(&argc,&argv);
```

该调用在应用程序内的任何其他 MPI 调用之前执行。

8.3.3　MPI_Finalize

从某种意义上说，MPI_Init 的结束是 MPI_Finalize 命令。MPI_Finalize 清除了 MPI_Init 最初实施的初始化，结束了 MPI 的计算环境。此 MPI 服务调用没有参数，它具有以下简单语法：

```
MPI_Finalize();
```

这不一定是整个程序的结束，许多其他 C 语句都可以遵循它。此外，它在代码序列中的确切位置并不是特别重要，只要它在程序中的任何其他 MPI 命令之后即可。

8.3.4　消息传递接口例子——Hello World

有点遗憾的是，每个新手程序员都可以通过任何编程语言来完成这一过程——写出"Hello，World"，这是柯尼汉和里奇在其关于 C 语言的原始著作 [3] 中首先勾勒出的最简单程序。这是人们可以想象的最简约的程序，也是学生到目前为止的一个重要里程碑——从一个从未成功地用所选语言编写实际的计算机程序的学生到一个程序员（某种程度上的）。因此，为了传统和对之前的那些巨人的致敬，这里是带有 C 绑定的 MPI 中的"Hello，World"。

```
1 #include <stdio.h>
2 #include <mpi.h>
3
4 int main(int argc,char **argv)
5 {
6   MPI_Init(&argc,&argv);
7   printf(" Hello,World!\n");
8   MPI_Finalize();
9   return 0;
10 }
```

代码 8.1　使用 MPI 的"Hello，World"的简单例子

代码 8.1 中的示例是在 Beowulf 类集群上使用 MPI 的 MPICH 实现编译和运行的，如下所示。

```
> mpicc code1.c -o code1
> mpirun -np 4 ./code1
  Hello, World!
  Hello, World!
  Hello, World!
  Hello, World!
```

mpicc 编译包装器链接适当的 MPI 库，并为 mpi.h 头文件位置提供路径。mpirun -np 4 在运行时环境中启动可执行代码的 4 个实例。虽然使用 mpicc 和 mpirun 编译和启动 MPI 应用程序非常常见，但它们不是 MPI 标准的一部分，具体的编译和启动方法可能因机器而异。例如，在 Cray XE6 MPP 上，代码 8.1 按如下方式编译和启动。

```
> cc code1.c -o code1
> aprun -n 4 ./code1
  Hello, World!
  Hello, World!
  Hello, World!
  Hello, World!
```

在此 MPP 情况下，当启动脚本 aprun 在运行时环境中启动可执行文件的 4 个实例时，cc 编译器链接恰当的 MPI 库和头。

当然，代码 8.1 执行的唯一工作是打印字符流 "Hello，World！"。在标准 I/O 设备上，打印到用户的终端屏幕。但与此简单程序的等效顺序版本不同，此字符串将被多次打印；事实上，它打印的次数与 MPI 同时运行的进程数一样多。虽然所有输出行看起来都一样（注意 "代码 8.1 的第 7 行中的 \n 字符会产生新行），但是未指定它们输出的实际顺序。后面的例子更透露了这种不确定性，得到的并行性是 MPI_Init 和 MPI_Finalize 调用配对的结果。然而，在这个例子中，不同的进程之间没有交互。为了让不同的进程进行交互，需要通信器。

8.4   通信器

代码 8.1 中的 "Hello，World" 示例非常简单。它代表了一种广泛的称为 "吞吐量" 的并行计算，其中每个硬件节点运行相同的程序，但是使用不同的本地数据。这可以在很大程度上进行扩展，并在后续章节中演示其他示例。这种有限处理形式的主要缺点是不同节点上的进程完全相互独立。它是一种 "无共享" 模式，任何一个并发进程的结果决不会受到任何其他进程的中间结果的影响。如果没有进程间交互，这种类型的计算仅支持很弱的扩展或容量计算，如前所述。它无法实现能力或协调计算，这两者在并行计算的形式和功能方面都更加丰富。这种进步的关键是并发进程可以与之进行交互，这是通过 "通信器" 的概念和实施来实现的。

MPI 程序由同时执行的并发进程组成，几乎在所有情况下它们都是可以相互通信的。为此，MPI 提供了一个称为"通信器"的对象。通信器有自己的地址空间和各种属性。特别是，它包含一组 MPI 进程以及特定属性。通过通信器，MPI 所包含的进程可以与其他进程进行通信。通信器由多个共存的 MPI 进程组成，因此进程可以同时与多个通信器关联。用户可以在 MPI 程序内指定任何数量的通信器，每个通信器具有自己的一组进程。所有版本的 MPI 都提供了一个通用的通信器"MPI_COMM_WORLD"，该通信器包含构成 MPI 程序的所有并发进程，并且不必由程序员明确创建。为了简单和易于理解，本书中介绍的几乎所有示例都利用了 MPI_COMM_WORLD，因为它管理并发进程之间的通信。

8.4.1　size

通信器包含许多属性，其中一些属性可以由用户程序引用，最广泛使用的是"size"。顾名思义，此属性表示通信器规模的某些方面，特别是与进程相关的。通信器的大小是构成特定通信器的进程数。以下函数调用提供指定通信器的进程数。

```
int MPI_Comm_size(MPI_Comm comm, int *size)
```

函数名称为"MPI_Comm_size"，它会返回进程数。comm 是为指定通信器而提供的参数，由此认识到任何进程都可能是多个通信器的一部分。结果值将返回到进程上下文的 size 中。为此目的的典型语句可能是：

```
int size;
MPI_Comm_size(MPI_COMM_WORLD,&size);
```

这将使 MPI_COMM_WORLD 通信器中的进程总数存入进程数据上下文的变量 size 中。由于这对于通信器的所有进程都是相同的，因此它们各自的变量 size 副本将接收相同的值。

8.4.2　rank

通信器中第二个广泛使用的属性是对通信器内每个进程的识别。通信器中的每个进程都有一个唯一的 ID，称为"rank"。MPI 系统自动且任意地将从 0 开始的唯一正整数值分配给通信器内的所有进程。用于确定进程 rank 的 MPI 命令是：

```
int MPI_Comm_rank (MPI_Comm comm, int *rank)
```

函数调用"MPI_Comm_rank"表示调用进程的 rank 值将返回给进程。第一个参数"comm"表示进程所属的通信器，需要给出进程的 rank。第二个参数"rank"是命令返回值所存储的变量位置。为此目的的典型语句可能是：

```
int rank;
MPI_Comm_size(MPI_COMM_WORLD,&rank);
```

对于 MPI_COMM_WORLD 通信器，应用程序的所有进程都将具有唯一返回的 rank 值。调用此函数时，此通信器中的每个进程将在变量 rank 的副本中接收不同的值。

8.4.3　例子

以下示例是一个简单的案例，尽管如此，它仍然展示了通信器的功能和这些简单但功能强大的命令。这是对早期和标志性的"Hello，World"问题的一个细微的阐述。

此应用程序的目的是针对 MPI_COMM_WORLD 通信器中存在的每个进程，通过将语句打印到标准输出来标识自身。此并行程序的结构与前一个相同，可能的进程间通信代码由一对 MPI_Init 和 MPI_Finalize 命令所分隔。在这两个语句之间是程序的工作部分，例如之前显示的 printf 结构。但这里还添加了与通信器相关联的两个服务调用：MPI_Comm_rank 和 MPI_Comm_size。完整的 MPI 代码在代码 8.2 中给出。

```
1 #include <stdio.h>
2 #include <mpi.h>
3
4 int main(int argc,char **argv)
5 {
6   int rank, size;
7   MPI_Init(&argc,&argv);
8   MPI_Comm_rank(MPI_COMM_WORLD,&rank);
9   MPI_Comm_size(MPI_COMM_WORLD,&size);
10  printf(" Hello from rank %d out of %d processes in MPI_COMM_WORLD\n",rank,size);
11  MPI_Finalize();
12  return 0;
13 }
```

代码 8.2　每个进程打印 rank 和 MPI_COMM_WORLD 通信器 size 的示例

此代码在 Beowulf 类集群上编译和执行，如下所示。

```
> mpicc code2.c -o code2
> mpirun -np 4 ./code2
  Hello from rank 0 out of 4 processes in MPI_COMM_WORLD
  Hello from rank 2 out of 4 processes in MPI_COMM_WORLD
  Hello from rank 3 out of 4 processes in MPI_COMM_WORLD
  Hello from rank 1 out of 4 processes in MPI_COMM_WORLD
```

代码 8.2 说明了与通信器相关的两种最常见的调用。由 MPI_Init 和 MPI_Finalize 分隔的命令是 MPI_Comm_rank（第 8 行），它确定了进程 ID，以及 MPI_Comm_size（第 9 行），它查找进程数。在这两种情况下，它们都指向 MPI_COMM_WORLD 通信器，为两个调用序列中每个调用序列指定第一个操作数。在每种情况下，第二个参数表示放置相关整数值的进程变量。"printf" I/O 服务调用不仅输出字符串"Hello"，还打印出两个整数，一个用于给出进程 rank（对每个进程都是唯一的），另一个给出 MPI_COMM_WORLD 通信器包含的进程数量。所有进程的 size 变量值都相同。如前所述，打印输出的顺序是不确定的。通过在通信器中唯一地标识每个进程，现在可以开始在进程之间发送消息。

8.5　点对点消息

在最重要的功能中，MPI 管理所选通信器内进程之间的数据交换，此交换的媒介称为消息。消息提供从源进程到相应目标进程间的点对点通信，每个进程都有自己唯一的 rank，通过 rank 来识别它。从最简单的角度来看，需要两个命令来实现消息传递。从源进程发送消息是通过 send 命令完成的。相应目标进程接收消息是通过 recv 命令完成的。消息在两个命令之间匹配。虽然 send 系列和 recv 系列命令有许多变体，但其中最基本的是 MPI_Send 和 MPI_Recv。

消息规范可以被视为连接和消息数据的组合。该连接描述了形成通信的点，包括以下内容。

1. 源进程 rank。

2. 目标进程 rank。

3. 通信器，其中包含了上述两个进程。

4. 标记，其值是用户控制的，用于区分相同两个进程之间的一组可能消息。

8.5.1　MPI 发送

源进程使用发送函数来定义数据并建立消息的连接。MPI_Send 结构具有以下语法：

```
int MPI_Send (void *message, int count, MPI_Datatype datatype, int dest, int tag,
MPI_Comm comm)
```

MPI_Send 调用 6 个参数来提供此信息，前 3 个操作数建立要在源和目标进程之间传输的数据。第一个参数指向消息内容本身，它可以是简单的标量或一组数据。消息数据内容由接下来的两个参数描述。第二个操作数指定组成消息的数据元素的数量。这些在形式上都是一样的。第三个操作数表示构成消息的数据的元素类型（参见下一节）。这 3 个值使消息可以传递数据。消息的连接由后 3 个操作数建立：目标进程的 rank、用户定义的标记字段以及源和目标进程所在的通信器（它们的进程 rank 在此通信器内定义）。

8.5.2　消息传递接口的数据类型

MPI 定义了自己的数据类型。这似乎是多余的，因为像 C 这样的编程语言也明确定义了数据类型。为了鲁棒性，可以用不同语言编写不同的进程或在不同类型的处理器体系结构上运行，MPI 明确了预期的内容。与其他接口一样，MPI 提供了一组原始数据类型。更复杂的结构化数据类型可以由用户定义，如后面的小节所示。表 8-1 中列出了最常见的原始数据类型，以及 C 数据类型等价物。

表 8-1　一些基本的 MPI 数据类型及其等价的 C 数据类型

MPI 数据类型	等价的 C 数据类型	MPI 数据类型	等价的 C 数据类型
MPI_CHAR	signed char	MPI_UNSIGNED	unsigned int
MPI_SHORT	signed short int	MPI_UNSIGNED_LONG	unsigned long int
MPI_INT	signed int	MPI_FLOAT	float
MPI_LONG	signed long int	MPI_DOUBLE	double
MPI_UNSIGNED_CHAR	unsigned char	MPI_LONG_DOUBLE	long double
MPI_UNSIGNED_SHORT	unsigned short int	MPI_BYTE	没有直接对应的，但类似于 unsigned char，且仅 1 字节

8.5.3　MPI 接收

MPI_Recv 命令镜像 MPI_Recv 命令，以在指定通信器的源和目标进程之间建立连接。与发送命令（MPI_Send）类似，接收命令（MPI_Recv）描述要传输的数据和要建立的连接。MPI_Recv 结构如下：

```
int MPI_Recv (void *message, int count, MPI_Datatype datatype, int source, int tag,
MPI_Comm comm, MPI_Status *status)
```

提供描述要交换的数据信息，以类似于 MPI_Send 命令的操作数形式来表示。消息本身放在缓冲区变量中，此处指定为"message"。构成完整消息的数据元素的数量由整数计数值给出。消息元素的数据类型是前一小节中定义的 MPI 数据类型之一或用户定义的数据类型（稍后描述）。

MPI_Recv 命令的连接信息与 MPI_Send 命令的类似，但并不完全相同。源字段指定进程 rank，发送消息。和以前一样，为 Send 命令提供的用户定义的整数给出了一个标记变量，可以通过接收进程提取该变量以供用户代码来操作。与所有情况一样，指定了两个进程驻留的通信器。最后一个参数变量"status"包含在 MPI_Recv 的最终操作数中。这是收到的实际消息的两个字段的记录：第一个字段表示实际接收消息的进程 rank，第二个字段提供标记。

8.5.4　例子

代码 8.3 给出了基于"Hello，World"的第三个例子来说明 MPI 命令，在这种情况下是发送和接收命令。这个例子以 3 种重要方式扩展了我们的经验。

1. 它显示了设置信息的语法细节，包括要使用的 MPI 命令的声明。

2. 它说明了与如何控制并发执行有关的重要习惯用法以及使用 MPI 进行管理者 - 工作者计算形式的想法。

3. 它解决了前述例子的问题，前面的例子中出现了非顺序的 printf 命令。

```
 1 #include <stdio.h>
 2 #include <stdlib.h>
 3 #include <mpi.h>
 4 #include <string.h>
 5
 6 int main(int argc,char **argv)
 7 {
 8   int rank, size;
 9   MPI_Init(&argc,&argv);
10   MPI_Comm_rank(MPI_COMM_WORLD,&rank);
11   MPI_Comm_size(MPI_COMM_WORLD,&size);
12
13   int message[2];   // buffer for sending and receiving messages
14   int dest, src;  // destination and source process variables
15   int tag = 0;
16   MPI_Status status;
17
18   // This example has to be run on more than one process
19   if ( size == 1 ) {
20     printf(" This example requires more than one process to execute\n");
21     MPI_Finalize();
22     exit(0);
23   }
24
25   if ( rank != 0 ) {
26   // If not rank 0, send message to rank 0
27     message[0] = rank;
28     message[1] = size;
29     dest = 0; // send all messages to rank 0
30     MPI_Send(message, 2,MPI_INT,dest,tag,MPI_COMM_WORLD);
31   } else {
32   // If rank 0, receive messages from everybody else
33     for (src=1;src<size;src++) {
34       MPI_Recv(message,2,MPI_INT,src,MPI_ANY_TAG,MPI_COMM_WORLD,&status);
35       // this prints the message just received. Notice it will print in rank
36       // order since the loop is in rank order.
37       printf("Hello from process %d of %d\n",message[0],message[1]);
38     }
39   }
40
41   MPI_Finalize();
42   return 0;
43 }
```

代码 8.3 "Hello" 示例，其中 rank 大于 0 的所有进程将其 rank 值和 size 值发送到 rank 为 0 的进程中以进行打印

```
> mpicc code3.c -o code3
> mpirun -np 4 ./code3
 Hello from process 1 of 4
 Hello from process 2 of 4
 Hello from process 3 of 4
```

这个例子的大部分类似于前一个例子。MPI_Init、MPI_Finalize、MPI_Comm_rank 和 MPI_Comm_size 等命令在其使用中都是相同的。在其他示例中，使用的通信器是 MPI_COMM_WORLD，在这点之后，相似之处结束了。

最大的区别是管理者 - 工作者组织的重要习语，其中一个过程（即管理者），协调其他进程的执行（即工作者）。有时管理者被称为"根"进程。所有进程，无论是根还是工作者，都接收并执行相同的进程代码（过程）。因此，在用户代码本身内，必须规定管理者和工作者之间的区别。在该示例中，假设管理者的 rank 为 0，工作者的 rank 被标识为 1 <rank <size - 1。因此，代码在管理者和工作者之间通过第 24 行的条件分开。如果为真，则使用 rank 和 size 的变量值填充大小为 2 的消息数组。然后使用 MPI_Send 命令将消息发送到目标进程（第 28 行），在这种情况下，该进程的 rank 始终为 0。

神奇发生在由根进程执行的代码体中，第 30 行界定的另一路序列。由 for 块（第 32 行）体现的有序迭代循环会接收消息，这些消息是以 rank 顺序方式使用 MPI_Send 命令发送的，并按此顺序将其打印出来以保证输出顺序。根进程的控制可以确保来自工作者进程的输出信息以确定性形式呈现，即按 rank 顺序列表。这是在 MPI 中使用管理者 - 工作者范例控制的一个重要习惯用语。因为每个非根进程只发送一条消息，所以 MPI_Recv 命令被告知忽略有用 MPI_ANY_TAG 字段的标记（第 33 行）。

8.6　同步聚合

虽然点对点通信是 MPI 数据交换管理的支柱，但一次涉及更多进程的其他通信结构是简化 MPI 编程和提高性能效率的有力补充。这些被称为"聚合操作"或简称为"聚合"。

8.6.1　聚合调用概览

包含通信器在内的所有进程的通信模式被称为"聚合通信"。通信器的一个重要方面是程序员想要在 MPI 程序的一组进程中应用聚合操作，这可能不是程序整体使用的所有进程。MPI 有几个聚合通信调用。最常用的是同步聚合、通信聚合和归约聚合操作。同步聚合操作将通信器的所有进程带到控制流的已知位置，即使它们的各个进程异步执行，可能有些进程比其他进程进展更快。通信聚合操作在通信器内的两个以上（点对点）进程之间以不同模式交换数据。归约聚合操作在所有过程的相同变量的版本中充当共同通信操作的角色。下一小节简要介绍了最简单的同步聚合，即全局栅栏。

8.6.2　栅栏同步

顾名思义，MPI_Barrier 命令创建指定通信器内所有进程之间的栅栏同步。此命令具有单个操作数的简单语法：

```
int MPI_Barrier (MPI_Comm communicator)
```

通信器是参与同步的进程的通信器。栅栏要求所有进程在各自的代码中到达该点，然后等待通信器内的所有其他进程执行相同的操作，然后再执行单独的计算。因此，所有进程都在栅栏点处阻塞，直到确定其他进程也到达那里。

图 8-2 说明了栅栏操作。

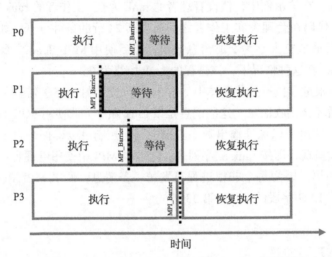

图 8-2　MPI_Barrier 操作图示。进程 P0～P3 在不同时间进入栅栏同步点，并且可能以不可预测的顺序进入。在所有进程都达到这一点之前，所有进程都不会超出计算中的这一点。只有这样，这 4 个进程才能继续执行下一步操作。通过这种方式，所有进程都可以确保其他进程完成了必要的工作。这可以是避免由异步操作的不确定性导致的许多不同故障模式的重要条件

8.6.3　例子

下面介绍使用 MPI_Barrier 聚合命令的一个有点人工的例子来演示它的语法，这是"Hello, World"示例的扩展。它还有机会引入另一个偶尔有用的 MPI 指令 MPI_Get_processor_name，它可以访问实际的硬件以进行识别。根据 MPI 实现，这可能只是 gethostname 的输出，或者可能更详细。

```
1 #include <stdio.h>
2 #include <mpi.h>
3
4 int main(int argc, char **argv)
5 {
6   int rank, size, len;
```

代码 8.4　MPI_Barrier 和 MPI_Get_processor_name 的示例

```
 7    MPI_Init(&argc,&argv);
 8    char name[MPI_MAX_PROCESSOR_NAME];
 9
10    MPI_Barrier(MPI_COMM_WORLD);
11
12    MPI_Comm_rank(MPI_COMM_WORLD,&rank);
13    MPI_Comm_size(MPI_COMM_WORLD,&size);
14    MPI_Get_processor_name(name,&len);
15
16    MPI_Barrier(MPI_COMM_WORLD);
17
18    printf(" Hello, world! Process %d of %d on %s\n",rank,size,name);
19
20    MPI_Finalize();
21    return 0;
22 }
```

代码 8.4 （续）

```
> mpicc code4.c -o code4
> mpirun -np 4 ./code4
  Hello, world! Process 2 of 4 on cutter01
  Hello, world! Process 3 of 4 on cutter01
  Hello, world! Process 0 of 4 on cutter01
  Hello, world! Process 1 of 4 on cutter01
```

上面的示例代码使用 MPI_Barrier 命令中两个突出显示的实例插入两个同步点。第一个是在传统的 MPI 命令获得 MPI_COMM_WORLD 通信器的大小和该通信器内单个进程的唯一 rank 标识符之前。第二个栅栏在新引入的 MPI_Get_processor_name 命令之后。在这两个点每个进程都被阻止，直到所有进程都到达相应的栅栏。

MPI_Get_processor_name 提醒学生，执行进程的抽象与进程正在计算的物理处理器核心资源之间存在差异。顾名思义，此命令获取 MPI 以唯一地表示每个处理器核心的字符串。在上面的示例中，此字符串只是 gethostname 的输出，即 cutter01，是运行该示例中计算节点的名称。MPI 有很多描述其操作关键值的特殊常量。这里有一个用于表示处理器名称的字符串的最大可能长度。此常量为 MPI_MAX_PROCESSOR_NAME，并在代码的开头附近引用，其中变量 "name" 被声明为字符缓冲区。

8.7 通信聚合

通信聚合操作可以极大地扩展从点对点到 n 路或全向数据交换的进程间通信。这些命令可以极大地简化用户编程，并通过告诉 MPI 实际想要发生什么来提供更高执行效率的机会。通信聚合操作是 MPI 最强大的贡献功能之一，用于将许多单个进程编织到单个可扩展计算中。有许多通信聚合的变体，有一些非常广泛地支持并行算法，在本节中对此进行了描述。

8.7.1 聚合数据移动

聚合数据移动涉及不同的模式，通过这些模式，可以在特定通信器的并发进程之间交换复合数据。对于这些数据分布的要求是所采用的并行算法的函数，以及任何进程的中间结果需要在某种程度上与一个或多个其他进程共享，以继续实现分布式计算。这些模式可以是多种多样的，但是 4 种基本模式满足数据交换的大多数算法要求：广播、分散、收集和全局收集，如图 8-3～图 8-6 所示。

如图 8-3 所示，广播与一个通信器内的所有其他进程共享一个进程上下文中存在的值或结构。如第一个图所示，在进程 0 中整数数组 A 中的计数被复制到所有其他进程的等效数组中，因此它们都具有相同的信息。与其他聚合通信一样，广播提供了一种方法，通过该方法可以有效地与任何其他进程共享任何一个进程的中间结果。

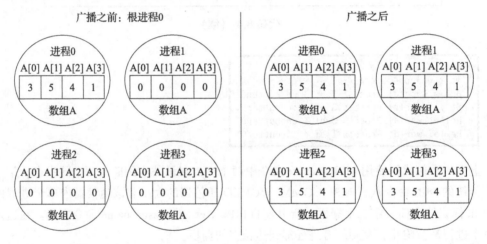

图 8-3 广播操作。广播与通信器的所有其他进程共享存在于一个进程上下文中的值或结构。在此示例中，根进程 0 与所有其他进程共享长度为 4 的整数数组 A

图 8-4 所示的分散聚合通信模式，与广播一样，与通信器的所有其他进程共享一个进程的数据。但在这种情况下，它将一个进程的数据集划分为子集，并向每个进程发送一个子集。每个接收进程都获得一个不同的子集，并且存在与进程一样多的子集。进程 0 具有一组被分区的数据，在这种情况下分成 4 个不同的分区 A[0]、A[1]、A[2] 和 A[3]，它们等于进程数，分别对应通信器的进程 0～进程 3。第一个分区返回到源进程，即进程 0。数据分区 A[1] 被发送到第二个进程，即进程 1。分区 A[2] 被发送到进程 2，以此类推。以这种方式，进程 0 中的原始数据在通信器的所有进程中均等地分布。

图 8-5 所示的收集聚合通信模式，在某种意义上与分散聚合相反。在收集时，来自所有进程的数据被发送到特定进程，该进程从其他进程收集数据。当然，实际上每个进程将其各自指定的数据发送到消费者进程，该消费者进程将所有单独的数据分区组织成一个累积结构。

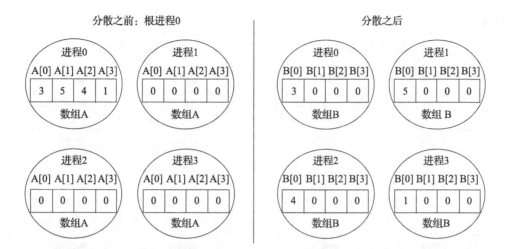

图 8-4　分散操作。与广播一样，分散聚合通信模式与通信器的所有其他进程共享一个进程（根）的数据。但在这种情况下，它将根进程的一组数据分区为子集，并向每个进程发送一个子集。需要明确的是，每个接收过程都会获得一个不同的子集，并且存在与进程一样多的子集。在此示例中，发送数组为 A，接收数组为 B。B 初始化为 0。根进程（此处为进程 0）将数据分区为长度为 1 的子集，并将每个子集发送到单独的进程

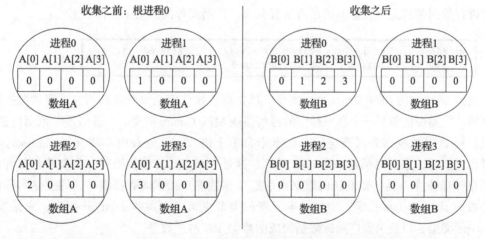

图 8-5　收集操作。从某种意义上说，收集聚合沟通模式与分散聚合相反。在收集时，顾名思义，来自所有进程的数据被发送到根进程，该进程正在从其他进程上收集数据。当然，实际上每个进程将其各自指定的数据发送到消费者进程，该消费者进程将所有单独的数据分区组织成一个累积结构。在此示例中，A 是发送数组，B 是接收数组。在收集之前 B 被初始化为 0

收集的扩展使所有进程都可以在整个通信器中使用结果，如图 8-6 所示的数据，从所有进程到单个接收进程，然后将累积的数据广播回所有进程，以便所有进程都包含所有结

果数据。

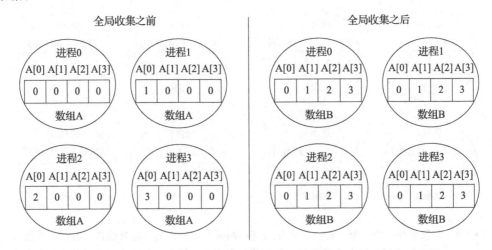

图 8-6　全局收集操作。此操作等效于收集操作，然后广播数组，以便每个进程包含相同的
接收数组。在此示例中，A 是发送数组，B 是接收数组。B 初始化为 0

8.7.2　广播

广播通信聚合操作可能是最简单的，也是最重要的聚合操作。如上所述，它允许将包含源进程数据的消息与通信器的所有进程共享。广播操作的语法采用以下形式：

```
Int MPI_Bcast (void *shared_data, int number, MPI_Datatype datatype,
int source_process, MPI_Comm communicator)
```

通过 MPI 中的 MPI_Bcast 命令实现广播操作。操作定义要发送到所有进程的数据形式和来源。广播在由最后一个参数指定的通信器或 MPI_Comm 类型的"通信器"范围内执行，并且广播数据被发送到所有进程。数据来自单个进程，该进程由参数 source_process（或根进程）指定，它在通信器中由 rank 标识，这是 MPI_Bcast 的倒数第二个参数。与许多其他消息传递命令一样，要发送的数据由前三个参数确定：指向数据缓冲区的变量名称由第一个参数 shared_data 指定；组成数据元素的类型由第二个参数 datatype 指定，它是 MPI_Datatype 类型，以及由要广播的数据构成的数据元素的"数量"。

图 8-3 所示的广播的等效 MPI 代码在代码 8.5 中给出。

```
1 #include <stdio.h>
2 #include <mpi.h>
3
4 int main(int argc,char **argv)
5 {
6   int rank, size,i;
```

代码 8.5　MPI_Bcast 的一个示例，对应图 8-3

```
 7    MPI_Init(&argc,&argv);
 8    MPI_Comm_rank(MPI_COMM_WORLD,&rank);
 9    MPI_Comm_size(MPI_COMM_WORLD,&size);
10
11    int A[4];
12
13    // Initialize array
14    for (i=0;i<4;i++) {
15      A[i] = 0;
16    }
17
18    int root = 0; // Define a root process
19
20    if (rank == root ) {
21      // Initialize array A
22      A[0] = 3;
23      A[1] = 5;
24      A[2] = 4;
25      A[3] = 1;
26    }
27
28    MPI_Bcast(A,4,MPI_INT,root,MPI_COMM_WORLD);
29
30    printf(" Rank %d A[0] = %d A[1] = %d A[2] = %d A[3] = %d\n",
31             rank,A[0],A[1],A[2],A[3]);
32
33    MPI_Finalize();
34    return 0;
35  }
```

代码 8.5 （续）

```
> mpirun -np 4 ./code5
Rank 0 A[0] = 3 A[1] = 5 A[2] = 4 A[3] = 1
Rank 2 A[0] = 3 A[1] = 5 A[2] = 4 A[3] = 1
Rank 1 A[0] = 3 A[1] = 5 A[2] = 4 A[3] = 1
Rank 3 A[0] = 3 A[1] = 5 A[2] = 4 A[3] = 1
```

8.7.3　分散

通信聚合操作"scatter"将一个进程中的数据单独分发到通信器范围内的所有进程（包括其自身）。进程的通信器在大小相等的分区中传播源进程的数据。分布在整个进程集和数据集的线性维度上按 rank 顺序排列，这是跨分布式内存系统的可扩展矩阵的特别重要的构造。

分散操作通过 MPI_Scatter 命令来执行。操作数定义要发送的数据形式和来源。不需要目标标识符，因为所有进程都隐式地包含在分布式数据的接收部分中。分散操作的语法采用以下形式：

```
int MPI_Scatter (void *send_data, int send_number, MPI_Datatype datatype,
void *put_data, int put_number, int source_rank, MPI_Comm communicator)
```

分散在由最后一个参数指定的通信器范围内执行，这里是 MPI_Comm 类型的"通信器"，并且数据被发送到所有进程。数据来自单个进程，该进程通过 source_rank 参数来指定，它是通信器中的 rank，是 MPI_Scatter() 中倒数第二个参数。与许多其他消息传递命令一样，要发送的数据由前三个参数确定：数据名称（即第一个参数"shared_data"），组成它的数据元素的类型（即第三个参数"datatype"），是 MPI_Datatype 类型，以及要分发的构成数据元素个数的"send_number"参数。将数据放在接收进程的位置由 put_data 指定，数据类型的长度由整数 put_number 给出。图 8-4 所示的分散操作的等效 MPI 代码在代码 8.6 中给出。

```
1  #include <stdio.h>
2  #include <stdlib.h>
3  #include <mpi.h>
4
5  int main(int argc,char **argv)
6  {
7    int rank, size,i;
8    MPI_Init(&argc,&argv);
9    MPI_Comm_rank(MPI_COMM_WORLD,&rank);
10   MPI_Comm_size(MPI_COMM_WORLD,&size);
11
12   if ( size != 4 ) {
13   printf(" Example is designed for 4 processes\n");
14   MPI_Finalize();
15   exit(0);
16   }
17
18   // A is the sendbuffer and B is the receive buffer
19   int A[4],B[4];
20
21   // Initialize array
22   for (i=0;i<4;i++) {
23     A[i] = 0;
24     B[i] = 0;
25   }
26
27   int root = 0; // Define a root process
28
29   if (rank == root ) {
30   // Initialize array A
31     A[0] = 3;
32     A[1] = 5;
33     A[2] = 4;
34     A[3] = 1;
35   }
36
37   MPI_Scatter(A,1,MPI_INT,B,1,MPI_INT,root,MPI_COMM_WORLD);
38
39   printf(" Rank %d B[0] = %d B[1] = %d B[2] = %d B[3] = %d\n",
40          rank,B[0],B[1],B[2],B[3]);
41
42   MPI_Finalize();
43   return 0;
44  }
```

代码 8.6　MPI_Scatter 的一个例子，对应图 8-4

```
> mpirun -np 4 ./code6
 Rank 0 B[0] = 3 B[1] = 0 B[2] = 0 B[3] = 0
 Rank 2 B[0] = 4 B[1] = 0 B[2] = 0 B[3] = 0
 Rank 1 B[0] = 5 B[1] = 0 B[2] = 0 B[3] = 0
 Rank 3 B[0] = 1 B[1] = 0 B[2] = 0 B[3] = 0
```

8.7.4　收集

通信聚合操作收集（gather）在某种意义上与分散操作相反。在这种情况下，给定通信器的每个进程将其相应的指定数据集发送到相同的指定进程。收集操作的语法采用以下形式：

```
int MPI_Gather (void *send_data, int send_number, MPI_Datatype send_datatype,
void *put_data, int put_number, MPI_Datatype put_datatype, int destination_rank,
MPI_Comm communicator)
```

收集操作通过 MPI 中的 MPI_Gather 命令完成。操作数定义要发送到单个接收进程的数据形式和来源，以及正在接收的数据形式和目的地。收集在由最后一个参数指定的通信器范围内执行，这里是 MPI_Comm 类型的"通信器"，并且数据从所有进程发送到单个接收进程。数据来自通信器中的每个进程。和以前一样，要发送的数据由前三个参数决定：数据的名称（即第一个参数，"send_data"），构成数据的数据元素的类型（即第三个参数，MPI_Datatype 类型），以及要分发的构成数据的元素个数（即第二个参数，"send_number"）。将数据放入接收进程的位置由"put_datatype"类型的"put_data"指定，数据类型的长度由整数"put_number"给出。在通信器中，跨进程的所有数据传送给该进程并累计，该进程由整数参数"destination_rank"指定，它是第七个操作数。在代码 8.7 中给出了图 8-5 所示的收集操作的等效 MPI 代码。

```
1  #include <stdio.h>
2  #include <stdlib.h>
3  #include <mpi.h>
4
5  int main(int argc,char **argv)
6  {
7  int rank, size,i;
8  MPI_Init(&argc,&argv);
9  MPI_Comm_rank(MPI_COMM_WORLD,&rank);
10 MPI_Comm_size(MPI_COMM_WORLD,&size);
11
12 if ( size != 4 ) {
13   printf(" Example is designed for 4 processes\n");
14   MPI_Finalize();
15   exit(0);
16 }
17
```

代码 8.7　MPI_Gather 的一个例子，对应图 8-5

```
18  // A is the sendbuffer and B is the receive buffer
19  int A[4],B[4];
20
21  // Initialize array
22  for (i=0;i<4;i++) {
23    A[i] = 0;
24    B[i] = 0;
25  }
26  A[0] = rank;
27
28  int root = 0; // Define a root process
29
30  MPI_Gather(A,1,MPI_INT,B,1,MPI_INT,root,MPI_COMM_WORLD);
31
32  printf(" Rank %d B[0] = %d B[1] = %d B[2] = %d B[3] = %d\n",
33          rank,B[0],B[1],B[2],B[3]);
34
35  MPI_Finalize();
36  return 0;
37 }
```

代码 8.7 （续）

```
> mpirun -np 4 ./code7
Rank 1 B[0] = 0 B[1] = 0 B[2] = 0 B[3] = 0
Rank 2 B[0] = 0 B[1] = 0 B[2] = 0 B[3] = 0
Rank 3 B[0] = 0 B[1] = 0 B[2] = 0 B[3] = 0
Rank 0 B[0] = 0 B[1] = 1 B[2] = 2 B[3] = 3
```

8.7.5 全局收集

MPI 全局收集操作的语法几乎与 MPI 收集操作的语法相同，只是由于 allgather 操作中隐含广播，因此不再需要提供目标 rank 值。

```
int MPI_Allgather (void *send_data, int send_number, MPI_Datatype send_datatype,
 void *put_data, int put_number, MPI_Datatype put_datatype, MPI_Comm communicator)
```

代码 8.8 中显示了图 8-6 所示的全局收集操作的等效 MPI 代码。

```
1 #include <stdio.h>
2 #include <stdlib.h>
3 #include <mpi.h>
4
5 int main(int argc,char **argv)
6 {
7   int rank, size,i;
8   MPI_Init(&argc,&argv);
9   MPI_Comm_rank(MPI_COMM_WORLD,&rank);
```

代码 8.8 MPI_Allgather 的一个示例，对应图 8-6

```
10   MPI_Comm_size(MPI_COMM_WORLD,&size);
11
12   if ( size != 4 ) {
13     printf(" Example is designed for 4 processes\n");
14     MPI_Finalize();
15     exit(0);
16   }
17
18   // A is the sendbuffer and B is the receive buffer
19   int A[4],B[4];
20
21   // Initialize array
22   for (i=0;i<4;i++) {
23     A[i] = 0;
24     B[i] = 0;
25   }
26   A[0] = rank;
27
28   int root = 0; // Define a root process
29
30   MPI_Allgather(A,1,MPI_INT,B,1,MPI_INT,MPI_COMM_WORLD);
31
32   printf(" Rank %d B[0] = %d B[1] = %d B[2] = %d B[3] = %d\n",
33            rank,B[0],B[1],B[2],B[3]);
34
35   MPI_Finalize();
36   return 0;
37 }
```

代码 8.8 （续）

```
> mpirun -np 4 ./code8
 Rank 0 B[0] = 0 B[1] = 1 B[2] = 2 B[3] = 3
 Rank 1 B[0] = 0 B[1] = 1 B[2] = 2 B[3] = 3
 Rank 2 B[0] = 0 B[1] = 1 B[2] = 2 B[3] = 3
 Rank 3 B[0] = 0 B[1] = 1 B[2] = 2 B[3] = 3
```

8.7.6　归约操作

归约聚合类似于收集，但它对收集的数据执行某种归约操作，例如计算总和、查找最大值或执行某些用户定义的操作。表 8-2 给出了 MPI 中预定义的归约操作。

MPI 中归约操作的语法如下。

```
int MPI_Reduce (const void *send_data, void *put_data, int send_number,
MPI_Datatype datatype, MPI_OP operation,int destination_rank, MPI_Comm communicator)
```

前两个参数是每个进程发送到归约操作中的数据，在目标 rank 中的位置由 "put_data" 指定，两者都是 "datatype" 类型，发送数据的大小由 "send_number" 给出。归约操作是表 8-2 列出的或用户定义的操作之一。代码 8.9 中提供了向量点积计算中的 MPI_Reduce 示例。

表 8-2　MPI 中预定义的归约操作和支持的预定义 MPI 数据类型

预定义的归约操作	MPI 名称	支持的类型
最大值	MPI_MAX	MPI_INT, MPI_LONG, MPI_SHORT, MPI_FLOAT, MPI_DOUBLE
最小值	MPI_MIN	MPI_INT, MPI_LONG, MPI_SHORT, MPI_FLOAT, MPI_DOUBLE
总和	MPI_SUM	MPI_INT, MPI_LONG, MPI_SHORT, MPI_FLOAT, MPI_DOUBLE
乘积	MPI_PROD	MPI_INT, MPI_LONG, MPI_SHORT, MPI_FLOAT, MPI_DOUBLE
逻辑　AND	MPI_LAND	MPI_INT, MPI_LONG, MPI_SHORT
按位　AND	MPI_BAND	MPI_INT, MPI_LONG, MPI_SHORT, MPI_BYTE
逻辑　OR	MPI_LOR	MPI_INT, MPI_LONG, MPI_SHORT
按位　OR	MPI_BOR	MPI_INT, MPI_LONG, MPI_SHORT, MPI_BYTE
逻辑　XOR	MPI_LXOR	MPI_INT, MPI_LONG, MPI_SHORT
按位　XOR	MPI_BXOR	MPI_INT, MPI_LONG, MPI_SHORT, MPI_BYTE
最大值和位置	MPI_MAXLOC	数据类型对：MPI_DOUBLE_INT（一个双精度数和一个整数），MPI_2INT（两个整数）
最小值和位置	MPI_MINLOC	数据类型对：MPI_DOUBLE_INT（一个双精度数和一个整数），MPI_2INT（两个整数）

```
1  #include <stdlib.h>
2  #include <stdio.h>
3  #include <mpi.h>
4
5  int main(int argc,char **argv) {
6    MPI_Init(&argc,&argv);
7    int rank,p,i,root = 0;
8    MPI_Comm_rank(MPI_COMM_WORLD,&rank);
9    MPI_Comm_size(MPI_COMM_WORLD,&p);
10
11   // Make the local vector size constant
12   int local_vector_size = 100;
13
14   // compute the global vector size
15   int n = p*local_vector_size;
16
17   // initialize the vectors
18   double *a, *b;
19   a = (double *) malloc(
20       local_vector_size*sizeof(double));
21   b = (double *) malloc(
```

代码 8.9　MPI Reduce 的示例计算两个向量的点，这里的两个向量 a 和 b 是任意初始化的（第 23～26 行）。本地点积在第 29～32 行进行计算，然后使用第 35～36 行中的 MPI_Reduce 对来自每个进程的点积部分进行求和。请注意，全局向量大小随着所使用的进程数而变化，而该进程的本地向量段大小保持不变，就像在弱扩展性测试中所做的那样

```
22         local_vector_size*sizeof(double));
23  for (i=0;i<local_vector_size;i++) {
24    a[i] = 3.14*rank;
25    b[i] = 6.67*rank;
26  }
27
28  // compute the local dot product
29  double partial_sum = 0.0;
30  for (i=0;i<local_vector_size;i++) {
31    partial_sum += a[i]*b[i];
32  }
33
34  double sum = 0;
35  MPI_Reduce(&partial_sum,&sum,1,
36        MPI_DOUBLE,MPI_SUM,root,MPI_COMM_WORLD);
37
38  if ( rank == root ) {
39    printf("The dot product is %g\n",sum);
40  }
41
42  free(a);
43  free(b);
44  MPI_Finalize();
45  return 0;
46 }
```

代码 8.9 （续）

MPI_Reduce 的同类是 MPI_Allreduce，其行为与 MPI_Reduce 相同，除了归约结果被广播到通信器中的所有进程。因此，使用的语法几乎相同，除了不需要"目的地 rank"的输入，因为所有 rank 都接收结果。

```
int MPI_Allreduce (const void *send_data, void *put_data, int send_number,
MPI_Datatype datatype, MPI_OP operation, MPI_Comm communicator)
```

```
 1 #include <stdio.h>
 2 #include <mpi.h>
 3
 4 int main(int argc,char **argv) {
 5
 6   MPI_Init(&argc,&argv);
 7   int rank;
 8   MPI_Comm_rank(MPI_COMM_WORLD,&rank); // identify the rank
 9
10   int input = 0;
11   if ( rank == 0 ) {
12     input = 2;
13   } else if ( rank == 1 ) {
```

代码 8.10　MPI_Allreduce 的一个例子。计算输入变量的总和并向所有进程广播。如果在
3 个或更多个进程上运行，则每个进程的输出值应为 10

```
    input = 7;
  } else if ( rank == 2 ) {
    input = 1;
  }
  int output;

  MPI_Allreduce(&input,&output,1,MPI_INT,MPI_SUM,MPI_COMM_WORLD);

  printf("The result is %d rank %d\n",output,rank);

  MPI_Finalize();

  return 0;
}
```

代码 8.10 （续）

```
> mpirun -np 4 ./code10
The result is 10 rank 0
The result is 10 rank 1
The result is 10 rank 2
The result is 10 rank 3
```

8.7.7 全局到全局

MPI_Allgather 模式有一个重要的扩展经常出现在科学计算中，即 alltoall 通信模式。在这种模式中，不同的数据被发送到每个接收器，每个发送器也是接收器。当显示为一个矩阵时(其中行表示进程，列表示数据分区)，alltoall 通信模式看起来与图 8-7 所示的矩阵转置完全相同。

全局到全局聚合操作之前（行：进程；列：数据分区）

进程 \ 数据分区	0	1	2	3
0	1	2	3	4
1	5	6	7	8
2	9	10	11	12
3	13	14	15	16

全局到全局聚合操作之后（行：进程；列：数据分区）

进程 \ 数据分区	0	1	2	3
0	1	5	9	13
1	2	6	10	14
2	3	7	11	15
3	4	8	12	16

图 8-7　全局到全局通信模式扩展了全局收集，其中不同的数据被发送到每个接收器，每个发送器也是接收器。第 i 个数据分区被发送到第 j 个进程。当将每个进程中的数据按行列出，并且将每个进程上的数据分区按列表示时，通信模式看起来像矩阵转置。在此示例中，每个进程上的每个数据分区仅包含一个整数，并且进程数限制为 4 个，以更好地查看全局到全局通信模式

MPI_Alltoall 操作具有以下语法：

```
int MPI_Alltoall (void *send_data, int send_number, MPI_Datatype send_datatype,
void *put_data, int put_number, MPI_Datatype put_datatype, MPI_Comm communicator)
```

作为 MPI_Allgather 的扩展，MPI_Alltoall 采用与 MPI_Allgather 完全相同的参数，尽管通信模式不同，如图 8-7 所示。图 8-7 所示操作的 MPI 版本显示在代码 8.11 中。

```
1  #include <stdio.h>
2  #include <stdlib.h>
3  #include <mpi.h>
4
5  int main(int argc,char **argv) {
6
7    MPI_Init(&argc,&argv);
8    int rank,size,i;
9    MPI_Comm_rank(MPI_COMM_WORLD,&rank);
10   MPI_Comm_size(MPI_COMM_WORLD, &size);
11
12   if ( size != 4 ) {
13     printf(" This example is designed for 4 proceses\n");
14     MPI_Finalize();
15     exit(0);
16   }
17
18   int A[4],B[4];
19
20   for (i=0;i<4;i++) {
21     A[i] = i+1 + 4*rank;
22   }
23
24   // Note that the send number and receive number are both one.
25   // This reflects that fact that the send size and receive size
26   // refer to the distinct data size sent to each process.
27   MPI_Alltoall(A,1,MPI_INT,B,1,MPI_INT,MPI_COMM_WORLD);
28
29   printf("Rank: %d B: %d %d %d %d\n",rank,B[0],B[1],B[2],B[3]);
30
31   MPI_Finalize();
32
33   return 0;
34 }
```

代码 8.11 MPI 示例对应图 8-7

```
> mpirun -np 4 ./code11
Rank: 0 B: 1 5 9 13
Rank: 1 B: 2 6 10 14
Rank: 2 B: 3 7 11 15
Rank: 3 B: 4 8 12 16
```

8.8　非阻塞式点对点通信

8.5.1 节和 8.5.3 节中引入的点对点通信调用 MPI_Send 和 MPI_Recv，在发送和接收操作完成之前，不会从相应的函数调用中返回。虽然这可以确保 MPI_Send 和 MPI_Recv 参数中使用的发送和接收缓冲区在函数调用后可以安全使用或重用，但这也意味着除非每次接收都有一个同时匹配的发送，否则代码将会发生死锁，从而导致代码挂起。第 14 章将讨论这种常见类型的错误。避免这种情况的一种方法是使用非阻塞点对点通信。

在确认发送或接收已完成之前，非阻塞点对点通信立即从函数调用中返回。这些非阻塞调用是 MPI_Isend 和 MPI_Irecv。它们与 MPI_Wait 结合使用，等待操作完成。当查询非阻塞点对点通信是否已完成时，MPI_Test 通常与 MPI_Isend 和 MPI_Irecv 配对。非阻塞点对点调用可以简化代码开发，更容易避免此类死锁，并且还可能在检查通信是否已完成时启用有用计算的重叠。

除了添加请求参数和消除 MPI_Recv 参数中的状态输出之外，每个调用的语法与阻塞调用的语法相同。

```
int MPI_Isend (void *message, int count, MPI_Datatype datatype, int dest, int tag,
MPI_Comm comm, MPI_Request *send_request)
```

```
int MPI_Irecv (void *message, int count, MPI_Datatype datatype, int source, int tag,
MPI_Comm comm, MPI_Request *recv_request)
```

由于 MPI_Isend 和 MPI_Irecv 在调用后立即返回，而未确认的消息传递操作已完成，因此应用程序用户需要一种方法来指定何时必须完成这些操作。这是通过 MPI_Wait 完成的。

```
int MPI_Wait(MPI_Request *request, MPI_Status *status)
```

当调用 MPI_Wait 时，提供源自 MPI_Isend 或 MPI_Irecv 的非阻塞请求作为参数。以前直接由 MPI_Recv 提供的状态，现在作为 MPI_Wait 的输出。

与 MPI_Wait 类似，MPI_Test 可以与 MPI_Isend 或 MPI_Irecv 调用配对，以在执行其他工作时查询消息传递是否已完成。MPI_Test 与 MPI_Wait 共享类似的语法，如果查询的请求已完成，则仅添加一个设置为 true 的标志。

```
int MPI_Test(MPI_Request *request, int *flag, MPI_Status *status)
```

代码 8.12 提供了使用非阻塞通信的示例。在此示例中，首先发出 send 命令，然后发出 receive 命令。如果使用阻塞通信并发送足够大的消息，那么这通常会导致死锁，但非阻塞通信可以避免这种陷阱。

```
1  #include <stdlib.h>
2  #include <stdio.h>
3  #include <mpi.h>
4
5  int main(int argc, char* argv[]) {
6   int a, b;
7   int size, rank;
8   int tag = 0; // Pick a tag arbitrarily
9   MPI_Status status;
10  MPI_Request send_request, recv_request;
11
12  MPI_Init(&argc, &argv);
13  MPI_Comm_size(MPI_COMM_WORLD, &size);
14  MPI_Comm_rank(MPI_COMM_WORLD, &rank);
15
16  if (size != 2) {
17    printf("Example is designed for 2 processes\n");
18    MPI_Finalize();
19    exit(0);
20  }
21  if (rank == 0) {
22    a = 314159; // Value picked arbitrarily
23
24    MPI_Isend(&a, 1, MPI_INT, 1, tag, MPI_COMM_WORLD, &send_request);
25    MPI_Irecv (&b, 1, MPI_INT, 1, tag, MPI_COMM_WORLD, &recv_request);
26
27    MPI_Wait(&send_request, &status);
28    MPI_Wait(&recv_request, &status);
29    printf ("Process %d received value %d\n", rank, b);
30
31  } else {
32
33    a = 667;
34
35    MPI_Isend (&a, 1, MPI_INT, 0, tag, MPI_COMM_WORLD, &send_request);
36    MPI_Irecv (&b, 1, MPI_INT, 0, tag, MPI_COMM_WORLD, &recv_request);
37
38    MPI_Wait(&send_request, &status);
39    MPI_Wait(&recv_request, &status);
40    printf ("Process %d received value %d\n", rank, b);
41  }
42
43  MPI_Finalize();
44  return 0;
45 }
```

代码 8.12　非阻塞点对点通信的示例。进程 0 将整数 314 159 发送到进程 1，而进程 1 将整数 667 发送到进程 0。在第 24～25 行和第 35～36 行中列出的 Isend 和 Irecv 的特定顺序无关紧要，因为调用是非阻塞的

```
> mpirun -np 2 ./code12
Process 0 received value 667
Process 1 received value 314159
```

8.9 用户自定义数据类型

应用程序开发人员经常希望创建一个由表 8-1 列出的预定义 MPI 类型构建的用户自定义数据类型。这是使用 MPI_Type_create_struct 和 MPI_Type_commit 完成的。

```
MPI_Type_create_struct(int number_items,
                       const int *blocklengths,
                       const MPI_Aint *array_of_offsets,
                       const MPI_Datatype *array_of_types,
                       MPI_Datatype *new_datatype_name)
```

```
MPI_Type_commit(MPI_Datatype *new_datatype_name)
```

创建用户自定义的数据类型，包括提供现有 MPI 数据类型元素（number_items）的不同分区数、3 个单独的长度为 number_items 的数组、包含每个块的元素数、每个块的字节偏移量和每个块的 MPI 数据类型、用户自定义类型的新名称。然后将此名称作为参数传递给 MPI_Type_commit，之后可以在所有现有 MPI 函数中使用它。

代码 8.13 提供了使用 C 结构创建的用户自定义数据类型，并将其广播到所有进程的示例。在此示例中，为了模拟，C 结构中一些典型的变量名称将使用进程 0 上的值填充。此 C 结构中用户自定义数据类型 mpi_par，将在第 38～39 行上创建并提交。然后将结构值广播到第 41 行中的所有其他进程。

```
 1 #include <stdio.h>
 2 #include <stddef.h>
 3 #include "mpi.h"
 4
 5 typedef struct {
 6   int max_iter;
 7   double t0;
 8   double tf;
 9   double xmin;
10 } Pars;
11
12 int main(int argc,char **argv) {
13
14   MPI_Init(&argc,&argv);
15   int rank;
16   int root = 0; // define the root process
17   MPI_Comm_rank(MPI_COMM_WORLD,&rank); // identify the rank
18
19   Pars pars;
20   if ( rank == root ) {
21     pars.max_iter = 10;
22     pars.t0 = 0.0;
```

代码 8.13　在 MPI 聚合中创建和使用用户自定义的数据类型

```
23      pars.tf = 1.0;
24      pars.xmin = -5.0;
25  }
26
27  int nitems = 4;
28  MPI_Datatype types[nitems];
29  MPI_Datatype mpi_par; // give my new type a name
30  MPI_Aint offsets[nitems]; // an array for storing the element offsets
31  int blocklengths[nitems];
32
33  types[0] = MPI_INT; offsets[0] = offsetof(Pars,max_iter);blocklengths[0] = 1;
34  types[1] = MPI_DOUBLE; offsets[1] = offsetof(Pars,t0);blocklengths[1] = 1;
35  types[2] = MPI_DOUBLE; offsets[2] = offsetof(Pars,tf);blocklengths[2] = 1;
36  types[3] = MPI_DOUBLE; offsets[3] = offsetof(Pars,xmin);blocklengths[3] = 1;
37
38  MPI_Type_create_struct(nitems,blocklengths,offsets,types,&mpi_par);
39  MPI_Type_commit(&mpi_par);
40
41  MPI_Bcast(&pars,1,mpi_par,root,MPI_COMM_WORLD);
42
43  printf("Hello from rank %d; my max_iter value is %d\n",rank,pars.max_iter);
44
45  MPI_Finalize();
46
47  return 0;
48  }
```

代码 8.13　(续)

```
> mpirun -np 4 ./code13
Hello from rank 0; my max_iter value is 10
Hello from rank 2; my max_iter value is 10
Hello from rank 1; my max_iter value is 10
Hello from rank 3; my max_iter value is 10
```

8.10　本章小结及成果

❑ 对于 HPC 的进步而言，可能没有比 MPI 的发展有更大的实用机制。

❑ MPI 是一个社区驱动的规范，还在不断发展。

❑ MPI 是一个带有 API 而不是语言的库。

❑ MPICH 是第一个实现 MPI 标准的简缩版。

❑ MPI 的关键要素是点对点通信和聚合通信。

❑ MPI 具有一组用于库调用的预定义数据类型。

❑ 点对点通信调用以 MPI_Send 和 MPI_Recv 调用为代表。

❑ 聚合通信以广播、收集和分散操作为代表。

❑ 这些聚合操作的重要扩展是全局收集、归约和全局到全局。

❑ 非阻塞点对点通信经常用于简化代码开发以避免死锁。

❑ 用户自定义的数据类型可以从现有 MPI 数据类型开始构建，并在 MPI 函数调用中使用。

8.11　练习

1. 修改代码 8.13，以在两个进程之间多次发送和接收用户自定义的数据类型 mpi_par。向 Par 结构添加一个整数，以计算数据来回传递的次数。

2. 修改代码 8.13，以便每个进程将 mpi_par 发送到 rank+2 的进程并在 rank-2 的进程中接收数据。例如，如果有 16 个进程，则进程 0 将 mpi_par 发送到进程 2 并从进程 14 中接收，而进程 1 将发送到进程 3，并从进程 15 中接收。

3. 使用 MPI 写出分布式矩阵 – 向量乘法代码，要求使用密集矩阵和密集向量。在每个进程上调用 C 语言基本线性代数子程序（CBLAS）执行局部矩阵向量乘法。

4. 使用点对点通信重写代码 8.11。泛化代码以使它在任意数量的进程上运行。将 MPI_Alltoall 的性能与点对点通信实现进行比较。

5. 重写代码 8.9，以便当进程数量不同时全局向量大小保持不变。这需要根据启动 MPI 的进程数来更改本地的向量大小。根据各种全局向量大小和进程个数，为你的代码给出解决方案的时间。

参考文献

[1] MPI Forum, MPI Standardization Forum, [Online]. http://mpi-forum.org/.

[2] Argonne National Laboratory, MPICH, [Online]. www.mpich.org.

[3] B. Kernighan, D. Ritchie, The C Programming Language, Prentice Hall, s.l., 1988.

并行算法

9.1 引言

现代超级计算机采用多种不同的操作模式,在各种算法和应用中利用并行性开发支持技术和有助于获得最高可能的性能。在超级计算机中,3 种最常见的硬件体系结构形式是单指令多数据流(SIMD)并行、共享内存并行和分布式内存并行。共享内存和分布式内存并行是弗林计算机体系结构分类的多指令多数据流(MIMD)类的子类。

这些模式中的每一种均有对应的现代超级计算机案例。虽然并行计算机体系结构的统一主题是并行性,但在每一种模式中,并行算法利用物理并行性的方式可能大不相同。一些并行算法更适合某一类并行性,反之亦然。通常需要完全不同的并行算法,具体取决于目标并行计算机体系结构。通常,对于并行算法来说,要实现超级计算机可以提供的最高性能,三者的组合是必需的。

2004 年,在超级计算机上确认了一组有影响力的 7 类数值方法[1]。这些被称为"七个小矮人"或"七个主题":密集线性代数、稀疏线性代数、谱方法、N 体方法、结构化网格、非结构化网格和蒙特卡罗方法。这七类算法代表了当今大部分超级计算应用程序,并且许多高性能计算(HPC)基准测试程序专门针对它们而构建。除了最初的"七个小矮人"之外,研究人员还添加了其他重要的新兴数值方法,包括图遍历、有限状态机、组合逻辑和统计机器学习[2],这些方法在超级计算机的应用中均可找到。将这些数值方法最优化地映射到并行算法实现是超级计算应用程序开发人员面临的关键挑战。

几类并行算法共享关键特性,并由相同的衍生并行性的底层机制所驱动。这些通用类并行算法的一些示例包括分支 – 聚合(fork-join)、分治法(divide & conquer)、管理者 – 工作者模式(manager-worker)、易并行(embarrassingly parallel)、任务数据流(task dataflow）、置换（permutation）和光环交换（halo exchange）。表 9-1 列出了每个类的一些示例。

表 9-1　通用类并行算法的例子

通用类并行算法	例 子	通用类并行算法	例 子
分支 – 聚合	OpenMP 并行 for 循环	易并行	蒙特卡罗
分治	快速傅里叶变换、并行排序	管理者 – 工作者	简单的自适应网格细化
光环交换	有限差分 / 有限元偏微分方程求解器	任务数据流	广度优先搜索
置换	佳能算法、快速傅里叶变换		

本章探讨了各种并行算法以及挖掘和探索并行性的方法。虽然用于 SIMD 或 MIMD 并行计算机体系结构的算法的具体实现不同，但是从算法中提取并行性的概念基础却相同。本章首先介绍了分支 – 聚合（fork-join）类型的并行算法，以及来自分治并行算法的例子并行排序。然后是来自管理者 – 工作者（manager-worker）类型的算法及其特定子类的示例，接着介绍易并行。还介绍了光环交换并行算法示例，包括平流方程和稀疏矩阵向量乘法。在介绍置换例子（佳能算法）和任务数据流例子（广度优先搜索算法）之后，结束本章的内容。

9.2　分支 – 聚合

分支 – 聚合（fork-join）并行设计模式是第 7 章介绍的 OpenMP 执行模型中的关键组件，经常用于针对共享内存并行性的编程模型。在顺序算法中工作同时推进的区域可以创建一组轻量级并发操作（通常称为"线程"）来执行该工作。一旦工作完成，每个操作结果将在"聚合"阶段累计。该过程如图 9-1 所示。

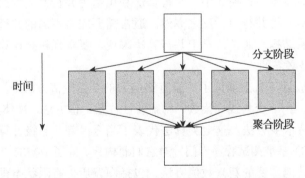

图 9-1　这是分支 – 聚合并行设计模式的图例，该模式常用于共享内存并行性的并行算法中。空框表示串行（即不可并行化的）工作，而填充框表示可以同时执行的工作。在"分支"阶段，创建名为线程的并发操作（此处由分支线表示）以执行并发工作。在"聚合"阶段，这些并发运算的结果将累积到单个结果运算中

OpenMP 并行 for 循环结构是这种并行算法的一个简单示例。考虑代码 9.1 呈现的并行工

作共享的示例。先前初始化的数组 b 被添加到另一个表达式中以初始化数组 a。因为 for 循环中的每个工作元素（参见第 3 行）与其他所有元素无关，所以此循环中的工作可以同时进行。因此，在第 1 行中添加了并行 for 循环结构。图 9-2 演示了生成并行运算的分支 – 聚合行为。

```
1  #pragma omp parallel for
2    for (i=0;i<30;i++)
3      a[i] = b[i] + sin(i)
```

代码 9.1   基于分支 – 聚合的工作共享的 OpenMP 例子

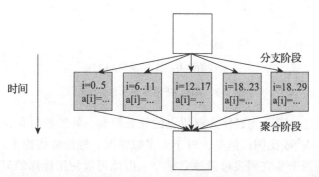

图 9-2   代码 9.1 中的工作共享示例转化为有 5 个线程的分支 – 聚合的最终结构。每个并发运算执行独立计算，然后将其聚合到最终的串行运算

虽然分支 – 聚合并行设计模式是 OpenMP 的主要执行模型，但其他并行编程模型在 OpenMP 中也可以找到，特别是那些以共享内存并行性为目标的模型。

9.3   分治

表示为"分而治之"的算法将问题分解为较小的子问题，这些子问题与原始问题具有足够相似的算法属性，从而它们又可以进行细分。使用递归，较大的问题被分解成若干足够小的部分，这些小部分可以用最少的计算来轻松解决。因为原始问题已被分解为几个彼此独立的较小的计算部分，所以存在利用并行计算资源的天然并发性。通常，分治类型的算法也是天然的并行算法，因为这种并发性像分支 – 聚合类型算法一样，可以在共享内存架构上很好地执行。然而，在分布式内存架构上，网络延迟和负载不平衡会使分治型算法的直接应用变得复杂。

一个充分研究的具有自然并发性的分治算法的例子是快速排序 [3]。作为一种排序算法，它旨在按增加值的顺序对一列数字进行排序。首先，选择数组中的一个随机元素作为枢纽点。使用此枢纽点，列表的其余部分将分为小于枢纽点数字的列表和大于枢纽点数字的列表。然后对这两个列表中的每一个数字递归地重复该过程。完成递归后，将生成的已排序的子子问题连接起来以获得最终结果。图 9-3 给出了一个例子。

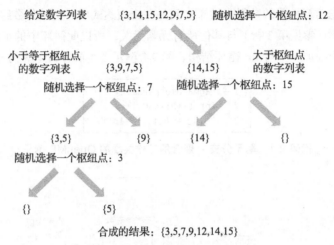

图 9-3　串行快速排序算法的例子

算法效率受到选择哪个元素作为枢组点的显著影响。如果数组有 N 个数据项，则最坏情况下的性能将与 N^2 成比例；但是，对于大多数情况，性能要快得多，与 $N\log N$ 成比例。由于快速排序中的两个分支列表可以独立排序，因此可以使用计算的天然并发性进行并行化。在分布式内存体系结构上，利用此并发性会导致显著的通信成本，因为在递归期间排序列表会从一个进程传递到另一个进程。这使得快速排序直接应用于分布式内存架构是不合适的。但是，可以基于采样的改良方法来改善这种情况。

常规的采样并行排序算法旨在提高快速排序在分布式内存架构的性能[4]，该算法详述如下。这个算法的一个例子在图 9-4a～h 展示，其中 $P = 2$、$N = 8$。

❑ 要排序的数字数组在 P 个进程间平均分配。因此，如果数组大小为 N，则每个进程将具有 N/P 个本地元素，如图 9-4a 所示。

❑ 每个进程对其本地数据运行顺序快速排序，如图 9-4b 所示。

❑ 生成的排序数组由大小为 N 的全局数组和进程数 P 确定的间隔进行采样。从 0 开始的每隔 N/P^2 个位置处获取采样，即数组元素索引为 0，N/P^2，$2N/P^2$，…，$(P-1)N/P^2$，形成每个本地数据的样本数组，如图 9-4c 所示。

❑ 将得到的样本收集到根进程并进行快速排序，如图 9-4d 所示。

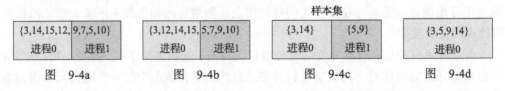

样本集

图 9-4a　　　图 9-4b　　　图 9-4c　　　图 9-4d

❑ 从采样组中计算的已采样的 $P-1$ 个枢组点值定期被广播到其他进程。因此，下标 N/P^2，$2N/P^2$，…，$(P-1)N/P^2$ 形成采样的 $P-1$ 个枢组点。在此示例中，唯一广播的枢组点是 9，如图 9-4e 所示。

❑ 每个进程使用广播得来的 $P-1$ 个枢纽值将其排序的数组段划分为 P 个段，如图 9-4f 所示。

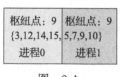

图　9-4e　　　　　　　　　　　　图　9-4f

❑ 每个进程对 P 个段执行全部操作。因此，第 i 个进程保持第 i 个段并将第 j 个段发送到第 j 个进程，如图 9-4g 所示。

❑ 到达的段被合并为单个列表并在本地排序，如图 9-4h 所示。

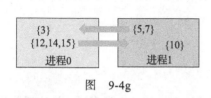

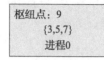

最终结果：{3,5,7,9,10,12,14,15}

图　9-4g　　　　　　　　　　　　图　9-4h

9.4　管理者 – 工作者

管理者 – 工作者（manager-worker）在执行中包含两个不同的工作流：一个工作流仅由一个名为管理者进程的进程来执行，另一个工作流由名为工作者进程的其他几个进程执行。这种方法在历史上也称为"主从"。自然的动态应用程序经常使用这种类型的并行设计算法，以便管理者进程协调和发布任务给工作者进程，以响应模拟结果的变化。许多自适应网格细化应用程序也使用此并行设计算法，因为网格和数据放置模式会响应解决方案的值而发生变化。这种自适应网格细化如图 9-5 所示。管理者 – 工作者经常采用代码 9.2 中所示的形式，其中"if"语句区分管理者和工作者任务之间的工作流程。

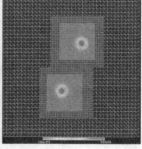

图 9-5　管理者 – 工作者的自适应网格细化代码示例，其演化了沿彼此轨道运行的两个紧凑对象的动态系统。当网格在计算域中顺时针移动时，网格跟随沿轨道运行的紧凑对象

```
1  if ( my_rank == master ) {
2     send_action(INITIALIZE);
3
4     for (int i=0;i<num_timesteps;i++) {
5        send_action(REFINE);
6        send_action(INTEGRATE);
7        send_action(OUTPUT);
8     }
9  } else {
10    listen_for_actions();
11 }
```

代码 9.2

代码 9.2 是管理者–工作者示例代码，其适用于生成图 9-5 所示的自适应网格细化代码。管理者进程（在此示例中称为"master"）指示细化特征并将操作发送到始终监听管理者的额外指令的工作者进程。

9.5 易并行

术语"易并行"（embarrassingly parallel）是科学计算中的一个常用语，被广泛使用但定义不明确。它提议了很多并行性，且它们之间基本上没有任务间的通信或协调，以及提议了具有最小开销的高度可分区的工作负载。通常，易并行算法是管理者–工作者算法的子类。它们被称易并行是因为从工作流中可以简单地提取可用的并行性。这些算法有时需要在最后进行归约操作以将结果收集到管理者进程中。虽然这确实需要一些最小的协调和任务间通信，但这些"几乎高度并行"的算法仍然通常被称为易并行。

蒙特卡罗模拟主要归类于易并行范畴。蒙特卡罗方法是研究具有大量耦合自由度系统的统计方法，对输入中有显著不确定性的现象进行建模，可以求解四维以上的偏微分方程。计算 π 的值是一个简单的例子。

❑ 定义一个正方形区域并在该域内接一个圆。

❑ 随机生成位于正方形区域内的点的坐标；计算在圆中点的数量。

❑ π/4 是圆中的点数与生成的随机点总数之比。

该算法背后的原因如下。半径为 r 的圆内接于一个正方形，圆的面积为 πr^2，而正方形的面积为 $(2r)^2 = 4r^2$，如图 9-6 所示。圆面积与正方形面积的比值也将是在正方形中产生的随机点位于圆中的概率。这两个领域的比例是 π/4。

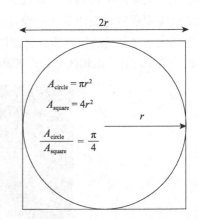

图 9-6　当在正方形内生成随机坐标时，在内接圆内的点数与随机点总数的比值将为 π/4

该算法的并行版本如图 9-7 所示。

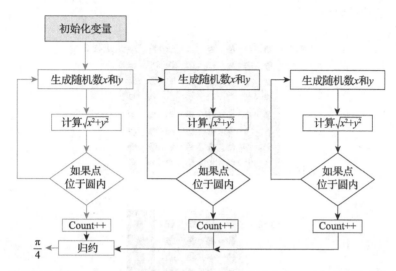

图 9-7　易并行的例子：使用统计方法计算 π。管理者是浅灰色，而各种工作者都是黑色的

9.6　光环交换

许多并行算法属于一类问题，其中每个并行任务在不同数据上执行相同算法而不必存在任何管理者算法。这有时被称为数据并行模型。数据并行性经常用于本质上是静态的应用程序，因为计算任务可以在模拟的整个生命周期中映射到特定的数据子集。但是，在除了最简单的应用程序之外的所有应用程序中，映射到并行任务的每个数据子集中的一些信息必须进行交换和同步，以使应用程序算法正常运行。这种任务间信息的交换称为光环交换（halo exchange）。

顾名思义，光环是映射到并行任务数据子集外部的区域。它充当该数据子集的人工边界，并包含源自相邻并行任务数据子集的信息。光环圈如图 9-8 所示。

光环交换使每个任务能够执行计算并更新映射到该任务的数据子集，同时可以访问可能不是本地的但此类计算所需的任何数据。光环交换在并行工具包中非常常见，可用于求解偏微分方程和线性代数。本节给出了两个使用了光环交换的并行算法实例：平流方程和稀疏矩阵向量乘法。

9.6.1　使用有限差分的平流方程

波状现象在自然界随处可见，例如光、声、引力、流体流动和天气。波状现象的研究在超级计算系统中普遍存在，并且经常使用偏微分方程或涉及针对不同自变量的导数表达来建模。在超级计算机上求解这些波状的偏微分方程的最简单方法之一是使用有限差分和光环交换。有限差分使用近似值替换偏微分方程中的导数表达式，该近似值源于均匀网格上相邻点之间的估计斜率。

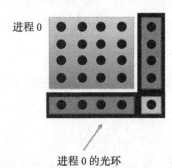

进程 0 的光环

图 9-8　深度为 1 的光环。在图中，各种数据点（黑色）划分给 4 个不同的进程（上图）。对于每个进程，数据有两个边界，即进程间边界。对于进程 0，这些边界是正方形的右边缘和底边缘。进程 0 中深度为 1 的光环（下图）由最接近进程 0 的进程间边界但未映射到进程 0 的那些数据点组成

作为这种并行算法的一个例子，考虑式（9-1）中的平流方程。

$$\frac{\partial f}{\partial t} = -v\frac{\partial f}{\partial x} \tag{9-1}$$

该平流方程以速度 v 沿 x 增加的方向传递标量场 $f(x,t)$。该偏微分方程的解析解是：

$$f(x,t) = F(x-vt) \tag{9-2}$$

其中 $f(x)$ 是描述系统初始条件的任意函数。如果波状现象的解决方案的初始条件是：

$$F(x) = e^{-x^2} \tag{9-3}$$

那么式（9-1）的解析解是：

$$f(x,t) = e^{-(x-vt)^2} \tag{9-4}$$

如图 9-9 所示。

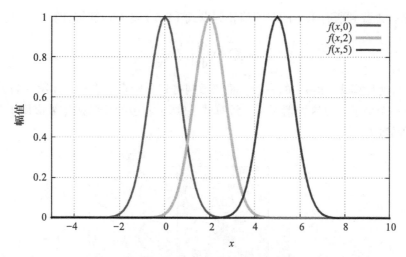

图 9-9　式（9-1）给出的平流方程的解。其初始条件为式（9-3）且速度设定为 1。绘制了
　　　　在几个时间点（$t = 0$、2 和 5）上的解。随着时间的增加，标量场向右传输

式（9-1）中的平流方程可以用图 9-9 所示的方案分析来解决，但基于光环交换的并行
算法以数值方式精巧地求解了该方程。式（9-1）中左边和右边的偏导数被对应的有限差分
近似所代替：

$$\frac{f_i^{n+1} - f_i^n}{\mathrm{d}t} = -v \frac{f_{i+1}^n - f_i^n}{\mathrm{d}x} \tag{9-5}$$

其中场函数 $f(x,t)$ 可以离散化为一个均匀网格，x 轴依据距离 $\mathrm{d}x$ 进行分割，时间轴由时
间 $\mathrm{d}t$ 进行分割，f 的下标表示该网格中的空间位置，f 的上标表示该网格中的时间位置。如
图 9-10 所示。

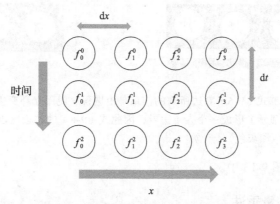

图 9-10　标量场的值被分配给基于时间和空间维度的离散网格点，其中点在 x 方向间隔 $\mathrm{d}x$
　　　　　而在时间方向上间隔 $\mathrm{d}t$。上标表示时间索引（在该图中为 0～2），下标表示 x 方向
　　　　　上的空间索引（在该图中为 0～3）

因为标量场的初始条件 f_i^0 或 $f(x,0)$ 是已知的，所以式（9-5）的代数操作使得可以使用

式（9-6）迭代地找到所有未来的时间值，假设式（9-5）的右边能够计算。

$$f_i^{n+1} = f_i^n - v\frac{\mathrm{d}t}{\mathrm{d}x}\left(\frac{f_{i+1}^n - f_i^n}{\mathrm{d}x}\right) \tag{9-6}$$

为了并行地计算式（9-6）的右边，将离散网格划分给多个进程，如图 9-11 所示。这是数据并行的一个例子，在这种情况下，计算式（9-6）右边的相同操作被应用于分散在多个进程中的不同数据。

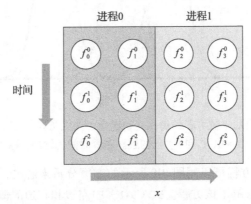

图 9-11 离散网格划分给多个进程。作为数据并行性的一个例子，使用式（9-6）右边的相同计算，并行应用于进程 0 和 1 中的不同数据，从对应初始时间的第 1 行值开始

然而，针对计算进程 0 中的数据，为了计算其对应方程右边的值，需要从进程 1 中获得一些信息。该信息通过光环交换来提供，如图 9-12 所示。

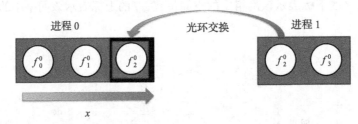

图 9-12 进程 0 计算式（9-6）右边所需的信息是由进程 1 使用光环交换提供的。光环（以黑色突出显示）形成一个人工边界，因此式（9-6）的右边可以完全在进程 0 的本地域（彩色深灰色）上计算

并行算法总结在图 9-13 中。

9.6.2 稀疏矩阵向量乘法

围绕光环交换而设计的并行算法不仅经常出现在基于网格的求解器中（如 9.6.1 节所示）还出现在稀疏线性代数运算中，例如在第 4 章中介绍的高性能共轭梯度（HPCG）基准测试程序中使用的稀疏矩阵向量乘法。

对于大小为 $N \times N$ 的矩阵和大小为 N 的向量，矩阵－向量乘法由式（9-7）给出：

$$x_i = \sum_{j=0}^{N-1} A_{ij} b_j \qquad (9\text{-}7)$$

其中 A_{ij} 是矩阵的第 (i, j) 个元素（ $i \in [0, N-1]$ ）；b_j 是向量的第 j 个元素。然而，对于稀疏矩阵，大多数 A_{ij} 值为零，这表明不需要为每个第 (i, j) 个元素分配内存。在 HPCG 基准测试程序中，稀疏矩阵 A 使用压缩的稀疏行格式（CSR）存储非零值。因此，每一行的所有非零值都放在连续的内存中，并且每个非零元素的列索引的偏移量被单独保存。为了实现数据并行性，矩阵和向量被划分成由若干行构成的组，并分配给每个进程，如图 9-14 所示。

压缩的稀疏格式改变了式（9-7），以反映零元素不再存储或操作。

$$x_i = \sum_{j=0}^{n_i} A_{ij} b_j \qquad (9\text{-}8)$$

其中 n_i 表示第 i 行中非零元素的个数。因为矩阵 A 和向量 b 的行都被划分给多个进程，所以对于式（9-8）需要一些信息交换，以应用到每个不同组的数据。这在图 9-15 中已说明。

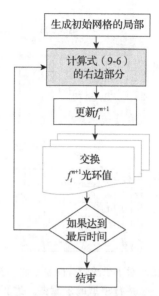

图 9-13 对于平流方程，利用光环交换的并行算法。每个进程独立地计算不同数据上的相同算法，其中光环交换提供来自相邻进程所需的数据并用作进程间边界

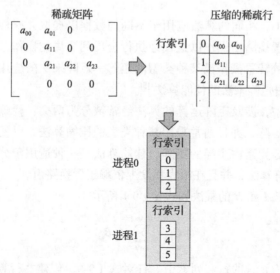

图 9-14 稀疏矩阵的零元素不存储在压缩格式中，其中不规则数组仅包含每行的非零元素。然后，将这些行分割给 P 个进程

对于稀疏矩阵向量乘法，基于光环交换的数据并行模型总结如图 9-16 所示。

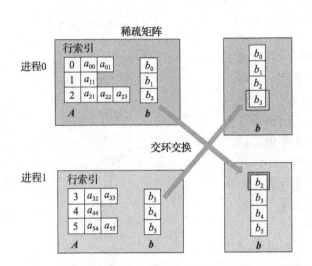

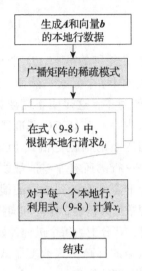

图 9-15　对于稀疏矩阵向量乘法，具有光环交换的数据并行模型的示意图。进程 0 要求元素 b_3 可用于计算式（9-8），而进程 1 需要元素 b_2。一旦这些向量元素被交换（由箭头指示），那么每个进程能够独立地利用本地数据计算式（9-8）

图 9-16　使用压缩稀疏行格式的稀疏矩阵向量乘法概述，基于光环交换的数据并行模型。光环交换阶段用红色表示（印刷版本为灰色）

9.7　置换：佳能算法

在数据并行方法中，相同的算法应用于不同的数据以提取并行性；在这类算法中，问题的某个子类依赖于置换路由操作以迭代地执行全局到全局的操作。这种类型的并行算法经常用在需要线性代数转置操作或某种类型的矩阵 - 矩阵乘法的应用中。本节探讨了一个这样的例子：用于稠密矩阵乘法的佳能算法[5]。

在线性代数计算中，涉及矩阵运算的算法经常被分为两类：稀疏和稠密。稀疏矩阵指的是零元素占主导的矩阵，并且通常采用某种类型的压缩算法，以便既不存储也不操作零元素。稠密矩阵是非零元素占主导的矩阵。佳能算法是一种适用于分布式内存并行架构中稠密矩阵的矩阵 - 矩阵算法，并且在很大程度上依赖于置换路由。

两个 $N \times N$ 的矩阵 A 和 B 的乘法如式（9-9）所示。

$$C_{ij} = \sum_{k=0}^{k=N-1} A_{ik} B_{kj} \tag{9-9}$$

其中下标表示矩阵元素的行和列索引。针对式（9-9）创建并行算法，一个好的起点是一个块算法，它将矩阵 A、B 和 C 划分成若干个子块，每个子块大小为 $N/\sqrt{P} \times N/\sqrt{P}$（$P$

是进程数），并将它们分给各个进程。如图 9-17 所示。

C_{00}	C_{01}	C_{02}	C_{03}
C_{10}	C_{11}	C_{12}	C_{13}
C_{20}	C_{21}	C_{22}	C_{23}
C_{30}	C_{31}	C_{32}	C_{33}

=

A_{00}	A_{01}	A_{02}	A_{03}
A_{10}	A_{11}	A_{12}	A_{13}
A_{20}	A_{21}	A_{22}	A_{23}
A_{30}	A_{31}	A_{32}	A_{33}

B_{00}	B_{01}	B_{02}	B_{03}
B_{10}	B_{11}	B_{12}	B_{13}
B_{20}	B_{21}	B_{22}	B_{23}
B_{30}	B_{31}	B_{32}	B_{33}

图 9-17　大小为 $N \times N$ 的矩阵 A 和 B 被划分成 P 个子块，每一个子块大小为 $N/\sqrt{P} \times N/\sqrt{P}$，在本例中，$P = 16$，每个进程包含一个子块

例如，计算矩阵 – 矩阵乘法 $A \times B$ 的子块 C_{11} 时，需要计算几个串行的矩阵 – 矩阵乘法，每个矩阵大小为 $N/\sqrt{P} \times N/\sqrt{P}$，如图 9-18 所示。

C_{00}	C_{01}	C_{02}	C_{03}
C_{10}	C_{11}	C_{12}	C_{13}
C_{20}	C_{21}	C_{22}	C_{23}
C_{30}	C_{31}	C_{32}	C_{33}

=

A_{00}	A_{01}	A_{02}	A_{03}
A_{10}	A_{11}	A_{12}	A_{13}
A_{20}	A_{21}	A_{22}	A_{23}
A_{30}	A_{31}	A_{32}	A_{33}

B_{00}	B_{01}	B_{02}	B_{03}
B_{10}	B_{11}	B_{12}	B_{13}
B_{20}	B_{21}	B_{22}	B_{23}
B_{30}	B_{31}	B_{32}	B_{33}

$$C_{11} = A_{10}B_{01} + A_{11}B_{11} + A_{12}B_{21} + A_{13}B_{31}$$

图 9-18　为了计算矩阵乘积 $A \times B$ 的子块 C_{11}，需要计算突出显示的几个子块的矩阵 – 矩阵乘积。然而，由于一个块分配给了一个对应的进程，因此只有子块 A_{11} 和 B_{11} 是本地的，所有其他子块都需要通信才能获得

对于这种块分割方法，矩阵 – 矩阵乘法成为协调各种串行子块的矩阵 – 矩阵乘积的通信和计算问题。这是佳能算法的核心。

最初，子块映射到每个进程，如图 9-19 所示。

为了建立佳能算法，A 子块向左移位而 B 子块向上移位，如图 9-20 和图 9-21 所示。

设置置换后的内存布局如图 9-22 所示。

佳能算法由移动矩阵子块组成，因此对于每次迭代（k 从 0~3），矩阵子块 $A_{i,(i+j+k)}$ 和 $B_{(i+j+k),j}$，与 C_{ij} 定位到相同的进程中。对于每次迭代，式（9-10）中的部分和累积到 C_{ij}：

$$C_{ij} += A_{i,(i+j+k)}B_{(i+j+k),j} \tag{9-10}$$

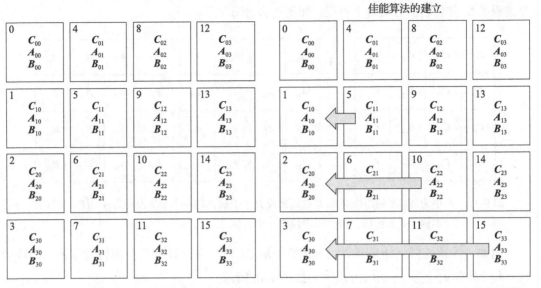

图 9-19　每个子块都映射到分布式内存并行架构的一个进程。进程编号显示在图中的左上角

图 9-20　**A** 子块被置换到左边以建立佳能的算法

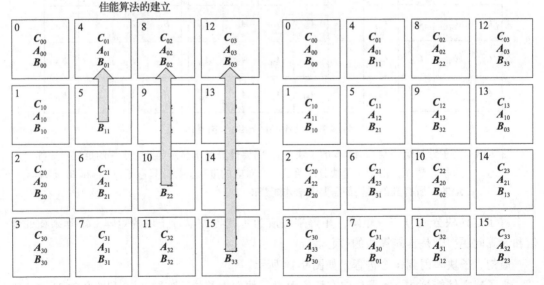

图 9-21　**B** 子块被置换到上边以建立佳能算法

图 9-22　在执行完图 9-19 和图 9-20 所示的置换之后，矩阵子块的布局图。这样就完成了佳能算法的建立过程

　　其中每个子块的矩阵－矩阵乘法使用式（9-9）计算矩阵－矩阵乘积。利用式（9-10）求和时，下标（$i+j+k$）会取模 $\sqrt{P}$（本例中为 4）来计算最终的下标值。因此，如果（$i+j+k$）等于 6，则子块矩阵的索引为 2。

当 $k = 0$ 时，佳能算法已经建立好。例如，在图 9-22 中，子矩阵 C_{31} 与子矩阵 A_{30} 和 B_{01} 位于同一个进程。对于 k 的每个后续迭代，A 矩阵必须向左移位一次并且 B 矩阵必须向上移位一次以满足式（9-10）的条件并计算部分和。这在图 9-23 中进行了说明。

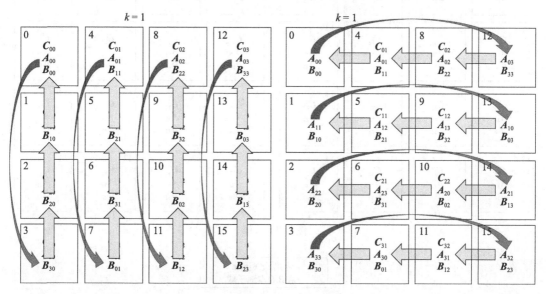

图 9-23　对于 k 的每个后续迭代，B 矩阵必须向上移位，A 矩阵必须向左移位以满足式（9-10）的条件

在 k 经过 $\sqrt{P}$ 次迭代之后，矩阵 - 矩阵乘积就已经计算出来了。对于图 9-24 中的示例，每个 k 次迭代的结果矩阵如图 9-24 所示。佳能的算法总结如图 9-25 所示。

	$k = 0$				$k = 1$		
0 $\quad C_{00}$ $\quad A_{00}$ $\quad B_{00}$	4 $\quad C_{01}$ $\quad A_{01}$ $\quad B_{11}$	8 $\quad C_{02}$ $\quad A_{02}$ $\quad B_{22}$	12 $\quad C_{03}$ $\quad A_{03}$ $\quad B_{33}$	0 $\quad C_{00}$ $\quad A_{01}$ $\quad B_{10}$	4 $\quad C_{01}$ $\quad A_{02}$ $\quad B_{21}$	8 $\quad C_{02}$ $\quad A_{03}$ $\quad B_{32}$	12 $\quad C_{03}$ $\quad A_{00}$ $\quad B_{03}$
1 $\quad C_{10}$ $\quad A_{11}$ $\quad B_{10}$	5 $\quad C_{11}$ $\quad A_{12}$ $\quad B_{21}$	9 $\quad C_{12}$ $\quad A_{13}$ $\quad B_{32}$	13 $\quad C_{13}$ $\quad A_{10}$ $\quad B_{03}$	1 $\quad C_{10}$ $\quad A_{12}$ $\quad B_{20}$	5 $\quad C_{11}$ $\quad A_{13}$ $\quad B_{31}$	9 $\quad C_{12}$ $\quad A_{10}$ $\quad B_{02}$	13 $\quad C_{13}$ $\quad A_{11}$ $\quad B_{13}$
2 $\quad C_{20}$ $\quad A_{22}$ $\quad B_{20}$	6 $\quad C_{21}$ $\quad A_{23}$ $\quad B_{31}$	10 $\quad C_{22}$ $\quad A_{20}$ $\quad B_{02}$	14 $\quad C_{23}$ $\quad A_{21}$ $\quad B_{13}$	2 $\quad C_{20}$ $\quad A_{23}$ $\quad B_{30}$	6 $\quad C_{21}$ $\quad A_{20}$ $\quad B_{01}$	10 $\quad C_{22}$ $\quad A_{21}$ $\quad B_{12}$	14 $\quad C_{23}$ $\quad A_{22}$ $\quad B_{23}$
3 $\quad C_{30}$ $\quad A_{33}$ $\quad B_{30}$	7 $\quad C_{31}$ $\quad A_{30}$ $\quad B_{01}$	11 $\quad C_{32}$ $\quad A_{31}$ $\quad B_{12}$	15 $\quad C_{33}$ $\quad A_{32}$ $\quad B_{23}$	3 $\quad C_{30}$ $\quad A_{30}$ $\quad B_{00}$	7 $\quad C_{31}$ $\quad A_{31}$ $\quad B_{11}$	11 $\quad C_{32}$ $\quad A_{32}$ $\quad B_{22}$	15 $\quad C_{33}$ $\quad A_{33}$ $\quad B_{33}$

图 9-24　对于图 9-18 给出的示例，佳能算法的每次迭代后的子块矩阵的分布

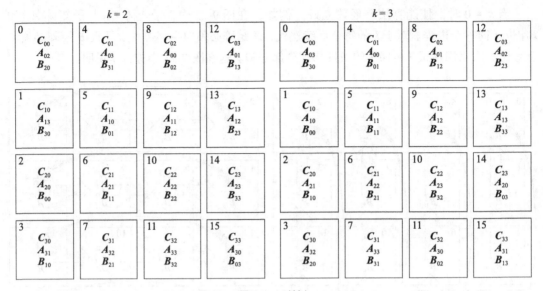

图 9-24 （续）

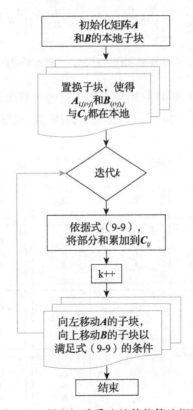

图 9-25　稠密矩阵乘法的佳能算法概要

9.8 任务数据流：广度优先搜索

广度优先搜索算法用于遍历图数据结构，并且是第 4 章中讨论的 Graph500 基准测试程序的关键组件。给定一个特定的根节点，算法开始遍历图数据结构；然后遍历与根相邻的每个顶点，以此类推，从而建立从根到每个顶点的层级（或距离）。图 9-26 提供了一个例子。

虽然任何并行算法都可以表示为依赖关系图，但是许多探索图本身的算法自然地表示为任务数据流以最大化并发性。

标准的并行广度优先搜索算法如下所示。

❑ 每个顶点列表随同它的边列表被进程进行分区（见图 9-27）。

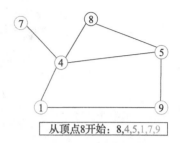

图 9-26 从顶点 8 开始的图数据结构的广度优先搜索遍历的示例。到根的相邻顶点是 4 和 5，它们的相邻顶点是 1、7 和 9。连接顶点的线称为边

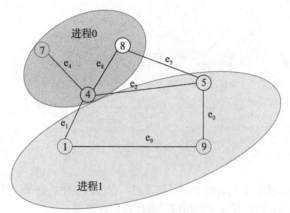

图 9-27 依据进程分割顶点列表

❑ 每个顶点关联一个父顶点，以及一个二进制标志，该标志位指示顶点是否已被访问（见图 9-28）。

❑ 在每个过程中，扫描是否访问了新顶点（见图 9-29）。

❑ 对于每个进程和每个访问过的新顶点，遵循边列表继续；如果顶点未被访问，则设置父顶点和已访问（见图 9-30）。

❑ 逐层迭代是通过两个全局同步栅栏（barrier）强制实现的，从而确保进程之间不会发生无序遍历。

❑ 在检查时执行全归约操作以查看算法是否已完成。

这种广度优先搜索并行算法的并发性天然地与边列表和遍历这些边所产生的遍历任务相关联。虽然本章介绍的所有并行算法都可以重新命名为任务数据流并行，但许多图和知识管理应用程序倾向于自然地使用此并行模型表达。

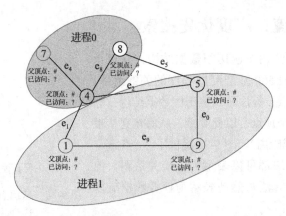

图 9-28　添加父顶点数据和一位以指示是否已访问过该顶点

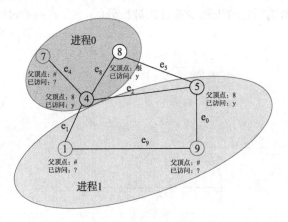

图 9-29　每个进程都会扫描是否已访问过该顶点。在进程 1 中，扫描发现已经使用父顶点 8
　　　　访问顶点 5；在进程 0 中，扫描发现已访问过顶点 4

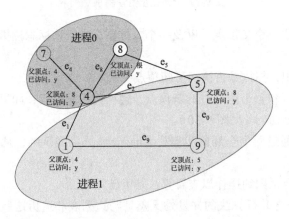

图 9-30　顶点 4 和顶点 5 的边列表分别由进程 0 和进程 1 遍历。访问顶点 1、7 和 9 并进行
　　　　相应的标记。仅遍历与 4 和 5 相邻的顶点以确保逐层迭代

9.9　本章小结及成果

❑ 并行算法是一种对于给定应用程序的计算工作的组织方法，使得可以同时执行工作负载的多个部分以减少求解决时间并提高性能。

❑ 分支 – 聚合并行性描述了一组可以同时执行的任务，它们从同一个起始点开始，然后分支并继续，直到所有并发任务完成到达聚合点。只有当分支 – 聚合定义的所有并发任务都已完成时，才会继续执行后续计算。

❑ 分支 – 聚合并行性通常在多个物理执行资源之间划分给定循环的实例。这被称为"循环并行"。

❑ 分治并行性将一个大问题分成两个或多个可以同时执行的小问题。可以进一步细分每个较小的问题以产生甚至有更小工作的更多并行动作。这种将工作重复划分为更小的子任务的情况会增加应用程序的并行性，直到最小的结果任务易于执行。

❑ 快速排序是用于排序数据的分治算法的一个例子。

❑ 常规的采样并行排序算法提高了分布式计算的效率和可扩展性，但仍然借助快速排序方法。

❑ 管理者 – 工作者工作流有一个进程（即管理者），控制其余的工作者进程，这些工作者进程表现出加速总工作负载执行所需的并行性。通过中央控制进程，它可以动态地调整负载平衡以适应不断变化的数据状态。

❑ 易并行算法是管理者 – 工作者算法的子类。它们被称为易并行是因为可用的并发性很容易从工作流中提取出来。

❑ 光环是映射到并行任务数据子集外部的区域。它充当该数据子集的人工边界，并包含源自相邻并行任务数据子集的信息。

❑ 光环交换使每个任务能够执行计算并更新映射到该任务的数据子集，同时可以访问可能不是本地的但此类计算所需的任何数据。

❑ 稀疏矩阵计算利用主要由零值元素填充的矩阵（例如，向量），其中仅相对少量的元素是非零的。稀疏数据结构仅通过存储非零元素来压缩矩阵，从而允许表示比计算机的主存储器容量更大的矩阵。

❑ 任务数据流算法通过有向无环图形式的依赖关系表示子任务之间的先例约束。这确定了在启动后续任务之前必须完成哪些任务。

9.10　练习

1. 使用消息传递接口（MPI）实现常规的采样并行排序算法。作为进程数量的函数，绘制求解时间。使用串行快速排序作为比较，绘制性能图。

2. 使用 MPI 和管理者 – 工作者算法计算芒德布罗集。制作芒德布罗集的图片以及随进程数量变化的加速比图。

3. 使用 MPI 基于稠密向量的光环交换，编写分布式稀疏矩阵向量乘法。使用来自 SuiteSparse 矩阵集合 [6] 中的 Fluorem/HV15R 矩阵，生成随机稠密向量。绘制稀疏矩阵向量乘法中的求解时间，并作为进程数的函数。包括由 HPC 挑战套件的内存带宽基准测试程序给出的运行机器的内存带宽性能。

4. 使用 MPI 利用有限差分实现如本章所述的平流方程。求解方程的解，并作为时间的函数，并在图中指出哪个进程计算出解中的哪个点。

5. 探索"七个小矮人"中确定的数值方法。对于每种数值方法，列出历史上应用于这种解决方法的不同并行算法。对于数值方法，列出难以确定的最佳并行算法的原因。

参考文献

[1] P. Colella, Defining Software Requirements for Scientific Computing, 2004.

[2] K. Asanovic, et al., The Landscape of Parallel Computing Research: A View from Berkeley, Electrical Engineering and Computer Sciences, University of California at Berkeley, Berkeley, 2006. TR# UCB/EECS-2006-183.

[3] Wikipedia, Quicksort, [Online]. https://en.wikipedia.org/wiki/Quicksort.

[4] M. Quinn, Parallel Programming in C with MPI and OpenMP, McGraw Hill Education, London, 2008 (Chapter 14).

[5] Wikipedia, Cannon's Algorithm, [Online]. https://en.wikipedia.org/wiki/Cannon%27s_algorithm.

[6] SuiteSparse Matrix Collection: Fluorem/HV15R, [Online]. https://www.cise.ufl.edu/research/sparse/matrices/Fluorem/HV15R.html.

库

10.1 引言

计算科学应用程序使用大量可用的高性能计算（HPC）资源。基于 HPC 资源的计算科学研究领域的典型细分见图 10-1。HPC 资源分配的摘要源自极端科学和工程发现环境（XSEDE）虚拟系统 [1]，该系统集成了 12 个非常大的 HPC 资源，用于同行评审研究。

虽然这些应用程序用于各种不同的学科，但它们的基础计算算法通常彼此非常相似。已经为 HPC 资源开发了几个软件库来满足特定的计算需求，因此应用程序开发人员不必浪费时间重新开发已在其他地方开发好的超级计算软件。随后，这些库最终成为许多用户应用程序所需的软件依赖项，其性能和使用对于应用程序的性能变得至关重要。考虑到科学计算算法中线性代数的普遍存在，针对数值线性代数运算的库是最常见的。其他库针对输入 / 输出（I/O）、快速傅里叶变换（FFT）、有限元方法和求解常微分方程等操作。这些库通常在性能上经过高度调优，这使得临时应用程序的开发人员难以使用自制的等效项与这些库的性能相媲美。由于它们易于使用并且在各种 HPC 平台上具有高度优化的性能，因此在计算科学应用中使用科学计算库作为软件依赖项已经变得普遍。

除了充当软件重用的存储库之外，库还有为特定计算科学领域提供知识库的重要作用。这些库成为社区标准，并作为社区成员彼此沟通的方式。本章探讨了一些最广泛使用的计算科学库及其在 HPC 资源上的特征。表 10-1 列出了科学计算库中一些最重要的简要列表，表 10-1 中的每个应用领域将在以下部分中进行探讨。

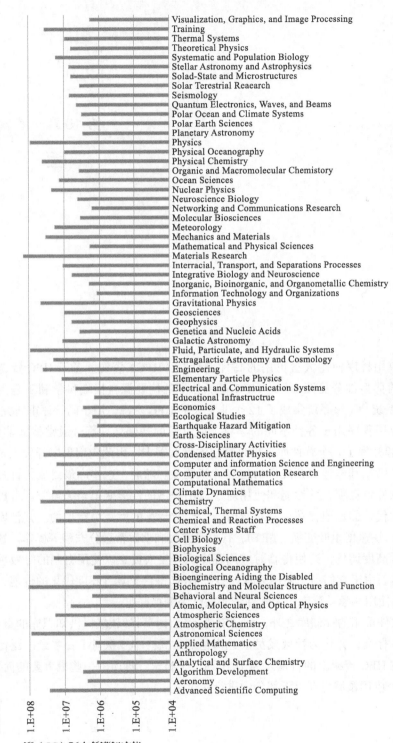

图 10-1　2015 年极端科学与工程发现环境（XSEDE）资源分配总结指出，分配给各个研究领域的服务单元（SU）数量。此处仅列出分配超过 100 万个 SU 的研究领域。在每台超级计算机本地定义 SU，但用于模拟运算的 SU 数量通常等于以小时为单位的墙上时间（walltime）乘以所用核心数的乘积。因此，需要 64 个核心运行 1 小时的模拟将被收取 64 个 SU。2015 年 XSEDE 获得 HPC 时间最多的研究领域是生物物理学和材料

表 10-1　HPC 系统及相关应用领域中一些广泛使用的库

应用领域	HPC 系统中广泛使用的库
线性代数	BLAS [2], Lapack [3], ScaLapack [4], GNU Scientific Library [5], SuperLU [6], PETSc [7], SLEPc [8], ELPA [9], Hypre [10]
偏微分方程	PETSc [7], Trilinos [11]
图算法	Boost Graph Library [12], Parallel Boost Graph Library [12]
输入 / 输出	HDF5 [13], Netcdf [14], Silo [15]
网格分解	METIS [16], ParMETIS [17]
可视化	VTK [18]
并行化	Pthreads, MPI, Boost MPI [12]
信号处理	FFTW [19]
性能监控	PAPI [20], Vampir [21]

10.2　线性代数

　　数值线性代数是大量 HPC 应用中的关键组成部分，提供用于求解线性方程组的数值算法库是现代超级计算机中应用最广泛的。这在图 10-2 中进行了说明，其中列出了一小部分广泛使用的应用程序框架，以及它们对本章探讨的一些关键的线性代数库的依赖性。除了应用程序框架外，数值线性代数是许多关键的 HPC 基准测试程序的主要组成部分。例如，在第 4 章探讨的 7 个 HPC 基准测试程序处理了数值线性代数的高度并行的 Linpack、双精度矩阵 – 矩阵乘法（DGEMM）、高性能共轭梯度、共轭梯度、块三对角求解器（BT）、标量五对角解算器（SP）和下 / 上三角分解（LU）——反映了该学科对 HPC 的影响。

　　本节探讨了几种类型的数值线性代数库，包括非常低抽象级别的串行库（如 BLAS[2]），由广泛稀疏矩阵支持的具有更高抽象级的并行库（如 PETSc[7]），以及具有非常高抽象级的领域特定语言库（像 MTL4[33] 和 Blaze[34]）。

10.2.1　基本线性代数子程序库

（照片由 Pierrre Lescanne 通过维基共享提供）

　　约翰·巴克斯是第一个实用且广泛使用的计算机编程语言 Fortran 的共同创始人。1953 年，他在 IBM 组建并领导了一个由 10 名研究人员组成的团队，他们的任务是找到一种简化计算机编程的方法，同时允许正确构造可执行代码，使其对其他程序员更容易理解。在主要使用机器语言编写面向特定架构（需要彻底了解机器内部结构）的时代，这是一个真正具有开创性的发展。Fortran 语言是公式翻译的缩写，于 1957 年发布，结合了代数和英语的元素。这种高级语言及其编译器（最初用 25 000 行代码编写）实现了计算机程序的实用可移植性和平台独立性。虽然 Fortran 的语法和概念自成立以来已经多次更新，但它仍然是超级计算中最常用的编程语言之一，并且拥有广泛的软件库集，支持许多计算科学领域。

约翰·巴克斯也因开发巴克斯–诺尔范式（BNF）而闻名，这是一种用于表达无上下文语法的元语言。由于这一贡献，他于 1977 年荣获 ACM 图灵奖。BNF 是一种用于描述各种编程语言、通信协议、文件格式等的语法。巴克斯帮助开发了有影响力的 ALGOL 编程语言，该语言引入了许多重要的过程编程概念；原始 ALGOL 的变种已在 BNF 中实现。他后续的工作主要关注 FP 语言及其后续变种 FL，这些工作启发了针对函数式编程更广泛的研究。

由于他的成就，约翰·巴克斯于 1963 年获得了 IBM 奖学金，他还在 1975 年获得了国家科学奖章，1983 年获得了潘德哈罗德奖，1993 年获得了德雷铂奖。

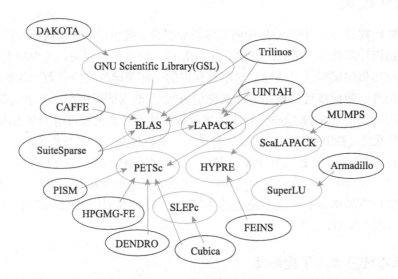

图 10-2　核心线性代数库的一小部分和依赖于这些库的广泛使用的应用程序框架中的一小部分。依赖关系（有时是可选的）由箭头表示。最基本的库、基本线性代数子程序（BLAS）、线性代数包（Lapack），以及用于科学计算的具有可移植、可扩展的工具包（PETSc），非常频繁地显示为应用程序的依赖。这里介绍的应用程序框架包括 Dakota 软件工具包 [22]、Caffe 深度学习框架 [23]、SuiteSparse 稀疏矩阵算法套件 [24]、平行冰盖模型 [25]、有限元高性能几何多重网格基准 [26]、Dendro 并行算法套件 [27]、子空间变形 Cubica 工具包 [28]、有限元不可压缩 Navier-Stokes 求解器 [29]、Armadillo C++ 线性代数库 [30]、多边形大规模并行稀疏直接求解器 [31]、UINTAH 软件套件 [32] 和 Trilinos 项目 [11]。

BLAS 为向量、矩阵 – 向量和矩阵 – 矩阵例程提供了标准接口，这些例程已针对各种计算机体系结构进行了优化。除了提供 Fortran 77 和 C 接口的参考实现[2]，以及自动调谐线性代数软件项目[35]中的 BLAS 实现之外，还有多个供应商提供的 BLAS 库，并针对各自硬件进行了优化。最后，Boost 库[12]提供了一个带有 BLAS 功能的 C++ 模板类，称为 uBLAS。

BLAS 的设计和实施从 20 世纪 70 年代开始，由查尔斯·劳森、理查德·汉森、F·克罗赫、金凯德博士和杰克·东加拉负责；BLAS 的原始想法来自劳森和汉森[36]，他们当时正在 NASA 的喷气式推进实验室工作。BLAS 的开发与第 3 章介绍的 Linpack 包的开发同时进行。Linpack 是整合 BLAS 库的第一个主要包。

开发的第一个 BLAS 例程仅限于向量运算，包括内积、范数、向量加法和标量乘法，并且以式（10-1）的运算为代表。

$$y = \alpha x + y \tag{10-1}$$

其中 x、y 是向量；α 是标量值。这些向量 – 向量操作被称为 BLAS Level 1。当时世界上最快的超级计算机是数据控制公司的 CDC-7600（如图 10-3 所示），它的高速缓存太小，不可能进行矩阵运算，从而将第一个 BLAS 例程限制为向量运算。CDC-7600 进一步激励 BLAS 创作者专注于开发便携式线性代数接口，以便其他人不必手动编译汇编代码就可充分利用 CDC-7600 的能力。

1987 年，在 BLAS Level 1 发布大约 10 年后，矩阵 – 向量运算的例程变得可用，随后在 1989 年实现了矩阵 – 矩阵运算，这些后来加入的运算是 Level 2（矩阵 – 向量）和 Level 3（矩阵 – 矩阵）BLAS 操作，以式（10-2）和式（10-3）为代表。

$$y = \alpha \boldsymbol{A} x + \beta y \tag{10-2}$$

$$\boldsymbol{C} = \alpha \boldsymbol{A} \boldsymbol{B} + \beta \boldsymbol{C} \tag{10-3}$$

BLAS 的矩阵 – 向量运算如式（10-2）所示，其中 x 和 y 是向量，α 和 β 是标量。BLAS 的矩阵 – 矩阵运算如式（10-3）所示。其中 $\boldsymbol{A}$、$\boldsymbol{B}$ 和 $\boldsymbol{C}$ 是矩阵，α 和 β 是标量。

BLAS 中的每个例程都有一个特定的命名约定，它指定操作精度、所涉及的矩阵类型（如果有）以及要执行的操作。BLAS 本身是用 Fortran 77 编写的，但是通过 CBLAS 可以获得 C 与 BLAS 的绑定对照关系，在本章中对此有相关说明。对于 BLAS Level 1 操作，不涉及矩阵，因此每个例程的命名约定以 cblas_ 开头，之后在操作名称之前加上精度前缀。表 10-2 总结了 BLAS 主要的精度前缀。虽然这些是主要的精度前缀，但某些 BLAS 操作支持混合精度，从而出现了前缀的组合。

图 10-3 CDC-7600 的一部分。CDC-7600 性能可以达到 36Mflops，是 1969～1975 年间最快的计算机（照片由 Jitze Couperus 通过维基共享提供）

表 10-2 BLAS 例程使用的精度前缀

前　　缀	描　　述	前　　缀	描　　述
s	单精度（浮点），4 字节	c	复数（两个浮点数），8 字节
d	双精度（双精度），8 字节	z	复数 16（两个双精度），16 字节

某些 BLAS 操作支持混合精度，从而导致以下前缀的组合

BLAS Level 1 操作可以细分为 4 个不同的子组：向量旋转（见表 10-3）、没有点积的向量运算（见表 10-4）、带点积的向量运算（见表 10-5）和向量范数（见表 10-6）。

表 10-3 BLAS Level 1 旋转操作

名　　称	描　　述	支持的精度
rotg	计算给定旋转的参数，也就是说，给定标量 a 和 b，计算 c 和 d，从而有 $$\begin{pmatrix} c & s \\ -s & c \end{pmatrix} \begin{pmatrix} a \\ b \end{pmatrix} = \begin{pmatrix} r \\ 0 \end{pmatrix}$$ 在这里 $r = \sqrt{|a|^2 + |b|^2}$	s、d
rot	应用给定的旋转，也就是说，提供两个向量 x 和 y 作为输入，每个向量元素被替换如下： $x_i = xc_i + sy_i$ $y_i = -sx_i + cy_i$ 其中 c 和 s 是给定旋转的参数（参见 rotg）	s、d
rotmg	计算 2×2 修改给定旋转矩阵 $$H = \begin{pmatrix} h_{11} & h_{12} \\ h_{21} & h_{22} \end{pmatrix}$$ 也就是说，给定输入向量的笛卡儿坐标 (x_i, y_i) 的比例因子 d_1 和 d_2，计算修改给定旋转矩阵 H，例如 $$\begin{pmatrix} x_i \\ 0 \end{pmatrix} = H \begin{pmatrix} x_1\sqrt{d_1} \\ y_1\sqrt{d_2} \end{pmatrix}$$	s、d
rotm	应用修改后给定的旋转，也就是说，提供两个向量 x 和 y，计算： $$\begin{pmatrix} x_i \\ y_i \end{pmatrix} = \begin{pmatrix} h_{11} & h_{12} \\ h_{21} & h_{22} \end{pmatrix} \begin{pmatrix} x_i \\ y_i \end{pmatrix}$$ 其中 h_{ij} 是修改过的给定旋转矩阵的元素（参见 rotmg）	s、d

表 10-4 没有点积的 BLAS Level 1 向量操作

名　　称	描　　述	支持的精度	名　　称	描　　述	支持的精度
swap	交换向量 $x<->y$	s、d、c、z	copy	复制向量 $y = x$	s、d、c、z
scal	通过常数缩放向量 $y = \alpha y$	s、d、c、z、cs、zd	axpy	更新向量 $y = ax + y$	s、d、c、z

请注意，缩放操作支持混合精度，其中单精度或双精度常数可以乘以复数向量

表 10-5　包含点积的 BLAS Level 1 向量操作

名　称	描　述	支持的精度	名　称	描　述	支持的精度
dot	点积 $x^T y$	s、d、ds	dotu	复点积 $x^T y$	c、z
dotc	复共轭点积 $x^h y$	c、z	sdsdot	点积加标量 $\alpha + x^T y$	sds

表 10-6　涉及范数的 BLAS Level 1 向量操作

名　称	描　述	支持的精度
nrm2	计算第二范数 $\| x \|_2 = \sqrt{\sum \| x_i \|^2}$	s、d、sc、dz
asum	计算第一范数 $\| x \|_1 = \sum \| x_i \|$	s、d、sc、dz
i_amax	计算 ∞ 范数 $\| x \|_\infty = \max(\| x_i \|)$	s、d、c、z

BLAS Level 2 和 Level 3 的操作包括矩阵，并在它们的名称中指出支持的矩阵类型。Level 2 和 3 的名称形式为 cblas_pmmoo，其中 p 表示精度、mm 表示矩阵类型、oo 表示操作。表 10-7 列出了可能的矩阵类型。除了通用矩阵之外，所有其他矩阵类型都有 3 种存储方案：稠密（默认）、带状（在名称中用"b"表示）和包（在名称中用"p"表示）。稠密存储方案是在连续存储器阵列中基于行或列的存储。包存储方案保存以行或列为单位打包成一维数组的矩阵值，而带状存储应用于非零条目位于对角线带中的稀疏矩阵。带状矩阵一个示例是三对角矩阵，对于其第 i 行，在第 $i-1$、i 和 $i+1$ 列具有非零条目。在带状矩阵的带状存储中，主对角线左侧的对角线带（"子对角线"）和对角线右侧的对角线带（"超对角线"）放置在二维（2D）阵列中。

表 10-7　BLAS Level 2 和 3 中支持的矩阵类型

矩 阵 类 型	描　　述
一般：ge、gb	一般、非对称、可能是矩形矩阵
对称：sy、sb、sp	对称矩阵。这是一类特殊的方阵，矩阵等于自己的转置。因此，对于具有元素 a_{ij} 的矩阵 A，对称矩阵将具有满足 $a_{ij} = a_{ji}$ 的元素
厄密：he、hb、hp	厄密矩阵。这是一类特殊的方阵，它等于自己的厄密共轭。因此对于具有元素 a_{ml} 的矩阵 A，如果所有元素都满足 $a_{ml} = \bar{a}_{lm}$（其中上面的标记是复共轭），则矩阵 A 是厄密
三角：tr、tb、tp	三角矩阵。这是一类特殊的方形矩阵，其中对角线上方的所有条目均为零（下三角形）或对角线下方的所有条目均为零（上三角形）

BLAS Level 2 和 3 的运算总结在表 10-8 中。

表 10-8   BLAS Level 2 和 3 的操作

名　　称	描　　述
mv	矩阵向量积
sv	求解矩阵（仅适用于三角矩阵）
mm	矩阵 – 矩阵乘积 $C = \alpha AB + \beta C$，其中 A、B、C 是矩阵，α、β 是标量
rk	秩 k 更新 $C = \alpha AA^T + \beta C$，其中 A、C 是矩阵，α、β 是标量
r2k	秩 $-2k$ 更新 $C = \alpha AB^T + \bar{\alpha} BA^T + \beta C$，其中 A、B、C 是矩阵，α、β 是标量

例如，BLAS Level 3 例程的名称 cblas_dgemm 表示该例程将执行双精度密集型矩阵 – 矩阵乘法操作。DGEMM 也是第 4 章介绍的 HPC 挑战套件中的矩阵乘法基准测试的名称。cblas_dgemm 例程需要 14 个参数，如下所示：

```
void cblas_dgemm(const enum CBLAS_ORDER Order, const enum CBLAS_TRANSPOSE TransA,
                 const enum CBLAS_TRANSPOSE TransB, const int M, const int N,
                 const int K, const double alpha, const double *A,
                 const int lda, const double *B, const int ldb,
                 const double beta, double *C, const int ldc);
```

❏ Order 表示存储布局以行为主或以列为主。这个输入是 CblasRowMajor 或 Cblas-ColMajor。

❏ TransA 指示是否转置矩阵 A，此输入分别是 CblasNoTrans、CblasTrans 或 Cblas-ConjTrans，分别表示不转置、转置或复共轭转置。

❏ TransB 表示是否转置矩阵 B，可接受的选项与 A 列出的选项相同。

❏ M 表示矩阵 A 和 C 中的行数。

❏ N 表示矩阵 B 和 C 中的列数。

❏ K 表示矩阵 A 中的列数和矩阵 B 中的行数。这是矩阵 A 和 B 之间的共享索引。

❏ alpha 是 $A \times B$ 的缩放因子。

❏ A 是指向矩阵 A 中数据的指针。

❏ lda 是矩阵 A 的第一维的大小。

❏ B 是指向矩阵 B 中数据的指针。

❏ lbd 是矩阵 B 的第一维的大小。

❏ beta 是矩阵 C 的缩放因子。

❏ C 是指向矩阵 C 中数据的指针。

❏ ldc 是矩阵 C 的第一维的大小。

一个矩阵 – 矩阵乘法的例子如图 10-4 所示。在这个例子中计算了 3×3 矩阵 – 矩阵乘积。

$$\begin{pmatrix} 47.1 & 56.52 & 65.94 \\ 131.88 & 169.56 & 207.24 \\ 216.66 & 282.6 & 348.54 \end{pmatrix} = \begin{pmatrix} 0 & 1 & 2 \\ 3 & 4 & 5 \\ 6 & 7 & 8 \end{pmatrix} \begin{pmatrix} 0 & 3.14 & 6.28 \\ 9.42 & 12.56 & 15.7 \\ 18.84 & 21.98 & 25.12 \end{pmatrix}$$

```
0001 #include <stdio.h>
0002 #include <stdlib.h>
0003 #include <cblas.h>
0004
0005 int main()
0006 {
0007    double *A, *B, *C;
0008    int m = 3; // square matrix, number of rows and columns
0009    int i,j;
0010
0011    A = (double *) malloc(m*m*sizeof(double));
0012    B = (double *) malloc(m*m*sizeof(double));
0013    C = (double *) malloc(m*m*sizeof(double));
0014
0015    // initialize the matrices
0016    for (i=0;i<m;i++) {
0017      for (j=0;j<m;j++) {
0018        A[j + m*i] = j + m*i;  // arbitrarily initialized
0019        B[j + m*i] = 3.14*(j + m*i);
0020        C[j + m*i] = 0.0;
0021      }
0022    }
0023    double alpha = 1.0;
0024    double beta = 0.0;
0025
0026    cblas_dgemm(CblasRowMajor, CblasNoTrans, CblasNoTrans,
0027               m, m, m, alpha, A, m, B, m, beta, C, m);
0028
0029    for (i=0;i<m;i++) {
0030      for (j=0;j<m;j++) {
0031        printf(" A[%d][%d]=%g ",i,j,A[j+m*i]);
0032      }
0033      printf("\n");
0034    }
0035
0036    for (i=0;i<m;i++) {
0037      for (j=0;j<m;j++) {
0038        printf(" B[%d][%d]=%g ",i,j,B[j+m*i]);
0039      }
0040      printf("\n");
0041    }
0042
0043    for (i=0;i<m;i++) {
0044      for (j=0;j<m;j++) {
0045        printf(" C[%d][%d]=%g ",i,j,C[j+m*i]);
0046      }
0047      printf("\n");
0048    }
0049
0050
0051    free(A);
0052    free(B);
0053    free(C);
0054    return 0;
0055 }
```

图 10-4　用 cblas_dgemm 将两个 3×3 矩阵相乘

10.2.2　线性代数包

Lapack[3] 是由杰克·东加拉、詹姆斯·德梅尔和其他人合作开发的，它提供了驱动程序，旨在求解完全问题，例如，线性方程组、特征值问题和奇异值问题等。它还提供可执行特定任务（如 LU 或 Cholesky 分解）的计算例程，为常见的子任务提供了某些辅助例程。Lapack 需要 BLAS Level 2 和 Level 3 的功能，它取代了 Linpack 库。与 Linpack 不同，Linpack 也需要 BLAS 但是其针对具有共享内存的向量机，Lapack 是围绕现代超级计算机上基于缓存的存储层次结构设计的。它最初是用 Fortran 77 编写的，但是在 2008 年切换到了 Fortran 90。使用 Lapacke[37] 提供了 Lapack 的 C 语言接口。

Lapack 例程的命名方案类似于 BLAS。所有例程都是 XYYZZZ 形式，其中 X 是数据类型（s、d、c 或 z 之一，如表 10-2 所示）；YY 是矩阵类型；ZZZ 是执行的计算。Lapack 矩阵类型共享表 10-7 所示的所有 BLAS 矩阵类型并使用相同的名称。Lapack 有一些额外的矩阵类型，包括酉矩阵和对称正定矩阵等。与 BLAS 一样，Lapack 提供对稠密、带状和包存储格式的支持，但不支持通用稀疏矩阵。驱动程序例程总结在表 10-9 中。通过在名称后附加 x，可以获得其中一些驱动程序的专业版本。这些版本提供了更多功能，但通常需要更多内存。在某些情况下，可以使用多个驱动程序例程来解决反映不同底层算法的相同问题类型。

表 10-9　Lapack 驱动程序例程

驱动名称	描述
SV	线性方程组的求解器：$Ax = b$
LS、LSY、LSS、LSD	线性最小二乘问题的求解器：最小化 $\|b - Ax\|_2$ 中的 x，其中 A 不一定是方阵，它通常具有比线性方程的超定系统中更多的行而不是列
LSE	线性等式约束最小二乘问题：最小化 $\|c - Ax\|_2$ 中的 x 以受到 $Bx = d$ 的约束，其中 A 是 $m \times n$ 阶矩阵，c 是大小为 m 的向量，B 是 $p \times n$ 阶矩阵，d 是大小为 p 的向量，其中 $p \leqslant n \leqslant m + p$
GLM	一般线性模型问题：最小化 $\|y\|_2$ 中的 x 以受限于 $d = Ax + By$，其中 A 是 $m \times n$ 矩阵，B 是 $n \times p$ 矩阵，d 是大小为 n 的向量，$m \leqslant n \leqslant m + p$
EV、EVD、EVR	对称特征值问题：找到特征值 λ 和特征向量 k，其中 $Ak = \lambda k$ 表示对称矩阵 A
ES	非对称特征值问题：找到特征值 λ 和特征向量 k，其中 $Ak = \lambda k$ 表示非对称矩阵 A
SVD、SDD	计算矩阵 $A(m \times n)$ 的奇异值分解，$A = UDV^T$ 其中矩阵 U 和 V 是正交的，D 是大小为 m 的对角实矩阵，n 包含矩阵 A 的奇异值

其中一些驱动程序还具有专家风格，这通过在名称后附加 X 来实现，专业版本提供了更多功能，但通常需要更多内存。在某些情况下，可以使用多个驱动程序例程来解决反应不同基础算法的相同问题类型

虽然 Lapack 是用 Fortran 编写的，但是可以通过 Lapack 附带的 Lapacke 库获得与 C 语言的对应绑定关系。Lapack 中的 Fortran 例程可以直接从 C 代码中调用，与 C 语言的绑定可以提高代码的可移植性。Lapacke 的命名约定与 Lapack 相同，但 Lapacke 的每个例程中多了前缀 LAPACKE。图 10-5 给出了求解双精度线性方程组的一个例子。这个例子解决了线性系统：

$$\begin{pmatrix} 1 & 3 & 2 \\ 4 & 1 & 9 \\ 5 & 7 & 2 \end{pmatrix} x = \begin{pmatrix} -1 \\ -1 \\ 1 \end{pmatrix}$$

Dgesv 例程有 8 个参数：

```
lapack_int LAPACKE_dgesv( int matrix_layout, lapack_int n, lapack_int nrhs,
                          double* a, lapack_int lda, lapack_int* ipiv,
                          double* b, lapack_int ldb );
```

❑ matrix_layout 指定矩阵是以行为主还是以列为主的形式。可接受的输入是 LAPACK_ROW_MAJOR 或 LAPACK_COL_MAJOR。

❑ n 表示方阵的大小。

❑ nrhs 表示执行求解的向量右侧的数量。dgesv 可以在每次调用中求解多个右侧向量。

❑ a 是矩阵。

❑ lda 是矩阵第一维的大小。

❑ ipiv 是包含枢纽点的大小为 n 的向量。

❑ b 是右侧向量。

❑ ldb 是右侧向量的第一个维的大小。

```
0001 #include <stdio.h>
0002 #include <lapacke.h>
0003
0004 int main (int argc, const char * argv[])
0005 {
0006     double A[3][3] = {1,3,2,4,1,8,5,7,2};
0007     double b[3] = {-1,-1,1};
0008     lapack_int ipiv[3];
0009     lapack_int info,m,lda,ldb,nrhs;
0010     int i,j;
0011
0012     m = 3;
0013     nrhs = 1;
0014     lda = 3;
0015     ldb = 1;
0016
0017     // Solve the linear system
0018     info = LAPACKE_dgesv(LAPACK_ROW_MAJOR,m,nrhs,*A,lda,ipiv,b,ldb);
0019
0020     // check for singularity
0021     if (info > 0 ) {
0022       printf(" U(%d,%d) is zero! A is singular\n",info,info);
0023       return 0;
0024     }
0025
0026     // print the answer
0027     for (i=0;i<m;i++) {
0028       printf(" b[%i] = %g\n",i,b[i]);
0029     }
0030
0031     printf( "\n" );
0032     return 0;
0033 }
```

图 10-5 Lapack DGESV 通用矩阵（$Ax = b$）求解的示例，其中一个右侧向量为 b。这里使用了 Lapack（Lapacke）与 C 语言的对应绑定关系

10.2.3 可扩展的线性代数包

可扩展的线性代数包（ScaLapack）[4] 是 Lapack 的 HPC 等价物，并且共享大部分相同的

接口。它建立在消息传递的基础上，依赖于库附带的名为 PBLAS 的 BLAS 并行版本。Sca-Lapack 和 PBLAS 之间的关系类似于 Lapack 对 BLAS Levels 2 和 3 例程的依赖。与 Lapack 一样，它支持稠密和带状矩阵，但不支持通用稀疏矩阵。矩阵在跨进程的二维块循环分布中被分解，以用于分布式内存架构。二维块循环分布将矩阵分解为大小为 $m_{block} \times n_{block}$ 的二维块，然后将其映射到进程中。

10.2.4　GNU 科学库

GNU 科学库（GSL）[5] 提供了大量的线性代数例程，包括用于 C 和 C++ 的 BLAS 接口。与到目前为止描述的其他库不同，GSL 中提供了对通用稀疏矩阵的支持，以及用于稀疏线性方程组的支持迭代求解器。

作为 dgemm 的 GSL 接口的一个例子如图 10-6 所示。

```
0001 #include <stdio.h>
0002 #include <gsl/gsl_blas.h>
0003
0004 int main (void) {
0005   double a[] = { 0,1,2,
0006                  3,4,5,
0007                  6,7,8 };
0008
0009   double b[] = { 0,    3.14, 6.28,
0010                  9.42, 12.56,15.7,
0011                  18.84,21.98,25.12 };
0012
0013   double c[] = { 0.00, 0.00, 0.00,
0014                  0.00, 0.00, 0.00,
0015                  0.00, 0.00, 0.00 };
0016
0017   gsl_matrix_view A = gsl_matrix_view_array(a, 3, 3);
0018   gsl_matrix_view B = gsl_matrix_view_array(b, 3, 3);
0019   gsl_matrix_view C = gsl_matrix_view_array(c, 3, 3);
0020
0021   // Compute C = A B
0022
0023   gsl_blas_dgemm (CblasNoTrans, CblasNoTrans,
0024                   1.0, &A.matrix, &B.matrix,
0025                   0.0, &C.matrix);
0026
0027   printf (" %g, %g, %g\n", c[0], c[1],c[2]);
0028   printf (" %g, %g, %g\n", c[3], c[4],c[5]);
0029   printf (" %g, %g, %g\n", c[6], c[7],c[8]);
0030
0031   return 0;
0032 }
```

图 10-6　在 GSL 中使用 BLAS dgemm 例程的示例。图 10-4 中的例子在这里使用 GSL 重做。GSL 中 dgemm 的界面大大简化了工作；参数的数量只有 7 个而不是 14 个

10.2.5　Supernodal LU

Supernodal LU（SuperLU）[6] 是一个 HPC 系统上通过 LU 分解用于通用稀疏方程组的直接求解器的库。它支持共享内存和分布式内存框架以及图形处理单元（GPU）等加速器架构。与 Lapack 和 ScaLapack 一样，它可以在一次调用中解决多个右侧向量，以提高效率。

假设右侧向量是稠密的，而矩阵必须是方阵并且假设是稀疏的（零元素占多数）。SuperLU由 3 个库组成：

- 与 Lapack 一样，顺序 SuperLU 设计在具有基于缓存的存储层次结构的处理器上顺序执行。
- 多线程 SuperLU 专为 SMP 架构而设计。
- 分布式 SuperLU 专为分布式内存架构而设计，该库中的一些例程支持包含多个 GPU 的混合计算机体系结构。

SuperLU 补充了 ScaLapck，因为它为稀疏线性方程的通用系统提供了高性能直接求解器，而 SeaLapack 为稠密和带状线性方程组的高性能直接求解器提供了支持。

10.2.6　用于科学计算的便携式可扩展工具包

PETSc[7] 始于 1991 年，由威廉·格罗普领导，其目标是提供一套数据结构和程序，以帮助应用科学家在 HPC 资源上求解偏微分方程。由于离散化偏微分方程经常导致非常大的稀疏线性方程组，因此 PETSc 提供了一大套并行迭代线性方程求解器。这些求解器主要是 Krulov 子空间求解器，如广义最小残差（GMRES）方法和 CG。PETSc 还为特定应用程序的线性求解预处理器提供简单的接口，包括域分解类型前提条件（例如加法的 Schwartz 类型等）。PETSc 为分布式矩阵和向量提供支持，其中每个进程在本地拥有连续数据的子向量。表 10-10 列出了 PETSc 中选定的分布式向量运算。PETSc 采用消息传递接口（MPI）在分布式内存架构上进行通信。

表 10-10　PETSc 中分布式向量操作的一个小样本

向量函数名称	描　　述
VecAXPY (Vec y, PetscScalar alpha, Vec x)	$y = \alpha x + y$
VecAXPX (Vec y, PetscScalar alpha, Vec x)	$y = x + \alpha y$
VecPointwiseMult(vec w, vec x, vec y)	$W_i = x_i y_i$
VecMax(Vec x,PetscInt *p, PetscReal *r)	返回最大值，$r = \max(x_i)$，它的位置
VecCopy (Vec x, Vec y)	$y = x$
VecShift (Vec x, PetscScalar s)	$x_i = s + x_i$
VecScale (Vec x, PetscScalar alpha)	$x = \alpha x$

PETSc 为大量其他广泛使用的库提供接口，形成超级计算机上的核心库之一。与 PETSc 对接的库包括 Hypre[38]、SLEPc[8]、Uintah[32]、Sundials[39]、trilinos[11]、SuperLU[6]、SAMRAI[40] 和 TAU[41]。一个使用 PETSc 的应用在 1999 年被授予戈登·贝尔奖[42]。

10.2.7　用于特征值问题计算的可扩展库

用于特征值问题计算的可扩展库（SLEPc）[8] 是 PETSc 的扩展，并补充了 ScaLapack，提供了 HPC 库，用于解决具有实数和复数的非常大的稀疏特征值问题。与 PETSc 一样，它建立在 MPI 库上，与 PETSc 有很多共同之处。SLEPc 的功能类似于基于 Fortran 77 中的 ARPACK 软件[43]，它也可使用消息传递解决大的特征值问题。SLEPc 为 ARPACK 提供透明接口。

10.2.8　千万亿运算级的应用的特征值求解器

对于量子化学等许多科学计算应用程序，计算厄密共轭矩阵的特征值和特征向量是计算的关键。由 ELPA 联盟创建的千万亿运算级的应用的特征求解器（Eigenvalue SoLvers for Peta-flop-Applications，ELPA）[9] 是为厄密共轭矩阵中高度可扩展的特征值和特征向量计算而设计的免费软件。ELPA 使用 BLAS、Lapack、基本的线性代数通信子程序[44]、SeaLapack 和 MPI。ELPA 利用 HPC 资源[45]通过密度泛函理论工具包 VASP 广泛应用于材料科学界。

10.2.9　Hypre：可扩展的线性求解器和多重网格方法

Hypre 库[38] 为线性方程组提供了一组高度可扩展的预处理器，以及已经在 HPC 社区中广泛使用的可扩展的迭代求解器和代数多重网格算法。Hypre 使用 MPI 进行通信并与 PETSc 库接口。与 PETSc 一样，它也为分布式向量和矩阵提供支持。

10.2.10　用于线性代数的领域特定语言

线性代数库例程（如 BLAS、Lapack 或 PETSc 中的例程）的复杂性促使开发了几个更高级别的抽象接口，以便应用程序开发人员可以使用非常易于阅读的代码开发分布式线性代数应用程序。MATLAB 框架[46] 是这种方法的特例，但相较于本节中介绍的库，它在性能方面没有竞争力。MLT4[33] 把模板库与 PETSc 相结合，并实现了稀疏线性代数运算，但保留了线性代数原始数学符号的外观和感觉。MTL4 的一个例子如图 10-7 所示，它创建拉普拉斯矩阵，计算稀疏矩阵 - 向量乘法，然后使用 Krylov 求解器进行线性求解。该代码的输出如图 10-8 所示。图 10-7 所示 MTL4 代码的 MPI 分布式内存版本如图 10-9 所示。另一个与 MTL4 具有相似目标的库是 Blaze[34]。这两个是许多可用库的一小部分，旨在满足线性代数库中对 HPC 功能和简化应用程序开发的直观接口不断增长的需求。

```
0001 #include <iostream>
0002 #include <boost/numeric/mtl/mtl.hpp>
0003 #include <boost/numeric/itl/itl.hpp>
0004
0005
```

图 10-7　使用 MTL4 的稀疏线性代数示例。该代码以压缩的稀疏行格式（第 13 行）存储矩阵，创建一个拉普拉斯矩阵（第 20 行）和两个向量（a 和 b）（第 22 行），将向量 x 初始化为 1（第 22 行），计算稀疏矩阵向量乘积 Ax（第 25 行），将 x 重置为零（第 32 行）并求解 Ax=b（第 38 行）

```
0006  int main(int argc, char* argv[])
0007  {
0008      using namespace mtl;
0009
0010      mtl::par::environment      env(argc, argv);
0011
0012      // Use compressed sparse row format for sparse matrix element storage
0013      typedef matrix::compressed2D<double>      matrix_type;
0014
0015      typedef mtl::vector::dense_vector<double>    vector_type;
0016
0017      matrix_type A;
0018
0019      int n = 100;
0020      laplacian_setup(A,n,n);
0021
0022      vector_type x(num_rows(A),1.0),b;
0023
0024      // Sparse matrix vector multiplication
0025      b = A * x;
0026
0027      // Compute the two norm
0028      double mbnorm = two_norm(b);
0029      printf(" b vector l2norm %10.2f\n",mbnorm);
0030
0031      // reset x vector to be zero
0032      x= 0;
0033
0034      // Solve for x in Ax=b using a Krylov solver, BiCGStabilized.
0035      // Use the ILU_0 preconditioner
0036      itl::pc::ilu_0<matrix_type>      P(A);
0037      itl::cyclic_iteration<double> iter(b, 500, 1.e-8, 0.0, 5);
0038      bicgstab_2(A, x, b, P, iter);
0039
0040      // Print an element of x (should be one)
0041      printf(" x[1] = %g (should be one)\n",x(1));
0042
0043      return 0;
0044  }
```

图 10-7 （续）

```
 b vector l2norm      20.20
iteration 0: resid 13.0643
iteration 5: resid 0.272981
iteration 10: resid 0.11331
iteration 15: resid 0.00256046
iteration 20: resid 4.89401e-05
iteration 25: resid 4.90882e-06
finished! error code = 0
26 iterations
7.61006e-08 is actual final residual.
3.76754e-09 is actual relative tolerance achieved.
Relative tol: 1e-08  Absolute tol: 0
Convergence:  0.474244
 x[1] = 1 (should be one)
```

图 10-8 图 10-7 中 MTL4 示例的输出

```
0001 #include <iostream>
0002 #include <boost/mpi.hpp>
0003 #include <boost/numeric/mtl/mtl.hpp>
0004 #include <boost/numeric/itl/itl.hpp>
0005
0006
0007 int main(int argc, char* argv[])
0008 {
0009     using namespace mtl;
0010
0011     mtl::par::environment      env(argc, argv);
0012     boost::mpi::communicator      world;
0013
0014     typedef matrix::distributed<compressed2D<float> >   matrix_type;
0015     typedef mtl::vector::distributed<dense_vector<double> >  vector_type;
0016
0017     matrix_type A;
0018
0019     int n = 100;
0020     laplacian_setup(A,n,n);
0021
0022     vector_type x(num_rows(A),1.0),b;
0023
0024     // Sparse matrix vector multiplication
0025     b = A * x;
0026
0027     // Compute the two norm
0028     double mbnorm = two_norm(b);
0029     printf(" b vector l2norm %10.2f\n",mbnorm);
0030
0031     // reset x vector to be zero
0032     x= 0;
0033
0034     // Solve for x in Ax=b using a Krylov solver, BiCGStabilized.
0035     // Use the ILU_0 preconditioner
0036     itl::pc::ilu_0<matrix_type>      P(A);
0037     itl::cyclic_iteration<double> iter(b, 500, 1.e-8, 0.0, 5);
0038     bicgstab_2(A, x, b, P, iter);
0039
0040     // Print an element of x (should be one)
0041     printf(" x[1] = %g (should be one)\n",x(1));
0042
0043     return 0;
0044 }
```

图 10-9　对串行 MTL4 代码（见图 10-7）使用 MPI 的改进版本。它运行在分布式内存超级
　　　　计算机上。第 14～15 行中的矩阵和向量类型已更改为分布式，并且打印输出已限
　　　　制为 rank 0 上（第 29、43 行）。示例代码的所有其他部分与序列版本中的相同

10.3　偏微分方程

　　10.2.6 节中提到的 PETSc[7] 是解决偏微分方程组最重要的工具包之一。除了支持分布式向量和矩阵以及分布式 Krylov 子空间方法（如 GMRES 和 CG）之外，PETSc 还提供常微分方程积分器和非线性求解器，包括基于牛顿的方法。

　　第二个广泛使用的用于求解偏微分方程组的库是 Trilinos 项目 [11]。Trilinos 是分布在 10 个不同能力领域的库集合，每个库都对偏微分方程解决方案的应用产生直接影响。这些功

能范围从支持标准可扩展线性代数到支持非传统并行编程环境，可提供跨多个 HPC 架构的移植，同时可利用与架构相关的系统功能。

10.4　图算法

稀疏图算法（如第 9 章中探讨的广度优先搜索算法）构成了许多核心 HPC 算法的关键组件，例如最短路径问题、佩奇排名（PageRank）和网络流问题。可用于高性能图算法的 3 个库是并行提升库（Parallel Boost Graph Library，PBGL）[12]、组合 BLAS[47] 和 Giraph[48]。PBGL 扩展了 HPC 的提升图库（Boost Graph Library），并为分布式内存架构提供了大量的图算法。组合 BLAS 是另一个并行图形库，它为图形提供线性代数原语，并且以分布式内存架构为主要对象。

10.5　并行输入 / 输出

并行 I/O 库为单个文件提供高性能输出，以避免产生与非并行 I/O 相关的问题，包括性能不佳以及创建大量单个文件。其中每个文件由单个进程编写，之后在处理中必须组合这些文件。用于 HPC I/O 的公共库包括网络通用数据表（NetCDF）[49] 和分层数据格式（HDF5）[50]。

NetCDF 是一种表示科学数据的便携式格式，已广泛用于气候建模、卫星数据处理和地质研究。NetCDF 文件是自描述的，可跨硬件体系结构移植，并且可直接追加。但是，此数据表单最吸引人的特性之一是它可存档，这意味着它支持向后兼容早期版本的 NetCDF 数据。

HDF 库最初于 1988 年在伊利诺伊大学厄本那 - 香槟分校的国家超级计算应用中心创建，与 NetCDF 一样，提供了一种自描述的便携式数据格式。HDF5 是该格式的最新版本，并提供对并行 I/O 的支持。HDF5 并行 I/O 建立在 MPI I/O 功能之上。图 10-10 提供了使用 HDF5 库将粒子数据数组写入 HDF5 格式的文件示例。

```
0001 #include <hdf5.h>
0002 #include <math.h>
0003
0004 // particle data structure
0005 typedef struct particle3D {
0006   double x, y, z;   // coordinates
0007 } particle_t;
0008
0009 #define PARTICLE_COUNT 15
```

图 10-10　使用 HDF5 库以 HDF5 格式输出的示例。此示例将粒子信息数组输出到名为
　　　　　"particles.h5"的文件中，并将此数据放在名为"粒子数据"的数据集中。HDF5
　　　　　的命名空间类似于文件系统目录，HDF5 数据集类似于文件

```
0010
0011 int main(int argc, char **argv)
0012 {
0013   // declare and initialize particle data
0014   particle_t particles[PARTICLE_COUNT];
0015   for (int i = 0; i < PARTICLE_COUNT; i++) {
0016     double t = 0.5*i;
0017     particles[i].x = cos(t);
0018     particles[i].y = sin(t);
0019     particles[i].z = t;
0020   }
0021
0022   // create HDF5 type layout in memory
0023   int mtype = H5Tcreate(H5T_COMPOUND, sizeof(particle_t));
0024   H5Tinsert(mtype, "x coordinate", HOFFSET(particle_t, x), H5T_NATIVE_DOUBLE);
0025   H5Tinsert(mtype, "y coordinate", HOFFSET(particle_t, y), H5T_NATIVE_DOUBLE);
0026   H5Tinsert(mtype, "z coordinate", HOFFSET(particle_t, z), H5T_NATIVE_DOUBLE);
0027
0028   // create data space
0029   hsize_t dim = PARTICLE_COUNT;
0030   int space = H5Screate_simple(1, &dim, NULL);
0031
0032   // create new file with default properties
0033   int fd = H5Fcreate("particles.h5", H5F_ACC_TRUNC, H5P_DEFAULT, H5P_DEFAULT);
0034   // create data set
0035   int dset = H5Dcreate(fd, "particle data", mtype, space, H5P_DEFAULT,
H5P_DEFAULT, H5P_DEFAULT);
0036   // write the entire dataset and close the file
0037   H5Dwrite(dset, mtype, H5S_ALL, H5S_ALL, H5P_DEFAULT, particles);
0038   H5Fclose(fd);
0039 }
```

图 10-10 （续）

HDF5 库还提供了一系列用于检查 HDF5 格式数据的工具，包括 h5ls 和 h5dump。h5ls 类似于 UNIX ls 命令，使用户能够以与查询 UNIX 文件系统目录相同的方式查询 HDF5 的命名空间。在图 10-10 中生成的"particles.h5"输出文件上执行 h5ls 会产生以下输出：

Particle/data   Dataset{15}

h5dump 实用程序将转储存储在 HDF5 文件中的数据。在图 10-10 中的"particles.h5"文件上执行 h5dump 所产生的一小部分输出如图 10-11 所示。

劳伦斯·利弗莫尔国家实验室开发的 Silo 库[15] 使用低级 I/O 库（如 HDF5 和便携式二进制数据库[51]），简化了并行 I/O 方案和

```
HDF5 "particles.h5" {
GROUP "/" {
   DATASET "particle data" {
      DATATYPE  H5T_COMPOUND {
         H5T_IEEE_F64LE "x coordinate";
         H5T_IEEE_F64LE "y coordinate";
         H5T_IEEE_F64LE "z coordinate";
      }
      DATASPACE  SIMPLE { ( 15 ) / ( 15 ) }
      DATA {
      (0): {
            1,
            0,
            0
         },
      (1): {
            0.877583,
            0.479426,
            0.5
         },
```

图 10-11　在图 10-10 中代码输出的"particles.h5"
文件上执行 h5dump 的输出

科学计算应用输出的实现。其应用程序编程接口（API）支持科学计算常用的输出类型，包括二维和三维中的自适应网格细化和非结构化网格。作为二维结构化（统一网格）四边形网格的简单并行 I/O 的示例，图 10-12 显示了如何使用 Silo 进行分布式输出。在该示例中，每个 MPI 进程保持用于输出的局部二维网格，但是用户可以改变 I/O rank 的数量。如果 MPI rank 的数量大于 I/O rank 的数量，一些 MPI 进程将写入同一文件。例如，如果用户指定的 I/O rank 是 1，则每个 MPI rank 中的所有数据将被写入单个文件。在将数据集写入多个文件时，还会写入连接每个文件的元数据，以便可视化工具可以读取单独的文件，就好像它们是一个文件一样。

```
0001 #include <stdio.h>
0002 #include <stdlib.h>
0003 #include <assert.h>
0004 #include <math.h>
0005 #include <string.h>
0006 #include <mpi.h>
0007
0008 // Silo output headers
0009 #include <silo.h>
0010 #include <pmpio.h>
0011
0012 void DumpDomainToFile(DBfile *db, float *field, int myRank,int nx,int ny);
0013 void DumpMetaData(DBfile *db, PMPIO_baton_t *bat, char basename[], int
numRanks);
0014 void *Test_PMPIO_Create(const char *fname, const char *dname, void *udata);
0015 void *Test_PMPIO_Open(const char *fname, const char *dname, PMPIO_iomode_t
ioMode, void *udata);
0016 void Test_PMPIO_Close(void *file, void *udata);
0017
0018 int main(int argc,char *argv[])
0019 {
0020
0021   int numRanks, myRank;
0022   MPI_Init(&argc, &argv) ;
0023   MPI_Comm_size(MPI_COMM_WORLD, &numRanks) ;
0024   MPI_Comm_rank(MPI_COMM_WORLD, &myRank) ;
0025
0026   // The total number of files to write out
0027   int numfiles = 4;
0028   if ( numfiles > numRanks ) numfiles = numRanks;
0029
0030   // The local structured mesh size of each rank
0031   int nx = 50;
```

图 10-12　使用 Silo 库和可移植二进制数据库作为低级 I/O 库的并行 I/O 示例。每个 MPI rank 都有自己独特的需要输出的二维数据。代码写入的文件数通过更改第 27 行中的变量"numfiles"来决定。更改此变量可以更改写入输入所需的时间。最佳性能将根据超级计算机中的文件系统而改变，但通常介于两个极端之间，即每个 MPI 进程编写自己的文件并使所有 MPI 进程只写一个文件。然而，无论写入的文件数量如何，VisIt 等可视化工具（在第 12 章中讨论）都可以使用第 84 行中添加的元数据读取和绑定单独的输出文件

```
0032     int ny = 50;
0033
0034     // The data to write
0035     float *field;
0036     field = (float *) malloc(sizeof(float)*nx*ny);
0037
0038     // Specify some initial data
0039     for (int i=0;i<nx*ny;i++) {
0040       field[i] = myRank*3.14;
0041     }
0042
0043     // The silo library handler
0044     DBfile *db;
0045
0046     // the output filename
0047     char basename[32];
0048     sprintf(basename,"output_file.000.pdb");
0049
0050     // the subdirectory where the data is written
0051     char subdirName[32];
0052     sprintf(subdirName,"data_%d",myRank);
0053
0054     if ( numRanks > 1 ) {
0055       // Set up baton passing
0056       // Three handler routines control the parallel creation, opening, and
closing of the files.
0057       // These are named here: Test_PMPIO_Create, Test_PMPIO_Open,
Test_PMPIO_Close
0058       // They are defined at the end.
0059       PMPIO_baton_t *bat = PMPIO_Init(numfiles,
PMPIO_WRITE,MPI_COMM_WORLD,10101,
0060                                    Test_PMPIO_Create,
0061                                    Test_PMPIO_Open,
0062                                    Test_PMPIO_Close,
0063                                    NULL);
0064
0065       // Determine the I/O rank
0066       int myiorank = PMPIO_GroupRank(bat,myRank);
0067
0068       char fileName[64];
0069
0070       // If I/O rank is 0, the filename is as specified
0071       // Otherwise, give the filename an integer suffix
0072       if (myiorank == 0) {
0073         strcpy(fileName, basename);
0074       } else {
0075         sprintf(fileName, "%s.%03d", basename, myiorank);
0076       }
0077
0078       // Wait for the turn to write data to the file
0079       db = (DBfile*)PMPIO_WaitForBaton(bat, fileName, subdirName);
0080
0081       DumpDomainToFile(db, field, myRank,nx,ny);
0082
0083       if (myRank == 0) {
0084         // Dump necessary metadata
0085         DumpMetaData(db, bat, basename, numRanks);
```

图 10-12（续）

```
0086       }
0087
0088       // Finish writing, give someone else a turn to write
0089       PMPIO_HandOffBaton(bat, db);
0090
0091       PMPIO_Finish(bat);
0092   } else {
0093       // Only one rank in this case, no parallel I/O needed
0094       int             driver=DB_PDB;
0095       db = (DBfile*)DBCreate(basename, 0, DB_LOCAL,"test data", driver);
0096       if (db) {
0097           DumpDomainToFile(db, field, myRank,nx,ny);
0098           DBClose(db);
0099       }
0100   }
0101
0102   free(field);
0103
0104   MPI_Finalize();
0105   return 0;
0106
0107 }
0108
0109 void DumpDomainToFile(DBfile *db, float *field, int myRank,int nx,int ny)
0110 {
0111
0112   // allocate the coordinate arrays
0113   float *nodex,*nodey;
0114   nodex = (float *) malloc(nx*sizeof(float));
0115   nodey = (float *) malloc(ny*sizeof(float));
0116   int dimensions[2];
0117   dimensions[0] = nx;
0118   dimensions[1] = ny;
0119
0120   float *coordinates[2];
0121   const char *coordnames[2];
0122
0123   coordnames[0] = "x";
0124   coordnames[1] = "y";
0125
0126   // Give the local data some x and y coordinates
0127   for (int i=0;i<nx;i++) {
0128     nodex[i] = 0.1*(myRank*nx + i);
0129   }
0130   for (int i=0;i<ny;i++) {
0131     nodey[i] = 0.1*(myRank*ny + i);
0132   }
0133   coordinates[0] = nodex;
0134   coordinates[1] = nodey;
0135
0136   static char     meshname[] = {"mesh"};
0137   DBPutQuadmesh(db,meshname,coordnames,coordinates,
0138                 dimensions,2,DB_FLOAT,DB_COLLINEAR,NULL);
0139
0140   char fname[80];
0141   sprintf(fname,"testvar");
0142
0143   DBPutQuadvar1(db, fname, meshname,field,
```

图 10-12 （续）

```
0144            dimensions,2,NULL,0,DB_FLOAT,DB_NODECENT,NULL);
0145
0146    free(nodex);
0147    free(nodey);
0148
0149    return;
0150 }
0151
0152 void DumpMetaData(DBfile *db, PMPIO_baton_t *bat,
0153                       char basename[], int numRanks)
0154 {
0155
0156    // We only write out on variable in this example, called "testvar"
0157    int numvars = 1;
0158    char vars[numvars][32];
0159    sprintf(vars[0],"testvar");
0160
0161    // These objects provide the metadata needed to tie together
0162    // data from multiple files
0163    // the 'multi' objects tell us where the mesh and variables are written
0164    // in the files directory
0165    char **multi_mesh;
0166    char ***multi_var;
0167    multi_mesh = malloc(numRanks*sizeof(char*));
0168    multi_var = malloc(numvars*sizeof(char**));
0169    for(int v=0 ; v<numvars ; ++v) {
0170        multi_var[v] = malloc(numRanks*sizeof(char*));
0171    }
0172
0173    // the 'type' objects tell us the type of mesh and variables written
0174    int *typemesh;
0175    int *typevar;
0176    typemesh = malloc(numRanks*sizeof(int));
0177    typevar = malloc(numRanks*sizeof(int));
0178
0179    // We start from the root directory in the silo file
0180    DBSetDir(db, "/");
0181
0182    // Specify the type of mesh and variable being written
0183    for(int i=0 ; i<numRanks ; ++i) {
0184      multi_mesh[i] = malloc(64*sizeof(char));
0185      typemesh[i] = DB_QUADMESH;
0186      typevar[i] = DB_QUADVAR;
0187    }
0188    for(int v=0 ; v<numvars ; ++v) {
0189      for(int i=0 ; i<numRanks ; ++i) {
0190        multi_var[v][i] = malloc(64*sizeof(char));
0191      }
0192    }
0193
0194    // Indicate where in the file hierarchy to write the mesh and data
0195    for(int i=0 ; i<numRanks ; ++i) {
0196      int iorank = PMPIO_GroupRank(bat, i);
0197      if (iorank == 0) {
0198        snprintf(multi_mesh[i], 64, "/data_%d/mesh", i);
0199        for(int v=0 ; v<numvars ; ++v)
0200    snprintf(multi_var[v][i], 64, "/data_%d/%s", i, vars[v]);
0201        }
```

图 10-12（续）

```
0202
0203        } else {
0204          snprintf(multi_mesh[i], 64, "%s.%03d:/data_%d/mesh",
0205                    basename, iorank, i);
0206          for(int v=0 ; v<numvars ; ++v) {
0207            snprintf(multi_var[v][i], 64, "%s.%03d:/data_%d/%s",
0208                       basename, iorank, i, vars[v]);
0209          }
0210        }
0211    }
0212
0213    // write out the metadata
0214    DBPutMultimesh(db, "mesh", numRanks, (const char**)multi_mesh, typemesh,
NULL);
0215
0216    for(int v=0 ; v<numvars ; ++v) {
0217        DBPutMultivar(db, vars[v], numRanks, (const char**)multi_var[v], typevar,
NULL);
0218    }
0219
0220    for(int v=0; v < numvars; ++v) {
0221      for(int i = 0; i < numRanks; i++) {
0222        free(multi_var[v][i]);
0223      }
0224      free(multi_var[v]);
0225    }
0226
0227    // Clean up
0228    for(int i=0 ; i<numRanks ; i++) {
0229      free(multi_mesh[i]);
0230    }
0231    free(multi_mesh);
0232    free(multi_var);
0233    free(typemesh);
0234    free(typevar);
0235
0236    return;
0237 }
0238
0239 void *Test_PMPIO_Create(const char *fname,
0240                const char *dname,
0241                void *udata)
0242 {
0243    // This is where the file is created.
0244    // We overwrite ("clobber") any existing files with the same name that
might
0245    // be in the way
0246    int               driver=DB_PDB;
0247    DBfile* db = DBCreate(fname, DB_CLOBBER, DB_LOCAL, NULL, driver);
0248
0249    // All data is placed in the dname subdirectory.
0250    if (db) {
0251      DBMkDir(db, dname);
0252      DBSetDir(db, dname);
0253    }
0254    return (void*)db;
0255 }
0256
```

图 10-12 （续）

```
0257 void *Test_PMPIO_Open(const char *fname,
0258            const char *dname,
0259            PMPIO_iomode_t ioMode,
0260            void *udata)
0261 {
0262    // This is where we open the file for appending to each.
0263    DBfile* db = DBOpen(fname, DB_UNKNOWN, DB_APPEND);
0264
0265    // All data is placed in the dname subdirectory.
0266    if (db) {
0267       DBMkDir(db, dname);
0268       DBSetDir(db, dname);
0269    }
0270    return (void*)db;
0271 }
0272
0273 void Test_PMPIO_Close(void *file, void *udata)
0274 {
0275    // Here the file is closed
0276    DBfile *db = (DBfile*)file;
0277    if (db)
0278       DBClose(db);
0279 }
```

图 10-12 （续）

10.6 网格分解

作为图和超图的分区软件，METIS 系列是在多进程中划分有限元网格的最重要和使用最广泛的库之一，由 METIS[16] 及其基于 MPI 的并行对应物 ParMETIS[17] 组成。使用 Trilinos 库进行网格分区的一个例子如图 10-13 所示。这些分区软件工具在非结构化网格的模拟中无处不在，以便跨多个 MPI 进程分解网格。

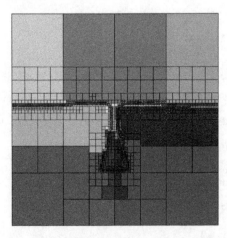

图 10-13　使用 Zoltan 库的分区算法示例。不同的区域表示网格域的不同分区（由桑迪亚国家实验室的劳伦斯·C.穆松友情提供）

10.7 可视化

HPC 用户最重要的库之一是可视化工具包（VTK）[18]。它提供数百种可视化算法，使应用程序开发人员能够创建自己的可视化工具。它包括分别用于标量、向量、等值线的张量、流线和超流线的支持。VTK 还支持使用 MPI 的分布式内存并行处理和 SMP 架构的多进程并行处理。VTK 中正在使用的一个例子是 ParaView 可视化工具，会在第 12 章中讨论。

10.8 并行化

分布式内存架构最重要的并行库是 MPI 库。MPI 有多个供应商和开源实现。一个对 C++ 友好的接口 MPI 可以通过 Boost.MPY[12] 来获得。对于 SMP，最重要的并行化库是 OpenMP 和 Pthreads。

10.9 信号处理

在提供离散傅里叶变换能力的库中，FFTW（"西方最快的傅里叶变换"）是使用最广泛的库之一。它是在麻省理工学院由马特奥·福瑞安和斯坦文·约翰逊开发的，提供离散正弦/余弦变换、离散傅里叶变换和哈特利变换。它通过称为"genfft"的专用小码生成器进行速度优化，实际生成的是 C 语言代码。FFTW 支持带有线程的 SMP 架构和带有 MPI 的分布式内存架构。它用于两个广泛分布的分子动力学工具包，即 NAMD[52] 和 Gromacs[53]。使用 FFTW 的并行一维复数离散傅里叶变换的一个例子如图 10-14 所示。

```
0001 #include <fftw3-mpi.h>
0002 #include <stdlib.h>
0003 # include <stdio.h>
0004 #include <sys/stat.h>
0005 #include <fcntl.h>
0006 # include <time.h>
0007 #include <math.h>
0008
0009 int main(int argc, char **argv){
0010   const ptrdiff_t N0 = 8589934592; // 2^33
0011   fftw_plan plan;
0012   fftw_complex *data;
0013   ptrdiff_t alloc_local, local_n0, local_0_start,local_no,local_o_start, i, j;
0014   MPI_Init(&argc, &argv);
0015   fftw_mpi_init();
0016
0017   // This tells us the local size for each process
0018   alloc_local = fftw_mpi_local_size_1d(N0, MPI_COMM_WORLD,FFTW_FORWARD,
FFTW_ESTIMATE,
0019                     &local_n0, &local_0_start,&local_no,&local_o_start);
0020
0021   // Allocate the data
```

图 10-14 使用具有 MPI 的 FFTW 的并行一维离散傅里叶变换的例子

```
0022    data = (fftw_complex *) fftw_malloc(sizeof(fftw_complex) * alloc_local);
0023
0024    // This creates the plan for the forward FFT
0025    plan = fftw_mpi_plan_dft_1d(N0, data, data, MPI_COMM_WORLD, FFTW_FORWARD,
FFTW_ESTIMATE);
0026
0027    // Initialize the input complex data to some random numbers between 0 and 1
0028    for (i = 0; i < local_n0; ++i) {
0029      data[i][0]= rand() / (double)RAND_MAX;
0030      data[i][1]= rand() / (double)RAND_MAX;
0031    }
0032    // Compute an unnormalized forward FFT
0033    fftw_execute(plan);
0034
0035    // Clean up
0036    fftw_destroy_plan(plan);
0037    fftw_free(data);
0038    MPI_Finalize();
0039    return 0;
0040 }
```

图 10-14 （续）

10.10 性能监控

性能 API（PAPI）[20] 提供了用于性能测试和便携式访问硬件性能计数器的工具，以监控软件性能。对于许多用户而言，最常遇到的 PAPI 性能计数器是测量 L1 数据高速缓存缺失（PAPI_LI_DCM）、L2 数据高速缓存缺失（PAPI_L2_DCM），以及执行的浮点运算的数量（PAPI_FP_OPS）。PAPI 库为用户提供了一个重要的工具，它可以便携地通过硬件计数器自下而上诊断性能问题。

其他性能监控工具（如 VampirTrace[21]）可以与 PAPI 以及 MPI、OpenMP 和 CUDA 代码连接，以提供完成消息和线程的执行时间表，如图 10-15 所示，可以使用 Vampir 性能可视化工具。

10.11 本章小结及成果

❑ 已经为 HPC 资源开发了几个软件库来满足特定的计算需求，因此应用程序开发人员不必浪费时间重新开发已在其他地方开发的超级计算软件。

❑ 除了充当软件重用的存储库之外，库还起到了为特定计算科学领域提供知识基础的重要作用。

❑ 库已成为社区标准，并成为社区成员彼此沟通的途径。

❑ BLAS 为向量、矩阵－向量和矩阵－矩阵例程提供了标准接口，这些例程已针对各种计算机体系结构进行了优化。

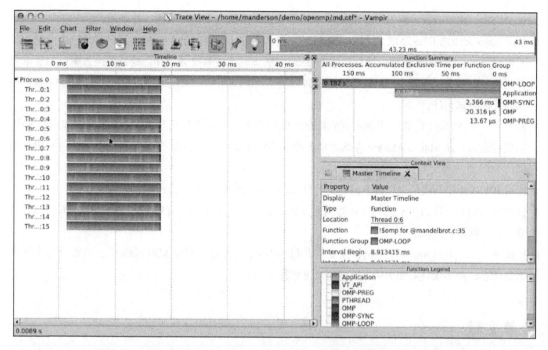

图 10-15 使用 VampirTrace 框架，对运行 16 个 OpenMP 线程的 OpenMP 代码进行性能监控的时间线示例。每个线程的执行时间线显示在左侧，而应用程序函数和 OpenMP 循环的时间摘要显示在右上角。可以检查执行时间线中某个区域的上下文信息，并显示在函数图例上方的右下方

❑ BLAS Level 1 涉及向量操作，命名方案是 cblas_，之后在操作名称之前放置精度前缀。操作包括点积、范数和旋转等。

❑ BLAS Level 2 和 3 操作涉及矩阵，并在其名称中包含它们支持的矩阵类型。Level 2 和 3 的名称采用 cblas_pmmoo 形式，其中 p 表 precision、mm 表示矩阵类型、oo 表示操作。

❑ Lapack 结合了 BLAS Levels 2 和 3 来提供完整的问题驱动器，如特征值问题和线性求解器。可以使用 Lapack 的高性能版本 ScaLapack。

❑ 存在多个额外广泛使用的库，其专门针对 HPC 资源。本章总结了 25 个这样的成熟库，并对现有的库给出了一些简单示例。

10.12 练习

1. 当矩阵大小增加时，使用 BLAS Level 3 dgemm 例程探索矩阵－矩阵乘法的性能。从随机生成的稠密 3×3 矩阵开始并逐步增加矩阵大小。对于耗时的比较，只需使用 for 循环计算矩阵－矩阵乘法，而不需要为每个探索的矩阵调用任何 BLAS。对于每个矩阵，哪个表现更好，好多少？根据探索的

每个矩阵，比较有或没有 BLAS 的矩阵 - 矩阵乘法中解决方案的时间图，并画图。

2. 使用 Lapack 中的 DLATMR 例程生成随机平方测试矩阵，计算向量 $b = Au$，其中 u 是一个向量，其元素均为 1，A 是随机矩阵。然后使用 Lapack 求解 x 的线性系统 $Ax = b$。检查解决方案以确保求解得到的 x 的所有元素都是 1。画出求解各种矩阵大小的 $Ax = b$ 的性能图，从 3×3 开始并探索对称和非对称测试矩阵。

3. 使用 PETSc 和 MPI 计算矩阵和向量的稀疏矩阵向量乘积，其中的元素是在分布式内存架构上随机生成的元素。从 Matrix Market 存储库中选择几个稀疏矩阵进行探索 [54]，并画出求解时间与用于求解的 MPI 进程数之间的函数关系。

4. 使用 HDF5 库编写代码，以读取通过运行图 10-10 所示代码生成的 particles.h5 文件。

5. 修改图 10-14 中的 FFTW 代码以计算反向变换，然后将正向变换之前的输入数据与经过前向和后向变换的数据进行比较。

6. 扩展图 10-12 中的 Silo I/O 示例，以支持并行三维 I/O。通过让每个 MPI rank 将三维数据写入文件来测试它，而不仅是如图 10-12 所示的二维数据。

参考文献

[1] XSEDE, Extreme Science and Engineering Discovery Environment, [Online]. www.xsede.org.

[2] BLAS (Basic Linear Algebra Subprograms), [Online]. http://www.netlib.org/blas/.

[3] LAPACK — Linear Algebra PACKage, [Online]. http://www.netlib.org/lapack/.

[4] ScaLAPACK — Scalable Linear Algebra PACKage, [Online]. http://www.netlib.org/scalapack/.

[5] GSL — GNU Scientific Library, [Online]. https://www.gnu.org/software/gsl/.

[6] SuperLU developers, SuperLU, [Online]. http://crd-legacy.lbl.gov/~xiaoye/SuperLU/.

[7] PETSc Team, Portable, Extensible Toolkit for Scientific Computation, [Online]. https://www.mcs.anl.gov/petsc/.

[8] Universitat Politècnica de València, SLEPc, the Scalable Library for Eigenvalue Problem Computations, [Online]. http://slepc.upv.es/.

[9] Max Planck Computing and Data Facility, Eigenvalue SoLvers for Petaflop-Applications, [Online]. https://elpa.mpcdf.mpg.de/.

[10] Center for Applied Scientific Computing, Lawrence Livermore National Laboratory, Hypre, [Online]. http://acts.nersc.gov/hypre/.

[11] The Trilinos Project, The Trilinos Project, [Online]. trilinos.org.

[12] Boost.org, Boost Home Page, [Online]. www.boost.org.

[13] The HDF5 Group, The HDF5 Home Page, [Online]. https://support.hdfgroup.org/HDF5/.

[14] NetCDF, Network Common Data Form Home page, [Online]. http://www.unidata.ucar.edu/software/netcdf/.

[15] Lawrence Livermore National Laboratory, Silo: A Mesh and Field I/O Library and Scientific Database, [Online]. https://wci.llnl.gov/simulation/computer-codes/silo.

[16] G. Karypis, METIS — Serial Graph Partitioning and Fill-reducing Matrix Ordering, [Online]. http://glaros.dtc.umn.edu/gkhome/metis/metis/overview.

[17] ParMETIS — Parallel Graph Partitioning and Fill-reducing Matrix Ordering, [Online]. http://glaros.dtc.umn.edu/gkhome/metis/parmetis/overview.

[18] The Visualization Toolkit, [Online]. http://www.vtk.org/.

[19] fftw.org, FFTW, [Online]. http://www.fftw.org/.

[20] The University of Tennessee, Performance Application Programming Interface, [Online]. http://icl.cs.utk.

edu/papi/.

[21] GWT-TUD GmbH, VAMPIR, [Online]. www.vampir.eu.

[22] Sandia National Laboratories, Dakota − Algorithms for Design Exploration and Simulation Credibility, [Online]. https://dakota.sandia.gov/.

[23] Berkely Vision and Learning Center, Caffe − Deep learning framework, [Online]. http://caffe.berkeleyvision. org/.

[24] T.A. Davis, SuiteSparse: A Suite of Sparse Matrix Software, [Online]. http://faculty.cse.tamu.edu/davis/ suitesparse.html.

[25] PISM Team, PISM: Parallel Ice Sheet Model, [Online]. http://www.pism-docs.org/wiki/doku.php.

[26] M. Adams, J. Brown, J. Shalf, B. Van Straalen, E. Strohmaier, S. Williams, High-Performance Geometric Multigrid, [Online]. https://hpgmg.org/fe/.

[27] R. Sampath, S. Adavani, H. Sundar, I. Lashuk, G. Biros, Dendro: Parallel Algoritms for Multigrid and AMR Methods on 2:1 Balanced Octrees, IEEE, Austin, Texas, 2008. SC.

[28] T. Kim, Cubica: A Toolkit for Subspace Deformations, [Online]. https://www.mat.ucsb.edu/∼kim/cubica/.

[29] R. Schneider, FEINS: Finite Element Incompressible Navier-Stokes Solver, [Online]. http://www.feins.org.

[30] C. Curtin, Sanderson, Ryan, Armadillo: C++ Linear Algebra Library, [Online]. http://arma.sourceforge.net/.

[31] MUMPS: A MUltifrontal Massively Parallel Sparse Direct Solver, [Online]. http://mumps.enseeiht.fr/.

[32] C-SAFE and SCI, University of Utah, Uintah Software Suite, [Online]. http://uintah.utah.edu/.

[33] SimuNova, MTL4, [Online]. http://www.simunova.com/mtl4.

[34] K. Iglberger, et al., Blaze, [Online]. https://bitbucket.org/blaze-lib/blaze.

[35] Automatically Tuned Linear Algebra Software (ATLAS), [Online]. http://math-atlas.sourceforge.net/.

[36] J. Dongarra, [interv.] Thomas Haigh, April 26, 2004.

[37] netlib.org, LAPACKE, [Online]. http://www.netlib.org/lapack/lapacke.html.

[38] Lawrence Livermore National Laboratory, HYPRE, [Online]. http://computation.llnl.gov/projects/hypre-scalable-linear-solvers-multigrid-methods.

[39] SUNDIALS: SUite of Nonlinear and Differential/ALgebraic Equation Solvers, [Online]. http://computation. llnl.gov/projects/sundials.

[40] SAMRAI: Structured Adaptive Mesh Refinement Application Infrastructure, [Online]. http://computation. llnl.gov/projects/samrai.

[41] University of Oregon, TAU: Tuning and Analysis Utilities, [Online]. http://www.cs.uoregon.edu/research/ tau/home.php.

[42] SC2000, Past Gordon Bell Award Prize Winners, [Online]. http://www.sc2000.org/bell/pastawrd.htm.

[43] Rice University, ARPACK software, [Online]. http://www.caam.rice.edu/software/ARPACK/.

[44] J. Dongarra, R.C. Whaley, Basic Linear Algebra Communication Subprograms, [Online]. http://www.netlib. org/blacs/.

[45] G. Kresse, et al., The Vienna Ab Initio Simulation Package, [Online]. https://www.vasp.at/.

[46] Mathworks, MATLAB, [Online]. https://www.mathworks.com/products/matlab.html.

[47] A. Azad, et al., Combinatorial BLAS, [Online]. http://gauss.cs.ucsb.edu/∼aydin/CombBLAS/html/index. html.

[48] Apache, Apache Giraph, [Online]. http://giraph.apache.org/.

[49] Unidata, Network Common Data Form (NetCDF), [Online]. http://www.unidata.ucar.edu/software/netcdf/.

[50] The HDF Group, HDF5, [Online]. https://support.hdfgroup.org/HDF5/.

[51] S. Brown, PDBLib User's Manual, [Online]. https://wci.llnl.gov/codes/pact/pdb.html.

[52] Theoretical and Computational Biophysics Group, UIUC, NAMD: Scalable Molecular Dynamics, [Online]. http://www.ks.uiuc.edu/Research/namd/.

[53] Gromacs Project, Gromacs, [Online]. http://www.gromacs.org/.

[54] National Institute of Standards and Technology, The Matrix Market, [Online]. http://math.nist.gov/ MatrixMarket/.

第 11 章

操作系统

11.1 引言

一台超级计算机可被视为一个大房间，里面装满许多排架子、布满许多节点、有着许多核心，再加上无数台风扇的巨大噪声，这些风扇在移动以吨计数的空气进行冷却。但是从大多数用户的角度来看，他们从来没有真正看到过物理上的高性能计算（HPC）系统，超级计算机最容易被视为操作系统（OS）和它的用户界面。在超级计算机的日常使用模式中，操作系统给人的感觉是超级计算机本身。操作系统拥有这台超级计算机。

操作系统是控制应用程序执行的永久性程序，正如图 11-1 所描述的那样。它是用户应用程序和系统硬件之间的接口。操作系统的主要功能是利用一个或多个处理器的硬件资源，向系统用户提供一组服务，管理辅助存储和输入 / 输出设备，包括文件系统。操作系统的目标是方便终端用户，提高系统资源利用率，通过保护并发作业之间的可靠性以及在不干扰正在执行的服务的情况下有效地开发、测试和引入新系统功能的可扩展性。操作系统是整个计算机系统栈中关键层之一，正如图 11-1 所描述的一样。

操作系统管理的资源包括处理器及其集成内核、内核工作所在系统的主存、I/O 模块和系统总线。同一系统中的处理器可能属于不同的类，如传统处理器（例如至强）、轻量级内核（例如融核）和图形处理单元加速器。管理主存很具有挑战性，因为它涉及内存层次结构和虚拟地址空间。主存通常是指直接连接到处理器的动态随机存取存储器（DRAM），也包括数据在主存和中间高速缓存层（2～4 层）之间的移动，以及向另一个方向的辅助存储器。内存对象是虚拟寻址的，虚拟地址和物理地址之间的转换，包括它们在主存和辅存中的位置都是操作系统的责任。I/O 模块具有不同的子系统，包括辅助存储和文件系统层次结构、广域网等通信设备以及用于用户交互控制的终端。系统总线提供处理器、内存和 I/O 之间的通信。

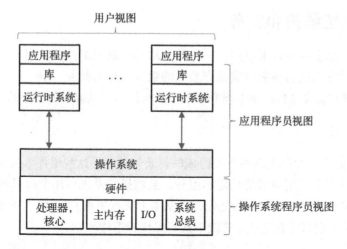

图 11-1　OS 的主要功能是利用一个或多个处理器的硬件资源，为系统用户提供一组服务，
　　　　　并管理辅助存储和 I/O 设备，包括文件系统

操作系统包含了超级计算机的所有服务和设施。

- 它持有本地目录和文件系统
- 它控制硬件资源的分配
- 它管理用户作业的调度
- 它存储临时性结果
- 它提供许多高级编程工具和函数
- 它将所有用户命令的用户界面导出到系统
- 它保护用户程序不受其他运行的应用程序所引起的错误的影响
- 它支持用户访问系统 I/O、网络和远程站点
- 它为操作和数据存储的安全提供了防火墙

操作系统实现了所有这些要求，并提供了一个方便、可靠、高效和可扩展性能的系统。操作系统的结构和接口可以是复杂的、庞大的、专门用于使用或编程的。本章的目的是强调与高效 HPC 操作和使用相关的特定能力、结构和功能。它并没有全面覆盖整个操作系统，因为用户不太可能遇到这些方面中的大多数。附录 B 描述了用户在执行实际操作示例和练习时可能需要的接口语法。本章为了解 HPC 操作系统的操作和使用提供了主要方面的介绍，包括：

- 操作系统结构和服务
- 进程管理
- 并行线程
- 内存管理
- 现代操作系统（UNIX 和 Linux）

11.2　操作系统结构和服务

操作系统可以用多种方式来描述。一种是表示操作系统组件及其相互连接，描述数据和控制流。第二种方法是描述由组成操作系统的组件执行的服务。第三种方法是定义用户和程序员使用的接口语义结构。本节将介绍操作系统结构及其提供的服务的概念。

11.2.1　系统组件

OS 是由许多独立但相互关联的组件组成的复杂软件包。这些组件单独或组合后直接实现了用户或系统管理和控制所需的功能和服务。虽然操作系统可能会因机器的不同而有所不同，手段和方法也会有一些程度的变化，但基本上所有主流 HPC 操作系统都共享相同的主要组件。以下是人们可能在这些计算机中找到的代表组件。

11.2.2　进程管理

正在执行的用户和系统程序由称为 "进程" 的实例组成，这些实例是程序过程（代码段）的实例。许多进程可以在单个操作系统下并发操作，因此操作系统合并了一个负责管理它们的主要组件。进程管理组件控制在系统硬件上运行进程的完整生命周期。它创建并终止所有进程，无论这些进程是由最终用户提供的，还是由功能系统本身的一部分提供的。在进程的整个生命周期中，该组件管理操作调度和处理器资源分配，根据需要暂停和恢复进程，以优化所选系统的运行目标函数。进程之间可以进行通信，将一个进程的输出结果传递给另一个进程的输入。进程管理组件支持进程之间（例如套接字）的通信路径。进程之间的控制流需要进程同步和由该组件监视的变量。此外，进程管理组件还处理分配给进程的处理器资源。

11.2.3　内存管理

从某些方面（包括成本）来看，HPC 系统主要是数据存储。程序数据必须驻留在内存系统，从体系结构的角度来看，内存系统是一个多级层次结构，包括寄存器、缓冲区，以及 3 层缓存。缓存包括主存，这可能分布在所有节点；二级存储器，仍然主要是硬盘，但越来越多地包括非易失性半导体存储技术；三级存储器，使用磁带盒和磁带驱动器进行归档存储。所有这些层的权衡是访问速度和容量成本，可靠性和能源也很重要。操作系统负责将数据分配到内存资源，并在层级之间进行迁移。内存管理还负责程序数据的虚拟地址块（称为页）和物理存储设备（称为帧）之间的地址转换。操作系统管理将页表映射到帧号的页表。如果某个页面不在内存中，那么就是发生了缺页故障，操作系统必须将该帧从辅助存储器交换到主存，并在相关进程继续之前相应地更新页表。

11.2.4　文件管理

操作系统负责通过命名目录的层次结构组织文件中的用户数据和程序。操作系统管理的文件系统向用户呈现了这个系统的抽象性，并包含更多的功能和使用过的服务。系统支持非易失性存储；也就是说，当关联进程终止时，信息不会消失。通常，文件系统驻留在辅助存储器上，主要由硬盘驱动器承载。然而，新的系统可能包括非易失性随机存取存储器（NVRAM）半导体设备，以降低功耗和获得更快的响应速度，有时专用于大型图形结构的元数据。对于笔记本电脑、平板电脑和电话，由这些组件组成的固态设备可能构成所有的文件系统。文件管理还可能涉及磁带机器人形式的三级存储。这种存储中每字节的成本比其他形式的存储成本低得多，而且密度也高得多，因此非常适合文件的归档存储。然而，初始访问时间可以用分钟来度量，因此操作系统支持跨复杂的多级存储系统的用户文件管理系统，并可能挂载外部文件系统，以获得更大的数据存储空间。

11.2.5　I/O 系统管理

操作系统负责管理支持计算机进出数据流的所有源和目的地。文件系统只是使用辅助存储的 I/O 系统的一个例子。用户最熟悉标准 I/O，它通过极简命令行接口或日益常见的基于 Windows 的图形界面，使他们能够直接与系统进行交互。Web 浏览器通过附加的 I/O 设备（例如以太网）访问互联网，从这些设备上获取大量外部数据，操作系统 I/O 管理也支持这些设备。对于集群和大规模并行处理器，在最低层，每个节点的系统区域网络（例如 InfiniBand）是 I/O 通道，它将每个节点连接到组成整个超级计算机的所有其他系统节点上，并再次由操作系统的 I/O 系统管理。I/O 系统管理还支持许多其他设备，如第 6 章所述的体系结构。其中一些是用于维护的，用户不可见；其他的就像开关和灯一样简单。

11.2.6　辅助存储管理

如前所述，操作系统负责辅助存储。辅助存储器通常包括许多硬盘驱动器，也可能包括一些固态 NVRAM，为长期存储提供了高密度和非易失性。操作系统管理对每个节点本地磁盘的访问，或者对由存储区域网络连接的磁盘系统的单独部分的访问，例如独立磁盘配置的冗余阵列（有多个），通过存储的冗余可获得更高的访问带宽和更高的可靠性。对于文件系统的 OS 支持方面，辅助存储对用户很重要，它也提供其他服务。虚拟内存（其中进程的数据页可以临时存储在辅助存储器中）给人的印象是内存容量更大，尽管数据页实际上分布在物理主存和辅助存储器之间。操作系统还使用辅助存储来缓冲进程，以便将来进行调度，或者有时在内存系统内外交换作业时使用。在所有这些情况下，操作系统都负责管理辅助存储，并提供对它的接口，包括服务。

11.3　进程管理

进程是执行中的程序或子程序。它是系统中从执行到完成的一个工作单元。程序是一个被动的实体，主要是由编译器产生的一个或多个二进制代码块，从应用程序的高级表示形式到用于机器执行的低级机器可解释形式。进程是计算机中程序的实例化，是正在工作的活动实体。它消耗资源，并将程序块与表示其当前操作状态和程序将要操作的信息数据组合起来。操作系统负责进程管理：进程的数据元素在哪里、它的当前控制状态和中间值、进程如何与其父（调用）进程以及可能的子进程（它调用的那些）相关。本节介绍操作系统进程管理的元素和机制。

进程需要资源来完成其任务：硬件功能和逻辑对象（定义了进程的状态和说明）。进程需要处理分配给它的资源，如一个或多个中央处理单元（CPU）等硬件、内存（用于数据处理）和程序块、I/O 端口和设备的访问，在大容量存储里保存输入数据（启动程序）、输出数据（存储进程的结果）以及可能的额外存储（用于中间结果）。

最终，指定进程的逻辑资源包括许多数据对象。程序计数器指向程序代码块中要执行的下一条指令（地址）。代码段本身描述要执行的进程的操作。进程堆栈包含对进程规范和中间值具有直接重要性的本地化数据，包括完成后的返回地址等内容。数据部分包含用户计算的全局变量。当进程终止时，分配给它的所有可重用资源将由操作系统回收，供将来的进程使用。

11.4 节介绍线程的概念，线程本身是进程上下文中的可执行程序。如果进程只有一个线程，则它只包含一个程序计数器，该计数器定义要执行的下一条指令的位置。一个进程可能有多个活动线程，在这种情况下，该进程包含多个程序计数器；每个操作线程对应一个计数器。

一个现代系统，无论是企业服务器还是基本的笔记本电脑，都有许多同时运行的并发进程。有些是用户进程，可能支持具有多个用户的应用程序；其他是直接响应用户应用程序请求或支持系统资源管理的系统进程。奇怪的是，一个进程负责所有这些进程的管理。下面将讨论这些 OS 进程管理任务。

11.3.1 进程状态

在任何时候，由 OS 管理的每个活动进程都处于多个状态中的某一个，具体取决于当前条件和活动。这些进程状态是相互排斥的并且是可完全穷尽的，因为它们完全描述了给定进程的可能生命周期。不同的操作系统由可能支持的进程状态部分地区分，并用于指导其组成进程的演变，但它们表现出许多相似之处。这里，一个处于完全功能状态的相对简单的机器被认为是操作系统支持的进程状态的说明。所有操作系统都将包括这些状态或多个状态，例如，附录 B 中提供的 Linux 操作系统具有更多样化的状态结构。

当第一次为指定程序启动新进程时，它将进入进程中的新建状态。在此状态下，进程被创建，并且设计进程的必要内存对象被分配和填充完全。完成此操作后，该过程将转换为就绪状态。以对称方式，当该进程完成与其相关的所有工作并将结果存放在适当的位置以供将来使用时，它进入终止状态。一旦处于此状态，可知该进程已完成执行。此时，操作系统会修改其控制表以消除进程的上下文，并回收与进程关联的物理和逻辑资源。

进程的运行状态是进程实际执行与其关联的数据指令的条件。运行时，该进程正在努力完成其工作负载。如果在这种状态下它到达完成点，它将转换到如上所述的终止状态。但是，可能会发生其他事件并要求进程暂停并在以后恢复。其中一种情况可能是异步外部中断。中断是来自几个源中任何一个的信号，指示另一个进程具有直接优先级，例如必须为整个系统执行的操作系统服务例程。中断将使处于运行状态的当前进程退出处理资源（例如，CPU）并转换到就绪状态。或者，如果处于运行状态的进程由于等待事件或可能需要数十毫秒的 I / O 请求而需要延迟，那么若进程保持在运行状态，则会因这些条件造成延误而浪费宝贵的计算资源。取而代之，该进程将从运行状态转换到等待状态。

等待状态是一种假设的进程状态，当进程因为未决的服务、访问（大规模存储的 I/O 请求）或需要用户输入导致的延迟，使得不能立即进入其执行时所处的状态。一旦进入，进程保持在等待状态，直到通过某些外部动作（例如，从二级存储器请求的数据的到达）清除延迟源。通过这种方式，其他进程可以进入运行状态并利用处理器资源来提高系统使用效率。当满足延迟条件并且该进程可以继续运行时，由于一个或多个其他进程可能正在积极地使用它们，因此计算资源不可能立即可用。因此，处于等待状态的进程转换为进程生命周期的就绪状态。操作系统从处于就绪状态下的进程选择要置于运行状态的下一个进程。许多进程可能在运行状态中挂起，等待轮到它们在从新状态发起或者恢复之后第一次开始执行，在过去的某个时间它们处于运行状态。在完成工作任务并最终进入终止状态之前，进程通常在 3 个状态之间来回循环（就绪、运行和等待）。通过这种方式，用户认为可以使任意数量的进程同时进行计算，而实际上它们正在共享物理资源，但是如此快速地切换状态以至于似乎都朝着其最终计算目标前进。

11.3.2 进程控制块

由 OS 管理的每个进程由称为"进程控制块"（PCB）的专用数据结构来表示。与进程状态机一样，PCB 也会因操作系统而异。但是，所有操作系统的 PCB 都有最少的基本参数。PCB 包含指定特定进程存在的数据以及允许进程前进的必要信息。

从前一小节可以清楚地看出，进程状态是决定进程在任何时间点的模态的关键参数，也可能是过渡的可能状态。PCB 包含一个字段，该字段指定所有可能的进程状态的编码，并在整个生命周期保持与进程状态相关的值。

调用父进程指针，提供到活动进程的链接，该进程负责实例化由 PCB 表示的当前进程。此指针链接是父进程的名称、调用进程（进程号），或父进程的 PCB 的虚拟地址。进程号是一个任意正整数，任何时候在系统运行的所有进程中都是唯一的。进程指针与整个程序的 PCB 相结合，形成一个描述程序（用户或系统）操作状态的树，其中 PCB 作为树的顶点（节点），指针作为链接。进程执行的下一条指令由程序计数器在 PCB 中表示。这可以是下一条指令的虚拟地址，也可以是程序代码块的虚拟地址和下一条指令代码块内的偏移组合。在每次指令发射后，它会更新，通常会增加。

寄存器是存储层次结构的最高级别（或最低级别，具体取决于绘制它的方式），并且在任何时候都保存最重要的进程执行值。寄存器具有自己的命名空间（寄存器编号），并通过加载和存储指令更新其值的内容。当进程暂停（等待或就绪）时，必须将物理寄存器的值复制到 PCB。当进程在运行状态重新启动时，可以从中恢复寄存器。该进程中的其他主要数据存储在主存储器中，它可能包括分配给进程的堆栈帧以及使用的主内存块，并可能与其他进程共享。由于进程数据存储在主存储器中，因此不需要在 PCB 中复制；但是可能需要这些数据的位置，包括指向相关数据块头的指针以及这些块和堆栈帧的限制。

通常 PCB 规范中的其他信息包括与程序系统资源使用相关的详细计费信息，例如 CPU 利用率、使用的存储器容量、辅助文件存储空间、优先级、用户信息和其他特征数据。此外，PCB 保存与分配给它的 I/O 设备相关的进程信息，包括当前正在访问的所有打开文件的列表。使用 PCB，可以随时从任何被动状态重新启动进程到运行状态。

11.3.3 进程管理活动

操作系统负责与系统中所有进程活动相关的许多服务。这些服务中隐含的是简单的总体任务，即跟踪系统上所有的活动进程以及分配给进程的物理系统资源（例如，CPU、内存块、文件等）。这些管理活动中最重要的是创建和终止用户和系统类型的进程。进程的创建（即其实例化），是响应系统调用（包括用户命令行请求）或提供初始数据的用户程序。操作系统生成一个新的 PCB，用于实例化特定进程，如前所述的填充字段。还可以分配其他资源，例如附加的存储器块、文件访问和 I/O 套接字。操作系统终止进程涉及删除 PCB 和其他分配的资源，以释放它们以供将来计算使用。

为了通过更好地利用计算机系统的物理资源来实现更高的效率，OS 支持进程上下文切换。这需要暂停和恢复进程。由于多种原因，可以暂停进程。一种是多程序设计，其中一个或几个计算资源由更多数量的活动进程共享。因此它们全部同时运行，在足够小的时间步骤中朝着结论前进，使得用户体验到持续操作的感觉，但是时间步长应足够大以避免与上下文切换动作相关的开销时间的有害影响。促使上下文切换的另一个重要因素是在存在强加延迟的操作情况下避免资源阻塞，这种等待时间会大大降低系统使用效率。这主要与 I／O 任务相关联，例如从辅助存储器中读取文件或等待标准 I／O 的实时用户输入。这样的操作可能需要数百毫秒或数秒，具体取决于请求的特定性质以及其他进程对共享资源的争用。当进程如此参与时，OS 放弃其专用计算资源（例如，处理器核心），将进程状态放入存储器中，同时将这些相同资源分配给等待访问以执行的另一个待处理进程。在完成原始进程的延迟服务请求后，OS 基于调度机制和策略（下面讨论）依次恢复对进程的激活。

进程通常协同工作，在单个程序上进行协作，有时共享可变数据和其他资源。为了正确地进行操作，它们必须偶尔同步，这样计算工作可以按正确的顺序完成。例如，如果两个进程在内存中共享信息，它们必须进行协调以确保在另一个进程写入之前该进程不会读取数据（写前读冲突），或者反过来说，一个进程不写入内存位置，直到其他进程已访问它（读前写冲突）。OS 支持同步机制，例如栅栏、信号量和互斥。利用它们，两个或多个进程可以通过排序各自的计算，以避免这些可能的冲突。

进程可以直接相互通信，传递、交换消息或数据流。OS 提供了在并发进程之间进行这种消息传递的机制，包括控制用户程序的用户界面调用。套接字是用于此目的的构造类的一个示例，并且存在于许多但不是所有的现代 OS 中。这是多程序设计变得至关重要的一种情况。如果一个进程处于活动状态（占用处理器）但需要来自另一个暂停进程的消息，则在没有适当的操作系统控制的情况下可能会发生死锁，从而阻止进程的进展。

11.3.4 调度

操作系统支持和之前章节介绍的进程管理服务核心是进程调度的交叉功能：确定哪些进程获得了运行所需的物理资源以及何时分配这些资源。由于多个进程同时处于活动状态（运行、挂起或停止），且执行资源少于进程，因此这种选择和控制功能实际上非常难以完善，几十年来这一直是无数研究和工程项目的主题。

作业队列保存所有进程，不管它们的状态如何，任何进入系统的新进程都由操作系统放入作业队列中。只有终止时，它们才会从作业队列中删除进程。任何时候，进程都可以准备执行或等待 I/O 设备服务调用。作业队列由许多子队列（在不同的操作系统之间略有不同）组成，在这些子队列中，进程可以暂时被占用，直到满足特定的需求。作业队列的代表性结构可以包括以下内容。

- 预备队列——拥有的指针指向待执行进程的 PCB。
- 子队列——持有进程（PCB 指针），等待各自的子进程终止。
- 中断队列——包含等待中断发生的进程。
- 多程序队列——使用了上一个时间片的进程，在恢复执行之前必须延迟一个最小时间间隔。
- I/O 队列——每个 I/O 设备对应一个队列，用于保存需要该设备进程的 PCB。

这些情况如图 11-2 所示。作为作业队列结构的一部分，操作系统负责管理这些（可能还有其他）子队列。如果采用先入先出策略，则每个队列通常有两个指针，一个指向队列的头部，另一个指向队列的尾部，但是也可以使用其他队列组织，例如堆栈（后进先出）。当进程 PCB 的状态发生改变时，操作系统将指针从一个队列传输到另一个队列。

进程调度器合并作业调度器，其中作业可能包含多个进程。当作业和它们的组件进程比执行资源（例如，处理器核心）更多，且它们需求的内存超出了物理内存的容量（对于服务器为典型的常见情况）时，那么许多或者大多数作业必须在后台转储到辅助存储器（通常是硬盘），只有当准备就绪执行时，才能单独迁移到主内存。

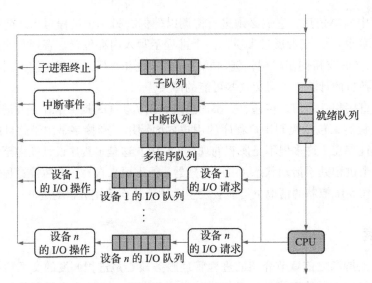

图 11-2　作业队列保存所有进程，不管它们的状态如何，任何进入系统的新进程都由操作
　　　　　系统放入作业队列。具有代表性的作业队列可以包括就绪队列、子队列、中断队
　　　　　列、多程序队列和 I/O 队列

通常，在这个存储层次结构上下文中使用 3 个作业调度器来管理调度。

❑ 长期调度器——识别来自大容量存储器中的假脱机程序的进程或作业，以便将它们
交换到主内存中，为执行做准备。负责维护一组平衡作业、一些 I/O 绑定、一些计
算绑定，以维护所有队列的均匀流。

❑ 短期调度器——从驻留在就绪队列的进程中，选择下一个进程，分配给它执行的计
算资源。

❑ 中期调度器——当作业排序的优先级要求释放主内存，以便新作业可以包含在执行
流中时，中期调度将作业或进程从主内存中交换回大容量存储假脱机程序。因此，
有时可能需要将作业交换回假脱机程序。

正如前面所讨论的，上下文切换是一个操作系统的功能，它将进程状态移入和移出执
行资源。具体来说，当短期调度器准备执行就绪队列中的进程时，操作系统必须首先将使
用新进程资源的前一个进程的状态复制到第一个进程的 PCB 中。然后将新进程在 PCB 中的
上下文加载到执行资源，例如处理器寄存器。

11.4　线程

线程在进程中提供了另一种级别的并行控制。虽然进程被称为可以提供粗粒度并行性，
但是线程提供了实现中等粒度并行性的方法，这可能会提供更多的并行性、更好的可扩展
性，并可能缩短解决问题的时间。有时候，线程被称为"轻量级进程"，但是本书将不会如

此称呼，因为线程和进程之间存在具体区别，以区分它们的用法和效果。最后，进程和线程非常好地映射到使用许多节点的现代架构上，每个节点都有许多处理器核心。进程可以占用一个完整的核心节点，其中线程在各个核心上运行。

线程状态与 PCB 中包含的进程类似，但通常不太复杂。线程状态包括：

- ❑ 进程标识，线程是该进程的组成部分。
- ❑ 程序计数器，指示下一条由线程执行的指令。
- ❑ 堆栈指针，指向与线程直接相关的页面框架。
- ❑ 寄存器内容。

当执行处理器核心中的一个线程被另一个线程替换时，必须在硬件资源中交换这个上下文数据。

线程有两大类，如上所述，由操作系统直接管理的线程称为"内核线程"。操作系统将特定的内核线程分配给底层硬件的处理器内核。由于操作系统涉及内核线程的直接操作，因此其管理开销非常大，即使小于进程的管理。另一种是"用户线程"，有时也称为"运行时线程"。这些不是操作系统直接管理的，而是由用户空间中的运行时软件系统管理的。运行时系统开销更小，并且更了解用户作业想要做什么以及如何做得更好。这两种线程之间的关系是运行时系统将用户线程分配给单个内核线程。通常（但不总是）每个处理器内核都有一个由操作系统实例化的内核线程。除了中断或道程序设计的情况外，内核线程在这个映射中保持相对静态，因此很少需要内核线程的上下文切换。运行时系统将内核线程分配给它负责的用户线程。有几种方法可以做到这一点，如图 11-3 所示。例如，所有用户线程都可以分配给一个内核线程，每次共享一个。这就是众所周知的"多对一"（all to one）。在这种情况下，应用程序中不使用并行性，而是内核线程在运行不同的作业以实现作业并行性。第二种情况是，运行时系统可以简单地将一个用户线程分配给多个可用的内核线程。在这种情况下，开销很低，并且利用了并行性，但是没有使用动态控制，这对于不规则的用户线程可能是必要的。这被称为"一对一"（one to one）。将用户线程映射到内核线程的最常见形式是，根据工作负载的需要动态地、可能是自适应地将用户线程集分配给内核线程，并且内核线程变得可用。指导这种"多对多"（many to many）策略的政策可能会变得相当复杂，并且是一个继续研究的课题。

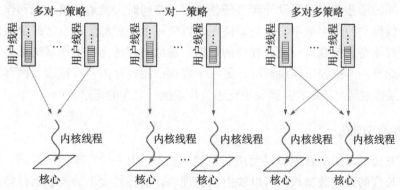

图 11-3　运行时系统以几种不同方式将提供给它的内核线程分配给负责的用户线程

11.5 内存管理

从先前的文本中，看出操作系统最重要的责任是执行资源的管理，以及其上运行的进程、线程和作业的调度可以说，如果要满足任何更复杂的操作系统功能的要求，管理存储层次结构也同样重要。这部分是由于处理器核心（互补金属氧化物半导体技术）和主存储器（DRAM 技术）的时钟速率之间的差异造成的，两者相差一到两个数量级。随着处理器逻辑和主存储体的分离（冯·诺依曼瓶颈），核心完成内存访问的全部时间在 100～200 个处理器核心周期。正如在关于体系结构的第 2 章和第 6 章中所讨论的，现代计算机和高性能计算系统集成了多层存储，以减轻这种结构带来的延迟和带宽限制，这些由操作系统管理。

内存管理控制在任何特定时间主内存和寄存器中的数据。这些数据通常存储在辅助存储器中，它被虚拟内存页备用存储组织在目录、文件和特殊块中。操作系统确保调度的进程所需的所有数据以及执行代码的指令都在主内存中。OS 内存管理子系统维护表（引用表），这些表将虚拟地址页面（稍后将讨论）映射到内存的物理页面，并提供虚拟地址（到物理）转换的方法。内存管理是通过维护最可能在主内存中访问的数据来实现处理器核心的高利用率的一个重要部分。为了实现这些目标，OS 内存管理支持多种活动，包括控制向实例化进程分配物理内存，以及决定应该在内存和辅助存储之间交换哪些内存页，以便分配和重新获取内存空间。在所有这些活动中，操作系统必须保持其支持虚拟地址转换的能力。本节将详述其中一些要点。

11.5.1 虚拟内存

虚拟内存是一种强大的抽象，它可以独立于内存块的物理位置来命名内存块，操作系统支持这种抽象。它是由操作系统的内存管理部分实现的。虚拟内存控制数据页的逻辑（虚拟）地址到物理数据存储单元间的关系和映射，物理数据存储单元可以是主内存或辅助存储（如硬盘）。在计算历史上，虚拟内存的实现比用户直接控制物理内存有几个重要的优势。最初，由于主内存的容量相对较小，因此使用大容量存储来提供比物理内存更大存储空间的做法大大简化了程序员的任务，同时允许不同规模、类型和版本的系统之间的代码可移植性。随着时间的推移和多程序设计和多任务处理，将同时大量地使用进程和作业，由虚拟内存系统提供保护的内存被不同的进程使用，以便每个进程都使用自己的虚拟地址结构和确保一个进程不会影响到另一个进程中的数据。虚拟内存还允许操作系统重叠不同进程中的序列，因此当一个进程正在执行时，另一个进程中的内存内容可被读入内存，同时前一个进程的结果也被同时读取，从而最小化连续作业执行之间的延迟。

11.5.2 虚拟页地址

有许多方法可以组织数据以供使用和存储。其中，有一个简单的"页面"概念，页面是一个固定长度的连续数据块，可以映射到物理内存的等效大小块或辅助存储上的类似空间。分页允许进程由一组固定大小的块组成。每个页面都有一个虚拟地址。每个数据单位（即页面中的字节和字）由页面的虚拟地址和从页面的起始位置到页面中的数据位置的偏移索引所标识。页面的虚拟地址只是一个页码。页面的虚拟地址即使被操作系统分配，仍然是一个常量，与虚拟地址页面是存储在主存还是辅助存储中无关。中期调度器可能会导致页和与进程相关的其他页从主存上交换到辅助存储。在整个计算过程中，虚拟页可能驻留在不同的物理内存页中，这取决于 OS 内存管理功能。

11.5.3 虚拟地址转换

该操作系统包含一个页表，该表是将虚拟页地址（或页号）关联到主存或辅助存储的物理位置的方法的关键。页表中的每个页有一个条目，此条目由页表中指定的页号来确定作为偏移量（偏移量的值不能超过页的长度）。特定虚拟页的页表条目存储主内存中页帧（或物理页）的内存帧号。对内存的数据请求总是可以通过页表定位的。当虚拟页面在物理空间中迁移时，操作系统将更新页面表中相应的条目。

虽然这在逻辑上是可行的，并且是 OS 内存管理的必要组成部分，但是它本身不足以提供性能。使用页表的每个访问请求都需要一个 OS 函数调用，这非常耗时。对于每个指令发射（大约是在每个处理器核心机器周期内发射一次），必须有一个来自存储系统的指令加载。此外，操作数据需花费四分之一的时间（机器周期）进行加载（每个应用程序工作负载的顺序不同）。因此，页表本身不足以在虚拟分页系统中提供面向性能的内存访问。

图 11-4 所示的转换后备缓冲器（TLB）是一种架构方法，至少在有利条件下，它可以提供所需的大部分性能。TLB 是一种特殊用途的缓存，为最近使用的存储数据提供虚拟页号到主存帧号间的高速映射，进而为内存加载和存储提供非常快速的数据访问。与缓存类似，TLB 利用时间局部性，存储了最近使用的虚拟页面的物理地址。TLB 具有关联访问硬件，支持快速地址转换和数据访问。当然，常规的数据和指令 L1 缓存也可以在一个或两个周期内提供大多数数据访问请求，因此在好的情况下（微周期），虚拟寻址数据可以在一个或两个周期内加载。只有当 TLB 丢失，且在 TLB 中没有找到特定的虚拟页码时，才会进行页表访问，这将带来巨大的开销。在这种情况下，OS 访问页面表，确定正确的帧号，并更新 TLB，此时内存访问可以照常继续。

当将虚拟页定位为主内存中的物理帧时，可能没有与所需虚拟页相关联的匹配内存帧，这称为"页面故障"。操作系统的一个功能是尽量减少页面故障，因为遇到故障的代价可能非常大。操作系统开销和将帧从辅助存储器传输到主存的组合可能需要数十到数百毫秒。在需要时，操作系统从辅助存储器引入帧的情况被称为请求分页。应用 OS 策略来最小化页面故障。但是程序员可以通过构建工作流来帮助系统使其在这方面更有效地操作，从而最大限度地利用数据重用，限制 TLB 缺失、缓存缺失和页面故障。

虚拟内存操作系统提供了一种无缝方式来利用辅助存储，无须通过进程和页面交换进行显式的用户干预。就用户生产力而言，这可能是一件非常好的事情；就系统性能而言，这可能是一件非常糟糕的事情。该操作系统以目录和文件系统的形式提供了强大的功能，使用户能够以非易失性的形式存储和管理数据。实际上，在很大程度上文件系统通过用户界面（无论是命令行还是单击窗口）支持用户对超级计算机的看法。OS 文件系统对 HPC 非常重要，第 18 章专门介绍了这种功能。

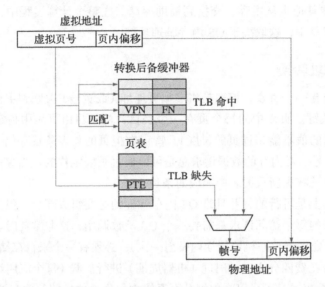

图 11-4 转换后备缓冲器（TLB）是一种有特殊用途的缓存，用于为最近使用的存储数据提供虚拟页号到主存帧号的高速映射

11.6 本章小结及成果

❑ 操作系统拥有整个超级计算机。

❑ 操作系统是控制应用程序执行的持久程序，是用户应用程序和系统硬件之间的主要接口。

❑ 操作系统的主要功能是利用一个或多个处理器的硬件资源，为系统用户提供一组服务，管理辅助存储和 I/O 设备，包括文件系统。

❑ OS 管理的资源包括处理器及其集成内核、内核工作所在系统的主存、I/O 模块和系统总线。

❑ 正在执行的用户和系统程序由称为"进程"的实例组成，这些实例是程序过程的实例化。

❑ 在单一操作系统下，许多进程可能同时运行。

❑ OS 内存管理负责程序数据的虚拟地址块（称为页面）和物理存储块（称为帧）之间的地址转换。

- ❑ 操作系统负责用户的数据和程序，通过命名目录的层次结构组织在文件中。
- ❑ 操作系统负责管理进出其支持的计算机中的所有数据流的来源和目的地。
- ❑ 操作系统负责与系统中所有活动进程相关联的许多服务。
- ❑ OS 支持的进程管理服务的核心是进程调度的交叉功能：确定为哪些进程提供运行所需的物理资源，以及何时分配这些资源。
- ❑ 线程在进程中提供了另一种级别的并行控制。
- ❑ 虚拟内存是一种强大的抽象，独立于内存块的物理位置来命名内存块，操作系统支持这种抽象。
- ❑ 操作系统包含一个页表，它是将虚拟页地址（或页号）关联到主内存或辅助存储中的物理位置的方法的关键。

11.7 练习

1. 解释 TLB 缺失、缓存缺失和页面故障之间的区别。每种方法的性能结果是什么？

2. 虚拟内存地址的用途是什么？

3. 在就绪队列中保留哪些类型的进程？哪些类型的进程不在就绪队列中？

4. OS 线程和进程之间的区别是什么？进程可以被抢占吗？线程可以被抢占吗？线程被限制在进程中吗？

5. PCB 是否受到线程上下文切换的影响？解释一下。

可 视 化

12.1 引言

超级计算机应用程序经常产生大量的输出数据，必须对这些数据进行分析和展示以理解应用程序的结果并根据结果做出结论。这个过程通常被称为"可视化"，它本身需要超算资源，且是一种超级计算机使用的基本模式。

超级计算机上运行的应用程序产生的结果数据需要可视化的一些主要原因包括调试、探索数据，以及统计假设检验和准备演示图形。在某些情况下，在超级计算机上运行的应用程序产生的输出像使用逗号分隔单个文件那样简单。然而，更有可能的是这些输出将采用一种特殊的并行输入 / 输出（I / O）库格式，正如第 10 章中提到的那样，用于管理和协调从多个计算节点同步输出到单个文件。

本章讨论了作为高性能计算（HPC）可视化部分经常被提及的 4 个关键基础概念：流线、等值面、通过光线追踪的体绘制和网格细分。然后通过在 HPC 环境中经常使用的 5 种不同的可视化工具来实际探索可视化：Gnuplot [1]、Matplotlib [2]、VTK 库 [3]、ParaView [4] 和 VisIt [5]。其中 3 个工具（VTK、ParaView 和 VisIt）已经结合函数以使用分布式内存并行处理技术来加速自身的可视化过程。

12.2 基本的可视化概念

科学可视化中最常用的概念有流线、等值面、通过光线跟踪的体绘制和网格细分。如图 12-1 所示，流线采用矢量场作为输入，并显示与矢量场相切的曲线。流线可能被认为是显示无质量粒子在输入矢量场中的运动轨迹。虽然可以明确指定每个流线的起点，更常见的是在一个球体或立方体等几何对象内使用随机起点。

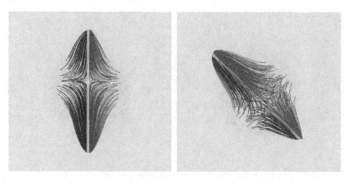

图 12-1   使用函数 $f(x, y, z)$=2550 sin(100x) sin(30y) cos(40z) 的梯度作为输入的流线图示例。
          给出以上两种不同的三维（3D）视图

如图 12-2 所示，等值面是连接有相同值的点的表面。等值面经常被用于医学可视化以提取
具有相同密度的表面，如三维超声中所见。等值面是二维（2D）可视化中等高线的三维对应物。

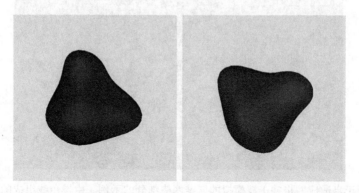

图 12-2   函数 $f(x, y, z)$=2550 sin(10x) sin(10y) cos(10z) 作为输入的等值面示例，等值面值设
          置为 200。给出以上两个不同的三维视图

如图 12-3 所示，对于每个像素，通过光线跟踪的体绘制使用一条射线对通过的物体进
行采样。基于给定的颜色传输函数，光线被遮挡，同时不透明度函数改变了体中数据的透
明度。这种类型的体绘制可以展示数据的内部结构，并根据所选的不透明度函数产生模糊
或锐利的边缘。

如图 12-4 所示，网格细分是指通过一组多边形（通常是二维中的三角形、四边形，或
三维中的四面体、六面体）来可视化数据点集合及其与其他数据点的连接。网格通常提供关
于仿真的重要统计信息，包括误差边界和网格自适应性，同时还直观地传达了仿真特征分
解的尺度。

这些基本的可视化概念通常不是由应用程序开发人员直接实现的，而是在现有可视化

工具包或库中直接获得的。以下各节将讨论 HPC 中一些最常见的可视化工具包和库。

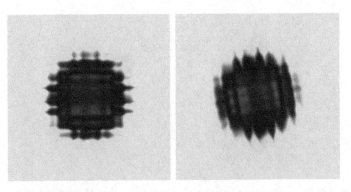

图 12-3　函数 $f(x, y, z)=2550 \sin(50x) \sin(50y) \cos(50z)$ 的低分辨率体绘制示例，颜色和不透
　　　　明度图是任意选择的。给出以上两种不同的三维视图

图 12-4　用于自适应网格冲击波模拟的二维网格细分的示例。由黑色线组成的网格，显示
　　　　在基于冲击波密度的二维彩色图的顶部

12.3　Gnuplot

Gnuplot [1] 是一个免费提供的、开源的、由命令行驱动的可视化工具，包括对二维和三
维图的支持。它自 1986 年以来一直存在且可以在大多数 Linux 发行版和超级计算机登录节
点中找到。其他几个独立的应用程序也使用 Gnuplot 进行图形输出（比如 GNU Octave [6]），
具有与 MATLAB 风格非常类似的高级编程语言 [7]。

与大多数电子表格工具一样，Gnuplot 能够处理各种各样的二维图表。这里使用图 12-5
所示的以空格分隔文本数据进行演示。要启动交互式 Gnuplot 会话，需要从命令行启动
gnuplot 可执行文件，如图 12-6 所示。

```
1 1 -1
2 2 -2
3 3 -3
4 4 -7
```

图 12-5　三列以空格分隔的文本数据的示例，在代码示例中称为 "gnu_example.dat"

```
[Matthews-MacBook-Pro-2:data andersmw$ gnuplot

        G N U P L O T
        Version 5.0 patchlevel 5     last modified 2016-10-02

        Copyright (C) 1986-1993, 1998, 2004, 2007-2016
        Thomas Williams, Colin Kelley and many others

        gnuplot home:      http://www.gnuplot.info
        faq, bugs, etc:    type "help FAQ"
        immediate help:    type "help"  (plot window: hit 'h')

Terminal type set to 'aqua'
gnuplot> █
```

图 12-6　启动交互式 Gnuplot 会话

plot 命令是 Gnuplot 中二维绘图的主要命令，采用以下形式：

```
plot [ranges] <plot member> [, <plot member>, <plot member>]
```

如果未指定范围，则根据特定的绘图成员计算默认值。绘图成员可以是预定义的函数（如 sin(x)）或从文件读取的数据，如图 12-5 所示。每个绘图成员可以使用预定义的绘图样式（例如线点或圆圈）更改其绘图样式，比如线点或圆圈。引用图 12-5 中的数据作为名为 "gnu_example.dat" 的文件，用 Gnuplot 绘制的 3 种不同方式，如图 12-7～图 12-9 所示。

```
plot "gnu_example.dat" using 1:2 with linespoints
```

```
plot "gnu_example.dat" using 3:2 with linespoints
```

```
plot [0:4][-5:5] "gnu_example.dat" using 1:2 with linespoints title "data", sin(x)
title "sin(x)"
```

Gnuplot 还能够使用 splot 命令进行三维绘图，该命令共享二维绘图命令的大部分语法。当绘制图 12-5 所示的以空格分隔的文本数据时，第一列给出 x 值，第二列给出 y 值，第三列是该点处函数值。图 12-10 是这方面的一个例子。

```
splot "gnu_example.dat" with linespoints title "data", 10*exp(-(x-3)**2-(y-3)**2)
title "gaussian"
```

Gnuplot 的众多优势之一是，在交互模式下通过 help 命令访问易于使用的文档。

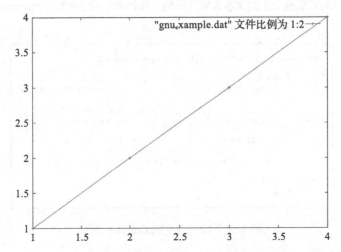

图 12-7　图 12-5 中的第一列数据用作 *x* 值，第二列用作 *y* 值。生成默认范围

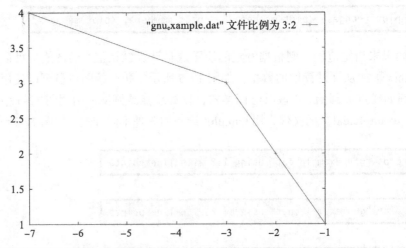

图 12-8　图 12-5 中的第三列数据用作 *x* 值，第二列用作 *y* 值。生成默认范围

12.4　Matplotlib

Matplotlib [2] 是一个免费的、开源的且基于 Python 语言的可视化工具，其界面类似于 MATLAB 的外观和风格。它依赖于 Python 的 NumPy 扩展作为数组和矩阵支持的必需依赖

项。与 Gnuplot 一样，Matplotlib 经常安装在许多超级计算机上，且可以轻松集成到现有的 HPC 应用程序代码库中以实现特定应用程序的可视化。Python 经常用于科学可视化，在 Matplotlib 中，使用 Python 是必要项。虽然 Python 语法非常简单直观，但在线指南 [8] 中还是给出了快速概述。

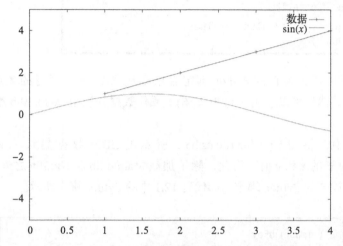

图 12-9　包含图 12-5 所示数据的图以及具有指定范围的 sin(x) 图

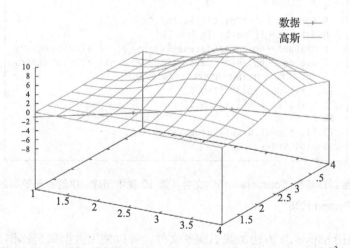

图 12-10　由 Gnuplot 生成的三维图的例子，显示图 12-1 和函数 $f(x, y)=10e^{-(x-3)^2-(y-3)^2}$ 中的数据

在交互模式下，通过启动 Python 并加载 NumPy 和 Matplotlib 来初始化 Matplotlib，如下所示：

```
$ python
>>> import matplotlib.pyplot as plot
>>> import numpy
```

一旦 Matplotlib 以交互模式启动，图 12-5 中的数据以图 12-7 所示的 Gnuplot 类似的方式进行交互式绘制。Matplotlib 示例如图 12-11 所示。

```
>>> data = numpy.loadtxt("gnu_example.dat",skiprows=0)
>>> xvalues = data.T[0]
>>> yvalues = data.T[1]
>>> l1, = plot.plot(xvalues,yvalues)
>>> plot.show()
```

Matplotlib 可以通过各自的 Python 绑定轻松集成第 10 章中探讨的数据存储库，包括 HDF5 和 netCDF。然后可以使用 NumPy 轻松地操作数据并使用 Matplotlib 绘图。如图 12-12 所示。

在图 12-12 中，将图 10-7（particles.h5）所示的 HDF5 数据集读入 Python，并使用 Matplotlib 绘制粒子的 x 和 y 值。为此，除了加载 Matplotlib 和 NumPy 之外，还使用 import h5py 命令加载 HDF5 的 Python 绑定，如代码 12.1 中的 Python 脚本所示。

```
1  import h5py
2  import numpy as np
3  import matplotlib.pyplot as plot
4
5  f = h5py.File("particles.h5","r")
6  dataset = f["particle data"]
7  xvalues = np.zeros(dataset.shape) #initializing memory
8  yvalues = np.zeros(dataset.shape) #initializing memory
9  for idx,item in enumerate(dataset):
10    xvalues[idx] = item[0]
11    yvalues[idx] = item[1]
12
13 l1, = plot.plot(xvalues,yvalues)
14 plot.show()
```

代码 12.1 绘制存储在"particles.h5"文件（第 10 章中创建）中的粒子数据的 x 和 y 值的 Python 代码

然后可以使用 h5py.File 方法加载 HDF5 文件。可以使用数据集名称作为文件的键值来访问文件中的特定数据集，本例中的数据集名称是"particle data"。还可以使用 h5ls 实用程序找到 HDF5 文件中存在的所有数据集的列表。将数据集中的值复制到适当的 xvalues 和 yvalues 中，它们位于 NumPy 数组中，并进行绘制，如图 12-11 所示。

与 MATLAB 一样，Matplotlib 提供了许多用于可视化稀疏矩阵的工具，其中最常见的是能够绘制矩阵的稀疏模式。对于矩阵市场集合 [9] 中的矩阵"bcspwr06.mtx"，使用了 SciPy 生态系统 [10] 中提供的矩阵市场阅读器，以上在代码 12.2 和图 12-13 中进行了说明。

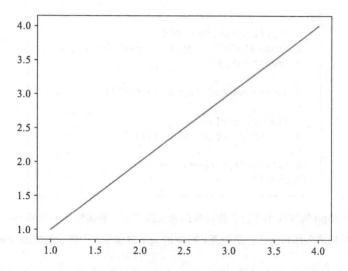

图 12-11　使用 Matplotlib 实现的交互式绘图，数据来源于图 12-5 所示数据的第一列和第二列。这类似于图 12-7 所示的 Gnuplot 版本。使用 NumPy 中的 loadtxt 方法将文本文件"gnu_example.dat"读入数据变量。读入时旋转数据，因此使用"T"操作转置数据变量并将列加载到变量 xvalues 和 yvalues 中进行绘图

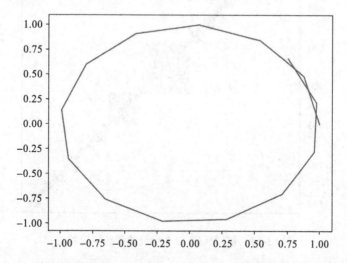

图 12-12　Matplotlib 绘制了图 10-7 所示的以 HDF5 格式编写的粒子数据的 x 和 y 坐标。Matplotlib 与第 10 章中讨论的并行 I / O 库能很好地集成

　　与 Gnuplot 不同，Matplotlib 本身不支持三维曲面图或其他三维类型的可视化。但有一些扩展模块可以使用 Matplotlib 实现三维绘图，比如 mplot3d [11]。Matplotlib 图也能够集成到最重要和最广泛使用的三维计算机图形库之一——VTK 中。

```
 1  import scipy.io as sio
 2  from matplotlib.pyplot import figure, show
 3  import numpy
 4
 5  A = sio.mmread("bcspwr06.mtx");
 6
 7  fig = figure()
 8  ax1 = fig.add_subplot(111)
 9
10  ax1.spy(A,markersize=1)
11  show()
```

代码 12.2　Python 脚本展示了绘制矩阵稀疏模式的能力。在本例中的矩阵 bcspwr06.mtx 来自矩阵市场集合 [9]。使用第 8 行中的 spy 方法生成的稀疏模式图如图 12-13 所示

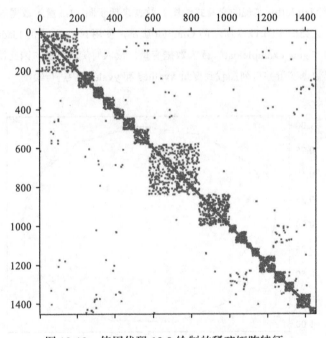

图 12-13　使用代码 12.2 绘制的稀疏矩阵特征

12.5　可视化工具包

对于 HPC 用户来说，最重要的开源可视化库之一就是 VTK [3]。VTK 提供了许多三维可视化算法、并行计算支持以及 Python 等解释语言的接口，并在本节中用作示例。VTK 还用于一些完整的可视化工具（包括 ParaView 和 VisIt），本章稍后将对此进行说明。

　　VTK 的最新版本是 8.0 且概念性地展示了数据管道的概念，其中包含通过管道传递信息的键和值的映射、用于存储源数据的对象、算法和过滤器，以及连接在一起并执行管道的类。在 VTK 术语中，"映射器"将数据转换为图形原语，而"执行器"则改变这些图形的视觉属性。图 12-14 所示的示例和代码 12.3 为从第 10 章中读取 HDF5 数据"particles.h5"，并使用 VTK 在 HDF5 数据集中通过点绘制三维线条。

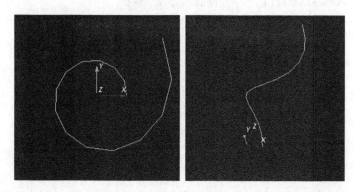

图 12-14　使用 VTK 从第 10 章的 particles.h5 中找到粒子位置的两个三维图。此可视化的
　　　　　相应代码可在代码 12.3 中找到

```
1  import h5py     # the HDF5 Python interface
2  import vtk      # the VTK Python interface
3  f = h5py.File("particles.h5","r")  # read in the file "particles.h5"
4  dataset = f["particle data"]  # access the dataset "particle data" in "particles.h5"
5  points = vtk.vtkPoints()
6  points.SetNumberOfPoints(dataset.shape[0])  # create a list of points for
   particle locations
7  for idx,item in enumerate(dataset):
8  points.SetPoint(idx,dataset[idx][0],dataset[idx][1],dataset[idx][2]) # assign
   values
9
10 lines = vtk.vtkCellArray()
11 lines.InsertNextCell(dataset.shape[0])
12 for idx in range(0,dataset.shape[0]):  # assign the connectivity between the
   points
13 lines.InsertCellPoint(idx)
14
15 polygon = vtk.vtkPolyData()  # create a polygon geometric structure
16 polygon.SetPoints(points)
```

代码 12.3　一个用于读入并使用 VTK 可视化第 10 章 particle.h5 文件中存储的粒子数据的三
　　　　　维轨迹的 Python 脚本。得到的可视化如图 12-14 所示

```
17 polygon.SetLines(lines)
18
19 polygonMapper = vtk.vtkPolyDataMapper()  # map the polygonal data to graphics
20 polygonMapper.SetInputData(polygon)
21 polygonMapper.Update()
22
23 axes = vtk.vtkAxesActor()     # create some axes
24 polygonActor = vtk.vtkActor()    # Manage the rendering of the mapper
25 polygonActor.SetMapper(polygonMapper)
26 renderer = vtk.vtkRenderer()    # The viewport on the screen
27 renderer.AddActor(polygonActor)
28 renderer.AddActor(axes)
29 renderer.SetBackground(0.1, 0.2, 0.3)
30
31 renderer.ResetCamera()
32
33 renderWindow = vtk.vtkRenderWindow()
34 renderWindow.AddRenderer(renderer)
35
36 interactive_ren = vtk.vtkRenderWindowInteractor()  # enable interactivity with
   visualization
37 interactive_ren.SetRenderWindow(renderWindow)
38 interactive_ren.Initialize()
39 interactive_ren.Start()
```

代码 12.3 （续）

所有其他主要科学可视化组件在 VTK 中都可用。可以使用 vtkContourFilter 生成三维数据的等值面，如图 12-15 所示。在 VTK 中，在应用映射器和执行器之前，可选择在管道中应用 vtkContourFilter 等过滤器，如代码 12.4 所示。

图 12-15 使用代码 12.4 实现的基于 VTK 的等值面

```
 1  import vtk # the VTK Python interface
 2
 3  rt = vtk.vtkRTAnalyticSource()   # data for testing
 4
 5  contour_filter = vtk.vtkContourFilter()  # isosurface filter
 6  contour_filter.SetInputConnection(rt.GetOutputPort())
 7  contour_filter.SetValue(0, 190)
 8
 9  mapper = vtk.vtkPolyDataMapper()
10  mapper.SetInputConnection(contour_filter.GetOutputPort())
11
12  actor = vtk.vtkActor()
13  actor.SetMapper(mapper)
14
15  renderer = vtk.vtkRenderer()
16  renderer.AddActor(actor)
17
18  renderer.SetBackground(0.9, 0.9, 0.9)
19
20  renderWindow = vtk.vtkRenderWindow()
21  renderWindow.AddRenderer(renderer)
22  renderWindow.SetSize(600, 600)
23
24  interactive_ren = vtk.vtkRenderWindowInteractor()  # enable interactivity with
    visualization
25  interactive_ren.SetRenderWindow(renderWindow)
26  interactive_ren.Initialize()
27  interactive_ren.Start()
```

代码 12.4 使用 ContourFilter 过滤器的等值面示例，等值面的值设置在第 7 行。测试数据是
使用第 3 行中的 vtkRTAnalyticSource 提供的。得到的可视化结果如图 12-15 所示

在 VTK 中，通过光线跟踪执行体绘制的一种方法是使用代码 12.5 和图 12-16 所示的
SmartVolumeMapper 类。在此示例中，颜色传递函数和不透明度映射作为属性进行传递以
在光线通过体积时适当地遮挡光线。

```
1  import vtk
2
3  rt = vtk.vtkRTAnalyticSource()
4  rt.Update()
5
6  image = rt.GetOutput()
```

代码 12.5 使用 VTK 的体绘制例子。使用 vtkRTAnalyticSource 在第 3 行提供了测试数据。基
于图像度量范围进行不透明度和颜色映射的设置。得到的可视化如图 12-16 所示

```
 7 range = image.GetScalarRange()
 8
 9 mapper = vtk.vtkSmartVolumeMapper()      # volume rendering
10 mapper.SetInputConnection(rt.GetOutputPort())
11 mapper.SetRequestedRenderModeToRayCast()
12
13 color = vtk.vtkColorTransferFunction()
14 color.AddRGBPoint(range[0], 0.0, 0.0, 1.0)
15 color.AddRGBPoint((range[0] + range[1]) * 0.75, 0.0, 1.0, 0.0)
16 color.AddRGBPoint(range[1], 1.0, 0.0, 0.0)
17
18 opacity = vtk.vtkPiecewiseFunction()
19 opacity.AddPoint(range[0], 0.0)
20 opacity.AddPoint((range[0] + range[1]) * 0.5, 0.0)
21 opacity.AddPoint(range[1], 1.0)
22
23 properties = vtk.vtkVolumeProperty()
24 properties.SetColor(color)
25 properties.SetScalarOpacity(opacity)
26 properties.SetInterpolationTypeToLinear()
27 properties.ShadeOn()
28
29 actor = vtk.vtkVolume()
30 actor.SetMapper(mapper)
31 actor.SetProperty(properties)
32
33 renderer = vtk.vtkRenderer()
34 renderWindow = vtk.vtkRenderWindow()
35 renderWindow.AddRenderer(renderer)
36
37 renderer.AddViewProp(actor)
38 renderer.ResetCamera()
39 renderer.SetBackground(0.9, 0.9, 0.9)
40 renderWindow.SetSize(600, 600)
41
42 interactive_ren = vtk.vtkRenderWindowInteractor()
43 interactive_ren.SetRenderWindow(renderWindow)
44 interactive_ren.Initialize()
45 interactive_ren.Start()
```

代码 12.5 （续）

VTK 中的流线是使用 StreamTracer 类完成的。流线需要矢量数据作为输入，VTK 还提供了一种获取标量数据梯度的方法然后将输出转化为矢量，该输出可以被视为流线。整个管线在代码 12.6 和图 12-17 中进行了展示。可以指定单个流线的起点，如代码 12.6 中第 31 行的注释所示，或者可以为启动多个流线而创建流线种子区域，如第 23~27 行所示。

图 12-16 VTK 中使用代码 12.5 进行体绘制的示例

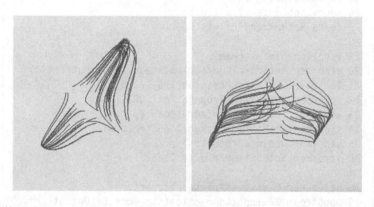

图 12-17 使用图 12-15 和图 12-16 所示的数据梯度在 VTK 中产生的流线。代码 12.6 显示了在 VTK 中生成这些流线的代码

```
1 import vtk
2
3 rt = vtk.vtkRTAnalyticSource()  # data for testing
4 rt.Update()
5
6 #calculate the gradient of the test data
7 gradient = vtk.vtkImageGradient()
```

代码 12.6 使用 vtkRTAnalyticSource 通过 VTK 创建流线的示例代码。测试数据的梯度在第 7~10 行计算；然后将梯度指定为矢量数据，以供 vtkStreamTracer 过滤器用于生成流线。流线的起点是从第 24~27 行计算球体中点源产生的。也可以分配一个起始点，如第 31 行的注释所示。该代码的结果如图 12-17 所示

```
 8 gradient.SetDimensionality(3)
 9 gradient.SetInputConnection(rt.GetOutputPort())
10 gradient.Update()
11
12 # Make a vector
13 aa = vtk.vtkAssignAttribute()
14 aa.Assign("SCALARS","VECTORS","POINT_DATA")
15 aa.SetInputConnection(gradient.GetOutputPort())
16 aa.Update()
17
18 # Create Stream Lines
19 rk = vtk.vtkRungeKutta45()
20 streamer = vtk.vtkStreamTracer()
21 streamer.SetInputConnection(aa.GetOutputPort())
22
23 # seed the stream lines
24 seeds = vtk.vtkPointSource()
25 seeds.SetRadius(1)
26 seeds.SetCenter(1,1.1,0.5)
27 seeds.SetNumberOfPoints(50)
28
29 # options for streamer
30 streamer.SetSourceConnection(seeds.GetOutputPort())
31 #streamer.SetStartPosition(1.0,1.1,0.5)
32 streamer.SetMaximumPropagation(500)
33 streamer.SetMinimumIntegrationStep(0.01)
34 streamer.SetMaximumIntegrationStep(0.5)
35 streamer.SetIntegrator(rk)
36 streamer.SetMaximumError(1.0e-8)
37
38 mapStream = vtk.vtkPolyDataMapper()
39 mapStream.SetInputConnection(streamer.GetOutputPort())
40 streamActor = vtk.vtkActor()
41 streamActor.SetMapper(mapStream)
42
43 ren = vtk.vtkRenderer()
44 renWin = vtk.vtkRenderWindow()
45 renWin.AddRenderer(ren)
46 iren = vtk.vtkRenderWindowInteractor()
47 iren.SetRenderWindow(renWin)
48
49 ren.AddActor(streamActor)
50 ren.SetBackground(0.9,0.9,0.9)
51 renWin.SetSize(300,300)
52 iren.Initialize()
53 iren.Start()
```

代码 12.6 （续）

虽然 VTK 库为 HPC 用户提供了完整的可视化管线解决方案，但许多用户更喜欢由强大的图形用户界面（GUI）驱动的一站式可视化解决方案，并且可以在不编写任何代码的情况下利用超算。ParaView 和 VisIt 就是两个广泛使用的结合强大的 VTK 算法的一站式可视化工具。

12.6　ParaView

ParaView 是一种基于 VTK 的开源的具有 HPC 功能的一站式可视化解决方案。与本章中介绍的其他可视化工具一样，它提供了对 Python 语言的显著支持，可以从 GUI 或脚本 ParaView 进行控制。由于 ParaView 基于 VTK，因此可视化管线中元素的命名遵循 VTK API 的命名原则。ParaView 具有 70 多种不同数据格式的数据读取器。ParaView 附带的示例数据集如图 12-18 所示。

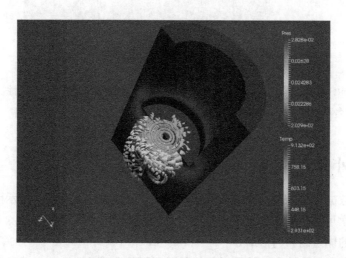

图 12-18　ParaView 附带的可视化示例，展示了带有箭头和数据切片的流线

12.7　VisIt

VisIt 是另一种开源的具有 HPC 功能的一站式可视化解决方案，它使用 VTK 执行多种可视化算法。VisIt 特别适用于原地可视化，即在超级计算仿真器正在创建数据时，进行可视化展示。VisIt 可视化的一个示例（如图 12-19 所示），带有偏斜颜色图以显示数据中的特征，这些特征在其他方面是不明显的。

VTK 接受 100 多种不同的数据输入格式，并提供一个简单的脚本接口作为使用 GUI 创建可视化的替代方案。

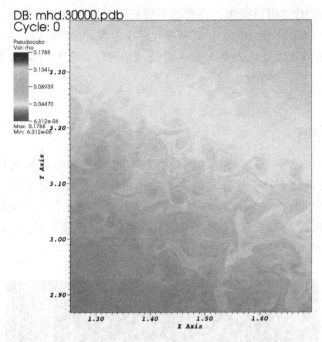

图 12-19　VisIt 伪彩色图使用倾斜的颜色图来显示数据滚动中的物理不稳定性。可视化文件
　　　　的名称出现在左上角，字段变量名（"rho"）在颜色图例上方给出

12.8　本章小结及成果

❑ 可视化数据的动机包括调试和探索数据、统计假设测试和准备演示图形。

❑ 许多科学可视化至少包含 4 种基本的可视化概念中的一种：流线、等值面、通过光
线跟踪的体绘制和网格细分。

❑ 流线以矢量场为输入，并显示与矢量场相切的曲线。

❑ 等值面是连接具有相同值的数据点的曲面。

❑ 通过光线跟踪的体绘制将光线投射到数据体中，并对光线经过的体进行采样。

❑ 网格细分使用多边形可视化数据点以及与其他数据点的连接。

❑ Gnuplot 是一个用于二维和三维绘图的简单命令行可视化工具。

❑ Matplotlib 是一个基于 Python 的可视化工具，可方便地与其他带有 Python 绑定的
库集成。

❑ VTK 是一个可视化算法的开源代码集合，用于创建特定应用的可视化解决方案。

❑ ParaView 和 VisIt 是集成 VTK 算法的一站式可视化解决方案，提供了用于可视化的
GUI 和脚本接口。

❑ ParaView 和 VisIt 已经集成了在 HPC 系统上，广泛支持数百种数据格式。

12.9 练习

1. 对于 HPC 应用程序，列出影响决策使用特定可视化方法的所有因素。创建一个表格，列出本章探讨的 5 种可视化工具的权衡空间。

2. 使用选择的可视化工具，使用函数 $f(x,y,z)=2550 \sin(50x) \sin(50y) \cos(50z)$ 创建一组流线、等值面和体绘制。

3. 使用选择的输出库（例如，HDF5 NetCDF、Silo 等）对以下函数创建二维数据集：$f(x,y)=e^{-x^2-y^2}$，其中 $x \in [-1,1]$ 和 $y \in [-1,1]$。然后使用选择的可视化库，读取和可视化这个数据。最后，使用选择的可视化工具计算该数据的梯度，并绘制结果。

4. 可视化工具提供了大量可选的颜色图例。为什么？在什么情况下一个颜色图例比另一个更好？

5. 使用 HPC 资源重做问题 2，探索 VisIt 或 Paraview 的并行可视化能力。生成一个强大的扩展图以显示可视化解决方案的时间，该时间为所用计算资源数量的函数。

参考文献

[1] Gnuplot homepage [Online], http://www.gnuplot.info/.
[2] Matplotlib [Online], http://matplotlib.org/.
[3] The Visualization Toolkit [Online], http://www.vtk.org/.
[4] ParaView [Online], http://www.paraview.org/.
[5] VisIt [Online], https://wci.llnl.gov/simulation/computer-codes/visit.
[6] GNU Octave [Online], https://www.gnu.org/software/octave/.
[7] MathWorks, MATLAB [Online], https://www.mathworks.com/products/matlab.html.
[8] Python.org, Python Beginners Guide [Online], https://wiki.python.org/moin/BeginnersGuide/Programmers.
[9] National Institute of Standards and Technology, Martrix Market Collection [Online], http://math.nist.gov/MatrixMarket/.
[10] SciPy Developers, SciPy [Online], https://www.scipy.org/.
[11] Matplotlib, mplot3d [Online], http://matplotlib.org/mpl_toolkits/mplot3d/.

性能监控

13.1 引言

　　性能监控是应用程序开发中一个固有的关键步骤。当程序看起来正在做它该做的事情，并生成被验证为正确的结果时，程序代码的开发过程仍没有停止。即使已经使用了多种输入参数和数据集，以及多个支持的强调单个程序功能的计算模式对该应用程序进行测试，应用程序仍可能存在隐藏的问题，这些问题妨碍它以底层平台允许的最佳性能来运行。这在并行计算中尤为重要，在并行计算中，依据应用程序运行的处理器核心的数量，每种效率低下的影响都会成倍增加。除了增加获得解决方案所需的时间外，这也可能带来财务上的影响，因为通常情况下，是按照用户所消耗的机器总时间的比例收取计算机使用费用的。因此，性能监控的一个最重要原因是验证应用程序没有受到任何明显或容易预防的退化因素的影响。确认这一点的一种方法是简单的健全性检查：实际计算时间是否与处理器速度和估计需要执行的操作总数一致？考虑到应用程序传输的消息大小和网络带宽，通信阶段的时间是否比估计的长？幸运的是，可以通过对应用程序代码执行简单的测量来回答这些问题，以统计执行所涉及的程序段所需的时间。这将在 13.2 节中讨论。

　　即使是一个简单的测量过程（例如时间戳的捕获），也会影响程序的执行，因为访问系统计时器的操作产生的延迟大于零，并且执行该操作所需的资源占用量也不为零。测量越复杂、越频繁，给程序执行造成的开销就越大，可能会影响测量结果，最坏情况下，会完全改变应用程序的执行流程。特别后者可能具有破坏性，因为识别出的需要为提升性能而修改的代码部分可能是不正确的，并且会导致程序员付出额外的努力，而这几乎没有或根本没有好处。缓解这个问题的一个方法是应用统计抽样。不是在程序中记录事件的每次发生，而是以固定的间隔获取程序状态（采样）的快照。通常可以在允许的范围内提高采样周期，以提高精度（同样，以额外开销为代价）。如果某些事件不用考虑，或者监测会有干扰，或者粗略地执行评测是足够的，则可以降低采样周期。使用定制硬件来捕获感兴趣的事件是另一种降低测量开销的方法，虽然这种方法存在限制。现代 CPU 实现专用寄存器，可以配置专用寄存器来计算特定低级事件的发生次数，例如分支、缓存未命中、指令失效等。由于寄存器更新完全是在硬件中执行的，因此执行软件几乎从未看到监控开销。但是，硬件实现的结果是，受支持的事件类是预定义的，不能扩展或定制。

　　本章其余部分讨论了各类通常用于评估高性能计算负载的性能监控工具。由于开源工具更容易访问、具有更广泛的可移植性和不需要许可成本，所以它们通常是首选。这里有几类有用的专属工具，它们提供了易于使用的界面（主要是用户图形界面），并且能比公开可用的文献更好地利用硬件产品的技术专长。虽然它们在下文中不会被深入讨论，却值得一提，我们在此列出这些专有工具，使读者能够了解其他性能分析选项：

- ❑ 英特尔 VTune Amplifier[1]。这是一个集成的分析环境，主要用于包括英特尔至强融核在内的英特尔 CPU。它可以执行热点统计分析、线程分析、锁和阻塞分析，测量浮点运算单元（FPU）的利用率和每秒浮点运算次数，分析内存和存储访问，并跟踪通过 OpenCL 卸载到图形处理单元（GPU）的计算。该工具与英特尔 Parallel Studio XE 和 Microsoft Visual Studio 集成，支持 C、C++、C#、Fortran、Java、Python、Go 和汇编语言。它还能够进行远程跟踪收集，以便监听分布式应用程序，如消息传递接口（MPI）。支持的操作系统包括 Linux、Windows 和 Mac OS X。
- ❑ CodeXL[2]。这是与 VTune 等价的 AMD 产品，它通过 OpenCL 软件开发工具包（SDK）提供一套针对 x86 兼容 CPU、AMD GPU 和加速处理单元（APU）的性能分析集成工具。它支持基于 CPU 时间的分析、事件的分析，CPU 和 APU 的指令采样，以及实时功率分析（包括 CPU 核心时钟频率、热趋势和 P 状态的捕获）。CodeXL 可以作为 Linux（Red Hat、Ubuntu、SUSE）和 Windows 上的独立工具，也可以作为 Microsoft Visual Studio 的扩展工具。虽然它的源代码可以通过 GitHub[3] 获得，但该工具大部分的核心功能依赖于专用的 AMD Catalyst 软件[4]。
- ❑ 英伟达 CUDA 工具[5]。它包括一个可视化分析器（nvvp），用于监控和分析英伟达 GPU 上并行程序的执行情况。通过收集追踪信息，它可以让用户深入地了解程序活动，并将执行时间线分为执行线程阶段和执行负载阶段。它还监听内存使用（包括所支持架构上的统一内存）、功耗、时钟速率和散热状态。该工具还提供一个选项，用来分析在主机 CPU 和 OpenACC 应用程序上运行的 Pthread 线程行为（这里需要 PGI 编译器）。也可以从命令行启用 nvprof 实用程序。该工具可用于 Linux、OS X 和 Windows 系统。

13.2　时间测量

　　执行时间是应用程序性能的关键指标之一，对应用程序开发人员和最终用户来说至关重要。它的测量可以在整个程序级别中进行，也可以在被监听程序的指定部分进行。每个场景需要不同的测量方法。程序执行时间的度量通常应与挂钟时间同步，以建立一个公共参考，允许其可与在其他平台或环境上测量获得的结果进行有意义的比较。当执行应用程序需要大量的时间时（可能以天或月计），这一点尤为重要。大多数计算机系统时钟在网络上定期地与一个共同的高精度标准时间同步，通常采自使用诸如网络时间协议（NTP）等的原子钟[6]。这在长时间内提供了足够好的平均精度，尽管这不能避免本地时钟抖动的问题。该同步方式还受时钟调整算法的影响：如果在系统时钟值与标准时钟值匹配更新的过程中进行测量，则可能实际结果会有较大的偏差。大多数系统中具体的同步实现方式趋向于用少量的操作逐渐调整系统时钟，从而减轻测量值受时间影响的问题。

大多数 UNIX 系统都提供了几个实用程序来从命令行访问系统挂钟时间。一种是 date 程序，它输出当前的日期和时间（精确到秒）。它可以在批处理事务脚本中使用，为应用程序执行的开始和结束时间（或任何中间阶段，只要它们由单独的应用程序表示）提供粗略的时间戳。它的输出将被捕获到一个文件中，该文件存储作业执行 shell 的标准输出流，以备将来查看。从 shell 提示符下调用该命令的输出示例如下：

```
> date
Sun, Feb 05, 2017 6:17:33 PM
```

如果对上面输出的默认日期格式不满意，date 命令还接受自定义日期格式作为命令行参数。

精确到秒的时间捕获方式并不足以分析运行时间很短的应用程序，因此可以使用 time 工具进行更精确的测量，time 工具可作为 bash shell 内置命令或独立的系统程序来使用。后面必须有一行格式正确的指令，用该指令的选项和命令行参数全面描述将要测量的应用程序。指定的程序将根据命令行立即执行，而 time 工具捕获其执行过程中的几个关键特性。例如：

```
> /usr/bin/time dd if=/dev/zero of=/dev/null bs=4096 count=1M
1048576+0 records in
1048576+0 records out
4294967296 bytes (4.3 GB, 4.0 GiB) copied, 0.482873 s, 8.9 GB/s
0.37user 0.10system 0:00.48elapsed 100%CPU (0avgtext+0avgdata 415744maxresident)k
0inputs+0outputs (1643major+0minor)pagefaults 0swaps
```

上述例子对 dd 程序（在任何 Linux 发行版上都可使用，用于复制和转换文件数据）进行计时，该指令将 4GB 的零填充数据传输到一个空设备。注意，前三行包含来自 dd 实用程序本身的输出。在本例中，程序执行耗时 0.48s（由运行时间项给出），其中 0.37s 用于执行用户代码，0.1s 用于执行系统（或内核）代码。报告中系统和用户时间不需要添加到运行时间中。这是因为程序执行可能会暂停，例如等待用户输入，输入 / 输出（I/O）操作完成，或其他外部事件。如果程序不能充分利用系统分配的处理器核心，则报告中的 CPU 利用率（占 CPU 的百分比）可能低于 100%。注意，有时候多线程程序的 CPU 利用率的报告值大于 100%，这是因为报告显示的用户和系统执行时间是该程序生成的所有计算线程的总执行时间。

time 工具还记录程序执行过程中的其他细节，这些细节可能有助于分析该程序的行为。其中包括计时信息、分配给该程序的内存资源信息。第一个数据表示该程序文本（指令页）使用的平均内存大小，第二个数据表示非共享程序数据的平均大小，第三个数据表示该程序进程使用的物理内存（常驻集）的最大值。这些数据以千字节为单位。time 命令输出的最后一行列出了程序执行的 I/O 操作数、次要和主要的页面错误数，以及进程中内存与磁盘的交换次数。主要和次要页面错误的区别在于：在检索内存页中的内容时，访问存储设备时可能会发生主要页面错误；而只更新页表条目时，可能会发生次要页面错误。因此，主要页面错误的成本通常要比次要页面错误高出很多。与 date 命令类似，time 命令的输出格式可以通过命令行选项 -f 或 --format 进行设置，还可以使用其他配置参数，如记录非自愿和自愿上下文开关的数量、基于 socket 通信的消息数量、传递到进程的信号数量以及进程的退出状态。注意，shell 中内置的 time 命令只记录被监听程序的用户、系统和程序运行时间。

在整个应用程序级别上使用的计时工具不适用于测量单个函数或代码段的执行时间。为此，这里提供了许多可用于访问系统高精度计时器的计时函数。根据实际的处理器类型和系统配置，高精度计时器的个别实现可能因系统而异。由于展示给这些计时器的本机接口通常彼此不兼容，因此使用 POSIX 时钟函数是最便捷的访问方式。最常使用的调用函数 clock_gettime，获取从过去某个固定参考点（通常是机器启动时间）开始所经过的时间值。其原型如下：

```
#include <time.h>
int clock_gettime(clockid_t id, struct timespec *tsp);
```

其中，id 标记在系统内可用的时钟；tsp 指向存储时间的数据结构，包含两个字段，其中第一个字段是包含总秒数的"tv_sec"，另一个是存储纳秒数的"tv_nsec"，它表示所测时间间隔内小于 1s 的剩余部分。这两个字段都为大小足以存储所需数据的整型数，通常等于本机的字大小。函数运行成功时返回零。为了验证被访问时钟的实际精度，POSIX 提供了 clock_getres 函数，该函数接收时钟标识符作为参数，并将测量精度存储在 tsp 所指向的结构数据中。

```
int clock_getres(clockid_t id, struct timespec *tsp);
```

对于细粒度测量，可用的时钟 id 包括 CLOCK_MONOTONIC 和 CLOCK_MONOTONIC_RAW。由于需要管理员手动调整系统时间，因此系统挂钟时间的值可能会有粗略更改。与系统挂钟时间不同，单一时钟（CLOCK_MONOTONIC 时钟）仅受它所用时间同步协议（如 NTP）的增量调整的影响。原始单调时钟（CLOCK_MONOTONIC_RAW 时钟）具有与单一时钟相同的特性，但不受外部时间调整的影响。POSIX 接口还支持其他感兴趣的时钟：CLOCK_BOOTTIME，它与单一时钟相似，但包含系统挂起时的消逝时间；CLOCK_PROCESS_CPUTIME_ID，测量调用它的进程中所有线程消耗的处理器时间；CLOCK_THREAD_CPUTIME_ID，测量某个特定线程所消耗的处理器时间。合适的时钟选择应考虑应用上下文环境和测量类型，对于"始终在线"平台上的大多数性能测量，单一时钟通常就足够了，但要接受每次访问所需的几十纳秒的开销。

为了充分使用 POSIX 时钟，需要用计时函数显式地检测用户代码。为了演示这一点，我们使用并执行代码 13.1 中的矩阵－向量乘法程序。在下一节中，相同的代码将用其他性能监测工具进行分析。应用程序分配堆内存，初始化矩阵、被乘数和乘积向量（init 例程的第 6～15 行），通过调用 CBLAS 库函数（请参阅第 11 章了解更多关于 BLAS 的详细信息）来执行乘法，以计算点乘积（mult 函数的第 17～23 行），并通过计算积向量元素的绝对值累加和来验证结果（第 33 行中的 cblas_dasum）。初始化和乘法都可以以行优先或列优先的方式执行，这可能会影响计算所花费的时间。这由第二个命令行参数（转置标志）控制（第一个参数指定矩阵的大小）。为了收集计时信息，在源码的 main 函数中添加 clock_gettime 函数，如代码 13.2 所示（仅提供测量部分，即第 25 行之前的程序起始部分不变）。代码 13.2 还定义了 sec 函数，该函数将 timespec 结构中的内容转换为以浮点数表示的秒数，从而可以直接计算时间间隔。请注意，时间戳的收集应通过尽可能少的附加代码来完成，因此应将计时值转换为秒，并在计时区域之外执行最终值的打印输出。

```
1  #include <stdio.h>
2  #include <stdlib.h>
3  #include <cblas.h>
4  #include <time.h>
5
6  void init(int n, double **m, double **v, double **p, int trans) {
7    *m = calloc(n*n, sizeof(double));
8    *v = calloc(n, sizeof(double));
9    *p = calloc(n, sizeof(double));
10   for (int i = 0; i < n; i++) {
11     (*v)[i] = (i & 1)? -1.0: 1.0;
12     if (trans) for (int j = 0; j <= i; j++) (*m)[j*n+i] = 1.0;
13     else for (int j = 0; j <= i; j++) (*m)[i*n+j] = 1.0;
14   }
15  }
16
17  void mult(int size, double *m, double *v, double *p, int trans) {
18    int stride = trans? size: 1;
19    for (int i = 0; i < size; i++) {
```

代码 13.1　以行优先和列优先模式操作的矩阵－向量乘法代码

```
20        int mi = trans? i: i*size;
21        p[i] = cblas_ddot(size, m+mi, stride, v, 1);
22    }
23  }
24
25  int main(int argc, char **argv) {
26    int n = 1000, trans = 0;
27    if (argc > 1) n = strtol(argv[1], NULL, 10);
28    if (argc > 2) trans = (argv[2][0] == 't');
29
30    double *m, *v, *p;
31    init(n, &m, &v, &p, trans);
32    mult(n, m, v, p, trans);
33    double s = cblas_dasum(n, p, 1);
34    printf("Size %d; abs. sum: %f (expected: %d)\n", n, s, (n+1)/2);
35    return 0;
36  }
```

代码 13.1 （续）

```
1  #include <stdio.h>
2  #include <stdlib.h>
3  #include <cblas.h>
4  #include <time.h>
5
6  void init(int n, double **m, double **v, double **p, int trans) {
7    *m = calloc(n*n, sizeof(double));
8    *v = calloc(n, sizeof(double));
9    *p = calloc(n, sizeof(double));
10   for (int i = 0; i < n; i++) {
11     (*v)[i] = (i & 1)? -1.0: 1.0;
12     if (trans) for (int j = 0; j <= i; j++) (*m)[j*n+i] = 1.0;
13     else for (int j = 0; j <= i; j++) (*m)[i*n+j] = 1.0;
14   }
15 }
16
17 void mult(int size, double *m, double *v, double *p, int trans) {
18   int stride = trans? size: 1;
19   for (int i = 0; i < size; i++) {
20     int mi = trans? i: i*size;
21     p[i] = cblas_ddot(size, m+mi, stride, v, 1);
22   }
23 }
24
25 double sec(struct timespec *ts) {
26   return ts->tv_sec+1e-9*ts->tv_nsec;
```

代码 13.2 矩阵乘法代码的测量部分

```
27  }
28
29  int main(int argc, char **argv) {
30    struct timespec t0, t1, t2, t3, t4;
31    clock_gettime(CLOCK_MONOTONIC, &t0);
32    int n = 1000, trans = 0;
33    if (argc > 1) n = strtol(argv[1], NULL, 10);
34    if (argc > 2) trans = (argv[2][0] == 't');
35
36    double *m, *v, *p;
37    clock_gettime(CLOCK_MONOTONIC, &t1);
38    init(n, &m, &v, &p, trans);
39    clock_gettime(CLOCK_MONOTONIC, &t2);
40    mult(n, m, v, p, trans);
41    clock_gettime(CLOCK_MONOTONIC, &t3);
42    double s = cblas_dasum(n, p, 1);
43    clock_gettime(CLOCK_MONOTONIC, &t4);
44    printf("Size %d; abs. sum: %f (expected: %d)\n", n, s, (n+1)/2);
45    printf("Timings:\n program: %f s\n", sec(&t4)-sec(&t0));
46    printf("  init: %f s\n  mult: %f s\n  sum: %f s\n",
47            sec(&t2)-sec(&t1), sec(&t3)-sec(&t2), sec(&t4)-sec(&t3));
48    return 0;
49  }
```

代码 13.2 （续）

针对大小为 10 000×10 000 的行优先模式的矩阵，测量代码执行后的结果是：

```
> ./mvmult 20000
Size 20000; abs. sum: 10000.000000 (expected: 10000)
Timings:
  program: 1.148853  s
     init: 0.572537  s
     mult: 0.576276  s
      sum: 0.000037  s
```

使用效率较低的列优先操作，执行相同代码将会有以下结果：

```
> ./mvmult 20000 t
Size 20000; abs. sum: 10000.000000 (expected: 10000)
Timings:
  program: 12.126625  s
     init: 4.343727  s
     mult: 7.782852  s
      sum: 0.000043  s
```

可以看出，程序在转置模式下执行时需要多出一个数量级的时间。这种差异主要是由以下原因造成的：在转置模式下，执行初始化和乘法子程序时，访问矩阵数据的时间大幅增加。由于输入数据（向量积）的布局没有改变，因此两种模式在验证阶段统计绝对值时所花费的时间大致相同。

13.3　性能分析

13.3.1　应用分析的重要性

分析的目标是深入地了解应用程序的执行过程，这将有助于识别潜在的性能问题。分析过程可能与算法代码组成、内存管理、通信或 I/O 有关。分析工具的专注点通常在热点分析上，也就是说，检测程序在大部分时间内执行的代码。这也许会涉及识别瓶颈，或者说存在一些热点会对应用程序性能有不利的影响。瓶颈通常可以视为处理流中存在的限制吞吐量的组件。通常，瓶颈的前置和后继组件都能够提供比该瓶颈更高的聚合吞吐量。瓶颈有时会被限制较少的实现（优化）所取代，这可能会导致主要的程序瓶颈转移到代码中的另一个位置。注意，并非每个热点都是瓶颈。例如，许多经过严格优化的数字库将花费几乎所有的时间去执行 FPU 计算，但这并不意味着它们效率低下（当机器的性能接近其硬件峰值或所用计算算法的理论吞吐量限制时，可得证）。分析程序可以在系统级（包括所有活动进程、系统守护进程和节点上运行的内核代码）、进程级（仅收集与特定进程相关的数据）或进程的单个线程级上记录计算性能数据。此外，分析范围可能仅限于用户空间、内核空间或同时作用于两者。分析要求对所分析的应用程序进行测量或修改，以允许分析器访问所需的运行时信息。这个过程可能更具侵入性（例如，程序员在源代码的相关位置注入所需的函数调用或宏），也可能更少（与分析库链接或将外部分析器附加到已经运行的进程）。前者通常发生在需要跟踪用户自定义的事件时。

除了分析计算性能之外，分析工具还可以监听执行程序的其他特性。一个可监听特性是程序执行过程中的内存使用情况。该特性适用于监听应用程序分配的虚拟内存的总体大小、分配给程序的物理内存大小、其他并发执行进程可以访问的共享内存的大小，以及程序堆栈、数据和文本段的大小。另一个方面是 I/O，该特性分析器可以记录 I/O 操作的数量、向或从辅助存储或缓冲区中缓存传输的数据量、获取的数据带宽、打开的文件数等。最后，通信分析记录发送消息的数量和大小、目的地、延迟和带宽。这可以按网络类型（以太网、InfiniBand 等）、通信端点类型（sockets、RDMA）或使用的协议进一步分类。分析过程中收集的信息可将程序或单个子程序以 CPU（或计算）约束（其中执行时间由处理器速度来控制）、内存约束或 I/O 约束进行分类。对于内存约束，执行时间主要由存储程序结构数据所需的内存量决定；对于 I/O 约束，执行时间的主要部分花费在执行 I/O 操作上。值得注意的是，由于优化操作，代码特性可能会发生变化，例如，从 CPU 约束转变为 I/O 约束。

13.3.2 gperftools 基础

前面讨论的 time 实用程序是一个简单的分析器例子。它的有用性受到以下限制：在整个程序执行期间，只记录感兴趣参数的单一平均值、累加值或最大值。这使得该实用程序不可能精确地查出程序执行中性能下降的具体时刻，并将该结果与源码的相关部分进行交叉分析。

现代的分析工具试图解决这个问题。gperftools[7] 包中包含一个常用的分析器。虽然它最初命名为 Google 性能工具，但其相关源码目前由社区维护，并分发了 BSD 许可证。它提供了统计 CPU 分析器 pprof 和一些基于 tcmalloc（线程缓存 malloc）库的工具。除了为多线程环境提供改进的内存分配库之外，tcmalloc 库还支持内存泄漏检测和动态内存分配分析。为了说明这些特性的使用方式，代码 13.1 中的程序使用以下指令进行编译（注意在命令行中添加了 -lprofiler）。为了允许访问程序的符号表，还指定了 -ggdb 选项：

```
> gcc -O2 -ggdb mvmult.c -o mvmult -lcblas -lprofiler
```

gperftools 的 CPU 分析器不需要对源代码进行任何更改，成功链接后，被测量的应用程序就可以执行了。必须使用 CPUPROFILE 环境变量指定包含所收集数据的文件的位置，如下所示：

```
> env CPUPROFILE=mvmult.prof ./mvmult 20000
Size 20000; abs. sum: 10000.000000 (expected: 10000)
PROFILE: interrupts/evictions/bytes = 115/0/376
```

程序会和先前一样执行，预期的输出将打印到控制台上。与先前相比，唯一的变化在最后一行，这表明分析已完成，并收集了 115 个数据样本。使用 pprof 工具输出获得的信息：

```
> pprof --text mvmult mvmult.prof
Using local file mvmult.
Using local file mvmult.prof.
Total: 115 samples
      58  50.4%  50.4%      58 50.4% ddot_
      57  49.6% 100.0%      57 49.6% init
       0   0.0% 100.0%      57 49.6% 0x00007f2c9485e00f
```

将记录结果组织为几列进行输出。第一列显示与每个函数相关联的样本计数。每当分析器收集到一个样本时，除了其他信息之外，它还会通过当前运行程序的上下文指针，存储该样本的当前地址。pprof 工具进行后续分析时，会将收集到的地址分配给程序中的各个函数，这在第二列中显示。上面的结果表明，实际上整个程序的运行时间主要花在两个函数上，即 ddot_ 和 init。init 函数可以在代码 13.1 中找到，ddot_ 函数是一个由 CBLAS 间接调用的 Fortran 函数，用于计算双精度点积。第三列列出了到目前为止所有显示函数的样本累计百分比。第四列和第五列打印了被标记的函数及其所有被调用函数的累计采样次数和百分比。而最后一行中的匿名函数是 init 函数的先祖，它可能与调用 main 函数之前执行的配置代码有关。最后一列列出了受影响的函数，如果函数不可用，则列出原始采样地址。

默认采样频率为每秒获取 100 个样本。虽然大多数 Linux 平台的最大采样速度限制为每秒 1000 次，但可以使用 CPUPROFILE_FREQUENCY 环境变量将其设置为自定义值。由于测试应用程序只运行大约 1s，尝试增加样本数量可能会提供更多的分析。

```
> env CPUPROFILE=mvmult1K.prof CPUPROFILE_FREQUENCY=1000 ./mvmult 20000
Size 20000; abs. sum: 10000.000000 (expected: 10000)
PROFILE: interrupts/evictions/bytes = 1147/0/536
```

将样本采集的数量增加大约 10 倍后，获得的分析如下：

```
> pprof --text mvmult mvmult1K.prof
Using local file mvmult.
Using local file mvmult1K.prof.
Total: 1147 samples
     576   50.2%   50.2%      576   50.2% ddot_
     571   49.8%  100.0%      571   49.8% init
       0    0.0%  100.0%      571   49.8% 0x00007f5fd0cda00f
```

显然，执行的大多数测试应用程序实际上集中在前面确定的两个函数中。然而，pprof 工具还支持其他可以通过命令行更改的分析选项。

❑ --text 以纯文本形式显示分析文件。

❑ --list=<regex> 仅输出名称和与提供的正则表达式相匹配的函数的相关数据。

❑ --disasm=<regex> 类似于 list，在使用样本计数标记每行时，执行程序相关部分的反汇编。

❑ --dot、--pdf、--ps、--gif 和 --gv 生成调用图的带标注的图形表示，并以请求的格式将其输出到标准输出。要求系统中安装点转换器。最后一个选项使用 gv 浏览器打开一个调用图可视化窗口。

虽然 pprof 的默认输出是在函数粒度上执行的，但有时可以更改默认输出，以避免冗长的输出，或放大问题的根源。配置选项按粒度由高到低的顺序如下所示：

❑ --addresses 显示标记的代码地址。

❑ --lines 标记源代码行。

❑ --functions 列出每个函数的统计信息。

❑ --files 切换到整个文件的粒度。

要查看 init 函数中的采样分布情况，可以对之前收集的一组分析数据应用以下命令

（为了节省空间，生成的输出被截断，删除的行被替换为 [...]）：

```
> pprof --list=init --lines mvmult mvmult1K.prof
Using local file mvmult.
Using local file mvmult1K.prof.
ROUTINE ====================== init in /home/maciek/perf/mvmult.c
  571      571 Total samples (flat / cumulative)
[...]
    .        .    6: void init(int n, double **m, double **v, double **p,
int trans) {
    .        .    7:   *m = calloc(n*n, sizeof(double));
    .        .    8:   *v = calloc(n, sizeof(double));
    .        .    9:   *p = calloc(n, sizeof(double));
    .        .   10:   for (int i = 0; i < n; i++) {
    1        1   11:     (*v)[i] = (i & 1)? -1.0: 1.0;
    .        .   12:     if (trans) for (int j = 0; j <= i; j++) (*m)[j*n+i]
= 1.0;
  570      570   13:     else for (int j = 0; j <= i; j++) (*m)[i*n+j] =
1.0;
    .        .   14:   }
    .        .   15: }
[...]
```

不出所料，这表明大多数初始化时间都花费在主循环中。其中，执行矩阵行初始化的内循环占执行时间的主要部分，而被乘数向量初始化所占时间相比较则是微小的。由于 BLAS 程序的源码没法获得，因此可以使用反汇编代码列表来标识该代码中的细粒度热点（同样，输出被缩短为最需关注的片段）：

```
> pprof --disasm=ddot_ mvmult mvmult.prof
Using local file mvmult.
Using local file mvmult.prof.
ROUTINE ====================== ddot_
  576      576 samples (flat, cumulative) 50.2% of total
[...]
   48       48    fcc0:  movsd  -0x8(%rax),%xmm0
    9        9    fcc5:  add    $0x28,%rax
    .        .    fcc9:  add    $0x28,%rcx
   60       60    fccd:  movsd  -0x20(%rax),%xmm2
   43       43    fcd2:  mulsd  -0x30(%rcx),%xmm0
    .        .    fcd7:  mulsd  -0x20(%rcx),%xmm2
    2        2    fcdc:  addsd  %xmm0,%xmm1
   26       26    fce0:  movsd  -0x28(%rax),%xmm0
    .        .    fce5:  mulsd  -0x28(%rcx),%xmm0
    .        .    fcea:  addsd  %xmm0,%xmm1
   81       81    fcee:  addsd  %xmm2,%xmm1
   93       93    fcf2:  movsd  -0x18(%rax),%xmm2
```

```
     9      9      fcf7: mulsd  -0x18(%rcx),%xmm2
     .      .      fcfc: movapd %xmm1,%xmm0
    57     57      fd00: movsd  -0x10(%rax),%xmm1
    13     13      fd05: mulsd  -0x10(%rcx),%xmm1
     .      .      fd0a: cmp    %rax,%rdx
     .      .      fd0d: addsd  %xmm2,%xmm0
    70     70      fd11: addsd  %xmm0,%xmm1
    65     65      fd15: jne    fcc0 <ddot_+0x110>
[...]
```

不难猜测，标记的指令正在执行算术运算（标量双精度乘法和加法），并管理内存和浮点寄存器之间的数据移动（此处使用 %xmm 作为数字后缀）。所列出的代码段捕获最内部的循环，如最后一行中的后向分支条件。内存访问的开销与计算成本相当。由于密集代数算法通常受益于现代 CPU 上提供的 SIMD 支持，因此只使用标量运算实际上相当于一个优化。进一步的分析表明，CBLAS 仅与对应的 BLAS 库挂钩，而非其他任何优化版本。

为了进行完整分析，下面提供了以 100 个样本 /s 为速率采样的矩阵转置案例的分析数据。虽然与前例一样，程序执行仍然受限于同样的函数，但是数据计时的比值发生了变化：与前例相比，初始化的执行受列优先模式的影响变小。目前，仅基于 CPU 的分析数据，很难弄清性能差异的原因。

```
> pprof --text mvmult mvmult_trans.prof
Using local file mvmult.
Using local file mvmult_trans.prof.
Total: 13577 samples
    9240  68.1%  68.1%     9240  68.1% ddot_
    4335  31.9% 100.0%     4335  31.9% init
       2   0.0% 100.0%        2   0.0% ddotsub_
       0   0.0% 100.0%     4335  31.9% 0x00007f6440b6900f
```

gperftools 工具的一个特性是能够检测内存泄漏。要使用此功能，必须将待测程序与 tcmalloc 库链接，或将环境变量 LD_PRELOAD 设置为 libtcmalloc.so。在程序执行之前，需要通知泄漏检测器应执行的检查风格，通过在 HEAPCHECK 环境变量中存储一个关键字（minimal、normal、strict 或 draconian）来完成。不同的检查风格在堆分配检测器上执行的范围和详细级别有所不同；在大多数情况下，正常模式（normal）就足够了。编译命令行和测量程序执行的结果如下所示。

```
> gcc -O2 mvmult.c -o mvmult -lcblas -ltcmalloc
> env HEAPCHECK=normal ./mvmult 20000
WARNING: Perftools heap leak checker is active -- Performance may suffer
tcmalloc: large alloc 3200000000 bytes == 0xe9e000 @ 0x7f887688eae7
0x4009b1 0x400b95
```

```
Size 20000; abs. sum: 10000.000000 (expected: 10000)
Have memory regions w/o callers: might report false leaks
Leak check _main_ detected leaks of 3200160000 bytes in 2 objects
```

由于代码 13.1 中的程序在 init 中执行显式内存分配，并且该内存永远不会释放，堆检查器会在 main 结尾处报告一个泄漏。注意，只要分配了大量内存，tcmalloc 就会打印相关信息。

该工具还可以分析内存管理，类似于 CPU 分析。在内存管理分析中，需要显式地分析源码：在需分析的代码段前部插入 HeapProfilerStart 函数，并且在末尾插入 HeapProfilerStop 函数。HeapProfilerStart 函数用一个参数描述存储分析数据的文件名前缀（可能会生成多个文件，每个文件都有一个唯一的编号，并且自动添加了扩展名 ".prof"）。这些函数原型在头文件 "gperftools/heap-profiler.h" 中定义。分析器的行为可以通过专用的环境变量进行调整，具体如下。

❑ HEAP_PROFILE_ALLOCATION_INTERVAL：每次内存被分配指定的字节数时，分析信息都将存储至文件中。分配间隔默认为 1GB。

❑ HEAP_PROFILE_INUSE_INTERVAL：与 HEAP_PROFILE_ALLOCATION_INTERVAL 一样，每次程序的总内存使用量增加指定值时都会将分析信息写进文件中，默认值为 100MB。

❑ HEAP_PROFILE_TIME_INTERVAL：以秒为单位存储每个时间段的数据（默认值为 0）。

❑ HEAP_PROFILE_MMAP：除了通用的 C 和 C++ 内存分配调用（如 malloc、calloc、realloc 和 new）外，该选项还允许分析 mmap、mremap 和 sbrk 函数。默认情况下，它是禁用的（false）。

❑ HEAP_PROFILE_ONLY_MMAP：限制为仅分析 mmap、mremap 和 sbrk 函数；默认值为 false。

❑ HEAP_PROFILE_MMAP_LOG：启用 mmap 和 munmap 调用日志记录；默认值为 false。

为了演示内存分析器的使用，以下命令序列编译被测量程序（文件前缀设置为 "mvmult"），并在启用分析的情况下执行该程序。设置一个较低的阈值以捕获所有的内存分配调用。

```
> env HEAP_PROFILE_ALLOCATION_INTERVAL=1 ./mvmult_heap 20000
Starting tracking the heap
tcmalloc: large alloc 3200000000 bytes == 0x2258000 @ 0x7fd915a2eae7
0x400a71 0x400c55
Dumping heap profile to mvmult.0001.heap
(3051 MB allocated cumulatively, 3051 MB currently in use)
Dumping heap profile to mvmult.0002.heap
(3051 MB allocated cumulatively, 3051 MB currently in use)
Dumping heap profile to mvmult.0003.heap
(3052 MB allocated cumulatively, 3052 MB currently in use)
Dumping heap profile to mvmult.0004.heap
(3052 MB allocated cumulatively, 3052 MB currently in use)
Size 20000; abs. sum: 10000.000000 (expected: 10000)
```

程序执行完成后，可以在工作目录中找到名为"mvmult.0001.heap"～"mvmult.0004. heap"的 4 个数据转储文件。pprof 可以通过附加命令行参数从以下 4 种模式中选择显示模式：

- ❏ --inuse-space：显示当前使用的兆字节数（默认值）。
- ❏ --inuse-objects：显示正在使用的对象数。
- ❏ --alloc_space：显示已分配的兆字节数。
- ❏ --alloc-objects：显示已分配对象的数量。

为了显示最后一个采样捕获的内存分配数据，使用以下命令：

```
> pprof --text --alloc_space mvmult_heap mvmult.0004.heap
Using local file mvmult_heap.
Using local file mvmult.0004.heap.
Total: 3052.1 MB
    3052.1 100.0% 100.0%    3052.1  100.0% init
       0.0   0.0% 100.0%       0.0    0.0% __GI__IO_file_doallocate
       0.0   0.0% 100.0%       0.2    0.0% 0x00000000c0e19fff
       0.0   0.0% 100.0%    3051.9  100.0% __libc_csu_init
```

gperftool 套件直接支持单个应用程序的分析，我们也可以使用它来检测 MPI 程序。由于 gperftool 中所监测程序的性能数据必须写入特定的文件中，所以当在检测 MPI 程序时，有一种避免冲突的方法来确保每个被监控的 MPI 进程都分配给不同的文件，以写入对应的性能数据。实现的方式是，在被测 MPI 程序源码中 MPI_init 语句之后的某处位置添加以下语句：

ProfilerStart(*filename*);

在 gperftools/profiler.h 中提供此函数的原型，以及可能有助于控制分析器操作的其他调用。对于每个 MPI 进程，filename 参数必须是不同的字符串。它通常由 MPI 进程的 rank 派生而来并放在 MPI_COMM_WORLD 之中。

```
int rank;
MPI_Comm_rank(MPICOMM_WORLD, &rank);
char filename[256];
snprintf(filename, 256, "my_app%04d.prof", rank);
ProfileStart(filename).
```

13.4　监控硬件事件

13.4.1　perf

perf 框架 [8] 也被称为 perf_events，是与 Linux 操作系统内核紧密集成的性能监听工具和事件跟踪程序。它的主要功能基于 sys-perf-event-open[9] 的系统调用，Linux 2.6 版本开始引入该调用。sys-perf-event-open 允许访问 CPU 专用寄存器，该寄存器可配置为收集特定硬件级事件的计数值。这些事件可能由于处理器不同而存在差异，但其主要类别包括以下几种。

- ❑ 缓存相关：缺失和发出的引用。事件可以进一步按缓存级别（L1～L3）、缓存类型（指令和数据）和访问类型（加载和存储）分组。
- ❑ 转换后备缓冲器相关：事件还可以细分为指令和数据类别，并按访问类型（加载 / 存储）进行划分。
- ❑ 分支统计：包括分支的出现总次数和错失分支目标加载的次数。
- ❑ 指令和周期：perf 可以在程序执行期间提供执行的指令数或 CPU 周期数。
- ❑ 延迟或空闲周期：它们进一步细分为前端和后端延迟。前端延迟表明无法完全填充执行流水线第一阶段可用容量，这可能是由于指令缓存或转换后备缓冲器（TLB）缺失、错误的分支预测或无法将特定指令转换为微操作所致的。后端延迟可能是由指令间依赖性（例如，拖延其他相关指令（如除法指令）执行的长延迟指令）或内存单元的可用性引起的。
- ❑ 节点级统计：统计预取、加载和存储，以及缺失情况。预取缺失单独计算，以避免描述实际数据访问的虚假通胀信息，实际数据访问是由受监控的代码生成的。
- ❑ 处理器性能管理单元（PMU）收集的数据信息：这些计数器提供整个 CPU 的总计数值，包含主要的非核心（uncore）相关事件。uncore 是英特尔创造的一个术语，用来描述 CPU 逻辑的分段，这些逻辑段不是核心执行流水线的一部分，因此被各个核心所共享。它们包括内存控制器及接口、提供 NUMA 功能的节点级互连总线、最后一级缓存、一致性流量监听器和电源管理。

perf 工具还提供对许多软件级内核事件的访问，这些事件可能对性能分析非常有用。它们包括上下文切换、上下文迁移、数据对齐错误、主要或次要页面错误、聚合页面错误、准确的时间度量和使用伯克利包过滤器框架定义的自定义事件。可通过以下方式获取本地系统上支持事件的完整列表。

```
> perf list
```

在命令行调用 perf 时，可以通过第一个参数选择以下几种操作方式。

- ❑ stat，执行由参数提供的应用程序，并统计指定事件或默认事件集收集的计数值
- ❑ record，支持对每个线程、每个进程或每个 CPU 进行分析
- ❑ report，通过多个 record 收集数据并进行分析
- ❑ annotate，将收集到的分析数据与相应程序源码关联
- ❑ top，使用类似于 UNIX Top 的实用程序格式实时打印统计信息，以可视化进程活动
- ❑ bench，调用许多预定义的内核基准

为了在实践中测试此功能，我们可以对代码 13.1 所示的测试程序进行简要分析。以行优先（非转置）模式运行该程序获得的分析结果如下所示。

```
> perf stat ./mvmult 20000
Size 20000; abs. sum: 10000.000000 (expected: 10000)

 Performance counter stats for './mvmult 20000':

        1219.404556      task-clock (msec)          #    1.000 CPUs utilized
                  1      context-switches           #    0.001 K/sec
                  0      cpu-migrations             #    0.000 K/sec
            781,490      page-faults                #    0.641 M/sec
      3,898,266,727      cycles                     #    3.197 GHz
      2,283,166,328      stalled-cycles-frontend    #   58.57% frontend
cycles idle
      1,372,252,385      stalled-cycles-backend     #   35.20% backend
cycles idle
      3,764,331,355      instructions               #    0.97  insns per
cycle
                                                    #    0.61  stalled cycles
per insn
        495,220,268      branches                   #  406.116 M/sec
            815,338      branch-misses              #    0.16% of all
branches

        1.219967824 seconds time elapsed
```

使用列优先调用该程序会产生以下结果。

```
 Performance counter stats for './mvmult 20000 t':

       12212.530334      task-clock (msec)          #    1.000 CPUs utilized
                 11      context-switches           #    0.001 K/sec
                  0      cpu-migrations             #    0.000 K/sec
          1,213,417      page-faults                #    0.099 M/sec
     42,933,883,759      cycles                     #    3.516 GHz
     39,567,001,587      stalled-cycles-frontend    #   92.16% frontend
cycles idle
     37,181,761,140      stalled-cycles-backend     #   86.60% backend
cycles idle
      6,077,067,370      instructions               #    0.14  insns per
cycle
                                                    #    6.51  stalled cycles
per insn
        918,790,187      branches                   #   75.233 M/sec
          1,276,503      branch-misses              #    0.14% of all
branches

       12.213751102 seconds time elapsed
```

　　除了程序执行的持续时间以外，它对两种操作模式的分析结果还有其他几个明显的区别。第一个区别是，在列优先模式下，前后端延迟次数明显增加。列优先模式下每条指令的有效延迟次数要高出行优先模式一个数量级。列优先模式下每个周期的指令吞吐量要比行优先模式低得多。这表明列优先模式下，在流水线处理过程中出现了严重的低效率。奇怪的是，尽管使用几乎相同的算法，但对于列优先模式，执行的指令数要比行优先模式多出 60%，此外，源码的读取还会遇到更多的页面错误。

　　由于在两种模式下可能会执行类型相似的指令，因此列优先模式比行优先模式增加的延迟数也许表明其中确实存在缓存问题。而更高数量的页面错误，也可能意味着存在 TLB 问题。要确认这一点，选择自定义事件然后将程序重新执行。请注意，这里 perf 使用一种称为多路复用的技术，可在一次调用中容纳比可用硬件插槽更多的事件。这意味着在任何给定时刻，在处理器上只处理请求事件的一个子集；使用其他请求事件的子集定期替换这个由处理器处理的子集。上述过程周期性地重复，以保证在程序运行期间所有指定的事件在大约相等的时间内处于活动状态。下面列出了可以传递给 perf 调用的附加选项。

❑ -e *event* [:*modifier*][,*event*[:*modifier*]]…
　　显式指定被监听事件的类型。每个事件名后面都可以有一个或多个修饰符，例如当程序在用户模式下执行时仅测量带有修饰符 u 的事件，或者当程序在内核模式下执行时测量修饰符 k 的事件（其他与此无关）。

❑ -B
　　将数字每三位以逗号分隔，使其便于阅读。

❑ -p *pid*
　　分析器不直接启动程序，而是将分析器附加至使用 pid 标记的已存在的进程中。

❑ -r *integer*
　　重复运行该命令，收集统计信息总和。记录每个事件的平均值以及它与平均值的偏差。

❑ -a
　　强制 perf 收集所有 CPU 的数据，包括同时运行其他程序的情况。默认情况下，只监听指定应用程序的线程。

为了实际分析上述想法，我们再次运行代码，并启用对缓存缺失和 TLB 加载缺失的监听：

```
> perf stat -B -e cache-misses,dTLB-load-misses,iTLB-load-misses ./mvmult
20000
Size 20000; abs. sum: 10000.000000 (expected: 10000)

 Performance counter stats for './mvmult 20000':

       29,307,244      cache-misses
        3,121,156      dTLB-load-misses
            4,224      iTLB-load-misses

     1.227144489 seconds time elapsed
```

在转置版本中：

```
Performance counter stats for './mvmult 20000 t':
         79,004,606         cache-misses
        405,044,765         dTLB-load-misses
             33,124         iTLB-load-misses

      12.185000849 seconds time elapsed
```

收集到的数据显示，在转置版本中所监听的 3 种缺失情况出现的次数都显著增加。特别具有破坏性的是有两个数量级的数据 TLB 缺失次数增加，这是对矩阵元素的跨步访问造成的。矩阵元素的连续引用不仅需要接触不同的缓存行，而且涉及不同的内存页（对于有 20 000 个元素步幅的 8 字节条目，步幅的有效间隔为 160 KB，远远大于默认的 4KB 页面大小）。由此可知，需要强调选择算法的重要性，该算法具有良好访问空间位置。

为了验证性能变化是否由主要的计算函数而引起的，使用了不同的数据布局，使用下面显示的命令在采样模式下记录性能数据。-F 选项控制采样频率，我们设置每秒请求 1000 个样本。

```
> perf record -F 1000 -e cache-misses,dTLB-load-misses,iTLB-load-misses
./mvmult 20000 t
Size 20000; abs. sum: 10000.000000 (expected: 10000)
[ perf record: Woken up four times to write data ]
[ perf record: Captured and wrote 0.834 MB perf.data (17,967 samples) ]
```

可以使用"perf report"命令分析收集到的信息。最核心的分析结果摘录如下。

```
# Samples: 6K of event 'cache-misses'
# Event count (approx.): 78141963
#
# Overhead   Command    Shared  Object     Symbol
# ........   ........   ......  ......     ..............................
#
    33.64%   mvmult     libblas.so.3.6.0   [.] ddot_
    27.12%   mvmult     [kernel.vmlinux]   [k] clear_page
    24.04%   mvmult     mvmult             [.] init
     6.73%   mvmult     [kernel.vmlinux]   [k] _raw_spin_lock
     3.93%   mvmult     [kernel.vmlinux]   [k] page_fault
[...]
# Samples: 10K of event 'dTLB-load-misses'
# Event count (approx.): 405199968
#
# Overhead   Command    Shared  Object     Symbol
```

```
# ........  ........  ........              ........ ........
#
    99.03%   mvmult    libblas.so.3.6.0     [.] ddot_
     0.63%   mvmult    [kernel.vmlinux]     [k] page_fault
     0.14%   mvmult    [kernel.vmlinux]     [k] handle_mm_fault
[...]
# Samples: 1K of event 'iTLB-load-misses'
# Event count (approx.): 33857
#
# Overhead  Command   Shared Object        Symbol
# ........  ........  ........              ........
........  ........  ........
#
    15.57%   mvmult    libblas.so.3.6.0     [.] ddot_
     8.86%   mvmult    libcblas.so          [.] cblas_ddot
     6.16%   mvmult    mvmult               [.] init
     5.97%   mvmult    [kernel.vmlinux]     [k] cpumask_any_but
     5.74%   mvmult    [kernel.vmlinux]     [k] page_fault
     5.54%   mvmult    [kernel.vmlinux]     [k] notifier_call_chain
     4.62%   mvmult    [kernel.vmlinux]     [k] flush_tlb_mm_range
     4.57%   mvmult    libcblas.so          [.] ddotsub_
     3.27%   mvmult    [kernel.vmlinux]     [k] smp_apic_timer_interrupt
     2.90%   mvmult    [kernel.vmlinux]     [k] apic_timer_interrupt
     2.33%   mvmult    [kernel.vmlinux]     [k] update_vsyscall
     2.10%   mvmult    mvmult               [.] mult
[...]
```

可以看出，缓存和 TLB 缺失主要由 ddot_ 函数引起，内核的页面清除函数也引起了大量的缓存缺失。由于使用 calloc 函数为矩阵和向量分配内存，因此系统调用了页面清除函数。毫不奇怪，init 函数也是缓存缺失的部分重要来源。

与 gperftools 不同，perf 只能将性能数据存储在具有固定名称的文件中。若组件进程包含 MPI 应用，则分析这些组件进程的性能会变得更加困难。在具有专用本地存储分区（例如 in/tmp）的计算机上，它们提供的解决方法是将工作目录更改为本地文件系统中的工作目录后，以节点独占模式（每个节点一个进程）启动应用程序。应用程序终止后，使用 scp 将生成的数据文件复制（并重命名）到共享文件系统进行分析。如果程序的所有组件进程都执行类似的工作负载，则仅为其中一个进程设置监听器就足够了，如 3.5.2.2 节所述。然后，通过将单个进程计数值乘以执行的 MPI 进程数，得出整个应用程序的近似总计数。请注意，还可以通过使用 -np n 选项将进程细分为大小正确的组来安排对任意列的监听，同时记住，所得的监听结果必须与该程序所需的进程总数进行相加，并且一个程序中只有一个实例可以调用 perf。

13.4.2　性能应用程序编程接口

性能应用程序编程接口（PAPI）[10] 是田纳西大学创新计算实验室开发的性能监控工具包。它提供 C 和 Fortran 库以及包含函数原型的头文件，它们可检测用户应用程序。应用程序编程接口（API）类别包括库的初始化和关闭、符号事件名称和代码的事件描述及转换、事件集的创建和操作、事件计数器的启动和停止、检索 / 累加 / 重置和初始化计数器值、系统参数查询和各种计时功能。该软件包还提供了许多实用程序。

❑ papi_avail，在本地系统中打印带有由可用标志标记的预设事件的符号名称，并标记这些事件的计数值是通过直接计数或者多个计数器导出的。使用 -a 选项，则打印仅限本地可用的事件。

❑ papi_native_avail，与 papi_avail 类似，打印所谓的本机事件，它通常包括非核心事件和节点级事件。

❑ papi_decode，以逗号分隔值的格式（csv）输出更详细的事件描述。

❑ papi_clockres，确定各种时间和周期测量接口的实际测量精度。

❑ papi_cost，检查不同配置中各种 API 函数调用的延迟。

❑ papi_event_chooser，打印出可添加到含有用户指定事件的集合中却不会发生冲突的事件。

❑ papi_mem_info，显示本机缓存和 TLB 层次结构信息。

与 perf 工具相比，PAPI 事件在处理器架构中的可移植性较差。用户总是需要使用 papi_avail 或 papi_native_avail 来确认某个特定事件在目标平台上是否可用。由于微处理器的设计日益复杂化，因此即使在同一架构的不同迭代之间，对相同事件的编译也可能发生变化。另一方面，PAPI 可检测应用程序在某一精确位置的代码，并允许使用 perf 对通常不支持的事件进行检测。

为了展示接口的使用，代码 13.1 被两个计数器所测量，统计双精度操作的发生情况，其中一个计数器统计浮点运算转换为标量运算（PAPI_DP_OPS）的实例，另一个计数器统计所有向量操作实例（PAPI_VEC_DP）。计数器在程序初始化（第 45 行）之前被激活，并在 init、mult 和 cblas_dasum 函数（第 48、50 和 52 行）调用完成后检索计数值。为了防止无声故障，在第 25～30 行中定义了 PAPI_CALL 宏，以验证调用 PAPI 的动作是否成功完成。和之前一样，下文列出的源码只是代码 13.3 中需要修改的部分（对 PAPI 头文件 papi.h 的包含不计）。

```
1  #include <stdio.h>
2  #include <stdlib.h>
3  #include <cblas.h>
4  #include <time.h>
5  #include <papi.h>
6
7  void init(int n, double **m, double **v, double **p, int trans) {
8    *m = calloc(n*n, sizeof(double));
9    *v = calloc(n, sizeof(double));
```

代码 13.3　代码 13.1 的测量部分，使用 PAPI 收集浮点运算次数

```
10    *p = calloc(n, sizeof(double));
11    for (int i = 0; i < n; i++) {
12       (*v)[i] = (i & 1)? -1.0: 1.0;
13       if (trans) for (int j = 0; j <= i; j++) (*m)[j*n+i] = 1.0;
14       else for (int j = 0; j <= i; j++) (*m)[i*n+j] = 1.0;
15    }
16  }
17
18  void mult(int size, double *m, double *v, double *p, int trans) {
19  int stride = trans? size: 1;
20    for (int i = 0; i < size; i++) {
21       int mi = trans? i: i*size;
22       p[i] = cblas_ddot(size, m+mi, stride, v, 1);
23  } }
24
25  #define PAPI_CALL(fn, ok_code) do { \
26    if (ok_code != fn) { \
27       fprintf(stderr, "Error: " #fn " failed, aborting\n"); \
28       exit(1); \
29    } \
30  } while (0)
31
32  #define NEV 2
33
34  int main(int argc, char **argv) {
35    int n = 1000, trans = 0;
36    if (argc > 1) n = strtol(argv[1], NULL, 10);
37    if (argc > 2) trans = (argv[2][0] == 't');
38
39    int evset = PAPI_NULL;
40    PAPI_CALL(PAPI_library_init(PAPI_VER_CURRENT), PAPI_VER_CURRENT);
41    PAPI_CALL(PAPI_create_eventset(&evset), PAPI_OK);
42    PAPI_CALL(PAPI_add_event(evset, PAPI_DP_OPS), PAPI_OK);
43    PAPI_CALL(PAPI_add_event(evset, PAPI_VEC_DP), PAPI_OK);
44    double *m, *v, *p;
45    PAPI_CALL(PAPI_start(evset), PAPI_OK);
46    init(n, &m, &v, &p, trans);
47    long long v1[NEV], v2[NEV], v3[NEV];
48    PAPI_CALL(PAPI_read(evset, v1), PAPI_OK);
49    mult(n, m, v, p, trans);
50    PAPI_CALL(PAPI_read(evset, v2), PAPI_OK);
51    double s = cblas_dasum(n, p, 1);
52    PAPI_CALL(PAPI_stop(evset, v3), PAPI_OK);
53    printf("Size %d; abs. sum: %f (expected: %d)\n", n, s, (n+1)/2);
54    printf("PAPI counts:\n");
55    printf(" init: event1: %15lld event2: %15lld\n", v1[0], v1[1]);
56    printf(" mult: event1: %15lld event2: %15lld\n", v2[0]-v1[0], v2[1]-v1[1]);
57    printf(" sum: event1: %15lld event2: %15lld\n", v3[0]-v2[0], v3[1]-v2[1]);
58    return 0;
59  }
```

代码 13.3 （续）

为了正确编译，程序必须与 PAPI 库链接，如下所示。

```
> gcc -O2 mvmult_papi.c -o mvmult_papi -lcblas -lpapi.
```

运行具有测量代码的程序会产生以下输出。

```
> ./mvmult_papi 20000
Size 20000; abs. sum: 10000.000000 (expected: 10000)
PAPI counts:
  init: event1:            0  event2:         0
  mult: event1:    804193640  event2:         0
   sum: event1:        20276  event2:         0
```

由于 BLAS 参考实现不使用向量浮点数，因此向量操作的计数值保持为零。对于乘法，标量运算的理论计数值应为 $20\,000^2$；对于加法，应为 $20\,000 \times 19\,999$。mult 函数总计数应为 799 980 000，cblas_dasum 函数中总共应有 19 999 次运算（因为绝对值计算只需要清除符号位）。然而计数器始终记录着更高的值，最可能原因是程序的推测性执行。

在将 BLAS 参考库替换为高度优化的英特尔数学内核库（MKL 库）[11] 后（MKL 库利用了目标计算机支持的向量指令），重新执行该程序则生成以下结果。

```
PAPI counts:
  init: event1:            0  event2:         0
  mult: event1:   1055372246  event2: 527686123
   sum: event1:        24674  event2:     12337
```

矢量运算的计数值大约是标量运算的一半。这表明库中的每个向量指令操作两个浮点数。实际上，执行测试的机器支持数据流单指令多数据扩展（SSE）指令集，其中每个向量最多有两个操作数。因此，执行时间从 1.22s 降至 1.08s。

13.5　集成的性能监控套件

软件应用程序的各个组件不能独立运行，它们不仅必须共享各种系统资源（如处理器核心、内存、存储资源和网络带宽），而且还必须与定期执行的操作系统线程、服务守护进程和其他应用程序共存。虽然后一个问题在某种程度上可以通过正确配置的作业管理器得到缓解，但仅当被已经在节点上执行作业的所有者允许时，作业管理器才能在（该节点的）共享资源上调度新的进程，最终的应用程序性能是多个因素作用的结果，而且这些因素经常相互作用。因此，为了更全面地了解应用程序的行为，有必要创建性能监听器，将应用程序分析的各个方面结合在一个包中，从而方便可视化和比较性能数据。

其中一个工具是调优和分析工具包（TAU）[12]，它由俄勒冈大学的性能研究实验室开发，并根据 BSD 许可证分发。TAU 可用于单节点和分布式环境，其中包括 32/64 位 Linux 集群、ARM 平台、Windows 机器、运行 Linux 的 Cray 计算节点、AIX/Linux 上的 IBM BlueGene 和 Power 系列、NEC SX 系列、AMD、英伟达和英特尔 GPU 以及一些较旧的体系结构。除了计量（用于分析或跟踪）、测量、分析和可视化之外，它还能够管理性能信息数据库并执行数据挖掘功能。为了收集数据的图形显示，TAU 提供了一个基于 Java 的可视化工具 paraprof。支持的语言包括 C、C++、Fortran、UPC、Python、Java 和 Chapel。

TAU 识别和捕获的事件类型包括间隔事件和原子事件。间隔事件定义了起点和终点。从间隔事件测量中得出的统计数据包含多种信息，其中有外部间隔（包括所有嵌套间隔收集的事件计数值或计时），或独占间隔，结果数据仅显示事件计数或时间值，它们是与指定间隔相关的结果数据，且不包括其所有"子"间隔的结果数据。间隔度量是单调的，只能在程序执行期间增加（例如，当监听函数被重新调用时）。原子事件捕获预定触发点的计算状态的瞬时度量值。在整个应用程序的执行过程中，它们可能会有所不同。TAU 将它们整理为总（累计）值、最小值、最大值、平均值和采集的样本数。用户定义的事件既可以是间隔事件，也可以是原子事件。此外，可以将执行环境附加到原子事件以确定所采用的调用路径。

TAU 提供 3 种测量方法，这些方法所提供的功能级别不同。

❑ **源码级测量**，是最灵活的测量方法，是唯一支持插入用户自定义探针的模式。使用此方法可以排除对一些代码区域的测试，这些代码区域对程序性能不重要或其输出内容不需要关注。它还允许分析各种低级事件，如循环或算法段。这是通过使用程序数据库工具包（PDT）对源码进行静态分析、创建源码的修改副本以及编译插入代码来实现的。

❑ **库级测量**，在源代码不可用的情况下，例如需要监听外部库或系统库时，将使用库级测量方式。它应用了可与正处于监听状态的静态或动态库一起使用的打包库。使用静态或动态库时，使用符号重写技术（例如静态库的弱符号和动态库的库预加载），重新定义与特定标识符关联的函数，从而截取用户调用并插入适当的监听代码。

❑ **二进制代码测量**，需要使用由 Paradyn 工具项目开发的 Dyninst[13]。虽然在所有列出的测量方式中，二进制代码测量的侵入性最小，但它不支持其他测量方法包含的许多实用功能。二进制测量是通过重写二进制程序代码来执行的，因此它可以用于链接已运行的程序，而不需要访问源文件。

在 TAU 支持的范围广阔的配置和测量选项中，只存在一些少量的必选项，为了说明这些必选项，使用 PDT 驱动的源码工具对代码 13.1 进行转换，并使用以下命令对其进行编译：

```
> taucc -tau:verbose -tau:pdtinst -optTauSelectFile=select.tau mvmult.c -O2
-o mvmult -lcblas -lm
```

虽然对程序来说不是必需的，但必须将数学库（-lm）添加到命令行，以避免收到链接器警告。TAU 支持几种不同的安装配置，其中包含可能无法同时指定的选项。通过将这些安装配置编码为单独的 Makefile（其名字后缀为相应的配置信息），从而避免文件名冲突。要使 TAU 编译器使用指定的配置选项，需要设置正确的环境变量。

```
> export TAU_MAKEFILE=/opt/tau/x86_64/lib/Makefile.tau-memory-phase-papi
-mpi-pthread-pdt
```

当然，要在本机上根据需要修改安装路径和实际的 Makefile 名称。

上面展示的编译命令说明了在文件 select.tau 中定义的简单的选择性检测。其内容如下。

```
BEGIN_EXCLUDE_LIST
void cblas_dasum(int, double *, int)
END_EXCLUDE_LIST

BEGIN_FILE_EXCLUDE_LIST
*.so

END_FILE_EXCLUDE_LIST

BEGIN_INSTRUMENT_SECTION
loops file="mvmult.c" routine="mult"
memory file="mvmult.c" routine="init"
END_INSTRUMENT_SECTION
```

这指示 TAU 将 cblas_dasum（显示早期的测量结果对程序性能不重要）和所有动态库（它们包含系统级 CBLAS 和 BLAS 操作，而这些操作不是主要的分析内容）排除在分析之外。TAU 还应该在 mult 函数中提供循环级检测，在 init 中提供内存检测。注意，函数规范的通配符应设为 "#"，以避免与指针语法混淆。

为了在程序执行期间收集数据，TAU 需要额外的指示，以说明 TAU 是对程序进行分析还是跟踪、要捕获什么执行参数，以及应该收集什么类型的硬件事件。这是通过环境变量设置的。

```
> TAU_METRICS=TIME
> TAU_PROFILE=1
```

TAU_METRICS 变量可能包含几个度量标识符，包括预设和本机的 PAPI 事件名（用冒号隔开）。在检测程序执行完成后，可以在执行目录中找到许多 profile.x.y.z 文件，其中 x、y 和 z 分别对应节点（MPI rank）、上下文和线程号。然后可以调用图形分析工具 paraprof 来可视化存储的数据。主视图窗口如图 13-1 所示。同时，paraprof 打开第二个窗口，显示执行阶段（见图 13-2）。

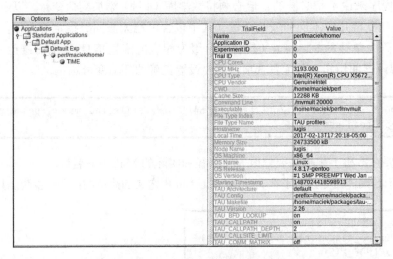

图 13-1　paraprof 分析 GUI 的主窗口

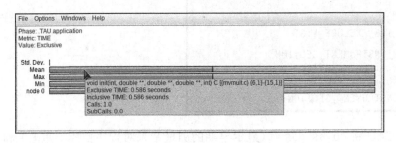

图 13-2　paraprof 执行阶段的窗口

将鼠标光标移到表示执行阶段的图形上可获取更多信息，右键单击该图形将打开上下文菜单以执行其他操作。TAU GUI 支持更多的数据视图，包括柱状图、派生度量和三维分析图。此外，可以使用 pprof 工具以文本格式显示数据。强烈建议读者自行研究这些视图选项，以更加熟悉该工具。

13.6　分布式环境下的分析

前面讨论过的 gperftools 和 perf 分析工具最初是为了分析顺序代码而开发的，尽管在并行程序中使用它们的方法比较复杂。TAU 可以监控顺序程序、OpenMP 程序和 MPI 程序，具体取决于对 TAU 的配置。但是，有几个软件工具是专门为了在分布式环境中进行性能监听和分析而设计的，包括 Scalasca[14]、VampirTrace[15] 和 MPE2[16]。作为这些工具功能的代表，本节探讨使用 VampirTrace 对分布式环境进行分析。

VampirTrace 是一个面向高性能计算（HPC）应用程序的开源性能监控框架。它提供的一种方法可以方便地将计时测量函数和性能计数器作为检测的一部分添加到程序中。VampirTrace 中的测量方式可以是自动或手动的，可以通过选择编程模型（MPI、OpenMP、CUDA、OpenCL 或 Hybrid）、第三方软件包（如 TAU 或 Dyninst）或使用 VampirTrace API 手动将测量函数插入到 HPC 应用程序中想要关注的区域来驱动性能监控。VampirTrace 测量的输出是一种被称为开放跟踪格式的开源格式，可通过多种工具（包括专有的 Vampir 图形工具包）进行读取和分析。VampirTrace 本身是 OpenMPI 最新版本的一部分，在许多超级计算机上经常会用到。

对大多数 HPC 应用程序开发人员来说，使用 VampirTrace 进行性能监控的最快方法是使用 VampirTrace 编译器包装编译待测程序，即使用 C 语言提供的 vtcc、C++ 提供的 vtcxx 和 Fortran 提供的 vtfort。代码 13.4 所示的 pingpong.c 可用作 MPI 编码的示例，代码 13.5 所示的 forkjoin.c 用作 OpenMP 编码的示例。

```
1   #include <stdio.h>
2   #include <stdlib.h>
3   #include <unistd.h>
4   #include "mpi.h"
5
6   int main(int argc,char **argv)
7   {
8     int rank,size;
9     MPI_Init(&argc,&argv);
10    MPI_Comm_rank(MPI_COMM_WORLD,&rank);
11    MPI_Comm_size(MPI_COMM_WORLD,&size);
12
13    if ( size != 2 ) {
14      printf(" Only runs on 2 processes \n");
15      MPI_Finalize(); // this example only works on two processes
16      exit(0);
17    }
18
19    int count;
20    if ( rank == 0 ) {
21      // initialize count on process 0
22      count = 0;
23    }
24    for (int i=0;i<10;i++) {
25      if ( rank == 0 ) {
26        MPI_Send(&count,1,MPI_INT,1,0,MPI_COMM_WORLD); // send "count" to rank 1
27        MPI_Recv(&count,1,MPI_INT,1,0,MPI_COMM_WORLD,MPI_STATUS_IGNORE); // receive it back
28        sleep(1);
```

代码 13.4　MPI pingpong.c 源码用于说明使用 VampirTrace 监测 MPI 编码

```
29        count++;
30        printf(" Count %d\n",count);
31      } else {
32        MPI_Recv(&count,1,MPI_INT,0,0,MPI_COMM_WORLD,MPI_STATUS_IGNORE);
33        MPI_Send(&count,1,MPI_INT,0,0,MPI_COMM_WORLD);
34      }
35  }
36
37  if ( rank == 0 ) printf("\t\t\t Round trip count = %d\n",count);
38
39  MPI_Finalize();
40 }
```

代码 13.4 （续）

```
1  #include <omp.h>
2  #include <unistd.h>
3  #include <stdio.h>
4  #include <stdlib.h>
5  #include <math.h>
6
7  int main (int argc, char *argv[])
8  {
9    const int size = 20;
10   int nthreads, threadid, i;
11   double array1[size], array2[size], array3[size];
12
13   // Initialize
14   for (i=0; i < size; i++) {
15     array1[i] = 1.0*i;
16     array2[i] = 2.0*i;
17   }
18
19   int chunk = 3;
20
21 #pragma omp parallel private(threadid)
22   {
23   threadid = omp_get_thread_num();
24   if (threadid == 0) {
25     nthreads = omp_get_num_threads();
26     printf("Number of threads = %d\n", nthreads);
27   }
28   printf(" My threadid %d\n",threadid);
29
30   #pragma omp for schedule(static,chunk)
31   for (i=0; i<size; i++) {
32     array3[i] = sin(array1[i] + array2[i]);
33     printf(" Thread id: %d working on index %d\n",threadid,i);
34     sleep(1);
```

代码 13.5 forkjoin.c 源码用于说明使用 VampirTrace 监测 OpenMP 编码

```
35    }
36
37    } // join
38
39    return 0;
40 }
```

代码 13.5 （续）

在使用 VampirTrace 编译包装器编译基于 C 语言的 MPI 代码时，可以使用 -vt:cc 标志将 MPI 包装器指定给 VampirTrace 包装器。

```
vtcc -vt:cc mpicc pingpong.c
```

或者，可以在不使用 MPI 编译包装器的情况下链接 MPI 库。

```
vtcc pingpong.c -lmpi
```

请注意，在后一种方法中，用户可能必须向编译器指定在何处查找 MPI 头文件（mpi.h）和 MPI 库。

虽然使用 VampirTrace 编译包装器基本上足以触发 MPI、OpenMP 或混合 MPI+OpenMP 应用程序的自动检测，但有时有必要使用 -vt:mpi、-vt:mt 或 -vt:hyb 规范（对于 MPI、OpenMP 和 MPI+OpenMP 应用程序）向编译器显式地指定编程模型。例如，可以使用 MPI 工具编译 pingpong.c MPI 代码（见代码 13.4），如下所示：

```
vtcc -vt:cc mpicc -vt:mpi pingpong.c
```

同样，代码 13.5 中的 forkjoin.c OpenMP 代码可以编译如下。

```
vtcc -vt:cc gcc -vt:mt -fopenmp forkjoin.c
```

在这个 OpenMP 示例中，底层编译器的选择被显式设置为 GNU 编译器（gcc），并且 OpenMP 库是使用 -fopenmp 标志启用的。

一旦使用 VampirTrace 编译包装器编译代码，它们就会正常执行。然而，执行完成后，代码可执行文件将出现在执行目录中，此文件包含 VampirTrace 收集的测量信息。有几个工具可以读取打开的跟踪格式文件，图 13-3 和图 13-4 分别为 MPI pingpong.c 和 OpenMP forkjoin.c 使用 Vampir 可视化工具打开的跟踪文件。

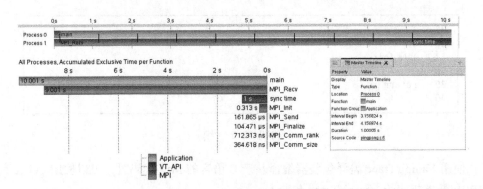

图 13-3 来自 pingpong.c MPI 代码（见代码 13.4）的检测结果。阶段图显示了应用级代码（绿色（纸制印刷版为浅灰色））、MPI 代码（红色（纸制印刷版为灰色））上的时间量，以及与 VampirTrace API 相关联的时间。每个进程的信息都作为时间函数单独显示，并在整个执行过程中统计显示。在顶部阶段图中，每个进程的信息单独显示，进程之间传递的消息用黑线表示。此阶段图的一部分可以突出显示并详细探讨，在标记为"主时间线"的上下文视图中显示所选计算阶段的更多信息

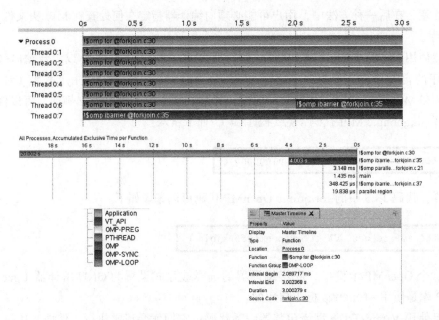

图 13-4 使用 8 个 OpenMP 线程运行 forkjoin.c OpenMP 代码（见代码 13.5）的检测结果。颜色编码的计算阶段图显示了 OpenMP 循环中花费的大部分程序时间。除了在整个计算过程中处于空闲状态的线程 7，还报告了每个颜色编码阶段所花费的累计时间。可以突出显示每个线程中的各个阶段，并在标记为"主时间线"的上下文视图中显示更多信息

除了基于编程模型的自动检测之外，VampirTrace 还可以通过 TAU、Dyninst 或手动对代码插入 VampirTrace API 调用来提供检测。为 VampirTrace 编译包装器指定这些选项，如下所示：

```
vtcc -vt:inst tauinst (For automatic TAU instrumentation)
vtcc -vt:inst dyninst (For automatic Dyninst instrumentation)
vtcc -vt:inst manual (For exclusive manual instrumentation)
```

要使用 VampirTrace 中的手动监测，需要在源码感兴趣的位置插入两个 API 调用，即 VT_USER_START("<user-chosen name>") 和 VT_USER_END("<user-chosen name>")，并使用标记 -DVTRACE 进行编译。为了仔细说明，我们对 pingpong.c 代码（见代码 13.4）进行了修改，以便在代码 13.6 中添加这些调用。

```
1  #include <stdio.h>
2  #include <stdlib.h>
3  #include <unistd.h>
4  #include "mpi.h"
5  #include "vt_user.h"
6
7  int main(int argc,char **argv)
8  {
9    int rank,size;
10   MPI_Init(&argc,&argv);
11   MPI_Comm_rank(MPI_COMM_WORLD,&rank);
12   MPI_Comm_size(MPI_COMM_WORLD,&size);
13
14   if ( size != 2 ) {
15     printf(" Only runs on 2 processes \n");
16     MPI_Finalize(); // this example only works on two processes
17     exit(0);
18   }
19
20   int count;
21   if ( rank == 0 ) {
22     // initialize count on process 0
23     count = 0;
24   }
25   for (int i=0;i<10;i++) {
26     if ( rank == 0 ) {
27       MPI_Send(&count,1,MPI_INT,1,0,MPI_COMM_WORLD); // send "count" to rank 1
28       MPI_Recv(&count,1,MPI_INT,1,0,MPI_COMM_WORLD,MPI_STATUS_IGNORE); // receive it back
```

代码 13.6　这里修改了 pingpong.c 代码（见代码 13.4），以用于手动监测。在第 5 行中添加了 VampirTrace API 头文件（"vt_user.h"），在第 30 行的 sleep 函数周围添加了对 VT_USER_START 和 VT_USER_END 的调用。我们把这部分标记为"睡眠段"

```
29          VT_USER_START("sleep section");
30          sleep(1);
31          VT_USER_END("sleep section");
32          count++;
33          printf(" Count %d\n",count);
34        } else {
35        MPI_Recv(&count,1,MPI_INT,0,0,MPI_COMM_WORLD,MPI_STATUS_IGNORE);
36        MPI_Send(&count,1,MPI_INT,0,0,MPI_COMM_WORLD);
37        }
38      }
39
40      if ( rank == 0 ) printf("\t\t\t Round trip count = %d\n",count);
41
42      MPI_Finalize();
43    }
```

代码 13.6 （续）

图 13-5　代码 13.6 的计算阶段图带有手动监测和使用 MPI 调用的编译器监测。现在，阶段图不仅通过 MPI 调用进行标注，还通过手动监测对出现在进程 0 计算阶段中的"睡眠段"进行标注

代码 13.6 像之前一样进行编译，但带有 -DVTRACE 标志，以便记录手动添加的 VampirTrace API 调用。在本例中，将手动指令插入与编译器提供的 MPI 指令插入相结合，这是个有益的解决方案，因此编译命令中不包括 -vt:inst 的手动指定（否则将覆盖所有编译器测量）。

```
vtcc -vt:cc mpicc -DVTRACE pingpong.c
```

图 13-5 描述了代码 13.6 中每个进程的计算阶段图，用名为"睡眠段"的手动监测计算以及编译器监测的 MPI 阶段进行标注。

13.7　本章小结及成果

❑ 性能监控与应用程序开发和优化密切相关。它检测程序中最频繁执行的代码，并监听应用程序的资源占用。

❑ 测试行为会影响所测试的系统。性能监听器采用最小干扰方案来收集性能指标，利用专用的低开销工具实现事件监听（如硬件事件计数器）。

❑ 需要对监控程序进行检测，即通过向监控程序插入适当的测量和结果收集函数来修改该程序。可以在源码级别处使用编译技术、通过在库级别处使用检测技术或在执行级别处实现。这些机制在用户参与程度、测量范围和精度大小、支持的特性和侵入度大小等方面各不相同。

❑ 时间是最基本的衡量标准之一。可以从命令行处调用 time 系统管理程序来获取时间度量，也可以通过调用应用程序的时间戳收集函数（如 clock_gettime）来获取。

❑ 分析是性能监控的基本技术之一。它用于识别程序的执行热点，并捕获程序的其他运行时指标，如内存大小、通信参数和 I/O 活动。它们可将程序分类为计算约束、内存约束或 I/O 约束。

❑ 热点是花费程序大部分执行时间的程序源码的一部分。瓶颈是对应用程序性能产生不利影响的热点。程序优化可能会将瓶颈重新转移到代码的另一部分。

❑ gperftools 套件提供了一个常用的通用分析器。它可以在不修改源码的情况下检测热点和内存管理问题。

❑ perf_events 和 PAPI 包是访问硬件事件计数器的常用接口。第一个可以在命令行处使用，而第二个允许插入应用程序的任意部分。

❑ TAU 是一个集成分析环境的示例，它支持多种监测模式、具有多参数执行分析器的集合、用户自定义监测方式、性能数据库管理以及文本和 GUI 驱动的数据分析。它还通过共享数据格式与其他工具进行互操作。

❑ VampirTrace 是一种广泛使用的分布式分析程序，特别适用于 MPI 和 OpenMP（或两者混合）程序跟踪，以捕获程序执行阶段和通信活动的信息。生成的跟踪信息可以显示在专有的 Vampir 可视化工具中，也可以导出到开源工具（如 TAU）中。

13.8　练习

1. 讨论热点和瓶颈之间的区别。举例说明你的答案。

2. 为什么硬件事件计数器通常能够更好地观察应用程序运行时的行为？它们的局限性是什么？

3. 编写一个使用 POSIX 时钟估算时间测量开销的程序。确保收集到"热"（即已初始化）和"冷"（未初始化）缓存场景的数量。

4. 分析以下程序：

```
1 #include <stdio.h>
2
3 int main() {
4   long sum = 0;
5   for (int i = 0; i < 1000000; i++)
6     if (i&1 != 0) sum += 3*i;
7   printf("sum=%ld\n", sum);
8   return 0;
9 }
```

使用 PAPI 对 for 循环进行检测，以对所有条件分支进行计数并获取条件分支。估计计数值并通过使用插入指令代码来验证估计值。与未优化的版本相比，在启用优化的情况下编译程序时，计数值将会如何更改？为什么？

注意：为了解释这些差异，查看生成的程序集代码可能会有所帮助。对于 gcc，可以使用以下命令完成：

```
gcc -S -fverbose-asm program.c
```

用变量名标注的结果汇编列表将放置在文件 program.s 中。

5. 使用 perf 工具分析程序生成以下输出。

```
Performance counter stats for './a.out':
        14207.022284     task-clock:u (msec)        #   1.000 CPUs utilized
                   0     context-switches:u         #   0.000 K/sec
                   0     cpu-migrations:u           #   0.000 K/sec
              10,301     page-faults:u              #   0.725 K/sec
      50,036,833,663     cycles:u                   #   3.522 GHz
      49,799,684,446     stalled-cycles-frontend:u  #  99.53% frontend
cycles idle
      46,725,530,082     stalled-cycles-backend:u   #  93.38% backend cycles
idle
       1,059,912,928     instructions:u             #   0.02  insn per cycle
                                                    #  46.98  stalled cycles
per insn
         115,260,873     branches:u                 #   8.113 M/sec
              55,407     branch-misses:u            #   0.05% of all
branches

        14.208427535 seconds time elapsed
```

基于上述统计数据，可以推断出该代码的哪些方面性能？

6. 为什么将工具（如 TAU）支持的不同类型的度量关联起来对程序优化有用？举例说明。

7. 频繁地使用 MPI_Allreduce 调用的 MPI 应用程序会产生较差的并行执行性能。它的开发人员怀疑这是由于内核之间的负载不平衡造成的。你如何用 VampirTrace 来证明他 / 她的理论？

参考文献

[1] Intel VTune Amplifier 2017, Intel Inc, 2017 [Online]. Available: https://software.intel.com/en-us/intel-vtune-amplifier-xe.

[2] CodeXL Web Page, Advanced Micro Devices, Inc., 2016 [Online]. Available: http://gpuopen.com/compute-product/codexl/.

[3] CodeXL GitHub Repository, 2017 [Online]. Available: https://github.com/GPUOpen-Tools/CodeXL.

[4] AMD Catalyst Software Web Page, Advanced Micro Devices Inc, 2017 [Online]. Available: http://www.amd.com/en-gb/innovations/software-technologies/catalyst.

[5] Nvidia CUDA Toolkit Web Page, Nvidia Inc, 2017 [Online]. Available: https://developer.nvidia.com/cuda-toolkit.

[6] D.A. Mills, Computer Network Time Synchronization: The Network Time Protocol, CRC Press, 2006, p. 304 p.

[7] Gperftools Wiki Page, Github, February 2017 [Online]. Available: https://github.com/gperftools/gperftools/wiki.

[8] perf: Linux profiling with performance counters, September 28, 2015 [Online]. Available: https://perf.wiki.kernel.org/index.php/Main_Page.

[9] PERF_EVENT_OPEN Manual Page, January 10, 2015 [Online]. Available: http://web.eece.maine.edu/~vweaver/projects/perf_events/perf_event_open.html.

[10] Performance Application Programming Interface, University of Tennessee, February 2017 [Online]. Available: http://icl.cs.utk.edu/papi/.

[11] Intel Math Kernel Library (Intel MKL), Intel Inc, 2017 [Online]. Available: https://software.intel.com/en-us/intel-mkl.

[12] TAU Reference Guide, University of Oregon, November 11, 2016 [Online]. Available: https://www.cs.uoregon.edu/research/tau/tau-referenceguide.pdf.

[13] Paradyn/Dyninst Web Page, University of Meryland and University of Wisconsin Madison, [Online]. Available: http://www.dyninst.org/.

[14] Scalasca Web Page, Juelich Forschungszentrum, Technische Universitaet Darmstadt, German Research School for Simulation Sciences, [Online]. Available: http://www.scalasca.org/.

[15] VampirTrace Web Page, Centre for Information Services and High Performance Computing (ZIH), Dresden University, 2016 [Online]. Available: https://tu-dresden.de/zih/forschung/projekte/vampirtrace.

[16] Performance Visualization for Parallel Programs web page, Laboratory for Advanced Numerical Software at ANL, [Online]. Available: http://www.mcs.anl.gov/research/projects/perfvis/software/index.htm.

第 14 章

调　试

14.1　引言

　　高性能计算（HPC）从业者在程序运行中经常碰到异常现象，而异常的起因则多种多样，其中包括硬件故障、程序编写错误、软件技术错误，甚至在极端情况下是因为宇宙射线翻转一位而干扰了计算。即使用简单的桌面计算机或笔记本电脑执行运算，也很难追踪这些程序执行异常的起因。基于 HPC 资源，解决一段程序中此类异常的难度可能成倍增加，因为超级计算机的多层网络、内存、库组件以及不同执行形式之间复杂的相互作用。本章会介绍几种调试 HPC 程序的技术和工具，并探索从业者常见的几种 bug 类型，其中包括死锁、竞争、内存泄漏、段错误、非法引用等。

　　历史上调试一词常与葛丽丝·霍普联系起来，1947 年她在使用 Harvard Mark Ⅱ机电式计算机工作时发现一只飞蛾干扰了计算机的工作。这只飞蛾后来被放在工作组的日志本中并加了一条说明"首个被发现的真正 bug"，如图 14-1 所示。另一个类似的故事稍早于葛丽丝·霍普的经历，数学家诺伯特·维纳在二战期间奉命诊断一艘战舰的枪械自动火控的异常行为。在听取了关于某个枪口位置短路的详细描述后，他正确预测了在该设备的短路位置有一只死老鼠[1]。

　　和这些著名的文字上的调试案例有所不同，在高性能计算机中调试一段程序常常需要非常仔细地审阅超级计算机的软件和硬件栈以期恰当地诊断异常现象。现在有相当丰富的工具可以辅助诊断问题。本章首先会介绍 GNU 调试器（GDB）和 Valgrind 测量框架的使用，并涉及一些更流行的商业版调试工具。之后会使用这些工具来探索在消息传递接口（MPI）和 OpenMPI 代码中被发现的一系列常见 bug。章节末尾会列举常见编译器选项和消息清单，这对调试程序非常有帮助，还提供了可用的系统监视调试方法清单。

葛丽丝·布鲁斯特·默里·霍普坐在 UNIVAC I 的输入控制台（照片由 Smithsonian Institution 通过维基共享提供）

葛丽丝·布鲁斯特·默里·霍普是一名数学教授，后来成为美国海军少将。当大多数编程工作都是用非便携式机器专用语言完成的时候，她大力推动和影响了高级编程语言的发展。除了编程语言和编译器工作（作为通用业务导向语言（COBOL）的起源）之外，她还是第一台商用电子计算机 UNIVAC 1 的高级开发人员。用她自己的话说，"除了构建编译器之外，我做的最重要事情就是培训年轻人"。在众多荣誉中，葛丽丝·霍普在 2016 年获得了美国最高的平民奖，即总统自由勋章。

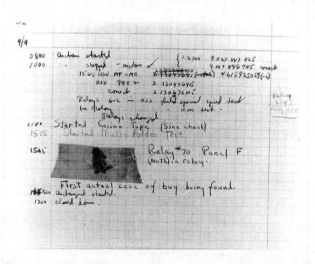

图 14-1　一份由葛丽丝·霍普记录的来自 Harvard Mark Ⅱ 的文字调试示例，在机器里找到的飞蛾用胶带粘在了日志本上（照片由弗吉尼亚州达尔格伦的海军水面作战中心通过维基共享提供，拍摄于 1988 年）

14.2 工具

调试一段代码的复杂性催生了多种开源和私有工具，以辅助程序员单步执行程序和放置断点使得程序执行可以在那里被暂停并查看内存。大部分常见的开源调试工具天然串行的；而在后续章节会展示如何将其用于并行调试。也有一些针对高性能计算机推出的商业版调试器，它们可以并行执行。此类调试器一般由系统管理员开放给超算用户，然而每个节点的授权花费可能会限制某个商业版调试器的使用规模。本节介绍了两种开源且自由使用的调试工具，即 GDB 和 Valgrind 测量框架，并给出可用的更常见的商业版并行调试器的子集中的一些信息。

14.2.1 GNU 调试器

GDB 是最常见的可用开源调试器之一，某个商业版调试器（Allinea DDT[2]）甚至还用 GDB 作为它的引擎。GDB 是一种在 Linux 和 UNIX 系统中使用的命令调用的命令行调试器。

gdb < 可执行文件名称 >，尖括号部分用待调试的可执行文件名来替换。本节会探索 GDB 的一小部分但却很重要的功能子集，以用在本章后面的调试示例上。为了帮助阐明 GDB 命令和用例，用到了图 14-2 所示的代码。当对某个可执行文件运行 GDB 时，让编译器知道该可执行文件将会用于调试这点很重要。编译时加上"-g"标志就可以做到这一点。

```
0001 #include <stdlib.h>
0002 #include <stdio.h>
0003
0004 int main(int argc,char **argv) {
0005   int i;
0006   // Make the local vector size constant
0007   int local_vector_size = 100;
0008
0009   // initialize the vectors
0010   double *a, *b;
0011   a = (double *) malloc(
0012       local_vector_size*sizeof(double));
0013   b = (double *) malloc(
0014       local_vector_size*sizeof(double));
0015   for (i=0;i<local_vector_size;i++) {
0016     a[i] = 3.14;
0017     b[i] = 6.67;
0018   }
0019   // compute dot product
0020   double sum = 0.0;
0021   for (i=0;i<local_vector_size;i++) {
0022     sum += a[i]*b[i];
0023   }
0024   printf("The dot product is %g\n",sum);
0025
0026   free(a);
0027   free(b);
0028   return 0;
0029 }
```

图 14-2 探索 GNU 调试器的示例代码 dotprod_serial.c

14.2.1.1 断点

GDB 中最有用的命令之一就是设置断点。断点是一段代码执行中的中断，允许用户测试这时的程序状态。有几种在 GDB 中设置断点的方式，包括指定函数名、行号、文件名以及行号，指定条件语句，甚至内存地址。通过图 14-2 中的代码，表 14-1 探索了上述几种选项。假定这份代码已经在编译时启用了 -g 标志并且 GDB 也已按照指示启动了可执行文件。

从 gdb 命令行使用命令 info breakpoints 可以查询每个断点的信息，如图 14-3 所示。当调用 info breakpoints 时，会报告 7 种信息：断点标识符、断点类型、断点处理、断点是否启用、断点在程序中的内存位置，以及断点所在文件名和行号。到目前为止，只有断点、两种类型相似的暂停点、监视点和捕获点会在下面讨论。

表 14-1 使用图 14-2 所示代码作为例子，展示设置断点的不同方法

断点命令类型	gdb 断点命令	描 述
由函数设置断点	break printf	在第 24 行暂停执行
由行号设置断点	break 17	在第 17 行暂停执行
由行号和文件名设置断点	break dotprod_serial.c:17	在第 17 行暂停执行
由条件设置断点	break dotprod_serial.c:16 if i==4	在第 16 行，当 i 等于 4 时暂停执行

```
(gdb) info breakpoints
Num     Type           Disp Enb Address            What
1       breakpoint     keep y   0x0000000000400450 <printf@plt>
2       breakpoint     keep y   0x00000000004005ef in main at dotprod_serial.c:17
3       breakpoint     keep y   0x00000000004005ef in main at dotprod_serial.c:17
4       breakpoint     keep y   0x00000000004005cf in main at dotprod_serial.c:16
        stop only if i==4
(gdb)
```

图 14-3 由图 14-2 所示代码设置的所有断点信息已列在表 14-1 中

断点处理指出，当到达断点时它是否被删除或保留。当在 for 循环内设置一个断点时，这很有用，这样相同的断点就不会重复命中。禁用某个断点可以用 disable 命令接上断点标识符来实现。比如，在命令行输入 disable 2 将会禁用 2 号断点，它还可以用命令 enable 2 再次启用。可以用命令 delete 加上断点标识符一次全部删除多个断点。断点处理也可以用 enable 命令来改变。例如，如果 3 号断点在命中一次之后要被禁用，则使用命令 enable once 3。为了设置命中一次就被删除的断点，tbreak 命令可以遵循表 14-1 所示语法来使用。这 4 个有用的断点命令 enable、disable、delete、tbreak 都在图 14-4 中进行了阐述。

```
(gdb) disable 2
(gdb) enable once 3
(gdb) delete 1
(gdb) info breakpoints
Num     Type           Disp Enb Address            What
2       breakpoint     keep n   0x00000000004005ef in main at dotprod_serial.c:17
3       breakpoint     dis  y   0x00000000004005ef in main at dotprod_serial.c:17
4       breakpoint     keep y   0x00000000004005cf in main at dotprod_serial.c:16
        stop only if i==4
(gdb) tbreak dotprod_serial.c:24
Temporary breakpoint 5 at 0x40067b: file dotprod_serial.c, line 24.
(gdb) info breakpoints
Num     Type           Disp Enb Address            What
2       breakpoint     keep n   0x00000000004005ef in main at dotprod_serial.c:17
3       breakpoint     dis  y   0x00000000004005ef in main at dotprod_serial.c:17
4       breakpoint     keep y   0x00000000004005cf in main at dotprod_serial.c:16
        stop only if i==4
5       breakpoint     del  y   0x000000000040067b in main at dotprod_serial.c:24
(gdb)
```

图 14-4　从图 14-3 所示的断点开始，命令 disable、enable、delete 和 tbreak 分别用于修改断点的启用、处理、删除以及单独设置临时断点

尽管设置断点本身经常用于帮助推断控制流，但它通常最有用的是测试在某个时刻下程序状态的变量。这可以用 print 命令来完成，如图 14-5 所示。注意，在图 14-5 中，设置断点之后开始执行程序时，要发出 run 命令。一旦到达断点，执行将会暂停且变量可以用 print 来测试。

```
(gdb) tbreak 17
Temporary breakpoint 1 at 0x4005ef: file dotprod_serial.c, line 17.
(gdb) run
Starting program: /home/andersmw/learn/a.out

Temporary breakpoint 1, main (argc=1, argv=0x7fffffffdfc8) at dotprod_serial.c:17
17          b[i] = 6.67;
(gdb) print i
$1 = 0
(gdb) print a[i]
$2 = 3.1400000000000001
(gdb) print b[i]
$3 = 0
(gdb)
```

图 14-5　在图 14-2 所示代码的第 17 行使用临时断点的示例，随后检测了断点内部的变量值。注意到当 b[0] 元素尚未被初始化时，a[0] 元素已经被初始化。这说明在指定的断点行执行之前，该断点被暂停了

14.2.1.2　监视点和捕获点

虽然监视点和捕获点与断点具有天然的相似性，但是它们依赖于某些写入的变量，或某些预先设定的事件，如捕获一个 C++ 异常。为了设置监视点，可以向 gdb 命令行输入命令 watch 后接上要监视的表达式。例如，要监视图 14-2 中 sum 变量值的变化，一旦变量

sum 位于第 20 行的当前上下文中时，命令 watch sum 会被发送到 gdb 命令行。这在图 14-6
中进行了说明。图 14-7 中描述了提交 info watchpoints 命令可以获取监视点的信息。

```
(gdb) b 20
Breakpoint 1 at 0x40061b: file dotprod_serial.c, line 20.
(gdb) r
Starting program: /home/andersmw/learn/a.out

Breakpoint 1, main (argc=1, argv=0x7fffffffdfb8) at dotprod_serial.c:20
20          double sum = 0.0;
(gdb) watch sum
Hardware watchpoint 2: sum
(gdb) continue
Continuing.
Hardware watchpoint 2: sum

Old value = 6.9533558074263132e-310
New value = 0
main (argc=1, argv=0x7fffffffdfb8) at dotprod_serial.c:21
21          for (i=0;i<local_vector_size;i++) {
(gdb) continue
Continuing.
Hardware watchpoint 2: sum

Old value = 0
New value = 20.9438
main (argc=1, argv=0x7fffffffdfb8) at dotprod_serial.c:21
21          for (i=0;i<local_vector_size;i++) {
(gdb)
```

图 14-6　对图 14-2 中的变量 sum 设置监视点的示例。断点设在第 20 行，这样变量就在当前内
　　　　存上下文中。接着通过命令"watch sum"提交监视点。每次变量 sum 被写入时，执
　　　　行就会暂停。"continue"命令用于恢复执行。监视点在此次示例中命中两次。"break"
　　　　的缩写"b"和"run"的缩写"r"也被用到了。命令缩写也包含在 GDB 速查表中

```
(gdb) info watchpoints
Num     Type           Disp Enb Address            What
2       hw watchpoint  keep y                      sum
        breakpoint already hit 2 times
(gdb)
```

图 14-7　提交"info watchpoints"命令可以获取监视点信息

14.2.1.3　反向跟踪

当在调试器中暂停执行时，可用 back trace 命令展示导向执行中当前点的调用者概览。
由于图 14-2 中的示例只有一次调用（main），因此使用此示例的任何反向跟踪将只会给出一
层框架，或者一个调用栈成员。为了更好地阐述 back trace 命令，修改图 14-2 的示例代码
将另一个函数包括了进去，见图 14-8。

```
0001 #include <stdlib.h>
0002 #include <stdio.h>
0003
0004 void initialize(double *a, double *b,int local_vector_size)
0005 {
0006   int i;
0007   for (i=0;i<local_vector_size;i++) {
0008     a[i] = 3.14;
0009     b[i] = 6.67;
0010   }
0011 }
0012
0013 int main(int argc,char **argv) {
0014   int i;
0015   // Make the local vector size constant
0016   int local_vector_size = 100;
0017
0018   // initialize the vectors
0019   double *a, *b;
0020   a = (double *) malloc(
0021       local_vector_size*sizeof(double));
0022   b = (double *) malloc(
0023       local_vector_size*sizeof(double));
0024
0025   initialize(a,b,local_vector_size);
0026
0027   // compute dot product
0028   double sum = 0.0;
0029   for (i=0;i<local_vector_size;i++) {
0030     sum += a[i]*b[i];
0031   }
0032   printf("The dot product is %g\n",sum);
0033
0034   free(a);
0035   free(b);
0036   return 0;
0037 }
```

图 14-8　探索反向跟踪命令的示例代码

通过在图 14-8 所示初始化函数的第 8 行设置断点，执行中针对该断点的调用栈可以用 back trace 命令来展示，如图 14-9 所示。

```
(gdb) break 8
Breakpoint 1 at 0x40059e: file dotprod_serial.c, line 8.
(gdb) run
Starting program: /home/andersmw/learn/a.out

Breakpoint 1, initialize (a=0x601010, b=0x601340, local_vector_size=100)
    at dotprod_serial.c:8
8          a[i] = 3.14;
(gdb) backtrace
#0  0x000000000040059e in initialize (a=0x601010, b=0x601340, local_vector_size=100)
    at dotprod_serial.c:8
#1  0x0000000000400643 in main (argc=1, argv=0x7fffffffdfb8) at dotprod_serial.c:25
(gdb) ▌
```

图 14-9　显示调用栈的 back trace 命令示例。在图 14-8 所示代码第 8 行设置了一个断点并且代码已经运行到此点。提交 back trace 命令，显示了带有两个框的调用栈：初始化函数中的执行框（frame #0），回退到主程序的调用框（frame #1）

调用栈可以用 up 和 down 命令遍历，允许用户退出或进入函数调用并检查这些调用中的变量和内存。如图 14-10 所示，up 和 down 命令后接一个数字就可用一个命令遍历几层调用栈框。

```
(gdb) backtrace
#0  0x000000000040059e in initialize (a=0x601010, b=0x601340, local_vector_size=100)
    at dotprod_serial.c:8
#1  0x0000000000400643 in main (argc=1, argv=0x7fffffffdfb8) at dotprod_serial.c:25
(gdb) up
#1  0x0000000000400643 in main (argc=1, argv=0x7fffffffdfb8) at dotprod_serial.c:25
25          initialize(a,b,local_vector_size);
(gdb) list
20          a = (double *) malloc(
21              local_vector_size*sizeof(double));
22          b = (double *) malloc(
23              local_vector_size*sizeof(double));
24
25          initialize(a,b,local_vector_size);
26
27          // compute dot product
28          double sum = 0.0;
29          for (i=0;i<local_vector_size;i++) {
(gdb) down
#0  initialize (a=0x601010, b=0x601340, local_vector_size=100) at dotprod_serial.c:8
8           a[i] = 3.14;
(gdb) list
3
4       void initialize(double *a, double *b,int local_vector_size)
5       {
6           int i;
7           for (i=0;i<local_vector_size;i++) {
8               a[i] = 3.14;
9               b[i] = 6.67;
10          }
11      }
12
(gdb)
```

图 14-10　使用 up 和 down 命令遍历调用栈框的示例。从图 14-9 所示的反向跟踪开始，在图 14-8 所示代码的第 25 行提交 up 命令，这将调试器上下文从初始化函数移动到主程序序流。"list"命令在将当前上下文附近的几行代码打印到屏幕时非常有用。随后提交 down 命令，然后调试器上下文返回到初始化函数

14.2.1.4　设置变量

用 GDB 可以在执行期间设置一个变量，并在继续执行时使用该变量。此功能可用 set 命令实现，如图 14-11 所示。在图 14-2 所示代码的内部初始化 for 循环后设置一个断点，变量 i 的值被设为 99，这迫使循环在执行恢复时退出。使用"set var"命令，可以在调试器内部被操控执行。

14.2.1.5　线程

对于多线程应用（比如 OpenMP），GDB 允许线程之间切换上下文并将调试器命令应用到所有线程上。info threads 命令将会列出带有线程标识符的线程清单。调试器可以在 thread 命令后接线程标识符来切换线程。

```
(gdb) break 17
Breakpoint 1 at 0x4005ef: file dotprod_serial.c, line 17.
(gdb) run
Starting program: /home/andersmw/learn/a.out

Breakpoint 1, main (argc=1, argv=0x7fffffffdfb8) at dotprod_serial.c:17
17          b[i] = 6.67;
(gdb) set var i=99
(gdb) continue
Continuing.
The dot product is 0
[Inferior 1 (process 12264) exited normally]
(gdb)
```

图 14-11   图 14-2 所示代码在内部初始化 for 循环后设置一个断点，变量 i 的值设为 99，这
迫使执行恢复后退出循环。使用"set var"命令可在调试器内部控制执行

为了探索 GDB 中的线程调试功能，用到了图 14-12 中的 OpenMP 点积示例。环境变量
OMP_NUM_THREADS 设为 4 且 GDB 使用普通方式启动：gdb <executable name>。单步
进入代码并检测每个线程中的私有变量，如图 14-13 所示。在图 14-12 所示代码的第 23 行
放置一个断点。调试器在运行时会把创建的 3 个额外线程告知用户，按照预期那样一共创
建 4 个线程。一旦执行到断点，命令"info threads"列出可用线程。当提交"info threads"
命令时，线程号之后出现的星号表明在调试器中当前哪个线程的上下文是活跃的。私有变
量 i 会为每个线程打印出来，并且调试器会用"thread"命令在线程之间切换上下文。

```
0001 #include <stdio.h>
0002 #include <omp.h>
0003
0004 int main ()
0005 {
0006   const int n = 30;
0007   int   i,chunk;
0008   double a[n], b[n], result = 0.0;
0009
0010   /* Some initializations */
0011   chunk = 5;
0012   for (i=0; i < n; i++) {
0013       a[i] = i * 3.14;
0014       b[i] = i * 6.67;
0015   }
0016
0017 #pragma omp parallel for          \
0018       default(shared) private(i) \
0019       schedule(static,chunk)     \
0020       reduction(+:result)
0021
0022     for (i=0; i < n; i++)
0023         result += (a[i] * b[i]);
0024
0025   printf("Final result= %f\n",result);
0026 }
```

图 14-12   OpenMP 点积代码展示了 GDB 支持线程的能力

```
(gdb) break 23
Breakpoint 1 at 0x40093c: file dotproduct.c, line 23.
(gdb) run
Starting program: /home/andersmw/learn/a.out
[Thread debugging using libthread_db enabled]
Using host libthread_db library "/lib/x86_64-linux-gnu/libthread_db.so.1".
[New Thread 0x7ffff73d1700 (LWP 44176)]
[New Thread 0x7ffff6bd0700 (LWP 44177)]
[New Thread 0x7ffff63cf700 (LWP 44178)]

Breakpoint 1, main._omp_fn.0 () at dotproduct.c:23
23              result += (a[i] * b[i]);
(gdb) info threads
  Id   Target Id         Frame
  4    Thread 0x7ffff63cf700 (LWP 44178) "a.out" main._omp_fn.0 () at dotproduct.c:23
  3    Thread 0x7ffff6bd0700 (LWP 44177) "a.out" main._omp_fn.0 () at dotproduct.c:23
  2    Thread 0x7ffff73d1700 (LWP 44176) "a.out" main._omp_fn.0 () at dotproduct.c:23
* 1    Thread 0x7ffff7fdc7c0 (LWP 44172) "a.out" main._omp_fn.0 () at dotproduct.c:23
(gdb) print i
$1 = 0
(gdb) thread 2
[Switching to thread 2 (Thread 0x7ffff73d1700 (LWP 44176))]
#0  main._omp_fn.0 () at dotproduct.c:23
23              result += (a[i] * b[i]);
(gdb) print i
$2 = 5
(gdb) thread 3
[Switching to thread 3 (Thread 0x7ffff6bd0700 (LWP 44177))]
#0  main._omp_fn.0 () at dotproduct.c:23
23              result += (a[i] * b[i]);
(gdb) print i
$3 = 10
(gdb) thread 4
[Switching to thread 4 (Thread 0x7ffff63cf700 (LWP 44178))]
#0  main._omp_fn.0 () at dotproduct.c:23
23              result += (a[i] * b[i]);
(gdb) print i
$4 = 15
(gdb)
```

图 14-13　使用线程的 GNU 调试器。图 14-12 所示代码在 GDB 中执行，其中环境变量 OMP_NUM_THREADS 被设为 4

14.2.1.6　GDB 速查表

一些更重要的 GDB 命令的简短总结及其功能和缩写列举在表 14-2 中。

表 14-2　一些主要 GDB 命令的简要总结

命　　令	缩　　写	功　　能
run	r	在调试器中开始执行
continue	c	暂停之后在调试器中继续执行
quit	q	退出调试器
break	b	设置断点
watch		设置监视点
backtrace	bt	打印调用栈
set_variable	set var	设置变量值
thread	t	切换到不同的线程标识
list	l	列出当前停止点附近的源码

14.2.2　Valgrind

Valgrind 工具套件[3] 提供了几种调试应用的重要工具，特别是在内存错误和线程数据竞争的上下文中。工具套件包含的工具见表 14-3。

表 14-3　Valgrind 工具套件中的工具

工　具	描　述
Memcheck	报告内存错误，包括内存泄漏和对尚未分配的内存访问
Cachegrind	确定缓存缺失数
Callgrind	使用一些附加信息扩展 Cachegrind
Massif	堆分析器
Helgrind	查找数据竞争条件的调试器
DRD	用于 C 和 C++ 程序的多线程调试

类似于 GDB，最佳实践是用 -g 选项编译出带有调试信息的可执行文件，以提供大部分信息。Valgrind 用例很简单：可执行文件在传递给期望的套件工具或检查后送往 Valgrind 来执行。举例来说，命令 valgrind -tool=helgrind< 可执行程序 > 将会在特定的可执行程序（比如 OpenMP 代码）上运行 Helgrind 工具来寻找数据竞争条件。如果不指定工具，Valgrind 则会运行 Memcheck 工具。Memcheck 是识别内存错误时使用最广泛的工具之一。

14.2.3　商业版并行调试器

很多商业版并行调试器为多种编程模型和硬件架构提供了对 C、C++ 以及基于 Fortran 代码的调试支持，包括通用图形处理单元和纵核架构。表 14-4 列举了更广泛使用的可用的并行商业版调试器。

表 14-4　一些更广泛使用的并行商业版调试器

商业版调试器	值得注意的能力
TotalView [4]	支持 OpenMP、MPI、OpenACC、CUDA
Allinea DDT [2]	支持 OpenMP、Pthreads、MPI、CUDA
Intel Parallel Debugger [5]	支持多核调试

表 14-1 中的每个调试器都有图形化用户界面（GUI）来检测并行执行中每个处理器或线程的状态。有几种调试器提供了对内存泄漏和其他内存错误的检测。目前调试器提供的重放能力也很常见，这通过借由记录程序全部的执行状态用于后续的重放来实现。这个功能在调试 Heisenbug 的时候特别有用，这种 bug 会在尝试捕获它们的时候消失。针对 TotalView 的启动选项包括一个重放功能和内存调试，如图 14-14 所示。可以查看并在每个处理器或线程之间切换整个程序状态，如图 14-15 所示的 TotalView。

商业版并行调试器提供了出色的调试支持，但常建立在庞大的许可证花费上，这也会随着节点数量的增长高得买不起。出于这个原因，超算中心常常对此类商业版调试器作用

的节点数量设置上限。如果调试的数量规模超过此上限，程序使用者常常不得不转向本章
讨论的其他调试工具。

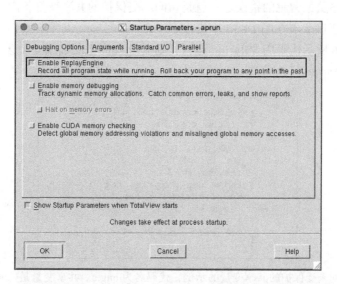

图 14-14　使用 TotalView 时，双进程 MPI SendRecv 示例的启动选项。重要选项包括启用
　　　　　重放和内存调试

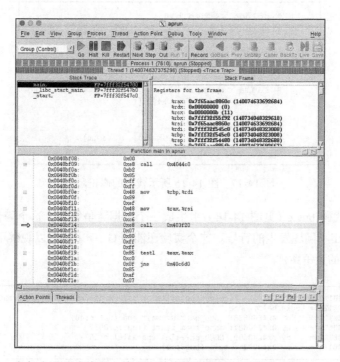

图 14-15　在每个进程或线程上检查和单步执行时显示程序状态的 TotalView GUI

14.3 调试 OpenMP 示例：访问不受保护的共享变量

OpenMP 程序员最常犯的错误之一就是访问不受保护的共享变量，图 14-16 展示了一个示例。该示例的正确版本在图 14-17 中给出。

如果图 14-16 所示代码用 Valgrind 运行，则变量 sum 上的数据竞争会被立即识别到。

valgrind–tool=helgrind ./a.out

```
0001 #include <stdio.h>
0002 #include <omp.h>
0003
0004 int main () {
0005   int i;
0006   int sum = 0;
0007 #pragma omp parallel for
0008   for (i=0;i<100;i++) {
0009     sum += i;
0010   }
0011   printf(" Result sum=%d\n",sum);
0012 }
```

图 14-16 访问未受保护的共享变量的示例，代码名为 bug.c。共享变量是" sum"，用一个以上的 OpenMPI 线程运行示例将会使所有结果都不正确且不一致

```
0001 #include <stdio.h>
0002 #include <omp.h>
0003
0004 int main () {
0005   int i;
0006   int sum = 0;
0007 #pragma omp parallel for reduction(+:sum)
0008   for (i=0;i<100;i++) {
0009     sum += i;
0010   }
0011   printf(" Result sum=%d\n",sum);
0012 }
```

图 14-17 图 14-16 所示代码的修正版本

Valgrind 在代码 bug.c（见图 14-16）中生成一个数据竞争警告，这个警告展示在图 14-18 中，甚至正确指出了问题发生的行号。这个实验还能用 GDB 来执行以观察不同线程试图同时写入变量 sum 时的竞争条件。

```
==30110== Possible data race during write of size 4 at 0x5845800 by thread #1
==30110== Locks held: none
==30110==    at 0x4E4E638: gomp_barrier_wait_end (bar.c:40)
==30110==    by 0x4E4C681: gomp_team_start (team.c:805)
==30110==    by 0x4E48999: GOMP_parallel (parallel.c:167)
==30110==    by 0x400725: main (bug.c:7)
```

图 14-18 调试图 14-16 所示代码 bug.c 时 Valgrind 的输出

14.4　调试 MPI 示例：死锁

在 MPI 编程时一种常见的错误就是死锁，在此情况下，竞争请求完全阻碍了其完成并且程序无法继续下去。图 14-19 给出了示例，并在图 14-20 中修正了此种情况。此类死锁难以调试，因为它们在没有错误信息和额外输出的时候导致程序执行挂起。

```
0001 #include <stdio.h>
0002 #include <stdlib.h>
0003 #include <mpi.h>
0004
0005 int main(int argc, char* argv[]) {
0006   const int n = 10000;
0007   int *x, *y, nprocs,proc_id,i;
0008   int tag1 = 19;
0009   int tag2 = 20;
0010   MPI_Status status;
0011   MPI_Request send_request, recv_request;
0012
0013   MPI_Init(&argc, &argv);
0014   MPI_Comm_size(MPI_COMM_WORLD, &nprocs);
0015   MPI_Comm_rank(MPI_COMM_WORLD, &proc_id);
0016
0017   x = (int *) malloc(sizeof(int)*n);
0018   y = (int *) malloc(sizeof(int)*n);
0019
0020   // this example only works on two processes
0021   if (nprocs != 2) {
0022     if (proc_id == 0) {
0023       printf("This only works on 2 processes\n");
0024     }
0025     MPI_Finalize();
0026     return 0;
0027   }
0028
0029   if (proc_id == 0) {
0030     // only process 0 does this part
0031     for (i=0;i<n;i++) x[i] = 314159;
0032
0033     MPI_Send(x, n, MPI_INT, 1, tag2, MPI_COMM_WORLD);
0034     MPI_Recv(x, n, MPI_INT, 1, tag1, MPI_COMM_WORLD,&status);
0035
0036     printf(" Process %d received value %d\n",proc_id,x[0]);
0037   } else {
0038
0039     MPI_Send(y, n, MPI_INT, 0, tag1, MPI_COMM_WORLD);
0040     MPI_Recv(y, n, MPI_INT, 0, tag2, MPI_COMM_WORLD,&status);
0041   }
0042
0043   free(x);
0044   free(y);
0045
0046   MPI_Finalize();
0047   return 0;
0048 }
```

图 14-19　死锁示例：两个竞争的 MPI_Send 请求阻塞了进程通信随后执行挂起

```
0001 #include <stdio.h>
0002 #include <stdlib.h>
0003 #include <mpi.h>
0004
0005 int main(int argc, char* argv[]) {
0006   const int n = 10000;
0007   int *x, *y, nprocs,proc_id,i;
0008   int tag1 = 19;
0009   int tag2 = 20;
0010   MPI_Status status;
0011   MPI_Request send_request, recv_request;
0012
0013   MPI_Init(&argc, &argv);
0014   MPI_Comm_size(MPI_COMM_WORLD, &nprocs);
0015   MPI_Comm_rank(MPI_COMM_WORLD, &proc_id);
0016
0017   x = (int *) malloc(sizeof(int)*n);
0018   y = (int *) malloc(sizeof(int)*n);
0019
0020   // this example only works on two processes
0021   if (nprocs != 2) {
0022     if (proc_id == 0) {
0023       printf("This only works on 2 processes\n");
0024     }
0025     MPI_Finalize();
0026     return 0;
0027   }
0028
0029   if (proc_id == 0) {
0030     // only process 0 does this part
0031     for (i=0;i<n;i++) x[i] = 314159;
0032
0033     MPI_Send(x, n, MPI_INT, 1, tag2, MPI_COMM_WORLD);
0034     MPI_Recv(x, n, MPI_INT, 1, tag1, MPI_COMM_WORLD,&status);
0035
0036     printf(" Process %d received value %d\n",proc_id,x[0]);
0037   } else {
0038
0039     MPI_Recv(y, n, MPI_INT, 0, tag2, MPI_COMM_WORLD,&status);
0040     MPI_Send(y, n, MPI_INT, 0, tag1, MPI_COMM_WORLD);
0041   }
0042
0043   free(x);
0044   free(y);
0045
0046   MPI_Finalize();
0047   return 0;
0048 }
```

图 14-20　图 14-19 所示死锁的修正版本

　　使用调试器可以轻松识别这种死锁。尽管 GDB 属于串行调试器，但有一种针对这类并行应用的简单且直接的调试办法就是为每个进程启动一次 GDB。有两种方式可以做到。

　　第一种方式是为每个进程开启一个 xterm 窗口并在每个窗口中使用调试器来检测问题。这在图 14-21 中有说明。尽管这可以使用在某些集群上，但是大量集群未被配置为允许在计算节点上启动 xterm 窗口。

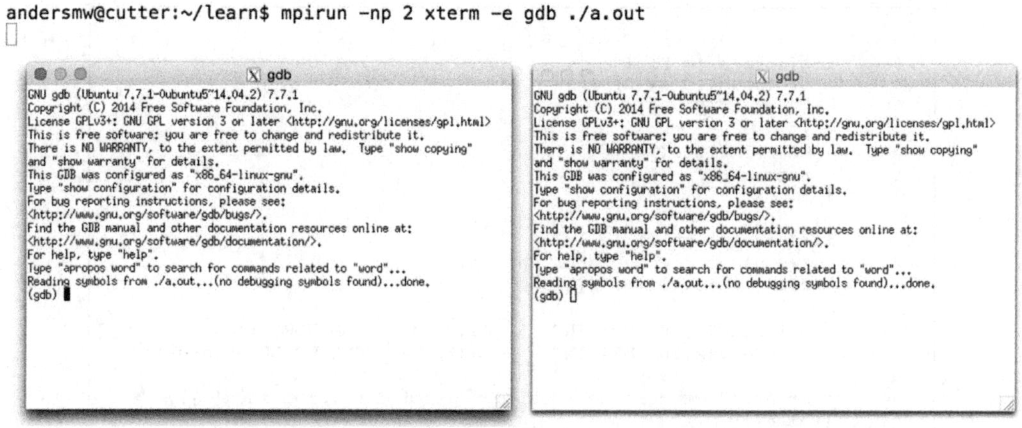

```
andersmw@cutter:~/learn$ mpirun –np 2 xterm –e gdb ./a.out
```

图 14-21　通过 xterm 启动两个串行调试器来调试图 14-19 所示的死锁。尽管这可以在某些
　　　　　集群上运行，但很多集群都未被配置成允许执行此类操作

第二种方式不需要启动 xterm 窗口且几乎可以工作在所有集群上。然而，这需要在待调试的代码中加上几行。这段额外代码会打印出每个进程的进程标识符（PID）以供 GDB 附着到该进程。添加的"while"循环是为了暂停代码执行直到调试器可以附着到每个进程。图 14-22 展示了一段为了使用 GDB 调试而修改的死锁代码，可以看到这段代码加在了第 17～24 行。

```
0001 #include <stdio.h>
0002 #include <stdlib.h>
0003 #include <mpi.h>
0004
0005 int main(int argc, char* argv[]) {
0006   const int n = 10000;
0007   int *x, *y, nprocs,proc_id,i;
0008   int tag1 = 19;
0009   int tag2 = 20;
0010   MPI_Status status;
0011   MPI_Request send_request, recv_request;
0012
0013   MPI_Init(&argc, &argv);
0014   MPI_Comm_size(MPI_COMM_WORLD, &nprocs);
0015   MPI_Comm_rank(MPI_COMM_WORLD, &proc_id);
0016
0017   // Wait for attach
0018   i = 0;
0019   char hostname[256];
0020   gethostname(hostname, sizeof(hostname));
0021   printf("PID %d on %s ready for attach\n", getpid(), hostname);
0022   fflush(stdout);
0023   while (0 == i)
0024     sleep(5);
0025
0026   x = (int *) malloc(sizeof(int)*n);
0027   y = (int *) malloc(sizeof(int)*n);
```

图 14-22　为了附着到调试器而修改过的死锁示例。代码添加第 17～24 行来打印 PID，接
　　　　　着等待调试器附着到这些进程上

```
0028
0029      // this example only works on two processes
0030      if (nprocs != 2) {
0031        if (proc_id == 0) {
0032          printf("This only works on 2 processes\n");
0033        }
0034        MPI_Finalize();
0035        return 0;
0036      }
0037
0038      if (proc_id == 0) {
0039        // only process 0 does this part
0040        for (i=0;i<n;i++) x[i] = 314159;
0041
0042        MPI_Send(x, n, MPI_INT, 1, tag2, MPI_COMM_WORLD);
0043        MPI_Recv(x, n, MPI_INT, 1, tag1, MPI_COMM_WORLD,&status);
0044
0045        printf(" Process %d received value %d\n",proc_id,x[0]);
0046      } else {
0047
0048        MPI_Send(y, n, MPI_INT, 0, tag1, MPI_COMM_WORLD);
0049        MPI_Recv(y, n, MPI_INT, 0, tag2, MPI_COMM_WORLD,&status);
0050      }
0051
0052      free(x);
0053      free(y);
0054
0055      MPI_Finalize();
0056      return 0;
0057    }
```

图 14-22 （续）

为了使用 GDB 进行并行调试，图 14-22 所示代码在两个进程上正常运行，也就是 mpirun -np 2 < 可执行文件名 >。随后会打印出 PID 且执行会暂停，如图 14-23 所示。

```
[andersmw@cutter:~/learn$ mpirun -np 2 ./a.out
PID 17331 on cutter ready for attach
PID 17332 on cutter ready for attach
```

图 14-23　运行图 14-22 所示代码使进程的 PID 打印到屏幕。此次执行随后因为图 14-22 中
　　　　 第 23 行的 "while" 循环而暂停

一旦 PID 已知，GDB 就可以附着到每个进程。附着过程是先登录到这些等待进程的所在节点上，并针对该节点上每个等待的 PID 启动 GDB，如图 14-24 所示。

[andersmw@cutter: ~ $ gdb attach 17331
[andersmw@cutter: ~ $ gdb attach 17332

注意，不必在原始可执行文件相同的目录下才可将调试器附着到进程上。为每个进程启动一个 GDB。每个进程仍会进入图 14-22 中第 23 行的 while 循环，这就很有必要为了调试而修改变量 " i " 的值了。使用调试器来运行反向跟踪命令 back trace，显示出变量 " i " 不在当前调用栈框中，而在当前执行框之上的两个框里。图 14-24 对此进行了展示。

```
[(gdb) backtrace
#0  0x00007fa6cebcbdfd in nanosleep () at ../sysdeps/unix/syscall-template.S:81
#1  0x00007fa6cebcbc94 in __sleep (seconds=0)
    at ../sysdeps/unix/sysv/linux/sleep.c:137
#2  0x0000000000400c55 in main (argc=1, argv=0x7ffe6f24c2d8) at deadlock.c:24
```

图 14-24　将 GDB 附着到 PID 中的某一个后的调用栈。注意到变量"i"和 while 循环所在
　　　　　的调用框是框 #2，或者位于执行框（框 #0）之上的两个框

为了在第 23 行中能将变量"i"设置为除 0 以外的其他值以终止 while 循环，调试器框
改为框 #2 并用 GDB 的变量设置命令把"i"设为 1。这两步都在调试器命令行中完成，如
图 14-25 所示。

```
[(gdb) up 2
#2  0x0000000000400c55 in main (argc=1, argv=0x7ffe6f24c2d8) at deadlock.c:24
24          sleep(5);
[(gdb) list
19          char hostname[256];
20          gethostname(hostname, sizeof(hostname));
21          printf("PID %d on %s ready for attach\n", getpid(), hostname);
22          fflush(stdout);
23          while (0 == i)
24              sleep(5);
25
26          x = (int *) malloc(sizeof(int)*n);
27          y = (int *) malloc(sizeof(int)*n);
28
[(gdb) set var i=1
[(gdb) continue
```

图 14-25　变量"i"设为 1 以结束这个 while 循环，从而暂停图 14-22 所示代码的执行。这
　　　　　可以在当前上下文中通过改变变量"i"所在的执行框，重置"i"为 1（"set var
　　　　　i=1"），以及恢复执行来实现

现在代码在 GDB 的两个不同实例中并行运行。通常最佳实践是先于图 14-25 所示的提
交 continue 命令之前就设置好任何期望的断点。然而，在这个死锁示例中，调试器用于确
定为何代码会被挂起。它是通过简单的终止两个调试器（使用 control-c）的执行，然后在每
个调试器中提交 back trace 命令来实现的，如图 14-26 所示。

```
MPI       ^C
Process 0 Program received signal SIGINT, Interrupt.
          0x00007fa6cebd62a7 in sched_yield () at ../sysdeps/unix/syscall-template.S:81
          81      ../sysdeps/unix/syscall-template.S: No such file or directory.
          [(gdb) backtrace
          #0  0x00007fa6cebd62a7 in sched_yield () at ../sysdeps/unix/syscall-template.S:81
```

图 14-26　通过 control-c 暂停执行后，用两个调试器实例的反向跟踪来找出为何程序会
　　　　　挂起。两个进程的调用栈都表明它们处于等待状态（框 #1 和框 #2），由于阻塞
　　　　　send 调用而导致了死锁

```
#1  0x00007fa6c93da772 in psmi_mq_wait_internal (do_lock=0, status=0x0, ireq=0x7ff
e6f24bde8) at psm_mq.c:279
#2  0x00007fa6c93da772 in psmi_mq_wait_internal (ireq=0x7ffe6f24bde8)
    at psm_mq.c:314
#3  0x00007fa6c93bd61f in amsh_mq_send (len=40000, ubuf=0x153c6a0, tag=20, flags=<
optimized out>, epaddr=0x1517498, req=0x7fa6cf551ef0, mq=0x14c3468)
    at am_reqrep_shmem.c:2799
#4  0x00007fa6c93bd61f in amsh_mq_send (mq=0x14c3468, epaddr=0x1517498, flags=<opt
imized out>, tag=20, ubuf=0x153c6a0, len=40000) at am_reqrep_shmem.c:2847
#5  0x00007fa6c93daa4b in __psm_mq_send (mq=<optimized out>, dest=<optimized out>,
 flags=<optimized out>, stag=<optimized out>, buf=<optimized out>, len=<optimized
out>) at psm_mq.c:393
```

MPI Process 1
```
^C
Program received signal SIGINT, Interrupt.
0x00007f1c104ef690 in __psmi_poll_internal (ep=0x1ebf538,
    poll_amsh=poll_amsh@entry=1) at psm.c:499
499             }
[(gdb) backtrace
#0  0x00007f1c104ef690 in __psmi_poll_internal (ep=0x1ebf538, poll_amsh=poll_ams
h@entry=1) at psm.c:499
#1  0x00007f1c104ed7a6 in psmi_mq_wait_internal (do_lock=0, status=0x0, ireq=0x7
ffcffbfeac8) at psm_mq.c:279
#2  0x00007f1c104ed7a6 in psmi_mq_wait_internal (ireq=0x7ffcffbfeac8)
    at psm_mq.c:314
#3  0x00007f1c104d061f in amsh_mq_send (len=40000, ubuf=0x1f0a280, tag=429496731
5, flags=<optimized out>, epaddr=0x1e6b2e8, req=0x7f1c16664ef0, mq=0x1e88458)
    at am_reqrep_shmem.c:2799
#4  0x00007f1c104d061f in amsh_mq_send (mq=0x1e88458, epaddr=0x1e6b2e8, flags=<o
ptimized out>, tag=4294967315, ubuf=0x1f0a280, len=40000)
    at am_reqrep_shmem.c:2847
#5  0x00007f1c104eda4b in __psm_mq_send (mq=<optimized out>, dest=<optimized out
>, flags=<optimized out>, stag=<optimized out>, buf=<optimized out>, len=<optimi
zed out>) at psm_mq.c:393
```

图 14-26 （续）

两个调试器实例的反向跟踪给出了两个挂起进程的调用栈，表明两者均处于等待，由于阻塞 send 调用而导致了死锁。

调试器允许 MPI 应用开发者直接查询并行应用行为、放置断点以及监视点，并且通过快速大规模遍历调用栈和内存来诊断问题。尽管在这个示例中 GDB 附着到每个进程，而要调试上千个进程的时候，这就可能行不通了。在此情况下，调试器可通过适当修改插入的代码，打印 PID 并等待附着到进程的相关子集，如图 14-22 中的第 17～24 行所示。

14.5   用于调试的编译器标志

编译器警告是辅助调试应用程序的重要资源。针对编译器的特定命令行选项，它可检查程序员常犯的错误。表 14-5 展示了 GNU、英特尔、LLVM 和 PGI 编译器命令行选项的总结，附带了在调试上下文环境中它们调用的相关行为。

表 14-5 用于 GNU、英特尔、LLVM 和 PGI 编译器调试的命令行选项

动 作	Gcc	icc	clang	pgcc
启用指针边界检查（R）	-fcheck-pointer-bounds	-check-pointers-mpx=rw		-Mbounds
启用地址清理程序（R）	-fsanitize=address		-fsanitize=address	
启用线程清理程序（R）	-fsanitize=thread		-fsanitize=thread	
启用泄漏清理程序（R）	-fsanitize=leak		-fsanitize=leak	
启用未定义的行为清理程序（R）	-fsanitize=undefined		-fsanitize=undefined	
启用所有常见警告类型（S）	-Wall	-Wall	-Wall	-Minform=warn
如果代码不严格遵守 ANSI C 或 ISO C++，则发出警告（S）	-pedantic		-pedantic	-Xa
警告使用未初始化的变量（S）	-Wuninitialized	-Wuninitialized	-Wuninitialized	
当局部变量影响另一个变量时发出警告（S）	-Wshadow	-Wshadow	-Wshadow	
当有符号整数和无符号整数之间的比较可能产生错误结果时发出警告（S）	-Wsign-compare	-Wsign-compare	-Wsign-compare	
如果在预处理器指令中使用了未定义的标识符，则发出警告（S）	-Wundef		-Wundef	
使用未声明函数或声明未指定类型时发出警告（S）	-Wimplicit	-Wmissing-declarations -Wmissing-prototypes	-Wimplicit	

14.6 帮助调试的系统监控器

不少集群采用监控软件来探测节点硬件状态，并获取当前执行中工作负载的相关信息。前者可能简单到只需验证节点对远程命令的响应，但也可能包括关键部件的温度测量（温度通常随负载一起上升），甚至访问检测硬件的其他物理特性（供电电压、风扇转速等）的底层内置传感器。后者首先考虑的是可用中央处理单元（CPU）的使用率（见图 14-27），但也可能提供其他重要的统计数据，例如工作负载在用户态和核心态的执行比例、已用和可用内存的数量、输入 / 输出操作传输的数据量、网络流量等级、磁盘可用空间，以及其他数据。监控依赖在每个节点后端运行并按照一定间隔（例如每隔一分钟）采样收集所需信息的轻量级守护进程。这些信息被聚合到一个专用服务器上并且通过公共访问接口（比如网页）对用户开放。常用的系统监控器有 Nagios[6] 和 Ganglia[7]。

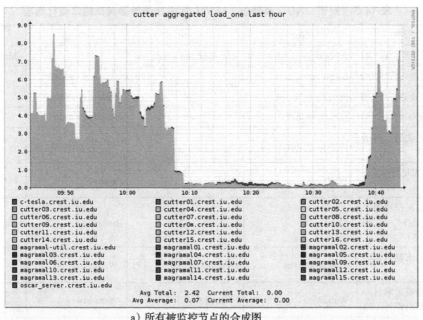

a）所有被监控节点的合成图

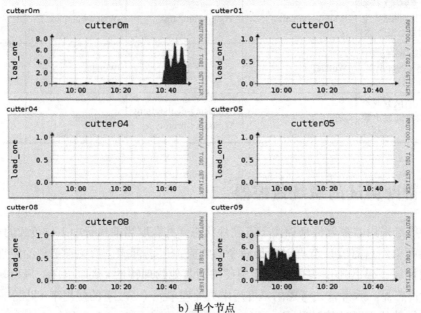

b）单个节点

图 14-27　由 Ganglia 生成的处理器负载示例快照（由于篇幅限制只展示了一个框）

　　由于采样执行在一个相对粗糙的粒度上，以最小化监控对主要工作负载执行的影响，所以它只可能进行有限的分析。然而，将待调试应用程序的运行和系统状态可视化地结合在一起可能会常常提供其他方式难以得到的线索。任何应用程序执行期间的负载不均衡是立即可见的。如果期望负载通过算法设计达到平衡，但实际上却并不对称，这会立即识别出需要进一步检查的位置（节点）。这种不对称可能是代码中的逻辑缺陷所致，但也可能是因为在同一个节点上之前运行的某个任务非正常终止或某个系统服务失控。卡在自旋锁上的线程通常表现为 CPU 负载达到 100%，而空闲线程（例如那些等待任务执行的线程）却占用最小的 CPU 使用率。在多线程程序中，观察到的大量负载的变化可能暗示着关键部分有设计错误或不合适的加锁机制。监控内存的使用可能解释了性能的随机浮动，比如由于接近物理内存耗尽临界点所引起的。当调试器确定捕获到一次内存分配调用失败时，它常常不能确定此次失败是发生在大内存占用的延长执行之后还是一次伪分配请求的结果。通过统一通信模式的预期，观察网络流量可能帮助算法识别出不符合需要的热点。尽管许多受系统监控启发的方法都与性能调试有关，但将它们用于传统的调试中可能有助于更快地关注到出错的真正原因。它们还提供了急需的智能检查来验证为应用程序执行准备的启动环境是否与程序员的预期相匹配。

14.7 本章小结及成果

- ❏ 追溯超级计算机上并行应用程序执行中异常现象的起因远比调试串行应用程序困难。
- ❏ 在高性能计算机上调试一个应用程序常常需要相当仔细地观察超级计算机的软件和硬件栈以期恰当地诊断异常。
- ❏ 几种开源和商业版调试工具和套件被开发出来辅助进程调试。
- ❏ 有几种商业版并行调试器支持 MPI 和 OpenMP 代码。
- ❏ 有几种开源串行调试器和工具套件可用于调试 MPI 和 OpenMP 代码。在 MPI 案例中，它们可能需要将几个串行调试器附着到某个模拟器上。
- ❏ GDB 提供了调试代码的多种工具，还允许用户单步调试代码和调用栈，以及观察变量和它们的值变化。
- ❏ GDB 还提供了多线程代码调试支持。
- ❏ Valgrind 工具套件提供了 6 个主要工具来调试应用程序，包括纠正数据竞争和内存泄漏。
- ❏ 多个串行调试器可以附着到一个 MPI 执行上来执行并行调试。
- ❏ 使用特定选项可允许指针边界检查和其他内存检查，这些给编译器提供了调试支持。
- ❏ 系统监控器提供了单独的方式，以检测程序执行并将其与程序员的预期进行匹配。

14.8 练习

1. 下列代码会分配并初始化一个二维数组，以用作连接一段 MPI 代码的发送缓冲区。然而，它有内存问题：一次非法写入和一处内存泄漏。使用 Valgrind 来识别并修复这个非法写入和内存泄漏。

```
 1 #include <stdio.h>
 2 #include <stdlib.>
 3
 4 int main(int argc,char **argv) {
 5
 6    int comm_count = 20;
 7    int numfields = 10;
 8    int length = 159;
 9
10    double **send_buffer = (double **) malloc(comm_count*sizeof(double *));
11    for (int p=0;p<comm_count;p++) {
12      send_buffer[p] = (double *) malloc(numfields*length*sizeof(double));
13    }
14
15    // Copy data into the send buffer
16    for (int p=0;p<comm_count;p++) {
17      for (int fields=0;fields<numfields;fields++) {
18        for (int i=0;i<=length;i++) {
19          send_buffer[p][i + length*numfields] = 3.14159;
20        }
21      }
22    }
23
24    return 0;
25 }
```

2. 下列代码用到了 OpenMP 来计算 $a_3 = \sin(a_1 + a_2)$，其中 a_1、a_2、a_3 均为长度为 20 的数组。

```
 1 #include <omp.h>
 2 #include <unistd.h>
 3 #include <stdio.h>
 4 #include <stdlib.h>
 5 #include <math.h>
 6
 7 int main (int argc, char *argv[])
 8 {
 9    const int size = 20;
10    int nthreads, threadid, i;
11    double array1[size], array2[size], array3[size];
12
13    // Initialize
14    for (i=0; i < size; i++) {
15      array1[i] = 1.0*i;
16      array2[i] = 2.0*i;
17    }
18
19    int chunk = 3;
20
```

```
21  #pragma omp parallel private(threadid)
22  {
23    threadid = omp_get_thread_num();
24    if (threadid == 0) {
25      nthreads = omp_get_num_threads();
26      printf("Number of threads = %d\n", nthreads);
27    }
28    printf(" My threadid %d\n",threadid);
29
30    #pragma omp for schedule(static,chunk)
31    for (i=0; i<size; i++) {
32      array3[i] = sin(array1[i] + array2[i]);
33      printf(" Thread id: %d working on index %d\n",threadid,i);
34      sleep(1);
35    }
36
37  } // join
38
39  return 0;
40 }
```

　　使用 4 个 OpenMP 线程执行这段代码。用 GDB 执行下列操作。在变量 nthreads 处放置一个硬件监视点。哪个线程 ID 会在此监视点停止？调试器线程 ID 与代码第 23 行中的 threadid 变量相对应吗？

3. 下列代码创建了一个新的会话端，该会话端会将其 rank 发送给其新的会话端邻居。然而，它有个 bug。这段代码在 1～4 个进程之间运行时工作良好，但一旦超过 4 个进程就会挂起。使用本章提到的工具和技术来调试为何此代码在 5 个及以上的进程上运行会失败。然后修复此问题。

```
1  #include <mpi.h>
2  #include <stdio.h>
3  #include <stdlib.h>
4
5  int main(int argc,char *argv[])
6  {
7   int myid,numprocs;
8
9   MPI_Init(&argc,&argv);
10  MPI_Comm_size(MPI_COMM_WORLD,&numprocs);
11  MPI_Comm_rank(MPI_COMM_WORLD,&myid);
12
13  int color = myid%2;
14  MPI_Comm new_comm;
15  MPI_Comm_split(MPI_COMM_WORLD,color,myid,&new_comm);
16
17  int new_id,new_nodes;
18  MPI_Comm_rank(new_comm,&new_id);
19  MPI_Comm_size(new_comm,&new_nodes);
20
```

```
21    printf(" Rank %d Numprocs %d New id %d New nodes %
      d\n",myid,numprocs,new_id,new_nodes);
22
23    int right = (new_id + 1) % new_nodes;
24    int left = new_id - 1;
25    if (left < 0)
26     left = new_nodes - 1;
27
28    int buffer[2],buffer2[2];
29    MPI_Status status;
30    buffer[0] = myid;
31    buffer[1] = rand();
32
33    MPI_Sendrecv(buffer, 2, MPI_INT, right, 123,
34      buffer2, 2, MPI_INT, right, 123, new_comm, &status);
35
36    printf(" Rank %d received %d\n",myid,buffer2[0]);
37
38    MPI_Finalize();
39    return 0;
40  }
```

4. 下列代码运行在两个进程上时会挂起。

```
1 #include <stdlib.h>
2 #include <stdio.h>
3 #include "mpi.h"
4
5 int main(int argc, char* argv[]) {
6    const int n = 100000;
7    int x[n], y[n], np, id,i;
8    int tag1 = 19;
9    int tag2 = 20;
10   MPI_Status status;
11
12   MPI_Init(&argc, &argv);        /* Initialize MPI */
13   MPI_Comm_size(MPI_COMM_WORLD, &np); /* Get number of processes */
14   MPI_Comm_rank(MPI_COMM_WORLD, &id); /* Get own identifier */
15
16   /* Check that we run on exactly two processes */
17   if (np != 2) {
18    if (id == 0) {
19     printf("Only works on 2 processes\n");
20    }
21    MPI_Finalize();    /* Quit if there is only one process */
22    exit(0);
23   }
24
```

```
25    if (id == 0) {   /* Process 0 does this */
26      for (i=0;i<n;i++) x[i] = 314159;
27
28      MPI_Send(&x, n, MPI_INT, 1, tag2, MPI_COMM_WORLD);
29      MPI_Recv(&x, n, MPI_INT, 1, tag1, MPI_COMM_WORLD,&status);
30
31      printf(" Process %d received value %d\n",id,x[0]);
32    } else {
33      for (i=0;i<n;i++) y[i] = 137035;
34      MPI_Send(&y, n, MPI_INT, 0, tag1, MPI_COMM_WORLD);
35      MPI_Recv(&y, n, MPI_INT, 0, tag2, MPI_COMM_WORLD,&status);
36    }
37
38    MPI_Finalize();
39    exit(0);
40  }
```

a. 为何它会挂起？

b. 当第 6 行的变量 n 变为很小时，代码就不再挂起了。试下这个操作：在第 6 行执行 set n=10。进程 0 在屏幕上输出什么？为什么？

c. 为何在变量 n 比较小的时候代码就不再挂起了？

d. 修复此问题，令代码在任意大小的 n 下都能工作。现在屏幕上输出了什么？为什么？

参考文献

[1] F. Conway, J. Siegelman, Dark Hero of the Information Age: In Search of Norbert Wiener, The Father of Cybernetics, s.l., Basic Books, 2006.

[2] Allinea, Allinea DDT, [Online]. http://www.allinea.com/products/ddt.

[3] Valgrind Tool Suite, [Online]. valgrind.org.

[4] RogueWave Software, TotalView for HPC, 2016 [Online]. http://www.roguewave.com/products-services/totalview.

[5] Intel, Intel Parallel Debugger Extension, [Online]. https://software.intel.com/en-us/articles/parallel-debugger-extension.

[6] Nagios: The Industry Standard in IT Infrastructure Monitoring, [Online]. https://www.nagios.org.

[7] Ganglia Monitoring System, [Online]. http://ganglia.info/.

第 15 章

加速器架构

15.1　引言

现代处理器的设计涉及多方面的权衡，重点在于优化功能、性能、能耗和制造成本。因此，最终产品往往是在支持的特性集、物理约束和预计零售价之间取得折中后的产物。由于 CPU 需要执行的工作负载类型非常广泛，因此它们的指令集要尽可能通用，以便为大多数应用程序提供合理的性能表现。虽然额外的专用功能单元能够并且有时也确实集成到处理器芯片上为特定的计算类型提供硬件支持，但这增加了最终的芯片面积和封装大小。这些功能单元可能需要用于专用通信链路或存储体的额外输入 / 输出（I/O）引脚，并且芯片面积的增大会导致制造缺陷的发生率进一步增加。所有这些因素都对最终的产品价格产生了显著的影响，这种影响常常使价格高得令人望而却步。

实际的加速器会探索不同功能、功率要求和价格定位，虽然它们不会试图为所有类型的应用程序优化执行性能，但能够为现有的处理器提供互补特性。在高性能计算中，加速器常被用于增加计算的吞吐量（通常以每秒浮点操作数来表示）——尽管这种提升是以降低可编程性为代价而获得的。加速器使用的控制逻辑通常与现有的处理器指令集架构（ISA）不兼容，这迫使程序员花时间掌握由供应商提供的定制编程语言、语言扩展或包装库，以便启用对加速器特性的访问。通常而言，对加速器的不成熟应用，即在不了解加速器的控制和数据通路以及内部体系结构中其他细节的情况下使用加速器，将不能获得预期的中底层硬件模块的原始峰值性能与应用程序在传统处理器运行特征结合后所期望的结果。因此，为这种同时包含加速器与常规处理器的异构系统编程，仍然对初学者提出了许多挑战。

为了提高可移植性，加速器通常使用 PCIe[1]（参见图 15-1）等行业标准接口与系统其余部分相连。实际上，这赋予了加速器硬件与任何配备相应接口的机器相结合的能力。这些机器应当为加速器预留足够的功耗，当然，还需要在外壳内留有足够的物理空间以容纳加速器。后者通常还与附属的基础设施需求有关，例如有效地去除新增硬件产生的热量。将加速器子系统与计算节点的特定实现进行分离还有更多的优点。首先，加速器可以在不修改计算节点中其他硬件组件的情况下升级到更新的、更高性能的版本。其次，加速器的实现可以基于自己优化过的生态系统，以提供最高级别的性能表现。传统处理器常常受到存储器总带宽的限制，难以高效地输入操作数流和输出计算结果流；但是加速器可以利用优化的内存组件享受更高的带宽。

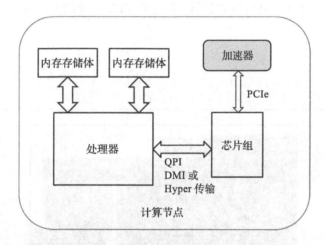

图 15-1　加速器在传统计算节点中的典型位置。现代处理器通常在芯片上集成 PCIe 接入
　　　　点，因此不依赖芯片组作为实现加速器连接的必要组件

　　不幸的是，这种借助标准总线实现的两个功能域分离也带来了一系列显著限制，如对加速器计算结果的访问和传输过程的控制。在异构系统中，传统处理器仍占据着主要控制角色的位置，因此对计算结果的任何后处理过程或将其作为输入提供给各种 I/O 操作（如存储到辅助存储器中），仍需要有将计算后的数据从加速器内存转移到节点主内存的传输过程。尽管一些解决方案可以利用加速器的总线控制能力将计算结果直接转发到网络接口控制器（NIC）内存中，以便随后转发给远程节点而无须主处理器干预；然而这需要所有涉及组件的精确集成，以及各自驱动的准确配合。由于 PCIe 接口的延迟相对较高（请求提交、数据读出），因此计算任务的卸载在直接存储器访问（DMA）和编程 I/O（PIO）模式下都是高开销操作。这也显著地为提交到加速器的任务粒度设置了下限；在许多情况下，较轻度的任务在主处理器上执行得更快，除非它们可以合并为更大的任务块以利用 PCIe 的带宽。

　　本章的主要焦点是图形处理单元（GPU）。作为加速器架构的范例，它由之前的解决方案经过重大演变而来。就所支持的能力和集成性而言，它与系统的其余部分存在着显著差异。目前，GPU 是高性能计算（HPC）中使用的最常见的加速器类型之一。它们在峰值处理速率、支持的硬件特性和功耗开销之间实现了令人满意的平衡。下一节将简要介绍早期加速器的历史，首先介绍协处理器和类外围设备浮点运算单元（FPU），然后进一步描述一种更流行的、用于超级计算机的定制双精度浮点加速器，它由现已倒闭的 ClearSpeed 公司生产。以下各节将描述图形处理单元的基本功能和发展过程，进而将讨论引申到现代 GPU 体系结构。认真的读者可能会问，为什么英特尔的"至强融核"（即 Xeon Phi，在早期以"集成众核"或 MIC 为人熟知）不是本章的主题。虽然这种设计通常被认为是加速器，但它实际上是传统 x86 体系结构的衍生品。该体系结构聚合了数量众多的简化核心，并附加了单指令多数据（SIMD）单元。该产品的当前版本"骑士登陆"，被用作许多超级计算系统中的计算节点的主要处理单元。这表明它实际上是传统 CPU 开发的下一步。

15.2 简史

照片由唐·阿姆斯特朗通过维基共享提供

连接机 -2（CM-2）是一个罕见的例子，仅适用于短期大规模 SIMD 超级计算机。它由思维机器公司（TMC）于 1987 年推出，具有 65 536 个"单位"的处理单元，每个处理器具有 4Kb 的内存，每个内存以超立方体拓扑结构进行排列。使用 CM-2 的团队，在 1989 年，因单台计算机上的最佳性能（在地震数据处理问题上实现了 6Gflops）和最具性价比的计算（在油藏建模中每 100 万美元持续支持 400Mflops），赢得了著名的戈登·贝尔奖。

连接机的原始设计是基于麻省理工学院毕业生 W·丹尼尔·希利斯的博士论文，他后来与谢丽尔·汉德勒共同创立了 TMC。他的主要想法是创建一个受大脑结构启发的计算机，其中包含大量密集连接的简单处理器，每个可以处理单个任务。诺贝尔物理学奖获得者理查德·费曼帮助开发工作，理查德·费曼在其他概念中贡献了一种改进算法，用于计算超立方互连的对数计算和路由器缓冲分析。全尺寸 CM-2 由 8 个较小的"立方体"组成，每个立方体配有 16 块逻辑板（每块板有 32 个处理芯片）和两个 I / O 通道，峰值吞吐量为 50MB/s。这些通道可以可视化输出或将数据传输到称为数据存储库的大容量存储中，每个存储设备可容纳 30GB 的数据。CM-2 为每 32 个提供数字性能的处理单元托管了一个 Weitek 3132 FPU。可用的编程语言包括 CM Fortran（带有 Fortran 90 元素的 Fortran 77），C* 和 *Lisp，后两者是传统的 C 和 Common Lisp 的数据并行扩展。

　　CM-2 的外壳设计被认为是超级计算领域中最不寻常和最具视觉冲击力的设计之一，由多美古·泰尔构思。它结合了艺术和功能，通过专用的红色 LED 直接在前面板上显示处理单元的活动，为机器的并行操作提供线索。

ILLIAC4 机器（照片由史蒂夫·尤尔韦特松通过维基共享提供）

　　ILLIAC（Illinois Automatic Computer）是伊利诺伊大学设计和制造的一系列机器。如图所示，该系列的 ILLIAC IV 版本以作为最早的大规模并行处理器之一而著称。ILLIAC IV 的建设始于 1966 年与美国国防部高级研究计划局签订的合同，是丹尼尔·斯洛特尼克教授指导的项目。原始设计需要四象限机器，每个象限有 64 个处理单元（PE）。每个 PE 与存储器（PEM）耦合存储 2048 个 64 位字。PE 包含 4 个寄存器算术单元，使用 16MHz 的时钟对 64 位、32 位和 8 位参数执行常规操作。由于处理单元不包括控制流逻辑，因此它们按照共享控制单元的指示以锁步方式执行相同的指令。可以使用所谓的模式位来启用或禁用各个 PE，这允许使用一种简单的指令预测形式。为了便于数据广播和交换，ILLIAC 提供了一个共享的全局数据总线以及互连，支持象限中所有 PE 之间 PE 寄存器内容的循环移位。该机器于 1972 年交付给 NASA。由于制造 PE 逻辑作为 LSI 集成电路的问题，使用 SSI 和 MSI 技术仅完成了计算机的单个象限，这导致了更大的尺寸。ILLIAC IV 与 64 个 PE 的总体性能约为 200MIPS，峰值吞吐量为 205Mflops 个双精度加法和 114Mflops 的乘法。

　　各种类型和能力的加速器与通用计算系统长期共存并互为补充。然而，加速器的可移植性与当今常见的其他系统的易集成性却并不一直是这样的。本节将介绍早期解决方案的进展，从协处理器一直到总线附加加速器。它们为现代加速器的实现铺平了道路。每一项介绍均通过简要讨论加速器功能、所达到的性能以及使用它们时涉及的相关操作模式来加以说明。

15.2.1 协处理器

　　最早的一些加速器是协处理器。这项技术可以追溯到几十年前，尽管与最早的设计有所不同，但它们的修改形式仍应用在许多产品系统中。通过实际设计的不断改进，它还指引了现代加速器设备的引入。这些设备放宽了之前对加速器的许多限制，但同时保留了其大多数基本特性。从 20 世纪 70 年代到 90 年代初，协处理器作为单独的部件实现是很常见的，当时制造主处理器的可用集成规模（可表示为每个芯片上晶体管或逻辑门的数量）不足，难以在包含所有潜在有用功能的情况下满足成本效益。在这种情形下，协处理器可用作专用芯片或模块，插入目标系统的专用插槽中。早期协处理器最常见的应用是对浮点数的高速计算，从而避免由主处理器的定点（整数）执行单元对这种算法进行高开销的模拟。除了提供 FPU 的实现之外，协处理器还成功地应用于许多其他领域，包括：

- ❑ I/O 数据传输和处理、智能 DMA
- ❑ 多媒体，音频和视频流的高效编码、解码和解复用
- ❑ 密码学，通常提供公钥操作、散列算法实现和随机数生成
- ❑ 信号处理，包括定点或浮点数字信号处理单元 [2]
- ❑ 图形、加速内存 – 内存间的位块转换（BitBLT），并进一步导致了现代 GPU 的产生

目前，协处理器经常与主处理器逻辑一同集成，这在片上系统（SoC）中尤其流行。另一种是在主板上焊接的专用集成电路，这种独立实现的形式也很常见。这两种方法的应用可以在大规模生产的消费电子设备中找到，例如蜂窝电话和平板电脑。

　　如其名称所示，协处理器与系统中的主处理器共存，并由主处理器控制。这需要对与主处理器控制逻辑相连的控制、数据或地址线进行特殊的布置。协处理器依赖主处理器显式地卸载每个工作单元，这类工作单元通常是由特定结构的操作代码标识的单个指令。卸载完成将触发对所接收指令的处理。当操作完成时，协处理器将结果传递回主处理器。各种实现方案可能有所不同，如在主处理器和协处理器之间使用不同的同步方案，以及是否指定主处理器在协处理器忙时执行自己的工作。通常，由协处理器执行的工作必须与主处理器上程序的执行同步。由于强大的硬件依赖性，不同类型的系统之间协处理器的可移植性极其有限，并且通常只涉及同一系列中处理器的相近版本。

　　为了展示这一概念，以下列出了两种在 20 世纪 80 年代广泛用于大量系统中的浮点协处理器。每种都使用了略微不同的卸载机制。

15.2.1.1　英特尔 8087

英特尔 8087（见图 15-2）是 8086 系列处理器的第一个数值加速器代表。尽管很大程度上它受到了威廉·卡汉著作的影响（他是后来的浮点算术标准 IEEE 754[3] 的主要贡献者），但实际上该处理器的一些运算结果并不符合标准的要求。1980 年，英特尔 8087 发布，作为使用了 45 000 个晶体管和采用 3μm 制程实现的高密度金属氧化物半导体器件，它能达到 50Kflops 的性能，同时其最大功耗仅有 2.4W。这是一个颇具野心的项目：相比之下，8086 CPU 只有大约 29 000 个晶体管。协处理器必须以与主处理器相同的速度运行，为了满足这一条件，8087 提供了 5 种主频配置，范围为 4～10MHz。所有版本均采取 40 引脚双列直插式封装，由 5V 电压轨供电。除了英特尔，8087 的生产商还有 AMD 和 Cyrix 公司，尽管由它们制造的芯片数量非常有限。

图 15-2　英特尔 8087 协处理器，采用 40 引脚陶瓷封装（照片由德克·欧培德通过维基共享提供）

如图 15-3 所示，协处理器与主处理器共享数据线和地址线。与协处理器的交互是通过额外的序列状态线 QSn、用于主存访问的请求 / 授权脉冲选通（RQ / GT），以及指示协处理器可用性的忙信号（BUSY）来实现的。指令序列的卸载是从主处理器检测到所谓的"转义"（escape）指令开始。由于该指令的操作码（二进制"11011"）与 ESC（转义）的 ASCII 代码的高位相同，因此"转义"的指令名称由此而来。在随后的两字节操作码中，如果由其他位标识的操作数描述了存储器访问，则处理器计算有效地址并执行假的存储器读取。此时，控制权转移到协处理器，并由协处理器捕获这一时刻存储在相关处理器总线上的内存地址和数据。如果被拦截的 FPU 指令允许执行，那么操作结果可以存放在相同的地址上。在操作执行完成之后，协处理器放弃控制权，交还主处理器。

理论上，当协处理器忙碌时，主处理器可以自由地执行其他（非转义）指令。由于在实践中当两个处理器试图同时访问一个或两个系统总线时常常发生崩溃，因此许多汇编器在每个转义指令之后自动插入了 FWAIT 指令。这迫使主处理器显式地等待，直到协处理器完成计算。崩溃还可能发生在协处理器不能对转义指令进行有意义解码的情况下。后来设计的 80x87 系列通过让处理器显式地处理协处理器要执行的指令去除了这种限制，尽管这种方法是以增加延迟为代价的。

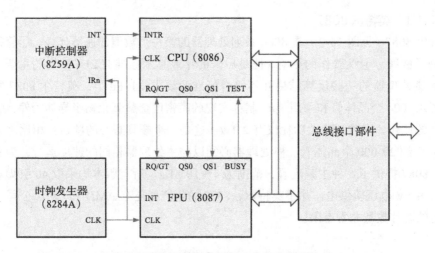

图 15-3　具有 8087 协处理器的 8086 系统的典型组件和简化的控制连接

8087 的内部由控制单元和数值执行单元组成，两者通过微码控制单元和操作数序列连接。控制单元包含逻辑控制地址总线、数据总线和状态总线，包括用于容纳来自存储器的源操作数或与存储器的目标结果数据相关的数据缓冲器，以及存储控制字和状态字的 16 位寄存器。数值执行单元包含由 8 个 80 位寄存器构成的寄存器栈，这些寄存器连接到 16 位的阶码总线和 64 位的尾数总线，两者分别对应于浮点数的阶码和尾数。前者提供指数模块，而后者提供可编程移位器、算术模块和一组临时寄存器。有趣的是，8087 使用的指令并不直接对浮点寄存器进行寻址，而是将它们视为一个 8 层堆栈，其中寄存器 ST（0）位于顶部，ST（7）位于底部。为了执行计算，需要将输入数压入堆栈，随后的实际指令则将其弹出。二进制操作可能隐式地消耗堆栈上的前两层，或采用一个寄存器操作数和一个内存操作数的组合。计算结果既可以压入栈，也可以存储在内存中。ST（0）寄存器可以用作累加器，既作为提供输入操作数的寄存器，又作为随后的结果寄存器而被重写。累加器中的内容也可以使用专用指令与剩下 7 个寄存器中的任何一个进行交换。

英特尔 8087 支持大约 60 种指令类型，包括浮点加法、减法、乘法、除法、比较、平方根、正弦、余弦、正切、反正切、对 2 取对数后相乘、符号变化、绝对值、缩放和舍入。此外，它还支持可能的整数转换的参数加载和存储，以及对堆栈内容、状态字和控制字的管理。其识别的数值类型包括 32 位（单精度）、64 位（双精度）和 80 位（扩展精度）浮点数，16 位、32 位和 64 位有符号二进制整数，以及 80 位二进制编码十进制（BCD）整数。

8087 的修订版本包括 80187、80287 和 80387，其中 80387 是第一个符合 IEEE 754-1985 标准的英特尔协处理器。与浮点标准的兼容性后来也被其他制造商采用，帮助实现了科学代码的可移植性。这些设计特性具有提升的时钟速率、更宽的数据总线和扩展功能（例如其他超越函数）。1991 年，80487SX 芯片发布。尽管该芯片作为协处理器推向市场，但其内部实际上包含完整的 80486DX 处理器实现，以及集成在芯片上的 FPU。80487SX 的发布实质上终结了对独立数值协处理器的需求。这是在现代高性能 CPU 中常见的 FPU 集成的一个早期示例。

15.2.1.2 摩托罗拉 MC68881

摩托罗拉 MC68000 系列 32 位处理器是英特尔 8086 产品线的主要竞争对手。在 80x87 的全盛时期，MC68000 为从廉价台式机到高性能工作站的许多系统提供了核心处理。为了保持竞争力，摩托罗拉决定设计一款即便不在功能上有所提升，至少功能也要相当的产品。这便是 1984 年发布的摩托罗拉 MC68881 系列 FPU 协处理（见图 15-4）。由于与 8087 相比其发布日期较晚，因此摩托罗拉协处理器的设计目标是支持 32 位数据总线的处理器系列，即 MC68020 和 MC68030。早期的 8 位和 16 位总线处理器可以使用软件模拟的方法，将 FPU 作为外围设备来访问。在这种模式下，尽管完整的特性集得以支持，但操作速度较慢。有趣的是，将主处理器升级到后续的版本（包括更宽的数据总线）后，它可以在不改变可执行文件代码的情况下在同一系统中继续使用 MC68881。

图 15-4　用引脚网格阵列（PGA）封装的摩托罗拉 MC68881 算术协处理器（照片由德克·欧培德通过维基共享提供）

最初的 FPU 设计中使用了 155 000 个采用高速互补金属氧化物半导体（CMOS）结构的晶体管。该设计有几种速度变体，时钟频率为 12.5～25MHz，可以用两种方式进行封装：68 引脚的塑料有引线芯片载体（PLCC）或 68 引脚的引脚网格阵列（PGA）。最快的版本可以提供高达 240Kflops 的计算速率，且在 5V 电源下功耗仅有 0.75W。对于简单的寄存器到寄存器操作，其操作延迟因操作不同而不同，范围为从加法的 40 个时钟周期到扩展模式下除法所需的 92 个时钟周期。如果使用特殊的单精度指令，乘法需要 46 个时钟周期，除法则需要 58 个时钟周期。

与 8087 不同，摩托罗拉协处理器的控制寄存器空间是映射至内存的，因而简化了控制和指令上载（参见图 15-5）。其和处理器的通信过程是通过标准总线完成的，故 FPU 无须和主处理器具有相同的时钟频率（因为总线必须兼容具有不同时序特征的设备）。协处理器可以利用 CPU 支持的所有寻址模式，但主处理器可按需计算有效地址。主处理器可以任意查看协处理器中的 8 个 80 位数据寄存器，就好像它们是处理器中的通用寄存器一样，并且对它们的访问具有对称性（所有指令都可以使用任意的寄存器）。由于主处理器在协处理器访问期间会使用 CPU 的地址空间，所以 FPU 的控制寄存器不会与指令或数据地址空间重叠。1 个 CPU 可以控制多达 8 个 MC68881 FPU。

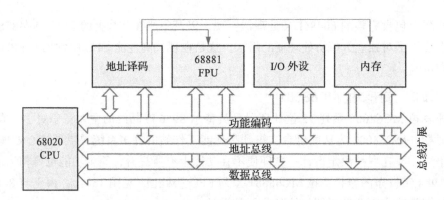

图 15-5　典型的 MC68000 系统中，浮点协处理器的布局

MC68881 的内部包括总线接口单元、执行控制单元（ECU）和微码控制单元（MCU）。总线接口单元负责与主处理器的通信，它是通过几个协处理器控制接口寄存器，以及 32 位的控制、状态和指令地址寄存器来实现的。实际的 80 位数据寄存器位于 ECU 中，ECU 还包含一个 67 位的运算单元，用于尾数和指数计算、单周期桶式移位器和常数只读存储器（ROM）。MCU 包括时钟发生器、微码定序器、微码 ROM 和自检电路。

MC68881 支持的数据格式包括 8 位、16 位和 32 位的长整数，单精度、双精度和扩展精度的二进制浮点数，以及 96 位的压缩十进制数（3 位有符号指数和 17 位有效值）。在内部，所有操作都基于 80 位的扩展精度二进制数来执行，并对单精度 / 双精度浮点操作数和压缩 BCD 数进行隐式转换。可用的操作集包括加、减、乘、除、取模、取余、比较、绝对值、移位、平方根、正弦、余弦、正切、反正弦、反余弦、反正切、双曲正弦、双曲余弦、双曲正切、反双曲正切、以 2/e/10 为底求幂、以 2/e/10 为底取对数和取整。该 FPU 在数字格式、特殊值解释和运算精度方面符合即将发布的 IEEE 754 标准。

MC68881 的后继者是 MC68882，该 FPU 能够一次性执行多个浮点操作，并能够更快地执行外部和内部数字表示之间的转换。它可以在 50MHz 的运行频率下提供超过 0.5Mflops 的性能。从 MC68040 CPU 开始，后续版本的 MC68000 系列处理器将 FPU 集成在了芯片上。摩托罗拉协处理器特有的映射内存访问特性被认为是迈向 CPU 和加速器之间通信接口统一化的重要一步。

15.2.2　处理器 I/O 空间中的加速器

在 20 世纪 80 年代和 90 年代早期，受制于时钟速率和半导体制造设备的精密程度，微处理器的性能受到了限制。这对于包含大量浮点操作的计算密集型应用程序具有尤其显著的影响。英特尔的 x86 体系结构系列和摩托罗拉的 MC68000 微体系结构迈出了微处理器性能提升的重要一步，但它们在浮点运算方面仍有所欠缺。这为新的加速器设备市场提供了机会，这些加速器可提供用于浮点计算的外部协处理器。Weitek 公司设计了一系列加速器，并与当时流行的微处理器兼容。这些 Weitek FPU 可与 Intel i286、i386 或 i486 处理器一起工作。随后，Weitek FPU 衍生出的一些变体也可以为 MIPS 体系结构提供 FPU 能力。最终，这些处理单元的设计趋于通用，可与当时的各种行业标准接口兼容，如 EISA 和 VESA 本地总线。不过，随着半导体技术的进步，微处理器供应商逐渐能够将 FPU 直接整合在芯片上，这使得对外部浮点加速器的需求不复存在。

Weitek FPU 以内存映射设备的方式运行。对于英特尔 x86 系列的处理器来说，这些 FPU 作为内存段出现在地址空间的高部分。与该设备的通信可通过存储器移动指令实现。由于 Weitek 芯片的引脚布局与现有的协处理器插座在很大程度上不兼容，所以 1989 年发布的 Weitek WTL 3167 不得不配备一个插座以提供对 80387 引脚的扩充支持。有趣的是，具体的指令执行是通过将 14 位最低有效位地址与 4 字节使能信号中的 3 个相连而触发的。WTL 3167 包含 32 个单精度寄存器，这些寄存器可以配对以提供多达 16 个双精度寄存器。与 i387 相比，该 FPU 所支持的功能明显不那么多样化，除了数据移动、格式转换、比较测试以及符号更改指令之外，只支持 4 个基本算术运算、平方根和乘累积。不过，尽管在功能上有所缺失，但其在速度方面的优势弥补了这一不足。WTL 3167 是当时市场上速度最快的 FPU，其 25MHz 的版本在 Linpack 测试中可以提供单精度 1.36Mflops、双精度 0.6Mflops 的性能，在 Whetstone 测试中则可以达到单精度 5.6Mflops、双精度 3.7Mflops 的性能。25MHz 版本的芯片功耗小于 1.84W。WTL 3167 采用 121 引脚的陶瓷 PGA 封装，具有 16～33MHz 的多个衍生版本。它的继任者 WTL 4167（如图 15-6 所示）可以提供快约 3 倍的计算性能，但是其并没有取得与 WTL 3167 一样的成功。这是因为后来的 i486 处理器在芯片上集成了 FPU，并且进行了一些体系结构方面的改动，降低了其与 CPU 的通信速度。

图 15-6　Weitek WTL 4167 FPU（PGA 封装）（照片由康斯坦丁·兰泽特（CPU 集合）通过维基共享提供）

15.2.3　具备行业标准接口的加速器

如上所述，为了使加速器具备可移植性，一种方法便是适应底层硬件设计，使其使用常见的硬件接口。所选接口应与加速器的特性相匹配，能够提供可接受的访问延迟和所需的数据传输带宽。目前使用最广泛的接口之一是 PCIe，它是 PCI 总线的衍生品，在过去 20 年中以多种形式被广泛应用，至今仍可在一些台式计算机中找到。在 PCIe 的多种实现形式中，其数据总线宽度、时钟速率和电压标准等方面会有所不同。

本节讨论的 PCI 连接的 HPC 加速器示例是由 ClearSpeed 制造的 FPU 阵列模块。虽然还有其他旨在提供类似功能的解决方案（如 STI 联盟（索尼、东芝、IBM）的 Cell 微处理器），但 ClearSpeed 提供了更具竞争力的准确性、吞吐量、功耗和成本组合。它不仅可用，而且是少数为双精度浮点计算提供真正硬件级支持的自定义解决方案之一。随着更为廉价的包含双精度 FPU 的 GPU 的出现，ClearSpeed 的解决方案最终在高性能计算机中被放弃。

最著名的 ClearSpeed 产品很可能是 Advanced X620（图 15-7 中描述了一种称为"Advanced e710"的较新版本的加速器），它使用两个定制的 CSX600 处理器。其于 2005 年推出，运行频率为 250MHz，能够在双精度通用矩阵乘法基准测试程序中提供 50GFlops 的性能，且每个卡的功耗仅为 36W（最大热设计功率为 43W）。Advanced X620 使用 PCI-X 连接器，峰值数据带宽为 1066MB/s，时钟频率为 133MHz。实际的 DMA 带宽略低，为 750MB/s。Advanced X620 提供了 1GB 的 ECC 内存（每个处理器 512MB）来存储用户数据集。ClearSpeed 使用了一个不寻常的解决方案，即将现场可编程门阵列（FPGA）设备应用于 CSX 处理器和 PCI-X 总线之间的黏合逻辑。位于东京理工学院的日本"燕"集群使用了这些加速器，并在 2006 年 11 月发布的超级计算机 500 强排行榜中名列第七。

图 15-7　Clearspeed Advance e710 加速器电路板，具有 PCIe 接口并且提供 96Gflops 的峰值性能（照片由 Bibek Wagle 通过维基共享提供）

CSX600 处理器采用了 IBM 的 130nm 制程 8 层铜金属连线工艺，在一个 15mm×15mm 的芯片上实现。CX600 包含 1.28 亿个晶体管，持续双精度性能为 33Gflops，平均功耗仅为约 10W。其运算能力由包含多个执行单元和一个控制单元组成的多线程阵列处理器来提供。执行单元分为两部分：一部分（单体单元）处理标量数据，另一部分（由 96 个处理单元组成的多体单元）以同步 SIMD 模式处理需要并行处理的数据。单个指令流中的指令经过取指、解码并发送到执行单元（单体单元和多体单元）或 I/O 控制器。单体单元的处理过程类似于常规的精简指令集计算机处理器，多体单元则使用"使能寄存器"来激活或禁用单个 SIMD 核心。使能寄存器被组织成堆栈，在堆栈上压入或弹出测试结果，从而可以有效地处理嵌套条件和循环。每个处理单元都有自己的寄存器文件，可以访问 6KB 的本地存储，并通过加载和存储指令与之交换数据。此外，处理单元可以间接地访问存储在单体单元寄存器中的操作数，这些数值会被广播到所有处理单元。处理单元还可以直接与最近的左右邻居通信。最后，单体单元可以使用 PIO 模式在单体单元存储器和多体单元存储器之间传输数据。

为了便于加速器编程，ClearSpeed 提供了 C 语言的并行化扩展 Cn。它引入了"poly"，这是一个新的数据类型标识符，用以表示每个处理单元都在本地存储器的同一位置存储了一个变量的副本。该公司还发布了 CSXL 加速库，提供了对基本线性代数子程序（BLAS）接口，以及对 FFT（快速傅里叶变换、逆变换和卷积函数）的支持。

15.3　图形处理单元简介

GPU 是执行与图像生成相关的多个处理任务的专用计算设备。由于所需的计算量和实时性，传统的 CPU 无法成功地完成这样的任务。GPU 这一名称是由英伟达公司在 1999 年提出的，该公司用这个词来描述当时推出新一代的图形卡 GeForce 256。GPU 的计算功能主要应用于三维（3D）场景渲染，或者更准确地说是生成对三维对象的透视投影。它们包括与距离相关的对象大小缩放（利用透视转换，可能与其他光学变形结合）、对象遮挡（距离观察者较近的对象对距离较远对象的视觉阻隔）、颜色和照明（对象表面的阴影取决于对象的实际颜色、反射特性、与光源的距离以及入射光线和法向量之间的角度）。这些操作涉及各顶点的小矩阵（通常为 4×4）向量乘法，或用于表示颜色的三元素向量间的向量点积、标量 - 向量积以及求和运算。为了使渲染后的图像更真实，与统一设定的默认颜色值相比，GPU 可以执行纹理映射以更好地渲染对象的外观，同时节省大量的计算工作。例如，在渲染复杂材质（如大理石）时，如果使用基本的、单独着色的组件对象，则无论是所需的存储空间还是需要操作的实体数目都会显著增多。与之相比，纹理则只是投射到定义场景中主要对象表面上的二维（2D）图像，这可以避免高开销的场景设定和因此产生的计算。为了进一步增强图像的真实性，GPU 还支持凹凸映射，该映射根据指定的算法局部扰动曲面的法线以模拟精细的起伏，例如橙子表面或皮肤毛孔。环境映射的凹凸映射进一步扩展了渲染效果，可以模拟有反射能力的对象，例如水面上有波浪图案的水流。在本例中，纹理是从渲染场景内容（环境）中产生的。为了合理地近似一些难以明确表达的自然现象，也可以使用显式的对象聚集（如烟或雾），也可以应用体绘制技术。GPU 还可将三维采样数据集投影到二维表面上来可视化，例如通过断层重建（磁共振成像和计算机断层扫描等）获得数据集。硬件曲面细分支持是 GPU 的一个相对较新的功能，该功能可控制表示目标上顶点网格的分辨率；远离观察者的目标会自动替换为其平面或低分辨率的三维近似值，从而加速计算。最后，GPU 还负责处理最终图像数据的过采样，以避免对连续三维域进行离散表示（图像像素）而产生的欠采样伪影。如果物体边缘不与图像边界平行，则会显示为锯齿状或楼梯状。

大多数 GPU 在生成图像时都采取了对光学定律的近似，因为如果不这样做，将需要大量的计算。虽然其他复杂的渲染技术（如光线跟踪 [4] 和光能传递 [5]）可能会产生近乎真实的照片，但在 GPU 上复杂场景的最终图片的生成时间仍然令人望而却步。当试图在视频游戏、科学可视化、计算机辅助设计和医学成像中实现流畅的动作或动画时，这尤其麻烦。此外，GPU 必须简化对象的几何图形表达，以处理自然界中的各种复杂形状。可视化对象通过覆盖其外表面的网格进行近似；形状越复杂，所需的网格分辨率越高。然后通过对连接网格节点的多边形执行计算来渲染场景。对于这项任务采用多边形较为方便，因为它们不需要太多的空间来表示几何构成：每个顶点基本上只需要一个三维坐标就可以表达清楚。此外，由于多边形的表面是平面，因此整个表面的着色和照明是均匀的，并且只需计算一次与多边形大小无关的值（平面着色模型）。曲面用足够数量的较小多边形进行近似，以便为观察者提供平滑的外观，该方法被称为高洛德着色模型[6]。为了获得额外的视觉效果提升，还可以通过推测垂直于多边形顶点的最初指定的曲面向量（冯氏着色[7]）进行处理。在这种情况下，虽然每个像素都必须单独计算着色，但是通常描述对象所需的多边形则要少得多。

图 15-8 说明了绘制三维场景所涉及的主要几何概念。生成的图像是三维场景中的一部分通过从三维空间的视锥体向二维空间的视平面投影而成的，视锥顶点与观察者或照相机的位置一致。在渲染各个像素时，假想从视锥顶点射出一束光线，投射到场景中并与最近的对象相交。对每个像素，GPU 维护 Z 缓冲区（Z-buffers），并映射交叉点深度（按照惯例，Z 轴垂直于图像平面并表示对象深度）。此信息用于执行 Z 剔除或消除遮挡像素，从而避免对着色或纹理进行不必要的计算。通常，在观察者前面还有一个垂直于 Z 轴的剪切平面，GPU 不会渲染 Z 坐标大于平面坐标的场景元素，以避免非常靠近观察者的对象妨碍视图。

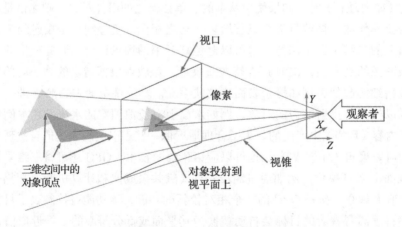

图 15-8　图形处理单元中三维场景渲染的主要组件

三维场景渲染是一项高度并行的任务，可以细分为大量的并行计算，这些计算是在图像的各自部分上进行的。GPU 提供的大量资源可以执行顶点坐标的并行三维转换，并计算各帧中每个像素的颜色值和亮度值。为了实现这一点，GPU 包含大量的 FPU，处理大量线程的执行逻辑以及大量的内存带宽，并以持续的高速率提供数据。FPU 针对单精度算法进行了优化,这种精度水平足以满足大多数图形操作的要求,不过 GPU 在 2000 年以后也开始包括双精度硬件,以将其应用范围扩展到计算机图形以外的领域。为了避免过多的指令获取、解码和发射单元,执行资源被安排在可以由更少的控制单元管理的 SIMD 阵列中。为了提供足够的内存带宽,GPU 包括独立于系统内存运行的板载专用内存模块,这通常是 GDDR SDRAM(图形双数据率同步动态随机存取内存)。当前的 GDDR5 版本可以使用 384 位总线以每秒 10 千兆的传输速度实现 480GB/s 的总流带宽。与支持现代 CPU 的内存模块的峰值带宽相比,这多了一个数量级:在 DDR4 技术的最快版本中,每通道可提供大约 25GB/s 的峰值宽带。除了内存带宽之外,衡量 GPU 能力的指标还包括每秒处理多边形速率、每秒处理 texel(纹理元素)速率、每秒单 / 双精度浮点运算速率,以及偶尔地,某些标准化渲染任务的帧速率。

15.4　图形处理单元功能的进化

早期的图形处理单元主要处理图像生成的二维方面。在 20 世纪 70 年代,视频游戏的逐渐流行使得脱离基于文本的终端需求愈发强烈。当时使用的视频处理器与主 CPU 共享对系统内存的访问,因为使用专用帧缓冲存储器的代价较为高昂。这些芯片控制红、绿、蓝(RGB)模拟视频信号的生成;访问内存中的特定部分,其中包含要输出的扫描线的显示数据;并能够操纵叠加图层(sprite)来模拟简单的移动对象。在 Atari 游戏机和后来的 8 位计算机中,最流行的芯片之一是 1978 年设计的 ANTIC(字母数字电视接口控制器)视频处理器。它是第一个执行所谓的显示列表小程序(它可以选择特定的显示模式,即具有相关分辨率和颜色深度的图形或文本模式)的可编程处理器之一。它也可以将空行放置在屏幕上的任意垂直部分。ANTIC 还能够独立于 CPU 实现垂直和水平的细粒度屏幕滚动,以及根据是否到达显示列表中的特定条目来中断主处理器。后一个功能常用于游戏和演示程序,以在同一时刻显示多个常规显示模式所允许的颜色数目。该功能可由 CPU 的中断处理程序动态地重新编程颜色寄存器来实现。ANTIC 的 sprite 支持提供了 4 个独立的"玩家"和 4 个"导弹",可以跨越整个屏幕高度。与配套的 CTIA(彩色电视接口适配器)芯片连接,它可以检测"碰撞",即 sprite 之间的像素重叠,以及 sprite 和背景的特定区域的重叠。定义位图的 sprite 可以放在 16 位地址空间的任何地方。在文本模式中,ANTIC 支持可重定义字符集。此外,它还提供了读出由光笔硬件生成的坐标读数的能力。但即使是可编程的,ANTIC 仍然缺乏更新内存的能力。

20 世纪 80 年代初,IBM PC 的引入和随后的普及带来了许多与当时的 ISA 扩展总线兼容的图形卡实现。其中最值得注意的是,基于摩托罗拉 6845 的 CGA(彩色图形适配器),该设备支持 80×25 文本模式,最高支持 640×200 像素的固定双色图形模式(或 320×200 像素的四色模式);1984 年推出的 EGA(增强图形适配器)可以在同一时刻显示容量为 64 的调色板中的 16 种颜色,分辨率则高达 640×350 像素;最终在 1987 年出现了 VGA(视频图形阵列），后者成为事实上的标准，并定义了随后图形电路实现的最低要求。它支持 16 色 640×400 分辨率或 256 色 320×200 分辨率，其中任何一个都可以表示为 18 位 RGB 值（每个颜色分量为 6 位）。尽管图像分辨率和色彩空间随着时间的推移而大大提高，但这些图形卡中的大多数并没有提供显著的硬件加速图形操作。一些编程技巧可将多个视频内存页结合使用，使得视频内存到视频内存的复制速度更快（而不是将系统内存用作交换空间）以及单色多边形填充速度更快，并实现了双缓冲。

第一个在硬件上提供图形支持的独立设计大概是 1986 年由德州仪器公司发布的 TMS34010。它包含一个通用流水线的 32 位 CPU 逻辑，以及额外的用于控制屏幕刷新和时序的逻辑，并提供了与主机系统的通信。处理器的指令集架构直接支持对单个像素和不同大小的像素数组（位级可寻址数据字段）的操作、双操作数光栅的操作（布尔和算术）、X/Y 寻址、窗口裁剪和检查、像素大小转换、透明度计算和位屏蔽的操作。操作结果可以通过自动内存控制器送抵标准内存，该控制器可自动执行为了访问任意位边界上的数据所需的位对齐和屏蔽操作。它还有一个写入队列，该队列可以在不等待上一条指令操作完成的情况下执行后续的图形指令。

第一个被广泛使用的有固定功能的二维加速器是 1987 年出现的 IBM 8514。尽管 TMS34010 体系结构提供了许多便利，但绘图算法仍然需要在软件中开发。相比之下，8514 提供了用于线条绘制、矩形和区域填充、基于 X 和 Y 坐标的位块转换（BitBLT），以及光栅操作的命令。由于 IBM 从未发布过注册接口文档，所以 8514 常遭受反向工程和克隆。克隆通常会改进原始功能（更少或更简洁的算法参数、更深的命令队列、额外的分辨率和颜色深度），并且以更低的价格来出售。仿制 8514 芯片的公司包括芯片与技术公司、迈创、NEC、曾氏、天堂系统，以及最著名的拥有 Mach GPU 系列的 ATI 公司。

开发用于三维几何计算的专用硬件的工作也同时开始。最值得注意的是，斯坦福几何引擎 [8] 背后的想法启发了硅谷图形公司（SGI），并促成了广泛的图形工作站系列的形成。在最受欢迎的时候，它们可以使用 MIPS CPU 并以数十万（Indigo，1991 年发布）至数千万（Onyx2，1996 年推出）的每秒多边形数速度处理场景。在 20 世纪 90 年代后期，SGI 面临着来自许多新来者的激烈竞争，他们要么提供附加的三维渲染卡（如 3dfx Interactive 的 Voodoo 产品线），要么同时提供二维和三维加速硬件（S3 的 ViRGE 芯片、ATI 的 Rage 芯片）。发展到 20 世纪末，常见的产品通常都可以提供对线条绘制、多边形填充和 BitBLT 的二维硬件加速。从目前的观点来看，当时的三维绘制能力还比较初级，但已经包括了透视变换、平面着色、高洛德着色、纹理映射和过滤、"multum in parvo"（小中见大）映射（使用预先计算的较小尺寸图像的抗锯齿序列来提高效率和纹理渲染质量）、alpha 混合（半透明前景与不透明背景色的组合）、深度排队、雾化和 Z 缓冲等功能。许多产品还开始加入对视频流解码（主要是 MPEG-1）的支持。

性能的进一步增强来自硬件转换、裁剪和光照加速，这也被称为光影转换（T&L）。这项技术最初由 1999 年的英伟达 Geforce 256 推出，很快 ATI 最新开发的镭龙芯片也支持了这一功能。此外，镭龙 R100/RV200 系列还结合了纹理压缩、Z 缓冲区清除和分层 Z 缓冲区设置（统称为"Hyper-Z"），将有效纹理填充率提高到 1.5Gtexel/s。随着 GPU 的进一步发展，其着色功能⊖进一步增强，如引入模板缓冲区以支持更逼真的阴影和反射，以及抗锯齿技术、高清视频解码技术和多显示器支持。最终，迎来了由英伟达 Geforce 3 系列带来的第一个可编程着色器，可以通过在该着色器上执行简单的算法引入多个纹理输入来计算像素颜色。同样，顶点处理也可以通过执行一个较小的程序来完成。此后很快上市的 ATI R300 可编程着色器则具备更为灵活的浮点运算和循环支持，还支持各向异性纹理过滤和高动态范围渲染。在 GPU 上固定功能管线（如图 15-9 所示）的进一步开发实质上带来了时钟速率、处理单元数量、内存大小和速度的改进，以及一些附加的功能扩展，例如抗锯齿（图像空间过采样改善了边缘的外观）、模板缓冲区（可以获得更逼真的阴影和雾）、对其他视频流类型（如 WMV）的解码支持，以及驱动多个显示器的能力。彼时，英伟达和 ATI 毋庸置疑地成为 GPU 设计的市场领导者，后者在 2006 年被 AMD 收购。英伟达的 Geforce 7 系列为当时的代表性设备，其峰值性能可以达到令人印象深刻的 15.6G/s、像素填充率可达到 10.4Gpixel/s、纹理填充率可达到 15.6Gtexel/s、几何吞吐量则为 1.3Gvertices/s。该 GPU 使用 G71 核心，时钟频率为 650MHz。该型号的 GPU 可以通过将两个处理芯片置于同一块电路板而达到更强大的性能，代价则是近两倍的功耗开销。

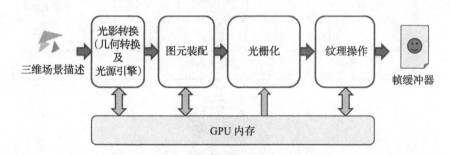

图 15-9　固定功能渲染管线的主要阶段

　　不过，尽管具备较大的渲染吞吐量，但固定渲染管线在许多方面都受到限制。可编程着色器的出现改善了这一状况，但其无法从算法上生成新的顶点并应用更多通用的（或新设计的）处理算法类。当场景内容发生动态变化时，资源分配变得更加难以管理，并且由于管线中各个阶段之间的资源比值固定，其处理效率受到了影响。统一着色器由此诞生，成为新的关键创新点。统一着色器本质上是可编程的处理单元，可以按照程序员的指示具有原本由像素着色器或顶点着色器所承担的功能，并且不再严格地固定于渲染管线的特定阶（见图 15-10）。第一个提供这种功能的 GPU 是英伟达的 Geforce 8 和 AMD Radeon HD2000 系

⊖　皮尔斯动画工作室在其 3D 渲染软件 RenderMan 的接口规范中引入了着色器这一术语。

列。GPU 体系结构的增强使得 GPU 计算资源不断通用化，最终人们迎来了首批支持双精度算法的硬件，如于 2007 年推出的 AMD RV670 和 2008 年推出的英伟达 GT200（也称为特斯拉体系结构），它们能够更广泛地用于科学计算。为了强调这种通用性，该领域的一些从业者在图形处理单元上使用通用计算（General-Purpose computing on Graphics Processing Units，GPGPU）来代替在 GPU 上执行的通用计算，以将其与纯图形相关的用法区分开来。进一步的微架构优化包括镶嵌和对异步处理的进一步支持，例如 AMD 在 Graphics Core Next（GCN）产品系列中引入的异步计算引擎具备独立的调度和任务分配机制。GCN 还提供了图元舍弃加速器，用于移除那些无效或不影响任何像素的对象，移除操作在这些对象被发送到片段着色器之前进行。值得注意的是，这两家公司都将其产品线区分为主要面向图形的、价格更低的消费市场产品线，以及主要面向通用计算的、具备更高稳定性和可靠性的且价格更为高昂的产品线。表 15-1 给出了当前（本书编写时）主要 GPU 产品线中高端产品的比较。尽管现代 GPU 通常都支持浮点运算，但必须特别注意精度（尤其是舍入规则），因为并非所有 GPU 都支持全部的 IEEE 754 数字后处理模式。

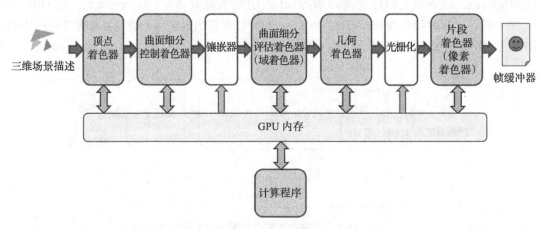

图 15-10　现代渲染管线的主要组件。蓝色块（纸制印刷版本中的浅灰色）表示统一着色器
　　　　　执行处理的部分

表 15-1　现代图形处理单元（GPU）属性的比较（仅考虑单芯片 GPU 实现）

供应商	产品名称	产品类型	晶体管数量（十亿为单位）	基础时钟（MHz）	峰值浮点性能（Gflops）		内存带宽（GB/s）	内存总线宽度	最大功率（W）
					单精度	双精度			
AMD	Radeon R9 Fury X	GPU	8.9	1050	8601.6	537.6	512	4096	275
AMD	FirePro W9100	Accel.	6.2	930	5240	2620	320	512	275

（续）

供应商	产品名称	产品类型	晶体管数量（十亿为单位）	基础时钟（MHz）	峰值浮点性能（Gflops）		内存带宽（GB/s）	内存总线宽度	最大功率（W）
					单精度	双精度			
Nvidia	GeForce GTX Titan X	GPU	8	1000	6144	192	336	384	250
Nvidia	K40	Accel.	7.1	745	5040	1680	288	384	235

注：由于 Maxwell GPU 的双精度性能仅为单精度的 1/32，因此上一代型号（Kepler）在英伟达的"加速器"标题中得到了报道。

15.5　现代 GPU 体系结构

作为现代通用 GPU 的代表，英伟达 Pascal 架构[9]主要为高性能计算而设计，本节将以其为例展开具体的讨论。Pascal 加速器产品线（芯片代号 GP100）于 2016 年 4 月发布。它包含了诸多改进，旨在提高各种应用领域的计算性能，例如与单精度 FPU 相比，增加的双精度 FPU 数量，以及新增的"半精度"（16 位）格式的加法，该格式旨在为特定的人工智能和深度学习应用（尤其是神经网络训练）、传感器数据处理、射电天文学等领域提供更大的有效处理带宽。Pascal 是第一个具有 NVLink[10] 互连功能的 GPU，它支持多 GPU 之间、CPU 和 GPU 之间的点对点通信。NVLink 被置于 IBM 的 POWER9 处理器中，为英伟达即将推出的 Volta 架构 GPU 提供高宽带的流传输支持，未来还将在能源部委托的超级计算机集群"Summit"和"Sierra"[11] 中用作节点内互连。Pascal 架构采用了第二代堆叠式高带宽存储器（HBM2）[12]，它与 GPU 逻辑共享封装，具有更高的带宽，并能够实现更宽的数据路径（较使用外部 GDDR5[13] 而言）。其他的改进包括更快的原子操作，针对片上共享内存和 DRAM 内存以及不同访问模式的优化。为了支持非常大的数据集，Pascal 实现了对系统内存的统一访问，从而可以在 GPU 和 CPU 之间共享数据，而无须用户显式启动数据移动操作。这是通过虚拟内存请求分页实现的，该方法能够处理数千个同时发生的页面错误。因此，如表 15-2 所示，Pascal 架构可提供巨大的计算吞吐量，其他运行参数也相当优秀。

15.5.1　计算架构

Pascal 芯片级架构概览如图 15-11 所示。GP100 芯片的大部分面积用于流式多处理器（SM）。单个 GPU 最多包含 60 个 SM，并以 10 个为一组分为多个图形处理集群（GPC）。最多允许 4 个 SM 由于制造缺陷而被屏蔽。每个 GPC 都包含渲染管线的所有处理单元，它实际上可被视为一个个小的、独立的 GPU。GPC 进一步细分为纹理处理集群（TPC），每个 TPC 包含两个 SM。芯片的其余部分包含一个共享的 4MB 二级缓存，该缓存存储从内存中获取的全局数据集；8 个 512 位宽的 HBM2 内存控制器；1 个 PCIe x16 3.0 接口；以及四个双向 NVLink 控制器。此外，GigaThread 引擎负责线程块的全局调度，线程块由多达 1024 个线程和相关的上下文切换组成。这形成了粗粒度的调度策略，细粒度的调度由单个 SM 执行。每个块在被分配的同一组 SM 上执行，共享对缓存和本地数据缓冲区的访问。线程块被进一步细分为"束"，每个束由多达 32 个单独的线程组成。每个 SM 可以彼此独立地调度完整的束。

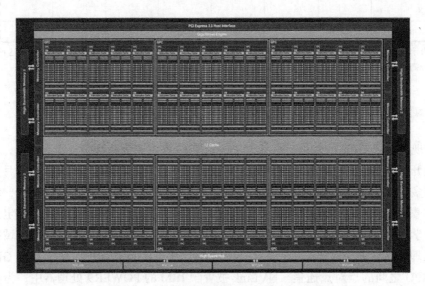

图 15-11　Pascal GP100 架构概览图（图片来自英伟达）

表 15-2　重要的 GP100 架构参数

参　　数	值
技术节点	TSMC 16nm Fin-FET
晶体管数量	153 亿
芯片尺寸	610mm^2
时钟频率	1328MHz (1480MHz boost)
内存类型	HBM2
内存大小	16 GB
内存总线宽度	8×512 位
内存带宽	720GB/s
热设计功耗	300W
资源计数值 /GPU	
流式多处理器	56（最大值为 60）
CUDA 核心	3584
纹理处理集群	28

（续）

参　　数	值
纹理单元	224
寄存器文件大小	14 336KB
L2 缓存大小	4096KB
支持 32 位浮点数的 CUDA 核心	2584
支持 64 位浮点数的 CUDA 核心	1792
总体性能	
峰值双精度	5.3Tflops
峰值单精度	10.6Tflops
峰值半精度	21.2Tflops

　　大部分计算都在 SM 中执行，其结构如图 15-12 所示。每个 SM 包含 64 个单精度和 32 个双精度计算统一设备体系结构（CUDA）核心，这些核心组织在两个块中，每个块都有自己的指令缓冲区、线程调度器、两个调度单元和一个 128KB 的寄存器文件。FP32 核心可以在每个时钟周期内完成一个单精度或两个半精度浮点操作；FP64 核心的执行速度则是每两个周期执行一个指令。所有浮点逻辑都支持低精度运算和融合乘加运算，并优化了舍入规则，使精度损失最小。SM 还包括 16 个加载 / 存储单元，这些单元可以在每个周期内计算出一个有效地址；SM 中还包含 16 个特殊功能单元，用于快速执行近似计算（如倒数、平方根和一些超越函数）。

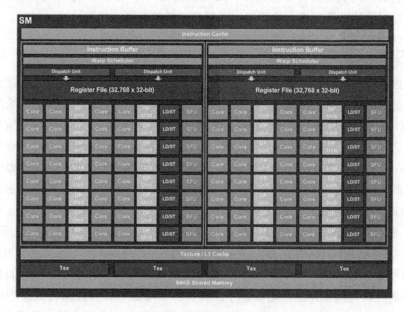

图 15-12　单个流式多处理器的组织（图片来自英伟达）

虽然与上一代的 Maxwell 体系结构相比，每个 SM 的核心数有所减少，但资源比值更高：Pascal 架构的计算核心可以访问两倍数量的寄存器，可以同时执行两倍数量的线程束，可以 100% 地利用更高的内存带宽，并拥有额外的 33% 共享内存容量——每个 SM 中可用的共享内存为 64KB。共享内存提供了与寄存器相当的访问时间，并充当软件管理的数据暂存区。

Pascal 架构改进了对共享内存数据的原子访问，实现了对 32 位整数的原生读 – 修改 – 写（Read-Modify-Write）操作，并提供了对 32 位和 64 位数据的原生比较并交换（Compare and Swap）的支持，避免了上一代 GPU 中使用的加锁 – 更新 – 解锁（Lock-Update-Unlock）算法。GP100 进一步扩展了先前产品对全局内存中单精度浮点数的原子加法操作，加入了对双精度操作数执行原子加法操作的支持。此操作也可应用于需要通过 PCIe 或 NVLink 进行访问的数据。浮点加法的舍入模式升级为更精确的舍入到最近偶数（round-to-nearest-even），而不再是舍入到零（round-to-zero）。

SM 还具备 64KB 的专用 L1 数据缓存，该缓存独立于共享内存运行。这种机制与以前的体系结构有所不同，在之前的体系结构中 L1 缓存和共享内存占用相同的内存，但允许对二者的容量划分进行调整。当执行图形工作负载时，数据缓存还可以用作纹理缓存。它们还负责将从全局内存中检索到的数据进行合并，然后将这些数据传送到运行中的线程束，以获得更好的持续数据带宽。

在 GP100 核心中，通过将上下文暂存到 GPU 内存，计算内核可以被任意中断，从而实现计算内核的指令级粒度抢占。这与先前 GPU 中的块粒度抢占形成了鲜明的对比，此前 GPU 可能因等待任务完成而变得无响应；块粒度抢占也使得计算内核和可视化内核（实时性要求较高）的协同执行变得非常困难。细粒度抢占允许程序员对应用程序进行交互式调试，该功能在以前较难被支持，并要求编译器显式地插入调试代码。

15.5.2　内存实现

只有提供匹配的数据馈送率，GPU 才能达到较高的处理速率。传统方法依赖于更长位宽和更高频率的"图形"DRAM 来应对日益增长的带宽需求，但是外部存储器模块的局限性迫使人们寻找不那么传统的解决方案。Pascal 架构是第一个将 GPU 逻辑与内存封装在一起的英伟达实现。这是通过被动硅插技术来实现的，这种技术既能够支持 GPU 芯片，也支持通过微凸（microbump）连接的多个 HBM2 内存堆栈。内存堆栈最多可包含 8 个芯片，每个芯片最多可提供 8Gb 的存储空间。HBM2 芯片可各自通过硅通孔（TSV）互连[14]；单个 8Gb 芯片据称可包含多达 5000 个 TSV 连接。在 GP100 核心中，每个内存堆栈以 180GB/s 的数据带宽运行。目前，GP100 有 4 个四级 HBM2 堆栈，每个堆栈通过 1024 位总线连接到两个专用的内存控制器，每个 GPU 共包含 16GB 内存。整个装置封装在一个 55mm×55mm 的球栅阵列中。

当使用外部存储器时，错误检测和纠正会消耗部分存储器容量（存储奇偶校验数据），并需要额外的逻辑阶段来重建原始数据字。这些操作降低了有效数据带宽并增加了访问延迟。与之相比，HBM2 具有重要优势，其纠错过程始终活跃，且不会造成带宽损失。

　　GPU 编程较为复杂的主要问题之一是如何有效安排 CPU 和 GPU 内存之间的数据传输。由于本地互连（通常是多通道 PCIe 总线）比连接到 GPU 控制器的 GDDR RAM 的总带宽慢一个数量级，并且 GPU 内存的大小通常只是系统内存的一小部分，因此在正确的时间分配 GPU 内存和安排数据移动对性能有很大的影响。Pascal 体系结构支持统一的虚拟地址空间，通过该空间，GPU 可以访问系统中的所有 GPU 和 CPU。最初在 CUDA 6 编程模型中引入的统一内存模型允许分配共享的内存空间，使得 CPU 和 GPU 可以通过同一个指针访问该空间。过去，如果 CPU 对共享空间的任何部分进行了修改，则必须在 GPU 内核运行前进行同步，因此这一特性的使用使其受到了限制。Pascal 架构支持页面故障机制，可以根据需要将必要的数据页放入加速器的内存中，而不需要显式卸载整个数据集。此外，要访问的页面可以保留在当前位置，并映射到 GPU 地址空间中，以便通过 PCIe 或 NVLink 进行访问。页面迁移是系统级的，并且是对等的：CPU 和 GPU 都可以请求从 CPU 或其他 GPU 的地址空间中迁移页面。页面故障机制还保证了全局内存数据的一致性。为了减少转换后备缓冲（TLB）对 GPU 分页的影响，GPU 支持最大为 2MB 的大页面。这些技术允许超量申请 GPU 上的物理内存，并允许通过应用程序编程接口（API）提示（"cudamemadvise"）对数据移动性能进行微调。

15.5.3　互连

　　典型的硬件加速 HPC 系统将多个 GPU 集成在一个节点中。虽然通过标准的 PCIe 总线连接加速器既可行又方便，但它也引入了严重的通信瓶颈。为了解决这个问题，英伟达在每个 GPU 中加入了 4 个 NVLink 控制器，每个控制器由两个单向子链路组成，提供 20GB/s 的数据带宽。一个子链路聚合了 8 对不同的线路，每对使用英伟达的高速信令技术以 20bit/s 的速度来运行。单个链路可以组合（"gang"）以提供更高的点对点带宽。为了访问 GPU 上的处理组件，链路可通过一个高速集线器进行通信，该集线器直接连接到 GPU 内部的交叉开关。集成的数据移动设施使用高速复制引擎，这个引擎能够使链路带宽饱和。

　　外部链路拓扑包括 GPU 到 GPU，以及 GPU 到（恰当配置的）CPU。链路聚合技术可以在任何组件对之间实现更高的通信带宽。一些可能的布局如图 15-13 所示。

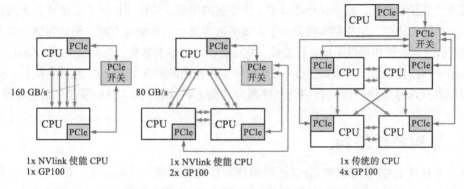

图 15-13　采用 Pascal NVLink 组合实现的一些支持的节点拓扑

除了 NVLink，GP100 还集成了一个 16 通道的 PCI e 3.0 终端接口。除了与未配备 NVLink 硬件的处理器进行连接外，该端口还可用于通过 RDMA（远程 DMA）在不涉及 CPU 的情况下执行 I/O 操作。这个名为 GPUDirect 具有的功能允许各种 I/O 设备（如网络适配器、InfiniBand 适配器和一些固态器件）直接读写 GPU 内存。这对于在 GPU 上执行分布式消息传递接口的应用程序特别有用，因为它降低了通信延迟，并且无须将数据复制到主处理器可访问的内存中。

15.5.4 可编程环境

英伟达 GPU 有几种通用编程工具包，它们在可实现的优化级别、对硬件的访问以及程序可移植性方面有所不同。使用英伟达自己的 CUDA API 和编译器可以获得最佳的兼容性支持。该工具包在 Pascal GPU（计算能力从 6.0 开始）发布伊始便给予了对其的支持。CUDA 支持 C、C++（使用基于 LLVM 的"nvcc"编译器）和 Fortran（使用波特兰集团公司的自定义编译器）语言。CUDA 中的源代码需要以特定属性进行修饰，例如"__ global __"通知编译器哪些函数将在 GPU 上执行而不是在主机上执行，"__shared__"则可用于限定 GPU 中变量的存储类型。内核调用需要特殊的括号语法来指定所需的并行化参数，这些语法修改对应相关的库函数，如 GPU 内存分配和复制、流操作、原子操作、事件处理和许多其他功能。CUDA 的主要限制是它只支持英伟达品牌的 GPU。

OpenACC（Open Accelerator）是另一个 GPU 编程模型，它随 OpenMP 进行推广，使用基于指令（pragma）的 C、C++ 和 Fortran 语法。这样做的优势是，如果通过在命令行选项中指明不启用 OpenACC，那么可从未经改动的代码中编译出序列等价的、可执行的版本程序。OpenACC 还包含多个 API 以支持与多个加速器设备的交互、执行内存的分配和数据复制，以及异步操作。由于 OpenACC 主要关注简洁性和可移植性，因此它可能无法受益于特定 GPU 体系结构提供的所有可用的功能和优化方法。

OpenCL（开放计算语言）致力于为异构设备（包括多核 CPU、GPU、数字信号处理器、FPGA 等）提供统一的编程环境。其内容涵盖类 C 编程语言、API、相关库和运行时系统。OpenCL 使用由 4 个模型组成的层次结构（平台模型、内存模型、执行模型和编程模型）来定义基本属性、交互和规则，指导异构环境中工作负载的执行。该框架扩展了 C 语言，为向量、指针、浮点指针、图像、矩阵和事件提供了扩展的数据类型；为地址空间、函数和访问类型提供了限定符；为向量操作提供了运算符重载。它还提供了大量的数学、几何、关系、向量、同步、内存、原子和图像函数的扩展库。OpenCL 允许工作负载同时在 CPU 和加速器上执行。由于框架的关注点是可移植性，因此预期会牺牲部分性能，特别是与 CUDA 等官方原生实现相比。

15.6 异构系统架构

同一系统中，CPU 逻辑和 GPU 逻辑的物理分离既有优点也有缺点。各部分的实现都可以独立优化（GPU 规模、CPU 线程性能），并可能使用不同的制造工艺。只要连接选项（工业标准总线，如图 15-14a 所示的 PCIe）在各代芯片之间保持兼容，它们就可以独立升级。通过这种方式生成的系统拓扑更加灵活，因为可以向系统中添加更多的 GPU 来填充可用的连接插口。内存接口可以定制，以提供与特定组件的主要运行特征相匹配的数据馈送带宽和访问延迟。值得注意的是，许多异构的超级计算机（包括运行着最近获得戈登·贝尔奖的应用程序的集群）都使用分离的 GPU 设计。由于 CPU 和 GPU 中的计算都是独立执行的，因此当涉及的数据集需要跨越系统边界时，总会有相关的开销。由于系统总线的运行速度比内存体的速度慢得多，因此数据复制会对整体性能造成不利影响。不仅如此，程序员经常需要预测和管理数据移动，以尽可能地与正在执行的计算重叠。请注意，在上一节我们讨论了 Pascal 架构的新增特性，即对系统内存的统一访问。但需要注意的是该特性并不会取消数据复制这个过程，硬件管理的虚拟内存请求分页技术仍然会因为首次访问而产生页面错误，使得在数据请求发出和本地存储器中具有实际可用的数据之间产生可观的延迟。为了解决这些问题，AMD 提出了异构系统架构（HSA），将协作硬件设备放置在同一总线上，并使用共享内存物理地将处理过的数据集中在一起。该概念如图 15-14b 所示。

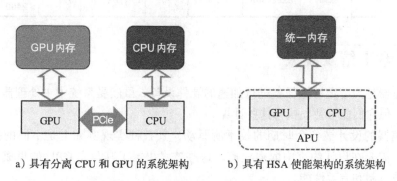

a) 具有分离 CPU 和 GPU 的系统架构   b) 具有 HSA 使能架构的系统架构

图　15-14

　　HSA 规范[15] 是由非盈利组织 HSA 基金会开发的，其成员包括一批工业和学术成员，如 AMD、ARM、德州仪器、三星、高通、联发科、颖脉技术，以及几个美国国家实验室。HSA 基金会的目标是通过提供独立于 ISA 的运行时 API 和系统体系结构 API，来减少包含异构组件的系统的编程复杂性。该规范标识了两种类型的计算单元：延迟计算单元（如 CPU）和吞吐量计算单元（TCU，如 GPU）。这些组件共享缓存一致的虚拟内存硬件，并拥有统一的虚拟地址空间。因此，协作设备使用相同的页表，只需交换指针即可实现数据共享，避免了内存复制的开销。这是由自定义的内存管理单元完成的，这些内存管理单元对一致和非一致的系统内存访问进行协调。其对页面故障的支持也使得不再需要由驱动程序管理的高开销锁页内存池。HSA 还通过将用户级的工作单元分派到 TCU 队列来避免高开销的系统调用。此外，通过 TCU 硬件可以在各个应用程序队列之间直接切换而无须操作系统的参与，它还定义了一种机制，从而实现更快的调度和更低的开销。规范并未要求应用程序开发使用特定的或是新定义的语言，而是尝试利用现有的高级语言和编程模型，如 C++、

Java、Python、Cype、OpenMP 和 OpenCL。

　　HSA 是 SoC 设计和编程的主要关注目标，在这里高效率和低功耗是最重要的。它不太可能应用于旗舰 GPU，因为在同一芯片上放置不同类型的设备可能会分散资源，从而降低 TCU 的有效吞吐量。主流 HSA 硬件的一个很好的例子是 AMD 加速处理单元（APU），该设计自 Kaveri 架构开始。它将一些 x86_64 兼容的处理器核心和 GPU 结合在一起，主要参数见表 15-3。

表 15-3　HSA 兼容的 AMD APU 的属性

| 架构代码名称 | 制造工艺制程（nm） | 芯片尺寸（mm2） | CPU | | | GPU | | 支持的内存类型 | 最大的热设计功耗（W） |
			架构	时钟频率（GHz）	最大核心数	时钟频率（MHz）	着色器数量		
Kaveri	28 nm	245	Steamroller	4.1/4.3	4	866	512	DDR3-2133	95
Carrizo	28 nm	245	Excavator	2.1/3.4	4	800	512	DDR3-2133	35
Bristol Ridge	28 nm	250	Excavator	3.8/4.2	4	1108	512	DDR4-2400	65

15.7　本章小结及成果

❑ 加速器是为特定计算任务进行加速的硬件设备。虽然受系统中主处理器的控制和协调，但它们能够独立执行这些计算。

❑ 加速器的设计被各个时期的技术所驱动，其各种实现实际上是不同的技术方案组合，需要在设计约束中取得权衡。这些技术决定了其与主 CPU 的集成程度、工作卸载机制和有效性能。

❑ 第一个浮点加速器是协处理器。它们与主 CPU 同步运行，需要专用的硬件接口才能运行。

❑ 加速器功能在不同系统类型之间的可移植性是通过广泛采用的通信行业标准来实现的，这些行业标准规定了主 CPU 和加速器之间的通信接口。

❑ GPU 通过不断通用化之前固定渲染管线的功能，以及显式添加高性能计算机所需的其他功能（如双精度浮点数），最终发展成为现代的浮点加速器。

❑ 大规模集成电路使芯片能够容纳更多的晶体管，从而可以在单个芯片上集成多个传统的独立设备，这带来了额外的性能和可编程性优化。

15.8　练习

1. 是什么推动计算机系统中引入加速器？

2. 简要描述协处理器增强的体系结构。哪些属性使协处理器使用起来很麻烦？鉴于现代 CPU 晶体管集成数量经常达到数十亿，重新审视这一概念并考虑在处理器芯片上包含专用协处理器逻辑是否值得？

3. 现代 GPU 的哪些组件使它们适用于通用计算应用程序？哪些架构解决方案可能会阻止它们在任意计算问题上达到峰值处理吞吐量？

4. 在 HSA 中使用统一内存系统与分离的 GPU 和 CPU 方法相比有什么好处？有什么缺点？

5. 有 256 个 FPU 的浮点加速器的时钟频率为 512MHz，配备 512MB 本地存储器，用于加速两个包含双精度浮点数的 16×16K 矩阵的乘法运算。乘法在主机 CPU 上执行需要 200s。加速器通过 PCIe 总线连接，每个方向的数据传输速率为 1GB / s。每个 FPU 在一个周期内执行融合的乘加操作。假设可以忽略将可执行代码存储在加速器中所需的本地数据移动开销和空间开销，并且 CPU 和加速器之间的数据传输设置花费时间可忽略，计算以下内容。

　　a. 如果仅由加速器执行，求矩阵乘法加速比。请记住，输入矩阵最初存储在主机内存中，因此结果矩阵也应该放在那里。

　　b. 通过最佳工作负载分配，如果加速器和主机 CPU 串联工作，加速比会如何变化？

参考文献

[1] PCI Special Interest Group, PCI-Express Specifications Library, 2016 [Online]. Available: https://pcisig.com/specifications.

[2] S.W. Smith, The Scientist's and Engineer's Guide to Digital Signal Processing, California Technical Publishing, San Diego, 1997.

[3] 754-2008-IEEE Standard for Floating-Point Arithmetic, IEEE Computer Society, 2008.

[4] T. Whitted, An improved illumination model for shaded display, Communications of the ACM 23 (6) (1980) 343−349.

[5] C.M. Goral, K.E. Torrance, D.P. Greenberg, B. Battaile, Modeling the interaction of light between diffuse surfaces, Computer Graphics 18 (3) (1984) 213−222.

[6] H. Gouraud, Continuous shading of curved surfaces, IEEE Transactions on Computers C-20 (6) (1971) 87−93.

[7] B.T. Phong, Illumination for computer generated pictures, Communications of the ACM 18 (6) (1975) 311−317.

[8] J.H. Clark, The geometry engine: a VLSI geometry system for graphics, ACM Computer Graphics 16 (3) (1982) 127−133.

[9] Nvidia Corp, NVIDIA Tesla P100 (Whitepaper), 2016 [Online]. Available: https://images.nvidia.com/content/pdf/tesla/whitepaper/pascal-architecture-whitepaper.pdf.

[10] Nvidia Corp, Whitepeper: NVIDIA NVLink High-speed Interconnect: Application Performance, November 2014 [Online]. Available: http://info.nvidianews.com/rs/nvidia/images/NVIDIA%20NVLink%20High-Speed%20Interconnect%20Application%20Performance%20Brief.pdf.

[11] Nvidia Corp, Whitepaper: Summit and Sierra Supercomputers: An inside Look at the U.S. Department of Energy's New Pre-exascale Systems, November 2014 [Online]. Available: http://www.teratec.eu/actu/calcul/Nvidia_Coral_White_Paper_Final_3_1.pdf.

[12] JEDEC Solid State Technology Association, JESD235A: High Bandwidth Memory (HBM) DRAM, November 2015 [Online]. Available: https://www.jedec.org/standards-documents/results/jesd235.

[13] JEDEC Solid State Technology Association, JESD232A: Graphics Double Data Rate (GDDR5X) SGRAM Standard, August 2016 [Online]. Available: https://www.jedec.org/standards-documents/docs/jesd232a.

[14] B. Black, M. Annavaram, et al., Die stacking (3D) microarchitcteture, in: Proceedings of the 39th Annual IEEE/ACM International Symposium on Microarchitecture, 2006.

[15] HSA Foundation, HSA Standards, 2016 [Online]. Available: http://www.hsafoundation.com/standards/.

第 16 章

OpenACC 的基础

16.1 引言

如第 15 章所述，图形处理单元（GPU）是目前高性能计算中最主要的加速器类型之一。然而，与传统的多核处理器相比，在 GPU 上的编程是一项更加复杂的任务。这主要是由于 GPU 技术出现的年份仍有限，导致缺乏成熟的编程工具和环境。技术的各个方面都在不断提升和修改，这使得通用编程方法和编译器的开发更加复杂。与传统硬件相比，加速器也使用完全不同的执行模型。尽管出于实际目的，多核 CPU 上的每个核心都可以被视为可执行上下文的独立单元，但对于在 GPU 核心上运行的线程成来说，情况并非如此。这在由于分支分歧而导致性能下降极其明显，原因是条件指令导致线程的一个子集与其他线程的代码路径不同。传统的处理器体系结构与优化编译器相结合，使程序执行的许多隐式组件（寄存器分配、缓存管理、数据一致性、分支优化、指令重序、预测执行等）对用户透明，用户可以自由地专注于高级编程语言中基本的程序算法和数据结构。在 GPU 中，对于体系结构的许多细节仍然需要由对获得最高计算性能感兴趣的程序员来明确地处理。由于执行资源的数量很多，并且越来越强调并行性，因此资源分配和管理对于实现良好的性能水平变得更加关键。这些通常必须考虑 GPU 的物理结构、数量和资源限制，尤其是当许多具有不同存储器占用和性能特征的计算内核需要同时调度时。由于数据局部性引用在最大化性能方面起着关键作用，与主机相比，传统的 GPU 内存容量小，因此有效的数据清理调度增加了在加速器上管理计算的复杂性。请注意，上载速度通常受到 PCIe 总线带宽的限制，在传输大量数据时可能会导致明显的延迟。为了提供比非加速计算模型具有更大的优势，这些成本必须在整个应用程序执行过程中通过性能收益来分摊。此外，在异构体系结构中，什么是特定内核的正确位置并不总是容易回答的。它必须与程序员在 GPU 代码开发方面的经验、对目标 GPU 体系结构特性的熟悉程度、可用的编程工具以及移植算法特性进行权衡。即便如此，由于不可预见的管理成本或延迟，通过在加速器上执行而获得的加速与传统硬件相比，可能并没有优势。这直接影响了程序员的工作效率：他们的时间可能会花在开发和优化算法的多核实现上，或者更好地与提供所需功能的优化的外部库的链接上。最后，为了充分利用这两个方面的性能，可以尝试在系统中所有可用执行资源之间进行平衡计算。虽然能产生最佳性能，但这种方法也是最难管理的。涉及的执行环境之间的巨大差异使得计算的可预测调度难以实现，除了最琐碎和最独特的问题。

最初，GPU 程序利用三维图形应用程序编程接口（API）（如 OpenGL[1] 和 DirectX[2]）来对向量和密集型矩阵执行操作，因为这些都是图形管线本身支持的。第一个在 GPU 上加速的算法是使用 8 位（具有 16 位内部精度）定点数的矩阵乘法，该算法于 2001 年发布 [3]。为了欺骗图形硬件执行所需的操作，作者使用与输入矩阵相对应的两个纹理，并将它们的多个副本映射到立方体内部，使一个纹理与投影平面保持平行，而另一个纹理与投影平面垂直。通过多纹理模式下多次提取得到的部分产物，在正交视图中使用混合法（以避免透视失真）叠加到立方体的正面。然后使用 GPU 到 CPU 的内存复制检查最终结果（映像）。读者会立即注意到这种计算方法并不十分实用。为了提供一个更方便的编程环境，在 21 世纪的前 10 年，开发了许多专门针对 GPU 的自定义接口，在某些情况下它针对通用异构平台。随着较新 GPU 的功能集越来越丰富，并且在引入了新的体系结构功能（可编程着色器、双精度浮动点、对动态并行性的支持等）后，这些接口中的许多都经过了修改，以包括对添加扩展的适当支持。这些 API 中的许多在存在的相对较短时间内经历了若干规范修订，其中最新的规范修订通常需要最新版本的图形硬件来提供完整的操作特性。下面简要介绍了几种具有不同编程模型、支持功能、可移植性和范围的流行工具包。

16.1.1　CUDA

这种广泛使用的专有 GPU 编程工具包，最初被称为计算统一设备体系结构（Compute Unified Device Architecture, CUDA）[4]，只适用于英伟达生产的设备，包括 Geforce、Quadro 和 Tesla 系列。经常使用的高性能计算语言（如 C、C++ 和 Fortran）通过编译器扩展和运行时库来得到支持。对于 C 语言，英伟达提供了一种低级的基于虚拟机的编译器 nvcc，而波特兰集团（PGI）的 CUDA Fortran 编译器提供了 Fortran 支持。编程环境由为特定任务优化的库进行补充，例如快速傅里叶变换计算、基本线性代数子程序、随机数生成、密集稀疏解算器、图形分析和游戏物理模拟。CUDA 有几个面向性能的功能，这些功能通常不通过标准的基于图形的接口（例如分散的内存读取、统一的内存访问、快速的 GPU 共享内存访问、提高的卸载和状态检索速度、附加的数据类型、混合精度计算、补充的整数和位操作环境）来提供，概要分析支持。截至 2017 年 6 月，工具包的最新版本为 8.0。

16.1.2　OpenCL

开放计算语言（Open Computing Language, OpenCL）[5] 最初于 2009 年由非盈利的科纳斯集团发布，是一个开放标准，试图定义统一的异构编程框架。它在 C 语言（ISO/IEC 9899:1999）和 C++14（从 2.2 版开始）之上提供了一个 API，支持使用执行程序的目标设备内存和处理单元（PE）。在异构环境中执行，会对允许使用的语言功能有很大的限制，例如，递归、类型标识、go-to 语句、虚拟函数，以及异常和函数指针可能根本不能使用，或者只在有严重限制的情况下才能使用。设备供应商确定如何以及哪些 PE 实际提供给用户。OpenCL 允许设备实现多达 4 个级别的存储层次结构：全局内存（容量大，但具有较大的延迟）、只读内存（容量小但快速，只能由主机写入）、由一个 PE 子集共享的本地内存以及每个 PE 专用内存（如寄存器）。相应的限定符（global、local、constant、private）与语言集成，并在变量声明中使用时被编译器理解。在加速器上执行的函数用 kernel 属性来标记，接受用上面列出的地址空间限定符标记的参数声明。定义为源代码的内核可以在运行时由适当的联机编译器编译，前提是该平台符合完整的概要兼容；否则将使用脱机的、特定于平台的编译器（嵌入式概要）。除了明确定义的内核之外，设备还可以提供由 OpenCL 枚举和提供的内置函数。框架支持 3 个级别的执行同步：工作组、子组和命令。OpenCL 规范第 2.2-3 版于 2017 年 5 月发布。

16.1.3　C++ AMP

C++ 加速大规模并行（C++ Accelerated Massive Parallelism, C++ AMP）[6] 由 MicroSoft 开发，是 C++ 的编译器和扩展集，在支持各种形式的数据并行执行的平台上，使得 C++ 应用程序的加速成为可能。加速器不一定必须是外围设备（如 GPU）；它可以与主 CPU 集成在同一个芯片上，甚至可以是主处理器行业标准体系结构的扩展，如流式单指令多数据（SIMD）扩展或由 x86 处理器家族的某些成员提供的高级向量扩展。其设备模型假定加速器可能配备主机无法访问的专用内存，或者主机和设备共享同一内存。C++ AMP 运行时根据特定实现的需要执行或避免内存复制。框架定义了两种类型的函数限制说明符：cpu 和 amp，后者标记了在加速器上执行的相关代码。以这种方式标记的函数必须符合底层硬件类型所允许的 C++ 子集。加速器由具有关联逻辑视图（每个加速器可能有多个视图）的加速器对象来表示，该视图为加速器要处理的计算任务提供命令缓冲区。命令可以立即提交执行或延迟执行；加速器工作负载的完成可以是同步（阻塞）或异步的，并使用单个任务或任务组中基于未来的标记。数据类型基于具有相关 n 维范围（确定数组边界）的 n 维数组和索引对象（引用特定元素）。为了以最小的开销控制数据复制和缓存，提供了允许访问相关数组段的数组视图。数组视图可以在本地或在不同的一致性域中访问，这意味着后者需要数据副本。C++ AMP 还支持一系列原子操作和 parallel_for_each 构造来启动并行操作。该规范的当前版本是 v1.2，于 2013 年发布。

16.1.4　OpenACC

Open Accelerator（Open ACC）框架 [7] 也称为"加速器指令"，与上述方法的不同之处在于，它试图显著简化加速器编程接口，使 GPU 和其他连接设备的代码开发对于临时开发人员更加平易近人。它还专注于跨不同平台的更好的代码和性能可移植性。最初的 OpenACC 规范由 PGI、CAPS 公司、克雷和英伟达于 2011 年创建。从那时起，该团队已有国家实验室以及多个行业和学术成员加入，包括 AMD、Pathscale、桑迪亚国家实验室和橡树岭国家实验室。由于基于指令的方法需要编译器支持，因此可以使用 PGI（支持具有 OpenACC 兼容性版本 2.5 的多个目标平台）和克雷（仅适用于 Cray 系统）的商业工具。还开发了几个开源编译器，包括休斯敦大学的 OpenUH [8]、橡树岭国家实验室提供的 OpenARC [9]，以及 GCC 实验性的 OpenACC v2.0a 支持（从 5.1 版开始，将在 GCC 6 发布时进一步改进）。由于 OpenACC 类似于另一个基于指令的并行编程框架 OpenMP，因此预计这两个环境最终将组合并共享一个编程规范。最新的（2015 年 10 月）OpenACC API 修订版为 2.5。其基本功能将在本章的剩余部分中详细讨论。

16.2　OpenACC 编程概念

OpenACC 支持将程序的指定部分卸载到连接本地主机的加速器设备上。程序员必须通过相关指令、C 和 C++ 中的编译指示，以及 Fortran 中经过特殊格式化的注释，来明确识别可能受益于并行执行的代码段。不支持自动检测程序的可卸载部分。应用方法可在不同的 CPU 类型、支持的加速器设备和底层操作系统之间进行移植。加速器硬件的初始化和负责并行代码执行的适当功能、工作负载卸载的管理以及在加速器上提取结果的细节对程序员是隐藏的，并由编译器和运行时系统隐式执行。OpenACC 目前不支持跨多个加速器设备的自动工作负载分配，即使这些设备在同一主机上可用。与 OpenMP 类似，如果编译器不支持或未启用相关功能，则会简单地忽略指令。

用户应用程序的执行由主机控制，主机通常遵循程序中的大部分控制流，并启动工作和数据传输，这些工作和数据构成已识别的并行区域并传输到加速器。对于这些代码段，主机在设备上分配足够的内存以容纳计算内核的数据集，在主机和加速器内存之间执行相关的数据传输（经常通过直接内存访问或 DMA 通道）、发送可执行代码、编组和转发并行区域中的输入参数，将代码按顺序执行，等待完成，最后获取计算结果并释放设备上分配的内存。加速器通常支持多个并行级别：粗粒度（对多个执行资源的并行执行）、细粒度（涉及 PE 中多个线程中的一个）和功能单元级别（显示每个细粒度执行单元中的 SIMD 或矢量操作）。在 OpenACC 中，这些级别分别指"gang"（帮派）"worker"（工人）和"vector"（向量）并行，如图 16-1 所示。加速器设备执行多个帮派，每个帮派包含一个或多个工人。反过来，工人可以通过执行 SIMD 或向量指令来利用可用的向量并行。

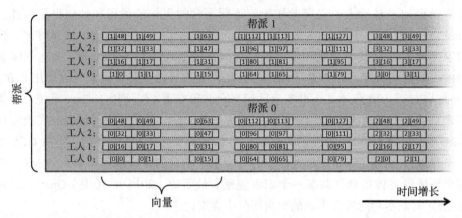

图 16-1 嵌套循环迭代到 OpenACC（具有 2 个帮派、4 个工人和 16 个向量通道）并行级别
的映射示例。特定迭代中可访问的矩阵元素的数字索引显示在方括号中。在这种
情况下，外循环被划分为帮派，而内循环迭代在工人和向量通道之间进行划分

　　加速器上计算区域的执行以所谓的帮派冗余（Gang-Redundant，GR）模式开始，在这种模式中，每个帮派都有一个执行相同代码的工人。一旦程序中的控制流到达标记为并行执行的区域，执行将切换到帮派分区（Gang-partitioned，GP）模式，其中一个循环或多个循环的不同迭代所执行的工作将分布在帮派中，但每个帮派中仍只有一个工人处于活动状态。在这两种情况下，程序的执行都是在单工人（worker-single）模式下进行的；同样，如果工人只使用一条向量处理通道，那么程序将以单向量（vector-single）模式运行。如果并行区域或标记为工人级工作共享，则会激活帮派中的所有工人，并在工人分区模式（Worker-Partitioned, WP）下继续执行。请注意，并行区域可能同时启用 GP 和 WP 模式，这会导致所有帮派中所有工人可用工作的分配。类似的区别也适用于向量并行：它可以在每个循环或循环嵌套的基础上启用，以在可用的 SIMD 或向量单元上划分并行操作，从而在向量分区（VP）模式下执行。工作负载中特定部分的 VP 模式可以用帮派和工人模式的任何组合同时激活。

　　不鼓励跨帮派、工人和向量操作的显式同步，包括屏蔽或锁。由于 OpenACC 实现和加速器体系结构之间的差异，一些帮派甚至可能在其他帮派完成之前无法开始执行。类似的观察也适用于工人和向量：由于工人或向量操作的调度并不总是确定地定义的，因此在一个加速器架构上工作的特定工作负载同步方法可能会导致另一个加速器架构上的死锁。

　　主机和加速器都使用线程的概念，尽管有一些不同。根据实际的体系结构，主机线程与处理器执行单元（如核心或超线程）紧密相连。加速器核心的构成在很大程度上取决于加速器类型，甚至同一设备类型的特定实现。例如，AMD 在其 GPU 上对于核心边界的划分不同于英伟达。OpenACC 将加速器线程定义为帮派中单个工作线程的单个通道，这明确地对应单个并行执行上下文。大多数加速器线程可以与主机线程异步操作。框架允许将工作单元提交到设备上的一个或多个活动队列。在单个队列中输入的操作将按提交顺序执行，但存储在不同活动队列中的操作可能以任意顺序执行。主机上其他多线程环境（如 OpenMP）与 OpenACC 可同时使用，这通常是不受限制的，但如果 OpenACC 代码区域也计划在主机处理器上运行，则用户应避免对执行资源的过度占用。

认真负责的 OpenACC 程序员必须注意到框架暴露内存模型的后果。许多加速器，特别是与 PCIe 相连的 GPU，都配备了与主机分开的单独内存。这意味着主机无法直接访问设备上的内存，另一方面，设备也无法有效访问主机存储器。两个内存池之间的数据移动必须通过其他方式来协调，如 DMA。在编写可移植的 OpenACC 代码时，程序员必须考虑到这一点，因为在主机和加速器内存之间调度和执行数据传输的开销通常会影响总体性能，并且可能因实例而异。当计算大量数据时，程序员还必须意识到内存大小的限制，这通常在加速器方面更为严格。应用程序访问的数据集必须适当地分割成可以单独放入设备内存的片段，在某些情况下会对计算算法进行更改。包含主机存储器中指向数据原始指针的数据结构也可能需要重新设计。许多 GPU 使用弱内存模型，在该模型中，除非由内存栅栏（memory fence）同步，否则加速器线程之间的操作将以任意顺序执行，从而同一代码的多次运行可能产生不同的结果。类似的考虑也适用于统一的内存架构，或者那些在主机和加速器或多个加速器之间提供共享内存空间的架构。强烈建议显式同步，以确保在消费者实体访问共享数据之前完全执行更新操作。

16.3　OpenACC 库调用

OpenACC 提供了许多可以从用户应用程序调用的预定义值和库函数。请注意，通常情况下，创建功能齐全的 OpenACC 程序并不需要这些功能。它们用于从系统中检索附加信息的情况，或者运行时函数的显式管理可以产生更好的执行性能。现有规范将库接口细分为 5 个主要部分：定义、面向设备的功能、异步队列管理、设备功能测试和内存管理。由于其中许多应用需要深入了解主机和加速器间的交互，因此下面仅讨论可用接口的一小部分。

由于实际的 OpenACC 实现可能基于规范的不同修订版，因此 OpenACC 库提供的一个宏可用于测试所提供的功能。它被称为 _OPENACC，扩展为 6 位十进制数，其中前四位数表示年份，其余两位表示库所基于的规范发布日期。_OPENACC 宏可启用依赖于最近引入的功能代码段的编译条件。

OpenACC 库定义包括运行时函数的原型和库使用的内部数据类型，它们专门描述运行时函数参数以及标识异步请求队列管理的加速器类型或变体的枚举。常用的运行时调用包括以下内容。

```
int acc_get_num_devices(acc_device_t devtype);
```

这将返回由 devtype 指定类型的附加加速器设备数量。不得在卸载加速器的并行区域内使用它。尽管描述允许 devtype 值的符号标识符可能取决于具体实现，但标准建议如下：

❑ acc_device_nvidia，用于 Nvidia GPU

❑ acc_device_radeon，用于 AMD GPU

❑ acc_device_xeonphi，用于英特尔至强融核处理器

```
acc_device_t acc_get_device_type();
```

这表示当前设置为目标加速器的设备类型。如果未选择加速器设备，则可以返回 acc_device_none。与 acc_get_num_devices 类似，它可能不会在加速器区域内调用。

```
void acc_set_device_type(acc_device_t devtype);
```

这设置了用作并行代码区域的加速器设备类型。设备类型由输入参数指示。如果请求类型的设备不可用或者程序未被编译为支持在指定的加速器类型上执行，则调用此函数可能会导致未定义的行为（包括程序中止）。可能不会在代码加速区域内调用此函数。

```
int acc_get_device_num(acc_device_t devtype);
```

该函数返回指定类型的加速器设备的编号（索引），当前线程将使用该编号来卸载并行计算。和以前一样，可能不会在加速器上的执行代码区域内调用它。

```
void acc_set_device_num(int n, acc_device_t devtype);
```

这定义了当前线程可以使用哪个指定类型的加速器设备来执行并行区域。如果 n 值为负，则选择默认加速器设备。如果 devtype 为 0，则指定的数字将考虑所有连接的加速器类型。如果 n 大于或等于指示类型的可用设备数，则函数执行可能导致未定义的行为。同样，不能从加速代码区域内调用 acc_set_device_num。

例子：

```
 1  #include <stdio.h>
 2  #include <openacc.h>
 3
 4  int main() {
 5    printf("Supported OpenACC revision: %d.\n", _OPENACC);
 6
 7    int count = acc_get_num_devices(acc_device_nvidia);
 8    printf("Found %d Nvidia GPUs.\n", count);
 9    int n = acc_get_device_num(acc_device_nvidia);
10    printf("Default accelerator number is %d.\n", n);
11
12    count = acc_get_num_devices(acc_device_host);
13    printf("Found %d host processors.\n", count);
14    n = acc_get_device_num(acc_device_host);
15    printf("Default host processor number is %d.\n", n);
16  }
```

代码 16.1　使用 OpenACC 库函数的示例代码

代码 16.1 显示的示例程序调用了几个库函数，并且已编译并在包含 AMD Opteron CPU 和英伟达 Kepler GPU 的 Cray XK7 系统上运行。在配备单 GPU 的节点上启动它将输出以下内容：

```
Supported OpenACC revision: 201306.
Found 1 Nvidia GPU(s).
Default accelerator number is 0.
Found 1 host processors.
Default host processor number is 0.
```

OpenACC 规范修订版 2.0 发布于 2013 年 6 月。本章提供的以下所有代码示例都在同一环境中执行。

16.4　OpenACC 环境变量

目前，OpenACC 仅定义了 3 个可修改应用程序运行时行为的环境变量。

❑ ACC_DEVICE_TYPE 确定用于加速标记代码并行区域的默认设备类型。该值取决于具体的实现。例如，PGI 编译器允许 NVIDIA、RADEON 和 HOST 的值分别表示选择英伟达、AMD 品牌的 GPU 作为目标加速器设备、在主处理器上执行。必须以允许使用多个加速器设备的方式编译程序。

例子：

```
export ACC_DEVICE_TYPE=NVIDIA
./openacc_app
```

或者

```
env ACC_DEVICE_TYPE=NVIDIA ./openacc_app
```

这些将使用可用的英伟达 GPU 加速 "openacc_app" 应用程序。注意，调用应用程序的实际命令行可能受到目标平台运行时环境的影响，特别是作业管理子系统上施加的附加要求的影响。

❑ ACC_DEVICE_NUM 是非负整数，标识要使用的物理加速器设备。该数字不应大于或等于主机节点上连接的加速器设备的数量，否则行为取决于具体的实现。

例子：

```
export ACC_DEVICE_NUM=0
./openacc_app
```

这将在系统中第一个物理加速器上执行并行代码区域。也可以使用第二个调用形式，如 ACC_DEVICE_TYPE 介绍中所示形式。

❑ ACC_PROFLIB 选择适当的分析库（如果目标系统上有可用的分析库）。

例子：

```
export ACC_PROFLIB=/usr/lib/libaccprof.so
./openacc_app
```

这将分析应用程序"openacc_app"中并行区域的执行情况。

16.5　OpenACC 指令

控制 OpenACC 程序并行执行的主要方法是通过散布在程序源代码中的指令。在 C 和 C++ 中，指令具有以下格式：

#pragma acc *directive-name [clause-list]*

每个指令行必须以换行符结束。一开始的 # 可以可选地在前或后加空格。请注意，指令的其余部分（以斜体显示）遵循管理 C 和 C++ 程序的标准约定，例如宏替换。这还意味着它区分大小写。

以下部分使用与上面相同的语法格式。所需的文字以粗体输入，而引用指令的各种组件符号名称以斜体显示。可选的语法组件放在方括号内。

16.5.1　并行构造

并行（parallel）指令用于标识并行执行区域。当程序中的流程控制达到并行指令时，它会创建一个或多个帮派来执行接下来的代码区域。在整个并行区域的执行过程中，帮派数量、每个帮派中的工人、每个工人的向量通道的数量保持不变。最初所有帮派都以 GR 模式开始执行指定的代码，除非通过适当的条件进行更改（见下文）。默认情况下，并行执行由区域末尾的隐式栅栏终止，从而阻止执行程序的下一段，直到并行区域中的所有工作完成为止。请注意，并行区域内的代码可能不会分支或作为外部分支的结果输入。并行构造的语法如下：

#pragma acc parallel*[clause-list]*

　structured-block

结构化块通常是由花括号分隔的代码的一部分，它有效地确定了并行区域的范围，但也可以是单个语句，例如循环。并行构造中一些最常用的子句如下。

❑ async *[(integer-expression)]*

这消除了并行区域末端的同步栅栏，允许主机处理器与已经清空的并行计算资源同时执行非加速代码。它可以可选地与非负整数值的参数配对，该参数稍后在相应的 wait 子句（或指令）中使用，以确保主机控制线程阻塞，直到特定的异步计算完成。该数字可以被视为提交工作负载的活动队列的编号。因此，具有相同参数的异步子句的两个区域将按照加速器的顺序来执行。

❏ wait*[(integer-expression-list)]*

这将阻止当前主机线程，直到参数指示的异步工作负载单元已完成。指定的数字应与传递给 async 子句的参数匹配。如果未列出任何参数，则控制线程将阻塞，直到所有提交的异步工作都已执行。

❏ num_gangs(*integer-expression*)

num_gangs 子句用于明确指定工作负载分配的帮派数目。如果不存在，则使用特定于实现的默认值。请注意，目标体系结构的限制可能导致实际选择的请求数量少于真正需求的请求数量。

❏ num_workers(*integer-expression*)

num_workers 类似于 num_gangs，此子句在 WP 模式下请求执行并行工作负载的每个帮派的特定工人数。如果未指定，则选择默认工人数。在这种情况下，不保证程序调用的不同并行区域（由 parallel 或 kernel 指令标记）之间保持一致。如上所述，由于架构约束，特定实现可以修改工人的数量。

❏ vector_length(*integer-expression*)

vector_length 指为每个工人分配特定数量的向量通道，以便由带有 loop 指令的向量子句标注的代码段（稍后讨论）使用。由于执行资源的布局，具体实现可以自由选择更符合特定硬件规范的值。

除此之外，还可能存在数据管理的规则；这些我们将在 16.5.3 节中讨论。

例子：

```
 1  #include <stdio.h>
 2
 3  const int N = 1000;
 4
 5  int main() {
 6    int vec[N];
 7    int cpu_sum = 0, gpu_sum = 0;
 8
 9    // initialization
10    for (int i = 0; i < N; i++) vec[i] = i+1;
11
12    #pragma acc parallel async
```

代码 16.2　由 async 子句触发的 GPU 和 CPU 并行执行的例子

```
13    for (int i = 100; i < N; i++) gpu_sum += vec[i];
14
15    // the following code executes without waiting for GPU result
16    for (int i = 0; i < 100; i++) cpu_sum += vec[i];
17
18    // synchronize and verify results
19    #pragma acc wait
20    printf("Result: %d (expected: %d)\n", gpu_sum+cpu_sum, (N+1)*N/2);
21
22    return 0;
23 }
```

代码 16.2 （续）

代码 16.2 列出的示例应用程序是对含有 1000 个元素的向量的所有元素求和。前 100 个元素在 CPU 上计算，与此同时，GPU 异步地对剩余的 900 个数字求和。在结果输出之前的第 19 行实现与 GPU 的同步。它在 parallel 指令上使用 wait 指令而不是 wait 子句，因为后者需要指定可执行工作负载。紧接着，第 20 行的 printf 语句由主机执行。parallel 指令允许用户精确定义受影响的工作负载并行化的方式，但默认情况下它不会并行化任何内容（执行在 GR 模式下启动）。由于第 12 行没有指定其他并行化子句，因此第 13 行中的计算区域不会被向量化。由于代码不使用任何 OpenACC 库调用或宏，因此不必包含 OpenACC 头文件。该运行程序的输出结果如下：

```
Result: 500500 (expected: 500500)
```

16.5.2 内核构造

遇到 kernels 指令的编译器对代码的标记部分进行分析，并将这部分转换为将在加速器设备上按顺序执行的并行内核序列。对于每个这样的内核，帮派和工人的数量以及向量的大小可以是不同的。工作负载细分通常以代码中存在的每个循环嵌套创建一个内核的方式来执行。内核构造和 parallel 指令之间的主要区别在于后者依赖程序员来配置各种参数，这些参数将依据加速执行的资源划分工作负载。因此，对于编程 OpenACC 的初学者，建议使用 kernels 指令，但它可能并不总产生最佳的代码。其语法如下所示：

#pragma acc kernels *[clause-list]*

structured-block

内核构造接受 async 和 wait 子句，其行为与 parallel 子句以及数据管理子句（在 16.5.3 节中进一步讨论）相同。与 **parallel** 指令上的限制类似：代码可能不会分支或进入加速区域。

例子：

```
1   #include <stdio.h>
2
3   const int N = 500;
4
5   int main() {
6     // initialize triangular matrix
7     double m[N][N];
8     for (int i = 0; i < N; i++)
9       for (int j = 0; j < N; j++)
10        m[i][j] = (i > j)? 0: 1.0;
11
12    // initialize input vector to all ones
13    double v[N];
14    for (int i = 0; i < N; i++) v[i] = 1.0;
15
16    // initialize result vector
17    double b[N];
18    for (int i = 0; i < N; i++) b[i] = 0;
19
20    // multiply in parallel
21    #pragma acc kernels
22    for (int i = 0; i < N; i++)
23      for (int j = 0; j < N; j++)
24        b[i] += m[i][j]*v[j];
25
26    // verify result
27    double r = 0;
28    for (int i = 0; i < N; i++) r += b[i];
29    printf("Result: %f (expected %f)\n", r, (N+1)*N/2.0);
30  }
```

代码 16.3　使用 kernels 指令实现的矩阵 – 向量乘法加速

代码 16.3 中列出的程序执行矩阵 – 向量的乘法，其维度在编译时是已知的并且是固定的。加速的代码区域遵循第 22 行的 kernels 指令并包含一个循环嵌套：外部循环遍历矩阵行（索引 i），内部循环遍历列（索引 j）。与代码 16.2 不同，并行区域的执行是同步的（没有 async 子句），这意味着程序在加速内核计算完成之前不会进行结果验证。程序执行的结果如下所示：

```
Result: 125250.000000 (expected 125250.000000)
```

16.5.3　数据管理

由此产生的加速程序的加速比在很大程度上取决于主机和加速器内存之间数据传输的

效率。在某些情况下，对于 AMD 加速处理单元，加速器与主机处理器共享地址空间。在两个组件之间传递数据结构的开销很小，因为它们只需通过指针传递即可完成，而无须任何明确的数据副本移动。如果加速器需要对数据数组的某些元素执行计算，那么它只需要根据提供的指针值、元素索引和数据类型计算数据元素的结果地址，并取消引用它（从内存中获取所需的元素），就像主机处理器一样。遗憾的是，当前超级计算机使用的许多加速器设备具有单独的存储器模块，这需要显式数据传输。理想情况下，这种转移将在不涉及任何不必要的数据的情况下进行协调，甚至在不需要时完全避免通信。当仅对阵列或向量元素的子集执行计算时，第一种情况是显然更好的，复制整个结构只会增加数据卸载的延迟。当由于 GPU 计算而产生的数据集将覆盖最初在主机上创建的数组内容时，可能出现第二种情况。在执行加速计算之前将这种数组的初始状态复制到 GPU 显然是不必要的。

遗憾的是，由于 C 和 C++ 代码的复杂性，编译器对数据访问模式的静态分析不能总是确定性地决定是哪些受影响的数据结构，这些将会传输到加速器。OpenACC 默认情况下选择确保正确性而不是效率——执行完全双向复制，即在启动加速计算之前将所有涉及的数据结构的初始状态转移到设备，并在加速区域执行完成后复制可能会更新的相关数据集的状态。请注意，只有在编译时已知所涉及的数组维度，才会执行此操作。对于由指针传递动态分配的数组或普通数组，最好明确指定应传输的数据范围，以避免在运行时可能出现的访问越界错误。如果加速器能够直接访问主机存储器，则 OpenACC 实现可以进一步优化（甚至避免）数据传输。

OpenACC 提供以下子句来控制主机和加速器内存之间的数据复制。

❑ copy(*variable-list*)

这使得在进入和退出并行区域时复制数据。首先，对于变量列表中指定的每个变量，运行时系统检查加速器内存中是否存在所需的数据。如果是，则其引用计数递增；否则，分配足够的加速器内存，并且安排从主机存储器到分配的存储器的数据复制。数据结构的相应引用计数设置为1。从并行区域退出时，引用计数递减。如果它达到零，则将相应的数据复制回主机存储器，并且释放加速器上分配的存储器段。

❑ copyin(*variable-list*)

这使得数据在进入并行区域时进行复制。它表现为 copy 子句的单向版本。copy 子句中区域条目指定的所有操作都将在不修改的情况下执行。但是，从并行区域退出时，将减少变量列表中指定的所有数据结构的引用计数。如果特定变量的计数达到零，则取消分配的相应设备存储器，但不会发送到主机存储器。

❑ copyout(*variable-list*)

这使得数据在从并行区域退出时进行复制。可以将 copyout 子句视为 copyin 子句的互补组件。在进入并行区域时，如果数据已经存在于加速器内存中，则它们的参考计数递增。如果不是，则在设备存储器中分配足够的存储器段，并将其引用计数设置为1。分配的存储器未初始化（并且不会发生数据传输）。

退出时，涉及的数据结构的引用计数会递减。如果它达到零，则将数据复制回主机存储器并释放设备上相应的存储器段。

❏ create(*variable-list*)

这将在加速器上创建一个数据结构，以供本地计算使用。create 子句永远不会在主机和加速器内存之间传输任何数据。当受影响的并行区域被输入且数据结构已经存在于设备存储器中时，运行时增加参考计数；否则将分配适当数量的设备存储器，引用计数设置为1。退出时，引用计数递减，如果它达到零，则释放相应的内存。

上面列出的子句附带变量列表（variable-list）说明符，包含执行数据复制操作的程序变量的标识符。标识符用逗号（","）分隔。它们是可选的，随后是范围，每个维度由一对方括号组成，每个方括号包含索引范围。索引范围由冒号（":"）分隔的两个整数表达式组成，第一个整数表示起始索引，第二个值表示长度（每个维度连续的元素数）。如果省略第一个数字，则默认为零。如果在编译时已知数组的大小，则可以省略第二个数字，并且使用完整维度。因此，a[5:t]描述了从索引 5 开始并包含 t 个元素的向量 a 的元素范围，即序列 a[5]，a[6]，....，a[5+t-1]。类似地，mat [: N] [16:32] 指的是包括前 N 行从索引 16 开始的 32 个元素的长片段，因此整个数据集包括 $N \times 32$ 个数组元素。

由于编译器支持，OpenACC 支持几种不同的方式，以在 C 和 C++ 程序中定义数组。

1. 静态分配具有固定边界的数组，例如：

```
int cnt[4][500];
```

与为静态分配数组指定的数据传输范围相关的一个重要限制是：它必须是连续的内存块。只有第一维的范围说明符可以描述元素的子集，而其余维的说明符必须标识完整的边界。因此，对于上面的声明，cnt [2:2] [:500]（矩阵 cnt 的最后两行）是合法的，而 cnt [:4] [0:100]（矩阵 cnt 的前 100 列）不是合法的。

2. 指向固定边界数组的指针：

```
typedef double vec[1000];
vec *v1;
```

3. 静态分配的数组的指针：

```
float *farray[500];
```

4. 指向数组的指针：

```
double **dmat;
```

多维数组定义可能包括涉及静态边界和指针的混合声明。为了在一般情况下正确遵守范围规范约束，认识到运行时系统将镜像加速器上主机的源数据结构的组织，在必要时分配指针并填写指针值，这是很有帮助的。一旦定义了数据结构，就不鼓励修改主机或设备上的嵌入指针。为了演示改进的数据管理技术，代码 16.3 被重写以支持动态分配的存储主矩阵数据和输入 / 输出向量的数组。结果列在代码 16.4 中。

例子：

```
1  #include <stdio.h>
2  #include <stdlib.h>
3
4  int main(int argc, char **argv) {
5    unsigned N = 1024;
6    if (argc > 1) N = strtoul(argv[1], 0, 10);
7
8    // create triangular matrix
9    double **restrict m = malloc(N*sizeof(double *));
10   for (int i = 0; i < N; i++)
11   {
12     m[i] = malloc(N*sizeof(double));
13     for (int j = 0; j < N; j++)
14       m[i][j] = (i > j)? 0: 1.0;
15   }
16
17   // create vector filled with ones
18   double *restrict v = malloc(N*sizeof(double));
19   for (int i = 0; i < N; i++) v[i] = 1.0;
20
21   // create result vector
22   double *restrict b = malloc(N*sizeof(double));
23
24   // multiply in parallel
25   #pragma acc kernels copyin(m[:N][:N], v[:N]) copyout(b[:N])
26   for (int i = 0; i < N; i++)
27   {
28     b[i] = 0;
29     for (int j = 0; j < N; j++)
30       b[i] += m[i][j]*v[j];
31   }
32
33   // verify result
34   double r = 0;
35   for (int i = 0; i < N; i++) r += b[i];
36   printf("Result: %f (expected %f)\n", r, (N+1)*N/2.0);
37
38   return 0;
39 }
```

代码 16.4　使用 OpenACC 的改进数据传输的矩阵 − 向量乘法的例子

可以在命令行上（在合理范围内）定义所涉及数组的大小。为了在访问矩阵 m 中的元素时保留双索引表示法而不是将其展平为向量，它已被声明为指向动态分配行的指针向量的指针。使用 restrict 属性声明指针，告诉编译器指针没有别名，这可能有更好优化效果。由于输入矩阵 m 和向量 v 都没有被计算修改，因此它们在 copyin 子句中声明。向量 b 不需要在主机存储器中初始化，因为其整个内容都被计算覆盖，所以它被声明为 copyout 变量。由于加速器可以在部分点积值累加之前，将 b 中的各个元素归零，因此这部分计算已经明确地移动到加速区域。使用参数 2000，运行程序会产生：

```
Result: 2001000.000000 (expected 2001000.000000)
```

16.5.4　循环调度

loop 指令是负责识别和微调加速器工作负载并行化的基本 OpenACC 结构之一。它可以指定为单独的指令：

#pragma acc loop [clause-list]

  for (…)

或者作为子句，与父 parallel 或 kernels 指令相结合。在任何情况下，它都适用于紧跟在子句或指令之后的 for 循环。可用的循环控制子句包括以下内容：

❑ collapse(*integer-expr*)

这指定了参数值指示的嵌套循环级别，该参数受指令中存在的调度子句的影响。通常只考虑指令后面最近的循环。参数必须为正整数。

❑ gang

❑ gang([*num:*] *integer-expr[, integer-expr.]*)

❑ gang(static:*integer-expr*)

❑ gang(static:*)

这会在父 parallel 或 kernels 指令创建的帮派之间分布受影响的循环迭代。

当与 parallel 构造一起使用时，帮派的数量由父指令确定，因此在上面列出的两种形式之一中只允许使用静态参数。它指示 chunk 大小：循环迭代的计数、用作工作负载分配的单位。chunk 以循环方式分配给帮派。如果使用最后一种形式的帮派规范，则 chunk 大小由实现确定。应该强调的是，为了获得正确的结果，循环迭代必须是数据无关的（除了下面描述的 reduction 子句），因为编译器不会像使用 kernels 指令那样执行完整的代码分析。

如果 loop 子句与 kernels 构造相关联，则允许所有表单具有一些限制。仅当 num_gangs 未出现在父 kernels 构造中时，才可以指定前两个变体。如果与数字参数一起使用，则它指定并行执行循环的帮派数量。静态参数的含义如上所述 parallel 构造。

❑ worker

❑ worker(*[num:]integer-expr*)

这导致循环迭代分布在一个帮派的工人中。与 parallel 构造一起使用时，只允许使用第一种形式。这使得该帮派切换到 WP 模式下执行。循环迭代必须与数据无关。当父指令是 kernels 时，只有在父构造中未指定 num_workers 时，才可以使用带参数的表单。表达式的值必须是正整数，表示每个要使用的帮派的工人数量。

❑ vector

❑ vector(*[length:]integer-expr*)

这使得能够在矢量或 SIMD 模式下执行循环迭代。使用条件类似于 worker 子句的条件，除了它们使用向量级并行性之外。

❑ auto

这会强制分析循环中的数据依赖性，以确定它是否可以并行化。它隐含在每个不包含 independent 子句的 kernel 指令中。

❑ independent

这指示编译器将循环迭代视为独立于数据的，从而为并行化提供更多可能性。它默认应用到所有未指定 auto 子句的 parallel 指令中。

❑ reduction(*operator:variable[,variable...]*)

reduction 子句将一个或多个指定变量标记为循环结束时执行的归约操作的参与者。变量可能不是数组元素或结构成员。支持的运算符对于加法、乘法、最大值、最小值、按位与、按位或、逻辑与、逻辑或包括 +、*、max、min、&、|、&& 和 ||。

例子：

```
1   #include <stdio.h>
2
3   const int N = 10000;
4
5   int main() {
6     double x[N], y[N];
7     double a = 2.0, r = 0.0;
8
9     #pragma acc kernels
10    {
11      // initialize the vectors
12      #pragma acc loop gang worker
13      for (int i = 0; i < N; i++) {
14        x[i] = 1.0;
15        y[i] = -1.0;
16      }
```

代码 16.5　使用具有并行性和归约子句的循环指令的程序

```
17
18      // perform computation
19      #pragma acc loop independent reduction(+:r)
20      for (int i = 0; i < N; i++) {
21        y[i] = a*x[i]+y[i];
22        r += y[i];
23      }
24    }
25
26      // print result
27      printf("Result: %f (expected %f)\n", r, (float)N);
28
29      return 0;
30    }
```

代码 16.5 （续）

代码 16.5 中列出的程序展示了使用 loop 指令来执行加速的矢量缩放和累积的过程，我们可以联想到线性代数包中的 **daxpy** 例程。出于演示目的，初始化代码也已移至加速器。它要求在 WP 模式下使用默认的帮派和工人进行并行化。计算循环的并行化参数由具体的实现决定。循环被明确标记为于独立数据的，以促进这一点。默认情况下，将对 kernels 构造避免执行编译器分析操作（不太复杂的编译器可能将 y [i] 的更新解释为数据依赖性）。为了验证结果的正确性，使用了一个 reduction 子句，它将结果向量 y 中的所有元素加到变量 r 中。生成的输出如下：

```
Result: 10000.000000 (expected 10000.000000)
```

16.5.5　变量的作用范围

应该很明显，参与计算的变量的 OpenACC 处理方式会有所不同，这取决于它们是循环索引还是数据结构，以及它们在代码中的声明位置。循环变量被认为是执行循环迭代的每个线程的私有变量。在标记为 VP 模式下执行的代码块中声明的变量，对与每个向量通道关联的线程来说都是私有的。对于在 WP 单向量模式下执行的代码，变量对每个工人都是私有的，但在与该工人关联的向量通道之间共享。类似地，在标记为单工人模式的块中，声明的变量对于所包含帮派是私有变量，但在该帮派的工人和向量级别上运行的线程之间共享。

OpenACC 定义的 private 子句可用于进一步限制变量共享。它可以与 parallel 或 loop 指令一起声明，并接受变量名列表作为参数。在第一种情况下，将为每个并行帮派在变量列表中生成每个变量的副本。在循环上下文中，将为与每个向量通道（VP 模式）关联的每个线程创建每个变量的副本。在单向量 WP 模式下，列表中的每项都会被创建副本，且共享在每个工人中与向量通道相关联的每一组线程。否则，将创建一个变量副本，并在每个帮派中每个工人的所有向量通道上共享。虽然 private 子句的 firstprivate 变量也可用于具有相同访问语义的 parallel 指令，但变量副本在代码执行期间被额外初始化为第一个线程遇到 parallel 构造时所固有的变量值。

16.5.6 原子性

跨多个执行资源的代码并行化有时需要同步访问某些数据结构，这些数据结构应按预先定义的顺序执行。这是由原子构造强制执行的，其语法如下所述：

#pragma acc atomic *[atomic-clause]*

  statement ;

支持的原子子句包括 read、write、update 和 capture，具体取决于访问同步的类型。如果不存在子句，则假定为 update 子句。read 子句用于强制原子访问赋值语句中等号右侧的变量。与此类似，write 子句保护等号输入赋值左侧变量的写入。update 子句强制正确更新必须使用 read-modify- write 操作序列执行的变量值。示例包括前缀和后缀的递增和递减运算符以及 op= 形式的更新，其中 op 是二进制运算符，如 +、-、* 等。capture 子句引用赋值语句，其中右边是原子更新表达式（如 update 子句所述），而左边是一个变量，它假设捕获原子修改变量的原始值或最终值（取决于操作类型）。

例子：

```
1   #include <stdio.h>
2
3   int main(int argc, char **argv) {
4     if (argc == 1) {
5       fprintf(stderr, "Error: file argument neede!\n");
6       exit(1);
7     }
8     FILE *f = fopen(argv[1], "r");
9     if (!f) {
10      fprintf(stderr, "Error: could not open file \"%s\"\n", argv[1]);
11      exit(1);
12    }
13
14    const int BUFSIZE = 65536;
15    char buf[BUFSIZE], ch;
16    // initialize histogram array
17    int hist[256], most = -1;
18    for (int i = 0; i < 256; i++) hist[i] = 0;
19
20    // compute histogram
21    while (1) {
```

代码 16.6　显示原子子句应用的示例程序

```
22      size_t size = fread(buf, 1, BUFSIZE, f);
23      if (size <= 0) break;
24      #pragma acc parallel loop copyin(buf[:size])
25        for (int i = 0; i < size; i++) {
26          int v = buf[i];
27          #pragma acc atomic
28          hist[v]++;
29        }
30    }
31    // print the first highest peak
32    for (int i = 0; i < 256; i++)
33      if (hist[i] > most) {
34        most = hist[i]; ch = i;
35      }
36    printf("Highest count of %d for character code %d\n", most, ch);
37
38    return 0;
39  }
```

代码 16.6　（续）

代码 16.6 中提供的程序计算给定命令行参数文件中 ASCII 字符出现次数的直方图。第 27 行的 atomic 指令（隐含的 update 子句）确保一个特定字符的直方图的正确增量。运行代码，处理包含 "lorem ipsum" 文本[10]第一段的文件，其输出为：

```
Highest count of 68 for character code 32
```

16.6　本章小结及成果

❑ 加速器有几种编程环境，它们在方法、范围、支持的功能和可用性方面有所不同。最常用的包括 CUDA、OpenCL、OpenACC 和 C++ AMP。

❑ OpenACC 是一个 GPU 和加速器编程框架，它试图使用类似于 OpenMP 的基于指令的方法来简化并行编程并实现更好的编程能力。它需要专门的编译器，能够在对适当标记的源代码进行静态分析之后生成可执行的加速代码。支持 OpenACC 的编译器可从 PGI、CRAY 和几个开源社区（OpenUH、OpenARC 和 GCC）获得。

❑ 识别潜在并行执行区域的主要方法是在源代码的相关位置添加适当的 " #pragma acc" 指令。除此之外，程序的执行还受到预先定义的库调用和环境变量的影响。

❑ OpenACC 程序依靠主机启动程序计算，并在适当的时间将数据和可执行代码传递到加速器。默认情况下，加速代码的执行与主机上程序的非加速部分的执行同步。通过将 GPU 上的计算与主机处理器上的计算进行异步协调，可以获得额外的加速。

❑ 在加速器上执行的区域性能提升是通过在 3 个级别上的并行化实现的：帮派、工人和向量（最粗到最细的粒度）。程序员保留对影响每个级别的参数的控制，尽管他 / 她也可以选择默认选项。

❑ 有两个主要的计算指令："parallel"和"kernels"。第一个指令放弃了对源代码的大部分正确性分析，依靠程序员来验证并发执行加速器线程之间的数据独立性。第二个对代码执行彻底的静态分析，并且只有在安全的情况下才允许矢量化和并行执行。

❑ 在加速的执行资源中分布规则和嵌套循环迭代是提高应用程序性能的主要方法之一。它由 loop 子句控制，该子句还支持一组加速的归约操作。

❑ 总体应用程序性能取决于加速器和主机存储器之间的数据传输效率。OpenACC 支持额外的控制子句来优化这方面的执行（copy、copyin、copyout、create）。

❑ OpenACC 提供了从多个加速器线程同步访问关键变量的简单机制，以确保程序执行的正确性。支持 4 种原子操作：读、写、更新和捕获。

16.7 练习

1. 说出基于指令的编程特征。它与使用软件库提供的功能有何不同？

2. 编写一个 OpenACC 程序，使用麦克劳林展开的前 10 000 000 项来计算以 2 为底的自然对数的近似值：

$$\ln(1+x)=x-\frac{1}{2}x^2+\frac{1}{3}x^3-\frac{1}{4}x^4+\cdots$$

确保生成的加速器代码已并行化。

3. 修改代码 16.6 以计算文本块中连字母（双字母序列）出现的频率。忽略区分大小写。

4. 编写一个简单的 OpenACC 程序，计算大方阵中下三角部分（即主对角线上和下面的所有元素）的元素的平均值。是否可以优化程序，以便：

a. 提高数据传输效率（通过避免复制计算未使用的数据）？

b. 在 GPU 线程之间，每次迭代中执行的工作保持平衡？

实施可能的优化。它们如何影响性能？测试几种不同的矩阵大小。

5. 为了调试 OpenACC 程序，删除了代码的不相关部分，产生以下内容：

```
1  #include <stdio.h>
2
3  const int N = 100, M = 200;
4
5  int main() {
6    int m[N][M];
7    for (int i = 0; i < N; i++)
```

```
 8      for (int j = 0; j < M; j++)
 9        m[i][j] = 1;
10
11    #pragma acc kernels
12    for (int i = 0; i < N; i++)
13      for (int j = M-i; j < M; j++)
14        m[i][j] = i+j+1;
15
16    // verify result
17    int errcnt = 0;
18    for (int i = 0; i < N; i++)
19      for (int j = 0; j < M; j++) {
20        int expect = (j >= M-i)? i+j+1: 1;
21        if (m[i][j] != expect) errcnt++;
22      }
23    printf("Encountered %d errors\n", errcnt);
24    return errcnt != 0;
25  }
```

使用某些 OpenACC 编译器编译时代码失败（产生非零错误计数）。可能是什么原因？
如何防止错误？

参考文献

[1] Khronos Group, OpenGL: The Industry's Foundation for High Performance Graphics; Version 4.5 Specifications, Khronos Group, 2016 [Online]. Available: https://www.opengl.org/documentation/current_version/.

[2] Microsoft Corporation, Getting Started with DirectX Graphics, 2016 [Online]. Available: https://msdn.microsoft.com/en-us/library/windows/desktop/hh309467.

[3] E.S. Larsen, D. McAlister, Fast matrix multiplies using graphics hardware, in: Proceedings of Supercomputing 2001, 2001.

[4] Nvidia Corporation, CUDA Toolkit Documentation v8.0, September 27, 2016 [Online]. Available: http://docs.nvidia.com/cuda/.

[5] Khronos Group, The OpenCL Specification (provisional), Version 2.2, March 11, 2016 [Online]. Available: https://www.khronos.org/registry/cl/specs/opencl-2.2.pdf.

[6] Microsoft Corporation, C++ AMP: Language and Programming Model, v1.2, December, 2013 [Online]. Available: http://download.microsoft.com/download/2/2/9/22972859-15C2-4D96-97AE-93344241D56C/CppAMPOpenSpecificationV12.pdf.

[7] The OpenACC Application Programming Interface, Version 2.5, OpenACC-Standard.org, October, 2015 [Online]. Available: http://www.openacc.org/sites/default/files/OpenACC_2pt5.pdf.

[8] OpenUH — Open Source UH Compiler (Source Repository), 2015 [Online]. Available: https://github.com/uhhpctools/openuh.

[9] S. Lee, J. Vetter, OpenARC: extensible OpenACC compiler framework for directive-based accelerator programming study, in: WACCPD: Workshop on Accelerator Programming Using Directives in Conjunction with SC'14, 2014.

[10] Lorem Ipsum Generator, [Online]. Available: http://www.lipsum.com.

第 17 章

大容量存储器

17.1 引言

存储子系统是每个计算平台的关键组件之一。尽管存储系统的组织、速度、容量和支持的功能根据计算平台的类别而变化，但存储系统的存在依然是进行计算的必要条件。高性能计算（HPC）中，人们除了可以看到实现规模的范围之外，还可以看到所涉及的存储技术，以及最广泛的存储可选项。本章讨论存储技术部分，以及支持高性能计算系统需求的底层技术（用于可靠地保存计算状态的大容量存储，主要是科学数据和操作环境的要素）。保留的状态必须能在机器电源开关时保持，以便能够在重新启动的时候执行引导程序，获得正确的操作状态，并恢复中断的计算任务。这部分存储层次结构被称为"大容量存储"，以反映其存储大量数据的能力。大容量存储不涉及易失性设备，如内存或处理器寄存器。除了计算使用和生成的输入/输出（I/O）数据集之外，大容量存储还保留运行操作系统、其关联的后台管理进程、配置和更新脚本所需要的代码（可执行文件和库），同时还包含用户和系统管理员的工具和实用程序。最后，大容量存储在计算应用程序的检查点和重启中发挥着不可或缺的作用，它减轻了强加在应用程序执行上的时间和系统资源限制的影响。

传统上，存储层次结构细分为4层，这些层在访问延迟和支持数据带宽方面有所不同。随着层次从顶层向下移动时，访问延迟增加，有效传输带宽减少。与此同时，存储器容量迅速增长。公认的存储层次结构如下。

❑ **主存**：包含系统内存、高速缓存和 CPU 寄存器集。这种类型存储器的主要特点是易失性（断电时丢失数据内容），但存储固件或 CPU 启动代码的只读存储器（ROM）除外。虽然人们已经做了一些努力来利用各种类型的非易失性随机存取存储器

（NVRAM）作为处理器可访问整个存储器池的一部分，但是它们的访问延迟通常阻止实现良好的集成，需要操作系统（OS）和应用程序的专用和不透明的支持。数据访问延迟的范围从由寄存器实现的单个 CPU 时钟周期（几分之一纳秒）到远程非统一内存访问领域中的动态存储器实现的几百个周期；相应的带宽范围从超过 100 GB/s（单核中的 SIMD 寄存器）到双倍数据速率内存存储体的几个 GB/s（例如仍在许多设备中使用的 DDR3）。HPC 的总内存大小范围从小节点的几十千兆字节到专用于内存密集型任务的节点的几百千兆字节。

❑ 辅存：是利用大容量存储设备的第一级存储器。通常，CPU 无法直接访问辅存（或更高级别的存储器），因此主存和辅存之间的数据传输必须由操作系统和计算机芯片组作为媒介。数据访问的粒度进行通常限于固定大小的块，而大多数主存储设备以字节大小的粒度进行操作。该层中最常用的技术是硬盘驱动器（HDD），它提供了业界最佳的单位存储成本以及令人满意的可靠性。然而，在过去 10 年中，由于引入了大容量固态存储，它们在市场上的主导地位正在逐渐消失。辅助存储介质的随机访问延迟可能小于 100μs，对于最快的固态设备，可能小于几十毫秒。对于较慢的 HDD，带宽可以低于 100MB/s，对于固态设备则为 1GB/s。HDD 在总容量上仍然保持领先地位，单一设备容量可高达 10TB。

❑ 三级存储器：区别于辅存，因为它通常涉及大量存储介质或存储设备，这些存储介质或存储设备名义上处于不可访问或关闭状态，但可以相当快速地启用以供在线使用。通常通过机器人之类的自动机制来实现激活，机器人将所请求的大容量存储介质从其所分配的长期保留槽中物理地移动到指定的在线访问设备（驱动器）。为了降低多个用户之间的竞争，三级存储设备通常托管可以同时访问的几个独立的媒体驱动器。三级存储设备的示例包括磁带库和光学自动点唱机。由于单个驱动器的带宽通常不足以支持许多并发 I/O 请求，因此首先将所选介质中的内容复制到辅存（例如，磁盘高速缓存）。三级存储的访问延迟时间可能远远大于辅存的访问延迟时间，尤其是在必须服务多个竞争请求时。在无争用状态下，机器人抓取和安装介质通常需要几十秒，并且实现的单设备带宽与辅存的带宽相当。机器人自动点唱机的存储容量可能高达数百 PB。

❑ 离线存储：需要人工干预才能访问存储介质。它通常被放置在安全的地方，主要用于存储重要信息。由于存储单元不受任何计算机的直接控制，因此这提供了必要的"气隙"以保护档案的安全性、机密性和完整性。离线存储原则上类似于三级存储，尽管缺乏与中等负载请求相关的可预测性，这导致了高度随机的延迟。除了某些小众应用之外，它可能不被认为是实用的高性能解决方案。

超级计算机的存储子系统的设计和部署，带来了一系列挑战。过去几十年的流行趋势，不仅显示出由于摩尔定律而导致的内存容量的稳定增长，而且还表现在每台超算机器的节点数所表征的超算平台规模。由于计算数据集总大小与总系统内存的大小大致成比例，这导致对大规模存储器容量的需求呈超线性增长。此外，每个连续世代的动态随机存取存储器（DRAM）改善了数据传输带宽，从而实现了更快的数据创建速率。与此同时，I/O设备带宽呈现出相对温和的增长，并在过去 10 年中事实上趋于平稳。每台设备的存储容量最初都遵循摩尔定律的曲线，但在 21 世纪第一个十年的大部分时间内都受到高度有限的增长率的影响。这导致了不断增加的存储性能差距，并且保存或检索机器内存中的大部分数据所需的时间也在增加。在极端情况下，大型应用程序的检查点或重启可能需要几个小时。

全球高带宽网络的附加网络（如 Internet2[1]）可以访问远程站点的数据集合以及输入数据流。在许多情况下，输入数据集的扩展由生成的输出和中间数据量所反映，附加地对本地存储子系统造成压力。这与一类相对较新的数据密集型应用程序特别相关，我们称之为"大数据"。大数据针对大体量数据进行操作，除了需要可观的处理速度之外，还经常受到处理的数据结构的内在多样性和不规则性的阻碍。由于存储容量与 I/O 设备的数量呈线性关系，因此大体量数据的支持会导致 I/O 子系统占用数据中心的大量空间并消耗大量电力。辅存容量主要由诸如磁盘驱动器之类的机电设备提供，因此数据中心必须有用来处理常见设备故障的措施。即使没有移动部件，固态存储设备也不能免于故障，并且故障会随着发热量和每个设备的数据重写次数而增加。为了保持运行，数据中心必须提供冗余存储，这进一步扩大了系统的体积和能耗需求。

主存和其他级别存储器之间的高效数据传输需要大量专用互连带宽。不幸的是，许多机构的大型机器的采购经常只关注与计算直接相关的组件，例如处理器、内存和网络。基于对需求的不全面分析，存储器需求往往是次要的。这会产生带宽缺乏，导致可靠性和性能不足，在某些情况下，会与系统的其他组件（例如登录节点）共享 I/O 负载。虽然为从计算节点到大容量存储器提供所需带宽的网络交换机的带宽增加可能明显影响系统的成本，但它将产生更好的平衡的计算平台。

上述挑战适用于目前正在服务的许多系统。虽然没有单一的通用解决方案可以解决这些问题，但通过探索更好的 I/O 架构、硬件级解决方案以及软件堆栈的进步，可以减轻它们的影响。架构级解决方案可能会引入额外的中间层次结构级别，从而在计算节点附近提供高性能数据接收器和源。这样的存储设备能够与节点进行高带宽通信，以便以低延迟满足最紧急的 I/O 请求，同时在后台不断地执行与位于层次结构中较低位置的较大存储设备的较慢的数据交换。这方面的一个例子是 Cray 突发缓冲技术 [2]，它提供了许多配有快速固态存储的节点，并且定期穿插其他计算节点。突发缓冲节点具有完整的 Aries 互连 [3] 带宽的优势，也可以使用一小部分交换机性能与存储服务器进行交互。硬件改进主要集中在构建更可靠、更快速和更大容量的大规模存储设备上。这将降低功耗，减少辅存子系统占用的容量，并通过少量备用存储设备来替换那些失败的存储设备以降低成本。本章的其余部分将讨论这些技术的概述。最后，设计包含并行性和访问异步性的更好的抽象存储软件解决方案（例如第 18 章中描述的并行文件系统）可以预测应用程序使用的 I/O 访问模式，提前获取所需数据，并将其转发到预期客户端的内存，或提供智能检查点和重启以优雅地将计算状态管理（保存、检索、转换、压缩）与正在进行的计算重叠。软件改进还可以直接解决系统中特定组件的缺陷或扩展功能。例如，在存储节点上定位数据预处理和后处理引擎可以节省在存储设备和计算节点之间传送数据所需的网络带宽。

17.2　存储器简史

几十年来，随着技术的进步，大容量存储设备的容量和性能都有了显著提高。如图 17-1 所示，从 20 世纪 40 年代中期的第一个外部信息存储设备（打孔卡）开始，到 20 世纪 50 年代早期的磁带驱动器，以及从 20 世纪 50 年代中期到现在仍在使用的 HDD，存储容量惊人地增长了 11 个数量级。器件存储容量的增长反映在器件 I/O 带宽的相应改进（见图 17-2），在同一时期内其提高了 6 个数量级。然而，访问延迟的改善要小得多，从打孔卡和磁带的一到几十秒减少到现代 HDD 中的几毫秒。延迟仍然是当今大多数 I/O 设备的最大性能瓶颈之一。

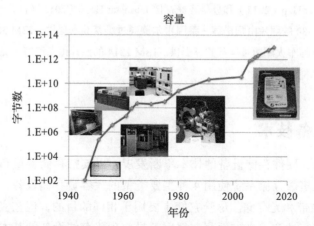

图 17-1　大容量存储容量的增长趋势图。代表系统是 ENIAC（1946）上的打孔卡、Uniservo 磁带驱动器（1951）、IBM 350（1956）、IBM 1301（1961）、IBM 1302（1963）、IBM 2314（1965）、IBM 3330（1970）、IBM 3350（1975）、IBM 3380（1980）、IBM 3390（1991）、西部数据猛禽（2003）、希捷酷鱼 7200.10（2006）、昱科环球存储 Deskstar 7K1000（2007）、希捷酷鱼 7200.11（2008）、西部数据 WD20EADS（2009）、昱科环球存储 Ultrastar He6（2013）和昱科环球存储 Ultrastar He10（2015）。（打孔卡、UNIVAC I 和 IBM 3380 的照片由阿诺德·莱因霍尔德通过维基共享提供。IBM 305 的照片由美国陆军红河军火库通过维基共享提供。IBM 2314 的照片由斯科特·戈斯腾博格通过维基共享提供）

带宽

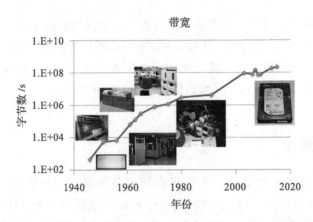

图 17-2　I/O 数据访问带宽的改进。代表系统包括 ENIAC（1946）上的打孔卡、UNISERVO
磁带驱动器（1951）、IBM 350（1956）、IBM 1301（1961）、IBM 1302（1963）、IBM
2314（1965）、IBM 3330（1970）、IBM 3350（1975）、IBM 3380（1980）、IBM 3390（1991）、
西部数据猛禽（2003）、希捷酷鱼 7200.10（2006）、昱科环球存储 Deskstar 7K1000
（2007）、希捷酷鱼 7200.11（2008）、西部数据 WD20EADS（2009）、昱科环球存储
Ultrastar He6（2013）和昱科环球存储 Ultrastar He10（2015）（打孔卡、UNIVAC I 和
IBM 3380 的照片由阿诺德·莱因霍尔德通过维基共享提供。IBM 305 的照片由美国
陆军红河军火库通过维基共享提供。IBM 2314 的照片由斯科特·戈斯腾博格通过维
基共享提供）

17.3　存储设备技术

如上一节所示，硬件存储设备的技术不断发展，以支持存储容量和数据访问带宽的不断增长。目前，大多数存储系统使用 4 种主要类型的大容量存储设备：硬盘驱动器、固态驱动器（SSD）、磁带和光存储。尽管它们主要用于相同的目的，但在实现数据保留的基础物理原理以及操作特性和成本方面存在很大差异。现代存储设备的基本属性和工作原理将在下面讨论。

17.3.1　硬盘驱动器

硬盘驱动器作为计算中的数据存储设备具有悠久的历史。IBM 350 RAMAC 系统 [4] 中使用的第一个硬盘驱动器于 1956 年推出，大约 68 英寸（172cm）高、60 英寸（152cm）深、29 英寸（74cm）宽、重约 1 吨。它包含 50 个盘片（盘用作数据记录介质），其直径为 24 英寸（61cm），以 1200r/min 的转速旋转。它存储了 500 万个六位字符，以每秒 8800 个字符的速率传输。20 世纪 60 年代出现的后继驱动器具有可移动的盘片组，可以在不同的驱动器机箱之间移动。现代硬盘驱动器采用的许多改进都是在这十年中开发出来的，例如多重 –

读写头组件可以避免磁头从一个数据盘移动到另一个数据盘的延迟，符合空气动力学的磁头设计使得可以在非常靠近记录介质的位置进行稳定的磁头操作，以及第一个语音–线圈（音圈）执行器等。在 20 世纪 70 年代早期引入的"温彻斯特"设计，使用介质的专用部分作为读–写磁头的着陆区，这标志着不可交换盘片的回归（因此偶尔使用替代名称"固定磁盘驱动器"）。旋转执行器是现代 HDD 的常见组件，由 IBM 在 1974 年开发并用于其 Gulliver [5] 系列驱动器中。今天广泛使用的磁盘驱动器是舒加特科技（现为希捷）于 1980 年发布的；它具有 5.25 英寸的外壳，可以存储 5MB 数据，需要一个外部控制器板，并且可以安装在较大的个人计算机中（如 IBM PC[6]）。这十年的持续发展带来了常见的 1 英寸高、3.5 英寸直径（康诺外设 CP3022 的存储容量为 21MB）和 2.5 英寸直径（PrairieTek 220 的容量为 20MB）外形的硬盘。在 20 世纪 90 年代，部分响应最大似然（PRML）技术 [7] 的开发（见下文）解决了从介质中获取微弱信号并解码的问题，巨磁阻效应（GMR）[8] 现象也开始用于磁头设计，从而在驱动器速度和容量方面取得了很大提升。存储区域密度的增加使得在 1991 年 1.8 英寸驱动器（Integral Peripherals 1820 中每个磁盘的容量超过 20MB）的出现了，随后在 1999 年 IBM 的 1 英寸微型硬盘容量达到了 340MB。由于闪存技术在此期间的发展抵不上存储密度的发展，因此来自多个制造商的这种微型 HDD 被用作便携式媒体播放器的存储器，其中包括苹果 iPod。与此同时，希捷的猎豹驱动器的转速创纪录地达到了 10 000r/min，后来甚至达到了 15 000r/min。2000 年之后，利用垂直磁记录技术进一步增加信息密度，不断增加嵌入式缓冲存储器的大小以便更好地降低延迟，开始转变为基于玻璃材质的盘片基底引入氦气作为腔填充气体以最小化因旋转盘片拖曳和湍流而产生的能量损失，并使用叠瓦式磁记录技术。这些技术进步，使硬盘能够为每台设备存储更多信息，提供更快的数据访问，每次操作消耗更少的能源，并在生产环境中持续工作更长时间。

　　现代硬盘驱动器是材料、电气和机械工程领域的奇迹。其主要内部组件在图 17-3 中注明。该信息记录在圆形盘片的一个或两个表面上。盘片的基础材料通常是玻璃，但由于良好的工艺过程保证了最大的表面平整度，盘片也可以由铝或陶瓷制成。抛光盘的粗糙度小于 1Å（10^{-10}m），并覆盖几层薄的（单纳米）各种材料（包括钴、铁、镍、钌、铂、铬及其合金），促进形成具有适当取向的磁性介质所需的晶体结构。所得材料表现出极强的保磁力，即在外部磁场存在的情况下保持所获得的磁化不变的能力。使用称为磁控溅射的工艺完成各层的沉积。该盘片还通过离子束或等离子体增强的气相沉积接收保护性碳基涂层。最后，润滑涂层沉积在活性表面上进行黏合。以这种方式制造的介质存储密度可以超过 800Gb/ 平方英寸。典型的 HDD 在同一轴（主轴）上堆叠多个盘片以实现所需的总存储容量。主轴是由无刷电机直接驱动的，该电机以每秒几千转的速度旋转（常用速度为 3600r/min、4200r/min、5400r/min、7200r/min、偶尔为 10 000r/min 和 15 000r/min）。使用安装在执行器悬臂末端的多个读–写磁头从盘上检索数据并将其写入盘片。悬臂可以在盘片上以圆弧方式进行移动，以便能够定位特定的数据轨道；信息以同心圆的形式存储在盘片上，这称为柱面以强调数据布局的三维方式。执行器的运动由所谓的音圈控制，所述的音圈类似于动态扬声器结构，其具有由永磁体围绕的线圈且永磁体推动线圈。由于洛伦兹力的存在，这两种机制都起作用，即当电流流过线圈时导致磁场中导体的运动。虽然早期的实施方案使用步进电机来移动磁头，但音圈是一种更快捷的替代方案，可以在更低的能量曲线下实现明显更快的运动。

图 17-3　硬盘驱动器（2TB 希捷 HDD）的内部组件

读 – 写磁头不是直接连接到执行器悬臂上，而是直接连接到滑动器（最长尺寸的一小部分，质量只有 1g）——微小的空气动力学形状的载体，它们负责保持磁头和旋转介质之间的正确距离。有趣的是，没有使用电动技术来稳定分离距离。滑动器安装在与悬臂连接的轴承上，因此具有一定的运动自由度。由于盘片的旋转迫使空气边界层随之移动，因此产生作用在滑动器上的空气动力。滑动器的表面由许多模式组成，这些模式产生正气压及负气压，分别将滑动器推离、拉近盘面。由于滑动器相对于盘片表面的相对线性运动随着盘片内外圈显著变化，因此必须精确地计算滑动器形状的参数以在这些条件下提供几乎恒定的飞行高度。在现代 HDD 中，该距离约为几纳米。

由于苛刻的精度要求，不难看出外来污染物对 HDD 会造成严重损坏的风险。大多数驱动器的通风口都有额外的过滤器保护以阻止异物。某些硬盘驱动器是密封的，并使用惰性气体（如氮气或氦气）来支持其操作。由于滑动器与盘片的非致命冲击也可能产生碎屑，因此还有一个额外的内置再循环过滤器来容纳颗粒物质。这使用旋转盘片的流动空气来起作用。

现代硬盘驱动器利用多种技术来提高访问速度和存储密度。一个突破是 GMR 效应在读 – 写磁头构造中的实际应用。GMR 磁头将两层磁性金属之间的非磁性金属间隔物夹在中间，并添加第四个反铁磁层以"固定"最近磁性层的磁性取向。这种称为自旋阀的结构表现出对未固定层的弱磁场（例如记录在 HDD 介质上的磁场）的高灵敏度，导致在外部磁场下电阻值的大量变化。除了信息访问之外，从 GMR 磁头获得的信号还用作磁头运动的反馈，从而在盘片的轨道上进行精确定位。另一个关键技术是垂直记录，如图 17-4 所示。由于超顺磁效应引起的磁畴尺寸的基本限制，传统的水平排列导致介质表面的利用率低。垂直重新定向需要特殊介质以及磁头形状的改变，以增加位密度。

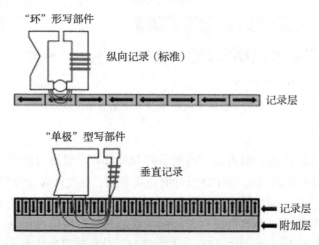

图 17-4　垂直记录时位密度增加（示意图由卢卡·卡西奥里 2005 年绘制，通过维基共享提供）

当前 HDD 的峰值传输速率大约为 100～250MB/s。除用户数据外，记录的信息还包含纠错码（ECC），该码用于检测并在可能的情况下纠正有任何异常错误的数据。每个轨道中的信息被细分为多个固定大小的扇区，每个扇区需要标识符、同步信息以及将其与其最近邻居分开的显式间隙。几十年来的标准一直是 512 字节扇区，但现代驱动器的大容量需求迫使制造商转变为 4096 字节扇区（称为高级格式），以降低每个扇区元数据（主要是 ECC）的空间开销（见图 17-5a）。较旧的磁盘在每个柱面上的扇区数量一致，因此在最内磁道和最外磁道上记录密度不均匀。由于盘片以恒定速率旋转，因此解决方法是引入不同的区域位记录，如图 17-5b 所示。盘片表面被细分为具有不同半径的同心区域，每个区域里每个轨道具有特定数量的扇区，因此外圈柱面的扇区数量可以更多。

位密度的持续增加导致"位区域"的有效尺寸更小，但仍然必须可靠地检测到较弱的信号。PRML 是一种信号处理技术，可以将存储密度提高 40%，同时保持重建记录信息的高正确率。与读取信号的峰值检测旧方法（其对应于读－写磁头经过的点，改变其磁场方向）相比，PRML 在较弱信号、可能相互影响的窄间隔区域里操作。感应信号通常幅值很低，无法用传统的峰值检测器正确检测。PRML 实现包括一个可变增益放大器、一个模－数转换器、模拟和数字滤波器、一个时钟恢复电路和一个 Viterbi[9] 解码器，实时分析串行输入数据流，其速率可达几 Mbit/s。PRML 需要更复杂的信号重建算法，例如噪声预测最似然 [10] 方法。

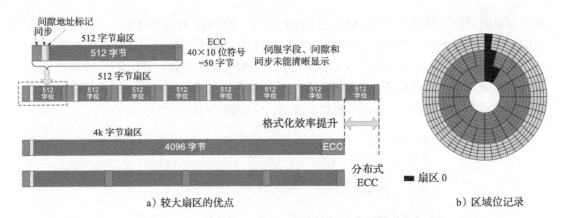

a) 较大扇区的优点   b) 区域位记录

图 17-5　HDD 上的物理信息布局（示意图由德米特里·诺查哈夫和简·绍曼绘制，通过维基共享提供）

尽管采取了各种预防措施，但内部材料的缺陷和外部冲击最终可能会造成损坏，其他方式也有可能造成记录介质的劣化。HDD 设计有备用容量，以允许对受损扇区进行重映射。出现这种情况的唯一指示是顺序访问性能降低。如果扇区被映射到磁盘的不同区域，则这些扇区占用相同的物理轨道，并且可以在盘片的单次旋转期间被依次读取，但可能需要额外的磁头移动。市场上的大多数 HDD 都配备有自监测、分析和报告技术（SMART）[11]，该技术能够持续监测设备的健康状态，甚至可以提前警告用户即将发生的故障。虽然不同制造商提供的个别数值细节不相同，但通常报告的参数包括启动 / 停止计数、启动时间、寻道和读取错误率、总通电时间、电源循环计数、重新分配的扇区数、不可恢复的错误计数、命令超时、当前和最高记录温度、记录的冲击值、伺服偏离轨道错误、不可纠正和失败的扇区计数、读取和写入的总数据大小等。SMART 还能够执行各种在线和离线测试，以验证与驱动器操作相关的最直观的问题。

由于其实现方法的特点和广泛的性能特性，因此 HDD 使用许多参数来描述，这些参数有助于确定它们的特定用途（见表 17-1）。这些参数中有许多也适用于其他存储设备。

❑ 存储容量：通常以 GB 或 TB 表示。与内存容量不同，它的进制数为 10，因此 1 TB 为 10^{12} 字节。硬盘驱动器制造商倾向于将这个数字标高。请注意，由于存储文件系统元数据，用户可用的数据容量通常比驱动器的标称容量小 1%～5%。

❑ 寻道时间（以毫秒为单位）：表示读 – 写磁头移动到特定柱面所用的时间。平均寻道时间在统计上以磁盘上所有磁道的三分之一的行程距离来确定。我们还关心磁道到磁道的延迟（在相邻磁道之间移动磁头）和全行程延迟（在最内侧和最外侧柱面之间移动的时间）。它们分别描述了最短和最长的寻道时间。

❑ 每分钟转数（RPM）：是盘片在 1 分钟内的旋转次数。

❑ 旋转延迟（以毫秒为单位）：描述读 – 写磁头定位至特定扇区所需的时间。平均延迟通常是指驱动器执行盘片旋转半圈所需的时间，并直接取决于其转速。

表 17-1　几个制造商的硬盘驱动器属性的特征比较

制造商和驱动器	容量 (TB)	媒体传输速率 (MB/s)	寻道时间 磁道到磁道	寻道时间 全行程	RPM	缓存 (DRAM/闪存) (MB)	MTBF (百万小时)	平均功率 (W) 寻道	平均功率 (W) 空闲	UER	噪声 寻道	噪声 空闲	形状因子 (in)	细分市场
WDC WD101-KRYZ	10	249			7200	256/0	2.5	7.1	5.0	$< 1\ \text{in}\ 10^{15}$	36	20	3.5	企业
WDC WD60EZ-RZ	6	175			5400	64/0		5.3	3.4	$< 1\ \text{in}\ 10^{14}$	28	25	3.5	经济型台式机
HGST HTS5410-10A9E680	1	124	1	20	5400	8/0		1.8	0.5		26	24	2.5	移动
Seagate ST10000-VX0004	10	210				256/0	1	6.8	4.42	$< 1\ \text{in}\ 10^{15}$			3.5	音频/视频流
Seagate ST2000-DX002	2	156	< 9.5 (平均)			64/8192		6.7	4.5	$< 1\ \text{in}\ 10^{14}$			3.5	性能型台式机

❑ 访问时间（以毫秒为单位）：是主机提交数据请求与驱动器返回数据之间的时间延迟。它是一个复合量，涉及旋转延迟和寻道时间，通常通过执行各种访问场景的综合基准测试程序来确定。

❑ 媒体传输速率（以 MB/s 为单位）：衡量信号处理链和控制器从盘片读取数据的速度。

❑ 突发速率（以 MB/s 为单位）：描述了使用不超过缓存容量且在主机和磁盘缓存之间传输数据的速度。

❑ 面密度（千兆位每平方英寸）：提供可记录介质在单位表面积上信息密度的上限。涉及的相关线性密度的度量是每英寸宽度的磁道数和每英寸可存的位数。

❑ 平均故障间隔时间（MTBF，以百万小时为单位）：估计驱动器对不可逆故障的恢复能力。

❑ 不可纠正错误率（UER，无单位）：估计接收包含硬错误的数据的概率，即不能由内置 ECC 机制检测或修正，或不能通过重试操作纠正的错误。

❑ 功耗（以 W 为单位）：描述了驱动器在几种可能情况下的平均能耗需求，包括在常规操作期间、通电（旋转）期间、空闲期间以及待机期间。后者可能涉及与便携或电池供电设备相关的几级非活动（睡眠）模式。

❑ 噪声（以 dB(A) 为单位）：描述设备在有效操作期间产生的噪声大小的上限。

❑ 抗震性能（以 g 为单位）：描述了设备对外部机械冲击的适应性。对于非通电和通电情况，通常给出两个数字（由于断电时设备中使用了强大的保护机制，所以前者通常高出后者几个数量级）。这些数字通常伴随着冲击持续时间和是否重复等条件。

❑ 尺寸（以英寸为单位）：提供驱动器的尺寸，以便可以采用适当的包装。

17.3.2 固态硬盘存储器

半导体技术的进步使得能够在固态器件中实现大容量持久存储。目前最广泛使用的 SSD 是东芝于 1984 年推出的"电可擦除可编程只读存储器"（EEPROM）技术的后代。EEPROM 可以使用浮动栅极金属氧化物半导体（FGMOS）阵列存储少量数据。FGMOS 晶体管类似于具有氧化物隔离的常规场效应晶体管，但它们在通道上方的氧化物层之间夹入额外的电极。在可编程周期（见图 17-6a）间，给栅极施加足够高的电位会导致晶体管导通。施加相对高的源极 - 漏极电压会导致一些高能沟道电子克服氧化物势垒并在称为热电子注入的过程中"跃迁"到浮动栅极。在去除编程电压之后，电荷仍然在浮动电极上，从而产生可以调制晶体管沟道宽度的附加电场。通过在控制栅极和漏极上施加合适的电压（远低于编程所需的电压），沟道源极 - 漏极电阻反映了存储在浮动栅极上的电荷量。擦除过程（见图 17-6b）需要控制栅极为负电位、源极和漏极为正电位，以将捕获的电荷沿福勒 - 诺德海姆隧道穿透到晶体管主体。EEPROM 的一些变体使用量子隧道进行编程和擦除。EEPROM 通常提供对存储的细粒度访问，通常以大小等于数据总线宽度（8 或 16 位）的数据来组织数据，但它们的容量很少超过几兆位。早期的 EEPROM 经常不支持细粒度擦除功能，而是支持整个芯片或其重要部分的擦除。之后的技术缓解了这一限制。

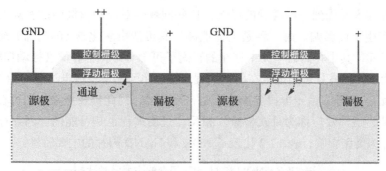

a）通过热电子注入进行编程　　b）通过量子隧道进行擦除

图 17-6　FGMOS 晶体管

　　增加设备容量需要减少控制结构和内部连接数量，从而产生两种主要的闪存类型：NOR 和 NAND。它们的布局如图 17-7 所示。闪存类型的名称源自类似 NOR 门中输出 n 型晶体管的并联布置的内部结构和 NAND 门中 n 型晶体管的串联结构。NOR 门配置几乎直接来自最初的 EEPROM 结构，而 NAND 单元是在 1987 年提出的。由于存储晶体管架构（例如，分离门和多控制门）和尺寸的相关变化，各种闪存操作变得更快更节能。对于擦除操作的提升尤其明显，对于 EEPROM 可能需要高达几秒钟，但 NOR 闪存仅需几十毫秒，NAND 闪存仅需几毫秒。

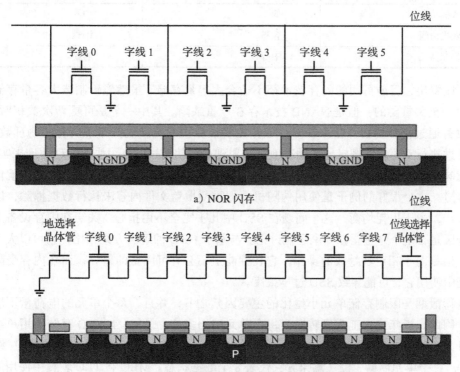

a）NOR 闪存

b）NAND 闪存（示意图由 Cyferz 通过维基共享提供）

图 17-7　存储单元连接和相应硬件实现

所有闪存都容易受到一些问题的影响，这些问题会对浮动栅极中的常规操作和数据保持的可靠性产生负面影响。第一种是电荷泄漏，其可能由氧化物（隔离器）缺陷、电子去除或污染而引起，其中存储器单元中存在的正离子可部分地抵消存储在浮动栅极上的电荷。其他因素称为干扰，并且可能发生在与被编程或擦除单元共享一些电连接的相邻单元中（栅极和漏极干扰）。此外，由于电擦除操作不是自限制的，因此延长擦除周期可在浮动栅极上留下净正电荷，这种效应称为过度擦除。相反，过度编程也是可能的。闪存存储各种操作的速度受其组织类型影响；表 17-2 比较了 NOR 和 NAND 闪存的主要特性。

表 17-2　NOR 和 NAND 闪存的主要特性比较

属性	NOR 闪存	NAND 闪存
容量	低	高
每位的成本	高	低
读取速度	高	中等
写入速度	非常慢	慢
擦除速度	非常慢（10～100ms）	中等（单位为毫秒）
擦除周期（持续时间）	100 000～1 000 000	1000～10 000
活动 / 有效功率	高	低
待机功率	低	中等
随机访问	容易	困难
块存储	中等	容易

可以看出，目前可用的闪存技术都不适合大容量存储。虽然廉价制造大容量存储设备的能力是至关重要的，但是 NAND 技术存在严重缺陷。其中一个是可更新次数相对较少，现代设备通过损耗均衡算法来应对，该算法将设备中的更新块分布于所有的物理数据块，这是通过执行重写块的逻辑地址动态地重映射到最少使用过的可用块的物理地址来实现的，这也意味着使用许多应用程序时不用谨慎考虑存储数据的多次重写是否有必要（就像使用 HDD 时）。一个很好的例子是使用伪随机数据重复覆盖文件内容来执行数据擦除，以防止内容重构，由于损耗均衡，这个问题在 SSD 中几乎完全不用担心。关于在闪存设备上装载交换分区是否是个好主意，专家还在讨论。与基于 HDD 的解决方案相比，它可以大大提高性能；但是对于相对轻量级的操作，它在性能上不会有可测量的差异，而在内存受限严重的系统中使用它，可能导致 SSD 过早报废。

电荷泄漏是限制存储单元小型化的主要因素之一，并且，每个单元的电荷量不能无限减少。因此，近年来，工业界转向为每个单元编码多位。最初，NAND 存储使用单级单元（SLC）实现；目前可用的商用设备采用多级单元（MLC），每个单元 2 位；甚至三级单元（TLC），一个单元存储 3 位，意味着它代表 8 个数据状态。MLC 和 TLC 装置中使用的存储单元尺寸略大于 SLC，以使泄漏和干扰保持在合理范围。为确保可靠性，基于闪存的固态

存储采用玻色 – 查德胡里 – 霍昆格姆（Bose-Chaudhuri-Hocquenghem，BCH）编码[12] 进行错误检测和纠正。这些可以校正 1024 位序列（两个数据扇区）中的 24 位错误，编码开销约为 4%。即使这样，TLC 器件的耐久性实际上也会下降到大约 3000 次擦除周期。

　　为了正确运行，除闪存电路外，SSD 还需要控制器逻辑。控制器面向宿主计算机的接口，通常使用常见的高带宽总线如 SATA、PCI Express（PCIe）或其变体 mini-PCIe、M.2 等。控制器必须支持在快速存储器（DRAM）中实现数据缓存，以应对个别芯片擦除和写入操作的相对缓慢的性能。由于存储池被组织成多个存储体，因此控制器负责数据访问的适当交错和重叠，以从存储池中获取最大带宽。控制器还处理逻辑和物理数据块的映射以及损耗均衡。由于电荷泄漏，必须根据 ECC 验证读取数据；如果检测到错误，则计算校正后的位值，并将其写回存储器。控制器可以定期检查已经存放很长时间而未被访问的数据以确保其可访问性，此功能称为数据清理。最后，控制器负责处理新数据的块分配，在许多情况下解析来自 OS 的块使用提示，例如 TRIM 命令。

　　表 17-3 提供了一些商用 SSD 设备的参数。与 HDD 不同，SSD 没有机械部件，因此没有转数或寻道时间。但是，由于 SSD 处理多个短访问性能更好，因此给出了每秒 I/O 操作数（IOPS）。闪存的有限重写次数通过太字节的速度写入（TBW）统计数据来反映，该统计数据估计了驱动器在使用寿命期间，考虑到损耗均衡的写入数据总量。或者，某些制造商可能会在驱动器的保修期内指定每天的磁盘写入量。独立测试验证了大多数 SDD 在典型使用环境中显著超过此参数，可能的例外情况是驱动器在低温（明显低于室温）下更新，并在高温且断电状态下长时间保存（例如，50℃）。图 17-8 显示了表 17-3 中列出的设备照片。

a) Crucial MX300 系列（2.5 英寸外形尺寸）

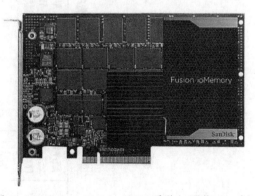

c) SanDisk Fusion ioMemory SX350 系列（8 通道 PCIe 卡）

b) 三星 960 PRO 系列（M.2 外形尺寸）

图 17-8　SSD 示例（照片 b 由德米特里·诺查哈夫通过维基共享提供）

表 17-3 当前制造的 SSD 设备及其操作属性的示例

制造商及设备	容量 (GB)	顺序读速度 (MB/s)	顺序写速度 (MB/s)	最大 4KB 随机读取	最大 4KB 随机写入	写入的太字节，即生命周期内可以写入的数据总量	百万小时	功率 (活动／空闲)	存储类型	接口
Crucial-CT2050-MX300SSD1	2050	530	510	92	83	400	1.5	0.15 (平均)	3D TLCN-AND	SATA 6 Gbps
Samsung MZ-V6P2T0BW	2048	3500	2100	440	360	1200		(5.8/1.2)	48-layer-MLCV-NAND	NVMe 1.1, PCIe 3.0×4
SanDiskSDFA-DCMOS-6T40TSF1	6400	2800	2200	285	385	22 000		25 (峰值)	MLC	PCIE2×8

17.3.3　磁带

磁带作为计算机数据存储介质具有悠久的历史。1951 年，磁带被用作 UNIVAC 的辅存（由 Uniservo 制造），磁带比 HDD 大约早 5 年。它由 0.5 英寸宽和 0.0015 英寸厚的镀镍磷青铜金属带组成，长达 1500 英尺，并且以每英寸 128 位的密度记录信息。持续数据带宽为每秒 7200 个字符。单卷磁带重约 3 磅。

后来的技术发展引入了聚合物材质制成的磁带（例如醋酸纤维素），其中掺入氧化铁作为磁记录介质。图 17-9a 所示的 IBM 726 是 20 世纪 50 年代中期磁带存储技术标志性例子。数据记录在磁带上的 7 个并行轨道（包括 1 位 ECC 奇偶校验）中，可以向前和向后读取。创新的"真空柱"布置避免了使用较慢的传统的张力机制，磁带可以在不到 10ms 的时间内开始前进或完全停止。每卷最大容量约为 200 万个六位字符。

　　　　　a）1951 年的 IBM 726　　　　　　　　b）IBM 3480 格式的磁带

图 17-9　磁带存储方面的进展及相应的卡座子系统（图片 a 及图片 b 的底部图片由 IBM 友
　　　　情提供）

除了存储在磁带卷轴上的数据密度和磁带长度增加之外，磁带和卡座技术的改进带来了可更换存储介质更实际的实现。它们不使用独立的磁带卷轴，而是封装成磁带盒，将磁带卷轴、磁带和完成引导机制的某些元器件组合到一个包装中。一个例子是 IBM 3840 磁带（见图 17-9b）及其后来的衍生物。IBM 的兼容磁带存储也由其他供应商制造，例如富士通、M4 数据、美商存储科技、VDS 和 Overland Data。但由于缺乏广泛接受的磁带存储标准而导致互不兼容的磁带盒系列激增，包括 DDS（1989 年的数字数据存储）、DAT（2003 年的数字录音带）、DLT（1984～2007 年的数字线性磁带），最后是 LTO（2000 年至今的线性磁带开放协议）。磁带盒和磁带支撑卡座如图 17-10 所示。在每个系列中都有几次容量迭代和最终的盒式格式；除了一些例外（例如 DLT 值线或 DLT-V），新版本是显式地不向前兼容每个产品系列中前几代产品。

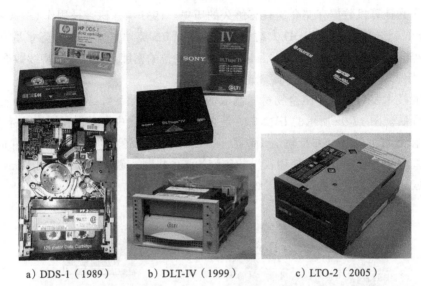

a）DDS-1（1989）　　b）DLT-IV（1999）　　c）LTO-2（2005）

图 17-10　主流的磁带存储系列的比较。数据磁带显示在顶部，相应的磁带卡座位于每列
的底部（图片 a 由 Adlerweb 通过维基共享提供；图片 b 底部由 Christian Taube
Chtaube 通过维基共享提供；图片 c 由奥斯汀·墨菲通过维基共享提供）

　　磁带是顺序访问介质，这意味着可能需要相对较长的时间来定位特定的数据。磁带上的信息可以通过多种方式排列。最早的方法使用线性多轨编码，如图 17-11a 所示。在这种模式下，每个读-写磁头在单独的线性数据磁道中纵向记录数据；磁道彼此平行。位密度增加时，磁道宽度减小。线性蛇形记录（见图 17-11b）允许并排地安装几个读-写头而不损失媒体覆盖。当磁带到达一端时，磁头组件在磁带的宽度上移动以在未记录的空间中开始在新的磁道中记录。螺旋记录（如图 17-11c 所示）以与磁带边缘成一定角度的方式排列了大量相对较短的数据磁道。最后一种方法，类似于基于磁带的便携式摄像机和录像带录像机所使用的记录技术，需要使用扫描头（旋转鼓沿着圆周包含一个或多个磁头，它以与磁带的移动成一定夹角来安装）。

　　目前仍然流行的技术是 LTO，它根据专有磁带格式建立，由惠普、IBM 和昆腾联合开发。其目前的一代产品 LTO-7，每盒 960m 长、12.65mm 宽、5.6μm 厚的磁带上最多存储 6TB 的数据。磁带基底材料是聚酯基（聚萘二甲酸乙二醇酯），包含钡铁氧体颜料颗粒作为活性存储介质。数据以线性蛇形方式记录在与 5 个窄定位带交错的 4 个数据带上。每个数据带进一步细分为 28 个束、每个束有 32 个磁道（与磁头组件中读-写元器件的数量相同），因此磁带上存储的磁道总数为 4×28×32=3584。完全填充磁带所需的磁头通过次数是数据带数和束个数（或 112）的乘积；通常在机制前进到下一个带之前完全填充数据带。

　　表 17-4 比较了一些当前可用的磁带卡座的操作参数（仅报告了未压缩的数据速率和容量）。它们的主要应用是大型数据集的备份和归档。

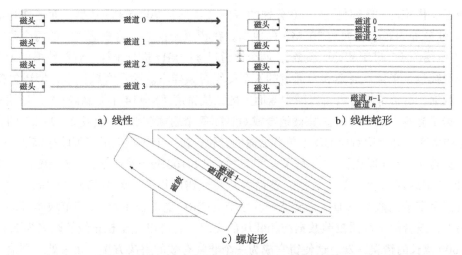

图 17-11 磁带记录格式（示意图由 Kubanczyk 提供，来自英语维基百科）

表 17-4 选定磁带驱动器的操作参数

制造商和设备	容量	持续数据速率	高速搜索	最大的操作功率（W）	数据格式	支持的墨盒类型	接口
IBM TS1150	最高为 10（依赖介质）	360 300	12.4	46	32 信道线性蛇形	IBM 3592 3 代和 4 代	8Gbps 光纤信道
HP Enterprise BB873A	最高为 6	300			32 信道线性蛇形	LTO-7（可写），LTO-6（可写），LTO5（只读）	6 Gbps 串行连接的 SCSI

17.3.4 光存储

虽然有许多尝试想应用光学手段来存储和检索数字信息，但在 1982 年商用光盘（CD）发布之前，这没有获得普及。CD 是飞利浦和索尼合作的结果，他们共同开发了 CD 数字/音频规范红皮书，并同意制造兼容的硬件。尽管 CD 最初是作为音乐发行的媒介，但是它很快被用于存储照片、图形、艺术品、声音样本、视频，当然还有数据。由于早期的版本不支持记录数据，所以存储在光盘上的信息是只读的，并产生了描述承载数字数据的 CD-ROM 这个名称。从 20 世纪 90 年代开始一直到今天，CD-ROM 及其衍生物广泛用作廉价的媒介来分发软件和其他辅助数据。

物理上，CD 是一个直径为 120mm、1.2mm 厚的塑料盘。基本材料是聚碳酸酯，外加细长凹坑的螺旋图案来编码数据。在喷漆和使用原图的保护层密封数据磁道之前，用反光金属层（通常是铝，偶尔是金）覆盖数据磁道（见图 17-12b）。使用配有适当准直光学和跟踪机制的红外激光束从旋转盘中检索信息（见图 17-12c）。大多数光盘只有一个读取数据的活动表面，尽管存在两侧都记录了信息的变种。一个更小的 80mm 的光盘，称为迷你光盘，也在流通。传统的 CD 存储 74～80 分钟的音频或者高达 700MB 的数据，而迷你光盘减少到最多 24 分钟的音乐和大约 200MB 的数据。在音频光盘上，每个通道中的每个采样使用线性 16 位编码（二进制的补码整数），两个声道以 44.1kHz 进行采样。音频数据以 192 位帧组织；每帧包含来自左通道和右通道的 6 个交织音频样本。除了音频样本，帧还包含 ECC 和同步数据。由于符号转码可以减少盘面上的凹坑密度（8～14 个调制码[13]），每帧实际上最终占据了光盘上的 588 位。帧被组合成扇区，每个扇区包含 98 帧或 2352 字节的音频数据。这些扇区被分配给对应 CD 上单首歌曲的音轨；在一个光盘上最多可以存储 99 个音轨。标称数据速率是 2（通道）×2（每采样字节数）×44100Hz（采样率）=176.4KB/s，这相当于每秒 75 个扇区的吞吐量。数据完整性由交叉交错的里德 – 索罗门码（CIRC）[14]保护，它为每三个字节的数据添加一个奇偶校验字节。CIRC 能够校正每 32 字节块中最多 2 个全字节错误，或者由于奇偶校验数据与相邻块的交织，它可以完全校正线性距离为 2.5mm 的最多 4000 位长的错误爆发。这使得它成为一个非常有效的解决方案，用来处理划痕、颗粒物质和光盘表面的小污点。

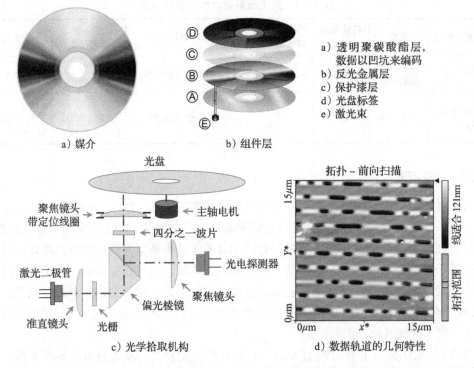

a）媒介　　　　　b）组件层

a）透明聚碳酸酯层，数据以凹坑来编码
b）反光金属层
c）保护漆层
d）光盘标签
e）激光束

c）光学拾取机构　　　　　d）数据轨道的几何特性

图 17-12　光盘（照片 a 由 Arun Kulshreshtha 通过维基共享提供；图片 b 由 Pbroks13 通过维基共享资源提供；照片 c 由 Valacosa 和 Blair Lebert 通过维基共享提供）

对于数据存储，CD-ROM 保留光盘上信息的基本组织，但由于它采用了更强的 ECC 方案，每个扇区的有效数据字节数减少到 2048（CD-ROM 模式 1）（音频数据可能通过插值在某种程度上重建了，但对于任意数字信息不是这样的）。对于某些应用（如视频），强力的保护不如数据密度重要，因此 CD-ROM 模式 2 规范可以在每个扇区上存储 2336 字节的数据。基本数据速率称为 1 速，是 CD-ROM 模式 1 下每秒 75 个扇区或 153.6KB/s 的数据吞吐量。目前许多制造商的 CD-ROM 驱动器能够比此速度更快地旋转光盘，一般是 24～48 倍或更高的持续传输速率。

　　CD-ROM 的主要缺点之一是其内容在工厂就固定了，基本上排除了其作为实际大容量存储介质来使用的可能性。CD 可刻录（CD-R）和后来的 CD 可重写（CD-RW）格式已经解决了这个问题，详见橙皮规格书。两者都保留 120mm 光盘的原始形状。CD-R 的介质用固定螺旋"预制凹槽"代替数据定义凹坑，以帮助激光定位，并在聚碳酸酯基底和反光层之间添加一层有机染料。在写入过程中，激光功率被调制以影响（"燃烧"）有机染料，使其局部更不透明或吸收。读取是在更低功率的光束下执行的，因此写入的数据不会被破坏。由于大规模生产的介质主要采用具有完全不同性质的 3 种染料（花青、酞菁和偶氮），因此在数据存储之前需要仔细校准激光功率。在空白盘上有用数据区域外的预制凹槽中存储的附加信息（预制凹槽中的绝对时间）辅助该过程，该预制凹槽标识介质制造商以及推荐的激光功率。CD-R 光盘只能"刻录"一次，但根据所选的写入模式，可能会在以后将数据添加到尚未"关闭"的光盘区域（一次轨道模式而不是一次光盘模式）。由于一些染料对紫外线敏感，因此强烈建议确保存储条件合适，以达到存储信息所期望的寿命。优质的 CD-R 介质使用经过适当校准的设备来刻录，并将其存储在温度和湿度稳定的黑暗环境中，可以使其确保 50 年以上不丢失数据；使用金作为反射材料的归档光盘可以将其寿命延长至 100 年。美国国家标准与技术研究院的一项研究估计，如果保持环境温度和湿度条件受控，几个用于测试的品牌的光盘寿命至少为 30 年 [15]。可重写盘利用银－铟－锑－碲相变介质，这种材料可以在反射率不同的结晶相和非晶相之间变化。因此，CD-RW 盘的组成类似于常规 CD-ROM 的组成，但是具有由不同材料构成的反光层。由于相变介质的标称反射率远低于铝或金的标称反射率，因此 CD-RW 光盘可能无法在较旧的 CD-ROM 驱动器中正常工作。CD-RW 光盘在写入时需要比 CD-R 更精确地控制激光功率，并且在刻录时要限制数据传输速率的上限和下限。可重写光盘的耐久性通常估计为大约 1000 次重写周期。由于 CD-RW 可以更新和擦除，因此开发了分组写入模式以支持改变存储的信息。

　　即使使用诸如 MPEG-2 等有损压缩，CD 的最大数据容量也不足以在国家电视系统委员会提供的分辨率中存储完整长度的电影。为了应对不断增长的多媒体内容需求并同时增加基于光盘的媒体的存储容量，飞利浦、索尼、东芝和松下于 1995 年推出了 DVD（数字多功能光盘，或称为数字视频光盘）。DVD 具有与 CD 相同的外部尺寸，使用波长为 650nm 的红色激光器检索信息，这使得数据"凹槽"间的间隙能够减小，从而使得凹槽的总长度更长。DVD 可以存储一层或两层数据；这导致每个光盘的总容量为 4.7 GB 或 8.5 GB。标称 1速率为 1385 KB/s；请注意，DVD 的参考速度远高于 CD 的参考速度。现代 DVD-ROM 驱动器可以达到基本速率的 8～20 倍。

与 CD 类似，DVD 支持可刻录和可重写的变体。"格式大战"产生了两个可刻录版本（DVD-R 和 DVD+R），以及两个可重写版本（DVD-RW 和 DVD+RW）。"－"和"＋"格式率并不直接相互兼容，但大多数驱动器制造商都会同时支持这两种格式的产品。由于先锋开发的 -R 和 -RW 格式率先发布，因此它们受到更多设备的支持，尤其是独立的 DVD 视频播放器。索尼和飞利浦定义的"＋"变体具有更强大的纠错功能，因此它们可能更适合数据保存。此外，由日立、东芝、马克塞尔、三星、LG、松下、光宝科技和第一音响推出的 DVD-RAM（数字通用光盘随机存取存储器）为数据更新（在低速下至少为 10 万次重写）、保护和保存提供了非常好的支持。与其他可刻录 DVD 光盘不同，DVD-RAM 以与 HDD 类似的方式将数据存储在同心磁道中，因此需要专用驱动器。

高清（HD）视频格式的广泛使用促使开发出合适的存储介质。在 HD-DVD 和蓝光光盘（BD）这两种变体的竞争中，后者最终在 2008 年成为赢家。由于紫外激光二极管工作的波长为 405nm，蓝光媒体每层可存储 25GB 数据。这允许将轨道间距从 DVD 的 740nm 缩小到仅 320nm（见图 17-13）。BD 与其他光盘技术的不同之处在于，数据轨道更接近表面，因此更容易受到划痕的影响。应用于顶部表面的有特殊配方的硬涂层减轻了机械冲击的影响。蓝光的 1 倍速度相当于压缩的 1080p 视频的实时再现带宽，即每秒 60 帧，其等价于 4.5MB/s。目前制造的驱动器实现的实际速度范围为 4～16 倍。每个光盘的数据容量范围从 25～50GB（单层和双层介质）到 100GB（3 层）和 128GB（4 层）BDXL 光盘。表 17-5 列出了光驱规格的示例。

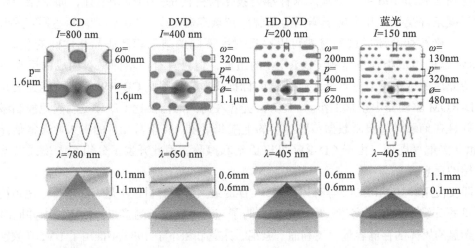

图 17-13 光学格式的几何参数（CD、DVD、HD-DVD 和蓝光）的比较。列出的参数表示最小特征长度（l）、轨道宽度（ω）、轨道间距（p）、激光束直径（φ）和波长（λ）（示意图由 Cmglee 通过维基共享提供）

表 17-5　典型消费级多格式光驱参数

制造商及驱动器	CD 访问时间	蓝光光盘 (BD) 访问时间	DVD 访问时间	最大数据速率						缓冲区大小	接口
				BD 读	BD 写	DVD 读	DVD 写	CD 读	CD 写		
Lite-On iHBS312	250(SL) 380(DL)	150(ROM) 160(DL) 200(RAM)	150	6×(RE DL) 8×(SL)	2×（可写） 8×(DL) 12×(SL)	16×	6×（可写） 12×(RAM) 16×(+R, −R)	48×	24×(−RW) 48×(−R)	8	SATA （内部）

17.4 集中存储

17.4.1 独立磁盘冗余阵列

独立磁盘冗余阵列（RAID，以前称为廉价磁盘冗余阵列（出自加州大学伯克利分校的大卫·帕特森、加思·吉布森和兰迪·卡兹之手）试图解决传统大容量存储设备的可靠性问题。所有存储设备（包括 HDD 和 SSD），都具有有限的寿命，并会有随机的机械或电气故障。故障的后果通常是，设备上存储的部分或全部数据丢失。RAID 通过附加设备扩展包含实际数据的驱动器池来工作。这些冗余驱动器存储存储池中其他驱动器中的内容。通过将这种由驱动器构成的阵列视为单个虚拟 I/O 设备，可以减轻单个组件故障的影响。然而，RAID 不应该被认为是完美的或通用的解决方案，它只能在一定程度上减轻组件故障的影响，这取决于 RAID 级别、实现、组件驱动器的参数，甚至是它们的制造特性。由于阵列中的驱动器是聚合访问的，因此在许多情况下，与单个设备的数据访问性能相比，RAID 的数据访问速率更高。这里讨论了一些公认的 RAID 配置，以及它们的主要操作特性。

17.4.1.1 RAID 0：条带化

RAID 0 不是合适的 RAID 级别，因为如果发生驱动器故障，它不会提供任何数据冗余。它描述了一种配置，其中数据块以循环方式简单地在可用磁盘上分布（条带化），如图 17-14 所示。条带是跨越阵列中所有磁盘的一系列块，例如，图 17-14 中由块 4– 块 5– 块 6 构成的条带。可以以这种方式布置任意数量的磁盘，但假设故障发生是独立的指数概率分布，则包括 d 个数据磁盘的整个阵列的可靠性将是单个驱动器可靠性的分数。

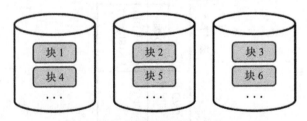

图 17-14 RAID 0 的数据布局

$$\text{MTBF}_0 = \frac{\text{MTBF}_\text{D}}{d}$$

因此，如果有 4 个企业驱动器，每个驱动器具有 1 200 000 小时的良好平均故障间隔时间（MTBF），若将它们组成磁盘阵列 RAID 0，这将导致该阵列的 MTBF 减少至与普通消费者驱动器相当的 300 000 小时。使用独立控制器，可以同时访问驱动器上的数据，从而提供与驱动器数量成正比的读写带宽。

$$B_{\text{R}_0} = d \cdot B_{\text{R}_\text{D}}$$
$$B_{\text{W}_0} = d \cdot B_{\text{W}_\text{D}}$$

其中 B_{R_D} 和 B_{W_D} 分别是单个驱动器的读写带宽。

最后，整个阵列的存储容量是组件驱动器容量的总和：

$$C_0 = d \cdot C_D$$

其中 C_D 是单个驱动器的容量。

17.4.1.2　RAID 1：镜像

RAID 1 是支持数据保护的最低 RAID 级（见图 17-15）。这是通过将驻留在主数据驱动器上已使用数据块的副本存储在阵列中所有其他驱动器（数据镜像）上来实现的。虽然以这种方式排列的驱动器数量没有上限，但典型安装是除了主驱动器之外仅使用一个冗余驱动器（镜像）。因此，数据盘的数量固定为 $d=1$；假设一般情况下有 p 个镜像驱动器，RAID 1 阵列可以抵抗多达 p 个并发驱动器故障而不会丢失数据。值得注意的是，读访问可以利用所有 I/O 设备发出并发请求，从而有效地与有相同设备数量的 RAID 0 阵列的吞吐量相匹配。但是因为除了"常规"数据驱动器之外，写操作还需要在所有镜像驱动器上存储数据副本，所以写吞吐量与单个驱动器相当。得到的公式是：

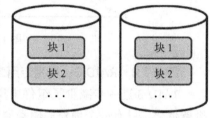

图 17-15　RAID 1 的数据布局

$$d = 1, p \geq 1$$
$$B_{R_1} = (p+1) \cdot B_{R_D}$$
$$B_{W_1} = B_{W_D}$$
$$C_1 = C_D$$

由于 RAID 1 的简单性，镜像经常由硬件和软件 RAID 实现，但其最大的缺点就是有 50%（或更高）的额外存储开销。

17.4.1.3　RAID 2：带汉明码的位级条带化

RAID 2 尝试通过选择更有效的数据保护编码来减少数据镜像导致的空间开销。汉明码使用 p 个编码位（$p \geq 2$）保护每组 d 个数据位（$d=2^p-p-1$）以防止单位错误，从而获得 $\frac{2^p-p-1}{2^p-1}$ 的效率或码率。RAID 2 阵列由 d 个数据驱动器和 p 个奇偶校验（保护位被计算为整个位条带中所选位的奇偶校验）驱动器组成。最小配置包括两个奇偶校验驱动器和一个数据驱动器，存储效率低至 1/3；但大型阵列的效率大大提高。这些驱动器具有同步主轴，确保锁步更新和单独条带中每位的检索（在图 17-16 中表示为 a 和 b）。这种配置能够从单个设备的故障中恢复过来。由于汉明码可以精确定位每个条带中错误位的位置，因此 RAID 2 能够检测到静音驱动器故障，其中受影响的设备可能看起来在工作但却返回无效数据。由于各个磁盘返回的不可纠正的读取错误概率不是零，因此这个属性还可用于即时纠正偶然的数据错误。由于专用硬件控制器的实现复杂性，RAID 2 在实际中不再使用。其性能特征很大程度上取决于实现的细节，因此这里不再进行分析。

$$d = 2^p - p - 1, p \geqslant 2$$
$$C_2 = d \cdot C_D$$

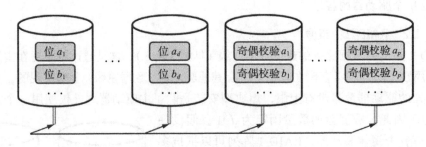

图 17-16 RAID 2 的数据布局

17.4.1.4 RAID 3：具有专用奇偶校验的字节级条带化

RAID 3 进一步减少了组件中所需的冗余驱动器数量。与 RAID 2 不同，它执行字节级条带化。只有一个额外的驱动器（$p=1$）用于存储同一条带中所有字节的奇偶校验（见图 17-17）。由于单独的奇偶校验不能用于识别损坏的驱动器，因此在一个设备明显损坏后 RAID 3 恢复被激活。在那种情况下，利用奇偶校验信息和相应条带中剩余的字节值重建丢失的信息（假设故障驱动器不是奇偶校验驱动器）。以字节粒度由磁盘主轴控制操作强制同步，这类似于 RAID 2。由于 RAID 3 没有提供超过更高 RAID 级别的特定优势，并且需要专门的硬件支持才能工作，因此它也逐渐退出常规用途。RAID 3 实现了良好的大容量顺序读写性能（见下文），但是对于少量或多个同时请求而言，其延迟较大。

$$d \geqslant 2, p = 1$$
$$B_{R_3} = d \cdot B_{R_D}$$
$$B_{W_3} = d \cdot B_{W_D}$$
$$C_3 = d \cdot C_D$$

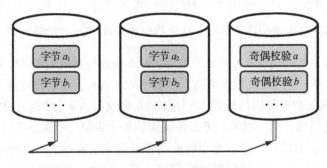

图 17-17 RAID 3 数据布局

17.4.1.5　RAID 4：具有专用奇偶校验的块级条带化

RAID4（见图 17-18）避开了 RAID 3 的细粒度同步，而是像 RAID 0 一样在所有数据设备上执行块级条带化。它使用一个奇偶校验驱动器用于恢复，它的功能类似于 RAID 3 中的奇偶校验驱动器，除了奇偶校验信息是基于每个块计算的。最小配置包括 3 个设备（2 个数据驱动器，1 个奇偶校验驱动器）。对于较大的请求，它的性能很好，因为它可以顺序访问每个数据驱动器上的多个块。由于驱动器不必同步，因此可以在多个设备上同时分布小的请求，从而提升每秒读写操作的次数（IOPS）。

$$d \geqslant 2, p = 1$$
$$B_{R_4} = d \cdot B_{R_D}$$
$$B_{W_4} = d \cdot B_{W_D}$$
$$C_4 = d \cdot C_D$$

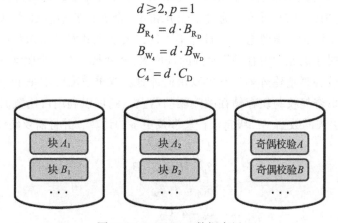

图 17-18　RAID 4 数据布局

17.4.1.6　RAID 5：具有单个分布式奇偶校验的块级条带化

RAID 5 是最常用的数据保护方案之一（见图 17-19）。它在奇偶校验计算、访问粒度、最小配置和故障脆弱性方面与 RAID 4 有许多相似之处。主要区别在于没有专用的奇偶校验驱动器：奇偶校验块以循环方式分布在所有驱动器上。这种修改使系统能够实现高读取带宽，有效地将其性能达到与相同磁盘数量的 RAID 0 阵列相同的水平。RAID 5 存储的主要问题是在降级状态下，它的高度脆弱性（即在其遭受驱动器故障之后）。即使更换驱动器后可快速配置，整个阵列的重建过程也可能需要几个小时。在此期间，组件驱动器在接近全带宽时被访问，其他设备的访问压力也会增加。在此期间若第二个设备发生故障可能会破坏非重建区域数据。

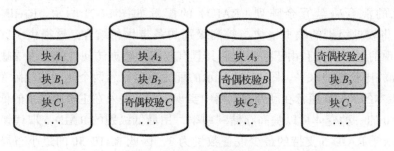

图 17-19　RAID 5 数据布局

$$d \geqslant 2, p = 1$$
$$B_{R_5} = (d+1) \cdot B_{R_D}$$
$$B_{W_5} = d \cdot B_{W_D}$$
$$C_5 = d \cdot C_D$$

17.4.1.7 RAID 6：具有双分布式奇偶校验的块级条带化

为了在不超过两个故障驱动器的情况下维持阵列操作处于降级状态，RAID 6 将两个奇偶校验驱动器与每组数据驱动器相关联。与 RAID 5 非常相似，奇偶校验块分布在阵列的所有驱动器上。如图 17-20 所示，通过索引 p 和 q，奇偶校验信息必须使用不同的方法来计算，例如，利用伽罗瓦场理论[16]，选择不可约二元多项式对条带内容进行变换然后执行 XOR；或者对条带中的原始内容进行常规的按位 XOR 变换。在单个驱动器故障之后，可以使用传统的奇偶校验来重建阵列，它可以快速计算。双重故障要求每个条带使用两个奇偶校验块，如果简单奇偶校验块存储在故障驱动器上，则可以利用可用数据块和二级奇偶校验信息重新计算丢失的数据。二级奇偶校验涉及更多的计算，并且需要硬件实现。

$$d \geqslant 2, p = 2$$
$$B_{R_6} = (d+2) \cdot B_{R_D}$$
$$B_{W_6} = d \cdot B_{W_D}$$
$$C_6 = d \cdot C_D$$

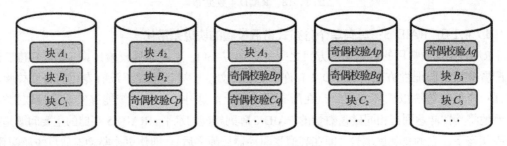

图 17-20　RAID 6 数据布局

17.4.1.8 混合 RAID 变种

最常见的混合磁盘冗余阵列（RAID）的配置如图 17-21 所示。RAID 10（也称为 RAID1+0）将较低级别的数据镜像与较高级别的条带化相结合。这提供了冗余方案（镜像）易于实现的这个优点和由于条带化而其具有较高的数据访问性能。主要缺点是存储利用率为 50% 的比较低的水平。图 17-21 所示的配置可以容忍两个驱动器故障（每个镜像组一个）。此版本的 RAID 通常在硬件控制器中实现，包括嵌入在主板固件中的低成本解决方案。RAID 10 的一种变体可以提高存储利用率，用最低级别的 RAID 5 取代镜像，这称为 RAID 50。由于 RAID 5 支持的最少设备数量为 3，因此 RAID 50 的最小布局包括 6 个设备。与具有 6 个设备的传统 RAID 5 相比，条带化提高了写入吞吐量，而每个冗余组容忍一个驱动器故障的能力使得这种配置方法更具有充分的弹性。当然，配置 RAID x0 可能包含每个条带多于两个以上组件的情况，以进一步提高带宽，但要以额外的驱动器为代价。

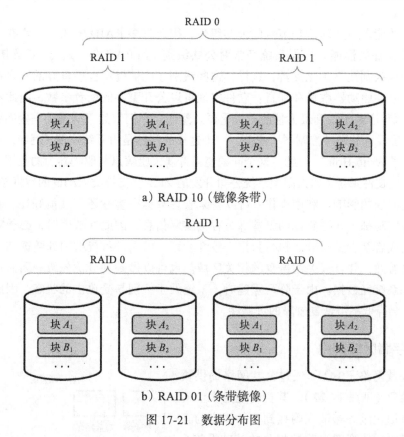

a）RAID 10（镜像条带）

b）RAID 01（条带镜像）

图 17-21　数据分布图

　　RAID 01（或 0+1）具有与 RAID 10 相同的存储利用率、容量和访问性能，具有相同数量的镜像和条带单元。虽然 RAID 10 仍然能够在每个镜像组中有一个故障驱动器的情况下运行，但是在 RAID01 中，单个驱动器的丢失等于整个条带的丢失。这对重建性能产生了巨大影响：RAID 10 可以通过简单地复制镜像组中其余驱动器的内容而不会干扰阵列中其他组件来实现此目的，而 RAID 01 必须从另一个功能镜像中提取数据，并会干扰其常规操作。但是，当阵列的某些部分通过网络进行分布时，RAID 01 具有实际应用。在网络中断的情况下，具有全功能的本地 RAID 0 设置比包含部分数据的镜像更重要。

　　由于阵列重建的及时完成通常对存储的数据完整性至关重要，因此许多 RAID 实现包括热备份盘：连接到控制器的空闲驱动器，但不主动共享数据的任何部分。当磁盘发生故障时，控制器可以自动切换到备用驱动器并开始重新填充阵列，而无须等待系统管理员。可以在操作员方便时更换故障驱动器。

　　选择阵列的组件驱动器时必须特别小心。经验告诉我们，设备最好来自不同的制造批次，以最小化故障的相关性。由于故障也可能与其他连接的设备有关，因此避免共享关键组件（例如电源）也能阻止某些故障。RAID 兼容驱动器通常要支持在指定时间限制下的错误恢复，这就限制了驱动器在恢复坏扇区时花费的时间，以防止 RAID 控制器将其标记为无响应或故障。

由于高性能多核处理器是节点的公共组件，因此许多 RAID 模式不需要专门的硬件控制器来实现良好的性能。操作系统经常对公共级别（如 RAID 0、1、5、6 及其混合级别）和一些非标准级别提供优化支持，这样，这些级别才能够提供性能良好的冗余存储，并且具有较少的公共驱动器数量和配置。软件实现可以公开更多的配置参数，因此不同选项的 I/O 基准测试程序对于找到最大性能至关重要。然而，它们依然可能遭受一些问题，这些问题可以被正确设计的硬件控制器所避免。一个这样的问题是由系统崩溃（例如，由于电源断电）造成的"Write Hole"问题，这个问题使得奇偶校验信息与驱动器上的数据处于不一致的状态。一些文件系统（如太阳微系统公司开发的 ZFS），支持类 RAID 的数据条带和保护，但不易受此问题的影响。利用操作系统支持来管理数据完整性还有其他好处。硬件控制器或低级软件实现都不知道磁盘的哪些部分存储实际信息，因此在故障时，必须对整个驱动器恢复算法或者至少受损分区执行数据一致性验证。由文件系统的内部数据结构指导相同过程可能更有效，并且只关注磁盘的相关区域。也可以做到划分优先级，因而首先恢复最关键的文件系统元数据。由于阵列重建时，系统处于特别易受攻击的状态，因此最小化其持续时间还会降低不可恢复故障的可能性。

17.4.2　存储区域网络

存储区域网络（SAN）通过公共网络提供块级别存储抽象（见图 17-22）。其目的是为多个实体，包括虚拟化服务器池或附接到公共网络的其他主机（例如，与管理和监控相关的基础设施），启用对共享存储设备的访问。共享存储设备可以包括 HDD、SSD、光盘柜和磁带仓。连接到正确实现的 SAN 客户端会让你产生一种与存储设备直接通信的错觉，可以使用接近完整的可用设备带宽。

SAN 为系统管理员提供了许多好处。服务器和存储的物理分离可以快速、独立地替换故障组件。通常可以轻松地扩展存储设备和服务器的数量。应用程序服务器可以直接从连接的驱动器上启动，从而最大限度地减少新添加或更换服务器的配置时间。由于连接网络可以跨越很远的距离，此距离远远超过连接各个存储设备接口链路的长度，因此 SAN 是高效灾难恢复的关键。存储内容

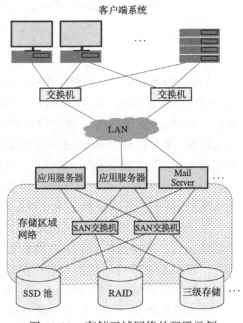

图 17-22　存储区域网络的配置示例

可以复制到不同的物理位置，如果发生重大故障，则要建立了快速同步机制。SAN 经常配置多个交换机和冗余路径，以提高可靠性。

SAN 封装低级访问协议到存储设备，例如 SCSI（小型计算机系统接口）在更高级网络协议下工作，涉及的网络主要是以太网、InfiniBand 和光纤通道（FC）。高级网络协议通常利用光纤进行连接，通信速率在 1～128Gbit/s。FC 支持多种拓扑结构，包括点对点、仲裁环和交换结构。尽管它以昂贵和管理不便而闻名，但常常是 SAN 实现的首选。它的主要优点之一是异步协议设计，这种协议能够处理重负载网络中的大量数据包。SAN 的不同实现利用最适合大规模存储设备使用的已部署网络和低级接口类的协议。组合的种类非常多，但是主要的变体包括 FCP（通过 FC 封装 SCSI 分组的光纤通道协议）、FCoE（以太网上的光纤通道）、HyperSCSI（通过以太网的 SCSI）、iFCP（通过 IP 的 FCP）、iSCSI（通过传输控制协议 / 互联网协议（TCP/IP）的 SCSSI）、iSER（在 InfiniBand 网络中利用 RDMA 的 iSCSI扩展）、SRP（利用 InfiniBand 传输 SCSI 的简单 SCSI RDMA 协议）、AoE（通过以太网的ATA）和 FICON（大型机使用的通过 FC 的企业系统连接）。

17.4.3　网络附加存储

网络附加存储（NAS）是超级计算装置中的常见组件。它向多个主机（特别是包括计算和登录节点）提供集中的共享存储（通常具有非常大的容量）。SAN 在设备级提供对大容量存储设备的共享访问，而 NAS 在文件系统级操作。访问客户端使用专门设计的库或内核扩展来导入由 NAS 服务器托管的数据。远程数据共享可以安装在客户端，以提供与本地文件系统几乎相同的公开的应用程序编程接口，例如可移植操作系统接口（POSIX）。然后可以使用为支持"常规"文件而开发的标准实用程序和库来访问远程数据共享的内容，从而有效地在网络上与服务器进行通信和数据传输，对应用程序完全透明。

NAS 实现使用少数网络文件系统协议。常用的包括服务器消息块（最初由 IBM 和Microsoft 开发的 SMB）、通用互联网文件系统（CIFS 是一个功能更丰富的 SMB 版本）、Apple 文件协议（AFP 是一种专有协议且用于 Apple 文件服务）和网络文件系统（起源于太阳微系统公司的 NFS）。前两个一般可以在基于 Microsoft DOS 和 Windows 的环境中找到，但 AFP 仅限于 Apple 产品，NFS 广泛用于 UNIX 世界（包括 Linux）。NFS 是互联网工程任务组 / 互联网协会征求意见中定义的开放标准，具有开源实现。由于开源的 SMB / CIFS 重新实现被称为 Samba，因此在兼容 UNIX 的平台上可以使用 SMB 功能。最后，AFP 得到了开源 Netatalk 项目的支持。所有这些协议都依赖 TCP/IP 进行连接，尽管一些 SMB 和 NFS变体能够进行基于数据报的通信（用户数据报协议）。

图 17-23 所示的高性能 NAS 服务器源自传统计算节点的体系结构。主要的区别在于，它可能包括多个网络适配器，以便向客户端和大幅扩展存储池提供必要的数据带宽。后者通常需要多个控制器来提供连接存储设备所需的端口数量，同时可包括硬件级别的数据保护，例如 RAID。服务器应该具有足够大的内存池，以便能够容纳大量未完成的 I/O 请求和

有效的缓冲数据。由于大型存储池会引起电力消耗增加，NAS 服务器还应配有适当冗余的电源，并允许有足够的箱体通风以排空产生的热量。由于单个服务器最终会遇到性能障碍，因此可以考虑使用 NAS 集群来实现容量扩展。集群 NAS 利用分布式（Ceph、AFS、GFS 等）或并行（GPFS、Lustre、PANFS、OrangeFS、PVFS 等）文件系统来提供包括所有存储设备的单个抽象逻辑文件系统，同时支持对文件数据的高带宽访问以及跨服务器的负载分布。

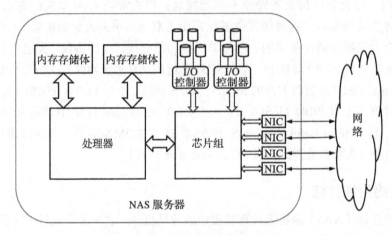

图 17-23　NAS 服务器的简化架构

17.4.4　三级存储器

三级存储器包括大容量数据存档以用于合并大量可移动介质，如磁带或光盘。可移动介质通常未存储在合适的驱动器中，而是以脱机状态保存在特别布置的保留槽、货架或传送带上。三级存储平台可以被认为是一种专用的 NAS，使用额外的机器人机制在长期存储单元和可用驱动器之间传输介质，而不需要人工干预。为了满足客户端访问请求，必须查阅单独的数据库，该库维护归档内容的目录。由于磁带库或光盘柜无法处理大量并发请求（有限数量的磁带和光盘柜，每个设备按标称数据速率进行操作），所以归档内容通常被复制到数据缓存，例如常规的 NAS 服务器。客户端然后可以高速并且可能是并行地访问数据。检索到的内容将保留在高速缓存中，在需要时或者直到由于相关数据的应用退出时而清空。三级存储器还对存储的媒介执行定期（或由其他策略管理的）扫描，以检测内容衰减的迹象，并激活恢复过程。图 17-24 显示了两个大容量三级存储系统的例子，即磁带库和光盘柜，并在表 17-6 中进行了比较。

表 17-6　所选大容量三级存储系统的属性

制造商	产品	最大容量（TB）	媒介插槽数	媒介类型	接口	功率
Quantum	Scalar i6000 tape library	180 090	12 006	LTO-7 cartridge	8 Gbps 光纤通道	24KVA
HIT Storage	HMS-5175 Bluray library	175	1750	100 GB BDTL disc	1 Gbps 以太网	

a）量子磁带库　　　　　　　　b）蓝光光盘柜

图 17-24　三级存储平台

17.5　本章小结及成果

- ❑ 大容量存储使计算机在电源开关前后状态保持一致。
- ❑ 大多数存储系统使用 4 种主要类型的大容量存储设备：HDD、SSD、磁带和光存储。尽管它们主要用于相同的目的，但其在实现数据保留的底层物理学现象、操作特性和成本方面存在很大差异。
- ❑ 存储层次结构细分为 4 个级别，这些级别在访问延迟、数据访问带宽方面存在差异，随着层次结构级别的下降，延迟时间会增加，有效传输带宽也会降低。
- ❑ 主存系统包括系统内存、高速缓存和 CPU 寄存器组。
- ❑ 辅存是利用大容量存储设备的第一层级。通常，CPU 不能直接访问辅助（或更高级别）存储，因此主存和辅存之间的数据传输必须由操作系统和计算机芯片组仲裁。
- ❑ 从 20 世纪 40 年代至 2016 年间，辅存容量增长了 11 个数量级。同一时期，设备 I/O 带宽提升了 6 个数量级。
- ❑ 辅助存储层中最常用的技术是 HDD，它提供业界最佳的单位存储成本和令人满意的可靠性。
- ❑ 独立磁盘冗余阵列（RAID）尝试解决传统大容量存储设备面临的可靠性问题。
- ❑ 三级存储区别于辅助存储，因为它通常涉及大量存储介质或存储设备，这些设备名义上处于不可访问或关闭状态，但其可以合理地快速启用以供在线使用。
- ❑ 三级存储包括高容量数据存档，旨在整合大量可移动介质，如磁带或光盘。
- ❑ 延迟仍然是困扰当今大多数 I/O 设备的最大性能瓶颈之一。
- ❑ SAN 通过公共网络提供块级存储抽象。其目的是为多个实体（包括虚拟化服务器池或连接到公共网络的其他主机）启用对共享存储设备的访问。共享存储设备可以包括 HDD、SSD、光盘库和磁带仓。

❑ 网络附加存储是超级计算装置中的常见组件。它为多个主机（尤其包括计算和登录节点）提供集中式、共享存储功能（通常具有非常大的容量）。

17.6 练习

1. 大型 HPC 系统提出的与主要存储相关的挑战是什么？请阐述。

2. 确定一些参数，其值可将任意 HDD 分类到表 17-1 最后一列中提到的市场分类类别中。

3. 假设你的产品开发团队的任务是为大型客机设计和实现机上娱乐系统。你的责任是从本章讨论的几种技术中选择合适的轻型存储设备。考虑因素为：成本、运行可靠性、所需存储容量和性能，为你的选择提供理由。在考虑选择时，请注意系统的目标操作环境。

4. 一个有 4096 个节点的集群运行大规模仿真，每 2 小时保存一次检查点，使用突发缓冲区进行中间 I/O 存储。每个节点都配备 64GB 内存，节点与突发缓冲区的比值为 16:1。请计算：

   a. 每个突发缓冲区所需的最小容量，以使检查点阶段尽可能短。

   b. 考虑到每个突发缓冲区的 TBW 指标为 400，在设备故障出现之前进行大型模拟的持续时间。

5. 一个 RAID 6 系统使用 8 个 4TB 的驱动器，包括所需的最少数量的奇偶校验驱动器。计算阵列的有效读写数据吞吐量。它的有效数据容量是多少？组装同等容量的 RAID 10 系统需要多少个驱动器？数据吞吐量将如何变化？

6. SAN 和 NAS 是相似的首字母缩略词，可能会让新手感到困惑。两种方法的区别和优势是什么？提供其应用的主要示例。

7. 粒子检测器生成的数据流需要 4TB/s 的总带宽，持续时间可达 1 分钟。这些流由 2048 个节点系统来分析，该系统提取感兴趣的事件并压缩它们，将数据量减少到原始大小的 1/100。然后将感兴趣的事件存档在使用 LTO-7 磁带的专用自动化磁带存储器上，每个磁盘的持续速率为 250MB/s。鉴于实验（每个实验产生一个单个的数据集群）以 1 小时的间隔执行程序，并且磁带更改开销被考虑到持续存储带宽中，请回答以下问题。

   a. 需要多少个并行工作的磁带机才能容纳提取的事件数据，而不会强制中断实验计划或需要额外的中间数据缓冲区？

   b. 如果盒式磁带的容量为 6TB，那么在 1 年的时间内为实验提供数据存储需要多少盒磁带？如果单个墨盒的尺寸为 102mm×105mm×21mm，那么在 1 年内存档所有墨盒所需的货架容积估计是多少？

   c. 假设除了保存输入数据所需的内存以外，数据处理需要的内存量可以忽略不计，那么为了避免使用中间数据缓冲区，每个节点必须配备多大的 DRAM（以 2 为单位）？

参考文献

[1] Internet2 Home, 2017 [Online]. Available: http://www.internet2.edu.

[2] Cray XC40 DataWarp I/O Applications Accelerator, Cray Inc., 2014 [Online]. Available: http://www.cray.com/sites/default/files/resources/CrayXC40-DataWarp.pdf.

[3] B. Alverson, E. Froese, L. Kaplan, D. Roweth, Cray XC Series Network, 2012. WP-Aries01−1112.

[4] IBM Corp., RAMAC, The First Magnetic Hard Disk, [Online]. Available: http://www-03.ibm.com/ibm/history/ibm100/us/en/icons/ramac/.

[5] IBM 62GV/STC 8800 Super Disk, Wiki foundry, [Online]. Available: http://chmhdd.wikifoundry.com/page/IBM+62GV+%2F+STC+8800+Super+Disk.

[6] Computer History Museum, Seagate ST-506, [Online]. Available: http://s3.computerhistory.org/groups/ds-seagate-st-506.pdf.

[7] G.D. Forney Jr., Maximum-likelihood sequence estimation of digital sequences in the presence of inter-symbol interference, IEEE Transactions on Information Theory 18 (3) (1972).

[8] G. Binasch, P. Gruenberg, F. Saurenbach, W. Zinn, Enhanced magnetoresistance in layered magnetic structures with antiferromagnetic interlayer exchange, Physical Review B 39 (7) (1989) 4828−4830.

[9] A.J. Viterbi, Error bounds for convolutional codes and an asymptotically optimum decoding algorithm, IEEE Transactions on Information Theory 13 (2) (1967) 260−269.

[10] E. Eleftheriou, W. Hirt, Noise-predictive maximum-likelihood (NPML) detection for the magnetic recording channel, in: IEEE International Conference on Communications ICC'96, Dallas, TX, USA, 1996.

[11] International Committee for Information Technology Standards, 4.21 self-monitoring, analysis, and reporting technology (smart) feature set, in: Information Technology − AT Attachment 8-ATA/ATAPI Command Set (ATA8-ACS), T13/1699-D Revision 6a, American National Standards Institute, Washington, DC, USA, 2008.

[12] R.C. Bose, D.K. Ray-Chaudhuri, On a class of error correcting binary group codes, Information and Control 3 (1) (1960) 68−79.

[13] K.A. Immink, J.G. Nijboer, H. Ogawa, K. Odaka, Method of Coding Binary Data, USA Patent US 4501000 A, July 27, 1981.

[14] K. Odaka, Y. Sako, I. Iwamoto, T. Doi, L.B. Vries, Error Correctable Data Transmission Method, USA Patent US4413340 (A), November 1, 1983.

[15] The Library of Congress, National Institute of Standards and Technology, Optical Disc Longevity Study, Technology Administration, US Dept. of Commerce, 2007.

[16] H.M. Edwards, Galois Theory, Springer-Verlag, 1984.

第18章

文件系统

18.1　文件系统的角色和功能

第 17 章中讨论的大容量存储设备只用到了少量的数据访问接口。这些接口与设备和系统内存之间的数据转换底层协议紧密相关，还与物理数据布局和设备允许的存储分区相关。存储的数据可能只允许用预定义的粒度来访问，这取决于特定设备，也就是说在物理块（有时候也指记录或扇区）层次上，这个块大小通常在 512B～16KB 之间变化。对存储数据执行小规模修改或添加数量小于物理块大小的信息，可能需要一系列的读写操作。这种直接数据访问使得有必要正确计算相关块的物理地址。这个计算在某些情况下可能调用一些描述设备实现存储架构的固有参数，例如现在已过时的老式硬盘驱动器的柱面 – 磁头 – 扇区架构。由于许多现代存储装置与其操作系统驱动器协作来试图隐藏一些细节，包括逻辑地址到物理地址的转换、设备专用地址以及坏块的重映射，因此这些存储器仅提供很有限的方法来跟踪设备存储空间的分配或已用块中高级内容的管理。此外，有的大容量存储设备针对不同操作类型提供了非对称性能或协议结构，例如从光盘上读写可能需要不同策略和调度来有效地支持这些操作，从而将相关的控制算法和启发式信息进行编码的重任交给应用程序编写者。即使对物理媒介进行数据直接访问偶尔是必需的，以从存储设备中提取性能的可预测级别，或者确保在某些应用程序（虚拟内存交换空间、某些数据库实现）中对数据状态复制的严格控制，但在多任务和多用户环境的常规使用中这还是太麻烦了。

文件系统提供了一个抽象层来解决这些问题并加入其他可用性和便捷性，包括存储空间的管理和组织、一致的编程接口（可移植且独立于大多数底层大容量存储设备类型），以及通过相同的应用程序编程接口（API）调用其他系统组件功能的扩展。为了实现高性能并协同多用户发出多程序访问共享的物理资源，文件系统的代码通常集成在 OS 中。正如 18.2 小节中所解释，文件系统编程接口的某些元素可能在运行时系统级别来实现，以提供额外的特性并兼顾效率。存放元数据需要额外的空间，指示存储数据集的各种属性、包含文件系统数据结构以及管理物理存储块分配信息也需要额外的空间。出于这个原因，在实现文件系统的大容量存储设备上的可用有效空间将通常比其原始容量略小一些。文件系统所支持的最值得注意的特性通常有如下几个：

- ❑ 组织。文件系统利用目录和文件作为主要组件的分层结构。目录作为其他目录和文件的容器，而文件则包含从大容量存储上读写的实际数据集。文件系统很少会对文件内可存放的数据类型进行限制，这实际上由创建和访问文件的应用程序来决定。在很多情况下，需要额外的惯例甚至软件来解释文件中的实际内容，否则文件只被视为匿名的字节流。取决于文件系统，文件的大小通常被限制在一个很少干扰到文件实际访问的大数值内。在大部分现代磁盘或固态设备（SSD）文件系统中，这个数值近似于几十或几百 TB。类似地，目录空间可能有上限，例如每个目录可容纳条目（文件或目录）的最大数量，以及在单个文件系统中可以共存的目录和文件的总数量。

- ❑ 命名空间。文件系统最重要的可用性之一是针对存储信息支持一个独立于系统架构的命名规则。目录和文件的所有逻辑名，以路径形式或多组件字符串的形式来表达，该字符串按序包含自层次结构顶端到路径叶子组件（可能是文件或目录）所在的底层。因此，每个文件系统组件会被其符号名唯一标识。尽管路径构造的某些细节和可支持的根节点（即顶级层次入口点）数量，在个别文件系统之间有差别，但总体的命名规则在很多实现之间服从于相同的通用模型。解释文件内容最常用的惯例之一依赖于所谓的扩展名，它是添加到文件名后的一个短后缀，并使用约定的字符将其隔开，通常是一个句点符号。文件系统命名空间常常支持额外的构造，例如针对可存储组件用作别名的链接。这就允许创建可选的遍历路径而不受限于树状层次结构，并且在某些变体中甚至可能跨越当前文件系统的边界。

- ❑ 元数据。由于文件系统的共享性，访问某个数据集必须限制在系统预先批准的用户上。在 UNIX 中，传统上这安排在文件或目录的所有者、某个特定用户组和"其他"（系统所知的所有用户集体）级别。每个这种策略，针对读取、写入和执行特定文件系统条目，访问权限可能被分别启用或取消。UNIX 及其兼容文件系统，可能指定额外的标记，例如"黏滞位"（仅限文件实际所有者可删除的文件）、setuid 和 setgid 标记，这两个标记可提升文件所有者的实际执行权限，或某个将文件的执行限制在特定用户的标记上。某些实现支持更多的细粒度访问规则，例如访问控制列表（ACL）。在任何用户可以被赋予任何权限之下，它们比默认的用户 / 用户组 / 其他策略更灵活，即使是以存储这个列表会增加额外空间为代价。元数据通常用于描述文件的其他属性，尤其是文件大小。即使存储是以块为单位分配的，文件大小仍然用字节作为单位（文件的末端块可以被部分填充）来跟踪。文件系统可能将几个小文件整合到单个存储块中来节省存储空间。请注意，大量的元数据对用户是不透明的，包括分配给文件的实际设备块的数量以及描述更多复杂层级的内部数据结构，例如大型文件或有"洞"的文件。

❑ 应用程序编程接口（API）。从用户的观点来看，文件系统的基础操作属性之一就是允许创建、写入、读取文件内容。这一点通过调用底层系统函数的库函数来完成。在实际数据访问函数被启用之前，文件由其符号名（路径）来标识。这样可以验证目标文件是否存在并且该文件可能被请求方访问，还可以初始化要访问的必要数据结构。这一点也依赖于更短且统一的文件句柄，消除传递可能高度可变的文件名给数据访问函数的需求。当创建新文件时，API 还允许设定某些元数据的元素。除了文件数据访问外，应用程序编程接口还支持存储层次的操作，例如目录遍历、文件和子目录删除，以及创建新的子目录和链接。

❑ 存储空间管理。因为所有物理设备都有明确的容量限制，所以文件系统必须仔细监控存储媒介中的空间使用，这些存储空间可能在上百万个文件和目录之间共享。此外，针对特定设备类型，新建文件所用空间要用某种确保具有良好访问性能的方式来分配。因此对于标准硬盘驱动器，文件系统通常尽力在同一个盘面和柱面的连续段中为一个文件预留空间，因为顺序访问能提供最高效的数据带宽和延迟。然而，随着设备写满，在连续块中进行分配可能变得越来越难（可用空间变得碎片化）。许多现代文件系统实现了动态重组算法，这样直到设备的可用容量降到很小的百分比时，性能下降才会引起注意。其他文件系统可能要求显式地在线或离线重组以恢复性能。

❑ 文件系统挂载。计算机频繁地使用多个存储设备。它们被设计为在任意时间点都可用而不仅在系统初始化期间，因为某些存储媒介可能是可移除的。这在被称为挂载的过程中执行，在挂载期间被导入的文件系统所定义的层次结构会暴露给 OS 和运行时环境。在 UNIX 这类单命名空间的文件系统中，挂载需要支持扩展当前已有的命名层次结构。在这样的操作系统中，能被外部文件系统访问的挂载点可以是任何现有目录。挂载操作完成后，被导入的文件系统层级替换挂载点下扩展的原始层级。可能同时挂载多个文件系统，包括嵌套形式。

❑ 特殊文件。UNIX 环境以实现"一切皆文件"的抽象而闻名。这意味着文件系统命名空间可能用于提供其他系统实体和软件构造的访问，例如裸设备、命名管道，以及套接字。后面两个支持进程间通信，只要交互实体事先就通信通道的名称和类型达成一致。虽然通信使用的 API 与常规文件之间传输数据的 API 相同，但用户必须小心不要超过内部缓冲区容量。不幸的是，当访问高级特性或必须调整控制参数，抽象的优雅性就会被破坏；在这种情况下，会调用大量重载的 fcntl 和 ioctl 接口来访问所需的功能。

❑ 错误处理。与任何物理设备一样，大容量存储设备也会遇到随机故障。设计恰当的文件系统可以最小化这些错误对存储数据完整性的影响。虽然与设备相关的故障范围可以从单个坏块到整个设备，但这不会穷尽所有可能的故障。由于内存中的数据缓存，以及即使对单个逻辑访问操作也要执行多个低层更新，因此通常出现的问题是由于电源波动或其他原因导致的系统崩溃而中止的写操作或对内存中未写数据的破坏。因此，存储在磁盘上的数据和元数据可能处于不一致状态，需要在恢复正常操作之前对此进行修复。许多文件系统通过在引导期间扫描存储设备上数据结构中的内容，并用专门的实用程序（UNIX 下为 fsck）修复不兼容的条目来处理这个问题。当使用独立的日志或必须执行文件系统事务日志时，这种扫描操作可能会大大加快。虽然文件系统检查操作并不总是能够恢复崩溃期间错位的所有数据，但它确保丢失仅限于在操作失败期间传输的数据并且确保存储的元数据是一致的。

在当前可用的文件系统大家庭里包括许多具有不同特性和特征、部署环境、目标存储设备和媒介，以及应用程序的实例。有专门针对硬盘驱动器、SSD、闪存、磁带和光学介质优化的文件系统。文件系统可以透明地支持压缩以节省空间和加密以保护存储信息的机密性。伪文件系统用熟悉的语义（如 Linux 中的 procfs、sysfs 和 devfs）公开任意安装的设备和与系统数据结构相关的详细信息。对于高性能计算（HPC）特别重要的是分布式并行文件系统，它们支持多个客户端通过网络或计算机互连与存储设备进行通信。然而，与存储区域网络（SAN）不同，它们不在物理块级别共享文件内容，而是实现一个服务层来转换并执行接收到的请求。并不是所有的分布式文件系统都必须提供对多个客户端发出的同一文件的高性能并发访问，而是将重点放在支持的共享命名空间和元数据，同时在每个客户端对与自身不相交的文件集进行操作时达到明显更好的吞吐量上。并行文件系统可以更好地解决这个问题，这使得并行文件系统更适合超算应用程序，这些应用程序可以从多个计算节点读写同一文件或文件集的不同部分。请注意，这种操作模式与几个重要的挑战相关。第一，并行文件系统需要使用适当的机制将文件内容分发到多个磁盘或 SSD（条带化）上来支持多个存储设备，这对于提取所需的聚合数据吞吐量是必要的。这个条带单元必须仔细选择，以免造成过高的开销（小块），也不会因为较小文件（大块）而破坏条带的优势。第二，我们期望文件系统给访问者提供单一服务端的抽象：底层架构的细节、支持主机和存储设备的物理布局、容错措施、文件条带化参数，以及在许多其他方面应对那些为特定应用程序优化输入 / 输出（I/O）性能不感兴趣的用户隐藏。可以提供一个熟悉的文件访问接口（如可移植操作系统接口或 POSIX）来降低新用户的学习曲线并促进应用程序的移植。第三，元数据和数据都必须使用适当的一致性协议，因为在不同节点同时查看文件内容、大小和其他属性时，这些属性之间必须没有差异。虽然它可以方便地容纳同一个文件的多个读取者，但是即使只添加一个写入者，也可能会使参与节点上信息的传播和可能的复制方式变得复杂。并行文件系统也可以采用放宽的访问原子性（也就是确保在单个调用中读取或写入数据的任何部分都不会被之前或之后的重叠访问所修改），以获得合理的数据吞吐量。最后，控制算法必须扩展到不仅支持大量并发访问——可能要扩展到系统中的计算节点总数——而且还支持不断增长的存储池。

18.2　POSIX 文件接口的基础

POSIX 标准[1] 描述了运行时 API、shell 和实用程序的元素，针对 UNIX 操作系统的变体指定了兼容性要求。文件 I/O 接口是规范的一部分。这里给出的有限概述只关注数据传输函数的一个子集，其中包含一些在并行程序中经常使用的辅助调用。目录访问和操作、链接创建、文件删除以及其他命名空间和元数据函数都没有讨论，因为它们很少直接从应用程序中调用，而是通常由使用适当系统实用程序的作业脚本来处理。文件访问函数有两种形式：系统调用和缓冲 I/O。下面将描述这两种方法，包含它们的用法示例和语义差异的罗列。

18.2.1　文件访问的系统调用

系统调用直接调用 OS 内核函数。虽然所有系统调用通常共享相同的通用调用格式，但是运行时库还额外提供了一个瘦包装器层，以方便用户并帮助进行第一级的参数检查。由于系统调用会比常规的用户空间函数调用产生更大的开销，因此每次调用这个接口时应该传输更多的数据（几个内存页面或更多）。下面描述的接口显示了函数参数和必要的"include"文件，这些文件定义了接口的原型和可选参数宏。由于系统调用通常用于访问系统中的其他实体（如终端、管道或套接字），因此这里只讨论与常规文件访问相关的语义。

18.2.1.1　文件打开和关闭

```
#include <sys/stat.h>
#include <fcntl.h>

int open(const char *path, int flags, ...);
```

```
#include <unistd.h>

int close(int fd);
```

open 调用分配一个整数文件描述符，该文件描述符之后用于对 path 中指定名称的文件的所有访问。返回的描述符是调用进程当前没有用于文件访问的最小整数，标识了与打开文件相关的内核数据结构。flags 参数是 O_RDONLY、O_WRONLY 和 O_RDWR 其中之一，分别表示只读、只读和混合读写访问。访问模式标志可以按位"或"下面任意组合列出的标志。

❑ O_APPEND，使初始的文件偏移量被设为文件末尾而非开头。

❑ O_CREAT，如果文件不存在，则创建此文件，并且只要不设置 O_EXCL 就会忽略该标志。使用第三个参数所指定的访问权限来创建文件，该权限符合常规的所有者 / 用户组 / 其他权限。

❑ O_EXCL 和 O_CREAT 一起使用时，如果文件已存在则调用会失败。不和 O_CREAT 一起使用时调用效果未定义。

❑ O_TRUNC，如果访问模式是 O_WRONLY 或 O_RDWR，则该标志会把已存在的文件长度截断为 0。在只读模式下使用此标志的效果未定义。

在 open 调用中所支持的标志列表相当广泛，在其他用途上还允许使用非阻塞访问规范和写操作同步。这些标志的确切语义描述超出了本章简述的范围。

成功的 open 调用会返回一个非负整数，这个整数是有效的文件描述符。调用失败时返回一个负数，并在全局变量 errno 中设置相应的代码。错误原因包括访问或创建文件的权限不足、路径无效、系统中同时打开的文件数量超过上限、使用独占标志创建请求文件但目标文件已经存在。失败的 open 调用无法修改现有文件的状态或创建新文件。

可以通过向 close 调用传递打开文件的描述符来关闭文件。这会令文件数据结构重新分配并释放文件描述符以便在调用过程中重复使用。

18.2.1.2　顺序数据访问

```
#include <unistd.h>

ssize_t read(int fd, void *buf, size_t n);
ssize_t write(int fd, void *buf, size_t n);
```

read 函数试图从用 fd 标识的文件的当前偏移量位置读取最多 n 个字节到 buf 指向的用户缓冲区中。调用成功后将返回在用户缓冲区中实际存储的字节数。如果与 fd 关联的当前偏移量与文件末尾之间的字节数小于请求值，则调用可能返回小于 n 的值。被信号中断的部分读取返回的字节也可能少于请求的字节。成功的调用将传输到用户缓冲区的字节数加到文件偏移量上，并将文件访问时间更新为执行访问的系统时间。

负返回值表示错误，其原因会在全局变量 errno 中标识。可能的错误原因包括使用无效的文件描述符、超过了最大偏移量，以及尚未开始就被信号中断的读取操作。

write 调用尝试将由 buf 指向的用户缓冲区中提供的 n 个字节传输到描述符 fd 标识的文件中。数据存储在文件中的位置由与描述符关联的文件偏移量的当前值来决定。如果最后一个写入字节的偏移量大于文件长度，则文件长度将更新到最后一个写入字节的位置并加 1。一次成功的调用会返回实际写入的字节数；内部文件偏移量依据该返回值递增，文件的修改和状态时间戳也会更新。如果写入超过最大文件大小的限制或介质容量，则只写入到可容纳的用户缓冲区部分。成功的文件更新对其他访问者（包括其他进程）立即可见；从由成功写调用影响的文件位置"读取"将返回该写调用传输的数据。只有在后续发出的 write 调用不会覆盖相同位置的数据时，写入数据才会持久存在。

类似于"read"，write 函数在出错时返回 1。错误的原因类似于"read"中的情况，当不能执行部分数据传输时，添加的写操作可能超过最大的文件大小。

18.2.1.3 文件偏移操作

```
#include <unistd.h>

off_t lseek(int fd, off_t offs, int whence);
```

lseek 调用用于修改与描述符 fd 关联的文件偏移量。调用的语义取决于 whence 参数值。如果 whence 设为 SEEK_SET，则直接将偏移量设置为 offs 值。如果 whence 设为 SEEK_CUR，则将文件偏移量设置为当前偏移量的值和 offs 的和。最后，对于 SEEK_END 标志，最终的偏移量是文件的长度加上 offs。注意，可以将文件偏移量推进到文件末尾以外的位置；文件中未写段将作为 0 来读取，直到它们被覆盖。调用返回更新后的偏移量值（从文件开头测量，以字节为单位）。

18.2.1.4 带有显式偏移量的数据访问

```
#include <unistd.h>

ssize_t pread(int fd, void *buf, size_t n, off_t offs);
ssize_t pwrite(int fd, void *buf, size_t n, off_t offs);
```

pread 和 pwrite 调用提供了读写函数的显式偏移量变体。当对文件进行随机访问时，它们保存 lseek 的显式调用。调用不会修改与描述符 fd 关联的隐式文件的偏移量值。

18.2.1.5 文件长度调整

```
#include <unistd.h>

int ftruncate(int fd, off_t len);
```

ftruncate 函数将由 fd 标识的文件长度设置为 len，文件必须先打开才能写入。结果可能是文件长度的有效截断，在这种情况下，位于 len 偏移量处和之后的数据将不再用于读取或增加文件长度，附加的数据段读取将被填充为零。ftruncate 函数不修改与描述符 fd 关联的文件指针值。

调用成功返回 0，失败返回 1。

18.2.1.6 存储设备的同步

```
#include <unistd.h>

int fsync(int fd);
```

fsync 函数将由 fd 标识的与文件相关的所有数据和元数据传输到底层存储设备。直到传完所有数据或发生错误，调用才阻塞。调用成功返回 0，否则返回 1。

18.2.1.7　文件状态查询

```
#include <fcntl.h>
#include <sys/stat.h>

int lstat(const char *restrict path, struct stat *restrict buf);
int fstat(int fd, struct stat *restrict buf);
```

通过 buf 指向的状态结构体中的 path（lstat）或在其里面的打开文件描述符 fd（fstat），这两个调用都可以检索文件系统实体的元数据。它们在成功时返回 0，否则返回 1。单个元数据实体存储在 struct stat 的不同字段中，其中包括：

❑ st_size，以字节为单位的文件大小
❑ st_blksize，文件系统在 I/O 操作中使用的块大小
❑ st_mode，文件类型为"sand"模式。如果设置了该模式，则位标志 S_IRUSR、S_IWUSR、S_IRGRP、S_IWGRP、S_IROTH 和 S_IWOTH 标识开启系统中用户、组和其他用户的读写访问权限
❑ st_uid，文件所有者的用户 ID
❑ st_gid，文件所有者的组 ID
❑ st_atim，上次访问文件的时间
❑ st_mtim，上次修改文件的时间
❑ st_ctim，上次更改状态的时间

代码 18.1 展示的示例代码使用了系统调用接口来向新建的（或截断的）文件写入一些整数，将其刷新到持久性存储设备中并回读已写入文件的一小部分。

```
 1 #include <stdio.h>
 2 #include <stdlib.h>
 3 #include <unistd.h>
 4 #include <sys/stat.h>
 5 #include <fcntl.h>
 6
 7 #define BUFFER_SIZE 4096
 8 #define HALF (BUFFER_SIZE/2)
 9
10 int main(int argc, char **argv)
12 {
12    // initialize buffer
```

代码 18.1　示例演示了 I/O 系统调用创建、写入、读取文件数据的使用过程

```
13    int wbuf[BUFFER_SIZE], i;
14    for (i = 0; i < BUFFER_SIZE; i++) wbuf[i] = 2*i+1;
15
16    // open file, write buffer contents, and flush it to the storage
17    // the file is accessible (read/write) only to the creator
18    int fd = open("test_file.dat", O_WRONLY | O_CREAT | O_TRUNC, 0600);
19    int bytes = BUFFER_SIZE*sizeof(int);
20    if (write(fd, wbuf, bytes) != bytes) {
21      fprintf(stderr, "Error: truncated write, exiting!\n");
22      exit(1);
23    }
24    fsync(fd);
25    close(fd);
26
27    // retrieve the second half of the file and verify its correctness
28    int rbuf[HALF];
29    fd = open("test_file.dat", O_RDONLY);
30    bytes /= 2;
31    if (pread(fd, rbuf, bytes, bytes) != bytes) {
32      fprintf(stderr, "Error: truncated read, exiting!\n");
33      exit(1);
34    }
35    close(fd);
36
37    for (i = 0; i < HALF; i++)
38      if (wbuf[i+HALF] != rbuf[i]) {
39        fprintf(stderr, "Error: retrieved data is invalid!\n");
40        exit(2);
41      }
42    printf("Data verified.\n");
43
44    return 0;
45    }
```

代码 18.1 （续）

18.2.2 缓冲文件 I/O

　　缓冲文件的访问是由 UNIX 运行时系统库 libc 实现的。它在应用程序的地址空间中引入了额外的数据缓冲区，如果频繁地执行涉及少量数据的操作，则可能会提高这些缓冲区性能。这些缓冲区及其控制参数不会直接暴露给应用程序。只要可能，用户发出的 I/O 调用都可以通过在应用程序中的用户缓冲区和内部库缓冲区之间复制数据来实现，从而避免系统调用的开销。有时候系统调用必须发出对底层物理存储设备的访问，但调用成本可通过在 OS 内核和库缓冲区之间传输大批量数据来分摊，数据的大量传输要么是通过输入流执行预读来实现的，要么是缓冲区在数据提交到内核之前一直等到数据填满来实现的。此接口也称为流接口（相关文件描述结构称为流），因为在顺序访问时可达到最佳性能。由于缓冲层不公开给内核，所以新写入的文件数据可能不会立即对系统中文件的其他访问者可见，而且更有可能在系统崩溃时丢失。

这个接口是国际标准化组织（ISO）/ 国际电工委员会 (IEC) C 语言标准 [2] 中 stdio.h 的一部分，这比基于系统调用的功能更易于移植。

18.2.2.1　文件打开和关闭

```
#include <stdio.h>

FILE *fopen(const char *restrict path, const char *restrict mode);
int fclose(FILE *stream);
```

fopen 调用打开或创建一个由 path 标识的文件，并将其与一个流关联起来。mode 参数的第一个字符决定了文件访问模式，可能是以下类型之一：

❑ "r" 代表打开文件进行读取。
❑ "w" 代表创建一个文件，或将文件截断至长度为 0（如果文件已经存在），并打开它进行写入。
❑ "a" 代表创建或打开一个文件，在文件末尾（追加模式）进行写访问。

模式字符串也可能包含一个 "+" 字符以使可在更新模式下进行访问，或者以任何顺序执行读取和写入操作。模式字符串的第一个字符定义的其他特征将被保留。如果在更新模式下使用该文件，则应用程序必须确保输入和输出操作由 seek 调用或由 fflush 分隔，以处理写后读场景。

成功调用 fopen 将返回有效的流指针，否则返回 NULL。

打开的流可以使用 fclose 函数来关闭。关闭操作的副作用是会将数据缓冲区中的内容写到文件上。调用 fclose 会导致流与底层文件解除关联，无论返回状态如何。函数调用成功返回 0，失败返回 EOF。常见的错误原因包括尝试将缓冲区中的内容刷新到存储器时超过了文件大小或偏移量的限制、耗尽了设备上可用的空间，以及在执行 fclose 时接收到了信号。

18.2.2.2　顺序数据访问

```
#include <stdio.h>

size_t fread(void *restrict buf, size_t size, size_t n, FILE *restrict stream);
size_t fwrite(const void *restrict buf, size_t size, size_t n, FILE *restrict stream);
```

fread 和 fwrite 函数在流上等效于 read 和 write 调用。它们分别尝试从打开的流 stream 中读取或写入 n 个整数元素，每个元素的大小为 size 个字节，方法是将元素从 buf 指向的用户缓冲区中传入或传出。两个函数调用成功时都返回传输元素的数量。只有在读取时遇到文件末尾或写入发生错误时，返回值才可能小于 n。与流关联的文件偏移量随着成功传输的字节数的增加而增加。如果发生错误，则未指定与流关联文件的偏移量值。

18.2.2.3 偏移量更新和查询

```
#include <stdio.h>

int fseek(FILE *stream, long offs, int whence);
long ftell(FILE *stream);
```

fseek 函数根据 off 和 where 的参数值设置指定 stream 中文件偏移量的值。whence 可以是 SEEK_SET、SEEK_CUR 和 SEEK_END 之一；它们的解释和在 lseek 中的是一样的。调用成功后，fseek 返回 0 或在出错时返回 1。fseek 会将尚未写入的缓冲数据传播到底层文件。

ftell 调用返回与流 stream 相关的内部文件偏移量的当前值，该偏移量从文件开头开始计数、以字节为单位。返回值为 1 表示出错。请注意，当前偏移量不能正确存储 long 类型的变量时，ftell 将调用失败。

18.2.2.4 缓冲区冲刷

```
#include <stdio.h>

int fflush(FILE *stream);
```

fflush 函数强制将存储在缓冲区中的未写数据写入底层文件，缓冲区与写入或更新模式下打开的 stream 相关联。如果 stream 是为了读取而打开的，则 fflush 调用将把底层文件的偏移量设为流的当前偏移位置。如果 stream 是空指针，则该函数将对所有打开的流执行它所描述的操作。fflush 调用成功时返回 0，失败时返回 EOF。

18.2.2.5 流与文件描述符之间的转换

```
#include <stdio.h>

FILE *fdopen(int fd, const char *mode);
```

```
#include <unistd.h>

int fileno(FILE *stream);
```

有时，会在流和文件描述符之间进行转换以调用可选的接口函数，这可能很实用。例如，流库不提供任何调用来强制将数据传播到物理存储介质，这通常由内核函数来处理。类似地，如果要执行大量分段的顺序 I/O 操作，则切换到缓冲接口可能是有益的。因此，

fdopen 接收一个打开文件描述符和一个模式字符串，模式字符串的含义与 **fopen** 调用中的相同，并创建、返回相应的流描述符。提供的 mode 参数必须与描述符 fd 引用的文件访问模式兼容。fdopen 返回的流的偏移量将被设置为与 **fd** 所指示的打开文件的偏移量值相同。调用失败将返回空指针。

相反的操作是 fileno，它从指定的流结构中提取底层文件的描述符，或者返回 1 来表示出错。

代码 18.2 展示了在代码 18.1 中列出的程序的转换版本，该版本使用缓冲 I/O 接口而不是系统调用。虽然这种转换对于所使用的大多数 I/O 函数来说是显而易见的，但是有一个细节尤其值得注意。由于 stdio 库中的 fflush 调用只能将流缓冲区中的内容推送到内核，因此脏数据到存储器的实际传播必须由系统调用（fsync）来执行。为了提供该调用期望用作输入参数的文件描述符，使用 fileno 从流描述符中来检索它（见第 21 行）。

```c
1 #include <stdio.h>
2 #include <stdlib.h>
3 #include <unistd.h>
4
5 #define BUFFER_SIZE 4096
6 #define HALF (BUFFER_SIZE/2)
7
8 int main(int argc, char **argv)
9 {
10  // initialize buffer
11  int wbuf[BUFFER_SIZE], i;
12  for (i = 0; i < BUFFER_SIZE; i++) wbuf[i] = 2*i+1;
13
14  // open file, write buffer contents, and flush it to the storage
15  FILE *f = fopen("test_file.dat", "w");
16    size_t count = BUFFER_SIZE;
17    if (fwrite(wbuf, sizeof(int), count, f) != count) {
18      fprintf(stderr, "Error: truncated write, exiting!\n");
19      exit(1);
20    }
21    fflush(f); fsync(fileno(f));
22    fclose(f);
23
24    // retrieve the second half of the file and verify its correctness
25    int rbuf[HALF];
26    f = fopen("test_file.dat", "r");
27    count /= 2;
28    fseek(f, count*sizeof(int), SEEK_SET);
29    if (fread(rbuf, sizeof(int), count, f) != count) {
30      fprintf(stderr, "Error: truncated read, exiting!\n");
31      exit(1);
33    }
34    fclose(f);
```

代码 18.2 采用了流 I/O 接口的程序，等效于代码 18.1

```
35
36   for (i = 0; i < HALF; i++)
37   if (wbuf[i+HALF] != rbuf[i]) {
38      fprintf(stderr, "Error: retrieved data invalid!\n");
39      exit(2);
40   }
41   printf("Data verified.\n");
42
43   return 0;
44 }
```

代码 18.2 （续）

18.3 网络文件系统

网络文件系统（NFS）是最古老的，同时也是在安装的计算装置中部署最广泛的分布式文件系统之一。它最初是在 1984 年由太阳微系统公司提出的，目前是一个开放标准，已经激发了许多实现（包括几个开源版本）。它的主要吸引力在于，可以将限制在单个主机上的常规文件系统的访问进行"导出"，从而允许从多个客户端远程地访问其内容（文件、目录、链接等）。对于底层文件系统的属性没有明显的限制；任何与 POSIX 兼容的文件系统都可以通过 NFS 来访问。在某些情况下（例如，针对基于 UNIX 的应用程序中 Microsoft 子系统的 NT 文件系统），甚至可以访问具有不兼容接口的文件系统。远程文件系统可以透明地挂载在目录层次结构中的任何位置，并且可以像访问本地文件系统一样访问它。NFS 的早期版本经常被描述为无状态协议，因为服务器不跟踪挂载文件系统或使用文件的客户端。这样做的好处是可以在失败后轻松恢复：客户端只能重试请求，直到服务器做出响应，但不能重新协商连接，并且不能触发重新构建现有状态或生成新的不兼容状态。虽然必须引入一些持久性的数据结构来缓解某些问题，但是协议试图尽可能地限制额外的服务器端状态。NFS 请求是自包含的，这使得协议非常有效。

NFS 服务可以利用传输控制协议（TCP）（面向连接）和用户数据报协议（UDP）（基于数据报）的消息。协议栈的核心是对远程过程调用（RPC）的支持，允许从客户端向远程主机发送请求、向主机调用本地函数以及在应答包中传播返回的数据和操作状态。它最初基于 Sun RPC 实现，现在由开放网络计算（ONC）RPC 规范 [3] 定义。RPC 实现必须唯一地指定要在远程端调用的过程，将响应消息与原始请求匹配，并定义对请求者进行服务身份验证的规定，反之亦然。它还处理由于协议和版本的不匹配、服务器上请求的过程不可用和身份验证失败而引起的错误。由于需要支持具有不同数据类型属性和字节顺序的主机，因此使用外部数据表示层 [4] 来序列化和提取调用参数和其他作为包有效负载传输的数据。为了支持 RPC，必须在参与的机器上配置专用端口 111 中的端口映射器服务。ONC RPC 在

2009 年被重新授权使用标准的三条款伯克利软件发行许可。

　　NFS 的基本架构如图 18-1 所示。在允许用户发出任何数据访问请求之前，远程文件系统必须挂载在客户端的主机上。这是通过挂载程序解析 NFS 服务器的名称并要求它提供远程目录的句柄来完成的。如果请求的目录存在并且允许导出，则服务器将返回它的句柄。这将导致本地内核访问虚拟文件系统（VFS）层，并为远程目录创建虚拟节点（vnode），或者将符号路径转换为任意访问的文件系统对象。其中，vnode 存储关于目标对象是本地对象还是远程对象的相关信息。因此随后由用户发出访问远程文件的打开请求来找到转化到 vnode 中被标记为远程文件路径的父级部分、检索存储的服务器地址、利用 RPC 客户端和服务器代码的存根发送查询请求到服务器，并使用服务器上检索到的文件属性来创建打开的文件条目。然后将相应的描述符索引返回给用户程序。使用查询过程是因为服务器不执行常规的 open 调用以避免状态的创建；作为查询的结果，会返回一个特殊格式的句柄，该句柄唯一地向服务器标识此文件。数据访问（例如读取操作）的过程与此类似。但由于在较新的 NFS 修订版中客户端可能被允许在本地缓冲文件数据，因此需要执行本地缓存查询来检查数据是否在本地可用。NFS 服务器还使用一种简单的策略来处理请求重复，例如由于网络错误而导致的数据包重传。这只适用于非幂等请求，即如果重新传输则会失败，例如目录或文件删除。这些服务器维护请求重放缓存，其中所有非幂等请求都被保存在预定的时间段内；如果发现新接收请求的事务 ID、源地址和端口与缓存中已经存在的事务 ID、源地址和端口匹配，则将会抑制其执行，并重新发出缓冲应答。

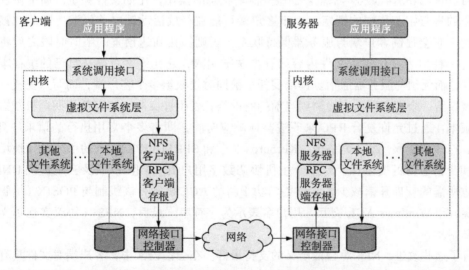

图 18-1　Linux 中网络文件系统及与其他内核组件集成的架构。箭头显示客户端请求到服务器和远程文件系统的传播。虚拟文件系统（VFS）层提供了一个独立于实现的接口来访问底层文件系统。NFS 客户端依赖于远程过程调用（RPC）服务，以支持根据客户端的请求透明地调用远程节点上的文件系统这个功能

　　NFS 的第一个公开发布版本是版本 2（NFSv2）。它开发自 20 世纪 80 年代末，按现在的标准来看它已经过时了。例如，NFSv2 使用 32 位有符号整数作为文件偏移量，实际上每个文件被限制在对前 2GB 的数据进行访问。每个数据包的数据负载大小限制为 8 KB，这与服务器在向客户端发出应答之前必须完成数据写入的同步操作共同导致了较差的写入吞吐量。虽然异步操作是可能的，但它在某些情况下会导致数据的静默损坏。NFSv2 的另一个问题是缺乏跨多个客户端的数据一致性的强制要求。这个版本的文件句柄长为 32 字节。

　　NFSv3 是该协议的大幅改进版，但仍然保留了"无状态"设计。尽管许多数据中心和机构切换到了下一个版本，但它仍然在使用。下一个版本在服务器上引入了一些最小状态，以处理那些必须由外部支持的特性。NFSv3 提供了 64 位偏移量，这实际上消除了文件大小的限制；对于 UDP，每个数据包的有效负载增加到大约 60 KB；对于 TCP，通常是 32 KB。实现了弱缓存一致性方案来检测其他客户端对文件的更改。这是通过将当前文件的属性注入服务器对读写请求进行应答来实现的；客户端可以使用它们来确定缓存的文件数据或属性是否过期。如果过期，客户端将丢弃缓存的信息并将任何脏数据刷新到服务器。NFSv2 客户端将传递给 open 调用的模式标志直接解释为验证访问权限，而 NFSv3 将其作为服务器的责任（使用 access 调用），从而任何来自非 ACL 感知的客户端可以正确访问支持 ACL 的文件系统。通过在内存中存储多个数据请求中发送的数据（同时确认每个接收到的数据包），将所有数据一次性提交到磁盘，这还可以提高写入性能。

　　NFS 的当前版本深受 Andrew 文件系统 [5] 和 Microsoft 的公共互联网文件系统（CIFS）[6] 设计的影响。NFSv4 支持本来就需要服务器端状态的操作，比如文件锁定。新的协议能够基于租约进行字节范围的锁定。由于客户端可能在释放活动锁之前崩溃，因此在锁定操作期间，它会强制客户端与服务器保持联系。否则，在到达预置的超时时限之后将撤销锁。有一种称为委托的新文件内容缓存方法被引入，它允许客户端在自己的缓存本地修改文件，而无须与服务器通信。读取委托可被同时授权给多个客户端，而写入委托一次只允许授权给一个客户端。当检测到当前持有的委托发生冲突时，可以使用回调机制撤销它们。版本 4 通过允许复合 RPC 来改进整体响应时间，即将多个常用执行的请求序列（如查找、打开和读取）组合为一个。Kerberos 5 [7] 和 SPKM/LIPKEY[8] 的引入极大地增强了操作和身份验证的安全性。跨多个主机协调数字用户 ID 和组 ID 以及实施传统 UNIX 权限标志所需的管理开销减少了，这要归功于新的 ACL 机制，该机制与 POSIX（尽管不是很完美）和 Windows ACL 交互，用户名表示为字符串。最后，NFSv4 协议实现了文件迁移和复制。

　　有了这些改进，NFS 对会话语义的支持最好。在会话语义中，客户端对文件具有独占访问权，会在文件关闭（会话完成）时对文件的更新进行传播。在多个应用程序执行共享文件修改的这种场景（例如对共享日志文件追加内容）中，则不会获得良好的性能。虽然在标准的小修订 4.1 版 [9] 中引入的可选并行 NFS 扩展支持基本的并行访问语义，但是这些操作最好留给并行文件系统来完成，下一节将讨论其中的两个示例。

18.4 通用并行文件系统

通用并行文件系统（General Parallel File System, GPFS）是由 IBM 开发的，并于 20 世纪 90 年代后期发布了商业化版本。它的功能受到了 IBM 阿尔马登研究中心的 Tiger Shark 文件系统[10]研究项目的影响，该项目旨在提供高性能的多媒体流。GPFS 还结合了 IBM 更早设计的 Vesta 并行文件系统[11]的设计思想，它支持从多个客户端并发访问系统中分布在若干物理存储设备上的多个文件系统。存储设备可以通过 SAN 来访问，也可以使用更高级别的协议通过网络暴露出来。文件放置优化器是一种在"无共享"集群架构中允许高效执行 GPFS 操作的特性，"大数据"应用程序通常喜欢这种架构。GPFS 以数据复制为特征，提供高可恢复性和可用性，还有基于策略的存储管理、全局命名空间（允许广域网（WAN）上不同的 GPFS 实例（称为 GPFS 集群）之间共享文件访问），以及标准（包括 POSIX）文件接口，支持传统的 OS 文件系统实用程序以及未经修改的应用程序的执行。与 NFS 类似，但 GPFS 通过内核扩展来实现，内核扩展将 GPFS 功能注入 VFS 层，使其在内核中显示为另一个本机支持的文件系统。GPFS 是通过以下方式实现高水平性能的：跨多个存储设备（以获得高聚合数据带宽）传播数据访问、负载平衡以消除存储热点、有效支持来自多个客户端的并发读写（甚至针对同一文件）、复杂的令牌管理系统作为分布式锁管理和文件数据一致性的基础、文件数据识别顺序的智能预取（正向和反向）和各种形式的条带化 I/O 模式，以及为 GPFS 守护进程之间进行通信指定多个网络的能力。GPFS 实现的日志（I/O 事务日志）提高了系统崩溃后恢复的概率。表 18-1 中列出的主要操作参数的架构限制给出了 GPFS 可支持的扩展规模。最新版本 GPFS v4.2 适用于 AIX（Power 处理器）、Windows 和 Linux OS（x86 系列处理器）。自 2015 年以来，IBM GPFS 品牌一直被称为 IBM Spectrum Scale。

表 18-1 当前版本的 GPFS 的选定操作参数的限制

参　　数	设　计　限　制	测　试　值
每个集群中已连接节点数	16 384	9620
每个集群的磁盘数	2048	未知
文件大小	2^{99} 字节	大约 18PB
每个文件系统的文件数	2^{64}	9 000 000 000

GPFS 的基本架构如图 18-2 所示。该图显示了两种配置，一种配置的 I/O 节点类似于传统的网络附加存储布置，并与计算节点分离；另一种配置的节点提供存储服务器功能，同时允许客户端应用程序运行。第二个配置透明地集成了一个 SAN 存储池，为了防止通过 SAN 结构公开的冗余链接上出现磁盘或网络链接失败，该存储池可以提供增强的容错性。其他配置也是可能的。通过 WAN 连接，两个 GPFS 实例（集群）可以进行交互。GPFS 安装中的存储设备通过网络共享磁盘（NSD）协议进行抽象，它们为所有无法在物理上访问底层存储的客户端提供集群范围内的命名和对磁盘数据的高带宽访问。NSD 服务器在配备了

存储设备的节点上启动，从而将虚拟存储链接公开给其他 NSD 组件。为了健壮的容错性，每个 NSD 组件可最多与 8 个 NSD 服务器关联：如果一个服务器失败，列表中的下一个服务器将接管其操作。在 IBM SP 系列机器上运行的 GPFS 旧版本提供了类似的服务，该服务采用专用 IBM 互连进行通信的虚拟共享磁盘实体。当前的 NSD 放宽了这一限制，以允许其他网络类型，但仍然要求有高速网络。

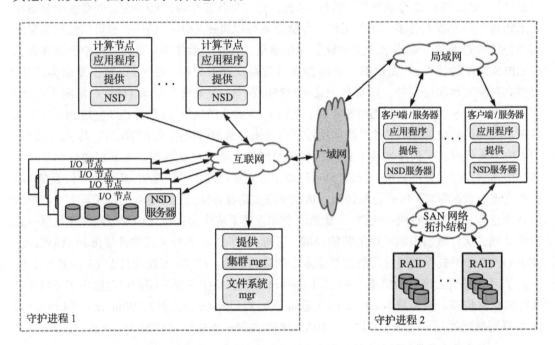

图 18-2　可能的 GPFS 部署配置：网络附加存储池服务左边的客户端计算节点集合（GPFS 集群 1）；服务器组管理基于独立磁盘冗余阵列（GPFS 集群 2）的 SAN 设备。这两组集群可能因为共享的 WAN 连接而通信。两边装置中的物理存储设备都是通过网络共享磁盘（NSD）协议抽象的。核心文件系统功能由 GPFS 守护进程 mmfsd 提供，它分布在系统的多个计算资源中

GPFS 守护进程（在图 18-2 中表示为 mmfsd）实现了 GPFS 的核心功能，包括支持所有 I/O 操作和数据缓冲区管理。它们被实例化为多线程进程，具有一组高优先级请求的专用线程。多个守护进程可以相互通信，以协调配置和恢复中的更改，并同步对相同数据的并发更新。GPFS 守护进程负责分配新建文件和要扩展现有文件时所需的磁盘空间；目录管理包括创建新目录、更新现有目录中的内容，以及标识带有挂起的 I/O 操作的目录；锁管理保护文件数据和元数据的完整性；启动相关的 I/O 操作；配额统计。为了优化性能，该守护进程利用了页面池（pagepool）的优势，这是一个锁定的内存区域，包含选定文件的数据和元数据。它支持由于多个应用程序的执行而重叠的频繁写入，还支持经常重用（适合 pagepool）的数据，并为数据预取提供缓冲空间，从而加快大规模连续读取操作的性能。非锁定内存

可以从内核堆中分配，主要用来保存与文件系统管理内核方面相关的控制结构和 vnode 信息。这个守护进程中的共享内存用作 inode 缓存（inode 是 index-nodes（索引节点）的缩写，是文件系统控制文件布局的内部数据结构）和 stat 缓存，stat 缓存中包含最近访问的文件和目录的属性子集。该守护进程还可以通过分配内部非共享内存段来支持文件系统管理器功能（包括令牌管理）的操作。

文件系统管理器（每个文件系统一个，但可能分布在多个节点上），可以在专用节点上运行，也可以作为常规客户端节点的一部分来运行，管理所有使用文件系统节点的操作。它提供面向文件系统配置（扩展存储池、执行文件系统修复和磁盘可用性调整）、存储空间分配、令牌管理和配额管理的服务。令牌管理对于在共享 GPFS 文件上执行并发操作至关重要。如果文件系统管理器在多个节点上执行，那么负载将分布在所有参与的令牌管理服务器上。令牌服务发出令牌，向令牌持有者临时授予文件访问权限（文件数据和元数据的读写）。这种锁定是按字节来执行的，因此允许同时读取文件的某些部分，同时对写入的目标文件的某些部分强制执行严格的更新顺序，而不需要显式地序列化所有请求。当节点第一次请求访问文件时，将与令牌服务器进行交互。在被授权读或写令牌之后，客户端可以执行兼容的数据访问，而无须进一步与令牌管理服务器联系。如果令牌服务器检测到有冲突的访问，则它将提供一个包含所有节点的列表，这些节点将令牌保存在请求的字节范围内。为了避免阻塞令牌服务器，发起请求的客户端有责任让当前令牌持有者放弃它们。由于这可能需要等待释放加在文件上的锁，因此通常必须完成相关的挂起 I/O 操作。

每个 GPFS 集群都有相关的集群管理器，这由组成集群的节点仲裁选出。集群管理器跟踪磁盘租赁、监控节点失败和监督恢复进程，同时确保存在必要的仲裁节点以支持集群的连续操作，向远程节点传播配置更改，选择文件系统管理器节点，并从远程节点执行用户标识符映射。

由于在共享文件上执行并发写操作常常会导致冲突，因此有必要分析所涉及的数据和元数据路径（见图 18-3）。当系统命令请求刷洗缓冲数据到存储上被调用、同步模式下的写入被调用、当前被脏数据占用的缓冲区被系统重用、文件令牌被撤销，或者连续访问文件块的最后一个字节被写入时，数据脏块必须被写入。GPFS 中每个打开的文件都与一个元节点精准关联，元节点用于维护元数据的完整性。通常，元节点位于打开文件时间最长的主机上，并作为系统中所有节点的文件元数据的同步点。数据和元数据按照以下 3 种不同复杂性的场景进行刷洗。

1. 客户端内存中可用的缓冲区。如果已为之前的写入创建了缓冲区，且写入令牌仍然可用，则会发生这种情况。将应用程序中缓冲区中的内容复制到 GPFS 数据缓冲区；此时，从应用程序的角度来看，写入已经完成。如果满足了上面列出的缓冲区刷洗条件，GPFS 守护进程将使用它的一个线程将异步缓冲区写入操作调度到存储设备中。这允许写入与应用程序执行重叠。GPFS 工作线程调用 NSD 层，导致请求被分割成适应消息有效负载的块，并复制到发送池的通信缓冲区中。目标 I/O 节点列表来自文件元数据。数据通过互连传输到 NSD 服务器接收缓冲池。一旦接收到所有数据包，就会分配一个好友缓冲区来重组写缓冲区中的内容。在此阶段，释放 NSD 服务器中相关的接收缓冲区，并启动磁盘写入。后者可能被预先配置的时间延迟，以允许与其他相邻的写请求合并。由于好友缓冲区可能并不总是可用的，因此请求可以用存储在接收池缓冲区中的数据进行排队，直到提供足够的空间。

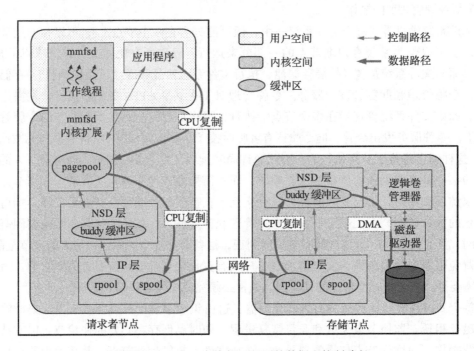

图 18-3　在 GPFS 中执行远程写的数据和控制路径

　　2. 写入令牌在本地可用，但缺少数据缓冲区。如果缓冲区由于最近的 I/O 活动或以前的写入操作没有"触及"获取令牌的所有数据位置而被重用，这种情况可能发生。内核代码挂起调用线程，并指示守护进程线程获取缓冲区。如果写入范围覆盖整个块（完全覆盖），则分配一个新的空缓冲区。如果写操作影响到块的一部分，且该块的其余部分仍存在，则获取该块的其余部分并将其放置在缓冲区中。然后按（1）所述继续调用。

　　3. 数据缓冲区和令牌都不可用。首先，必须获取特定字节范围内的令牌。根据所发现的 I/O 模式，字节范围可能比应用程序未来请求预期中请求的字节范围更大，只要不检测到与文件其他访问者有冲突就行。令牌管理可能被迫撤销另一个节点当前拥有的令牌。获取令牌后，按照（2）所述进行处理。

　　可以看到，与分布式文件系统相比，并行文件系统提供了更丰富的语义，并且在支持的文件访问模式和数据共享方面更加灵活。它们的算法经过精心设计，以避免通信和同步热点，同时尽可能保持对文件数据的高带宽访问，提供更强的数据完整性保证，并支持必要的故障恢复和可用性水平。在 500 强的前 10 名的机器中，国家能源研究科学计算中心的

Cori、阿贡国家实验室的 Mira 和科学幻想中心（瑞士）的 Piz Daint 分别使用 GPFS 管理 30 PB、27 PB 和 5.8 PB 的存储设备。

18.5 Lustre 文件系统

Lustre 是并行分布式文件系统，最初发布于 2003 年。它的名称来源于"Linux"和"clusters"，表示其部署的目标平台。它的开发最初是在美国能源部加速战略计算计划（ASCI）的指导下进行的[12]。该项目及其代码库的企业所有权几经易手，包括太阳微系统公司、甲骨文、Whamcloud，自 2012 年以来归属英特尔。Lustre 提供了一个与 POSIX 兼容的文件系统接口，为大多数操作提供原子语义支持，从而避免数据和元数据的不一致性。它的设计是高度可扩展的，通过支持数万个客户端、PB 级的存储和可达数百 GB/s 的 I/O 带宽，其成为 HPC 首选的文件系统。Lustre 简化了多个集群的部署，因为它允许多个存储子系统的容量和性能进行聚合。还可以按需提供额外的存储服务器来动态地增加存储空间和 I/O 吞吐量。Lustre 利用了高性能的网络基础设施，例如通过 OpenFabric 企业发行版（OpenFabrics Enterprise Distribution，OFED）[13] 实现在 InfiniBand 上的低延迟通信和远程直接内存访问（RDMA）。Lustre 软件支持多个 RDMA 网络的桥接，并提供集成的网络诊断。文件系统通过使用共享存储分区和与不同高可用性管理器连接的多种故障转移模式来支持高可用性。这实现了没有单点故障的自动失效检测，以及透明的应用程序恢复。通过多挂载保护特性，文件系统损坏的可能性降到最低。特别值得注意的是，在线分布式文件系统检查（LFSCK）能够在文件系统还在使用时就进行操作，以便在检测到主要文件系统错误后恢复数据一致性。通过只允许在特权端口上的 TCP 连接，以及基于带有自定义附加项的 POSIX ACL 的 ACL 应用程序和扩展属性（如 root 压缩（减少远程超级用户有效的访问权限））操作的安全性得到了加强。Lustre 使用分布式锁管理器（LDLM）来允许字节级粒度的文件锁定以及细粒度的元数据锁定，从而允许在相同的文件和目录上对多个客户端执行并发操作。跨物理存储设备的文件条带化允许用户指定布局参数，这些参数可以灵活地安排在整个文件系统、单个目录或单个文件这个级别上，以满足特定应用程序的需要。Lustre 具有高度的互操作性；它支持针对 I/O 层的专用 MPI-IO 抽象设备接口，以便为消息传递接口（MPI）应用程序提供优化的并行 I/O，并允许通过 NFS 和 CIFS 等常用的分布式文件系统接口导出其文件，从而支持从非 UNIX 系统主机访问其文件。Lustre 代码库可在多种硬件平台上编译和运行，包括具有不同字节和本地数据大小的机器，还可以与旧版本的文件系统软件透明对接。Lustre 软件是根据 GNU 公共许可 2.0 许可证而开源的，当前的主要修订版本是 v2.8。有许多特性是 Lustre 在 HPC 系统中流行的原因：截至 2016 年 11 月，在全球前 500 名运行最快的 10 台超级计算机中，有一半（天河 2 号、泰坦、红杉、Oakforest-PACS 和 Trinity）将 Lustre 集成为主要的存储管理层。

Lustre 架构的示意如图 18-4 所示，Lustre 系统的主要功能组件如下。

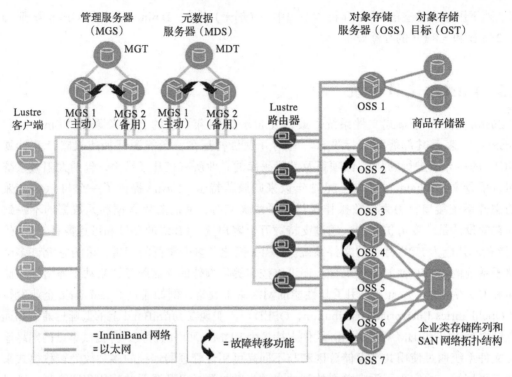

图 18-4　Lustre 大规模部署时的典型布局（图片来自 Lustre.org）

❏ 管理服务器（MGS）负责存储、管理配置信息，并将其提供给其他 Lustre 组件。它与系统中的所有目标（配置提供者）和客户端（配置访问者）交互。虽然 MGS 通常使用一组专门的存储设备进行独立操作，但是存储器也可以共享元数据服务器池中存在的物理设备。

❏ 管理目标（MGT）为管理服务器提供存储空间。即使在大型的 Lustre 安装中，其空间需求也很少超过 100MB。虽然底层存储的性能对于系统操作（查找和写入少量数据）不是至关重要的，但它的可靠性是至关重要的。MGT 可以利用 RAID1 等冗余存储结构来提供可靠性。每个系统支持多个 MDT。

❏ 元数据服务器（MDS）负责管理名称和目录的内容。Lustre 中的命名空间可以分布在多个 MDS 中。每个 MDS 还处理一个或多个 MDT 网络请求。支持 MDS 故障转移：备用 MDS 承担发生故障的活动 MDS 的功能。

❏ 元数据目标（MDT），存储与 MDS 关联的物理存储设备上的各种元数据，包括目录、文件名、权限和文件布局信息。每个文件系统名义上有一个 MDT，尽管最近的修订版支持在分布式命名空间环境（DNE）下的多个 MDT。主 MDT 包含文件系统的根目录，而附加的 MDS 及 MDT 可以包含各种子目录。还可以跨多个 MDT 节点分发单个目录中的内容，从而创建带条化目录。MDT 的存储通常占文件系统总容量的 1%～2%。

❑ 对象存储服务器（OSS），为一个或多个对象存储目标（OST）提供文件数据 I/O 请求和其他网络请求服务。常见的 Lustre 配置包括专用硬件节点上的 MDT、每个 OSS 节点上的两个及以上的 OST 以及系统里每个计算节点上的 I/O 客户端。OST 与 OSS 的比值通常在 2～8 之间变化。

❑ 对象存储目标（OST），用于管理用户文件内容的物理存储设备。文件数据包含在一个或多个对象中，每个对象都受特定的单独的 OST 控制。文件划分为对象的数目是由用户配置的。单个 OST 的容量上限为 128 TB（在 ZFS 上为 256 TB，ZFS 是太阳微系统公司最初开发的高级文件系统），文件系统的总容量是所有 OST 容量的总和。

❑ 客户端，运行生成 I/O 数据的应用程序。它们可能包括传统的计算节点，但也包括松散关联的台式机、工作站或允许挂载文件系统的可视化服务器。

❑ Lustre 网络（LNET），为整个系统提供通信基础设施。它的主要特性包括对许多常见网络类型（IB/OFED、TCP 变体包括 GigE、10GigE 和 IPoIB、Cray Seastar、Myrinet MX、Rapid Array 和 Quadrics Elan）的并发访问和支持、RDMA（如果可用）、独立网段之间的路由、高可用性和网络错误恢复。LNET 努力实现接近可用峰值带宽的端到端通信带宽，其软件包括更高级的代码模块和底层网络驱动程序（LND）。LNET 层是无连接且异步的，将数据传输状态的验证留给面向连接的 LND。它还支持绑定多个网络接口来增加带宽。

图 18-5 描绘了在 Lustre 中一份文件的上层组织。这些文件由 128 位文件标识符（FID）引用，FID 由一个唯一的 64 位序列号、一个 32 位对象 ID（OID）和一个 32 位版本号组成。FID 标识了 MDT 中的一个对象，该对象的扩展属性（EA）对布局信息进行编码：一个或多个指向包含文件数据的 OST 对象指针。由于对象必须存储在不同的 OST 上，所以数据以循环方式存储在所有 OST 条带上（显然，如果只有一个 OST 与文件相关联，则不用条带化）。条带数量、条带大小和目标 OST 是用户可配置的。默认的条带数量是 1，大小是 1MB。每个文件可能有多达 2000 个对象。由于对文件执行数据 I/O 操作的客户端必须首先从 FID 标识的 MDT 对象中获取布局扩展属性方面的数据，因此可以直接在客户端节点和与存储文件数据相关的 OSS 节点之间安排进一步的数据传输。

在并行文件系统中，文件操作的有效同步是实现良好性能的关键因素。Lustre 资源与本地或全局锁相关联。LDLM 是基于 VAX DLM[14] 使用的锁定算法。为了让读者对复杂度有一个概念，下面简要介绍所涉及的数据结构和算法。

LDLM 锁可能存在于 6 种模式之一中。

❑ 独占模式，创建新文件之前由 MDS 请求。

❑ 保护写入模式，是 OST 向申请一个写入锁的客户端发出的。

❑ 保护读取模式，OST 授权需要读取或执行文件的客户端。

❑ 并发写模式，打开文件时，MDS 向申请写入锁的客户端发出的。

❑ 并发读取模式，在路径查找期间与中间路径遍历相关联，并受相关 MDS 的影响。

❑ 空模式。

此外，Lustre 还定义了 4 种类型的锁：

❑ 范围锁，针对 OST 数据保护。

❑ 文件锁，对于文件锁，需要支持用户空间请求。

❑ inode 位锁，保护元数据属性。

❑ 空白锁，通常不使用。

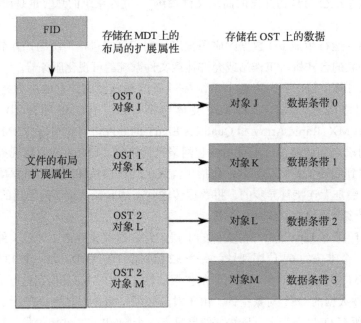

图 18-5　Lustre 文件布局

锁管理支持 3 种类型的回调函数。当客户端请求一个会与当前锁起冲突的锁时，将调用阻塞型回调，从而使客户端有机会放弃该锁或强制撤销该锁。当请求的锁被授权或被转换为另一种模式时，将调用完成型回调。最后，使用一瞥型回调提供关于文件的特定信息，而不释放所持有的锁。LDLM 还使用了命名空间和意图的概念。Lustre 中的每个服务（如 OST、MDS 和 MGS），都与一个命名空间相关联。反过来，意图是已获取的少量数据，这些数据指示在锁处理操作期间必须调用特殊处理。每个命名空间可能有几个不同的意图处理程序来支持。锁的请求和释放这两个基本操作是由精确定义的算法控制的，因此要获取一个锁，必须执行以下操作。

1.客户端锁定服务确定该锁是否属于本地命名空间。如果是本地的，则算法推进到步骤（7）。

2. 锁队列 RPC 被发送到合适服务器的 LDLM 上。创建一个最初未被授权的锁，其中一些字段由请求提供的数据进行初始化。

3. 排队步骤检查锁上是否设置了意图。如果不是，则调用与锁类型关联的策略函数。策略函数决定是否授权给该锁。如果锁定的意图被设置，则算法继续执行步骤（6）。

4. 对于请求所指定的资源，服务器检查是否与已授权的和正在等待的锁存在冲突。如果没有发现冲突，则授权锁。调用完成型回调并获取锁，否则在步骤（5）中继续处理。

5. 为每个冲突锁调用阻塞型回调。锁可以在客户端上持有，在这种情况下发出 RPC 请求；否则，在服务器上设置一个标志。扫描所有锁后，将处理后的锁请求输入到等待列表中，并将状态设置为"阻塞"的锁返回给客户端。

6. 在设置锁意图之后，将调用适当的意图处理程序。LDLM 返回调用的结果，无须进一步解释。

7. 创建本地锁，然后排队检查是否可以如上面描述的那样授权给它们。这个过程在没有任何 RPC 的情况下执行。如果可以授权锁或检测到错误，则控制立即返回，并正确标记锁的状态。否则，锁请求将被阻塞。

通常，Lustre 中的锁是无限期持有的。当另一个进程请求了一个冲突锁、LDLM 发出阻塞型回调或在客户端节点上调用阻塞型回调时，将启动锁释放。锁取消过程如下所示。

1. 如果主动读取者和写入者的总和是非零值，则意味着同一客户端上的另一个进程正在使用该锁，不采取任何操作。锁所有者最终将释放它。

2. 没有读取者或写入者。使用锁撤销标志调用阻塞型回调。

3. 如果锁不在本地命名空间中，则将 RPC 调用发送到包含取消请求的客户端。否则，将执行本地取消操作，取消所有列表的锁定。

4. 重新评估资源上所有等待的锁。

5. 如果可以授权任何正在等待的锁，则将它们移动到已授权的锁列表中，并调用完成型回调。

Lustre 的优势之一是故障管理，这可以应用于大多数功能组件上。有两种基本的故障转移模式可用：主动 / 被动和主动 / 主动。在第一种配置中，主动服务器处理客户端的请求并提供资源，而被动服务器保持空闲。在主动节点失败的情况下，被动服务器变为主动服务器并接管其功能。第二个场景涉及多个主动服务器，每个服务器提供资源的一个子集。如果一个节点失败，则其余节点将接管失败节点的资源。为了更好地利用系统资源，还使用了这些方案的变体，例如，Lustre 集群的主动 / 被动配置中的空闲服务器可能同时是另一个文件系统的主动服务器。

表 18-2 概述了 Lustre 文件系统的各种操作参数。由于底层文件系统可以由系统管理员选择为 ldiskfs（Linux ext4 日志文件系统的修改和补丁版本）或 ZFS，因此列出的一些绝对限制取决于所使用的文件系统类型。由于 Lustre 继续部署在规模和容量不断扩大的装置中，因此，在生产中测试的一些配置在发布时可能已经过时。

表 18-2　选择 Lustre 的操作参数

参　　数	设 计 目 标	已测试产品
最大文件大小	31.25 PB（ldiskfs） 16 TB（32 位 ldiskfs） 8 EB（ZFS）	几个 TB
最大文件数量	320 亿（ldiskfs） 256 万亿（ZFS）	20 亿
最大存储空间	512 PB（ldiskfs） 1 EB（ZFS）	55 PB
客户端的数量	≤131 072	50 000+
单客户的 I/O 性能	90% 的网络带宽	2 GB/s 数据 I/O 1000 个元数据 ops/s
总计的客户端 I/O 性能	10 TB/s	2.5 TB/s
OSS 数量	1000 个 OSS， 至多 4000 个 OST	450 OSS，1000 个 4 TB OST 192 OSS，1344 个 8 TB OST 768 OSS，768 个 72 TB OST
单 OSS 性能	10 GB/s	6+GB/s
聚合的 OSS 性能	10 TB/s	2.5 TB/s
MDS 数量	≤256 MDT，≤256 MDS	1 个主 MDS，1 个备份 MDS
MDS 性能	50 000 创建 ops/s 200 000 状态 ops/s	15 000 创建 ops/s 50 000 状态 ops/s

摘自英特尔公司，Lustre 软件发布版 2.x 操作手册 [在线]

网址：http：//doc.lustre.org/lustre_manual.PDF

18.6　本章小结及成果

❑ 文件系统提供了在大容量存储设备上保存信息所必需的抽象。它们以分层布局组织信息，提供人类可访问的命名空间来唯一地标识单个存储实体，维护描述访问权限的属性和单个条目的各种属性，验证存储信息的一致性，提供故障恢复机制，并公开用户接口以供访问。文件系统通过定义和操作描述存储原始数据的布局和各种属性的附加元数据来实现这些功能。

❑ 分布式文件系统是能够处理多个客户端通过网络发出 I/O 请求的文件系统。为了管理可扩展性，它们经常跨多个服务器节点，同时提供对存储数据和相关命名空间的"单一视图"访问。

❑ 并行文件系统是专门优化的分布式文件系统，以有效地支持并行应用程序的并发文件访问。特别地，它们实现了同步机制，允许分布式应用程序对同一文件的不同部分进行操作，或者为访问同一文件的单个客户端启用跨区访问，同时为多个访问者保留数据和元数据的一致性。

❑ POSIX 标准在 UNIX 环境中定义了一个本地文件访问接口。运行时库通常支持两种访问模式：一种基于系统调用，另一种基于缓冲文件 I/O（流）。

❑ NFS 是中小型集群环境中部署最频繁的分布式文件系统之一。它允许使用 POSIX 接口并实现会话语义，在会话语义中，客户端最有效地操作不相交的文件，并在结束会话时传播更新（文件关闭）。可用的特性和性能在很大程度上取决于所安装的 NFS 代码修订版和配置。

❑ GPFS 是一个高性能的专有并行文件系统，专为可扩展性和高带宽并发文件访问而设计。它实现了对任意共享文件的基于令牌的锁定，以及识别并发文件访问冲突并保证受影响的数据和元数据一致性的同步技术。

❑ Lustre 是一个高性能的开源并行文件系统，支持多种网络类型和主机架构。由于其具有良好的性能、许可授权和大量特性（动态可扩展性、多网络支持、RDMA、多组件故障转移、复杂的分布式文件锁管理、POSIX 和 MPI-IO 接口、NFS 和 CIFS 导出支持，以及其他许多特性），它经常用于大型集群装置。

18.7 练习

1. 总结在为 HPC 系统创建高效持久数据存储时面临的主要挑战。如何解决这些问题？

2. POSIX 中基于系统的调用和流 I/O 接口之间的区别是什么？它们对文件访问性能的影响是什么？

3. 编写一个程序，该程序使用内存布局将包含 1000 个双精度浮点数的数组保存到文件中，将包含 1000 个由单字符和一个双精度数组成的结构体数组保存到另一个文件中。生成的文件大小是否与基于涉及的基本数据类型的大小乘以数组大小的估计值相匹配？如果不是，差异的原因是什么？效率低下（如果有的话）可以消除吗？

4. 一名计算科学家试图调试顽固崩溃的 MPI 应用程序。由于一系列复杂事件会导致崩溃，所以他想到使用 NFS 分区上的共享日志文件来存储每个节点上发生的事件信息。在分析日志文件时，他开始怀疑并不是所有捕获的数据都被实际写入文件。原因可能是什么？如何提高记录崩溃前数据的可靠性？

5. 考虑下面的代码，它将数组元素打印到文件中并将其读取回来。

```
1  #include <stdio.h>
2
3  #define SIZE 512
4  #define FILENAME "myfile"
5
6  int main() {
7    double data[SIZE], iodata[SIZE];
8    for (int i = 0; i < SIZE; i++) data[i] = i+1/(double)(i+1);
9
10   FILE *f = fopen(FILENAME, "w");
11   for (int i = 0; i < SIZE; i++) fprintf(f, "%lf\n", data[i]);
12   fclose(f);
```

```
13
14    f = fopen(FILENAME, "r");
15    for (int i = 0; i < SIZE; i++) {
16      fscanf(f, "%lf", &iodata[i]);
17      if (data[i] != iodata[i])
18        printf("ERROR: item %d should be %lf, got %lf\n", i, data[i], iodata[i]);
19    }
20    fclose(f);
21    return 0;
22  }
```

a. 运行代码会产生错误消息吗，为什么？通过编译和执行程序来验证答案。

b. 如何解决遇到的问题？

c. 基于这种经验，是否建议将浮点数据保存为文本？证明你的回答。

6. 对比分布式和并行文件系统。后者提供的哪些解决方案提高了对共享文件并发访问的效率？

参考文献

[1] IEEE and The Open Group, The Open Group Base Specifications Issue 7, IEEE Standard 1003.1—2008, 2016 Edition, [Online]. Available: http://pubs.opengroup.org/onlinepubs/9699919799.

[2] ISO/IEC 9899:201x C Language Standard Draft, April 12, 2011 [Online]. Available: http://www.open-std.org/jtc1/sc22/wg14/www/docs/n1570.pdf.

[3] IETF Network Working Group, RFC 5531: RPC: Remote Procedure Call Protocol Specification Version 2, May, 2009 [Online]. Available: https://tools.ietf.org/html/rfc5531.

[4] IETF Network Working Group, RFC 4506: XDR: External Data Representation Standard, May, 2006 [Online]. Available: https://tools.ietf.org/html/rfc4506.

[5] R.H. Arpaci-Dusseau, A.C. Arpaci-Dusseau, The Andrew File System (AFS), in: Operating Systems: Three Easy Pieces, Arpac-Dusseaui Books, 2014.

[6] Microsoft TechNet Library, Common Internet File System, Microsoft, [Online]. Available: https://technet.microsoft.com/en-us/library/cc939973.aspx.

[7] Kerberos: The Network Authentication Protocol, Massachusets Institute of Technology, November 16, 2016 [Online]. Available: http://web.mit.edu/kerberos/.

[8] IETF Network Working Group, RFC 2847: LIPKEY - A Low Infrastructure Public Key Mechanism Using SPKM, June, 2000 [Online]. Available: https://tools.ietf.org/html/rfc2847.

[9] IETF, RFC 5661: Network File System (NFS) Version 4 Minor Version 1 Protocol, January, 2010 [Online]. Available: https://tools.ietf.org/html/rfc5661#page-277.

[10] R.L. Haskin, F.B. Schmuck, The Tiger Shark File Syetem, in: Compcon '96: Technologies for the Information Superhighway, 1996.

[11] P.F. Corbett, D.G. Feitelson, The Vesta parallel file system, ACM Transactions on Computer Systems 14 (3) (1996) 225—264.

[12] G. Grider, The ASCI/DOD Scalable I/O History and Strategy, May, 2004 [Online]. Available: https://www.dtc.umn.edu/resources/grider1.pdf.

[13] OFED Overview, OpenFabrics Alliance, [Online]. Available: https://www.openfabrics.org/index.php/openfabrics-software.html.

[14] N.P. Kronenberg, H.M. Levy, W.D. Strecker, VAXclusters: a closely-coupled distributed system, ACM Transactions on Computer Systems 4 (2) (1986) 130—146.

[15] Intel Corp., Lustre Software Release 2.x Operations Manual, [Online]. Available: http://doc.lustre.org/lustre_manual.pdf.

MapReduce

19.1　引言

MapReduce 是一个简单的编程模型，以高度可扩展和高度容错的方式实现分布式计算，其中包括在大规模输入数据集上进行数据处理。虽然 MapReduce 的概念最初是由带有映射（map）和归约（reduce）原语的 LISP 等函数式编程语言推动的，但它也与分布式内存架构的分散（scatter）和归约（reduce）、消息传递接口（MPI）的概念密切相关。然而，与 MPI 编程不同的是，MapReduce 中底层并行化的细节对程序员来说是隐藏的，这使它更易于使用。MapReduce 算法已经显示出从单个服务器一直扩展到数十万个核心并同时为最终用户提供透明的容错能力。MapReduce 是由 Google[2] 开发的，并且该编程模型已经被许多软件框架、库和最终用户采用。Apache 的开源 Hadoop 框架 [1] 是支持 MapReduce 的几个库之一，本章的示例中便会使用它。

19.2　映射和归约

映射（map）是在输入列表的所有元素上执行提供函数的函数。因为映射函数只需要输入数据成员执行，所以它可以并行运行，从而提供巨大的潜在加速性能。映射函数本身返回一组有两个链接的数据项：用于查找的键和值。键可以是函数的输出，也可以是输入数据元素本身。例如，假设映射函数将统计输入单词的长度，那么可以把单词长度作为键，输入单词作为值。因此，如果将"computing"一词提供给映射函数，它将返回键值对"9：computing"，其中键为"9"，这是单词"computing"的长度，键的对应值是输入数据（单词）"computing"。然后，在对每个数据元素执行映射函数之后，根据"键"对输出中的键进行分组。例如，如果对句子"This is a book about high performance computing"中的每个单词执行相同的映射函数，则 MapReduce 的映射结果将如表 19-1 所示。

表 19-1 MapReduce 的映射函数分组示例

键	分组值	键	分组值
1	"a"	9	"computing"
2	"is"	11	"performance"
4	"this"，"book"，"high"		

然后将映射函数和相关分组的结果传递给归约函数。归约函数会将一个键和与该键关联的所有值作为参数。与映射函数一样，归约函数也可以在每个键和由该键对应的所有值组成的分组上独立执行，且实现易并行执行。假设一个填字游戏的设计师想知道在大输入数据集中出现长度为 4 的单词数。在这种情况下，归约函数将简单地计算与每个键相关联值的分组中元素的数量。使用前面的映射函数示例，在这种情况下，归约函数的输出如表 19-2 所示。

表 19-2 MapReduce 的归约函数分组示例

键	来自归约的输出	键	来自归约的输出
1	1	9	1
2	1	11	1
4	3		

在这个例子中，有 3 个单词长度为 4，其余的都是长度为 1 的单词。

从用户的角度来看，MapReduce 编程模型的一些主要优点是，MapReduce 实现的并行化和容错细节对用户是隐藏的，只需要提供映射和归约函数。映射和归约函数本身在复杂性方面差异很大。以下部分提供了映射和归约函数的一些其他示例。

19.2.1 单词计数

计算每个单词在正文中使用的次数是 MapReduce 公认的教学示例。映射函数返回一个单词作为键，与该键关联的值为 1。例如，映射函数对莎士比亚的《哈姆雷特》中著名语句"To be or not to be, that is the question"进行操作的结果如表 19-3 所示。

表 19-3 MapReduce 的单词计数示例

键	分组值	键	分组值
"to"	1.1	"that"	1
"be"	1.1	"is"	1
"or"	1	"the"	1
"not"	1	"question"	1

因为单词"to"和"be"出现两次，所以将值 1 加到分组值两次（每出现一次加 1）。归约函数简单地总结了每个键的分组值，如表 19-4 所示。

表 19-4　MapReduce 的归约函数输出示例

键	来自归约函数的输出	键	来自归约函数的输出
"to"	2	"that"	1
"be"	2	"is"	1
"or"	1	"the"	1
"not"	1	"question"	1

在莎士比亚《哈姆雷特》的整个文本上运行映射和归约函数会给出一些常用词的字数，如表 19-5 所示。

表 19-5　MapReduce 的单词计数示例

键	来自归约函数的输出	键	来自归约函数的输出
"but"	269	"England"	21
"as"	222	"Norway"	13
"be"	210		

19.2.2　共享的邻居

在图形应用程序中查找共享的邻居是展示 MapReduce 功能的另一个很好的示例。如图 19-1 所示，其中多个顶点共享相同的邻居。在该图中，顶点 0 和顶点 2 共享公共邻居顶点 1。MapReduce 可用于查找这些共享的邻居。

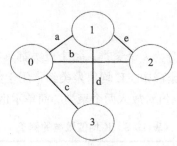

图 19-1　顶点共享多个邻居的示意图。顶点标记为数字（0～3），边标记为小写字母（a～e）

在这种情况下，映射函数返回顶点的每个边作为键。每个键的值是该顶点的所有相邻顶点的列表（见表 19-6）。

表 19-6　图 19-1 中的顶点值

顶点 0		顶点 1		顶点 2		顶点 3	
键	值	键	值	键	值	键	值
a	1,2,3	a	0,2,3	e	0,1	c	0,1
b	1,2,3	d	0,2,3	b	0,1	d	0,1
c	1,2,3	e	0,2,3				

这里给出了表 19-7 中显示的分组值。

表 19-7　图 19-1 中顶点的分组值

键	分组值	键	分组值
a	（1,2,3）（0,2,3）	d	（0,2,3）（0,1）
b	（1,2,3）（0,1）	e	（0,2,3）（0,1）
c	（1,2,3）（0,1）		

归约函数返回每个键的分组值的交集，从而展示每个边的共享邻居（见表 19-8）。

表 19-8　用 MapReduce 展示的图 19-1 中的共享邻居

键	来自归约函数的输出	键	来自归约函数的输出
a	2.3	d	0
b	1	e	0
c	1		

　　这个简单的映射和归约操作揭示了任何两个相连顶点之间的共享邻居。例如，通过图 19-1 中边 "a" 连接的顶点（即顶点 0 和 1），也共享两个相同的邻居，即顶点 2 和 3。

19.2.3　K 均值聚类

　　K 均值聚类将数据空间划分为 k 个聚类，每个聚类都具有平均值。集群中的每个个体都放置在最接近集群平均值的集群中。K 均值聚类经常用于数据分析，表 19-9 给出了使用欧几里得距离函数将 5 个 x 和 y 值对放入两个聚类的简单示例。

表 19-9　K 均值聚类的例子

个体	(x, y) 对	个体	(x, y) 对
a	（0.1,0.3）	d	（1.2,1.2）
b	（1.1,0.4）	e	（0.1,1.1）
c	（0.8,0.7）		

要开始聚类，需提供两个初始聚类点：（0，0）和（1，1）。使用欧几里得距离度量 $\sqrt{(x_1-x_2)^2+(y_1-y_2)^2}$，将每个个体分配给最接近 (x, y) 对的集群，如表 19-10 所示。

表 19-10　聚类成员的分配

集群 1		集群 2	
成员	平均的 (x, y) 值	成员	平均的 (x, y) 值
a	（0.1,0.3）	(b,c,d,e)	（0.8,0.85）

初始聚类点已从（0，0）移至（0.1，0.3），以及从（1，1）移至（0.8，0.85）。可以重复该过程，直到集群平均值停止变化或达到最大迭代次数。

在 MapReduce 编程模型中，对于给定的 (x, y) 值对，映射器迭代每个集群的平均值，并找到距离 (x, y) 对最近的集群。它作为集群的键返回，并把 (x, y) 对作为值来返回（见表 19-11）。

表 19-11　MapReduce 实现的 K 均值聚类

键	分组值
1	（0.1,0.3）
2	（1.1,0.4），（0.8,0.7） （1.2,1.2），（0.1,1.1）

归约器接收每个集群的 (x, y) 值对列表，并计算新的集群平均值（见表 19-12）。

表 19-12　MapReduce 聚类均值

键	来自归约函数的输出	键	来自归约函数的输出
1	（0.1,0.3）	2	（0.8,0.85）

可以迭代地执行此 MapReduce 操作，直到不再更新或达到最大迭代次数。

19.3　分布式计算

MapReduce 中的分布式处理可以归纳为 3 个阶段：映射阶段、洗牌阶段和归约阶段。这些阶段可以在某种程度上重叠以提高效率。映射步骤将映射函数应用于处理器本地的数据。MapReduce 的输入数据经常存储在分布式文件系统中，其中数据块已经在不同的链接存储设备之间共享，并具有一些容错冗余。映射功能不对冗余副本进行操作。洗牌步骤基于来自映射函数的输出键重新定位映射的输出数据，以便通过输出键对映射输出进行分组。归约步骤将归约函数应用于映射函数的输出数据上。

与归约函数一样，映射函数也可以同时执行，从而为加速提供了巨大的潜力。但是，有效的分布式 MapReduce 执行通常需要最小化数据的移动。例如，对于执行映射函数的节点，在节点本地块上执行映射更有效。类似地，在洗牌和归约阶段中，可以通过在映射输出数据中已经驻留的节点上执行归约函数来减少数据的移动。

19.4 Hadoop

Apache [1] 的 Hadoop 项目是 MapReduce 编程模型的开源实现。它提供分布式文件系统、作业调度和资源管理工具，其中包括 YARN（Yet Another Resource Negotiator，另一种资源协调者）和 MapReduce 编程支持。从历史上看，Hadoop 中的 MapReduce 应用程序是使用 Java 编写的，也支持 C++、Python 和其他一些语言。

Hadoop 分布式文件系统（HDFS）可以轻松地跨多个链接存储设备进行分布式文件访问。它受到 Google 文件系统的推动，这有助于原始 MapReduce 编程模型的开发 [3]。Hadoop 分布式文件系统中的数据被分成块并分布在系统的链接存储设备上。块通常至少复制一次以防止存储器或机器故障，具体取决于配置 Hadoop 时使用的容错属性。使用 hdfs dfs 命令在 Hadoop 分布式文件系统上运行文件系统命令。表 19-13 列出了 hdfs dfs 最常用的文件系统命令的摘要。

表 19-13　可选择的 Hadoop 分布式文件系统命令

Hadoop 分布式文件系统命令	描　　述
hdfs dfs ecat <filename>	将指定的文件名复制到 stdout
hdfs dfs -ls	HDFS 中与 Linux "ls" 等价的命令
hdfs dfs -mkdir <directory>	HDFS 中与 Linux "mkdir" 等价的命令
hdfs dfs -put <local files>… <destination>	将源文件复制到 HDFS 的目标路径中
hdfs dfs -get <src> <destination>	将源文件复制到本地文件系统目标
hdfs dfs -rm <filenames>	删除指定的文件，只删除文件
hdfs dfs -rmr <directory name>	删除指定的目录和所有内容

例如，存储在本地文件系统中的莎士比亚的《哈姆雷特》的文本文件（hamlet.txt）可以放在 HDFS 中，如下所示：

```
hdfs dfs -put hamlet.txt /hamlet
```

可以在 "/" 目录中使用 "ls" 命令查询 hdfs 中的内容。

```
hdfs dfs -ls /
```

此文件现在可以与 Hadoop 中的 MapReduce 操作一起使用。

作为 MapReduce 应用程序的示例，19.2.1 节中的单词计数 MapReduce 例子使用图 19-2 所示的 Java 编程语言在 Hadoop 中实现。映射函数返回单个单词作为键和 "1" 作为值，如第 69～82 行所示。归约器将单个单词作为键来返回，并将映射器提供的分组值之和作为值，如第 87～98 行所示。

```
0001  import java.io.IOException;
0002
0003  // need StringTokenizer for space delimited input
0004  import java.util.StringTokenizer;
0005
0006  // Needed for filesystem path (lines 49-50)
0007  import org.apache.hadoop.fs.Path;
0008
0009  // Needed for providing job configuration
0010  import org.apache.hadoop.conf.Configuration;
0011
0012  // Needed for Hadoop data wrappers like Text and IntWritable
0013  import org.apache.hadoop.io.*;
0014
0015  // MapReduce
0016  import org.apache.hadoop.mapreduce.Mapper;
0017  import org.apache.hadoop.mapreduce.Reducer;
0018  import org.apache.hadoop.mapreduce.Job;
0019  import org.apache.hadoop.mapreduce.lib.input.FileInputFormat;
0020  import org.apache.hadoop.mapreduce.lib.output.FileOutputFormat;
0021
0022  public class HamletCounter {
0023
0024   public static void main(String[] args) throws Exception {
0025
0026     // check that two arguments are supplied:  the input data and output
location
0027     if (args.length != 2)
0028     {
0029       System.out.println("Takes two arguments: <data in> <result>");
0030       System.exit(0);
0031     }
0032
0033     // Set up the job configuration
0034     Configuration config = new Configuration();
0035
0036     // Give a name to the job:  "Counting Hamlet"
0037     Job job = new Job(config, "Counting Hamlet");
0038
0039     // Use Hadoop data types:  in both the mapper and the reducer
0040     //   the key is a string and the value is an int.  The Hadoop
0041     //   equivalents to string and int are Text and IntWritable, respectively.
0042     job.setOutputKeyClass(Text.class);
0043     job.setOutputValueClass(IntWritable.class);
0044
0045     // Give the job the names of the map and reduce classes
0046     job.setReducerClass(reducing.class);
```

图 19-2　示例代码 HamletCounter.java 使用 Hadoop。映射器位于第 69～82 行，并将每个单词作为键返回，并将 "1" 作为值返回。归约器位于第 87～98 行，它返回单词作为键，以及从归约器接收的值列表的总和

```
0047    job.setMapperClass(mapping.class);
0048
0049    FileInputFormat.addInputPath(job, new Path(args[0]));
0050    FileOutputFormat.setOutputPath(job, new Path(args[1]));
0051
0052    // start
0053    job.waitForCompletion(true);
0054  }
0055
0056  public static class mapping extends Mapper<LongWritable, Text, Text,
IntWritable> {
0057
0058    // IntWritable is the Hadoop version of an integer optimized for Hadoop
0059    private final static IntWritable unity = new IntWritable(1);
0060
0061    // Usage of Hadoop data wrappers was set in lines 42-43
0062    // Use Text instead of Java's String class for output
0063    private Text single_word = new Text();
0064
0065    // The Hadoop MapReduce framework calls map(Object, Object, Context)
0066    // The key is a LongWritable -- Hadoop's version of long
0067    // The value is a Text -- Hadoop's version of String
0068    // Context objects are used for writing output pairs from mappers and
reducers
0069    public void map(LongWritable key, Text val, Context output)
0070                                throws IOException, InterruptedException {
0071      // Converting the input line of text from Hadoop's Text to a String
0072      String text_line = val.toString();
0073
0074      // Split the line into space delimited
0075      StringTokenizer space_delimited = new StringTokenizer(text_line);
0076      while (space_delimited.hasMoreTokens()) {
0077        single_word.set(space_delimited.nextToken());
0078
0079        // Here we write a single word as the key and give it a value of unity
0080        output.write(single_word, unity);
0081      }
0082    }
0083  }
0084
0085  public static class reducing extends Reducer<Text, IntWritable, Text,
IntWritable> {
0086
0087  public void reduce(Text key, Iterable<IntWritable> grouped_values, Context
output)
0088                                            throws IOException,
InterruptedException {
0089    int sum_of_times_word_is_used = 0;
0090    for (IntWritable single_value : grouped_values) {
0091      sum_of_times_word_is_used += single_value.get();
0092    }
0093
0094    // Hadoop data wrappers are set to be used in lines 42-43 so the output
can't be an int;
0095    //  make it an IntWritable
0096    IntWritable total_times_word_used = new
IntWritable(sum_of_times_word_is_used);
0097    output.write(key, total_times_word_used);
0098    }
0099  }
0100 }
```

图 19-2 （续）

该应用程序需要两个参数：放置在 HDFS 中的输入数据文件和将写入归约器结果的输出目录。代码使用 javac 编译，编译的类放在名为 build 的子目录中。

```
mkdir build
javac -cp $(hadoop classpath) -d build HamletCounter.java
```

然后使用构建目录中的已编译类文件创建 Java 归档文件 hamletcount.jar，以准备 Hadoop 的执行。

```
jar -cvf hamletcount.jar -C build
```

然后 Hadoop 执行 Java 归档文件，如下所示。

```
hadoop jar hamletcount.jar HamletCounter /hamlet /hamlet_result
```

其中 / hamlet 和 / hamlet_result 是程序所需的输入和输出参数。/ hamlet 文本已添加到 HDFS，MapReduce 执行的输出将写入 / hamlet_result 目录。可以使用 hdfs dfs -get 从分布式文件系统检索此数据到本地文件系统，如下所示。

```
hdfs dfs -get /hamlet_result
```

这会将 / hamlet_result 的整个目录复制到本地文件系统，其中包含《哈姆雷特》中的单词计数结果。

19.5　本章小结及成果

- ❏ MapReduce 是一种简单的编程模型，用于实现分布式计算，包括以高度可扩展和高度容错的方式对非常大的输入数据集进行数据处理。
- ❏ MapReduce 中底层并行化的细节对程序员是隐藏的，从而使其更易于使用。
- ❏ 映射是在输入列表的所有成员上执行提供函数的函数。
- ❏ 映射函数和关联分组的结果将传递给归约函数。
- ❏ 映射功能（归约功能）可以同时执行，从而为加速提供了巨大的潜力。
- ❏ MapReduce 中的分布式处理可以分为 3 个阶段：映射阶段、洗牌阶段和归约阶段。
- ❏ 高效的分布式 MapReduce 执行通常需要最小化数据的移动。
- ❏ Hadoop 项目提供了 MapReduce 编程模型的开源实现。
- ❏ Hadoop 提供分布式文件系统、作业调度和资源管理工具以及 MapReduce 编程支持。

19.6　练习

1. 使用单词计数器的映射和归约函数，如图 19-2 所示，创建自己的函数，探索在莎士比亚的《哈姆雷特》中使用单词 Denmark 的次数。然后将你的单词计数器工具应用到莎士比亚的所有作品中，找到威廉·莎士比亚十大最常用词。

2. 在 19.2.2 节介绍的图问题的共享邻居中，实现映射和归约函数。将此映射－归约操作应用于 IMDb 电影数据库 [4]，以找到 10 位著名演员或女演员之间共同合演的链接。

3. 实现 19.2.3 节中介绍的 K 均值聚类算法的映射和归约函数。生成一组随机的 x 和 y 点，并在此集合上执行 K 均值聚类。绘制集合大小与解决方案之间关于时间的函数关系。

4. 使用完整的维基百科转储 [5] 作为输入，找到 10 种最常用口语语言（普通话、西班牙语、英语、印地语、阿拉伯语、葡萄牙语、孟加拉语、俄语、日语和旁遮普语）中最常用的 20 个单词 [6]。

参考文献

[1] Apache, Apache Hadoop. [Online] http://hadoop.apache.org/.

[2] J. Dean, S. Ghemawat, MapReduce: simplified data processing on large clusters, in: OSDI'04: Sixth Symposium on Operating System Design and Implementation, s.n., San Francisco, 2004.

[3] S. Ghemawat, H. Gobioff, S.-T. Leung, The Google file system, in: 19th ACM Symposium on Operating Systems Principles, ACM, Lake George, NY, 2003.

[4] IMDb, Plain Text Data Files for IMDb FTP Site. [Online] ftp://ftp.fu-berlin.de/pub/misc/movies/database/.

[5] Wikipedia, Wikipedia Downloads. [Online] https://dumps.wikimedia.org/.

[6] List of Languages by Number of Native Speakers, Wikipedia. [Online] https://en.wikipedia.org/wiki/List_of_languages_by_number_of_native_speakers.

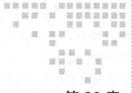

第 20 章　*Chapter 20*

检查点技术

20.1　引言

即使采用大量并发计算资源，许多高性能计算（HPC）应用程序的运行仍然非常耗时。历史上在高性能计算资源上耗时很长运行的应用程序示例包括分子动力学模拟、流体流动学模拟、天体物理紧凑对象混合模拟和数学优化问题。除此之外，可扩展性不够好的应用程序的运行也可能耗时较长，因为它只能有效使用数量有限的计算资源，即使投入更多计算资源也不会缩短问题的解决时间。运行耗时较长的应用程序在执行完成之前面临着遭遇硬件或软件故障的重大风险。长时间执行也经常违反超级计算机的使用策略，因为这些策略为模拟设置了最大时钟限制，以便更好地容纳大量用户。在这两种情况下，终止工作的后果都可能非常严重，并且其时间损失和计算资源浪费的代价高昂。设置检查点就是帮助降低此类风险的一种方法。

在超级计算机上某个应用程序执行期间指定点的位置，可以保存并输出让应用程序后续在该点处恢复执行所需的数据。这类数据被称为检查点（checkpoint），恢复应用程序的执行称为重启。所以检查点文件可能非常大也就不奇怪了。除了降低长时间运行模拟期间的失败成本外，检查点文件还在不同模拟阶段提供了应用程序的快照，还可以帮助调试及进行性能监视和分析，并帮助改进负载平衡决策，从而更好地使用分布式内存。本章探讨了在 HPC 中经常遇到的两种不同的检查点设置方法：系统级方法和应用级方法。

20.2　系统级检查点

系统级检查点要借助一次完整的内存转储来执行检查点和重启相关过程。启用此类检查点不需要对应用程序进行任何更改，检查点的写入可以由系统或用户触发。这类用于支持 HPC 且对用户透明的实现方法有几个示例：伯克利实验检查点 / 重启[1]、用户空间[2] 中的检查点 / 恢复以及分布式多线程检查点（DMTCP）[3]。这些系统级方法通常整合在超级计算机的资源管理系统中，包括用于资源管理的简单 Linux 实用程序（SLURM）和可移植批处理系统（PBS），并基于消息传递接口（MPI）为多线程应用程序和分布式内存应用程序提供检查点 / 重启的支持。尽管这些方法通常需要预加载库和一些输入来指定检查点间隔、检查点目录和重新启动目录，但它们对用户完全透明，不需要更改应用程序代码。

与应用级方法相比，系统级检查点 / 重启方法的主要优点是不需要更改应用程序源代码。此外，许多系统级方法含有对内核资源信息的访问（例如进程 ID），这可以简化应用程序的重启。但是，由于系统级检查点策略包含一次完整的内存转储，因此检查点文件可能比应用级方法下仅由保存与最小数量的相关信息生成的文件大得多。

作为交互型系统级检查点的一个示例，代码 20.1 中的 OpenMP 代码与本节中的 DMTCP 工具一起使用。

```c
1  #include <omp.h>
2  #include <unistd.h>
3  #include <stdio.h>
4  #include <stdlib.h>
5  #include <math.h>
6
7  int main (int argc, char *argv[])
8  {
9     const int size = 20;
10    int nthreads, threadid, i;
11    double array1[size], array2[size], array3[size];
12
13    // Initialize
14    for (i=0; i < size; i++) {
15       array1[i] = 1.0*i;
16       array2[i] = 2.0*i;
17    }
18
19    int chunk = 3;
20
21  #pragma omp parallel private(threadid)
22    {
23    threadid = omp_get_thread_num();
24    if (threadid == 0) {
```

代码 20.1　OpenMP 示例代码 checkpoint_openmp.c，用于演示系统级检查点。第 34 行添加的"sleep"语句令每个线程在执行完第 32 行的操作后暂停

```
25      nthreads = omp_get_num_threads();
26      printf("Number of threads = %d\n", nthreads);
27    }
28    printf(" My threadid %d\n",threadid);
29
30    #pragma omp for schedule(static,chunk)
31    for (i=0; i<size; i++) {
32      array3[i] = sin(array1[i] + array2[i]);
33      printf(" Thread id: %d working on index %d\n",threadid,i);
34      sleep(1);
35    }
36
37    } // join
38
39    printf(" TEST array3[199] = %g\n",array3[199]);
40
41    return 0;
42  }
```

代码 20.1 （续）

DMTCP 为透明的系统级检查点提供了几条易于使用的命令。dmtcp_coordinator 充当 DMTCP 的命令行接口，用于检测检查点间隔和访问状态消息，并在检查点指定间隔之外在命令行上手动设置检查点。dmtcp_coordinator 在单独的终端中启动并等待命令行输入指令、输出状态消息，如图 20-1 所示。

```
andersmw@cutter:~/dmtcp-dmtcp-35386c2/bin$ ./dmtcp_coordinator
dmtcp_coordinator starting...
    Host: cutter (156.56.64.43)
    Port: 7779
    Checkpoint Interval: disabled (checkpoint manually instead)
    Exit on last client: 0
Type '?' for help.

?
COMMANDS:
  l : List connected nodes
  s : Print status message
  c : Checkpoint all nodes
  i : Print current checkpoint interval
      (To change checkpoint interval, use dmtcp_command)
  k : Kill all nodes
  q : Kill all nodes and quit
  ? : Show this message
```

图 20-1　dmtcp_coordinator 用于更新状态，并通过图中列举的特定命令与 DMTCP 进行交互，包括发送 "c" 命令可在检查点间隔之外设置检查点

要在代码 20.1 中设置检查点，编译它就像没有被检查点保存过一样。

```
gcc -fopenmp -O3 -o checkpoint_openmp checkpoint_openmp.c -lm
```

代码 20.1 中第 32 行调用了 sin(x) 函数，这需要添加数学函数库（"-lm"），并且将生成的可执行文件命名为 "checkpoint_openmp"。

OpenMP 的线程数量也可以通过环境变量 OMP_NUM_THREADS 来设（图 20-1 中采用 bash shell 风格演示，对于 tcsh shell 则应使用 setenv 来设置）。

```
export OMP_NUM_THREADS=16
```

检查点间隔可以通过 dmtcp_command 命令来修改，这会将命令发送给图 20-1 中已启动的 dmtcp_coordinator 命令。

```
dmtcp_command --interval <checkpoint interval in seconds>
```

由于代码 20.1 执行起来很快，因此将一个检查点手动输入到 dmtcp_coordinator 命令接口中。使用 dmtcp_launch 工具会启动具有检查点的可执行文件。

```
dmtcp_launch ./checkpoint_openmp
```

可执行文件正常启动。如果为它提供了检查点间隔，则每隔指定的时钟间隔就会向文件系统写入一个检查点。此外，如果给 dmtcp_coordinator 命令接口提供了命令"c"，则会在命令"c"所指向的位置将检查点写入文件系统。DMTCP 检查点文件的命名约定为 "ckpt_<可执行名称>_<客户端标识>.dmtcp"，生成的检查点文件与对应的可执行文件位于同一目录下。图 20-2 演示了手动提交检查点请求的方法，在该例中，创建了一个名为 ckpt_checkpoint_openmp_16707112e4c8f-42000-8687a700c18a5.dmtcp 的检查点文件。

检查点文件可通过 dmtcp_restart 命令重启。

```
dmtcp_restart <checkpoint file>
```

```
c
[40367] NOTE at dmtcp_coordinator.cpp:1071 in startCheckpoint; REASON='starting checkpoint, suspending all nodes'
     s.numPeers = 1
[40367] NOTE at dmtcp_coordinator.cpp:1073 in startCheckpoint; REASON='Incremented computationGeneration'
     compId.computationGeneration() = 1
[40367] NOTE at dmtcp_coordinator.cpp:413 in updateMinimumState; REASON='locking all nodes'
[40367] NOTE at dmtcp_coordinator.cpp:419 in updateMinimumState; REASON='draining all nodes'
[40367] NOTE at dmtcp_coordinator.cpp:425 in updateMinimumState; REASON='checkpointing all nodes'
[40367] NOTE at dmtcp_coordinator.cpp:449 in updateMinimumState; REASON='building name service database'
[40367] NOTE at dmtcp_coordinator.cpp:465 in updateMinimumState; REASON='entertaining queries now'
[40367] NOTE at dmtcp_coordinator.cpp:470 in updateMinimumState; REASON='refilling all nodes'
[40367] NOTE at dmtcp_coordinator.cpp:510 in updateMinimumState; REASON='restarting all nodes'
```

图 20-2　手动提交检查点设置的请求，随后紧跟 DMTCP 为代码 20.1 设置检查点的相关状态信息

图 20-3 显示了带检查点和不带检查点重启代码 20.1 的标准输出片段。相同的 OpenMP 线程对相同的数组索引进行操作，所有操作在重启和非重启情况下都是相同的。没有对代码进行任何更改以开启检查点设置或重启功能，编写的检查点文件还可以用于调试和用作程序的执行快照，或作为容错策略的一部分。

```
andersmw@cutter:~/textbook$ dmtcp_restart ckpt_checkpoint_openmp_16707112e4c8f-42000-8687a700c18a5.dmtcp    Thread id: 15 working on index 141
Thread id: 15 working on index 141                                                                          Thread id: 14 working on index 138
Thread id: 14 working on index 138                                                                          Thread id: 8 working on index 120
Thread id: 7 working on index 117                                                                           Thread id: 1 working on index 99
Thread id: 12 working on index 132                                                                          Thread id: 2 working on index 102
Thread id: 1 working on index 99                                                                            Thread id: 4 working on index 108
Thread id: 2 working on index 102                                                                           Thread id: 12 working on index 132
Thread id: 8 working on index 120                                                                           Thread id: 7 working on index 117
Thread id: 5 working on index 111                                                                           Thread id: 0 working on index 96
Thread id: 11 working on index 129                                                                          Thread id: 13 working on index 135
Thread id: 13 working on index 135                                                                          Thread id: 11 working on index 129
Thread id: 3 working on index 105                                                                           Thread id: 5 working on index 111
Thread id: 10 working on index 126                                                                          Thread id: 3 working on index 105
Thread id: 9 working on index 123                                                                           Thread id: 9 working on index 123
Thread id: 6 working on index 114                                                                           Thread id: 6 working on index 114
Thread id: 4 working on index 108                                                                           Thread id: 10 working on index 126
Thread id: 0 working on index 96
```

图 20-3 检查点重启后（左）和非重启（右）时，代码 20.1 的标准输出。相同的 OpenMP 线程对相同的索引进行操作，所有操作在重启和非重启情况下都是相同的。与系统级检查点中的标准一样，没有对代码 20.1 进行任何更改来启用检查点功能

针对 MPI 应用程序，使用 DMTCP 进行交互式系统级检查点设置或重启的过程，与 OpenMP 应用程序大体类似，只有一些小差别。有一份 MPI 名为"pingpong"的示例代码摘自 pingpong.c。如代码 20.2 所示，它使用了 MPI_Send 和 MPI_Recv 调用，以来回传递一个整数，并且每次迭代会令该整数自动加 1。

```
1  #include <stdio.h>
2  #include <stdlib.h>
3  #include <unistd.h>
4  #include "mpi.h"
5
6  int main(int argc,char **argv)
7  {
8    int rank,size;
9    MPI_Init(&argc,&argv);
10   MPI_Comm_rank(MPI_COMM_WORLD,&rank);
11   MPI_Comm_size(MPI_COMM_WORLD,&size);
12
13   if ( size !=2 ) {
14     printf(" Only runs on 2 processes \n");
15     MPI_Finalize();    // this example only works on two processes
16     exit(0);
17   }
18
```

代码 20.2 示例 MPI "pingpong" 的代码，用来演示通过 DMTCP 设置系统级检查点或重启。在第 28 行添加了 "sleep" 命令，以降低检查点演示的执行速度。这段代码设计运行在两个进程上，并将在每个消息时期打印出 "count" 整数值

```
19    int count;
20    if ( rank == 0 ) {
21      // initialize count on process 0
22      count = 0;
23    }
24    for ( int i=0; i<10; i++ ) {
25      if ( rank == 0 ) {
26        MPI_Send(&count,1,MPI_INT,1,0,MPI_COMM_WORLD); // send "count" to rank 1
27        MPI_Recv(&count,1,MPI_INT,1,0,MPI_COMM_WORLD,MPI_STATUS_IGNORE); // receive it
          back
28        sleep(1);
29        count++;
30        printf(" Count %d\n",count);
31      } else {
32        MPI_Recv(&count,1,MPI_INT,0,0,MPI_COMM_WORLD,MPI_STATUS_IGNORE);
33        MPI_Send(&count,1,MPI_INT,0,0,MPI_COMM_WORLD);
34      }
35    }
36
37    if ( rank == 0 ) printf("\t\t\t Round trip count = %d\n",count);
38
39    MPI_Finalize();
40  }
```

代码 20.2 （续）

就像在 OpenMP 检查点 / 重启示例中一样，没有修改代码，而是像普通编译那样，没有导入任何针对检查点 / 重启的额外库。

```
mpicc -O3 -o pingpong pingpong.c
```

在本例中，MPICH-2 是所用到的 MPI 实现；DMTCP 支持多种不同的 MPI 实现。在单独的窗口中启动 dmtcp_coordinator ，发出手动检查点命令并监视状态消息后，使用 dmtcp_launch 和 mpirun 的组合在两个进程上启动 pingpong 可执行文件，如下所示。

```
dmtcp_launch --rm mpirun -np 2 ./pingpong
```

在 5 个消息周期之后，生成的检查点命令（"c"）被发送给 dmtcp_coordinator，如图 20-4 所示。

检查点命令生成 4 个检查点文件，每个进程生成一个检查点文件，与 MPI 启动程序关联的有两个检查点文件。还创建了特定于生成的检查点文件的重新启动脚本，以简化重新启动的过程。这个脚本是在启动 dmtcp_coordinator 的目录中创建的，名为 dmtcp_restart_script_<client identity>.sh。该脚本不需要参数，并且已经知道在文件系统的何处可以找到检查点文件。启动这个 shell 脚本将重新启动作业，如图 20-5 所示。

```
c
[22984] NOTE at dmtcp_coordinator.cpp:1071 in startCheckpoint; REASON='starting checkpoint, suspending all nodes'
    s.numPeers = 4
[22984] NOTE at dmtcp_coordinator.cpp:1073 in startCheckpoint; REASON='Incremented computationGeneration'
    compId.computationGeneration() = 1
[22984] NOTE at dmtcp_coordinator.cpp:413 in updateMinimumState; REASON='locking all nodes'
[22984] NOTE at dmtcp_coordinator.cpp:419 in updateMinimumState; REASON='draining all nodes'
[22984] NOTE at dmtcp_coordinator.cpp:425 in updateMinimumState; REASON='checkpointing all nodes'
[22984] NOTE at dmtcp_coordinator.cpp:449 in updateMinimumState; REASON='building name service database'
[22984] NOTE at dmtcp_coordinator.cpp:465 in updateMinimumState; REASON='entertaining queries now'
[22984] NOTE at dmtcp_coordinator.cpp:470 in updateMinimumState; REASON='refilling all nodes'
[22984] NOTE at dmtcp_coordinator.cpp:510 in updateMinimumState; REASON='restarting all nodes'
```

图 20-4　向 dmtcp_coordinator 提交检查点命令（"c"）后生成的状态消息。每个进程生成
　　　　　一个检查点文件，该文件存储在启动可执行文件的目录中

```
[andersmw@cutter textbook]$ ./dmtcp_restart_script_129b065bca8bba11-56000-87bae5e9cb04.sh   Count 1
 Count 6                                                                                    Count 2
 Count 7                                                                                    Count 3
 Count 8                                                                                    Count 4
 Count 9                                                                                    Count 5
 Count 10                                                                                   Count 6
                                                                                            Count 7
                     Round trip count = 10                                                  Count 8
                                                                                            Count 9
                                                                                            Count 10
                                                                                            Round trip count = 10
```

图 20-5　在检查点重新启动（左）和不使用任何检查点 / 重新启动（右）中，代码 20.2 实现
　　　　　的 MPI "pingpong" 程序的标准输出。检查点重新启动案例（左）开始于第 5 个
　　　　　周期之后生成的检查点数据，因此重新启动后看到的第一个输出是第 6 个周期

　　这里使用 DMTCP 系统级检查点工具探索的 OpenMP 和 MPI 示例都是交互式执行的，
便于演示。然而，在大多数超级计算系统上，用户不会尝试交互式地执行检查点 / 重启，而
是通过 PBS 或 SLURM 等资源管理系统启动应用程序。与这里提到的其他系统级检查点工
具一样，DMTCP 与 PBS 和 SLURM 集成，并提供通过资源管理系统启动和重新启动应用
程序的示例脚本。在存在 DMTCP 的情况下，使用资源管理系统来检查 MPI 或 OpenMP 应
用程序时，需要在 PBS 或 SLURM 脚本中将 dmtcp_coordinator 作为守护进程来启动，而
其他命令（dmtcp_launch、dmtcp_restart_script）保持不变，就像在交互模式中演示的那样。
在有 InfiniBand 网络的 HPC 资源上，dmtcp_launch 命令还要求使用 InfiniBand 对基于 MPI
的应用程序的检查点 / 重启支持使用 -infiniband 标志。

20.3　应用级检查点

　　在应用级检查点中，所有检查点的设置 / 重启操作都由开发人员负责。与系统级检查点
相反，应用程序级检查点需要更改应用程序代码。虽然不方便，但是应用级检查点设置 / 重
启生成的检查点文件往往比执行一次完整内存转储的系统级检查点的要小。应用级检查点
文件通常比系统级的要小，这仅是因为应用开发人员只输出与应用程序重启相关的必要文
件。与之相反，系统级检查点必须转储整个应用程序内存，因为它无法找出与重启相关的
数据。

对于基于 MPI 的分布式内存应用程序，应用级检查点的设置 / 重启方法通常具有一些基本特征。

❑ 每个 MPI 进程只负责一个检查点文件的写入。

❑ 一个检查点文件只由一个 MPI rank 进程访问。

❑ 检查点文件不混合存储多个检查点设置期间涉及的数据。

❑ 检查点文件通常由计算节点写入并行文件系统。

❑ 检查点设置 / 重启的开销可能很大。

应用级检查点设置 / 重启的实现通常定位在仿真算法中选取的计算阶段的指定位置，以保证计算阶段在检查点设置期间的一致性。例如，在时间步进算法中，包含检查点设置 / 重启的自然位置位于一个时间步长的末尾，从而确保所有检查点文件即使在不同时钟时间进入计算阶段，进入的也是相同的阶段。这与系统级检查点形成了对比。在系统级检查点中，无论处于计算过程的哪个阶段，检查点按指定的时钟间隔或命令行中给定的手动设置检查点请求来进行转储。因此，应用级检查点设置 / 重新启动的实现可能不像系统级方法那样用时钟时间指定检查点间隔，而是需要知道检查点设置 / 重启的计算阶段间隔。

第 10 章中讨论的一些 I/O 库特别适用于应用级检查点。例如，HDF5 库在上述检查点设置中被广泛使用，因为它非常适合并行 I/O，并且为不同的执行配置创建结构化数据，并提供可移植性。但是，与任何并行 I/O 操作一样，开发人员仍然必须确保所有应用程序中的数据都真正写入了检查点文件，而不仅是存储数据的指针地址。由于 C 代码经常在不同函数之间间接地访问数据，所以输出指针地址而非数据本身是 C 语言新手程序员的常犯错误。

应用级检查点设置 / 重启在大型 MPI 应用程序和工具包中很常见，因为它可以为应用程序进行定制，使其尽可能高效且轻量。虽然，检查点设置 / 重启的开销仍然非常高，但也有一些写好的检查点设置 / 重启的库来帮助降低应用级检查点方法的开销，其中一个库是用于 MPI 的可扩展检查点 / 重启（Scalable Checkpoint/Restart，SCR）库 [4]。

SCR 库通过减少并行文件系统上的负载并部分使用计算节点的非并行快速本地存储来存储检查点文件，且本地存储还带有一些冗余以应对失败事件，SCR 借此以协助应用级检查点策略。SCR 提供了几种不同的检查点文件冗余方案，对应不同级别的容错和性能。它需要并行的远程 shell 命令 [5] 和 Perl 模块来解释日期 / 时间 [6]，并与 SLURM 资源管理器协同工作。

SCR 库是围绕应用级检查点策略构建的，如代码 20.3 所示，其中一个 MPI 进程只编写一个检查点文件。当使用 SCR 库时，该库需要通过横跨所有 MPI 进程的集体 API 调用来明确何时启动检查点，何时完成检查点。SCR 库还可以自主确定是否需要创建检查点文件，而不只是依据一些用户定义的检查点频率，如代码 20.3 所示。这是用系统信息配置 SCR 来估计检查点成本和故障频率，然后使用应用程序编程接口（API）调用 SCR_Need_checkpoint 从而让 SCR 决定检查点频率。

```
1  #include <stdio.h>
2  #include <stdlib.h>
3
4  #include "mpi.h"
5
6
7  int write_checkpoint()
8  {
9    // get our rank
10   int rank;
11   MPI_Comm_rank(MPI_COMM_WORLD, &rank);
12
13   char file[128];
14   sprintf(file,"checkpoint/%d_checkpoint.dat",rank);
15
16   FILE *fp = fopen(file,"w");
17
18   // write sample checkpoint to file
19   fprintf(fp," Hello Checkpoint World\n");
20   fclose(fp);
21
22   return 0;
23 }
24
25 int main(int argc,char **argv)
26 {
27   MPI_Init(&argc,&argv);
28
29   int max_steps = 100;
30   int step;
31   int checkpoint_every = 10;
32
33   for (step=0;step<max_steps;step++) {
34     /* perform simulation work */
35
36     if ( step%checkpoint_every == 0 ) {
37       write_checkpoint();
38     }
39   }
40
41   MPI_Finalize();
42   return 0;
43 }
```

代码 20.3　常见应用级检查点策略的简单示例。每个进程都将自己的检查点数据写入单个检查点文件。写入检查点的频率由用户决定，这里设为 10（见第 31 行）

代码 20.3 要使用 SCR 库，其要进行的修改仅需添加以下调用：SCR_Init、SCR_Finalize、

SCR_Start_checkpoint、SCR_Complete_checkpoint 和 SCR_Route_file。另外，检查点频率可以由 SCR 调用 SCR_Need_checkpoint 来确定，这在前面已提到过。SCR_Init 和 SCR_Finalize 分别初始化和关闭 SCR 库，这类似于 MPI_Init 和 MPI_Finalize。SCR_Start_checkpoint 和 SCR_Complete_checkpoint 分别表示开始写入检查点和已经完成检查点写入。SCR_Route_file 用于获取 SCR 访问的完整路径和文件名。每个 SCR API 调用都是横跨所有 MPI 进程的集合。代码 20.3 的 SCR 版本在代码 20.4 中提供。

```
1  #include <stdio.h>
2  #include <stdlib.h>
3  #include "scr.h"
4  #include "mpi.h"
5
6  int write_checkpoint()
7  {
8    SCR_Start_checkpoint();
9
10   // get our rank
11   int rank;
12   MPI_Comm_rank(MPI_COMM_WORLD, &rank);
13
14   char file[128];
15   sprintf(file, "checkpoint/%d_checkpoint.dat", rank);
16
17   FILE *fp = fopen(file, "w");
18
19   char scrfile[SCR_MAX_FILENAME];
20   SCR_Route_file(file, scrfile);
21
22   // write sample checkpoint to file
23   fprintf(fp, "Hello Checkpoint World\n");
24   fclose(fp);
25
26    int valid = 1;
27
28    SCR_Complete_checkpoint(valid);
29
30    return 0;
```

代码 20.4　代码 20.3 中应用级检查点的 SCR 版本。对 SCR API 的调用包括 SCR_Init（第 37 行）、SCR_Finalize（第 53 行）、SCR_Start_checkpoint（第 8 行）、SCR_Complete_checkpoint（第 28 行）、SCR_Need_checkpoint（第 48 行）和 SCR_Route_file（第 20 行）。SCR_Need_checkpoint 调用是可选的，它允许 SCR 控制检查点的写入频率。要利用 SCR 的优点，只需对现有应用级检查点策略进行相对较少的更改

```
31   }
32
33   int main(int argc,char **argv)
34   {
35     MPI_Init(&argc,&argv);
36
37   if ( SCR_Init() != SCR_SUCCESS ) {
38       printf(" SCR didn't initialize\n");
39       return -1;
40   }
41
42   int max_steps = 100;
43   int step;
44   for (step=0;step<max_steps;step++) {
45     /* perform simulation work */
46
47     int checkpoint_flag;
48     SCR_Need_checkpoint(&checkpoint_flag);
49     if ( checkpoint_flag ) {
50         write_checkpoint();
51     }
52   }
53   SCR_Finalize();
54   MPI_Finalize();
55   return 0;
56 }
```

代码 20.4 （续）

为了使用 SCR 并执行代码 20.4，SCR 必须与超级计算机的资源管理系统集成。对于 SLURM，要用 scr_run 而非 srun 来启动 SCR 的代码。

20.4 本章小结及成果

- ❏ 长耗时的应用程序在执行完成之前面临遭遇硬件或软件故障的重大风险。
- ❏ 较长的程序执行时间也经常违反超级计算机使用策略，超算常为模拟设置了最大时钟限制。
- ❏ 硬件或软件故障的后果可能非常严重，对于长时间运行的作业来说，其损失的时间和计算资源的可能代价非常昂贵。
- ❏ 在超级计算机上执行应用程序时，在指定位置处可以输出和保存必要的数据，以便后续恢复应用程序的执行。这份数据称为检查点。
- ❏ 检查点文件有助于降低长时间运行作业中硬件或软件故障的风险。
- ❏ 检查点文件还为应用程序提供在不同仿真阶段的快照、帮助调试、性能监视和分析，并有助于改进负载平衡决策，从而更好地使用分布式内存。

❑ 在 HPC 应用程序中，使用两种常见的检查点设置 / 重启策略：系统级检查点和应用级检查点。

❑ 系统级检查点不需要修改用户代码，但可能需要加载特定的系统级库。

❑ 系统级检查点策略关注完整的内存转储，这可能生成非常大的检查点文件。

❑ 应用级检查点需要修改用户代码，有一些库可以辅助这个过程。

❑ 应用级检查点文件往往更高效，因为它们只输出与重启相关的必需数据。

20.5 练习

1. 列出系统级检查点和应用级检查点之间的优劣。调研一些可供下载的具有检查点设置 / 重启功能的科学计算工具包。这些工具包中最流行的检查点形式是什么？

2. 检查点文件如何用于调试？通过在代码 20.1 中引入竞争条件（例如没有适当子句的归约操作）来说明这一点，并使用检查点文件来暴露此 bug。采用系统级检查点。

3. 对于在 100 000 个核心上运行了长达 9 天的应用程序，估计其在模拟期间遇到硬件故障的可能性。硬件环境中的硬盘、处理器和电源的综合故障率数据使用相关的年度报告来模拟。

4. 如果在编写检查点时发生系统故障，会发生什么情况？有哪些方法可以减少这种类型的失败？

5. 频繁设置检查点和不频繁设置之间的优劣权衡是什么？假设代码 20.2 示例中的检查点是每隔 1s 设置一次，对比每 30s 一次。这些策略对性能会造成什么后果，有什么好处？

参考文献

[1] Berkely Laboratory, Berkeley Lab Checkpoint/Restart (BLCR) for LINUX. [Online] http://crd.lbl.gov/departments/computer-science/CLaSS/research/BLCR/.

[2] CRIU, Checkpoint/Restore In Userspace. [Online] https://criu.org/.

[3] DMTCP: Distributed MultiThreaded CheckPointing. [Online] http://dmtcp.sourceforge.net/.

[4] Lawrence Livermore National Laboratory, Scalable Checkpoint/Restart Library. [Online] http://computation.llnl.gov/projects/scalable-checkpoint-restart-for-mpi/software.

[5] Parallel Remote Shell Command (PDSH). [Online] http://sourceforge.net/projects/pdsh.

[6] Perl Date Maniputation. [Online] http://search.cpan.org/~sbeck/Date-Manip-6.56.

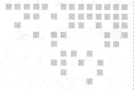

第 21 章 | *Chapter 21*

下一步和未来发展

21.1　引言

　　本书全面、顶层地涵盖了高性能计算方面的知识，既阐述了该领域内复杂的跨学科组成部分，又为入门级读者提供了可以把这些系统用于用户端应用的从业必备的技能包。本书展示了计算机系统架构、编程模型、基本算法方面的知识以及常用的工具和环境。同时，还更加深层次地分享了与计算效率、可扩展性、并行语义和度量标准等方面息息相关的基本概念。虽然这是在如此广泛的领域上的首次覆盖，但距离完美还差得很远；它更像是起点而非详尽无遗。在本章，作者加入了读者可能感兴趣的但此前并未涵盖的内容，并作为在特定领域进一步研究的路线图，根据已有内容逐步构建该知识体系。这通过两个方面来实现。21.2 节和 21.3 节简述了当前应用于编程模型以及硬件系统架构中的更成熟的技术。21.4 节讨论了当前 E 级计算的研究方向，该方向在北半球的近期研究中占据很大的比例，并很可能将在 21 世纪 20 年代早期产生影响。21.5 节考虑了有时被称为"异步多任务处理"的且正在探索中的计算方法的转变，它将实现可以提高计算效率和可扩展性的动态适应技术。关于"新数字时代"，21.6 节将会唤起您的好奇心，这一节提出了一些在摩尔定律和纳米级半导体技术走到尽头后会发生什么的想法以及超越冯·诺依曼架构及其数十年来衍生物的革命性计算机系统架构将会带来的翻天覆地的影响，这其中包括"量子计算"。尽管"量子计算"还处于初期起步阶段，但一旦被证实是可行的，它将有能力去执行一些最大的传统计算机在宇宙生命周期这么长时间内都无法完成的运算。

21.2 扩展的并行编程模型

21.2.1 消息传递接口的进展

消息传递接口（MPI）是程序使用最广泛的手段之一，运行在可扩展的分布式内存系统上，该系统由通过一个或者多个互连网络集成的多个计算节点构成。本书描述了与 MPI-1 标准一致的 MPI 编程原则，其中包括在进程间建立虚拟拓扑的基础知识，发送、接收消息的通信结构，标量数据类型和一些复杂的数据结构，同步聚合操作，数据分发以及聚合的归约操作。事实上，我们总共仅描述了几十个 MPI 函数。虽然这些函数已经足以展示一大部分常用的并行算法并足以在大部分大规模的现代计算机系统上运行这些应用，对于优化和便捷地实现复杂通信及共享计算模式，这也仅抓住了 MPI-1 标准实际可用的丰富命令集的表面。自 2008 年 MPI-1 的最终规范（其中包括超过 120 个函数）发布以来，MPI 已经发展成为一个模型和一种并行编程接口，并向 MPI-2 和 MPI-3 等高级版本进行扩展。MPI-2 标准对原始标准进行了重要扩展，该扩展包括一组功能强大的输入 / 输出（I/O）调用，以实现大容量存储的访问、动态进程管理以及远程存储的单侧函数。MPI-3 标准则对先前的版本添加了重要扩展，其中主要是扩展了整个聚合操作集，特别是在非阻塞领域；其他方面也有了改进。

21.2.2 OpenMP 的进展

OpenMP 目前已经是共享内存计算系统中一种流行的编程接口了。1997 年，OpenMP 首次在 Fortran 绑定中被引入，2002 年在 OpenMP-2 中引入 C/C++ 绑定，OpenMP 语言扩展提供了将顺序应用程序代码转换为包含多线程计算程序所需的环境变量、指令和库函数，以实现一定程度的并行性并缩短解决问题的时间。本书介绍了 OpenMP 的基础概念，以及许多关键结构及语法。完整的 OpenMP 规范要大得多，许多很有价值的优化，本书都没有涉及。但本书所选择的子集也足以表明 OpenMP 可以构建大量且多样的应用程序，并在各种系统上运行。而在 OpenMP 的后续版本中，许多超出基本功能的新进展被设计出来。例如，强大的多任务处理能力和任务构建能力是 2008 年推出的 OpenMP-3 的核心。2013 年发布的 OpenMP-4 则包含了许多重大改进，例如对包含加速器的异构系统的支持、包含线程亲和力以协助管理局部性的某些方面，以及开发单指令多数据（SIMD）并行性的方法。OpenMP 已经取得成功，但其在效率和可扩展性方面存在的一些缺点却限制了它的效果。由于它假设自己运行于共享内存系统，因此受限于单一的对称多处理器（SMP）系统的扩展。通过增加芯片数量和每个插槽上集成的内核数量，可以部分缓解这种情况。它的效率被大量使用的分支 / 聚合语义所限制，其中全局栅栏起着重大作用。它对任何 OpenMP 代码中纯顺序运行部分所蕴含的阿姆达定律都很敏感。任务处理机制可以帮助抵消这种性质。

21.2.3　MPI+X

简而言之，MPI 提供的是一种在分布式内存系统中具有粗粒度并行性的可扩展性形式，而 OpenMP 则在共享内存节点的边界内提供了一种中粒度并行性形式。对于 E 级计算以及其他未来的挑战来说，上述两者的并行性都是不够的，但这两者互为补充。两者相结合的产物被视作该领域下一阶段的重要机遇。跨分布式内存系统架构的 MPI 进程将继续提供所需的可扩展性，而 OpenMP 则用来描述可由单个节点内的多个核执行的中等粒度的线程。这允许粗粒度的 MPI 进程跨越整个节点（就像它在早期的大规模并行处理器（MPP）中那样），同时也允许在 OpenMP 构造的帮助下可被开发的共享内存硬件的效率以及可以暴露的更大的并行性。这个概念被称为"MPI+X"，其中"X"指的是与 MPI 协同工作的另一个或附加的编程接口。X 也可能意味着 OpenCL，甚至可能意味着在节点内配置现场可编程门阵列（FPGA）。正如比尔·格罗普所说，"MPI+X 的重要部分是 +"[1]。

21.3　扩展的高性能计算架构

摩尔定律的终结标志着这是高性能计算的一个里程碑。在过去的数十年中，技术一直在可预见地实现设备密度和时钟速率的指数级增长。但这种情况正在迅速发生变化——并行架构是当前时期继续保持计算性能增长所剩的唯一策略，而这种现状至少在启用新兴技术取代 CMOS（如超导约瑟夫森结逻辑）或在全新范式（如量子计算）的发展并投入使用取得重大进展之前会一直维持。本节介绍了一些正在着力取得的高性能计算系统架构的进展。

21.3.1　世界上最快的机器

截至 2017 年 6 月，世界上最快的机器是近年来成为 500 强排行榜第一的第三台中国机器：基于"神威"微处理器的"神威·太湖之光"。这是在传统架构之外寻求替代方法的一个例子。该系统基于完全由中国开发和制造的新架构，峰值性能大于每秒 100 千万亿次浮点运算（100petaflops）；在 Linpack 测试中的评分也几乎与这个数值相当。该架构具有极轻量级的核心，可以省去许多传统的内部子组件，如数据缓存。虽然测量算术逻辑单元利用率指标时，某些效率会降低，但是可以将更多数量的核心集成到芯片上，使每个核心使用更少的能量。尽管这台机器比其前任世界第一的机器（也是中国的机器）快两倍以上，但使用的电能却不到那台的一半。这是一项了不起的成就。当然，"神威"架构也存在着争议，主要是其内存容量相对于它具有的峰值浮点运算性能有些小了。但是在很短的时间内，它已经在实际应用中取得了显著的成就。总而言之，它拥有超过 1000 万个核心，创造了前所未有的纪录。

21.3.2　轻量级架构

绝大多数速度非常快的超级计算机（参见 500 强名单）采用了英特尔 x86 架构微处理器（包括 AMD 的变体）或基于 IBM Power 的微处理器（有些带加速器，有些不带；包括英伟达和英特尔至强融核处理器）。然而，目前是趋于轻量级架构的，目的是提高每个插槽的峰值性能并降低功耗和空间成本。

如上所述，比较好的例子便是神威·太湖之光，它是 2017 年高性能 Linpack（HPL）基准程序测量出的世界上最快的超级计算机。它包含 1000 万个核心，其中的每一个都非常轻巧，只有一些中间结果高速存储器（带有一个指令缓存）。其中，64 个核心组织在一个"组"中，一个处理器插槽中有 4 个"组"，共 256 个内核以及 4 个管理处理单元来管理计算。它的峰值性能达到 125 千万亿次浮点运算（125 petaflops），是第一个达到 100 Pflops 性能的系统。

第二个重要趋势是英特尔至强融核处理器的发展，该处理器衍生于失败的 Larrabee 项目 [2]。英特尔选择通过广泛集成半导体芯片和许多轻量级核心而不是 20 年来主导 MPP 和商品集群的重量级至强核心来解决超高性能的挑战。这些芯片最初被视为图形处理单元（GPU），作为带有印制电路板（PCB）的附加处理器，通过工业接口标准（主要是 PCIe）集成了至强融核处理器芯片。这种方法虽然是快速引进新技术的一种简便方法，但由于它们是由主处理器控制并由相对较慢的外围组件互连总线（PCI）分离的附加阵列处理器，因此在时延、带宽和控制开销方面受到了影响。最新一代的至强融核处理器通过允许处理器插槽以"自托管"模式运行来纠正这些缺点——也就是说，让它们成为自己的主人，消除 PCI 瓶颈以及同样重要的控制开销。

另一个趋势是长期服务的 ARM 处理器架构的演变。ARM 的传统应用场景是移动、嵌入式和控制处理的广阔运营空间中。ARM 可以由端实现者自定义配置，以提供针对芯片上支持逻辑和接口生态圈的广泛变化。虽然 ARM 主要是 32 位架构，但现在已经扩展出了几种 64 位架构的变体，使之真正适用于支持传统数字应用场景（如仿真和数据分析）的超级计算环境。至少有一台大型实验性超级计算机 Mont Blanc（勃朗峰）正在欧洲开发，而它使用的主要处理器核心正是 ARM。虽然 ARM 目前还不被视为 HPC（高性能计算）领域的一部分，但这一现状很可能会在本年代结束时（2020 年左右）发生根本性变化。

21.3.3　现场可编程门阵列

顾名思义，FPGA 是包括由网络连接的大量逻辑门和其他功能部件的组件，其连接性可以通过对该设备"编程"来确定。也就是说存在一种协议，终端用户可以通过这个协议确定该组件的逻辑电路。虽然 FPGA 密度较低且比专用集成电路（ASIC）慢一些，但它可以生成定制设计，以便针对特殊的功能进行优化。这允许了原型设计的快速开发并提供了将少量组件分配给终端用户的手段。它的一个可能会被证明有前途的应用场景是针对特定算法进行优化的专用 FPGA 逻辑电路。这种脉动阵列结构可以很容易地用 FPGA 来实现，这相对于传统的微处理器可以将重要应用的运行速度加速一到两个数量级。FPGA 的其他用途可能包括支持未来系统软件的逻辑设计以减少开销。

上述工作的主要挑战是提供最适合应用算法的高效功能和快速编程FPGA的方法。在上述两个领域已经完成了许多工作，但要使用这些技术，专业知识仍然是不可或缺的。另一个问题是将FPGA与其他传统系统集成在一起。这在一定程度上是通过行业标准接口解决的，定制电路板是用FPGA组件设计的，但这也有其局限性。现在，集成在一起的处理器和FPGA的混合子系统可以使用了，这再次提高了它们的相互连接性。

21.4 E 级计算

IBM 蓝色基因（图片由阿贡国家实验室通过维基共享提供）

艾伦·加拉是非常成功的IBM"蓝色基因"系列超级计算机的首席架构师，该系列计算机的命名根据是其期望的应用领域——基因研发和蛋白质折叠结构的研究。"蓝色基因"架构与当时领先的强调矢量处理的地球模拟器计算机有着明显的不同。"蓝色基因"反其道而行之，包含大量源自嵌入式处理器的简单内核，进而提高了能效。它的第一个型号"Blue Gene/L"采用了双处理器节点，即将计算逻辑和网络接口控制器集成在一个ASIC上。中央处理单元（CPU）基于PowerPC 440，并在其上增加了双精度浮点计算流水线，每个节点的峰值性能可以达到5.6 Gflops。由于采用了高密度封装，所以单个机架可以包含1024个此类节点。"Blue Gene/L"包括32 768个核心，并在2004年11月的500强名单中位于榜首，性能达到了70多Tflops，两倍于前任榜首。在更新的配置中，"蓝色基因"在其后的3.5年一直保持这一位置，并实现近600 Tflops的峰值吞吐量，同时仅仅消耗2.3MW的电力。该架构包含的3种网络类型也是值得铭记的：用于点对点通信的三维环面网络、专用的聚合通信互连网络以及全局中断网络。"蓝色基因"架构的最新版本包括具有四核节点的P版本（性能功率比达到0.35 Gflops/W）以及采用十八核四路同时多线程处理器并将性能扩展到了20 Pflops的Q版本。

> 由于在三代"蓝色基因"架构中的工作，艾伦·加拉在 2010 年获得了西摩·克雷奖。另外，他还参与开发了应用于量子色动力学的高性能实现；在 QCDSP 定制架构及在"Blue Gene/L"上的成果都为他赢得了戈登·贝尔奖。

从历史上看，在超级计算领域社区整体上有一个自然的趋势，即推测、考虑并最终实现相对于先前主流超级计算机扩大 3 个数量级的性能增益。第一台每秒百万次浮点运算级的计算机是 1968 年的 CDC-6600 型计算机，其后便是第一台每秒千兆次浮点运算级计算机——Cray-YMP 型计算机（1988 年），第一台每秒万亿次浮点运算级计算机——1997 年部署在桑迪亚国家实验室的英特尔红色风暴，以及 2008 年的第一台每秒千万亿浮点运算级计算机——部署在洛斯阿拉莫斯国家实验室的 IBM Roadrunner。粗略地说，这些成就大约每隔 11 年就会实现一次。但这些数据意味着下一个里程碑 Eflops 级，应该会在 2019 年实现。显而易见，由于种种原因，这是不可能的。近年来，以 HPL 基准测量出的最快的超级计算机已在中国完成开发和部署，最新的 R_{max} 性能也只是接近了 100Pflops。 ⊖

21.4.1　E 级计算的挑战

虽然大多数主流的高性能计算系统能达到每秒千万亿次以上的浮点运算（1Pflops），但百亿亿级计算目标是这个标准的 1000 倍，也是当今世界上最快计算机的 10 倍。实现这一目标的挑战很多，且取决于应用场景。虽然当前阶段的技术正在接近摩尔定律和纳米级半导体的渐近线，但即使已经接近了摩尔定律的终点，E 级计算仍然处于摩尔定律的范围中。业界及用户所看到的主要挑战包括：

- ❏ 能耗和功率：这是一个制约因素，而且不仅是约为 1 兆美元 / 兆瓦 / 年的能源成本。它还受到半导体芯片达到故障阈值之前可以提供给半导体芯片的最大功率的限制。目标是 20MW 或 50 Gflops/W。
- ❏ 硬件并行性：期望值大约为十亿，这可以表示为数亿个核心，其中每个核心都运行 10 路并行，如 SIMD 或向量处理器。
- ❏ 软件并行性：使用和利用超过十亿倍并行性的应用程序和算法，以利用硬件，包括通信和辅存访问。
- ❏ 开销：管理系统和控制每项任务所需的工作。这不仅是效率损失的根源，也限制了任务的粒度，因此也限制了可用的有用并发性。
- ❏ 延迟：对于包含更多机架的更大系统来说，全局访问数据或服务的物理距离增加了，因此需要更多并行性来隐藏延迟。

⊖ 3 个数量级指的是 10 的 3 次方，在计算机科学中计数单位通常是按 1024（接近 10 的 3 次方）递进的。上述里程碑式的计算机性能也是以 10 的 3 次方为倍数递增的。M: 10^6，G: 10^9，T: 10^12，P: 10^15，E: 10^18。目前最新机器的最大实际性能为 10^17，与 E 级还差了一个数量级。——译者注

❑ 可靠性：随着每个芯片上设备数量的增加，单点故障的可能性增加，潜在的平均故障时间的减少可能使得百亿亿次级计算变得不切实际。因此，提供硬件及软件的可恢复性且具有足够信心（有能力）执行大型、耗时计算的方法是迫切需要的。

21.4.2 从数学角度看 E 级的大小

无论从任何角度来看，E 级计算都是巨大的，预计在未来十年的某个时候，它的成就将成为一项杰作。在本书中，我们已经确定并考虑了一系列不同的维度，通过这些维度我们可以衡量一类系统的优劣。作为基准，中国的神威·太湖之光系统在拥有 1000 万个核心的条件下实现的性能大约是每秒 100 千万亿次浮点运算（实际最大性能比之稍微低一点，理论峰值多一些）。这意味着 E 级机器将需要至少 1 亿个核心以达到百亿亿次的性能。当然，这些是轻量级核心，能力有限。如果使用像 IBM Power 9 这样的重型核心（例如 2018 年部署的机器 Summit），在需要更少核心的同时也需要更大的芯片空间。但对于真实世界的代码，这不是友好的 Linpack 基准测试程序，将需要更多。目前的效率一般约为 10%（通常更低但有时更高），这就表明在更好地利用性能和降低能耗方面有显著的改进空间。

21.4.3 加速方法

GPU 加速器对于执行特定类型的流处理非常有效，并且具有高吞吐量性能。它们结合许多互连的专用处理器核心，形成有用的数据流通路，以最大限度地减少中间数据回写的需要并避免控制开销。系统节点是异构的，它们将多核 CPU 芯片和 GPU 模块组合在一起，这就允许了计算工作流在 GPU 上运行但其余计算在 CPU 上执行。达成 E 级计算的一个重要途径就是将 CPU 与 GPU 相结合形成异构系统架构以提供高密度峰值浮点运算。如本书所讨论的，编程这种异构系统作为一个主要挑战正在备受重视。Summit 超级计算机计划采用这种使用 GPU 的异构系统架构；它于 2018 年在橡树岭国家实验室部署，交付性能约为每秒 200 千万亿次浮点运算。

21.4.4 轻量级核心

实现 E 级性能的另一种方法是使用大量非常轻量级的核心。典型的核心（例如英特尔至强处理器或 IBM Power 8 体系结构），使用许多机制来保持执行流水线的饱和度，并使用使能技术将线程的执行时间降至最低。一种建立最快系统的思想是，需要最快的节点；而要构建最快的节点，就需要尽可能快的核心。但是对于给定插槽的封装尺寸和能耗预算，另外一种策略能提供尽可能多的核心，这意味着要实现功能完整的最小尺寸的核心。这种策略首先在尝试使用轻量级 PowerPC 处理器的 IBM "蓝色基因"系统中取得了一些成功。如今，英特尔为骑士登陆的每个插槽提供 76 个至强融核轻量级处理器核心。下一代的融核将是 Knights Hill，它可能为在 2018 年部署的系统提供基础。神威·太湖之光的每个插槽有 256 个非常轻量级的核心；总计 1000 万个核心提供了大约 100 千万亿次的性能并且能耗较低。ARM 处理器正在成为基于轻量级核心的大型系统的又一选择。日本、中国和欧盟都在计划构建性能从 100 千万亿次浮点运算到 100 亿亿次浮点运算不等的基于 ARM 的系统。

21.5　异步多任务

异步是描述已知事件和操作的时序和排序不确定性的属性。更大规模的系统（例如远程数据访问或执行服务），加剧了时序的多变性。因此，随着系统规模和异构性的增加，对异步效应的处理变得越来越重要。目前，被称为"异步多任务处理"（AMT）的一类计算方法论成为广泛研究的主题——它们可以将计算从静态调度和传统资源管理方法转换到程序执行的动态自适应控制以及可用存储器和处理资源的应用程序。以下部分描述了正在探究中的解决异步所带来的挑战并利用异步提供的机会的方法的一些方面。

21.5.1　多线程

线程通常被认为是可以被调度到各个核上的共享中间结果数据的指令序列。多线程计算是指有多个线程可以并发运行甚至可能并行运行——在这种情况下，解决问题的时间会有所缩短，缩短的程度甚至可能与线程数量成正比。当然，这不是一个新概念，但是它在控制、同步、调度和资源分配等方面的实现方式不断演变，并在不同方法之间存在着显著差异。通常，应用程序线程与硬件线程之间存在一对一的映射关系，但是如果存在比物理线程更多的应用程序线程，这就可以带来解决异步问题的机会。这通常被称为"过组合"——如果适当地使用它，那么就可以避免硬件资源的阻塞。这是通过把由于等待长时间的访问或服务而阻塞的应用程序线程切换出硬件，并在硬件上放置待处理线程，以继续使用这些资源来实现的，从而提高了效率和可扩展性。当然，这需要计算机有能力进行即时的上下文切换。由于线程的粒度可以变得更精细但仍然高效，因此这允许强可扩展性的线程规模的增加和更多具有弱可扩展性的线程。用于执行多线程的硬件目前已经被开发出来了，其中包括在单周期上下文切换时间内具有 128 个线程的 Tera MTA。

21.5.2　消息驱动的计算

历史上，为实现可扩展性而与消息传递相结合的加载/存储架构，在超过 25 年的时间里都被证明是有效的。但随着计算规模的扩大和随之而来的异步现象，延迟对计算造成的影响在时间和能耗这两个方面都变得越来越显著、棘手。在高速缓存可以利用时间和空间局部性的情况下，尤其对于可以感知缓存的编程技术，延迟的有害影响是可以被限制的。然而，对于更一般的计算，扩展的规模和更广泛的访问模式暴露了系统延迟和不确定性。此时有另一种策略，即消息驱动的计算，将工作转移到数据而不总是要求将数据移动到静态工作控制状态的连接处。与多线程相结合，这种技术可以隐藏一些延迟，特别是长距离延迟，并进而避免了硬件阻塞。通过将工作和数据紧密保持在一起，消息驱动的计算可以减少计算动作的绝对延迟。

在计算研究中，存在探索消息驱动计算的悠久传统。20 世纪 70 年代和 80 年代的数据流架构使用了称为"令牌"的轻量级消息，以在前后相接的行动者间移动中间结果数据，这些数据被称为"模板"。行动者模型以"未来"的形式为计算增加了语义丰富性。1992 年，Dally 的 J-machine 针对远程过程调用的实例化方法，给消息提供了硬件支持。加州大学伯克利分校设计了名为"活动消息"（active message）的消息驱动计算版本，并作为线程抽象机器模型的一部分，这个术语在当时吸引了学术界的一些注意。最近，ParalleX 执行模型和受之启发的 HPX 运行时系统包含了"包裹"（parcel）。"包裹"用于传达要对远程数据执行的操作，支持连续迁移以提供对并行控制状态进行动态放置的方法。

基本在每种情况下，轻量级消息结构都包含数个信息字段。这些字段包括目的位置、动作规范、有效载荷字段，在某些情况下还有续集部分。目的位置可以是物理节点、软件进程、核心线程或虚拟数据对象。动作可以像一个操作、一个指令序列、一个指向方法或过程指针，或对控制状态、同步对象中某些元素的影响一样简单。有效载荷的形式多种多样，可以没有或为空，也可以是一组独立的标量、向量、列表或其他更一般的结构。这些值（或指针）与目的位置中的对象数据一起使用以执行投影计算。最后一个字段被称为"续集"字段，它用最简单的术语告诉目的位置在完成指定操作之后需要继续做什么。这可以简单到将结果返回到动作的源位置，也可以是更常规的计算。它还可以指示对发生的错误应当采取何种恢复响应。但是在某些模型中更有趣的是通过修改现有控制对象的状态或将此类控制对象添加到现有全局并行控制状态来对全局控制状态产生影响。

21.5.3　全局地址空间

一个探究可扩展计算的领域分支已经存在了 20 多年，主要关注点在于对全局地址空间的支持。这个问题引发了激烈的争论，起因在于学术界在两类系统中都已经投入了大量的资金。实际上，设计一个包含许多（可能是数千个）节点且这些节点在整个系统中保持同一地址空间的庞大计算机会很困难。虽然正确访问已知物理地址的方法是可以实现的，但更具挑战性的问题是如何处理虚拟地址并保持缓存一致性。一种可处理虚拟地址的方法是采用有分区的全局地址空间（PGAS）。在这种方法中，虚拟地址空间依照物理节点被划分为连续块。虚拟地址的高位标识它所属的节点。这是有效的，但它具有一个不幸的特性，即与给定虚拟地址相关联的字不能在节点之间移动并要使虚拟地址保持不变。实现缓存一致性甚至更有挑战性，这是因为任何处理器都可以成为虚拟位置的所有者，即在写入它的同时，必须有能力在整个分布式系统中使该位置的所有副本失效。在某些情况下，缓存一致性是不考虑的。远程访问与本地访问不同，只有在一个给定节点内的本地访问才考虑缓存一致性的问题。这里还有另一个问题是隐含的：局部性和延迟。对于在分布式内存地址空间中消息传递（就像与 MPI 一起使用时），一个有很强争议性的问题是，它迫使程序员明确地处理局部性，优化本地操作并通过消息传递最小化全局访问。这已被证明对许多应用非常有效。尽管如此，但使用消息传递进行轻量级远程数据访问的低效以及必须通过这种方式明确地控制数据移动的困难已经导致许多实验性的 AMT 软件系统必须包含全局地址空间框架，至少是 PGAS 类型的。

21.5.4　行动者同步

传统的编程方法，特别是消息传递形式，也包括用于多线程操作的方法。它们使用全局栅栏、阻止消息发送 / 接收或等待非阻塞发送 / 接收。这些在语义上很弱，因为它们在流量控制方面实现的相对较少，因此会产生大量开销。它们往往是粗粒度的，特别是在有全局栅栏的情况下，所有进程或线程一定会停止，直到所有任务都在栅栏同步点之前完成了各自工作。一些 AMT 系统采用先进的动态同步结构，如数据流和未来这两种结构都具有超过 30 年的传统。数据流在调度要执行的指定操作之前解决了输入操作的无序完成和异步到达。未来同步将其扩展到用于不同用途的其他执行流请求先前相同的结果值，其提供等效的 IOU，该 IOU 可被视为可操作的指向最终值的指针并构建可提供额外并行性的数据结构。

21.5.5　运行时系统软件

关于 AMT 描述的概念最容易在为实现可扩展和高效 HPC 而开发的少量运行时软件库中找到。来自伊利诺伊大学香槟分校的 Charm++、来自莱斯大学的 OCR，以及来自路易斯安那州立大学和印第安纳大学的 HPX 运行时库是具有代表性的，但这些并不是仅有的包。它们的细节有所不同，有时这些不同的差异很大，但是在主要功能和语义方面有许多相似之处。运行时软件是实现动态自适应计算的最简单方法。对于某些类别的应用（如自适应网格细化、分子动力学、细胞粒子、快速多极方法和动态图问题（包括数据分析）），它可以很好地提高效率、可扩展性和用户生产力。但是对于某些应用，运行时软件几乎没有带来任何性能改进，部分原因是运行时软件实际上增加了系统的总开销。已经有一些在册的实例展示了这个问题，这些实例中的计算性能实际上是降低了。运行时软件可以解决过组合，这通常可以使计算资源得到更好的利用，至少是达到一定程度。但是运行时软件的行为对调度策略也是很敏感的，这可能需要根据应用程序算法的要求进行适配。在未来，希望硬件架构可以发展为包含加速运行时系统操作的某些方面的机制，以降低开销并提高有用的并行性。

21.6　新数字时代

经过几十年的半导体技术的指数级增长，摩尔定律即将失效，如果它还没失效的话（取决于它的定义）。人类无法再依靠片上组件的爆炸式增长来提供持续的性能提升。即使在过去 10 年中，由于功率限制，计算机时钟速率也趋于平缓，指令级并行性也不再有乐观的预期而趋于平缓。这一时期计算机的性能增长主要是通过多核和众核处理器技术实现的，而这些处理器耗尽了摩尔定律的最后遗存，因为支持它们的技术已经达到了纳米级。如果摩尔定律在各种条件的限制下不能够产生更强大的性能，那么还有什么可以产生更强大的性能呢？

在这里，假设新一代 HPC 系统与传统实例及其增量扩展有显著的不同。设计策略包括以下内容。

- ❏ 执行模型：在过去的 70 年间，高端计算的历史经历了大约 6 次的范式转变，这些转变主要是为了采用新的使能技术并利用不同形式的硬件并行性。这些阶段的变化包括原始的冯·诺依曼架构、向量处理器、SIMD 处理器，以及串行进程的通信和共享内存的多线程。但是，这需要新的执行模型以显著提高可扩展性和效率来推动未来计算成功地跨越 E 级性能区域大关，甚至是达到 10 万亿亿级性能。

- ❏ 架构基础：最初，浮点运算是 HPC 系统的性能限制属性，早期的架构旨在实现最高的算术单元利用率。效率通常被描述为持续浮点性能与峰值浮点性能的比值。但时至今日，内存带宽成为关键资源而内存则成为最大的单一成本因素。系统范围内的数据移动也是十分耗时的。未来架构需要围绕这些性能和能耗边界而不是历史上的那些问题而进行重新设计。

- ❏ 并行算法：我们如何组织计算对于要在其上解决问题的机器架构的性质高度敏感。需要对算法进行更改以适应新的机器架构并发现和利用目标问题领域内固有的并行性，同时还要考虑高效的内存使用。已经有许多实例可以佐证，算法的更改可以大大提高解决问题的总计算时间。

- ❏ 编程接口：控制和数据的语义由编程接口来反映，包括决定将应用程序应用于 HPC 系统的方式的语言和库。随着系统架构在过去几十年中不断演变，它们所利用的并行形式不断发生改变，编程方法也必须随之演变，以便程序员可以充分利用硬件优势。例如，我们看到 MPI 已从 MPI-1 演变为 MPI-4。编程接口经常会扩展，而有时还会创建新的接口。CUDA 的出现和使用使得程序员有了利用系统架构改进带来的特性和机会的可能。

在以下部分，提供了超出传统实践的计算方法的示例，以暗示未来高性能计算系统和方法的可能元素。其中一些想法在研究领域已经存在了很长时间。其他想法还尚未进行任何深度调研，但被认为（至少是作者）在未来有一定的前景。

21.6.1　数据流

数据流是最初在 20 世纪 70 年代开发的并行执行模型，但作为非冯·诺依曼计算架构和技术基础进行了探索和增强。在 20 多年的时间里，该技术有许多贡献者，其中有两位来自麻省理工学院的研究人员脱颖而出，他们是杰克·丹尼尔斯和阿文德。这两个该领域内的领导者虽然在同一个研究机构，却领导两个相互独立的研究小组，并采取不同概念的策略。可能被认为是数据流之父的杰克·丹尼尔斯创立了现在被称为"静态数据流"的东西，而阿文德则产生了"动态数据流"学派。在全球范围内进行了规模很大的研究项目，特别是在 20 世纪 80 年代，美国、日本和欧洲部署的全硬件系统实现。架构中反映的一些基本缺陷使抽象模型在初期就最终注定了会使这种方法夭折，其原因主要是开销。但是，该方法依托的基础概念很重要，并且对于许多硬件和软件技术都有所贡献，尽管后来的这些实现并不是创始人预期的原始形式。利用数据流中有价值方面的创新方法很可能在摩尔定律纳米级制造技术结束后推动未来的系统架构和对编程方法的研究。

最纯粹形式的数据流表示一种计算，该计算根据要执行操作的数据的优先顺序进行约束。数据流程序的视觉呈现看起来像有向图，其顶点确定要执行操作，顶点之间的链接确定操作数的流向，即从产生中间值的源顶点到使用该值的目标顶点并作为在这些目标顶点中操作的输入操作数。最初人们期望将"令牌"当作消息，它可以携带计算出来的数据源的输出值和输送到目的地的输入，这些值用作接下来的计算。操作本身由称为"模板"的小数据结构或记录来指定，它指定了要执行的操作，缓冲了输入值，指定了结果值的目标模板，记录并更新了同步控制状态，还包括特定设计所需的其他信息。

数据流是一种功能或值导向的计算模型。其中，没有共享数据，没有全局副作用。只能在操作器件模板之间交换实际值。这具有许多优点，至少抽象地看来是这样的。在其原始版本中，数据流是细粒度的，这揭示了大部分的内在并行性。它非常健壮，避免了与共享内存模型相关的许多陷阱。作为内在因素，令牌通过自同步提供了事件驱动的计算，同时模板保持了控制状态，以允许仅在接收到所有操作数值时执行操作，尽管到达顺序无关紧要。别名和竞争条件这两个问题因此得以避免。巴科斯（Fortran 语言的发明者）在著名的图灵奖演讲中强烈主张将函数式编程作为编写健壮代码的唯一方法。几十年来，许多函数式编程语言已经被开发了出来，其中 Haskell 具有最年轻和广泛的使用实例。

数据流，至少从表现出来的看，遭受了许多低效因素的影响，因此最终无法作为硬件架构的基础。也许最令人震惊的是，它的低效主要是由于操作控制和调度开销而导致的。每个模板的操作都需要执行许多微操作，但这些操作都非常轻巧，并且不需要进行大量的工作。这也就意味着在管理模板时执行的工作多于紧随其后的执行完整操作所需的工作。与典型的程序计数器相比，这需要机器更加努力地工作。它对操作流水线中的气泡或间隙很敏感，因为每个单独有用的操作都需要所有这些更新事件。由于模板存储的要求，它是内存密集型的。而可能更糟糕的是，由于所有数据传输和同步事件，因此它也是内存带宽密集型的。通过将结果值传播到可能的许多目标模板上，其情况变得更加复杂。不能利用通常的加速机制（如寄存器、高速缓存和保留站）使其难以与 RISC 单处理器体系结构进行有效竞争，尽管这些是顺序执行的，且使用了乱序完成的流水线，有效的编译方法，更高的时钟频率和较低的能耗，未能利用通常的加速机制（如寄存器、高速缓存保留站）使其难以与 RISC 单处理器体系结构进行有效竞争。最后，在并行计算机被限制为最多有几百个处理器的时期，这种罕见的粗粒度并行性足以使资源得到充分利用。充分利用数据流引入的细粒度操作是不必要的，实际上十分浪费资源。

尽管原始数据流架构的设计存在上述的缺陷，但它的底层执行模型非常强大。它解决了异步的关键挑战以及由此产生的操作事件顺序的不确定性。它使得单独开发的软件具有更清晰的可组合性。它提供了一种干净、清晰的过组合方法，可用于动态自适应资源管理和任务调度，进而避免资源阻塞和对共享资源的争用。

它提供了一种通过使用大量可用并行性来最小化饥饿的自然方法。它有许多或许能够从数据流概念中受益的可能变体、折中和混合结构。已经有越来越多的中等或粗粒度级别的计算用有向无环图来表示，以利用更多自适应流控制来提高计算效率和可扩展性。出于这些原因，预计当摩尔定律终结之后需要新的架构来提高性能时，数据流执行模型所体现的概念将会被采用，尽管会是创新的方式。

21.6.2　元胞自动机

在数学家约翰·冯·诺依曼做出的许多贡献中，有一种独特的计算模型——元胞自动机，它发明于 1949 年。无法避免的讽刺是：元胞自动机被认为是"非冯·诺依曼架构"。

在其简单的形式中，元胞自动机由二维阵列（也可以是一维或三维）组成，阵列中的每个元胞连接到最近的邻居（通常是 4 个：上、下、右、左）。每个元胞包含少量的状态：有时是几位或几个单词，有时可能更多。一个元胞包含一组规则，这些规则确定自身状态将如何根据当前状态及直接邻居的当前状态而变化。

元胞自动机的典型例子是 Conway 的生命游戏，其中每个元胞具有两种状态之一（例如，活着或死亡），以及一个小规模的简单规则集合，如下所示。

- ❑ 如果一个元胞处于活着状态并且只有一个邻居元胞或没有邻居元胞存活，则该元胞将死亡。
- ❑ 如果一个活着的元胞中有 2 个或 3 个邻居元胞是活着的，那么该元胞将仍然处于活着的状态。
- ❑ 但如果一个活着的元胞有 4 个、5 个或 6 个活着的邻居元胞，那么它就会死亡。
- ❑ 一个有 3 个活着的邻居元胞的死亡元胞会变为活着状态。

这种元胞自动机的演化完全取决于其初始状态，即其所有元胞的状态。冯·诺依曼证明有一套规则和状态是图灵等价的，因此原则上它可以作为通用计算机，虽然他的解决方案只是理论上的，并没有反映现实世界中计算的实际框架。Conway 的模型更简单，该模型也是一台通用的图灵机。

元胞自动机具有许多属性，这使其成为未来有趣的一类高性能计算架构。它暴露了大量的硬件并行性，由于每个元胞可以非常小，因此对于给定的制造特征尺寸和管心区域，可以存在最大数量的执行单元，尽管它只具有一定限度的能力。它具有非常大的存储带宽，但存储密度可能不如其他方式。本地存储访问的延迟将非常低，这与最近邻居元胞的状态一样。如果通信和上述描述一样平坦，那么远程访问可能需要许多跳并且一定会造成较长的延迟。但是，分层拓扑可以强有力地缓解这种情况。通过在硬件功能中内置本地同步，也可以改善非常宽的系统异步性。可以设计出许多数据和操作序列布局模式以利用从现有技术衍生出的向量处理器、脉冲、SIMD、波、数据流和图算法。

依旧存在着许多悬而未决的开放性问题。在平衡存储容量、操作功能和通信方面存在许多权衡；通过整个元胞阵列实现大规模本地基本操作的全局并行计算的全局紧急行为依旧是主要的挑战。从本质上讲，新的执行模型是什么？目前尚不清楚这究竟是不是可能的。然而，在架构可能是显著提升计算机性能的唯一希望的时候，它确实开启了一类新的高性能计算架构。

21.6.3 仿神经计算

人类大脑是一个非凡的系统，也许是最复杂的系统。它在单个颅骨内的互连比银河系中所有恒星的都要多。它拥有 890 亿个神经元，却只消耗 20W 的功率，每个神经元平均通过 10 000 个突触连接进行通信。虽然每个神经元的工作频率低于 1 kHz，但大脑每秒激活的凸起超过 10 万亿次。并且它在拓扑结构中不断变化以修复长期记忆。某些形式的操作（例如图像、声音和模式的关联处理），通过即使使用性能最高的超级计算机也无法实现的吞吐量来完成的。然后，研究人员推测能不能采用与人类大脑相同的原理开发一类未来的计算机，以制造具有类似卓越能力的人工计算系统？在最普遍的意义上，这些被称为"神经形态"计算机；目前正在探索许多不同的方法，但所有方法都受到大脑的启发。

21.6.4 量子计算

试图解释量子计算就像在霍格沃茨教授计算机科学一样。但量子计算并不神奇，即使看起来如此。从实际意义上来说，它还不是真实的。但它在理论上是可行的，并且在技术上变得越来越有可能，尽管仍有一些路要走。为什么对仍然是研究领域内的问题有如此多的兴趣和投资呢？因为它的能力和影响（如果能实际实现它的话）。从理论上讲，即使传统超级计算机在地球的整个生命周期内都在运行，某些计算也不能完成，但量子计算能。这不仅限于一些深奥或模糊的问题，也可用于一些极端临界领域，如密码分析或多维非线性优化。

自 20 世纪 80 年代以来，人们就已经理解了量子计算背后的基本概念，这包括加州理工学院诺贝尔奖获得者理查德·费曼和其他先驱者的基础工作。量子计算的核心思想体现在存储量子信息的"量子位"的概念中，而香农位存储二进制信息。但是它们之间的相似性到此为止。量子位状态不是 0 或 1，而是数据概率叠加为 0 或 1。一组 n 个量子位可以存储所有可能值的概率分布，即 2^n 个可能值，以及原则上至少可以同时处理所有这些值。概率之和必须等于 1。当测量（观察）假设的量子位的值时，输出值折叠为单个的 n 位答案。任何特定答案的可能性是与该值相关联的叠加字段的概率。这意味着多次重新执行计算可能会产生不同的值。

　　特定算法的开发带来了重大突破，这些算法展示了如何利用理论上的量子计算机来加速某些问题。Shor 的因式分解算法就是一个在这个领域产生重大兴趣和研究的例子。这种被称为"量子退火"计算机的机器变体，执行较窄范围内的优化算法。尽管其有局限性，但有些公司，特别是加拿大的公司 D-wave，已经建造了这种类型的实用系统，并且可以操作。

　　至少通过实际实验可以理解实现该功能所需的技术，这涉及低温超导的极端情况。具体而言，约瑟逊森结被冷却至数十微 K（绝对零度以上），用于维持量子态的稳定性有足够长时间，以执行所需的计算。这并不容易，替代方法正在研究中。无论最终是否可以开发出可行的技术解决方案，全量子计算的优势仍然有限。当今传统计算机确实存在许多问题，这些问题无法通过目前构想的量子计算机来加速。而且，未来的量子计算机原则上不可能解决传统计算机无法解决的问题，因为它们是图灵等效的。尽管如此，对于那些具有可想象的性能优势问题，未来量子计算机的前景非常令人兴奋。

21.7　练习

1. 在 500 强列表中查找最节能的超级计算机 [3]。将顶级系统外推至百亿亿次规模并估算运行的电力成本。对于 E 级计算机来说，它与 20MW/ 年的目标有多接近？

2. 回顾最近的戈登·贝尔奖获奖者 [4]。有多少应用程序使用 "MPI+X"？使用了多少个 GPU？它代表什么架构？

3. 什么类型的应用程序将从 E 级计算资源中受益？什么类型的应用程序不会从这些资源中受益？

4. 目前在商用量子计算机上部署了哪些类型的应用程序？

5. 解释为什么摩尔定律能够让应用程序开发人员免费提高应用程序的性能。摩尔定律终结的后果是什么？

参考文献

[1] T. Sterling, Personal Communication.
[2] Wikipedia, Larrabee (Microarchitecture), [Online]. https://en.wikipedia.org/wiki/Larrabee_(microarchitecture).
[3] Green500, Green500 List, [Online]. https://www.top500.org/green500/.
[4] Association for Computing Machinery, ACM Gordon Bell Prize, [Online]. http://awards.acm.org/bell/.

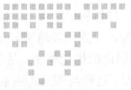

C 语言的基础

本附录旨在帮助那些已经知道一种或多种编程语言并可能需要简要了解 C 语法和语义的用户。这里提供的方法是由 4 个例子驱动的，这些例子涉及广泛的 C 用法，包括数值积分、上 / 下三角（LU）分解、快速傅里叶变换（FFT）和三连棋游戏。在这些示例中，说明了核心 C 语法。表 A-1 突出显示了一些关键的 C 语法元素。

A.1 数值积分

使用来自龙格 – 库塔系列的积分方法求解常微分方程是科学计算中一项常见的任务。经典的四阶算法通常被称为 rk4，它展示了 C 编程语言的许多重要特征。在代码 1 介绍的例子中，求解了常微分方程。

$$\frac{\mathrm{d}x}{\mathrm{d}t} - \lambda x$$

对于函数 $x(t)$，只需要两个例程：main 和 rhs。虽然 main 例程存在于所有 C 代码中，但 rhs 函数提供了在不同函数值和时间下计算常微分方程的右侧评估。rhs 函数的原型在第 13 行中声明，而函数本身在第 71～73 行中定义。该原型主要给 main 函数提供有关函数预期输入和输出的信息，并帮助进行类型检查。龙格 – 库塔积分的每个步骤的输出都写入文件。文件处理程序在第 35 行中声明，而输出文件 rk4. dat 本身在第 38 行中打开，具有"写"访问权限，如例程 fopen 的最后一个参数中的 w 所示。积分的每个步骤的输出都使用第 54 行中的 fprintf 函数写入文件，并使用 fclose 在第 65 行中关闭文件。rk4 积分器本身列在第 56～63 行。这个常微分方程的精确解是

$$x(t) = Ce^{-\lambda t}$$

其中，常数 $C=1$，它根据第 41 行给出的 $x(t)$ 的初始条件得到的。在第 49 行中对精确解进行了评估，并将此用于在整个积分过程中评估数值解中的误差。

表 A-1 4 个示例代码中使用的一些关键的 C 语法元素

操作或功能元素	位　置	例　子
FOR 循环	代码 1，第 44 行	for (i=0;i<N;i++) {
WHILE 循环	代码 3，第 11，85 行	while (nmoves++ < 9) {
IF 语句	代码 4，第 90 行	if (!p->level) return;
按位右移	代码 3，第 12 行	k >>= 1;
按位左移	代码 3，第 27,28 行	if(n & (1 << (log2_int(N) - j)))
按位与	代码 3，第 20，27,58 行	if(!(i & n)) {
按位或	代码 3，第 28 行	p |= 1 << (j - 1);
取模	代码 3，第行 60 行	double complex Temp = W[(i * a) % (n * a)] * f[i + n];
增量运算符	代码 1，第 44 行 代码 4，第 148 行	for (i=0;i<N;i++) {
减法和赋值运算符	代码 2，第 71,74 行	for (int j = 0; j < i; j++) x[i] -= ap[i][j]*x[j];
条件表达式	代码 4，第 55 行	char who = (upper->who == comp_mark)? user_mark: comp_mark;
结构	代码 4，第 10 行	typedef struct move {
分配和零初始化	代码 4，第 60 行	if (!m) m = calloc(1, sizeof(move_t));
复杂的分配	代码 3，第 46 行	W = (double complex *)malloc(N / 2 * sizeof(double complex));
复数的幂	代码 3，第 52 行	W[i] = cpow(W[1], i);
文件处理	代码 1，第 38,54,65 行 代码 2，第 19,33,34 行	FILE *f = fopen(path, "r");
函数 getline	代码 2，第 23 行	getline(&line, &n, f);

```
0001 /*
0002 * Solving the Ordinary Differential Equation
0003 *  dx/dt = -lambda x
0004 *  using Runge-Kutta 4th order
0005 */
0006
```

代码 1 在 C 语言中使用龙格 – 库塔方法求解常微分方程

```
0007 #include <stdio.h>
0008 #include <stdlib.h>
0009 #include <math.h>
0010
0011 #define lambda 5.0
0012
0013 double rhs(double x,double t);
0014
0015 int main(int argc, char *argv[]) {
0016   // Starting and Stopping integration time
0017   double A = 0.0;
0018   double B = 1.0;
0019
0020   // Size of timestep
0021   double dt = 0.1;
0022
0023   // Number of timesteps
0024   int N = (B-A)/dt+1;
0025
0026   int i;
0027
0028   // predictor-corrector rk4 steps
0029   double F1,F2,F3,F4;
0030   double x,t;
0031   double exact;
0032   double small_number = 1.e-15;
0033
0034   // file for output
0035   FILE *rk4data;
0036
0037   /* open a file for output */
0038   rk4data = fopen("rk4.dat","w");
0039
0040   /* initial condition: x(A) = 1.0 */
0041   x = 1.0;
0042
0043   fprintf(rk4data,"# t x(t) exact diff\n");
0044   for (i=0;i<N;i++) {
0045   /* RK4 */
0046   t = A + dt*i;
0047
0048   /* Exact solution */
0049   exact = exp(-lambda*t);
0050
0051   /* Write to file the log of the difference
0052    * between the exact solution and integrated solution */
0053   //fprintf(rk4data,"%g %g\n",t,log(x-exact+small_number));
0054   fprintf(rk4data,"%g %g %g %g\n",t,x,exact,x-exact);
```

代码 1 （续）

```
0055
0056   // Runge-Kutta
0057   F1 = rhs(x,t);
0058   F2 = rhs(x+0.5*dt*F1,t+0.5*dt);
0059   F3 = rhs(x+0.5*dt*F2,t+0.5*dt);
0060   F4 = rhs(x+dt*F3,t+dt);
0061
0062   // update x(t)
0063   x = x + 1.0/6.0*dt*( F1 + 2.0*F2 + 2.0*F3 + F4 );
0064   }
0065   fclose(rk4data);
0066
0067   return 0;
0068   }
0069
0070 // The right hand side of the first order differential equation
0071 double rhs(double x,double t) {
0072   return -lambda*x;
0073 }
```

代码 1（续）

A.2　上 / 下三角分解

　　LU 分解程序是密集型线性代数处理的一个例子。这些问题涉及方程组的矩阵和向量表示，可能包括数千个相互关联的方程和变量。在许多其他应用中，基于矩阵的方程求解器被用来生成普通和偏微分方程的数值解，因此它几乎被广泛用于模拟真实世界环境的每一个物理学分支中。

　　代码 2 中列出的程序，求解了方程 $Ax=b$ 中的 x。矩阵 A 和向量 b 由文件给定并从文件中读出，该文件作为所需的命令行参数传递给程序。为了能够求解系统，A 必须是方阵，并且包含线性独立的列和行。为了求解，需要考虑到 A 为各种可能实例的情况，代码采用特定的方法，在这种方法中，矩阵表示为下三角矩阵 L（主对角线上方的所有元素均为零）和上三角矩阵 U（主对角线下方的所有元素均为零）的乘积。由于将原始矩阵转换为三角矩阵形式，因此要求位于 A 主对角线上的所谓枢轴元素是非零（算法除以枢轴值计算矩阵中其他元素的值），有时会出现矩阵中的行必须进行交换以避免此问题。请注意，这只是对应于更改原始方程列出的顺序，因此不会改变解。重新排序由一个置换矩阵 P 表示，其每一列和行中都只有一个 1，其他地方元素为 0。矩阵因而表示为：

$$PA=LU$$

导致问题定义为：

$$LUx=Pb$$

通过引入中间向量 y, 可以将其进一步分解为两个相关系统：

$$Ly=Pb$$
$$Ux=y$$

感谢这样一个事实，L 是三角形的，第一个方程的解可以通过正向替代来计算完成。请注意，y 的第一个元素可以通过将置换向量 b 的第一个元素除以 L 中的第 1 行和第 1 列的元素来计算。由于 L 的第二行只包含两个非零元素，因此可以根据第一个元素的值计算 y 的第二个元素。此过程将逐行继续，直到 y 的所有元素都已知。计算的 y 值可以插入到涉及 U 的第二个矩阵方程中，并使用类似方法（反向替换）计算向量 x 的值。

矩阵 A 和向量 b 的内容是使用 read_from_file 函数（fopen、getline、fread 和 fopen）获取到的各种文件 I/O 操作，是从存储中提取的。其中第一个（在第 19 行中调用）打开一个由路径描述的文件，以用于读取。该文件包含一个头部，其中包含一个或两个用空格分隔的十进制数字，并以新行字符终止；它们描述矩阵或向量的维度。此部分是使用在读取完整行后停止的 getline 函数（第 23 行）提取的，后面是 sscanf 函数（第 24 行），该函数将数字的文本表示形式转换为整数变量。由于 sscanf 返回转换项的数量，因此下面的 switch 语句显式地将无法读取的每个维度清零。例程分配数组或矢量的存储，并将文件的剩余内容视为序列化的二进制数据（无间隙的双精度浮点数序列）。数据以行优先顺序存储，每行中，从最低行索引和最低列索引开始。虽然这种方法可以有效地利用存储空间，但这些文件不能移植到内存布局不兼容的体系结构中，即有不同字节顺序和不同数字长度的情况。此外，由于检查此类文件的内容时会遇到困难，因此建议使用便携式和自描述文件格式，如 HDF5 或 NetCDF。文件内容传输到数据内存由第 33 行中的 fread 函数来执行。验证提取到的元素数量（不是字节！）后，文件将被 fclose 函数（第 34 行）关闭。

LU 分解由 decompose 函数执行。为了节省内存，常用的技巧会将 L 矩阵和 U 矩阵同时存储在通常由 A 占用的空间中。这是可能的，因为矩阵 L 的对角线上只有 1，从而消除了显式存储的需求，因此 A 的对角线元素可以用来保存矩阵 U 中的相应元素。为了加快计算速度，并在访问矩阵元素时启用更熟悉的双索引表示法，将分配并初始化一个指向行的指针数组 ap。这允许更快的行排列，要交换两行，只交换它们的指针就可以了，行的内容保留在原始内存位置。decomposition 函数扫描每个对角线组件上的元素值，以选择每行中（绝对值意义上的）最大的枢轴。这既是为了避免零值或接近零值的枢轴，也是为了获得良好的数值精度。由于置换矩阵 P 非常稀疏（请记住，它每行只有一个非零元素），因此使用了置换向量。它存储每一行更新的索引，该索引稍后将用于正确获取向量 b 中的元素。P 中的每个索引最初指向行的初始位置；每当交换行时，P 中的相应条目也会被交换。

求解函数分两个步骤计算向量 x。第一步计算通过重定向向量 p 访问 L 和向量 b 的中间向量。第二步将中间向量中的元素转换为最终解值。不需要额外的存储，因为中间向量元素消耗的速度与产生 x 元素的速度相同。

如果用户指定命令行上的第三个参数，则会将其解释为存储解向量的文件路径名。函数 write_to_file 使用与读取函数类似的 I/O 函数来处理数据输出，但 fprintf（第 84 行）

和 fwrite（第 85 行）除外。第一个函数的行为与常规的 printf 非常相似，只是它将输出重定向到由第一个参数指定的流。另一方面，fwrite 接受与 fread 相同的参数，并将原始数据写入打开的文件。如果没有给出第三个参数，程序将输出向量 *x* 中的所有元素（第 106~108 行）。

　　程序使用可变函数（即是接受可变参数个数的函数）错误来处理关键的执行问题。省略号（"…"）将其表示为最后一个形式参数。由于支持可变，程序员可能会传递包含在错误消息中的其他信息。访问此功能所需的定义由包含的文件"stdarg.h"提供。

```
0001 #include <stdio.h>
0002 #include <stdlib.h>
0003 #include <stdarg.h>
0004 #include <math.h>
0005
0006 #define EPS 1e-20
0007
0008 // handle error occurrence
0009 void error(char *fmt, ...) {
0010    va_list ap;
0011    va_start(ap, fmt);
0012    fprintf(stderr, "Error: ");
0013    vfprintf(stderr, fmt, ap);
0014    exit(1);
0015 }
0016
0017 // read in contents of matrix or vector from file
0018 double *read_from_file(char *path, unsigned dim[2]) {
0019    FILE *f = fopen(path, "r");
0020    if (!f) error("cannot open \"%s\" for reading\n", path);
0021    size_t n = 0;
0022    char *line = NULL;
0023    getline(&line, &n, f);
0024    switch (sscanf(line, "%u %u", &dim[0], &dim[1])) {
0025      case 0: dim[0] = 0;
0026      case 1: dim[1] = 0;
0027        break;
0028    }
0029    if (!dim[0]) error("invalid data file format in file \"%s\"", path);
0030
0031    n = dim[0]*(dim[1]? dim[1]: 1);
0032    double *data = malloc(sizeof(double)*n);
0033    size_t cnt = fread(data, sizeof(double), n, f);
0034    fclose(f);
0035    if (cnt < n) error("file \"%s\" seems to be truncated\n", path);
0036    return data;
```

代码 2　矩阵 LU 分解和求解器的源代码

```
0037 }
0038
0039 // perform LU decomposition
0040 double **decompose(int n, double *a, double *b, int *p) {
0041   double **ap = malloc(sizeof(double)*n); // array of row pointers
0042   for (int i = 0; i < n; i++) {
0043     ap[i] = &a[i*n]; p[i] = i;
0044   }
0045
0046   for (int i = 0; i < n; i++) {
0047     for (int j = i+1; j < n; j++) {
0048       int maxind = i;
0049       if (fabs(ap[j][i]) > fabs(ap[maxind][i])) maxind = i;
0050       if (maxind != i) {
0051         double *atmp = ap[i];
0052         ap[i] = ap[j]; ap[j] = atmp; // pivot row swap
0053         int ptmp = p[i];
0054         p[i] = p[j]; p[j] = ptmp; // permutation tracking
0055       }
0056       if (fabs(ap[i][i]) < EPS) error("matrix A ill-defined, aborting\n");
0057     }
0058     for (int j = i+1; j < n; j++) {
0059       ap[j][i] /= ap[i][i];
0060       for (int k = i+1; k < n; k++) ap[j][k] -= ap[j][i]*ap[i][k];
0061     }
0062   }
0063   return ap;
0064 }
0065
0066 // solve system of equations
0067 double *solve(int n, double **ap, double *b, int *p) {
0068   double *x = malloc(sizeof(double)*n);
0069   for (int i = 0; i < n; i++){ // forward substitution with L
0070     x[i] = b[p[i]];
0071     for (int j = 0; j < i; j++) x[i] -= ap[i][j]*x[j];
0072   }
0073   for (int i = n-1; i >= 0; i--) { // backward substitution with U
0074     for (int j = i+1; j < n; j++) x[i] -= ap[i][j]*x[j];
0075     x[i] = x[i]/ap[i][i];
0076   }
0077   return x;
0078 }
0079
0080 // save result vector to file
0081 void save_to_file(char *path, int n, double *x) {
0082   FILE *f = fopen(path, "w");
0083   if (!f) error("cannot open \"%s\" for writing\n", path);
```

代码 2（续）

```
0084    fprintf(f, "%d\n", n);
0085    if (fwrite(x, sizeof(double), n, f) != n)
0086      error("short write to \"%s\" file\n", path);
0087    fclose(f);
0088 }
0089
0090 int main(int argc, char **argv) {
0091    // initialization and sanity checks
0092    if (argc != 3 && argc != 4)
0093      error("usage: %s matrix_file vector_file [result_file]\n", argv[0]);
0094    int Asize[2], bsize[2];
0095    double *A = read_from_file(argv[1], Asize);
0096    if (Asize[0] != Asize[1]) error("matrix A is not square\n");
0097    double *b = read_from_file(argv[2], bsize);
0098    if (bsize[1] > 0) error("b is not vector\n");
0099    if (bsize[0] != Asize[0]) error("size of b incongruent with A\n");
0100    int *P = malloc(sizeof(int)*(*bsize)); // row permutation vector
0101    // decompose and solve
0102    double **Ap = decompose(*bsize, A, b, P);
0103    double *x = solve(*bsize, Ap, b, P);
0104    // output handling
0105    if (argc > 3) save_to_file(argv[3], *bsize, x);
0106    else { // if no output file specified, print out the solution
0107      for (int i = 0; i < *bsize; i++) printf("%f ", x[i]);
0108      printf("\n");
0109    }
0110
0111    return 0;
0112 }
```

代码 2 （续）

A.3　快速傅里叶变换

快速傅里叶变换（FFT）是一种核心的计算科学算法，通常涉及复数。代码 3 说明了使用 Cooley-Tukey 算法，利用 C 语言计算 FFT。此实现说明了复数的计算（第 52 行）、按位右移赋值（第 12 行）、按位 AND 运算符（第 20、27 和 58 行）、按位 OR 赋值（第 28 行）、按位左移赋值（第 27 行和 28 行）、取模（第 60 行）、while 循环（第 11 行和第 85 行）、for 循环以及 if 条件的使用。这是一个分而治之算法的例子。

```
0001 #include <stdio.h>
0002 #include <stdlib.h>
0003 #include <math.h>
```

代码 3　用 C 语言实现的 FFT。该代码改编自维基百科中的 C++ 版本 [1]

```
0004 #include <complex.h>
0005
0006 #define MAX 200
0007
0008 int log2_int(int N)    /*function to calculate the log2(.) of int numbers*/
0009 {
0010    int k = N, i = 0;
0011    while(k) {
0012      k >>= 1;
0013      i++;
0014    }
0015    return i - 1;
0016 }
0017
0018 int check(int n)    //checking if the number of element is a power of 2
0019 {
0020    return n > 0 && (n & (n - 1)) == 0;
0021 }
0022
0023 int reverse(int N, int n)    //calculating revers number
0024 {
0025    int j, p = 0;
0026    for(j = 1; j <= log2_int(N); j++) {
0027      if(n & (1 << (log2_int(N) - j)))
0028        p |= 1 << (j - 1);
0029    }
0030    return p;
0031 }
0032
0033 void ordina(double complex* f1, int N) //using the reverse order in the array
0034 {
0035    double complex f2[MAX];
0036    for(int i = 0; i < N; i++)
0037      f2[i] = f1[reverse(N, i)];
0038    for(int j = 0; j < N; j++)
0039    f1[j] = f2[j];
0040 }
0041
0042 void transform(double complex* f, int N) //
0043 {
0044    ordina(f, N); //first: reverse order
0045    double complex *W;
0046    W = (double complex *)malloc(N / 2 * sizeof(double complex));
0047    double rho = 1.0;
0048    double theta = -2. * M_PI / N;
0049    W[1] = rho*cos(theta) + rho*sin(theta)*I;
0050    W[0] = 1;
0051    for(int i = 2; i < N / 2; i++) {
```

代码 3 （续）

```
0052      W[i] = cpow(W[1], i);
0053    }
0054    int n = 1;
0055    int a = N / 2;
0056    for(int j = 0; j < log2_int(N); j++) {
0057      for(int i = 0; i < N; i++) {
0058        if(!(i & n)) {
0059           double complex temp = f[i];
0060           double complex Temp = W[(i * a) % (n * a)] * f[i + n];
0061           f[i] = temp + Temp;
0062           f[i + n] = temp - Temp;
0063        }
0064      }
0065      n *= 2;
0066      a = a / 2;
0067    }
0068  }
0069
0070  void FFT(double complex * f, int N, double d)
0071  {
0072    transform(f, N);
0073    for(int i = 0; i < N; i++)
0074      f[i] *= d; //multiplying by step
0075  }
0076
0077  int main()
0078  {
0079    int n;
0080    do {
0081      printf(" Give array dimension (needs to be a power of 2)\n");
0082      char str1[20];
0083      scanf("%s",str1);
0084      n = atoi(str1);
0085    } while(!check(n));
0086    double sampling_step = 1.0;
0087    double complex vec[MAX];
0088    double freq = 100;
0089    double x;
0090    printf(" Input vector\n");
0091    for(int i = 0; i < n; i++) {
0092      x = -M_PI + i*2*M_PI/(n-1);
0093      vec[i] = cos(-2*M_PI*freq*x);
0094      printf("%g + %g I\n",creal(vec[i]),cimag(vec[i]));
0095    }
0096    printf("--------------------\n");
0097    FFT(vec, n, sampling_step);
0098    printf(" FFT of the array\n");
0099    for(int j = 0; j < n; j++)
```

代码 3 （续）

```
0100        printf("%g + %g I\n",creal(vec[j]),cimag(vec[j]));
0101
0102     return 0;
0103 }
```

代码 3 （续）

A.4　三连棋游戏

为了说明动态生成和删除数据结构的问题，代码 4 提供了流行的三连棋游戏的简化实现。游戏让用户从在 3×3 个网格中的任意位置放置 "X" 开始。此时，计算机会生成所有可能的移动图形，并选择一个最好的获胜机会。由于某些已审核过的移动不再需要，因此将删除其他图形分支以释放分配的内存。虽然这对于游戏来说并不是绝对必要的，但它是递归函数调用以及动态内存操作和指针操作的一个示例。

程序中使用的基本数据结构是 move_t（第 10～15 行），它存储游戏中单个移动的详细信息（"X" 或 "O" 的位置）。它是一个 C 结构，包含指向其他类似结构的 next 指针和 level 指针，并允许在两个维度中构建扩展的图形。next 指针指向包含从当前状态即时后续移动的结构。由于可能有多个移动，因此它们存储在由 level 指针链接的列表中。胜负字段包含当前移动下方整个子树计算中所有胜负的总和。叶节点是其中一方获胜结束的节点（因此一个胜负字段是 0，另一个是 1）或面板完全充满且未识别出任何赢家情况下的平局。对于后者，胜负均为 0。该结构还包含当前移动（x 和 y）的列和行坐标，以及有关谁在移动的信息（存储 "X" 或 "O" 的字符字段）。

移动空间由从第 54 行开始的 build_tree 函数生成。此函数为在面板上找到的每个空字段分配一个新的 move_t 结构，并将其添加到 level 列表中。该列表由存储在上层节点中的 next 指针来指向。如果列表中任何面板布局被标识为胜利的移动，则适当地填写胜负字段。否则，将递归调用 build_tree，并将当前移动设置为祖先节点。在这两种情况下，当前移动的胜负值都会添加到上层节点的相应字段中，从而确保这些值传播到起始节点。

选择下一个计算机移动（make_next_move，第 120 行），这涉及遍历代表最近移动节点正下方的 level 列表。该战略相当简单，但在许多情况下效果相当好。如果找到有非零数的胜利和未失败的移动，则会立即选择该移动。否则，计算赢和输的差，并选择具有最佳结果的移动。

用户输入由 get_user_input 函数（从第 99 行开始）处理。它使用 scanf 调用将用户提供的文本转换为与下一步的行和列相对应的两个短整数。这是在无限循环中调用的，因为用户可能错误地输入已占用字段的坐标。被输入成功验证时，循环中断。

一旦知道了下一个移动（通过用户或计算机），移动空间将被清除，以删除不再需要的移动节点。对图形进行重新排列，以便仅通过从顶部节点开始遍历 next 链接来到达当前移动的路径。level 列表中的所有剩余条目都将被第 88 行的函数 prune_untaken 所删除。内存的递归清理由第 79 行开始的函数修剪执行。

面板状态存储在 3×3 的字符数组中。生成移动树和开始游戏只需要面板的一个实例。通过 show_board 例程（第 18～39 行）在标准输出上可视化面板，该例程还说明了 switch 语句的使用，使用具有多个实例的标签赋值，以切换到相同代码片段。

```c
0001 #include <stdio.h>
0002 #include <stdlib.h>
0003 #include <string.h>
0004
0005 // markers for computer, user and empty space
0006 const char comp_mark = 'O', user_mark = 'X', empty = ' ';
0007 // array type to hold the board state
0008 typedef char board_t[3][3];
0009 // structure describing single move
0010 typedef struct move {
0011    struct move *level, *next;
0012    int wins, losses;
0013    short x, y;
0014    char who;
0015 } move_t;
0016
0017 // display the board
0018 void show_board(board_t b) {
0019    for (int i = 0; i < 7; i++) {
0020    switch (i) {
0021      case 0:
0022      case 6:
0023        printf(" -----------\n");
0024        break;
0025      case 2:
0026      case 4:
0027          printf(" |---+---+---|\n");
0028        break;
0029    case 1:
0030    case 3:
0031    case 5: {
0032      short r = (i-1)/2;
0033      printf(" %d | %c | %c | %c |\n", r+1, b[r][0], b[r][1], b[r][2]);
0034      break;
0035    }
0036   }
0037  }
0038  printf("  1 2 3\n\n");
0039 }
```

代码 4　三连棋游戏的源代码

```
0040
0041 // test if the move described by m is a winning move
0042 int winning_move(board_t b, move_t *m) {
0043    short x = m->x, y = m->y;
0044    if (b[y][x] == b[y][(x+1)%3] && b[y][x] == b[y][(x+2)%3]) return 1;
0045    if (b[y][x] == b[(y+1)%3][x] && b[y][x] == b[(y+2)%3][x]) return 1;
0046    if (x == y &&
0047        b[y][x] == b[(y+1)%3][(x+1)%3] && b[y][x] == b[(y+2)%3][(x+2)%3]) return 1;
0048    if (x+y == 2 &&
0049        b[y][x] == b[(y+1)%3][(x-1)%3] && b[y][x] == b[(y+2)%3][(x-2)%3]) return 1;
0050    return 0;
0051 }
0052
0053 // build move search graph
0054 void build_tree(move_t *upper, board_t b, int depth) {
0055    char who = (upper->who == comp_mark)? user_mark: comp_mark;
0056    move_t *m = NULL;
0057    for (int j = 0; j < 3; j++)
0058      for (int i = 0; i < 3; i++)
0059        if (b[j][i] == empty) {
0060          if (!m) m = calloc(1, sizeof(move_t));
0061          else {
0062            m->level = calloc(1, sizeof(move_t));
0063            m = m->level;
0064          }
0065          if (!upper->next) upper->next = m;
0066          m->x = i; m->y = j; m->who = b[j][i] = who;
0067          if (winning_move(b, m)) {
0068            m->wins = (who == comp_mark); m->losses = (who == user_mark);
0069          }
0070          else if (depth < 9) {
0071            build_tree(m, b, depth+1);
0072          }
0073          upper->wins += m->wins; upper->losses += m->losses;
0074          b[j][i] = empty;
0075        }
0076 }
0077
0078 // delete no longer needed move branches
0079 void prune(move_t *m) {
0080   if (m) {
0081     if (m->next != NULL) prune(m->next);
0082     if (m->level != NULL) prune(m->level);
0083     free(m);
0084   }
0085 }
0086
```

代码 4（续）

```
0087  // delete all non-taken moves below curr with the exception of keep
0088  void prune_untaken(move_t *curr, move_t *keep) {
0089    move_t *p = curr->next;
0090    if (!p->level) return;
0091    if (p != keep) {
0092      while (p->level != keep) p = p->level;
0093      p->level = keep->level; keep->level = curr->next->level; curr->next = keep;
0094    }
0095    prune(keep->level); keep->level = NULL;
0096  }
0097
0098  // ask for and validate user input
0099  void get_user_input(board_t b, short *x, short *y) {
0100    while (1) {
0101      printf("%c's move; enter row and column number separated by space: ", user_mark);
0102      scanf("%hd %hd", y, x);
0103      (*x)--; (*y)--;
0104      if (*x >= 0 && *x < 3 && *y >= 0 && *y < 3 && b[*y][*x] == ' ') return;
0105      printf("Invalid move, please try again!\n\n");
0106    }
0107  }
0108
0109  // process user move
0110  int get_user_move(board_t b, move_t *curr) {
0111    short x, y;
0112    get_user_input(b, &x, &y);
0113    b[y][x] = user_mark;
0114    for (move_t *p = curr->next->level; p; p = p->level)
0115      if (p->x == x && p->y == y) prune_untaken(curr, p);
0116    return winning_move(b, curr->next);
0117  }
0118
0119  // calculate computer's move
0120  int make_next_move(board_t b, move_t *curr) {
0121    move_t *best = NULL;
0122    for (move_t *p = curr->next; p; p = p->level) {
0123      if (p->losses == 0 && p->wins > 0) {
0124        best = p; break;
0125      }
0126      if (best) {
0127        if (best->wins-best->losses < p->wins-p->losses) best = p;
0128      }
0129      else best = p;
0130    }
0131    b[best->y][best->x] = comp_mark;
0132    prune_untaken(curr, best);
0133    printf("%c plays at %hd %hd:\n", comp_mark, best->y+1, best->x+1);
```

代码 4 （续）

```
0134   return 2*winning_move(b, best);
0135 }
0136
0137 int main() {
0138   // initialization and first move
0139   board_t board;
0140   move_t *game = calloc(1, sizeof(move_t)), *current = game;
0141   memset(board, empty, 9);
0142   show_board(board);
0143   get_user_input(board, &game->x, &game->y);
0144   game->who = user_mark; board[game->y][game->x] = user_mark;
0145   build_tree(game, board, 1);
0146
0147   int status = 0, nmoves = 1;
0148   while (nmoves++ < 9) { // main game loop
0149     show_board(board);
0150     if ((status = make_next_move(board, current)) > 0) break;
0151     current = current->next; nmoves++;
0152     show_board(board);
0153     if ((status = get_user_move(board, current)) > 0) break;
0154     current = current->next;
0155   }
0156
0157   show_board(board);
0158   switch (status) { // print the final status
0159     case 1:
0160       printf("\n*** Congratulations, you won! ***\n");
0161       break;
0162     case 2:
0163       printf("\n*** I won! ***\n");
0164       break;
0165     default:
0166       printf("\n It's a draw. Thanks for playing! \n");
0167       break;
0168   }
0169
0170   return 0;
0171 }
```

代码 4 （续）

参考文献

[1] https://it.wikipedia.org/wiki/Trasformata_di_Fourier_veloce. Wikipedia, FFT, [Online].

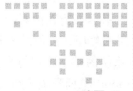

Linux 的基础

B.1　登录

　　大多数计算机（包括大型设备），都有许多方法来阻止未经授权的对存储信息的访问。这在许多用户共享的系统中尤其重要。第一道防线包括验证特定用户的访问权限、在无法正确确认用户身份时完全禁用其访问存储内容以及阻止使用系统实用程序。这是通过图 B-1 所示的登录界面实现的。虽然实际外观可能因系统而异，但屏幕上都包含两个必须填写的字段。第一个字段是由系统管理员分配的用户标识符，它是字母、数字和下划线（"_"）的组合，在某些情况下可能来自实际用户的名字。它必须是唯一的连续字符串。第二个输入项是用户的密码，或任意可打印字符的秘密组合，最好包括大小写字母、数字和标点符号。请注意，键入的字符在屏幕上由星号或点来替换，以避免显示实际的密码文本。为了提高安全性，应尽可能避免使用字典中列出的普通英语单词。许多系统都有所有用户都必须遵守的密码选择规则，包括最小密码长度。当然，用户有义务记住他的 ID 和密码，并避免向任何人泄露密码（包括系统管理员，因为他们有其他途径来管理用户账户）。

图 B-1　Debian Linux 发行版变体使用的登录对话框窗口

输入正确的用户名和密码并单击"登录"按钮（或其等效按钮）后，用户将会看到一个图形桌面。利用本书描述的材料，我们需要调用终端应用程序。Linux 发行版通常提供几个这样的应用程序，它们的外观和风格、配置选项和功能各不相同。最常见的包括 xterm（X 窗口系统的基本终端仿真器）、urxvt（旧 rxvt 终端的单点可扩展版本）、gnome-terminal（在 Gnome 桌面环境中可用）和 konsole（与 KDE 桌面环境捆绑在一起的终端仿真器）。它们大多数可以在桌面上"应用程序"菜单的"系统"条目中找到。单击相关条目将打开一个带有提示的终端窗口（提示通常为"＞"或"＄"字符，有时会跟踪一些其他信息，如当前时间或主机名），此时输入要执行的命令。图 B-2 是带有打开的终端仿真器的图形桌面的截图。

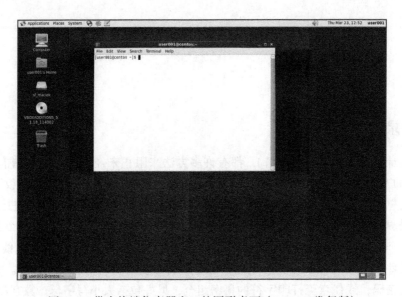

图 B-2　带有终端仿真器窗口的图形桌面（CentOS 发行版）

在某些情况下，当使用简单的基于文本的控制台或在计算机上未配置或禁用更高级的显示模式时，图形桌面可能不可用。这不会使其无法使用，但操作可能仅限于单个终端上的文本模式（请参见图 B-3）。按照前面所述方式进行登录，用户按适当的提示输入凭据。主要区别在于，在输入密码期间，屏幕上不会回显任何字符。

B.2　远程访问

上面描述的登录过程可用于访问本地 UNIX（特别是 Linux）计算机。但是，只允许本地登录到超级计算机，这种限制性太强。首选方法是启用通过网络执行的远程登录，以满足最广泛的用户群，而不用强迫用户在物理上接近计算机。

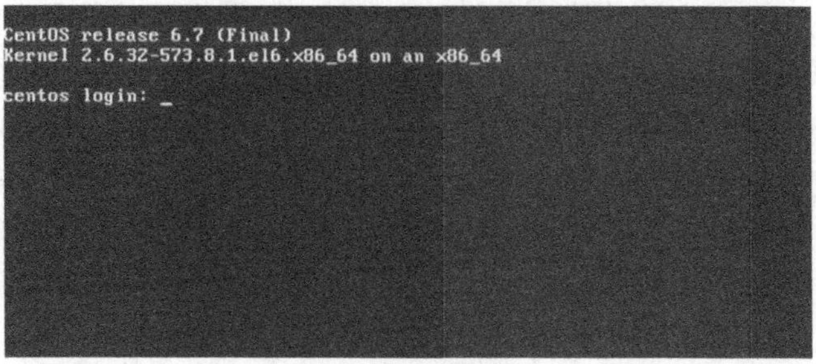

a）认证提示

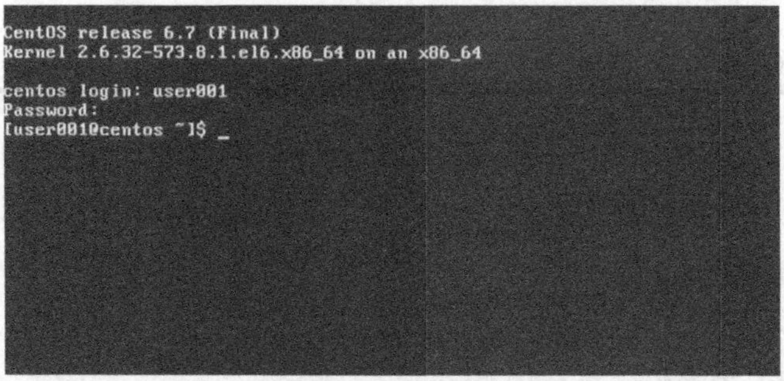

b）用户身份验证成功后的 shell 提示符

图 B-3　终端登录

　　用于此目的的常用程序是 Secure Shell（ssh）。它以加密格式传输所有信息（包括登录凭据），从而防止网络上潜在的窃听者截获任何有用的数据。第一次 ssh 登录顺序，可在 B.1 节中提到的任何终端上执行，如下所示：

```
> ssh user001@bigiron.some.university.edu
The authenticity of host 'bigiron.some.university.edu (10.0.0.1)' can't be
 established.
ECDSA key fingerprint is SHA256:pyYRR3L9EZXA1a1J/EyteIkfL2RJhwiAS2j174UbM1c.
Are you sure you want to continue connecting (yes/no)? yes
Warning: Permanently added "bigiron.some.university.edu" (ECDSA) to the list of
 known hosts.
user001@bigiron.some.university.edu's password:
[user001@bigiron ~]$
```

　　在本例中，用户名为"user001"，登录主机为"bigiron.some.university.edu"。由于这是此用户第一次尝试连接到"bigiron.some.university.edu"，因此 ssh 警告说，它没有任何以前收集的有关目标计算机的信息。除非有充分的理由可以假设主机欺骗确实正在发生，否则用户应该对是否继续连接到服务器的有关问题回答"y"。这将生成密码提示。输入密码（屏幕上不会显示），通过向用户展示远程计算机上的 shell 提示来完成登录过程。后续登录过程要短得多，因为客户端计算机已经拥有了标识远程主机的加密密钥。当目标计算机更改其密钥时，警告可能会再次出现，这种情况应该相对较少发生。如下面的示例所示，ssh 还报告了最后一个会话的时间和来源，以便在第三方设法非法访问其账户时提醒用户。

以这种方式建立的远程主机的连接，允许使用不需要图形环境即可运行任意命令行的应用程序。但是，有时需要在远程主机上启动图形用户界面（GUI）应用程序，以利用改进的用户界面或访问仅授权本地使用的图形工具。将 -Y 选项添加到 ssh 命令将激活通过网络连接转发的 X Windows 协议。

```
> ssh -Y user001@bigiron.some.university.edu
Last login: Fri Mar 24 10:47:22 2017 from mybox.some.university.edu
[user001@bigiron ~]$ vtk
```

这将导致 vtk 窗口出现在客户端计算机的显示器上。请注意，缓慢的网络链接可能会导致发出的命令与在客户端屏幕上显示（甚至重绘）的结果窗口之间有严重的延迟。当然，只有当客户端计算机支持并当前正在运行图形桌面环境时，转发才有效。

B.3　导航文件系统

计算机系统中的持久信息存储在文件中，命名的实体层次化被组织起来以当作文件系统。与内存内容不同的是，一旦提交到物理存储设备，文件就会在机器重新启动和关闭后继续留存。所有需要保留的信息（如重要数据集或要执行的程序）都必须存储在文件中。文件是由程序显式地创建、读取和写入的。

文件系统提供了自己的命名方案，以方便访问特定文件。单个文件有自己的名称，如"main.c"或"task_plain.txt"。虽然没有严格要求，但这些名称通常有由两个由点（"."）分隔的组件：基本名称和扩展名。基本名称可以是用户选择的任何内容，以提示文件的用途或表明其内容；扩展名描述了文件的类型。因此，对于上面给出的两个示例，"main.c"很可能包含 C 语言程序的源代码，而"task_plain. txt"可能是一个纯文本文件，包含某些规划活动的描述。文件名往往相对较短，因为大多数文件系统对名称长度施加固定的限制。由于 UNIX 中的文件名可能包含多个句点，因此只有最后一个点后面的字符组才被视为扩展。

在必须处理有数千个文件名的系统中，使用纯文件名作为唯一的访问方法很快就会变得难以管理。它也不能避免在同一文件名上发生冲突。例如，要存储同一程序源的两个代码版本，必须重命名一个；反过来说，必须通过生成最终可执行代码的脚本来传播更改，以防止重用并创建不必要的副本。为了更好地组织文件系统内容，引入了目录的概念。目录是由文件组和其他目录组成的。它们可能（几乎）有任何名称，但与文件不同的是，它们不使用扩展，尽管在其名称中允许使用句号。目录可以任意嵌套。顶级目录指示文件系统的根（最顶部条目），并称为"/"（单个正向斜杠）。正向斜杠用作层次结构级别的分隔符，以指定特定的文件或目录。因此，"/home/user001/src/heat.c"唯一标识出名为"heat.c"的文件，这大概是一个 C 源代码，该文件存储在"user001"目录的"src"目录下，而这又位于文件根目录正下方的"home"目录中。请注意，此方案允许在文件系统中存在两个或多个名为"heat.c"的不同文件，只要它们存储在不同的目录中。从根目录开始到达特定文件所需的层次结构元素序列被称为路径。

从长远来看，使用完整路径来识别正在访问的文件可能会单调乏味。由于命令是由 shell 执行的（见 B.5 节），因此多亏工作目录的概念才可以找到更方便的解决方案。shell 保留命令调用之间工作目录的路径名，并且仅在用户调用更改其值的专用命令时才对它进行更新。工作目录充当前缀，作为所谓的相对路径的前缀，这些路径与完全路径或绝对路径的区别在于它们不是以斜杠开头的。因此，如果将当前工作目录设置为用户 user001 的主目录或"/home/user001"，则可通过仅键入"src/heat. c"来引用示例中的 C 源文件。其他便利包括语法快捷方式，它简化了各种路径的形成。

- ❏ 用户主目录缩写为"~"（倾斜字符）。主目录是用户登录后立即设置的当前工作目录。因此，也可以使用"~/srcse/chem. c"来到达上面的文件。
- ❏ 当前目录由"."表示（点号）。因此，路径"/home/usern000/src"和"/home/././ user001/src"是等效的。虽然它看起来像快捷方式而不是非常有用，但在讨论以目录为参数的命令时，它的好处变得更加明显。
- ❏ 父目录可以表示为".."（双点号）。因此，"/home"和"~/.."指的是同一目录。

文件系统通常符合默认的布局规则，以提高计算机用户的效率，并帮助他们查找各种实用程序、文档和适当的数据存储。有关 Linux 发行版所使用的标准目录结构的更详细说明，请参见第 3 章。

许多 Linux 系统实用程序已经被开发出来，以简化文件和目录层次结构的管理以及访问文件内容。下面简要介绍了它们，并提供了简单的用法示例。为了简洁起见，shell 提示缩短为单个">"字符。考虑上下文敏感性，创建这些示例时假定它们是按顺序在同一主机上执行的。

- ❏ **ls**（列出目录内容）

如果没有参数，则列出当前工作目录中的内容。这些参数可能包括任意数量的文件和目录路径。其他选项可能会提供有关存储项的详细信息，如访问权限、所有权、修改日期、大小等。常用的包括选择"长"格式"-l"和以启用隐藏条目显示的"-a"（即名称以点开头的所有文件和目录）。

注意：默认情况下，许多发行版的 ls 命令具有常用选项到"ll"。

```
> ls -l /home/user001/src
total 8
-rw-r--r-- 1 user001 user001 361 Mar 24 17:55 Makefile
-rw-r--r-- 1 user001 user001 491 Mar 24 17:55  heat.c
```

❑ *cd*（更改工作目录）

这会将工作目录更改为指定的路径，或者在调用时（如果没有参数）更改为用户的主目录。下面的示例将工作目录更改为用户的主目录，然后下降到"src"子目录，并列出其中的所有文件。

```
> cd
> cd src
> ls —la
total 16
drwxr-xr-x 2 user001 user001 4096 Mar 24 20:03 .
drwxr-xr-x 3 user001 user001 4096 Mar 24 20:07 ..
-rw-r--r-- 1 user001 user001  361 Mar 24 17:55 Makefile
-rw-r--r-- 1 user001 user001  491 Mar 24 17:55 heat.c
```

❑ *pwd*（打印工作目录）

这将打印当前工作目录。

```
> pwd
/home/user001/src
```

❑ *mkdir*（创建目录）

这将创建新目录，其路径被指定为命令参数。名义上，新目录必须是现有路径的直接子目录。若要允许创建任意嵌套的路径，应使用"-p"选项（对于"父项"）。下面的示例必须使用父项选项，因为"src2"目录当前不存在。

```
> mkdir —p ~/src2/tmp
> ls -l ../src2
total 4
drwxrwxr-x 2 user001 user001 4096 Mar 24 20:44 tmp
```

❑ *cp*（复制文件和目录）

这至少需要两个路径参数，后一个参数是复制操作的目标"而前面的所有参数都被视为源参数，源参数必须存在。只有当目标是现有目录时"才允许使用多个源。若要正确复制源目录"应指定递归选项"-r"。

```
> cp heat.c ~/src2/heat2.c
> cp -r ~/src2 .
> ls -l src2
total 8
-rw-r--r-- 1 user001 user001  491 Mar 24 21:24 heat2.c
drwxrwxr-x 2 user001 user001 4096 Mar 24 21:24 tmp
```

上面的示例将前面创建的 src2 目录中的"heat.c"文件内容复制到一个名为 heat2.c 的文件中。第二个调用将整个目录"/home/user001/sc2"复制到当前工作目录（请注意"."的使用）。由于复制了整个子目录树，因此使用递归选项。

❑ ***mv***（移动文件和目录）

移动命令用于重新定位文件系统中的文件和目录。它的语法类似于 cp 的语法，但不需要递归选项，因为更改目录位置意味着会改变它所有子目录的位置。mv 命令也可用于重命名文件或目录。

```
> mv src2/heat2.c src2/tmp
> mv src2/tmp ./other
> ls -l other src2
other:
total 4
-rw-r--r-- 1 user001 user001 491 Mar 24 21:24 heat2.c
src2:
total 0
```

第一个命令将文件 heat2.c 从 src2 目录下移动到其子目录 tmp 中。第二个参数将该子目录及其内容移动到当前工作目录，并将其重命名为"other"。目录列表确认操作已正确执行：src2 目录现在为空，"other"目录现在是当前工作目录的直接子目录，并包含最初存储在 src2 中的文件 heat2.c。

❑ ***rm***（删除目录中的文件）

rm 命令会不可逆转地删除文件或目录。对于后者，必须添加递归选项（"-r"）。该示例演示如何删除现在为空的 src2 子目录。

```
> rm -r src2
> ls -l
total 12
-rw-r--r-- 1 user001 user001  361 Mar 24 17:55 Makefile
-rw-r--r-- 1 user001 user001  491 Mar 24 21:38 heat.c
drwxrwxr-x 2 user001 user001 4096 Mar 24 21:51 other
```

❑ ***find***（查找特定文件）

find 命令搜索具有预定义特征的文件。虽然它的选项列表相当广泛，但它经常被用来查找具有特定名称的文件或目录。这是由描述词控制，"-name 文件名"为完全匹配，而"-iname 文件名"为不区分大小写的匹配。使用"-type d"可以进一步限制搜索只报告目录，使用"-type f"指定只报告常规文件。在命令之后，find 的唯一参数是路径名，该路径名标识顶层目录，并以递归方式执行查找其内容。下面的示例尝试查找在用户主目录下任意层次结构级别上存在的所有名为

heat2.c 的文件系统项，后面的例子是查找以"heat"开头的所有文件来演示通配符的使用情况（详见 B.5 节）。请注意，后者要求使用单引号封装名称参数来保护其免受 shell 扩展的影响。

```
> find ~ -name heat2.c
/home/user001/src/other/heat2.c
/home/user001/src2/heat2.c
> find ~ -name 'heat*'
/home/user001/src/heat.c
/home/user001/src/other/heat2.c
/home/user001/src2/heat2.c
```

B.4　编辑文件

了解了文件系统访问的基础知识后，下一步是创建具有所需内容的文件，此功能由文本编辑器提供。Linux 发行版提供了许多具有不同复杂度、资源足迹、受支持的环境和面向代码开发集成功能的选项。编辑器选择的主要区别因素之一是 GUI 可用性：某些编辑器可能只在文本终端内调用，有些支持图形桌面，而有些同时支持这两种方法。对于无法访问远程文件的编辑器，基于终端的操作消耗的网络带宽要少得多，从而使在远程计算机（如超级计算机的登录节点）上调用时可以进行更流畅的编辑。下面给出了常用文本编辑器的简短说明。

B.4.1　Vi

Vi 是一个非图形用户界面（GUI）编辑器，拥有广泛的用户群，在 20 世纪 70 年代开始的 UNIX 环境中有着悠久的历史。它的代码已经更新了很多次，并存在许多复制版本。也许 Vi 最典型的特征是形态。使用敲击键盘（插入模式）和编辑器命令（正常或命令模式）执行的文本输入是用户在它们之间显式切换的专用操作模式下执行的。大多数当前的 Linux 版本捆绑 vim（"Vi IMproved"），相对之前版本它提供了新的功能，如语法突出显示（在编程语言中各种语法结构的着色以使代码构成更加明显）、鼠标支持、补齐、文件比较和合并、正则表达式、脚本、拼写检查、tab 支持和许多其他特性。vim 还提供了 GUI 变体，并配有菜单和工具栏，如 gVim。

B.4.2　Emacs

另一个在 UNIX 世界有固定存在的编辑器是 Emacs。它的名字是"editor macros"的缩写而衍生出来的。在多年来产生的一些副本中，最受欢迎的是 GNU Emacs，这是一个用 C 编写的小核心的自由软件，其大部分功能由 Elisp（LISP 的一个分支）扩展语言来提供。

GNU Emacs 布局由一个主文本窗口和一个小得多的小型缓冲区组成，缓冲区显示状态信息并充当命令界面。此布局在纯文本模式和 GUI 中都有效，尽管 GUI 还为常见操作提供了一组菜单。编辑器具有高度的可扩展性和可配置性，实现了 2000 多个命令。它的另一个重要功能是支持主要和次要模式，在这种模式中，每个文件缓冲区激活特定的主要模式，通常由文件类型（如 C 代码或 html 源码）触发，同时执行进一步的定制，可以随时启用或禁用，这些定制包括动态拼写检查、自动换行或突出显示文本的特定部分。任何数量的次要模式都可能在任何时候处于活动状态。

B.4.3　nano

GNU nano 编辑器将界面简单化作为主要设计目标，使其成为初学者的首要选择。常用的命令组合键与编辑文本显示在同一屏幕上，因此无须记忆即可进行有效编辑。nano 的体积小，它的特色是具有彩色文本、多个编辑缓冲区、基于正则表达式的搜索和替换操作、最近的撤销操作和重做，以及键绑定的修改。nano 在纯文本模式下运行。

B.4.4　Gedit

Gedit 是为 Gnome 桌面环境开发的以 GUI 为中心的编辑器，默认情况下部署在许多 Linux 发行版上，包括 Ubuntu、Fedora、Debian、CentOS 和其他发行版。编辑器中长长的功能列表支持语法突出显示、多语言拼写检查、选项卡模式、会话保留、行号、括号匹配、自动缩进、自动保存、字体配置等。Gedit 还能够编辑远程主机上的文件。它的核心功能可以通过插件进一步扩展。

B.4.5　Kate

另一个流行的桌面环境 KDE 提供了一个名为 Kate 的默认基于 GUI 的编辑器，其基本功能集类似于 Gedit。Kate 的缩进和工具功能可通过命令行来访问，并可通过 JavaScript 代码进行额外的自定义。Kate 是 Kdevelop 集成开发环境在 KDE 中使用的源代码编辑器。

使用这些编辑器中的任何一个编辑文件都非常简单。编辑器程序在命令行上键入其名称（小写），然后（可选的）键入要修改或创建的文件路径名。编辑器使用光标或单个字符大小的块或条形图标记正在编辑的位置，这些块或条形图可能会闪烁以便在屏幕上更快地显示位置。键盘上的箭头键将光标移动到 4 个主要方向中的任意一个（向上、向下、向左和向右）。键入的可打印字符将输入至光标的当前位置，并将现有文本放置在右侧。在大多数编辑器中，使用 page-up 和 page-down 键能以更大的步伐浏览文本。除 Vi 之外，编辑器允许编辑混合文本和执行命令。在 Vi 中，插入模式（用于直接键入文本）是通过在命令模式下键入字母 "i" 来激活的，而切换回命令模式则是通过按 ESC 键执行的。表 B-1 总结了常见编辑操作中的键盘快捷方式。

表 B-1　流行的文本编辑器中常用命令的键绑定

功能	Vi	Emacs	Nano	Gedit	Kate
显示帮助	:h	Ctrl-h	Ctrl-g	F1	F1
撤销	:u	Ctrl-x u	Alt-u	Ctrl-z	Ctrl-z
打开文件	:r *filename*	Ctrl-x Ctrl-f	Ctrl-r	Ctrl-o	Ctrl-o
保存文件	:w	Ctrl-x Ctrl-s	Ctrl-o	Ctrl-s	Ctrl-s
保存为另一个文件	:w *filename*	Ctrl-x Ctrl-w	Ctrl-o	Ctrl-Shift-s	Ctrl-Shift-s
查找字符串	/	Ctrl-s	Ctrl-w	Ctrl-f	Ctrl-f
搜索并替换	:s/*pattern*/*replacement*	Esc %	Alt-r	Ctrl-h	Ctrl-r
剪切文本	dd	Ctrl-k	Ctrl-k	Ctrl-x	Ctrl-x
粘贴文本	P	Ctrl-y	Ctrl-u	Ctrl-v	Ctrl-v
退出	:q	Ctrl-x Ctrl-z	Ctrl-X	Ctrl-q	Ctrl-q

注：必须在"正常"（命令）模式下输入所有 Vi 命令。对于其他编辑器，Ctrl、Alt、Shift 和 F1 表示键盘上的特定键。其中一个键和一个字母间加上破折号的组合表示同时激活多个键，例如，Ctrl-h 是通过先按下 Ctrl 键，然后同时再按住"h"键来执行的。

B.5　bash 的基础

使用 shell 提供的各种功能，可以大大简化命令调用、作业管理和文件处理的许多方面。shell 用于发出命令、显示输出和管理并发任务。它还充当一种语言的解释器，这种语言可以表示操作序列并实现允许构建自定义执行脚本的流控制元素。由于 bash 在创建新用户账户时被设置为默认登录 shell，并且默认情况下由许多（如果不是全部）Linux 安装配置，因此本节专门关注其语法和功能。

B.5.1　路径扩展

允许更轻松地操作文件组的第一个重要功能称为路径扩展。字符"*"（星号）、"?"（问号）、"[',']"（方括号）和"{ ',' }"（大括号）在目录和文件路径内使用时具有特殊含义。第一个匹配任何字符串，包括空字符串。假设当前工作目录包含下面命令列出的文件。

```
> ls
Makefile  example.txt  f1.txt  f2.txt  f22.txt  heat.c
```

".txt"可以完成匹配所有带有扩展名的文件，如下所示。

```
> ls *.txt
example.txt  f1.txt  f2.txt  f22.txt
```

　　问号与一个字符完全匹配。因此，要只从上面的集合中选择一个字符，在"f"字符和扩展名".txt"之间可以键入：

```
> ls f?.txt
f1.txt  f2.txt
```

　　方括号与指定的一个字符匹配。例如，若要查找文件名称中第二个字母为"a"或"e"的文件，可以使用以下模式：

```
> ls ?[ae]*
Makefile heat.c
```

　　大括号用于列出要匹配的任意子字符串或模式。多个子字符串必须以逗号分隔。因此，下面选择了所有文件，其中".txt"扩展名的前缀是数字"2"或字符串"ple"。

```
> ls *{2,ple}.txt
example.txt f2.txt f22.txt
```

　　若要验证在大括号中指定的模式是否正常工作，请尝试匹配基本名称正好为两个字符长或以"ample"结尾的所有文本文件。

```
> ls {??,*ample}.txt
example.txt f1.txt f2.txt
```

　　上面讨论的路径替换形式可以应用于路径名的任何部分，包括目录组件。但是，匹配始终仅限于层次结构的单个级别。因此，"/*"不会选择文件系统中存在的所有条目，而只选择根目录中包含的文件和目录。

B.5.2　特殊字符处理

　　有时可能需要引用包含一个或多个特殊字符的路径名。在这种情况下，必须使用反斜杠（"\"）转义这些字符，或在单引号之间放置这些字符。若要引用名为"ready?"的文件，则命令行上出现的实际字符串参数必须键入为"ready\?"（不包括作为名称分隔符的双引号）或"' ready？'"。由于 shell 将命令行内容分解为空格（实际上可能是常规空格或制表符）以标识命令选项和参数，所以可以使用相同的方法来引用名称中包含空格的文件。shell 语言语法赋予其他几个字符特殊的含义，因此，如果在路径名中使用这些字符，则必须转义它们。这包括管道符号（"|"）、连字符（"&"）、分号（";"）、括号（"("和")"）、尖括号（"<"和">"）和行尾字符。为了最大限度地减少相关问题的发生，避免

在文件名中使用这些字符是一个很好的一般规则，特别是对于刚刚开始学习 shell 概念的用户。

B.5.3 输入 / 输出重定向和管道

一些命令利用 shell 生成的输出来执行，而某些命令则期望输入数据。shell 提供专用运算符来管理附录 A 中提到的标准输入、标准输出和标准错误流。在 UNIX 系统中，这些流按照惯例分别与编号为 0～2 的文件描述符相关联。所谓的"重定向"可将特定文件的输入传递到应用程序（而不是要求用户在每次运行应用程序时都键入输入数据），也可以允许在文件中捕获应用程序的输出（而不是只在屏幕上进行短暂的显示）。控制 I/O 重定向的运算符包括以下内容。

❑ ">"将应用程序的标准输出重定向到指定的文件。为了说明这一点，使用 cat 实用程序（如 B.7.1 节中所述）显示文件的内容。

```
> ls *.c > c_files
> cat c_files
heat.c
```

❑ "&>"将标准输出和标准错误重定向到指定的文件。下面的示例通过欺骗 ls 命令，指定引用不存在的文件参数来生成错误输出。

```
> ls *.h > h_files
ls: cannot access *.h: No such file or directory
> cat h_files
> ls *.h &> h_files
> cat h_files
ls: cannot access *.h: No such file or directory
```

由于">"只重定向标准输出，因此错误不是作为"h_files"的内容捕获的，而是显示在终端中。捕获文件仍被创建，但不存储任何内容。第二次调用应用重定向这两种类型输出的"&>"运算符。这在保存安装或编译脚本的输出时特别有用；仅使用第一种重定向可能会忽略实际的错误信息，从而使后续的故障排除更加困难。

❑ ">>"重定向标准输出，同时将其追加到指定的文件。此变体可将多个命令的输出合并到单个文件中，因为对同一文件的">"应用程序只会覆盖其内容。为了在行动中说明这一点，将使用 shell 内置的 echo 命令，将（回声）字符串输出到标准输出。由于路径扩展被 shell 应用于执行命令中的所有未转义参数，因此无须显式调用 ls 命令。

```
> echo "These are my C files:" *.c >> my_files
> echo "These are my text files:" *.txt >> my_files
> cat my_files
These are my C files: heat.c
These are my text files: example.txt f1.txt f2.txt f22.txt
```

- "&>>"重定向标准输出和标准错误流，并追加到给定文件。
- "<"重定向应用程序的标准输入，以便从指定的文件中读取。下面的例子（因为 cat 实用程序可以直接接收文件参数）演示了它的用法。

```
> cat < my_files
These are my C files: heat.c
These are my text files: example.txt f1.txt f2.txt f22.txt
```

由于许多应用程序都接收输入和生成输出，因此有理有推断，有一种方法可以链接它们以实现更复杂的处理流。这个概念被称为流水线，它是使用管道运算符"|"实现的。它使命令 k 创建的标准输出能够转发为管道中命令 k+1 的标准输入，如下所示：

command_1 |command_2|.|command_n

当然，通过应用上述重定向机制，可以在文件中捕获"command_n"的输出。管道运算符的一个变体"|&"支持将合并的标准输出和标准错误流重定向到下一个管道阶段的标准输入。

B.5.4　变量

bash 支持可用于存储命令和应用程序生成的任意字符串或在脚本中保留控制状态的变量。基本变量赋值语句格式是

name=value

其中 *name* 是由字母、数字和下划线的任意组合组成的变量标识符，只要第一个字符不是数字即可。*value* 可以是字符串，也可以是数组。也可以省略它，在这种情况下，将创建一个空变量。分配后，可以通过在其标识符之前放置美元符号（"$"）来检索可变值。

```
> x=99
> echo $x
99
```

数组变量可以通过在特定索引处显式分配元素来创建，例如：

name[index]=value

其中 *index* 必须计算出一个数字。创建数组的另一种方法是分配值列表：

name=(value_1 value_2...value_n)

若要解除引用数组中的特定元素，应使用 *${name [index]}* 格式。"@" 或 "*" 这两个特殊下标检索数组中的所有值，但有一个区别：第一个下标生成的值表与最初分配给数组的方式非常相似，而后者生成一个包含连接的字符串值。数组的第一个元素位于索引 0 处，因此有：

```
> numbers=(one 2 three 4 five)
> echo $numbers
one
> echo ${numbers[@]}
one 2 three 4 five
> echo ${numbers[2]}
three
```

数组的内容可以使用 "+=" 运算符展开，例如：

```
> fruits=(apple peach)
> fruits+=(banana)
> echo ${fruits[@]}
apple peach banana
```

定义的变量通常可以在当前 shell 的范围内访问。由于 shell 脚本是在子 shell 中执行的，因此它们通常无法访问以上述方式设置的父 shell 变量。若要启用此类访问，则必须显式导出每个变量。这是通过在变量赋值（如果已经定义的变量名）之前由关键字 "export" 完成的：

```
> cat showx
#!/bin/bash
echo $x
> x=99
> ./showx

> export x
> ./showx
99
```

在上面的示例中，脚本 "showx" 的第一行是对执行环境的提示，即文件的其余部分应由驻留在指定路径（在本例中为 "/bin/bash"）中的程序进行解释。在导出变量 "x" 之前，脚本是对变量 x 是未知的。同样的方法也可以在变量定义时使用 "export x=99" 来完成。

可以使用表格中的语句删除变量：unset *name*

```
> echo $x
99
> unset x
> echo $x
```

bash 提供了许多预定义的变量，这些变量可以为脚本提供有用的信息。下面列出了最常用的、必要的、有限的那些变量。

❑ BASH 提供了指向当前正在执行的 shell 程序的完整路径名。

❑ BASHOPTS 以冒号分隔格式列出了启用的 shell 选项。

❑ BASH_VERSION 给出当前正在执行的 shell 的版本号。

❑ HOSTNAME 包含执行主机的名称。

❑ MACHTYPE 描述了 shell 上运行的系统（机器）类型。

❑ OSTYPE 标识在主机上执行的操作系统。

❑ PATH 包含以冒号分隔的目录位置（搜索路径）列表，以供 shell 在执行命令时进行搜索。对于仅使用名称进行调用的任何命令（即不指定可执行文件的路径），bash 尝试通过按列出的顺序检查每个指定的搜索路径来确定位置。

❑ PWD 是当前工作目录的路径名。

❑ OLDPWD 是标识以前工作目录的路径名。

❑ GLOBIGNORE 包含在执行路径名扩展时要忽略的以冒号分隔的模式列表。

❑ HOME 存储用户主目录的路径名。

❑ GROUPS 是用户所属组的标识符的数组。

❑ PIPESTATUS 是一个数组，存储包含最近执行的管道语句中所有进程的退出状态值。

❑ RANDOM 是一个变量，每当读取时，都会生成介于 0～32 767 之间的随机整数。

❑ SECONDS 存储自 shell 启动以来经过的秒数。

bash 支持许多语法增强功能，这些功能提供现有变量的额外信息或将其转换为其他形式的数据。常见的构造包括以下内容。

❑ "${#name}" 返回变量的长度（其字符串表示使用的字符数）。

❑ "${#name[@]}" 提供存储在数组中的元素数量。

❑ "${name:offset}" 或 "${name:offset:length}" 执行子字符串扩展，即它从偏移量开始提取一定长度的字符串。如果未指定长度，子字符串将从偏移量开始，一直持续到 name 的最后一个字符。

❑ "#{name/pattern/string}" 用字符串替换第一个出现的最长模式。如果模式以 "/" 开头，则会替换模式中的每一个匹配项。字符串可以为空，在这种情况下，可以省略第二个 "/"。

❑ "${name#pattern}" 或 "${name##pattern}" 删除匹配的前缀。前一种形式是删除最短的匹配前缀，而后一种形式则删除最长的前缀。使用路径名扩展规则转换模式。

❑ "＄{name%pattern}"或"＄{name%%pattern}"类似于前一个构造，只是它删除了字符串的后缀部分。

例子：

```
> s=/home/user001/error.c
> echo ${#s}
21
> echo ${s/er/ing}
/home/using001/error.c
> echo ${s//er/ing}
/home/using001/ingror.c
> echo ${s##*/}
error.c
> echo ${s%/*}
/home/user001
```

B.5.5 变量的算术运算

表示数字的变量可用于简单的算术表达式。实现此目的的构造是"＄（（表达式））"，可以嵌套。

```
> x=99
> echo $(((x+1)*10))
1000
```

支持的运算符包括"+"（加法）、"-"（减法）、"*"（乘法）、"/"（除法）、"%"（余数）、"**"（指数）、"w"（按位否定）、"&"（按位与）、"|"（按位或）、"^"（按位异或）、"<<"（按位左移）、">>"（按位右移）、"=="（同等比较）、"!="（不平等比较）、"<"（小于）、"<="（小于或等于）、">"（大于）、">="（大于或等于）、"&&"（逻辑与）、"||"（逻辑或）、"expr1？ expr2:expr3"（条件运算符）、"name++"（后增量）、"++name"（前增量）、"name-"（后递减）、和"-name"（前递减）。最后 4 个运算符更改变量 name 的值。当后变量在执行操作之前返回变量值时，前变量在更新后返回变量的值。例如：

```
> echo $x
99
> echo $((x++))
99
> echo $x
100
```

B.5.6　命令替换

shell 中一个特别有用的功能是能够直接捕获变量中命令的输出。有两种形式的语法可以做到这一点：将命令封装在一对反引号（"，"）中，或者将其用 "$（命令）" 来调用。该命令可能是复合的，包括管道。bash 提供了一个更快的选项，该选项使用 "$（<file）" 而不是 "$(cat file)" 可以将文件内容读入变量。下面的示例将 find 命令匹配的所有文件路径存储到变量 "text_files" 中。

```
> text_files='find . -name "*.txt"'
> echo $text_files
./f22.txt ./f2.txt ./example.txt ./f1.txt
```

B.5.7　控制流

创建复杂的 shell 脚本要利用更复杂的结构，这些结构允许定义循环和条件执行。为了介绍它们，需要解释退出状态的概念。shell 运行的每个命令和应用程序在执行完成时都返回一个数字状态值；此值不显示在屏幕上，而是由 shell 保留在内部。对于 C 程序，这是主函数中 "return" 语句返回的关键值或 exit 库函数的参数值。对于 shell 脚本，状态是脚本执行的最后一个命令的状态，如果没有执行任何命令，则为零。按照 UNIX 系统中的惯例，零退出状态表示成功，而任何非零值都是失败。

下面简要介绍了常用的结构。

❑ "command_1；command_2；…；command_n" 按顺序执行每个指定的命令，等待命令 x 完成后，再启动命令 x+1。脚本退出状态是最后一个命令的退出状态。

```
> ls M*; ls *.h; ls *.c
Makefile
ls: cannot access *.h: No such file or directory
heat.c
```

❑ "command_1 && command_2 && … && command_n" 按顺序执行命令，在第一个失败的命令处停止。下面的示例尝试列出不同类型的文件，并显示 "成功！"（如果所有这些文件都存在）。

```
> ls *.c && ls M* && echo "Success!"
heat.c
Makefile
Success!
```

❑ "command_1 || command_2 || . || command_n" 只有在前面的所有 k 条命令都失败时才尝试执行命令 k+1。命令执行成功后，其后面的任何命令都不会执行。例如：

```
> ls *.h || echo "Could not find any files!"
ls: cannot access *.h: No such file or directory
Could not find any files!
```

❑ "for name in word1 word2⋯ ; do list ; done" 实现循环，该循环遍历由"word1""word2"
等表示的值，同时将它们存储在变量名中。该变量可被循环内的任意命令引用，其语
法表示参见如上所示的列表。例如：

```
> for f in 'ls *.txt'; do echo "Text file:" $f; done
Text file: example.txt
Text file: f1.txt
Text file: f2.txt
Text file: f22.txt
```

❑ "for ((expr1 ; expr2 ; expr3)) ; list ; done" 实现了算术循环，类似于附录 A 中讨
论的 C 语言中的"for 循环"语法。例如：

```
> for ((x=2; x<5; x++)); do echo "square of $x is $((x*x))"; done
square of 2 is 4
square of 3 is 9
square of 4 is 16
```

❑ "while list1 ; do list2 ; done" 的行为类似于 C 语言中的"while 循环"。只要 *list1* 中最后
一个命令的状态为零，就会执行 *list2* 中的命令。退出状态是 *list2* 中最后执行的命令的状
态，如果没有运行任何命令，则为零。下面的命令序列将"files"数组中的路径按相反
顺序追加到"names"数组中，直到后者包含 4 个元素，或者没有任何内容可以复制。

```
> files=(*.txt *.c Makefile)
> echo ${#files[@]}
example.txt f1.txt f2.txt f22.txt heat.c Makefile
> names=() > i=${#files[@]} > while ((${#names[@]}<4 && $i>0)); do names+=(${files
[$((--i))]}); done
> echo ${names[*]}
Makefile heat.c f22.txt f2.txt
```

❑ "if list1 ; then list2 ; [else list3 ;] fi" 如果 list1 的退出状态是 0，则将执行"list2"
中的语句。否则，如果指定了 else 分支，则执行 list3 中的语句。例如：

```
> for ((x=3; x<6; x++)); do echo -n "cube of $x is "; if ((x**3%2==0)); then echo even;
 else echo odd; fi; done
cube of 3 is odd
cube of 4 is even
cube of 5 is odd
```

请注意，要回显不显示行尾字符的输出，则需要"-n"选项。

B.6　编译

编译是将存储在一个或多个源文件中的程序描述转换为可执行代码的过程。通常分两个阶段创建可执行文件：为每个 C 语言源文件生成所谓的目标文件；将生成的文件链接到最终可执行的二进制文件中。许多编译器支持调用格式，为了方便，允许将这两个阶段组合到一个命令中。

目标文件通常具有".o"扩展名。它们包含以后由 CPU 执行的计算机指令，但不能自行运行。Linux 发行版中常见的"gcc"C 编译器使用 -c 选项来创建它们。假设我们有 3 个源文件（如下面的示例所示），它们一起包含程序的全部功能。"main"函数是在"main.c"文件中定义的；其他源文件可能不包含自己的"main"函数，因为这将使哪一个是程序的入口点变得模糊。调用"main.c"文件到目标代码的编译过程，如下所示：

```
> ls
main.c src1.c src2.c
> gcc —c main.c
> ls
main.c main.o src1.c src2.c
```

请注意，以这种方式创建的目标文件保留输入源文件的基本名称，只替换其扩展名。如果源代码不包含任何有问题的结构或未定义的标识符，则编译器通常不会生成任何文本输出。代码生成由大量选项控制，其中最常见的选项如下所示。

- -O*number*，在由数字决定的级别上执行代码优化。通常，级别越高，涉及的优化越多，生成的代码性能就越好，但编译时间也越长。实际上，"O2"和"-O3"在编译时间和代码质量之间提供了最佳权衡。"-O0"关闭优化，这是未指定优化选项时的默认行为。
- -g，将调试信息（如变量和函数名称）嵌入到生成的目标文件中。虽然 gcc 允许在同一命令中组合调试和优化选项，但必须记住，较高的优化级别可能会严重修改程序中的流控制，有时会完全删除某些变量或函数。此选项的一个变体 -ggdb 专门生成使用 GNU 调试器的调试信息，这可能包括特定于 gdb 的扩展。
- -o *file*，将编译器输出放在显式命名的文件中。生成目标文件时，它应该具有".o"扩展名。
- -I*directory*，将目录添加到头文件（具有".h"扩展名的文件）以搜索路径集。同一命令中允许多个 -I 选项。默认情况下，将搜索安装在"/usr/include"下的头文件（如 C 库使用的原型和宏）中。

要将目标文件转换为独立的程序，链接器必须将它们组合在一起，确保没有缺少的函数和变量，并添加正确设置执行环境的额外代码。gcc 编译器也可用于执行此操作。请记住，还有两个源文件要编译，其余的命令序列如下所示：

```
> gcc -c src1.c
> gcc -c src2.c
> gcc main.o src1.o src2.o -o my_program
> ls
main.c main.o my_program src1.c src1.o src2.c src2.o
```

新创建的可执行文件"my_program"现在可以像任何其他程序一样在 shell 提示下进行调用。如果未使用"-o"选项，则假定它为默认的可执行文件名称，通常为 UNIX 系统上的"a.out"。

在类似于上面示例的简单情况下，可以在单个命令中创建可执行文件。在这种情况下，中间目标文件不会保留，因此从用户的角度来看，编译器似乎直接从源文件生成了最终二进制文件。下面的示例说明了这一点，同时也执行了代码优化。

```
> rm -f *.o my_program
> gcc -O2 main.o src1.o src2.o -o opt_program
> ls
main.c opt_program src1.c src2.c
```

到目前为止，这些例子还没有创建或明确利用外部库。实际上，后者并不十分正确，链接器以静默方式将目标代码与系统的 C 库链接。因此，如果列出的任何源文件调用 C 库函数或使用其内部变量，那么它们将被自动解析。为了了解如何创建自定义库，假设"src1.c"和"src2.c"包含可供多个程序重用的功能，并对其进行彻底的调试和微调以提高性能。因此，在每次需要构建新版本的程序时，都要避免重新编译它们，这变得有意义。这是通过将它们转换为库来实现的，熟悉的第一步涉及编译具有所需调试和优化标志的目标文件。

```
> gcc -c -g -O2 src1.c
> gcc -c -g -O2 src2.c
> ar rcs libmy_library.a src1.o src2.o
```

最后一个命令调用 UNIX 存档工具"ar"，该工具将所有指定的目标代码文件打包到名为"libmy_library.a"的库文件中。通常，代码库具有".a"扩展名，并带有以"lib"开头的名称。程序中剩余且尚未编译的功能现在仅限于文件"main. c"中的内容。要创建格式正确的可执行文件，只需要另外两个命令：

```
> gcc -c -g -O2 main.c
> gcc main.o -o opt_deb_program -L. -lmy_library
> ls
libmy_library.a  main.o           opt_program   src1.o    src2.o
main.c           opt_deb_program  src1.c        src2.c
```

因此，创建了一个具有调试符号的"opt_deb_program"优化的可执行文件。请注意，这次的链接命令只包含一个目标文件"main.o"，因为库已经提供了其他必需的程序函数。要告诉链接器在查找缺少的符号时应该使用哪些库，请使用"-lname"选项，其中 name 是从"lib"前缀和扩展名中剥离出的库文件名。由于自定义库可能驻留在文件系统中的任何位置，因此链接器将通过 -Ldirectory 选项来告知其位置。当然，链接命令可以指定多个库搜索路径和多个库。

B.7　其他命令行实用程序

B.7.1　文字工具

less（文件查看实用程序）

less 程序是一个简单的文件可视化工具，也称为 pager。它允许滚动文件内容中任意数量的行（使用箭头键）和页（使用 page-up 和 page-down 键），并直接跳转到特定位置（"G"后加行号）。支持的导航和文本搜索操作是 vi 编辑器命令的子集。

cat（连接文件并将其打印在标准输出上）

此命令获取任意数量的文件参数，并按指定的顺序合并内容。连接的文本将打印到标准输出。在没有参数的情况下使用它时，则将标准输入传递给标准输出。

```
> cat f1.txt
file 1
> cat f2.txt
file 2
> cat f*.txt
file 1
file 2
```

head（打印文件的开头部分）

head 命令将指定文件的起始行数（"-n number"选项）或字符（"-c number"选项）输出到标准输出。如果数字前面有一个减号，则输出包括除最后行数或字符以外的所有其他行或字符。如果没有选项，它将打印指定文件的前 10 行。如果给出多个文件，则每个文件的打印输出前面都有一个标头以指示文件名。下面的示例显示，在输出结束时不会添加额外的行尾字符（因此 shell 提示与打印文本相邻），并且在计数中包含行尾字符。

```
> cat example.txt
line 1
line 2
line 3
> head -c 10 example.txt
line 1
lin>
```

tail（打印文件的最后部分）

与 head 类似，这将输出文件的最后 number 个字符或行（使用相同的选项）。数字可以以"+"（加号）作为前缀，以强制从文件的第 number 个字符或行开始输出。tail 命令也经常用于监视不断增长的文件（内容由其他正在运行的应用程序追加）。此行为由选项"-f"激活。

```
> tail -n +3 example.txt
line 3
```

cut（获取每行中的部分）

该命令从输入文件的每一行（如果不是指定文件名而是使用"-"，则为标准输入）选择特定范围内的字符（选项"-c list"）或字段（选项"-f list"），并将其打印到标准输出。这是通过在预定义分隔符字符（由选项"-d character"控制）每次出现时拆分每行来决定字段的，或默认情况下的制表符来确定。该列表可以是一个整数，用于标识特定字段或字符、一个范围（用开始 – 结束（包含）形式表示）；也可以是缺少开始或结束数字的范围（分别指示从行的第一个字段 / 字符开始或从行的最后一个字段 / 字符结束）。下面的示例说明如何将空格字符设置为字段分隔符。

```
> cut -f 2- -d ' ' example.txt
1
2
3
```

grep（查找与模式匹配的行）

grep 实用程序匹配包含特定字符模式的行。它的参数包括要查找的文本模式，以及可选的要搜索的文件名称（如果没有提供文件，则假定为标准输入）。如果是多个文件，则对于包含模式的每一行，grep 都会输出相关文件的名称，然后是行的内容。可以使用选项"-n"请求打印行号。匹配通常区分大小写，但参数"-i"会抑制此行为。通过添加"-v"选项，grep 可能会反转使输出不包含指定模式的所有行。最后，可以使用选项"-r"触发目录的递归搜索。后者允许将目录路径指定为命令参数。

```
> grep —n 'e 2' f*.txt example.txt
f2.txt:1:file 2
example.txt:2:line 2
```

B.7.2　流程管理

ps（输出目前进程的状态）

非内置 shell 命令的应用程序和系统实用程序必须作为进程来启动。若要查看其状态，将使用 ps 命令。如果没有选项，它只报告属于当前用户的进程。

```
> ps
 PID TTY          TIME CMD
18441 pts/25 00:00:00 bash
18444 pts/25 00:00:00 ps
```

进程由它们的进程标识符（PID）来刻画，这是一个唯一标识正在运行的进程的数字句柄。若要显示系统中运行的所有进程以及有关它们的完整信息，可以调用"ps auxw"（请注意，选项之前没有减号）。下面介绍的有趣的变体将输出重新组织为显示进程树，在该树中，可以确定哪些进程是其他进程的子进程。

```
> ps ax -H
 PID TTY      STAT    TIME COMMAND
...
   1 ?        Ss      0:04  /sbin/init
 370 ?        S       0:00     upstart-udev-bridge --daemon
 374 ?        Ss      0:00     /lib/systemd/systemd-udevd --daemon
 514 ?        S       0:01     upstart-socket-bridge --daemon
...
```

kill（向进程发送信号）

正如它相当可怕的名字所暗示的那样，kill 命令可能被用来通过 UNIX 的信号机制来终止进程。并非所有信号都会导致进程终止，有些可能会中断它的执行或暂停它等。其完整名单可以通过"kill -l"命令获得。

在没有任何选项的情况下，传递给进程 TERM（终端）信号，在许多情况下这足以导致或多或少的不正常停机。一些顽固的进程可能会忽略它，在这种情况下，必须发送 KILL 信号。kill 命令的参数是目标进程的 PID。示例演示如何使用从上面列出的 ps 中获得的 PID 来杀死用户的 bash 进程（这通常是一个坏主意，此处仅用于说明）。

```
> kill -KILL 18441
```

B.7.3 数据压缩和存档

gzip（压缩或展开文件）

gzip 实用程序是最常见的压缩程序之一，其特点是实现了可观的数据压缩比（尤其是文本文件）和快速操作。它将要压缩的文件名或多个文件名作为参数的路径。

```
> ls -l Makefile
-rw-r--r-- 1 user001 user001 361 Mar 24 17:55 Makefile
> gzip Makefile
> ls -l Makefile*
-rw-r--r-- 1 user001 user001 233 Mar 24 17:55 Makefile.gz
```

如果压缩成功，gzip 将删除原始文件，并将".gz"扩展名添加到压缩文件名中。如果压缩过程失败（例如磁盘空间不足），则原始文件将保持不变。若要还原原始文件，可以使用：

```
> gzip -d Makefile.gz
> ls -l Makefile*
-rw-r--r-- 1 user001 user001 361 Mar 24 17:55 Makefile
```

为方便起见，使用"gunzip"程序（不包括"-d"选项）也可以实现同样的效果。

Linux 提供了与 gzip 类似的其他文件压缩实用程序，如 bzip2、lzma、7z 等。虽然它们可以获得更好的数据压缩比，但处理输入文件所需的计算时间可能会更长。

tar（存档文件）

tar 程序作为 UNIX 的主要文件存档工具有着悠久的传统。它的 3 种主要调用格式是：

tar -c -f 存档选项路径……

tar -x -f 存档选项

tar -t -f 存档

第一种方法创建一个存档，其中包含路径指向的所有文件系统对象（可能是文件和目录）。对于标识目录的任何路径，其内容都将以递归方式进行存档。这些选项可以指定要使用的压缩算法：gzip 的"-z"、bzip2 的"-j"、xz 的"-J"和 lzma 的"--lzma"。其他有用的选项包括详细输出"-v"和保留原始权限"-p"。

第二种形式将存档内容提取到前工作目录或"-C directory"选项指定的当前位置。不需要指定解压缩算法，因为它是通过检查存档内容自动确定的。最后，第三个实例列出了指定存档的内容。

例子：

```
> ls -l src
total 12
-rw-r--r-- 1 user001 user001  361 Mar 27 14:06 Makefile
-rw-r--r-- 1 user001 user001  491 Mar 27 14:06 heat.c
drwxrwxr-x 2 user001 user001 4096 Mar 24 21:51 other
> tar -c -f sources.tar.gz -z src
> ls -l sources.tar.gz
-rw-rw-r-- 1 user001 user001 540 Mar 27 14:08 sources.tar.gz
> tar -t -f sources.tar.gz
src/
src/other/
src/other/heat2.c
src/heat.c
src/Makefile
```

推荐阅读

基于CUDA的GPU并行程序开发指南

作者：Tolga Soyata　ISBN：978-7-111-63061-6　定价：179.00元

基于MATLAB的GPU编程

作者：Nikolaos Ploskas等　ISBN：978-7-111-62585-8　定价：99.00元

结构化并行程序设计：高效计算模式

作者：Michael McCool等　ISBN：978-7-111-60064-0　定价：89.00元

高性能并行珠玑：多核和众核编程方法

作者：James Reinders等　ISBN：978-7-111-58080-5　定价：119.00元